경제지리학

경제지리학

초판 1쇄 발행 2022년 5월 2일

지은이 트레버 반스, 브렛 크리스토퍼스
옮긴이 임석회, 서민철, 이보영
펴낸이 김선기
펴낸곳 (주)푸른길
출판등록 1996년 4월 12일 제16-1292호
주소 (08377) 서울특별시 구로구 디지털로 33길 48 대륭포스트타워 7차 1008호
전화 02-523-2907, 6942-9570-2
팩스 02-523-2951
이메일 purungilbook@naver.com
홈페이지 www.purungil.co.kr

ISBN 978-89-6291-959-2 93980

경제지리학

비판적 개론

트레버 반스, 브렛 크리스토퍼스 지음

임석회, 서민철, 이보영 옮김

푸른길

감사의 말

이 프로젝트의 시작부터 지원을 아끼지 않았고 저술과정이 늘어났음에도 인내를 보여 준 와일리-블랙웰(Wiley-Blackwell) 출판사의 저스틴 본(Justin Vaughan)에게 감사한다. 또한 이 책이 최종 결실을 맺을 때까지 세라 키건(Sarah Keegan), 리즈 윙겟(Liz Wingett), 조 화이트(Joe White) 등 와일리-블랙웰의 제작팀이 함께한 것에도 감사한다. 그림 편집자인 키티 보킹(Kitty Bocking)과 교열 책임자인 자일스 플리트니(Giles Flitney)는 우리의 의도를 우리보다 더 잘 이해하는 경우가 많을 정도로 놀라운 능력을 보여 주었다. 우리 대신 각 장의 초고를 읽고 조언을 해 주신 여러 분—시리즈 편집자인 존스(J. P. Jones)는 모든 장에 대해, 리 존슨(Leigh Johnson)과 제이미 펙(Jamie Peck), 매리언 워너(Marion Werner)는 각 장에 대해 조언해 주었다—에게도 깊이 감사한다. 두말할 필요 없이 사실관계나 해석상의 오류는 모두 우리에게 책임이 있다. 덧붙여 우리 중 브렛 크리스토퍼스(Brett Christophers)는 달스투가(Dalstuga)에서의 두 번의 연이은 여름 휴가 중 이 책을 쓰도록 허락해 준 자신의 가족 애그네타(Agneta)와 엘리엇(Elliot), 올리버(Oliver), 에밀리아(Emilia)에게 감사한다. 트레버 반스(Trevor J. Barnes)는 그림, 사진 등 많은 것들의 저작권을 둘러싼 골치 아픈 문제를 잘 해결해 준 조안 세이들(Joan Seidl)에게 감사한다. 또한 브리티시컬럼비아 대학교(University of British Columbia)에서 지난 35년간 경제지리학 과정을 수강한 수천 명의 학부생들에게 이 책을 헌정한다.

2017년 7월
밴쿠버와 웁살라에서

차례

[그림, 표 목차]

제1장

경제지리학은 당신에게 왜 유익한가?

1.1 서론

논란의 여지가 있겠지만, 미국 공영라디오(NPR)의 쇼 '오늘의 미국 생활(This American Life)'의 훌륭한 에피소드 중 하나는 '데이지 씨와 애플 공장'이다(첫 방송은 2012년 1월 6일). 그 회차는 다운로드 건수가 90만 건에 가까울 정도로 라디오 쇼의 단일 에피소드로는 당시 가장 많은 다운로드를 기록하였다.■1 시카고 WBEZ가 제작하고 아이라 글래스(Ira Glass)가 진행하는 '오늘의 미국 생활'은 매주 어떤 특정한 주제를 두고 한두 개의 이야기를 방송한다. 글래스가 '데이지 씨와 애플 공장'이 방송된 주의 주제를 명확히 말하지는 않았지만, 그 주제가 경제지리(economic geography)라는 것은 의심할 여지가 없다. 이 에피소드는 해당 주제의 근본적인 중요성과 그 주제에 대한 대중적 관심(다운로드 건수가 나타내 주듯이) 모두를 보여 준다. 도입 장인 이 장의 주제, 경제지리학은 당신에게 왜 유익한가를 그 에피소드가 잘 보여 준다.

데이지 씨는 스스로를 기술광이라고 평한다. 그는 쇼에서 "나는 애플 애호가로, 세상에서 내가 사랑하는 모든 종류의 기술 중 애플사에서 나오는 기술을 가장 좋아합니다. 나는 애플의 열혈 지지자, 열성팬입니다. 나는 맥(Mac) 숭배 신도입니다."(This American Life 2012)라고 말했다. 데이지 씨는 재미삼아 자신의 맥북 프로를 43개 부품으로 분해해 압축공기로 세척한 다음 다시 조립을 한다. 어느 날 그는 애플 제품을 다루는 웹사이트를 읽다가, 어떤 사람이 아이폰을 사서 바로 폰을 켜자 그 폰이 만들어진 공장에서 찍은 4장의 사진을 발견한 일에 관한 게시글을 읽게 되었다. 그 사진들은 기기를 시험하기 위해 찍은 것이 분명하였지만 지워지지 않았던 것이다. 이 사진들은 데이지 씨에게 경제지리적으로 "아하!"의 순간이 되었다. 그는 "그 사진들을 본 그때서야 깨달았다. 사진을 보기 전까지 [애플 제품들이] 어떻게 만들어졌는지 생각해 본 적이 없었다."(This American Life 2012)라고 말했다. 데이지 씨는 몇 가지 조사를 한 끝에, 사진들이 홍콩 외곽에 있는 중국 남부 선전의 폭스콘(Foxconn) 공장에서 찍혔다는 사실을 알아냈다. 그의 말을 들어 보자.

가장 기막힌 것은 미국에서 거의 아무도 그곳의 이름을 모른다는 것이다. 놀랄 만하지 않은가? 내 말은 우리 물건들 대부분이 만들어지는 도시가 있다는 것, 그리고 어느 누구도 그곳의 이름을 모른다는 것이다. 우리는 그 물건들이 어디서 왔는지 안다고 생각한다. 우리는 모르지 않는다고 말한다. 중국에서 온다고 생각한다. 맞다, 일반적으로 중국이다.
그러나 그것들은 중국에서 오는 것이 아니다. 선전에서 오는 것이다. 선전은 도시이고, 하나의 장소이다.

(This American Life 2012)

이러한 질문을 하면서 데이지 씨는 경제지리학에 관심을 갖기 시작하였다. 그는 어떤 물건이 **어디에서** 생산되는지, 왜 **다른 곳이 아닌 거기에서** 생산되는지, 그리고 그것이 거기서 어떻게 왜 미국의 데이지 씨의 장소로 **지리적으로** 옮겨 왔는지 묻고 있었다. 이 이슈들은 모두 근본적으로 경제지리적이며, 데이지 씨에게 경제지리 지식을 습득할 것을 요구한다. 열정적인 여느 경제지리학자처럼 집에서 기초적인 사실들을 수집한 후 데이지 씨는 현장답사를 하러 중국을 방문하여 선전, 그 도시, 그 장소에 갔다. 그는 폭스콘 공장을 방문하여 사람들을 인터뷰하기 시작하였다(적어도 공장 바깥에서).

데이지 씨는 애플 제품을 만드는 사람들의 삶에 대해 더 많은 것을 밝혀내면서(그는 원래 '로봇이 만든다'고 생각하였다), 점점 더 혼란스러워졌다.■2 경제지리학은 맥북 프로를 43개 부품으로 분해하고 압축공기로 그것들을 세척하는 것처럼 마음을 진정시키지 않는다는 것을 확인하였다. 그럼에도 데이지 씨는 우리의 모든 물품들이 어디에서 왔으며 세계 곳곳에서 조립되었고 어떤 환경에서 생산되는지를 아는 것이 세계시민의 한 사람으로서 마땅한 일임을 믿게 되었다. 그는 왜 경제지리학이 자신에게 유익한지 느끼기 시작하였다. 우리 또한 이 학문이 당신에게도 유익하다고 믿는다. 우리는 전자 기기들에 데이지 씨만큼 빠져 있지 않지만, 경제지리학에는 매혹되어 있다. 우리는 경제지리학 열혈 지지자이고 열성팬이다. 경제지리학 숭배는 없지만(우리가 아는 한), 그런 것이 있다면 우리는 그 제단에 경배할 것이다.

이 책의 목적은 경제지리학을 찬미하는 데 동참하도록 당신을 설득하는 것이다. 이 주제에 대해 무언가 아는 것이 21세기를 살아가는 데 필수적이라는 것을 당신이 깨닫기를 바란다. 싫든 좋든 실질적으로 이 행성에 사는, 70억 이상을 헤아리는 모든 사람은 세계시민이다. 경제가 지구화되고 많은 사람들에게 매우 다양한 방식으로 영향을 주면서, 지난 40여 년간 경제에 일어난 변화는 경제적이기도 하지만 근본적으로 지리적이다. 따라서 경제지리는 경제 변화의 배경으로서뿐만 아니라, 도대체 왜 경제 변화가 발생하는지를 이해하는 데도 관련된다. 경제지리는 그러한 변화의 중요한 틀이자 골격 구조가 된다. 본질적인 것은 드러나기 마련이다. 우리 주장은 과장이 아니다. 경제지리학이 다루지 않는 삶의 영역도 넓다. 그러나 경제지리학이 다루는 것은 대단히 기본적인 이슈들이다. 그런 이슈들은 당신이 입는 옷에서부터 먹는 음식, 당신이 듣는 음악, 당신이 시청하는 비디오, 당신이 다니는 학교, 당신이 수강하는 대학교 수업에 이르기까지 오늘날의 사회·문화 생활을 구성하는 틀과 같은 역할을 한다. 만약 당신이 그 틀을 이해하지 못한다면, 오늘날 사회·문화 생활 자체의 기초들 중 하나를 이해하는 데 실패하리라는 것이 우리의 믿음이다. 당신은 자신의 삶과 멀건 가깝건 주변 다른 사람들의 삶을 이해하는 데 실패할 것이다.

이 장의 나머지는 이와 관련된 더 큰 주제들을 다루면서 이 책을 소개하고자 한다. 본 장은 크게 3개의 절로 나뉜다. 가장 긴 첫 번째 절은 데이지 씨의 에피소드로부터 이어져, 경제지리학 연구를 특히 중요하고 절실하게 만드는 현재의 정세—지금 당장—에 무언가 있다는 것을 말하고자 한다. 우리는 이를 두 가지 논의로 보여 준다. 첫째는 현 시기의 주도적 특징들을 설명하고, 그 특징들이 경제지리학의 관심 및 개념적 틀과 잘 들어맞는다는 것이다. 경제지리학은 지금 여기 이 자리에 잘 맞는 학문이다. 둘째는 그 적합성이 지난 40여 년 동안 지적 프로젝트로서의 경제지리학이 자신을 재건한 결과임을 제시하는 것이다. 이 기간 경제지리학은 점점 더 열린 자세를 갖게 되었다. 경제지리학은 변화에 적응하는 능력을 갖고 있으면서 여전히 과거의 기억도 보유하고 있으며, 폭넓고 보편적인 지식 기반이 있을 뿐 아니라 따분한 주제들을 종합하고 연결하는 능력도 갖추고 있다. 이러한 특징들은 경제지리학이 본래 가진 공간적 인지력과 함께 현재를 이해하는 데 큰 장점으로 작용한다.

두 번째 절에서는 이 책의 부제인 **비판적 개론**의 의미와 함의를 논의한다.

이것은 비판적으로 사고한다는 뜻이고, 특히 경제지리학이라는 학문에 대해 비판적으로 생각한다는 것이다. 우리가 채택한 전략은 두 가지이다. 첫째는 액면 그대로 받아들이지 않고 경제지리학의 이면으로 더 깊이 들어가는 것이다. 여기에는 왜 일이 지금 보이는 그런 식으로 이루어졌는지, 과거 무슨 의사 결정이 어떻게 이루어졌기에 우리가 지금 강의실에서 듣고 학술지와 책에서 읽는 경제지리 지식이 이렇게 정해졌는지 등에 대해 묻는 것을 포함한다. 이를 위해서는 학문 내부의 과정과 학문 외부의 맥락적인 역사 요인들을 자주 고찰하는 것 또한 필요하다. 둘째는 경제지리학의 여러 유형에 대해 비판적으로 평가하는 것이다. 그렇다고 우리가 중립을 지킨다는 뜻은 아니다. 대신 우리는 적절한 지점에 한 입장을 취하려고 한다. 우리가 생각하는 것이 경제지리학에 잘 맞는지, 왜 잘 맞는지, 그리고 무엇이 잘 맞지 않는지 설명하면서 그렇게 하려고 한다.

이 장의 마지막 절은 크게 둘로 나누어진 책의 나머지 구조와 논지를 개괄한다. 전반부는 하나의 학문 분야로서의 경제지리학을 다루고, 후반부는 변화하는 경제지리적 세계를 경제지리학적으로 고찰한다. 두 부분 모두 이 책의 부제에 부응하려 하였고, 전술한 두 가지 의미에서 비판적이고자 하였다.

1.2 '흥미로운 시대에 살기를 바랍니다': 경제지리의 세계

1.2.1 흥미로운 시대

'흥미로운 시대에 살기를 바랍니다'라는 말은 보통 '중국의 악담'이라고들 한다. 그러나 이 표현이 중국풍이거나 악담이라는 증거는 없다. 그럼에도 현대의 경제지리학자들은 분명히 흥미로운 시대에 살고 있다. 나아가 이러한 시대는 경제지리학에 불행이라기보다 오히려 우호적이어서, 경제지리학의 지위와 인지도를 높인다. 경제지리학에서 볼 때 이 시대를 흥미롭게 만드는 것으로서 경제지리학적 분석이 필요한 주제들에는 여섯 가지 특성이 있다.

• 첫 번째는 데이지 씨와 애플 공장 이야기에 직결되는 전반적인 지구화(globalization)로, 이것은 근본적으로 지리적인 경제 현상이다. 경제지리는 지구화의 개념 정의 속에 내재되어 있다. 경제지리는 지구화란 용어의 개념을 구성하는 중요 요소이다. 지구화는 국경을 가로지르는 ① 상품, 서비스, 자본, ② 노동(사람들), ③ 지식과 정보(통신), ④ 문화적 상품과 활동(스포츠, 요리, 전자 게임, 영화, 음악, TV 쇼 등)의 이동에 의해 세계가 경제지리적으로 점점 더 통합되는 것을 의미한다.

물론 지구화는 오래전으로 거슬러 올라간다. 고대 그리스의 시인 호메로스(Homeros)는 그의 서사시 『오디세이(Odyssey)』에서 기원전 800년경이라는 이른 시기(물론 그가 존재하였다면!)에 벌써 지구화에 대해 서술하고 있다. 서사시는 군인이자 선원인 오디세이와 무시무시한 외눈박이 거인 키클롭스, 매력적이고 아름답지만 치명적인 마녀 세이렌, 사악한 여자 바다 괴물 스킬라와 카리브디스가 등장하는 장엄한 글로벌 여행(기원전 800년 당시의 글로벌)을 그려 낸다(그림 1.1). 지구화는 매우 오래전부터 있어 온 일이지만, 지난 30여 년 동안 그 속도와 범위에서 양적으로, 그 형태에서 질적으로 변화하였다. 1980년대 이후 상품과 서비스의 세계 교역량은 (불변가격으로 1980년 2조 4000억 달러에서 2013년 23조 3000억 달러로) 10배 이상 증가하였다. 전 지구의 해외직접투자액 저량(stock)은 (1980년 1조 달러에서 2013년 22조 달러 이상으로) 20배 넘게 증가하였다. 전 세계적으로 현재 고용된 외국인 근로자는 (세계 인구의 약 3%로) 2배 이상 늘어난 수치이다. 1980년에서 2008년 사이 미국의 전화 가입자가 연간 국제전화를 사용하는 시간은 50배 증가하였다. 할리우드 영화표의 실질적인 매출 증가도 해외에서 이루어졌다. 1980년

경제지리학

그림 1.1 지구화의 고대 스타일? 세이렌의 황홀하지만 치명적으로 위험한 노래를 들었을 때 해서는 안 되는 것을 하지 않기 위해 오디세이가 돛대에 묶여 있다. 녹인 밀랍으로 귀를 막아 그의 선원들을 보호하였다('그리스의 항아리'에서, 기원전 500~480년, 대영박물관).

만 해도 할리우드 영화의 대량 매표는 미국 국내시장에서 이루어졌었는데, 2014년에는 해외 매표가 2/3로 역전되었다. 이러한 상황은 과거와 명백히 다르다. 그것은 다시 '반복되는 데자뷔'가 아니며, 이는 경제지리학자들에게 이 시대를 매우 흥미로운 것으로 만든다. 지구화가 그 중요성과 더불어 본질적으로 경제지리적 성격을 갖는다는 점에서, 우리는 하나의 장(제8장) 전체를 지구화와 지구화에 대한 경제지리학 연구에 할애할 것이다.

• 우리 시대의 두 번째 주목할 만한 특성은 1960년대에 시작된 통신혁명이다. 통신혁명은 비용을 거의 들이지 않고 세계 곳곳에 산재된 사람들 사이의 실시간 음성 및 시각적 통신이 가능하게 함으로써 현대의 경제지리적 관계를 개조하는 데 핵심적 요인이 되어 왔다. 통신혁명은 컴퓨터와 기존의 전자적 통신 방식의 결합으로 촉발되었다. 기존 전자적 통신의 기원은 전신이 시작된 19세기 조로 거슬러 올라간다. 컴퓨터는 훨씬 최근에 제2차 세계대전 중 본래 군사적 수요(나치의 암호를 해독하기 위해)에 대응해 개발되었다. 냉전

시기에 더욱 개선되어 컴퓨터는 미국 핵방어 시스템의 중추가 되었다. 1950년대 중반에 이르러서는 초기 군사적 용도를 넘어 기업 비즈니스에서의 사용이 점차 증가하면서 음성, 문자, 이미지에 의한 새로운 통신 방식의 기초가 되었다. 초기에는 새로운 원격통신 기술이 매우 비쌌기 때문에 종전의 통신이 계속 함께 이용되었다. 1970년대 후반에조차 전보(telegram)—타이핑된 문자 리본이 붙여진 사각의 작은 노란 종이—가 긴급 정보를 전달하는 데 여전히 사용되었다. 간략하고 단순한 형태의 전보는 빠르고 저렴하였다. 전보가 쓸모없는 것이 되면서 마침내 역사 속으로 들어간 것은 이메일이 널리 사용되고, 문자메시지가 확립되며, 스카이프(Skype)와 기타 수많은 소셜 미디어 플랫폼들이 수립된 1990년대 중반에 이르러서이다.

• 세 번째 핵심적 특성은 더 크고 빠르고 효율적인 운송 수단(항공기, 트럭, 선박, 기차)으로 구현된 물리적 교통의 기술 향상이다. 운송 수단들이 결합하여 화물 운송비가 엄청나게 줄었고, 세계 각지에서 오는 저렴한 상품이 넘쳐 나게 되었다. 경제학자 에드워드 글레이저와 재닛 콜헤이지가 "상품 이동이 생산과정의 중요한 구성 요소라고 전제하는 것보다, 상품 이동은 본질적으로 저렴하다고 생각하는 편이 지금은 [오히려] 더 적절하다."(Glaeser and Kohlhase 2004, p.200)라고 한 것 이상으로 운송비가 훨씬 떨어졌다. 비용 하락은 일차적으로 규모의 경제, 즉 전에 없던 대용량 운송 수단을 이용한 대규모 운송으로 단위당 운송비가 하락한 결과이다. 항공기는 더 커졌고(3층 구조의 에어버스 A380은 853명의 승객을 수용한다), 기차도 더 길어졌으며(오스트레일리아의 어떤 기차는 683개 차량으로 구성되어 한 대의 길이가 7.3㎞에 달한다), 트럭도 한층 커졌다(북아메리카에서 2개의 트레일러를 연결한 트럭은 8만㎏을 운반한다). 화물선은 더 길어지고 높아지고 부피도 커졌다(세계에서 가장 큰 화물선 CSCL Globe는 길이 400m, 높이 59m로 19,000개 컨테이너를 운반한다. 스니커즈 신발 1억 800만 켤레를 운반할 수 있는 공간이다). 컨테이너 화물

경제지리학

그림 1.2 1956년 4월 26일 뉴저지주 뉴어크 항구에서 텍사스주 휴스턴으로 향하는 첫 항행을 위해 세계 최초의 컨테이너('박스')를 싣고 있는 Ideal-X호.
출처: 뉴욕·뉴저지 항만공사.

운송의 증가는 특히 중요하다. 컨테이너 운송은 "세계에서 가장 위대한 숨겨진 경이로움, 대단히 과소평가된 비즈니스이다. 컨테이너 화물 운송이 지구를 축소시켰다. 박스 운송비가 매우 저렴하기 때문에 컨테이너 운송은 혁명을 일으켰다"(Shah 2000). 그 혁명은 정확하게 날짜를 적을 수 있다. 1956년 4월 26일 58개의 금속 박스가 크레인에 의해 뉴저지주 뉴어크에 정박해 있던 개조된 유조선 Ideal-X에 실렸다(그림 1.2). 그 선박은 5일 후 텍사스 휴스턴에 도착하였다. 박스들은 크레인에 실려 그것들을 목적지에 가져가기 위해 대기하고 있던 트럭들에 올려졌다. 이것이 컨테이너 혁명의 시작이다. 마크 레빈슨(Mark Levinson)은, "컨테이너 혁명은 세계를 더 작게 만들고 세계경제를 더 크게 만들었다."라고 썼다(Levinson 2006). 예를 들어, 대부분 '그 박스'의 결과로 2002년 미국의 소비자들은 30년 전과 비교해서 선택할 수 있는 상품의 종류가 4배 증가하였다.

- 네 번째 특성은 포디즘(Fordism)이라고 불리는 선진국(Global North)의 종전 사회경제적 체제가 1970년대와 1980년대 동안 와해된 것이다(글상자 1.1: 포

디즘과 케인스 복지국가). 포디즘은 헨리 포드(Henry Ford)가 20세기 첫 10년대 미시간주 디어본에 있던 그의 자동차 공장에서 처음 시도한 대량생산의 제조업 시스템이다. 포드가 만들어 낸 대량생산 기술은 후에 다른 산업부문으로 전달되어 영국, 독일, 프랑스, 이탈리아와 같은 다른 산업국가들에 의해서도 채택되었다[사실 1934년 '포디즘'이란 용어를 처음 만들어 낸 사람도 이탈리아의 마르크스주의자 안토니오 그람시(Antonio Gramsci)였다. Forgacs 2000, pp.275-300].

제2차 세계대전 이후 포디즘 제조업은 케인스 복지국가(Keynesian Welfare State, KWS)로 알려진 서구 선진 제조업 국가들의 특정한 정부 형태와 결합하게 되었다. KWS는 에너지와 도로, 그리고 (이런 경우 국가 소유의 학교와 대학에 의해 '생산된') 노동력 같은 것까지 생산의 지속에 필요한 모든 것들이 포디즘에 확실히 제공되도록 하였다. 동시에 정부는 사람들이 포디즘이 생산하는 제조업 상품을 구매하기 위한 충분한 소득을 갖도록 보장하였다(이는 은퇴자, 실업자, 장애인과 같이 달리 소득이 없을 사람들에게 다른 것을 통해 소득을 제공하는 것을 의미한다). 우리의 요점은 이러한 포디즘과 KWS 시스템이 국가적으로 조직되었다는 것이다. 각국은 KWS와 포디즘 제조업 시스템의 결합에서 자국만의 특정한 방식을 가졌고, 이 결합이 여러 수준의 성공을 만들어 냈다. 그 결과 스칸디나비아 국가들은 전반적으로 도약할 수 있었지만, 영국은 계속해서 뒤처지게 되었다.

그러나 1970년대 초반부터 포디즘과 그와 연관된 KWS가 큰 어려움을 겪기 시작하였다. 산업생산성은 떨어지고 노동비용이 가파르게 상승하였고, 결과적으로 이윤이 줄어들었다. 무언가 달라져야만 했다. 이런 상황에서 선진국의 많은 제조업자들이 큰 폭의 저임금과 앞서 언급한 통신 및 교통 혁명의 두 가지 기술적 과정에 이끌려 그들의 공장을 후진국(Global South)으로 이동시키기 시작하였다. 이 과정이 추진력을 얻자, 종래의 국가 기반 시스템인 포디즘과 KWS는 선진국에서 점차 힘을 잃게 되었다. 수천만 개의 일자리가 '탈산업화(deindustrialization)'라는 과정 속에 사라졌고, 종전의 제조업 지역은 녹슨 지대(rust belt)가 되었다. 선진국 중 7개 주요 산업국가의 제조업 고용 비중은 1970~2003년 기간에 급격히 낮아졌다(그림 1.3). 영국에서 총 고용 대비 제조업 고용은 1/3에서 1/10 이하로 줄어들었다. 미국의 북동부와 중서부 위쪽, 영국의 북부처럼 제조업으로 특화된 지역들은 쇠락하거나 공동화되어 과거의 그림자가 되었다. 동시에 후진국에 대규모 제조업 투자를 수반하는 새로운 글로벌 시스템이 출현하였다. 처음에는 한국, 홍콩, 싱가포르, 대만이 신흥공업국(Newly Industrializing Countries, NICs)으로 떠올랐다. 그 후 브라질, 멕시코, 타이, 말레이시아가, 그리고 물론 중국도 떠올랐다. 이들 장소 중 어느 곳도 과거 역사적으로 대규모 제조업을 수행한 적이 없었으나, 지구화라는 새로운 체제하에서 그렇게 되었다.

여기서 중요한 것은 이 모든 과정—국가마다 다른 방식으로 결합된 KWS와 포디즘의 확립 및 그 이후 산업 재구조화와 탈산업화 형태로 진행된 그 체제의 쇠퇴와 NICs의 성장 속에 나타난 그것의 반복 등—이 경제지리적이라는 것이다. 그것들은 경제지리학에 완벽히 들어맞는다.

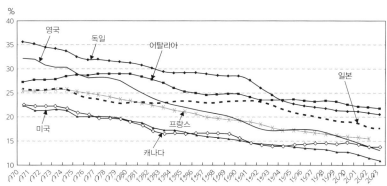

그림 1.3 선진국의 탈산업화. 1970~2003년 기간에 걸친 G7 국가들의 제조업 고용 비율 감소
출처: Pilat et al, 2006, p.6.

• 다섯 번째 특성은 노동시장과 근로(work) 성격이 크게 변한 것이다. 탈산업
화는 1970년대부터 선진국 제조업 지역을 강타하여 상대적으로 고소득인
남성 중심의 노조화된 제조업 일자리를 어마어마하게 없애 버렸다. 그러한
일자리 변화는 대중문화의 소재가 되기도 하였다. 예를 들어, 1997년에는
영화 '풀몬티(The Full Monty)'가, 나중에는 브로드웨이와 런던의 웨스트엔
드 뮤지컬이 보일러복과 작업화를 벗고 전통적으로 여성 서비스 업종인 스
트립 댄싱을 하게 되는 셰필드의 해고된 철강 남성 노동자들의 모습을 다루
었다. 그 영화는 판타지이지만, 일자리와 일자리를 둘러싼 근본적인 변화를

글상자 1.1

포디즘과 케인스 복지국가

포드 모델 T와 헨리 포드
출처: Getty Images.

헨리 포드(Henry Ford, 1863~1947)는 20세기 초 미시간에 있는 고기 포장 공장을 방
문하였다가 대량제조 생산 라인에 대한 아이디어를 얻었다. 그곳에서는 살아 있는 동물

그림 1.4 미시간주 디어본의 포드 루지 공장, 1927년

존 메이너드 케인스
출처: Getty Images.

이 공장의 한쪽 끝으로 들어간다. 머리 위의 컨베이어 벨트와 갈고리를 이용해서 그 동물들은 공장을 이동하면서 점차 '해체'된다. 마지막으로 그 동물이 공장을 떠날 때는 티본 스테이크, 햄버거용 패티(patty), 아침 식사용 소시지로 나간다. 포드의 천재성은 그 과정을 역으로 돌렸다는 것이다. 분해 대신에, 그는 조립을 선택하였다. 석탄, 철광석, 고무, 천과 같은 원료 투입물이 그의 공장 한쪽 끝에 도착한다. 공장에서의 이동과정을 통해 그것들은 생산 라인의 다른 한쪽 끝에서 유명한 포드 모델 T 자동차로 '조립'되어 나

온다. 이 일이 일어난 상징적 공장이 디트로이트 레드 리버(Red River)에 있던 리버 루지(River Rouge) 단지이다(그림 1.4). 주요 생산 공장은 폭 1㎞에 길이가 3㎞를 넘고, 최고 8만 명의 노동자를 고용하였다. 생산 라인의 노동자들은 컨베이어 벨트를 따라 줄을 서서 끊임없이 주어진 똑같은 작업을 반복해 로봇같이 일을 하였다[글상자 12.1: 테일러리즘(Taylorism)].

포드는 정치적으로 악명 높은 보수주의자였다. 그는 "사람들은 그들이 조직될 때 가장 나쁜 것 같다."라고 말한 적도 있다. 그는 KWS가 명백히 좌파였기 때문에 KWS의 부상을 기뻐하지 않았을 것이다. 그럼에도 불구하고 제2차 세계대전 이후 포디즘과 결합한 KWS는 전반적인 경제적 부를 미국의 경제학자 존 케네스 갤브레이스(John Kenneth Galbraith 1958)가 말한 "풍요로운 사회(affluent society)" 혹은 영국 총리 해럴드 맥밀런이 유권자들에게 "우리 대부분은 이렇게 좋은 적이 없었다."라고 한 것과 같은, 그때까지 예견하지 못한 수준으로 만들었다.

KWS의 케인스는 케임브리지(영국)의 경제학자 존 메이너드 케인스(John Maynard Keynes, 1883~1946)(Canes로 발음된다)에게서 유래되었다. 케인스는 1930년대 대공황의 참화를 보고 섬뜩해했다. 그의 책 『고용, 이자 및 화폐에 관한 일반이론(The General Theory of Employment, Interest and Money)』(1936)은 공황을 없애는 한 방법을 제공하였다. 이 책은 대공황이 다시 발생하는 것을 막기 위해 잡아당겨야 할 다양한 경제 레버와 눌러야 할 경제 버튼을 알려 주는 사용설명서의 역할을 하였다. 케인스의 위대한 통찰력은 경제가 지속가능하기 위해서는, 즉 경제가 경기후퇴의 어두운 구덩이로 떨어지지 않기 위해서는 일반(거시적) 소비수준이 유지되어야만 한다는 것이다. 이는 직업이 있건 없건 누구나 소비를 할 수 있어야 한다는 것을 의미한다. 여기서 복지국가의 발달이 유래하였다. 복지국가는 다른 방법으로는 소득이 없는 사람들에게 소득을 제공하고, 포디즘의 장려금으로 상품을 구매할 수 있는 열렬한 소비자들이 늘 있다는 것을 보장한다. 헨리 포드와 생각이 다르지만, 케인스는 경제에서 국가 개입이라는 역할의 중요성을 보여 주었다.

지적한다. 선진국은 후기 산업사회의, 서비스 기반 경제로 이행하고 대량 생산 제조업이라는 오래된 포디즘의 묘약은 사라졌다. 고용은 이제 두 가지 주요 형태로 나타났다. 하나는 맥잡(McJobs)이다. 이런 일들은 기술이나 경험을 별로 요구하지 않지만 임금이 낮다. 변이가 있지만 일반적으로는 그러하다. 좀 더 높은 쪽 끝에는 부티크 카페나 디자이너 의류 매장과 같은 화려

한 소비 시설의 고용이 있다. 낮은 다른 한쪽 끝에는 패스트푸드 식당의 비정규직이나 혹은 대형 할인 소매점의 매장에서 일하는 '점원'이 있다. 서비스부문 고용의 다른 유형은 창조경제 혹은 신경제 또는 문화경제에서의 고용이다. 이 부문의 취업자들은 보통 높은 임금을 받으며, 빈번히 공식적인 자격 증명과 기술이 요구된다. 광고업이나 고등교육과 같이 기존 부문이 재구성되어 생긴 일자리도 있으며, 비디오 게임 혹은 웹 디자인과 같은 전적으로 새로운 부문일 수도 있다. 두 종류의 서비스업—낮은 쪽 끝과 높은 쪽 끝—모두 소비자 그리고 다른 근로자와 체화된 상호작용을 요구하기 때문에 문화적, 사회적, 심지어 감정적(부드러운) 숙련을 필요로 한다. 제조업과정에서는 한 근로자의 신체가 제조과정으로 분산되어 존재하는 근육의 저장소와 같다는 점에서 다른 근로자의 것과 동일하지만, 서비스부문에서는 신체가 보통 판매되는 생산물의 살아 있는 일부가 된다. 신체의 종류가 차이를 만들고, 신체가 어떻게 옷을 입고 행동하고 말하고 보이는지가 중요할 수 있다.

다시 말해, 이 모든 것에서 경제지리가 문제가 된다. 즉 신국제분업(new international division of labor)(제8장)을 가져오는 고용의 글로벌 재분배에서부터, 캘리포니아 실리콘밸리(글상자 12.3: 실리콘밸리)와 같이 특화된 첨단기술 창조산업 지역의 등장에 이르기까지, 그리고 근로가 구체적으로 이루어지는 파생상품 거래소나 스타벅스 카페 같은 미시 공간에 이르기까지 모든 것에서 경제지리가 문제가 된다.

- 마지막으로, 1980년부터 점차 종전의 KWS를 대체한 신자유주의(neoliberalism)이다. 신자유주의는 정부의 목적을 달성하기 위해 시장 기반의 인센티브, 즉 가격 신호에 의존하는 정부의 한 형태이다. 신자유주의 도입은 특히 규제 완화 및 비국유화(denationalization), 민영화와 관련된다. 규제 완화는 정부 규칙과 법령을 경제를 중심으로 배치하는 것을, 비국유화 및 민

영화는 정부 소유의 경제 자산 및 부문을 민간기업에 매각하는 것을 말한다. 두 경우에 대한 신자유주의적 정당화는 자유시장이 국가보다 경제에 더 도움이 된다는 것이다. 그러므로 시장의 효율적 작동을 위해 국가 개입을 제거하여야만 한다는 것을 기초로 한다. 칠레의 군부독재자(당황스럽게도 그는 지리학자이다) 아우구스토 피노체트(Augusto Pinochet)는 1973년 자기 나라에서 처음으로 신자유주의를 체계적으로 시도하였다. 그렇지만 실제로 실행된 신자유주의는 미국의 도널드 레이건(Ronald Reagan) 행정부(1980~1988)와 가장 관련이 있으며, 아마도 마거릿 대처(Margaret Thatcher) 영국 총리(1979~1990)가 그보다 더 연관될 것이다. 대처는 더욱 열정적이었다. 그녀는 영국의 국가 소유 비즈니스(예로 철도, 통신, 수도, 탄광, 철강, 발전)의 광범위한 민영화를 지휘하였다. 그리고 KWS의 해체를 개인적 목표로 삼았다. 그녀는 KWS를 '보모 국가(nanny state)'*라고 불렀고, 그런 국가는 사람들을 기업과 시장의 호된 교육 환경에 노출시키지 않고 제멋대로 행동하며 응석받이가 되게 한다고 믿었다. 레이건이나 대처 같은 신자유주의자들에게 국가가 부과한 경제 규제는 시장을 마비시키고 지체시켰을 뿐이었다. 결과적으로 각 국가는 비즈니스를 위해 자유를 신장할 필요가 있을 뿐만 아니라, 전 세계적으로도 그러할 필요가 있었다. 이를 위해 1980년대 후반부터 세계은행(World Bank)과 국제통화기금(International Monetary Fund, IMF) 같은 국제기구들은 특히 후진국에 (소위 워싱턴 합의**에 동참하는) 신자유주의 대열에 서도록 신자유주의를 부과하였다. 그러한 국제기구들은 온

---

* 역주: 보모 국가는 영국에서 유래한 정치 용어로, 개인의 삶에 너무 많은 캠페인과 법률을 제공하려고 하는 정부를 말한다. 특히 식품, 담배, 알코올 등에서 그러한 현상이 흔히 나타난다. 이 용어는 1965년 영국 보수당 하원의원인 이언 매클라우드(Iain Macleod)가 한 잡지에서 처음 한 말이다. 이 말은 영국과 미국의 담배산업과 관련하여 대중화되었다.

** 역주: 미국 정부와 국제통화기금(IMF), 세계은행 등 국제 금융자본이 미국식 시장경제 체제를 개발도상국의 경제 모델로 삼자고 합의한 것을 말한다.

경제지리학

전한 지구화가 개방시장의 가장 완전한 표현이라고 믿었다. 시장이 세계 어디에서나 발견될 때, 지구화의 완벽한 경제지리가 이루어질 때, 신자유주의 전도사 프랜시스 후쿠야마(Francis Fukuyama 1992)가 말한대로 "역사의 종언"이 될 것이다. 역사적 변화는 멈출 것이다. 유토피아가 가까이 왔다. 결과적으로 그것은 또한 지리학의 종언을 의미하였다. 그리스어에서 유래한 유토피아는 어원상 어디에도 없다는 뜻이다.

모든 새로운 세대의 경제지리학자들은 자신이 학문에 입문한 시기가 가장 흥미롭다고 믿을지 모른다. 그러나 1980년대 이후의 경제지리학자에게는 정말 그러한 것 같다. 그들, 곧 우리는 경제에서 이루어지는 일련의 강렬하고 심대한 지리적 변형을 목격해 왔다. 그 결과는 절망과 트라우마에서부터 열정적인 목표 의식과 낙관주의에 이르기까지 다양하다. 그런데 그 변화들이 어떻게 묘사되든 간에, 흥미로운 시대라는 신호를 보내 온 것은 부인할 수 없다. 경제지리학이 지리학의 중요성에 대해 과거 주장하였던 모든 것이, 말이 씨가 되어 돌아왔다. 지금의 시대는 경제지리학적 감수성이 없으면 이해하기 어렵다. 이것이 우리가 경제지리학이 당신에게 유익하다고 생각하는 이유이다.

1.2.2 흥미로운 학문

시대가 경제지리학에 우호적이지만, 반드시 경제지리학이 기회를 잡았다는 것을 의미하는 것은 아니다. 오늘날 경제지리의 중요성을 개념화하려는 다른 사회과학들 역시 존재한다(제4장 참조). 경제지리학은 늘 약간은 수줍고 자신감이 없지만, 자신의 일을 내세우고 특별한 기여를 한다고 주장할 수 있는가? 우리는 그렇다고 생각한다. 경제지리학은 재미있는 학문이다. 하나의 학문 주제로서 그 구조를 구성하는 요소들 때문에 경제지리학은 현시대에 관해 무언가 중요한 일을 하고 중요한 말을 할 수 있다.

그 첫 번째 요소는 지리적 차이에 대한 인식과 강조이다. 그것은 초기 지리학부터 강조되었던 것이다. 지리학을 한다는 것은 한 장소, 지역, 국가가 다른 것과 어떻게 다르고 왜 다른가에 대해 이해하는 것이다. 일견 지리적 차이를 인식하는 것이 아마도 오늘날 경제지리를 조형하는 가장 중요한 힘, 즉 지구화를 이해하는 데 별로 도움이 되지 않는 것처럼 보일지 모른다. 지구화는 종종 지리적 차이를 평준화하고 으깨어 분쇄하는 냉혹하고 가차 없는 힘으로 표현된다. 『뉴욕타임스』의 유명한 칼럼니스트 토머스 프리드먼(Thomas Friedman 2005)이 그런 부류이다. 그의 말을 빌리면, "세계는 평평하다. 지구화는 그것이 지나가면 어떤 공간이든 매끄럽고 균질한 표면으로 만드는 증기 롤러와 같다." 지구화는 그림 1.5의 만화에서 묘사한 것과 같은 세계를 만들어낸다. 그러나 그런 설명과 반대로, 경제지리학자들은 그들의 지적 뿌리를 유지하면서 대신에 지리적 차이와 변이를 강조한다. 경제지리학자들은 지구화가 공간상에 전개되면서 그들만의 독특한 물적·제도적 형태의 결합으로 정의되는 특유의 장소와 지역들과 만나 그것들의 껍질을 벗기고 마찰을 빚는다고 생각한다. 지구화는 강력한 힘일지 모르지만 지리적 차이 모두를 함께 평탄화하고 지워 버릴 만큼 강력한 것은 아니다. 지리적 차이가 취하는 형태는 지구화와의 상호작용 속에 변화하지만, 완전히 지워지지는 않는다. 결과적으로 차이가 지속되어 차이를 만들고, 지구화를 다양한 국지적 형태들을 이어붙인 조각보(patchwork)로 변형시킨다. 지리적 세계는 광대한 하나의 평원—수평 경관—이라기보다, 여전히 공간적으로 얼룩덜룩한 잡색이다(제8장). 언제나 그런 것처럼 문제는 지리이다.

두 번째 요소는 이론과 방법에 대한 경제지리학의 개방적 자세이다. 경제지리학은 변화하는 환경에 맞추어 기꺼이 자신을 개조한다. 반면에 다른 학문들(예를 들어, 정통 경제학 같은)은 육즙으로 굳힌 젤리 안에 놓여 있는 것처럼 잘 변화하지 않는다. 그런 학문들은 대개 제도화되기 시작한 이후로 동일

경제지리학

그림 1.5 지구화의 증기 롤러하에서 지리의 죽음인가? 혹은 크게 과장된 죽음인가?
출처: Louis Hellman.

한 이론과 방법들을 추구하는 편이다. 경제학의 경우, 거의 150년 전에 처음 도입된 제한조건하의 극대화라는 수학적 기법에 기초한 방법이 그대로이다 (Mirowski 1989). 경제지리학은 그렇지 않다. 경제지리학은 그 역사 동안 여러 사례 사신을 새상소하였다(제3장). 현재의 버전인 지난 30여 년간의 경제 지리학에서는 무엇이든 더욱 가능하게 되었다. 특히 경제지리학은 실험을 하는 데 주저하지 않았다. 19세기 미국의 수필가이자 시인인 랠프 월도 에머슨(Ralph Waldo Emerson 1911, p.302)은 "모든 인생은 실험이다. 실험을 많이 할수록 당신은 더 나아진다."라고 말한 적이 있다. 그것이 경제지리학이다. 경제지리학의 역사를 보면, 경제지리학에서는 그런 것들이 특별한 것은 아니었다. 경제지리학은 늘 사용하던 이론 틀을 선택하기보다는, (변화하는) 지리적 과정에 가장 적합해 보이는 이론 틀을 선택한다. 결과적으로 경제지리학자들은 그들의 이론 틀을 과학기술 연구, 문화 이론, 페미니즘, 마르크스주의, 제도주의(institutionalism) 혹은 정통 경제학 등에서 가져오기도 한다(제5장 참조). 경제지리학은 단일 전통에 따라 순수한 형태로 나타날 수도 있지만, 혼합과 결합, 절충적 스타일의 이론화, 이중 콜라주, DIY(Do It Yourself) 접근을 통해 이론을 구축할 수도 있다. 마찬가지로 제6장에서 더 논의하겠지만, 설명할 자료를 수집하는 방법들도 점점 더 변화하고 다양해지고 있다. 자료는 수학적 표현과 분석을 요구하는 통계자료일 수도 있고, 문자로 기록된 면담 기록물일 수도 있으며, 일터에서 기록된 민족지학적 현장 노트일 수도 있다. 어느 것이 될지는 구체적인 연구 대상이 정해질 때까지 아무도 모른다. 그것이 문제이다. 다음 장에서 우리가 보여 주듯이, 경제지리학은 연구 대상에 대해 점점 더 개방적이 되어 가고 있다. 경제지리학의 경계는 그 어느 때보다 구멍이 많아지고 희미해지고 있다. 따라서 경제지리학은 광범위한 여러 이론과 방법들의 수용이 필요하다. 여기에서도 다시 한번 연구 대상이 고정적 한정성을 가진, 즉 연구 대상인 것과 연구 대상이 아닌 것 간의 경계가 엄격히 구분되는 정통 경제학과 완전히 대비된다. 현대 경제지리학에서는 그런 엄격한 경계는 더 이상 불가능하다. 이러한 개방적 접근은 경제지리학의 진화적이고 다면적인 특성과 잘 어울린다. 경제의 지리는 항상적이지 않다. 새로운 공간들(신체 공간, 젠더화된 공간, 제도 공간, 문자 공간, 수행 공간, 가상 공간 등)의 새로운 조합으로 늘 움직이고 변형되고 확산된다. 그러나 현대 경제지리학은 단단히 고정된 범위

경제지리학

가 없기 때문에 계속 따라갈 수 있다. "여기는 더 이상 캔자스가 아니야!"*라는 사실에도 경제지리학은 당황하지 않는다. 그것은 오히려 흥분되는 일이다. 우리는 전 세계에 있다.

세 번째 요소는 경제지리학의 또 다른 오랜 특성으로 포용적이고 종합적인 성향과 관련된다. 포용성은 주제 면에서 경제지리학의 넓은 포섭력을 의미한다(제2장 참조). 가시적이든 비가시적이든, 인문적이든 비인문적이든, 살아 있든 죽어 있든 무엇이든 대부분 학문적 탐구 대상이 될 수 있다. 물론 연구 대상에 포함되는 사례는 단순히 우기는 것이 아니라 이론적으로 주장되어야 한다. 단, 연구 대상 포함 여부의 최소 기준은 매우 낮다. 기준이 낮은 것은 역사적으로 경제지리학의 목적이 지리적 종합이었기 때문이기도 하다. 한 장소나 지역에서 발견되는 여러 가지 많은 것들이 모두 모아지고, 관련되고, 연결되고, 종합되어 보다 복잡하고 통합된 지리적 실체를 형성한다. 이러한 종합화의 추구는 장소와 지역의 기술에 관한 프로젝트로서 시작된 초기 지리학■3으로 거슬러 올라간다. 장소나 지역을 재현(representation)한다는 것은 그 장소, 그 지역에서 발견되는 인문적·비인문적인 여러 상이한 것들을 연관시키고 종합한다는 것을 의미하였다. 장소나 지역은 거기에 있던 모든 것들의 단순한 목록이 아니다. 그것들은 결합하고 연결하여, 즉 종합을 한다. 경제지리학의 포용적·종합적 성격은 매우 많은 다른 장소들에서 매우 많은 다른 것들이 부딪치는 현시대를 재현하는 데 이상적이다. 현대 경제지리학은 바로 그러한 것들을 으깨어 종합한다. 그것은 종합적인 경제 이론을 완성하려는 분투이다. 종합은 경제지리학의 정수로, 현재를 재현하는 지적 프로젝트로서 경제지리학을 정립한다.

마지막 요소는 공간적 과정에 대한 매우 강력한 관심이다. 공간적 과정에

---

* 역주: 완전히 새로운 환경이라는 탄식과 같은 말.

대한 논의는 배경에 단순히 색깔을 가미하는 것이 아니라, 대상을 기술하는 데 있어 근본적이고 필수적이다. 지구화의 예를 다시 들어 보자. 우리가 주장하는 것처럼 공간적 과정은 처음부터 중심이 되어 그 용어 속에 내재되어 있다. 예를 들어, 에리카 쉔버거(Erica Schoenberger 1980)는 고대 아테네와 로마가 군사적 정복을 통해 제국의 지구화를 시도할 때도 경제지리적 과정이 수반되었다고 주장한다. 기원전 5세기까지 군사적 행동은 단 한 번의 전투만으로도 크게 제약을 받았다. 기원전 5세기 중반 이후 처음으로 상비군과 해군이 생기면서 상황이 바뀌었다. 그러나 상비군의 유지는 경제지리를 요구하였다. 군인과 선원들에게는 급여를 주고 노 젓는 노예들과 함께 식량과 보급품도 제공되어야 했다(아테네 해군에는 4만 명의 노 젓는 노예가 필요하였다). 아테네와 로마 군이 새로운 공간으로 확장, 즉 지구화하기를 원할 때 교통, 지역 생산, 화폐, 교환, 그리고 전에 없던 시장 조직을 필요로 하였다. 그것은 경제지리의 창출을 의미한다. 지구화와 경제지리, 이 둘은 함께 갔다. 그리고 지금도 계속 함께 가고 있다. 물론 지구화와 그와 연관된 경제지리의 성격에 큰 변화가 있었다. 예를 들어, 현재 지구화의 주요 도구는 제국의 육군과 해군이 아니라 다국적기업(multinational corporations, MNCs)과 초국적기업(transnational corporations, TNCs)이다. 경제지리와 연관이 강하다 못해 MNCs와 TNCs는 근본적으로 경제지리적 조직이다. MNCs와 TNCs에 대한 정의와 이론적 해석은 상이한 유형의 기업은 상이한 장소에 입지한다고 하는 공간적 차별화 과정의 아이디어에 기초한다. 이 경우 MNCs와 TNCs의 핵심은 지구화와 분리될 수 없는 경제지리이다.

경제지리학은 준비가 된 학문이다. 지적 프로젝트로서 경제지리학을 특징짓는 여러 특성은 현재의 것들을 등록, 기록, 상황 파악, 분석, 설명하는 데 적합하다. 경제지리학은 흥미로운 시대를 위한 흥미로운 학문이다.

1.3 비판적이기: 어떤 의미에서 '비판적' 경제지리학 개론인가?

비판적이라는 단어는 판단 혹은 식별을 의미하는 그리스어 '크리티코스(kritikos)'에서 유래한다. 이 말은 단순한 부정, 즉 무조건 반대하는 것과는 다르다. 몬티 파이튼(Monty Python: 영국의 유명한 코미디언 집단−역주)의 유명한 코미디 스케치 쇼 중 하나는 마이클 페일린(Michael Palin)이 1파운드를 내고 전문 논쟁가 역의 존 클리즈(John Cleese)와 5분간 논쟁을 하는 이야기이다. 논쟁은 번갈아 가며 "아니요, 그렇지 않아요!", "네, 그래요!"라고 반박하는 방식이다. 그런데 마이클 페일린은 곧 이 게임에 싫증이 났다. 그는 탁자 맞은편에 앉아 있는 존 클리즈에게 성난 목소리로 "논쟁은 그냥 반박하는 것이 아니에요!"라고 말했다. 그러자 클리즈는 "음, 그럴 수 있죠!"라고 했다. 그리고는 번갈아 가며 반박하는 말들이 다시 시작되어 1파운드짜리 논쟁 시간이 끝날 때까지 계속되었다.■4 페일린의 말이 정확히 맞다. 논쟁은 다른 사람이 말한 것을 무조건적으로 반박하는 것 이상이다. 또한 '지적 과정'을 수반한다. 마찬가지로 비판적이라는 것은 "아니요, 그렇지 않아요."라고 말하는 것 이상이다. 그리스어원이 함의하듯이 비판적이라는 것은 숙고된 평가와 식별, 즉 힘든 정신노동을 내포한다.

　이 책의 목적은 명백한 비판적 경제지리학 개론서를 제공하는 것이다. 그것이 이 책을 여타 경제지리학 개론서와 다르게 만드는 것이다. 다른 개론서들은 본질적으로 경제지리학을 서술한다. 경제지리학이 무엇인지, 무엇을 하는지를 당신에게 말한다. 우리 역시 그렇다. 그러나 우리는 그 이상이다. 우리는 결이 다른 두 가지 질문을 하며 경제지리학을 비판한다.

1.3.1 현 상태를 질문하기

첫 번째는 왜 그러한가라고 묻는 질문이다. 그것은 사물들을 주어진 것으로 받아들이지 않는, 즉 액면 그대로("원래 그런 거야"라고) 받아들이지 않는 질문이다. 경제지리학은 오늘날 왜 그런 모습이지? 경제지리학자들은 왜 그런 방식으로 일을 하지? 이와 같은 비판적 태도는 부분적으로 역사적 상상력을 수반한다(제3장 참조). 어떤 역사적 발전이 그것들을 그런 식으로 유도하였는가? 어떤 지적 싸움이 있었는가? 왜 그 승자가 이겼는가? 그러나 단지 역사에 관한 것만은 아니다. 현재에 대한 질문도 당연히 필요하다. 이/저 경제지리학 연구에 어떤 가정이 깔려 있는가? 왜 저자는 다른 방법이 아닌 이 방법을 사용하는가? 왜 X 현상에 대한 연구는 인기가 있고 인정을 받는데, Y 현상의 연구는 왜 그렇지 않은지? 경제지리학적으로 분석할 가치가 있는지 여부는 누가 결정하는가? 학과 교수들? 학계 지도자들? 연구비 지원 기관들? 비판적이라는 것은 그 모든 것에 의문을 제기하는 것을 뜻한다.

그러한 비판적 질문은 탈당연시화(denaturalization) 과정으로 볼 수도 있다. 어떤 텍스트의 경우, 비판적 질문은 표면상 그 텍스트의 자명해 보이는 ('자연스러운') 의미에 대한 도전이다. 그 텍스트는 올바른 것으로 보일 수 있다. 즉 나무랄 데 없는 문장, 선명한 사진, 정돈된 그래프 등으로 짜인 단단한 단어들의 집합으로 보일 수도 있다. 그러나 비판적 해석이 가해지면, 각 텍스트는 그때까지 인식되지 못하던 일련의 사회적·문화적 판단, 즉 텍스트의 구성 속에 깊숙이 스며들어 의미를 윤색한 판단들을 드러낸다. 그 결과 그 텍스트는 올바르지 않고 단단하지 못한 것으로 보이기 시작하고, 그 의미도 더 이상 자명하거나 자연스럽지 않게 된다.

경제지리학과 같은 학문에서 비판의 실천은 관련된 내부 및 외부 과정의 이해를 필수적으로 수반하며, 그 과정들은 보통 차별적인 권력관계와 엮여 있다. 어떤 학문이 생산하는 텍스트들의 의미 이면에서 실체(the real)를 형성하는 것은 보통 그러한 과정들이다. 그러한 과정들은 그 덮개가 벗겨지고 알몸이 드러나게 할 필요가 있다.

영어로 쓰인 경제지리학 최초의 학술 교과서를 예로 들자면, 조지 치솜(George Chisholm)의 『상업지리학 핸드북(Handbook of Commercial Geography)』(이하『핸드북』)은 1889년에 출판되었다(자세한 것은 제3장에서 더 논의한다). 치솜의 책은 다소 지루하지만 무결해 보인다. 그 책에는 철강 톤수에서부터 차의 파운드에 이르기까지 전 세계 각지로부터 온 무수한 상품들의 생산과 가격, 무역량에 관한 수많은 수치 통계표들이 포함되어 있다. 또한 여러 대륙과 아대륙 전체에 대해 생산 지역, 국내 철도망, 해상 운송 노선, 인구밀도 등을 표시한 지도도 제공한다. 이 책의 과도한 메시지 또한 다소 순진하다는 것을 제외하면 역시 악의가 있는 것 같지 않다. 주어진 장소의 '자연적 이점'이 경제활동을 결정한다(Chisholm 1889, p.1). 그러나 우리가 그 텍스트를 파고 들어가 비판적으로 해석하기 시작한다면, 그 책은 더 이상 그렇게 무결하거나 순진하지 않을 것이다.

제3장에서 언급하겠지만, 치솜 책의 목적 중 하나는 영국의 대학들에 경제지리학이라는 새로운 학문을 확립하는 것이다. 『핸드북』의 의도는 학문적 영역의 입증, 즉 대학의 새로운 과목을 위한 학자 자리를 요구하기 위한 것이다. 책은 강력한 행동, 즉 권력의 언설이다. 『핸드북』이라는 인공물은 그러한 언설을 만드는 수단의 하나이다. 『핸드북』의 물질성은 이 새로운 분야가 실체를 보유하고 있음을 드러낸다. 경제지리학은 존재하여야 한다. 왜냐하면 저명한 출판사 Longman, Green and Co.가 출간, 그 이름이 인쇄된 두꺼운 책이 있기 때문이다. 물질성과 별개로 책의 표지 사이에 단어와 숫자, 지도로 쓰인 텍스트 자체가 있다. 그것들은 이 새로운 학문이 어떤 모습인지를, 즉 경제지리학에 적합하기 위해서는 어떤 종류의 실천이 따라야 하는지, 경제지리학자가 경제지리학자가 되기 위해서는 무엇을 해야만 하는지를 문자 그대로 보여 준

다. 소기의 성과가 있어, 치솜은 58세의 나이에 에든버러 대학교에 경제지리학자로 자리를 얻는다. 이런 내부적 맥락은 『핸드북』의 텍스트를 이해하는 데 필수적이다. 그것은 텍스트의 중요한 의미를 형성하기 때문에 비판적 해석을 할 때 파헤쳐질 필요가 있다.

이 경우 대영제국의 전성기라는 외부적 맥락도 마찬가지이다(제3장에서 더 논의한다). 런던에서 『핸드북』을 저술한 치솜은 식민지에 대한 의사결정이 이루어지는, 좀 더 넓게는 세계 내에서 영국의 군사적 역할이 결정되는 대영제국의 최고 중심부에 있었다. 그런 맥락은 분명히 치솜의 텍스트에 스며들어, 그가 표로 만든 통계와 제공하는 지도(지도의 기호뿐만 아니라 지도 위에 쓰인 정보를 포함해서), 기술된 특정 상품, 재현된 국가들을 결정하였다. 무결한 식민주의는 없다. 식민주의를 재현하는 치솜의 텍스트도 무결하지 않다. 그 책은, 그래서 비판적 해석이 요구되는, 제국의 중심부에서 쓰인 식민지 프로젝트의 『핸드북』이다.

경제지리학에 대한 비판적 개론은 제도, 이론, 텍스트 등등 속에 물질화되어 있는 이 학문의 현 상태(status quo)에 대한 고민을 필요로 한다. 고민한다는 것은 어떤 것에 대해 곰곰이 생각하고, 그것에 관해 한 방향에서 그리고 또 다른 방향에서 생각하며, 더 깊은 사고와 엄밀함, 평가 없이는 그것을 받아들이지 않는 것을 의미한다. 우리의 책은 정확히 그런 것을 하려고 한다.

1.3.2 비판적 평가

이 책의 두 번째 비판적 질문은 평가와 관련된다. 전통적인 교과서 접근, 즉 경제지리학의 다양한 외관들을 단순히 기술하는 것이 아니라, 우리는 오히려 그것들을 평가하고자 한다. 우리는 비판적 조명 아래 학문의 여러 형태를 놓고 각각에 대해 예리한 질문을 하려 한다. 이런 유형의 경제지리학은 실제로 어떤 유용한 목적에 복무하는지? 그 경제지리학적 접근이 약속을 지키는지? 이런 방법론을 실천하는 경제지리학자들은 우리 모두가 뒤따라야 할 만큼 길을 개척하고 있는지, 아니면 사실상 뒷전으로 밀려나고 있는지?

경제지리학의 현 상태에 대해 질문하는 것은 이유가 명백하지만, 특별히 비판적으로 평가하는 개론서를 제공하는 이유는 그렇게 분명하지 않다. 왜 그런 입장을 취할까? 단순히 기술만 하는 것이 더 안전할 텐데 왜 그런 의견을 제시할까? 그 이유는 단순히 기술만 하는 교과서도 없을뿐더러, 기술만 하는 것도 쉽지 않기 때문이다. 실제 실무자와 학생들이 개론서를 읽고 흡수하고 생각하는 정도에 따라 어떤 경제지리학 개론서든 경제지리학이 앞으로 어떻게 발달할 것인가를 보여 주게 된다. 그것은 단순한 '반영'이 아니다. 만약 우리 책이 경제지리학의 미래를 그린다면—그러나 최소한 혹은 부분적으로—우리는 매우 적극적이고 생산적으로 그렇게 할 것이다. 우리는 경제지리학의 단순한 '열성팬'이 아니라, 경제지리학을 열정적으로 돌보려는 것이다. 잘못 가고 있다고 생각된다면, 우리는 잘못 가고 있다고 말할 것이다. 한편 다른 길이 더 좋다고 생각된다면, 역시 그렇다고 말할 것이다.

몬티 파이튼의 코미디 스케치를 상기하면, 우리의 평가는 단순히 무조건 반사적인 부정이 아니다. 우리는 단순한 반박을 하지 않는다. 분별 있고 주의 깊게 판단하도록 노력할 것이다. 우리는 비평이란 "걸러내고(sifting), 가려내는(distinguishing) 과정"이라고 한 정치이론가 웬디 브라운(Wendy Brown 2005, p.16)의 말을 따르려 한다. 그녀처럼(단 그녀만큼 완벽하지 않더라도) "그 과정에서 비평하려는 텍스트를 확인하는 실천"으로서 비평을 수행할 것이다. 브라운이 말하였듯이, "비평은 그 대상을 거부하거나 무시하는 것이 아니며, 그렇게 할 수도 없다. 오히려 비평은 재생의 행위로서 대상을 그것이 지금 속해 있는 프로젝트가 아니라 다른 프로젝트를 위해 받아들이는 것이다."

이 책의 경우 그 '프로젝트'는 매우 단순하다. 바로 우리 저자의 관점에서 생생하고 적실성 있으며 분별력 있는 경제지리학 개론서를 제공하는 것이다. 물론 우리의 비평은 우리가 한 것이다. 그것은 어딘가에서 왔지만 반드시 우리의 특정 견해와 가치를 거쳐 조정되었다. 우리의 비평이 그냥 부정이 아니듯이, 저자들에게서 떨어져 자유롭게 떠다니는 것도 아니다. 리처드 번스타인(Richard Bernstein)이 질문한 것처럼, "누구 이름으로 하는 비평인가? 우리가 비평에 임할 때 암묵적으로든 명시적으로든 무엇을 승인하는 것인가?"(Bernstein 1992, p.317). 그래서 우리는 이 점에서 정직하고 투명하고자 한다. 즉 경제지리학에 대한 비판적 개론은 그 비판의 기초가 깨끗해야 한다고 생각한다. 따라서 경제지리학의 서로 다른 흐름들을 평가하는 데 있어 어떤 방법으로 평가하고 있으며, 이것이 왜 평가에 유익하고 공정한 토대가 되는지 설명하면서 그렇게 하려고 한다.

1.4 이 책의 개요

이 책은 크게 두 부분으로 나뉜다. 전반부에서는 학문으로서의 경제지리학을, 후반부에서는 경제지리학이 연구하는 현실적으로 중요한 몇몇 주제를 다룬다. 우리는 두 부분 모두에서 비판적 감수성을 유지할 것이다.

교과서는 일반적으로 학문 내부의 일에 대해서는 초점을 두지 않거나, 그 학문의 더 큰 지적 특성을 체계적으로 고찰하지 않는다. 그 과목의 역사에 대해 짧게 거론하기도 하고, 연구 방법에 대해서도 어떤 것을 말할 수 있지만, 대략 그것이 전부이다. 이러한 학문 내부의 특성을 무시하는 것에 대한 암묵적 근거는 학생들이 관심이 없다는 것이다. 영국인의 표현으로는, 그런 주제는 복잡한 디테일에 꽂히는 광팬들에게나 흥미로울 것이라는 이야기이다. 우리는 거기에 동의하지 않는다. 한 학문의 구성과 성격에 대한 논의에는 정치적·도덕적으로 부과된 어쩔 수 없는 논의가 수반된다는 사실을 떠나, 그 학문에 대해 아는 일은 현실적 이슈에 대한 그 학문의 지식을 이해하는 데 필수적이다. 어떤 학문이든 단지 해당 학문(여기서는 경제지리학)의 바깥 세계를 수동적으로 반영하는 거울을 들고 있다고 해서 그 학문의 지식을 얻을 수 있는 것이 아니다. 경제지리학은 적극적으로 경제지리 지식을 생산한다. 따라서 비판적이기 위해서는 경제지리 지식을 열심히 만들어 내는 학문의 내적 추동력이 무엇인지 알아야만 한다. 경제지리 지식을 역동적으로 생성하고, 해당 주제의 국지적 규칙과 역사, 내부의 사회학, 심지어 그것의 지리까지 요구하는 추동력이 무엇인지를 알아야 한다. 이 책의 제1부가 그에 관한 내용이다.

경제지리학 자체의 지리에 대한 참고문헌 범위의 문제는 우리를 머뭇거리게 한다. 우리는 경제지리학 전체를 소개하는 척할 수 없다. 왜냐하면 우리가 경제지리학 전체를 알지 못하기 때문이다. 우리는 고통스럽게도 우리의 한계, 특히 언어적 한계를 깨닫고 있다. 이 책은 영어로 쓰인(혹은 번역된) 경제지리학을 소개하고 평가한다. 그것이 앵글로아메리카의 경제지리학만을 의미하는 것은 아니다. 최근 10여 년간 세계의 비영어권에서 일하는 학자들이 영어로 출판을 선택하는—혹은 제도적으로 요구되는—경우가 많아졌다. 그러나 더 나은 것이든 나쁜 것이든 현실적으로는 주로 앵글로아메리카의 경제지리학을 다룬다.

제1부의 제2장은 경제지리학의 정의를 검토하는 것으로 시작하여, 그러한 정의가 수행하는 지적·사회학적 작업을 비판적으로 논의한다. 이매뉴얼 월러스틴(Immanuel Wallerstein 2003, p.453)의 말대로, 비록 여전히 '의심'의 여지가 있고 그 정의가 언제나 논쟁과 비판을 쉽게 받을 수 있더라도, 경제지리학에 대해 우리 나름의 정의를 하고자 한다. 우리의 주장은 경제지리학이 일련의 학문적 제도나 심지어 엄격히 구체화된 연구 주제 문제보다도 지적 '감수성'이나 관점 같은 것에 의해 가장 잘 이해된다는 것이다. 그럼에도 불구하고 경제지리학의 제도는 중요하다. 그러한 제도들은 경제지리학의 '감수성'을 형

식화하고 제도화함으로써, 그리고 치솜의 책이 하였던 방식으로 경제지리학에 서식지와 더불어 지적 가시성과 신뢰성을 줌으로써 자양분을 제공하고 활동적이도록 한다. 제3장은 19세기 후반에 대학의 교과목으로 경제지리학이 처음 제도화된 때부터 경제지리학의 역사를 다룬다. 우리는 그 역사를 형성하고 방향을 설정하는 내부적·외부적 힘 모두를 강조한다. 내부적 힘과 외부적 힘은 권력의 비대칭과 종종 밀접한 관련이 있는데, 각각 비판적 해석이 요구되는, 우리가 경제지리학의 여러 버전이라고 부르는 것들을 만들어 낸다. 제4장은 경제지리학의 접경지역, 즉 사회과학의 인접 학문과 상호작용하고 공유하는 공간에 관한 것이다. 이 장에서는 당연시되는 학문의 진리에 대해 질문을 하고, 학문적 제약을 완화함과 동시에 사람들로 하여금 통상적으로 사고하지 않도록 함으로써, 이 접경지역 공간이 잠재적으로 비판적 탐구에 생산적이라고 주장한다. 제5장은 경제지리학에서 이론의 변화가 갖는 의미, 역할, 사용에 대해 비판적으로 검토한다. 우리는 특히 경제지리학에서 이론적 실천의 생생한 신호를 확인하는 데 관심을 가지며, 그러한 신호들이 대체로 경제지리학의 건강함을 보여 준다고 추론한다. 제6장은 경제지리학의 어두운 구석에 숨겨져 있던 토픽, 즉 방법론에 관한 것이다. 우리는 이 장에서 이용 가능한 여러 방법들의 범위, 다양성, 비판적 잠재력을 고찰하는 데 주력하고자 한다. 끝으로 제7장은 활발하게 수행되는 학문인 경제지리학의 블랙박스 뚜껑을 열어, 그 안에서 실제로 어떤 일이 일어나는지를 밝히고자 한다. 물질적인 것들과 비물질적인 사상, 신체, 사회제도들이 어지럽게 뒤엉켜 있기 때문에 그것이 언제나 잘 보이는 것은 아니다. 그러나 경제지리학은 대개 물론 그렇지 않을 때도 있지만, 그 과업을 잘 수행한다.

이 책의 제2부는 경제지리학 교과서들의 표준적 메뉴와 좀 더 비슷하다. 경제지리학자들이 이론적·경험적으로 기여해 온 실제 토픽을 고찰한다. 우리가 선택한 5개의 토픽 모두 두 가지의 핵심적인 기준을 충족한다. 첫째, 21세기 경제의 중심인 중요한 토픽이다. 둘째, 적절하게 규명하기 위해 경제지리학적 감수성을 요구하는, 근본적으로 경제지리적인 토픽이다. 그러나 우리가 그 토픽들 각각의 분석에 적용하는 일관된 비판적 관점은 다른 교과서들에도 있는 표준적 메뉴가 아니다.

제8장은 지구화와 불균등 경제발전을 보다 일반적으로 다룬다. 우리는 지구화의 전통적 재현들—앞서 언급한 프리드먼의 평평한 지구의 지리를 포함해—을 검토하고, 그것들을 모두 경제지리학자들이 서술한 글로벌 경제의 불균형 및 불균등 지리와 대비시킨다. 제9장은 지구 경제의 결정적인 하부구조, 즉 근대의 화폐와 금융을 고찰한다. 우리는 흥미로운 시대에 살고 있을 뿐만 아니라 금융(혹은 '금융화된') 시대에 살고 있다. 이 장은 화폐 및 금융 현상을 이해하는 데 지리학적 감수성이 왜, 어떻게 불가피한 것인가를 설명한다. 이어서 제10장에서는 많은 사람들이 오늘날 경제의 핵심 동력으로 보는 현상, 즉 도시를 검토한다. 도시는 개별적으로나 집합적으로도 경제에 중요하기 때문에, 경제지리학은 오늘날의 경제적 과정과 결과에 대해 고유한 통찰을 제공한다. 제11장은 전통적으로 도시의 '타자'로 간주되어 온 것—자연—으로 초점을 이동한다. 그러나 동일한 주제, 즉 경제에 대한 지리의 중심성(여기서는 환경)은 계속된다. 자본주의가 압도적으로 또 점점 더 도시 자본주의가 되지 않았다면, 자본주의는 오늘날 현저하게 달라졌을 것이다. 이와 마찬가지로 오늘날 지배적인 사유화와 상품화 과정을 벗어나 자연에 대해 대안적인 관계를 채택하였더라면, 자본주의는 역시 지금과 크게 달라졌을 것이다. 제2부의 마지막 제12장은 기술 및 산업 변화를 평가하고, 그 변화과정을 근본적으로 지리적 변형의 과정으로 상정하며, 그에 대한 경제지리학적 분석이 필요하다고 주장한다.

결론의 장인 제13장은 이 책 전체를 관통하는 두 가지 주제를 강조한다. 첫째는 경제지리학이 굉장히 넓은 범위의 여러 현상들 간 밀접한 관계를 수용하고 발견할 수 있다는 것이다. 경제지리학은 협소해지는 학문이 아니라, 점점 더 넓어지고 계속 확대되는 종합적 연관이라는 연결망으로 되고 있다. 둘째는 경제지리학의 희망이다. 그것은 우리가 이 책 전체를 통틀어 비추고자 한 경제지리학의 비판적 실천과 연관된다. 그러한 비판적 실천은 경제지리학 자신의 이익을 위해 수행하는 것이 아니라, 보다 나은 세상을 만들려는 담대한 희망에서이다.

1.5 결론

우리는 다른 종류의 경제지리학 교과서를 쓰려고 노력하였다. 이 분야의 기존 교과서들을 깎아내리려는 것이 아니다. 기존 교과서들은 모두 훌륭하다. 경제지리학은 그 교과서들이 절대적으로 필요하다. 그 책들이 없다면 경제지리학도 없을 것이다. 그러나 그것이 교과서가 모두 같아야 한다는 것을 의미하지는 않는다.

이 책의 차별성은 책의 부제에 있다. 우리는 경제지리학의 비판적 개론서를 쓰고자 한다. 비판적이 곧 부정적이라는 것을 의미하지 않는다. 비판적이 되는 것은 사실 학습을 위해, 즉 교육받기 위해 밟아야 하는 필수적 단계이다. 논쟁하기, 파헤치기, 격려하기, 질의하기, 가치 드러내기, 시도하기, 실험하기, 대응과 저항 기록하기 등을 통해 사람들은 학습하고 교육받게 된다. 데이지 씨가 경제지리학적인 일을 시작하였을 때 하려고 한 것이 그런 것들이다. 당신 역시 그렇게 할 수 있다.

주

1. 사본은 http://www.thisamericanlife.org/radio-archives/episode/454/transcript(2017. 7. 7. 접속함)에서 얻을 수 있다.
2. 데이지가 선전을 방문하였을 때 정확히 무엇을 알아냈는지는 논란의 여지가 있다. This American Life는 그가 중국에서의 경험 일부를 꾸며 내었을 염려 때문에 나중에 데이지 이야기를 취소하고, 그의 설명이 "중국을 방문하였을 때 실제로 일어났던 일들과 그가 단지 들었거나 연구한 것들이 섞여 있다는 결론을 내렸다. 그는 그것들을 그 당시 직접 목격한 것으로 가장하였다."(http://podcast.thisamericanlife.org/special/TAL_460_Retraction_Transcript.pdf 참조, 2017. 7. 7. 접속함). 간단히 말하면, 데이지의 경제지리 현장답사 보고서는 흠결이 있다.
3. geography는 지구를 뜻하는 그리스어 geo와 쓰기를 의미하는 graphein에서 유래한다. 그러므로 geography는 문자 그대로 '지구 쓰기'를 의미한다. 즉 세계를 기술하는 것이다.
4. www.montypython.net/scripts/argument.php(2017. 7. 7. 접속함).

참고문헌

This American Life. 2012. Mr Daisey and the Apple factory: transcript. http://www.thisamericanlife.org/radio-archives/episode/454/transcript (accessed June 14, 2017).

Bernstein, R. J. 1992. *The New Constellation: The Ethical-Political Horizons of Modernity and Postmodernity*. Cambridge, MA: MIT Press.

Brown, W. 2005. *Edgework: Critical Essays on Knowledge and Politics*. Princeton, NJ: Princeton University Press.

Chisholm, G. G. 1889. *A Handbook of Commercial Geography*. London: Longman, Green, and Co.

Emerson, R. W. 1911. *Journals of Ralph Waldo Emerson, with Annotations-1841-1844*. Boston: Houghton Mifflin.

Forgacs, D. (Ed.) 2000. *The Gramsci Reader: Selected Writings 1916-35*. New York: New York University Press.

Friedman, J. 2005. *The World Is Flat: A Brief History of the Twenty-First Century*. New York: Farrar, Straus & Giroux.

Fukuyama, F. 1992. *The End of History and the Last Man*. New York: Free Press.

Galbraith, J. K. 1958. *The Affluent Society*. New York: Houghton Mifflin Harcourt.

Glaeser, E., and Kohlhase. J. 2004. Cities, Regions and the Decline of Transport Costs. *Papers in Regional Science* 83: 197-228.

Keynes, J. M. 1936. *The General Theory of Employment, Interest and Money*. London. Macmillan.

Levinson, M. 2006. *The Box: How the Shipping Container Made the World Smaller and the World Economy Bigger*. Princeton, NJ: Princeton University Press.

Mirowski, P. 1989. *More Heat Than Light: Economics as Social Physics, Physics as Nature's Economics*. Cambridge: Cambridge University Press.

Pilat, D., Cimper, A., Olsen, K., and Webb, C. 2006. *The Changing Nature of Manufacturing in OECD Economies*. STI Working Paper 2006/9. Science, Technology and Industry, OECD.

Schoenberger, E. 2008. The Origins of the Market Economy: State Power, Territorial Control and Modes of War Fighting. *Comparative Studies in Society and History* 50: 663-691.

Shah, S. 2000. A Simple Box that changed the World. *The Independent*, 30 August.

Wallerstein, I. 2003. Anthropology, Sociology, and Other Dubious Disciplines. *Current Anthropology* 44: 453-460.

제1부

경제지리학에 대해 비판적으로 생각하기

경제지리학이란 무엇인가?

2.1 서론

한 연구 분야 또는 한 학문의 성격을 정의하는 일은 언제나 위험한 일로 잠재적 함정이 가득하다. 이 첫 번째 문장이 이미 많은 것을 알려 준다. 즉 우리가 정의하려는 것에 이름표를 어떻게 붙여야 하는지? 경제지리학은 연구 분야인지, 학문인지? 혹은 두 가지 다인지? 그것도 아니면 그와는 전혀 다른 것인지 등등. 이 장은 그러한 곤란한 질문을 통해 효과적이고 유용한 과정을 따라 경제지리학 고유의 정의를 제시하고, 이 책의 나머지 부분의 구조를 설명, 안내하고자 한다. 우리는 정의를 하는 것이 어렵지만 중요하다고 생각한다. 경제지리학을 정의하는 것은 경제지리학 비판적 개론의 첫 번째 난계이기 때문이다.

우리의 출발점은 미국의 사회사학자 이매뉴얼 월러스틴(Immanuel Waller-stein)이다. (벌써 한 학문의 이름표가 나왔다. 이런 일은 불가피하다). 2002년 월러스틴은 "인류학, 사회학, 그리고 기타 의심스러운 학문들"이란 제하의 강의를 한 적이 있다(논문 Wallerstein 2003으로 출간되었다). 우리는 그 논문을 읽기를 권장한다. 왜냐하면 월러스틴은 학문 분야와 그것들을 구분하는 경계에 대해 건전하면서도 회의적인 시각을 피력하기 때문이다. 그의 관점은 비판적이다. 그에게 있어 인류학과 사회학 같은 분야는 "모호하다". 이는 그 분야들이 엄밀하지 않거나 실체가 없거나 가치가 없어서가 아니라, 그에 관한 정의가 논란이 있고 불안정하고 "다수의 참여자들이 상상하는 것 이상으로 견고하지 않기" 때문이다(Wallerstein 2003, p.453). 그러나 모호하다는 것은 부정적 의미가 아니라 긍정적 의미에서이다. 학문이 늘 변화하거나 개선될 잠재력을 가지고 있기 때문이다.

우리는 경제지리학도 그런 의미에서 "모호한" 학문 혹은 분야라고 생각한다. 경제지리학의 정의는 불확정적이며 누구나 할 수 있는 것이다. 그래서 우리는 경제지리학에 대해 우리가 생각하기에 목적에 부합하는 정의를 하지만 그 정의에 매몰되지 않는다. 우리는 그 정의가 당연하다고 믿지 않는다. 비판적 개론서의 독자들에게 요구되는 최소한의 것은 우리의 정의를 포함해서 경제지리학에 대한 모든 정의들을 비판적으로 접근하는 것이다.

월러스틴의 건전한 회의론에 공감하면서, 이 장은 4개의 절로 진행된다. 첫 번째는 정의라는 문제를 더 깊이 파고든다. 우리는 어떻게 학문 분야를 정의할 수 있을까? 경제지리학은 과거 어떻게 정의되어 왔는가? 우리 자신의 정의를 안출하는 데 무엇을 핵심적으로 고려해야 하는가? 그리고 마지막으로 우리의 정의는 무엇인가?

두 번째 절은 경제지리학이 지리적으로 접근하는 대상인 '경제 세계'의 성격을 고찰한다. 이 세계의 잠정적 성격이 드러날 것이다. 경제적인 것과 비경제적인 것을 구분하는 경계, 즉 경제를 사회생활의 다른 영역에서 분리해 내는 경계에 대한 합의가 있었던 적은 없다. 오히려 '경제'가 언제나 매년 날짜가 바뀌는 축제일처럼 취급되는 것과 같이 경제지리 또한 그러하다. 일반적으로 사회에서 '경제'를 이해하는 방식, 특히 경제지리학 내에서 이해하는 방식의 변화를 추적하기 위해 우리는 비판적 질문, 즉 무엇이 '경제적'이고 무엇이 아닌가를 사회 안에서 누가 정의하는지, 그리고 그것이 무엇을 의미하는지를 질문하려고 한다.

세 번째 절은 경제적인 것으로부터 경제지리학으로 이동한다. 경제지리학에 대한 우리의 정의를 유의미하고 명확하게 하는 것이 이 절의 목적이다. 우리가 정의한 바에 따라 경제지리학을 예시하는 연구들을 선정하고 검토할 것이다. 그렇게 해서 우리가 제공한 정의의 뼈대에 귀중한 살을 덧붙일 것이다. 이 절의 말미에 이르면 독자들은 이를 접했을 때 경제지리학이라는 학문을 잘 인식하는 위치에 도달할 것이다.

네 번째와 마지막 절은 일반적인 것으로부터 구체적인 것으로 나아간다. "경제지리학이란 무엇인가?"라는 질문에 대한 우리의 (일반적인) 대답으로부터 현대 경제지리학 연구의 주요 '학파들'의 (구체적인) 대답들로 이동하는 것이다. 경제지리학의 최근 주된 서사와 실천들이 우리의 폭넓은 정의에 어떤 입장을 취하는가? 우리는 특히 두드러진 네 가지 접근(이것이 전부라고 주장하는 것은 아니다)을 제시하려고 한다. 이를 통해 우리는 이 책의 나머지 장들을 예비하려 한다. 각 접근들은 결정적인 요소들의 각기 고유한 '조합'으로 인식될 수 있다. 그 결정적인 요소들은 핵심 주제와 토픽(제1부), 다른 이론(제5장)과의 역사적 접합 방식(제3장), 방법론(제6장), 학문 공동체(제7장)의 고유한 통찰(지적 훈련에 따른)(제4장) 등이다.

2.2 경제지리학 정의하기

학문 분야들이 내재적으로 '모호한' 이유에 대해 월러스틴(Wallerstein 2003)은 학문들이 항상 "사실상 동시에 세 가지 것"이기 때문이라고 말한다. 그것은 경제지리학에도 정확하게 맞는 말이다. 경제지리학을 '단 하나의' 하위 학문 분야(지리학, 더 좁게는 인문지리학의)로만 생각한다면, 경제지리학은 월러스틴이 실례로 든 인류학이나 사회학과 표면적으로는 다르다. 그러나 경제지리학이 다른 학문들과 공유하는 것은 훨씬 근본적이다(제4장 참조).

첫째, 다른 학문 분야와 마찬가지로 경제지리학도 하나의 **지적 범주**이다. 지적 범주란 "논란이 있거나 모호하더라도 모종의 경계를 가지며 합의에 기반을 둔 적합한 연구 양식(mode of legitimate research)으로 정의된 연구 분야가 존재한다."(Wallerstein 2003, p.453)라고 주장할 때 쓰이는 용어이다. 이 '적합한 연구 양식'은 제6장에서, 학문 경계는 제4장에서 다시 논의할 것이다. 둘째, 학문 분야는 **제도적 구조들**이다. "대학에 그 분야의 이름을 가진 학과가 있고, 그 분야로 학위를 받고자 하는 학생들이 있으며, 그 전공 타이틀을 가진 교수들이 있다. 또한 그 분야의 이름을 가진 학술지도 있다"(Wallerstein 2003, p.453). 그리고 셋째, 학문들은 **문화**이다. 여기서 월러스틴을 길게 인용하는 것이 좋을 듯하다.

어떤 학문 집단의 구성원임을 주장하는 학자들은 상당 부분 특정 경험과 외부에 드러냄을 공유한다. 그들은 흔히 같은 '고전적'인 책을 읽는다. 그들은 종종 이웃 학문의 사람들과 구분되는 잘 알려진 전통적 논쟁에 참여한다. 학문들은 다른 학문과 비교되는 특정 스타일의 연구를 선호하는 경향이 있으며, 구성원들은 그 적절한 스타일을 잘 사용하였다며 상을 받는다. 그러한 문화는 시간이 지나면 변화할 수도 있고 또 변화하지만, 주어진 시점에서 보면

한 학문 구성원이 다른 학문 구성원들보다 더 인정받을 가능성이 높은 그런 표현 양식이 존재한다(Wallerstein 2003, p.453).

제7장에서는 경제지리학의 제도적 구조와 문화를 고찰하려고 한다. 사실 경제지리학의 문화 이슈는 여러 장에서 다루어진다.

학문 분야가 동시에 (적어도) 세 가지 것이라고 하면, 그것을 정의하는 시도가 다양한 형태를 취한다는 것이 놀랄 일은 아니다. 월러스틴의 3차원 분류와 대략 관련되고 정확하게 일치하지 않지만, 학문을 정의하는 주요한 세 가지 접근 방법이 있다. 즉 '무엇을', '어떻게', '누가'이다. 첫 번째 경우, 정의는 무엇을 연구하는가로부터 도출된다. 특정 토픽, 주제, 이슈 등이다. 말하자면 역사학은 과거의 것을 연구한다. 두 번째는 어떻게 연구하는가이다. 예를 들어, 물리학이나 철학 또는 사회인류학이 우리가 물리학, 철학, 사회인류학이라고 인식하는 지식을 어떻게 형성해 가는가이다. 정의에 대한 이 접근은 최소한의 인식론—쉽게 말해 우리는 세계를 어떻게 '알' 수 있는가—과 방법론—실험실 실험이나 민족지학 또는 아카이브(archive) 작업 등등—을 포함한다. 마지막으로 그리고 편리한 방법은, 누가 연구하는가 하는 것으로부터 얻는 정의이다. 예를 들어, 정치학을 정치학자들이 하는 일로 정의하는 방식이다.

경제지리학의 경우 그것을 정의하려는 시도는 대부분 이들 세 가지 접근 방법 중 첫 번째를 취하며, 주제 즉 경제지리학이 연구하는 바를 강조한다. 예를 들어, 여러 인문지리학 사전들에 등재된 경제지리학 항목을 보자. 사전 중 하나(Gregory et al. 2009, p.178)는 경제지리학을 이렇게 정의한다. "인문지리학의 하위 분야로 경제활동이 이루어지고 순환되는 장소와 공간을 기술하고 설명하는 데 관심을 두는 분야이다."■1 다른 사전(Castree, Kitchin, and Rogers 2013, p.118)에서는 다음과 같이 정의한다. 즉 "경제활동의 절대적이고 상대적인 입지와, 로컬경제, 지역경제, 국민경제를 연결하는 정보, 원료, 재화, 사람들의 흐름을 서술하고 설명하는 지리학의 한 분야이다."

그런가 하면 대니얼 매키넌(Daniel Mackinnon)과 앤드루 컴버스(Andrew Cumbers)가 경제지리학은 "경제활동의 위치와 분포, 불균등한 지리적 발전의 역할, 지방과 지역 경제 발전의 과정에 대한 구체적 질문에 관심을 갖는다." (Mackinnon and Cumbers 2007, p.12)라는 것을 강조해 경제지리학을 정의하는 데 가장 근접해 있기는 하다. 그러나 기존 경제지리학 교과서들(예로 Coe, Kelly, and Yeung 2007; Mackinnon and Cumbers 2007)은 모두 아마도 앞서 언급한 위험을 경계해서인지 정의 내리는 것을 조심스러워하는 경향이 있다. 대니얼 매키넌과 앤드루 컴버스는 또한 "경제지리학자로서 우리는 [경제적] 활동의 여러 유형의 입지, 특정 장소의 경제와 상이한 장소들 간의 경제적 관계에 특히 관심을 갖는다."(Mackinnon and Cumbers 2007, p.1)라고 말한다. 여기서도 역시 주제 문제가 보란 듯이 전면에 있다.

이 책에서 우리는 정의라는 문제에 색다르게 접근하고자 한다. 그러나 그렇다고 해서 앞서 인용한 경제지리학에 대한 정의들에 무언가 잘못이 있다는 것은 아니다. 그 정의들이 제한적이어서 경제지리학을 제약하고 있다는 것이다. 분명히 의도적인 것은 아니겠지만, 경제지리학이 X의 연구에 관한 것이라고 주장하는 정의들은 불가피하게 경제지리학이 Y의 연구는 아니다(혹은 연구일 수 없다)라는 것을 함축하는 위험을 안고 간다. 위험이 수반될 것이 분명하기 때문에 우리는 그런 정의를 계속하지 말아야 한다고 믿는다. 우리는 경제지리학의 주제는 주어지는 것이라기보다 오히려 그것에 관해 의문을 제기해야 하는 것이라고 믿는다. 우리는 도린 매시(Doreen Massey 1997, p.27)가 강조한 대로 **"경제지리학의 연구 대상의 구성 뒤에는 어떤 역사가 있는지"** 물어야 하고, 또한 그러한 역사가 보통 "갈등과 투쟁을 수반한다"는 것을 인식해야 한다.

정의에 대한 대안적 접근법, 즉 전술한 '무엇을', '어떻게', '누가'라는 세 축 어느 것에도 의존하지 않고 정의하는 것을 추구함에 있어, 우리는 몇 가지 목표를 충족하려고 한다. 아마도 가장 중요한 것은 다원적이며, 기반이 넓고, 열려 있는 정의를 추구하는 것이다. 우리의 정의는 경제지리학을—그리고 경제지리학자들을—고정된 관심이나 접근들의 집합으로 묶어 두지 않는다. 미래는 열려 있어야만 하고 닫혀서는 안 된다. 무엇보다도 현재 그리고 지금까지의 경제지리학은 경제지리학이 실제로 **될 수 있었던** 수많은 가능성 중의 단지 하나일 뿐이다.

더 나아가 우리가 이해하는 경제지리학은 자칭 **경제지리학자들**의 독점적인 영역이 아니며, 그렇게 인식되어서도 안 된다. 경제지리학은 훨씬 폭넓게 실행될 수 있고, 실행되고 있다. 가장 강력하고 의미 있는 경제지리학 연구 중 일부는 스스로 경제지리학을 '한다'고 확실하게 생각하지 않았을 사람들에 의해 생산되어 왔다.

그렇다고 동시에 학문적 소속감이나 충실성을 비웃을 일도 아니다. 우리는 제도적 구조 관점에서 경제지리학을 정의하지 않지만, **한 학문 분야로서** 경제지리학 내부 전체에 걸쳐 경제지리학적 연구의 제도화가 중요하다는 것을 인식한다. 오늘날 경제지리학이 번성하고 있다면, 그것은 경제지리학에 자양분을 주고 촉진시키며 재생산을 한 제도들의 적지 않은 힘에 기인한다. 매시 (Massey 1997, p.27)는 "생각하는 방식과 세계를 이해하는 방식은 생산되고 유지되어야 한다."라고 말한다. 그렇게 해서 이루어진 이러한 생산과 유지는 주류경제학과 같은 기존 거물들보다는, 경제지리학과 같은 '틈새' 분야에게 명백히 더 중요하다.

그러면 우리는 이 책의 목적에 부합한 경제지리학의 정의를 위해 어떤 방법을 선택하였을까? 우리는 경제지리학에 대한 다음과 같은 생산적인 정의가 가능하다고 제안한다. 즉 **'경제적' 과정**(으로 생각되는 것)**의 공간, 장소, 스케일, 경관, 환경의 실질적 함의에 대한 일련의 분석적 관심과 설명의 강조이다.** 이 정의는 다차원적이며 자명하지도 않다. 이제부터 그것을 풀어 보자.

2.3 '경제적' 세계

2.3.1 경제의 생산

경제지리학이 **경제적** 과정에서 지리의 다면적 역할에 중점적 관심을 둔다면, 이 꾸밈말 '경제적'이라는 용어를 면밀히 고찰하는 것으로 우리의 탐구를 시작할 필요가 있다. '경제적'이란 것은 무엇을 의미하고, 따라서 그것의 지리학적 연구는 경제지리학 내에서 어떤 유형의 과정—과정의 조건, 과정의 성격, 과정의 산물—을 상정하는가? 여기서 우리의 핵심 답변은 결정적인 답이 없다는 것이다. '경제적'인 것과 '경제'는 사회적으로 구성된다. 말하자면 그것들은 궁극적으로 사회가 그런 것이라고 여기는 것이다. 매시(Massey 1997, p.35)가 말한 것처럼, "우리의 '경제적인 것'에 대한 생각은 그 자체가 우리 문화/사회의 다른 측면을 표현한 것이다."

그러나 몇 가지 주의해야 할 점이 있다. 경제가 사회적으로 구성된다고 말하는 것이 경제적으로서 묘사되는 과정들이 어찌 되었든 비현실적이라고 말하는 것은 아니다. 임금노동을 이용한 상품 생산은 가능한 한 거의 '현실적'이다. 그렇지만 그러한 활동을 경제적인 것이라고 범주화하는 것, 즉 경제라고 부르는 것에 포함시키는 것은 언제나 임의적이다. 그러나 우리의 관찰이 정의하기를 포기해야 한다는 제안을 하려는 것은 아니다. 정의의 주관적 성격이 초점을 유지만 한다면, 경제를 정의하는 것은 지적으로나 사회적으로나 유용할 수 있다. 아울러 사회구성주의(social constructivism)와 상대주의(relativism)를 구분하는 것도 매우 중요하다. 어떤 것은 '경제'에 속하고 어떤 것은 아니라고 하는 것은 사회적 구성이라는 주장이 그러한 모든 사회적 구성들은 동등하게 (부)정확하다는 말은 아니다. 설사 어느 것도 절대적 진리가 아니더라도, '경제적'인 것의 어떤 재현은 다른 재현에 비해 더 명료하고 유의미하며 유용하다.

그러면 경제에 대한 근대의 사전적 정의로 눈을 돌려 보자. 단순화의 위험이 있지만, 표준적 정의는 보통 다섯 가지 주요 요소들의 어떤 조합이다. 첫 번째 세 요소는 모두 경제는 "상품과 서비스의 생산, 소비, 화폐의 공급"으로 이루어진다는—옥스퍼드 영어사전(OED)의 온라인관에서 인용한—서술 속에 담겨 있다.■2 명료하게 세 요소를 구분하면, '경제적' 과정(생산과 소비), 산출(상품과 서비스), 유통 수단(화폐)이다. 이 세 가지에 두 요소가 종종 더해진다. 하나는 목적에 대한 것으로 (다시 OED를 인용하면), "소득의 발생" 혹은 "이윤을 위해 유지됨"과 관련된다.■3 다른 하나는 경제에 의해 둘러싸인 특정 사회 영역과 관계가 있다. 여기에서 핵심적 단어는 **물질성**(materiality)이다. 예를 들어, OED는 "공동체 혹은 국가의 물적 자원"을 언급한다.■4 티머시 미첼(Timothy Mitchell 2002, p.82; 원문 강조)은 경제에 대한 현대적 이해의 역사적 출현에 대해 쓰면서, 경제는 "생활의 **물질적** 영역을 대표한다는 사실"에 의해 다른 사회 영역과 분명히 구분된다고 말한다.

주제 문제에 기초한 경제지리학의 정의에 '잘못된' 것이 없는 것처럼, 경제에 대한 OED의 정의에도 필연적으로 어떤 잘못이 있는 것은 아니다. 그 나름대로 매우 유용한 정의이다. 오히려 요점은 이것이다. '경제활동의 절대적·상대적 위치'에 고착된 경제지리학 정의가 바로 그 정의에 의해 본질적으로 제한될 수밖에 없다면, OED의 정의도 마찬가지로 우리가 경제적이라고 생각할 수 있고 생각하는 것을 제한한다. 예를 들어, OED에 따르면 돈으로 매개되지 않거나 소득 발생을 위해 행해지지 않은 활동, 혹은 명확한 '물질적' 기반이 없는 활동은 결코 경제적인 것으로 간주될 수 없다. 물론 그러한 활동을 경제 외적 활동(대신 아마도 '문화적' 활동)으로 간주하는, 그럼으로써 경제지리학 탐구의 범위를 넘어서는 것으로 간주하는 데에는 합리적이고 옹호할 수 있는 근거들이 **될 수도 있다.** 그러나 그런 것은 없다.

최근 수년간 경제에 대한 오늘날의 지배적 이해가 어떻게, 왜, 언제 고착되었으며, 궁극적으로 경제가 되는 특정 형태에 이르게 되었는가를 질문하는 학자들의 수가 늘어났다. 역사적으로 세 번의 시기와 중대한 세 가지 경제적 재현 시스템이 특히 중요하다. 첫째, 18세기 후반부터 '정치경제학(political economy)'으로 알려진—애덤 스미스, 데이비드 리카도 등의 저작—연구가, 샤미르(Shamir 2008, p.5)가 지적하듯이, 경제 영역에 "자체적인 법칙, 고유한 작동 논리, 인간 주체에 대한 고유한 개념화"를 부여함으로써 삶의 다른 영역으로부터 "경제 영역"을 분리하기 시작하였다. 한 세기 후 신고전경제학(neo-classical economics)이 등장하여, 새로운 통계 기법과 모델을 통해 경제 영역을 사회생활의 나머지로부터 더욱 엄밀하게 추상화함으로써 경제를 더 뚜렷하게 분리하였다(Breslau 2003). 그러나 적어도 공공의 눈에도 이러한 분리가 확고해진 것은 국민계정(national account)—국내총생산(GDP)을 추계하는 계산법—이 출현한 1930, 1940년대이다. "국민경제"의 규모를 추계함으로써 경제라고 부르는 실체가 존재한다는 결정적 증거를, 그것도 자신의 관점에서 제공하는 것이 되었다(Mitchell 2002, chapter 3).

경제의 '출현'에 관한 이러한 연구들은 여러 가지 근본적인 문제를 제기한다. 예를 들어, 경제는 어디에서 끝나고 삶의 다른 영역은 어디에서 시작하는지를 결정하는 권력을 누가 갖고 있는가? 다시 말해서 경제의 경계가 어디에 있는지를 누가 결정하는가? 우리는 모두 한 개인으로서 경제가 무엇을 포함하고 무엇을 포함하지 않는지 자신만의 그림을 그릴 수 있다. 그러나 그 그림들 중 일부만이 영향력을 가진다. 왜냐하면 일부 그림만이 공인되고 제도화되며 출판되고 재생산되기 때문이다. 오늘날 가장 직접적인 의미에서 경제가 얼마나 큰지 계산하고, 나아가 그 계산에 앞서 어떤 활동이 경제적인 것으로 '계산'되고 어떤 활동은 배제되는지 근본적으로 평가하는 권력을 가진 사람은 국가 및 국제 통계기관에서 일하는 통계 전문가와 경제학자이다(글상자 2.1: 국민계정).

요컨대 어떤 재현이 특정 사람들이나 활동에만 가치(경제적이든 아니든)를 부여하고, 다른 사람들에게는 그렇지 않을 때 그 재현은 문제가 된다. 국민소득 계정이 좋은 예이다. 특정 활동들, 대표적으로 무보수 가사노동은 계정이 말하는 경제의 정의에서 관습적으로도 배제되는데, 이는 그 활동이 가치도 적고 지위도 낮다는 지배적 신념을 재확인시키며, 결과적으로 불평등한 권력관계를 유지하는 데 일조한다(Waring 1999). 반대의 경우, 다른 활동들—대표적으로 금융 서비스—은 역사적으로 적극 **포함하는** 경향을 보여 왔는데, 이는 마찬가지로 커다란 효과를 발휘하고 그 활동의 가치를 증가시킨다(Christopers 2011). 더욱이 경제 안의 것과 밖의 것을 차별화하는 것이 자의적일 뿐만 아니라 사실상 불가분의 관계에 있는 활동들을 억지로 갈라놓는다는 점을 고려하면, 그러한 효과는 더욱 중요해진다. 가사노동은 지불노동과 시장경제의 재생산을 가능하게 한다는 점에서 전형적인 사례가 된다.

이윤 발생을 규정한 OED의 정의를 다시 상기해 보자. 이윤을 위한 활동만이 진정 '경제적'이라고 간주된다면, 어떤 경제, 예를 들어 사회주의 경제들은 '경제'가 될 수 없을 것이다. 이것은 우리에게 매우 흥미로운 점을 말해 준다. 즉 경제에 관한 OED의 정의가 명백히 자본주의적 정의라는 것이다. 우리가 폭넓게 지적하고 싶은 것은 '경제'와 '경제적'인 것에 대해 묘사하고 논하는 **모든 방법들**이 선입관과 편견에 빠져 있으며, 그러한 비판적 지적을 받을 만하다는 것이다(제1장 참조). 매시(Massey 2013, pp.6-7)는 다시 지적한다. "우리가 경제를 논하는 데 사용하는 모든 어휘는 자연적이고 영구적인 것을 기술하는 것처럼 표현되지만, 사실 논쟁이 필요한 정치적 구성물이다."

우리는 경제의 범위와 구성을 한편으로는 재현, 다른 한편으로는 사회적 조직, 이 둘 간의 상호작용이라고 생각하는 것이 가장 적절하다고 본다. 결국 사회주의 경제는 OED의 경제적=이윤 추구라는 정의뿐만 아니라, 그런 (비)경제에서 상품과 서비스의 생산과 소비는 비이윤적 기초 위에서 조직되기 때문

국민계정

국민계정은 한 나라의 경제 규모―국가의 총 경제적 산출―를 산정한다. 가장 널리 알려져 있는 계정 척도는 국내총생산(GDP)이다. GDP는 한 나라 안에서 발생한 생산물과 서비스 산출의 총 가치를 산정한 것이다. 다른 중요한 척도는 국민총생산(GNP)이다. GNP는 한 나라 안이 아니라 그 나라의 국민(개인과 기업)에 의해 발생한 산출물을 평가한다. 여기서 우리는 이미 국민계정이 명백히 공간적 분류에 따라 세계와 세계경제를 구획하는, 결정적으로 경제지리적 가공물이라는 것을 알 수 있다.

국민계정은 세 가지의 서로 다른 방법을 사용해서 3개의 GDP 추계를 생산한다. 그 세 추계들을 삼각측량하여 단일한 공식 GDP 수치들을 공표하고 통용한다. 그중 하나는 '생산물' 방법이다. 이것은 '최종'(소비자가 직접 구매한) 재화와 서비스의 모든 시장 가격을 총계하고, 이중 계산을 피하기 위해 '중간'(재판매나 다음 생산에 사용되는) 재화와 서비스의 가격을 공제하여 산출한다. 두 번째 방법은 '소득' 방법이다. 이것은 경제의 주요 부문들에 대해 소득, 즉 임금, 이윤 등을 총합하여 계산한다. 마지막 방법은 '지출' 접근이다. 이것은 생산된 화폐가치(방법 1)나 벌어들인 가치(방법 2)보다는 지출된 화폐가치에 주목하는 방법이다. 그 공식은 다음과 같이 아주 간단하다(실제 계산은 그렇지 않다).

소비 + 투자 + 정부지출 + 순수출

국민계정은 지루하고 중요하지 않게 느껴지지만, 지루한 것은 맞더라도 중요하지 않은 것은 아니다. GDP와 그와 같은 것들의 숫자는 매우 결정적이다. 적어도 자본주의 사회에서 모든 정부는 경제성장에 대한 기록으로 평가된다. 많은 정부들이 성장의 성과를 정부 신뢰도와 선출 가능성의 핵심으로 삼는다. 경제가 성장하고 있는지 아닌지를 어떻게 알까? 국민계정을 보고 알게 된다. 국민계정은 또한 우리에게 경제의 어떤 부분, 가령 자원 산업 혹은 제약업이나 소프트웨어 같은 창조산업이 이 성장에 어느 정도 비율로 기여하는지도 말해 준다.

국민계정과 그것의 사용에 대해서는 늘 비판적이었다. 심지어 제2차 세계대전 직전과 직후 10여 년 동안 공식적 정부 지원 통계 사업의 하나이던 초기에서부터 그래 왔다. 하지만 이러한 비판들은 최근 들어 더 가중되고 심화되었다. 그 비판들은 유의미하고 받아들일 만한데, 특정 중요 활동들(예로 가사노동)이 통상 배제된다는 사실, 결과적으로 그런 활동들이 평가절하된다는 사실, GDP가 경제성장만큼 혹은 그 이상으로 틀림없이 중요한 현상들(예로 행복이나 지속가능성)을 포착하지 못한다는 사실, GDP의 지배가 그것을 계산하는 사람들과 구성원에게 지나치게 과도한 권력을 주고 있다는 사실 등을 포함한다. 피오라몬티(Fioramonti 2013)와 필립센(Philipsen 2015)은 그런 맥락에 있는 비판의 최근 예이다.

에 OED 검증을 통과하지 못한다. 중요한 점은 권력을 가진 사람과 기관들이 무엇이 '경제적'인가를 결정하면서, 또한 결과적으로 어떤 활동은 '경제적'이라는 자격을 부여하고 어떤 것은 그렇지 않다고 하는, 상품과 서비스의 생산 및 소비 조직에 대한 의사결정을 한다는 것이다.

어떤 상품과 서비스는 일반적으로 이윤을 추구하는 기업에 의해 공급되고 대가가 지불되지만, 어떤 상품과 서비스는 (종종 국가에 의해) 무료로 제공되는 '혼합경제'의 상황을 고려해 보자. 우리가 OED의 정의를 따르면, 전자만 '경제적'이다. 그러나 많은 상품과 서비스는 경제적이기도 하고 그렇지 않기도 하다. 교육이나 보건, 심지어 은행업을 생각해 보자. '공공재'는 보통 정부가 무료로 제공하지만, 이윤 기반의 시장에서 운영되는 기업들이 제공하기도 한다 (점점 더 많이 그러하다). 그러므로 서비스가 언제 '경제적'이고 언제는 그렇지 않은지를 누가 결정하는가라는 질문보다, 그러한 서비스의 공급에 우선적으로 시장(과 이윤)이 개입되어야 하는지 여부를 누가 결정하는가와 같은 고도로 정치적인 질문이 훨씬 중요하다(Christophers 2013). 그림 2.1에서 볼 수 있듯이, 실제 존재에 관한 핵심적 질문, 즉 경제적이냐 아니냐에 대한 답은 양자의 결정에 달려 있다.

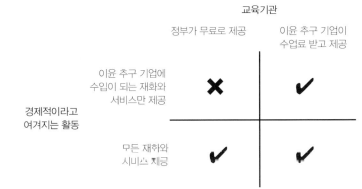

그림 2.1 학교 교육은 '경제적' 서비스인가?

이 모든 것은 경제지리학에 정말 중요한 문제이며, 우리가 경제지리학을 어떻게 인지하고 실천하며 생산하는가에 있어 중요하다. 무엇보다 경제지리학이 경제에 대한 지리학적 접근이고, 또 경제의 정의가 불확정적이고 사회적 권력관계에 깊이 연루된다면, 경제지리학 연구에서 '경제적'이란 것을 어떻게 기술하는지는 분명히 매우 중요한 문제이다. 이는 경제지리학의 지적 인기, 학문적 신뢰성, 실천적 효과에 영향을 미칠 것이다. 그렇다면 '경제'에 대한 다양한 이해 방식은 전형적으로 어떤 특징을 이루고, 그중 어떤 이해 방식이 경제지리학이란 학문을 형성하고 있으며, 그 함의는 무엇인가? 이 절의 나머지는 이 같은 비판적 질문들을 다루려고 한다.

2.3.2 경제지리학에서 '경제적'인 것

경제지리학은 전통적으로 비교적 엄격하고, 사실 보수적인 '경제' 개념으로 연구해 왔으며 그런 개념을 (재)생산해 왔다. 그런 경제의 기본 성격을 간결하게 요약하면, OED의 정의에 가까울 것이다. 전통 경제지리학에서 경제적인 것이란 대부분 공식적이고 상업 지향적이며 물질(산업) 기반인 것으로 인식되어 왔다. 더욱이 경제적인 것은 매우 기능적이고, 지리적이며, 젠더적인 가정으로 특징지어진다. 경제는 생산(자본이 생산적 노동을 만나는 곳), 선진국의 공간, 남성에 대한 것으로 상정된다.

그러나 1980년대 이후 "경제지리학에서 경제적인 것에 대한 재고찰"이 뚜렷해졌다(Thrift and Olds 1996). 경제지리학적 검토가 필요한 복합적 과정과 구조들의 범위와 실체에 대한 의문이 폭넓고 강력하게 제기되었다. 이것은 여러 측면에서 경제에 대한 재고찰을 이끌어 냈다. 그중 세 가지가 특별한 관심을 끈다.

첫째, 경제지리학적 연구의 대상을 보다 젠더-포용적으로 만들려는 폭넓은 노력이 있어 왔다. 즉 '경제적인 것'을 덜 남성적으로 만드는 것이다. 지금은 경제지리학과 페미니즘 이론 간의 풍부한 상호작용이 상존한다. 여기서는 그러한 상호작용이 낳은 폭넓은 비판적 통찰을 논의하지 않기로 한다(제4장 참조). 우리의 관심사는 그러한 연구가 '경제적'이라고 **간주하는** 것을 어떻게 생각하고 있는가이다. 국민계정의 방법들과는 대조적으로, 이 교차점에 있는 학자들은 과거에 배제되었던 것을 포함하는 경제의 폭넓은 정의와 전통적으로 (남성)경제와 다른 것(여성) 사이에 놓인 개념적 경계를 '허물어뜨릴' 것을 주장한다(Mitchell, Marston, and Katz 2004).

둘째, 경제지리학에서 경제적인 것이 공간적 용어에서도 더 포용적으로 되었다. 수 로버츠(Sue Roberts 2012)의 주장처럼, 역사적으로 경제지리학과 소위 발전지리학(development geography) 간에는 분명한 구분이 있었다. 그러한 구분은 선진국과 다른 한편에 있는 후진국 사이의 명목상의 구분과 상당히 일치한다. 경제지리학은 선진국의 경제에 대한 지리학적 연구였다. 발전지리학은 주로 후진국의 경제에 대한 연구였다. 후진국은 아직 '근대화'되지 않았다는 점에서 (적절한) '경제'가 결여되었다는 정의에 따라서이다. 그렇지만 최근 경제지리학 연구는 그러한 구분을 점차 줄이고 있다. 후진국에서 상품과 서비스가 생산되고 소비되는 과정이 선진국 못지않게 '경제적'이기 때문에, 후진국이 선진국만큼 경제지리학적 연구의 '가치'가 있다는 것이다(예를 들어, Murphy and Carmody 2015).

끝으로 경제지리학 연구의 정당한 주제로 여겨지는 활동과 환경의 범위에서도 '경제'를 특징짓는 뿌리 깊은 개념적 이원론에 대해 폭넓게 다시 생각해 보는 관점이 확대되고 있다. 그러한 이원론들은 '경제와 문화', '경제와 자연', '경제와 사회'를 포함한다. 이들 각각의 이항관계는 면밀하게 탐구되어 왔는데, 경제지리학에 중요한 함의를 갖는다. 그중 하나가 제11장의 주제이다. 제11장은 경제 세계와 '자연' 세계의 전통적 구분이 약화되는 것에 관해 심토한다. 경제와 '문화' 사이의 통념적인 경계 역시 의문시되고 있다. 이러한 의문은 주로 경제지리학에서 이루어지고 있는데, '문화적 전환(cultural turn)'이라고 불리곤 하는 것으로 경제지리학에 중대한 영향을 미쳤다(Crang 1997; 3,6장). 특히 스리프트와 올즈는 "아주 최근까지 경제지리학의 상궤에서 벗어난 것으로 여겨졌지만, '경제적인 것'을 '사회적', '문화적', '정치적', '성적'인 것 등등과 분리하는 것이 극히 어렵다는 것을 보여 주는" 프로세스들에 오늘날 주어진 새로운 비판적 관심을 지적하였다(Thrift and Olds 1996, p.312).

그렇지만 이 모든 다방면적 재고찰, 즉 경제지리학의 "원래 정의를 '확대하여' 그것을 더 포괄적인 것으로 만들기 위해"(Thrift and Olds 1996, p.313) 스리프트와 올즈가 시도한 기획에도 불구하고, 더 고려할 것이 남아 있다고 우리는 생각한다. "경제지리학에서 '경제'를 다시 생각하려는" 기획이 어떤 점에서는 너무 지나치다고 보는 마틴과 선리(Martin and Sunley 2001)와는 달리, 우리는 여러 가지 점에서 볼 때 아직 충분히 나아가지 않았다고 믿는다. 자세히 살펴보면, 경제지리학에서 경제지리학을 통해 이해되는 '경제'는 여전히 많은 부분 전통적이고 보수적이며, 그런 점에서 문제가 있다. 리(Lee 2006, p.413)가 관찰한 것처럼, "경제적인 것은 분리 가능하고 자율적이어서 복합적인 사회적 관계와 가치 개념 등을 통해 구성되는 것이 아니라는 자의적 관점이 지속되고 있다." 그리고 더 있다.

첫째, 문화적 전환은 경제와 문화 간 간극을 축소시켰지만, 궁극적으로 '경제'를 그대로 두는 경향이 있다. 예를 들어, 경제지리학에서 문화적 전환은 보통 경제가 더 큰 문화 속에 '배태되어' 있다는 것을 의미한다. 그러나 미첼(Mitchell 2008, pp.1117-1118)에 따르면, 이런 정식화가 갖는 어려움은 경제를 여전히 '어떤 본질적 형태'를 가진 것으로 취급한다는 점이다. 경제가 아무리 "우정, 애정, 이타주의, 도덕성, 통제, 문화 또는 다른 명백히 비경제적 관계들의 연대" 속에 배태된다고 하더라도, 경제는 그것이 배태되기 위해서는 여전히 분리될 수 있는 것으로 간주된다. 리(Lee)와 마찬가지로 미첼에게 **진정으로**

경제를 다시 생각하는 것은 "서로 다른 정도의 배태성"에 대해 묻는 것이 아니라, 경제가 구성되는 프로젝트와 실천들을 다시 생각하는 것을 의미한다. 미첼의 연구를 제외하면 가치 있는 그런 유형의 경제지리학은 별로 없다(Barnes 2008 참조).

둘째, 우리가 경제를 서로 연결된 '계기들'의 총체라고 여기게 되면, 경제지리학은 그런 계기들에 대한 부분적이고 제한된 독해만을 계속 제공할 뿐이다. 루이스 크루(Louise Crewe 2000) 같은 학자들의 연구는 생산에 대한 전통적인 강조에 더해 소비에 대한 초점을 추가하였다. 그러나 몇몇 비평가들이 최근 지적한 것처럼(예로 Christophers 2014), 시장 기반이든 아니든 시장 및 교환 과정에 관한 경제지리적 관점에서는 훨씬 덜 쓰여졌다. 더욱이 리(Lee 2002)는 교환 '계기'를 추가한다고 해서 더 나아질 것이 없을 것이라고 피력하였다. 왜냐하면 경제에 대한 우리의 전반적인 사고가 여전히 지나치게 경직되어 있기 때문이라는 것이다. 그래서 그는 훨씬 더 나아간 재이미지화를 주문한다. "경제들은 단순히 소비, 생산, 교환의 계기 혹은 심지어 그런 계기들의 계열이 아니라 그보다 더 많은 것을 의미한다."라고 주장한다(Lee 2002, p.336). 즉 "경제들은 소비에서 교환을 거쳐 생산에 이르기까지, 또는 소비에서 교환을 거쳐 다시 소비에 이르기까지 연속적인 가치와 에너지 흐름을 포괄하는 물질적 재생산의 회로들"이다. 그래서 그 경제들은 "지금 여기뿐 아니라 그때 거기에서도 가치를 추출하며, 과거로부터 미래의 시공간으로 가치를 투사할 가능성을 수반하게 된다."

마지막으로 J. K. 깁슨-그레이엄(J. K. Gibson-Graham)의 다중적 도발이 있다(제3장 6절). 경제지리학이 여전히 경제적이란 것에 대한 경직되고 한정된 개념화에 속박되어 있다고 반복적으로 주장하면서 깁슨-그레이엄이 던진 반항적 태도는 아마도 가장 도전적일 것이다. 그녀는 범위의 문제, 즉 '경제'에 **어떤 것**이 포함되는(되지 않는)지의 문제(가사노동, 후진국의 '비공식'경제 등)는 주요 문제가 아니라고 주장한다. 그녀는 오히려 이런 포함이 **어떻게**(어떤 관점에서) 이루어졌는가를 문제로 본다. "상품과 서비스의 생산에 기여하는 것에 관한 그림에 무언가를 추가하려는 (전술한 바와 같은) 시도들이 모두 경제를 다르게 생각하도록 하는 데 반드시 도움이 되는 것은 아니다"(Cameron and Gibson-Graham 2003, p.151). 왜냐하면 가사노동과 같은 활동에 정말로 가치를 부여하려면, 그런 활동이 '전통적인' 경제활동들과 동등한 가치를 갖는다고 인식해야 하기 때문이다. 그런 활동에 단지 '경제적'이라고 이름표를 붙이는 것만으로는 충분하지 않다. 경제지리학의 이른바 '재고찰'이 일반적으로 한 일은 결국 립서비스에 불과하다고 그녀는 말한다. 경제지리학자들은 분명히 경제적인 것의 영역을 넓혀 왔다. 그러나 그 새로 들어온 (이전에는 비경제적이라고 보았던) 활동들은 여전히 유의미한 가치를 부여받지 못하고 있다. "이 '부가된' 부문들은 인지되고 편입되었지만, 경제의 핵심 부문에 비해 여전히 종속적이고 과소평가/가치절하된 지위에 갇혀 있다"(Cameron and Gibson-Graham 2003, p.151).

따라서 깁슨-그레이엄은 자신의 독창적인 저서에서 상호 연관된 두 가지 주요 관점, 즉 페미니즘과 비자본주의 관점에서 (지리학적) 경제에 대해 **다르게** 생각하는 것을 시도한다. 깁슨-그레이엄의 사고방식에 따르면, "봉건제, 노예제, 독립적 상품 생산 방식, 가계경제 및 기타 유형의 경제가 반드시 자본주의들 안에 종속되거나 포섭되기보다, 오히려 여러 가지 자본주의가 접합되고 중복된 다원적인 경제 공간에서 공존하는 것으로 간주될 수 있다"(Gibson-Graham 1995, pp.278-279). 이것은 분명히 일부분 '부가'하려는 기획이지만, 그녀의 기획은 '덧붙이는' 정도를 훨씬 넘는다. 실제로 깁슨-그레이엄은 공유, 물물교환, 자발적 참여 등과 같은 무보수 활동을 논의하면서, 오히려 "이런 '주변적인' 경제 실천과 기업 형태들이 더 우세하며 더 많은 노동시간을 가질 뿐 아니라 자본주의 부문보다 가치도 더 많이 생산한다."라고 강조하였

경제지리학

다(Gibson-Graham 2008, p.617).

이러한 급진적 재고찰에는 깁슨-그레이엄만 있는 것이 아니다. 후진국 경제지리를 연구하는 학자들도 안내의 길을 열었다. 그들은 경제지리학이라는 캔버스에 후진국을 추가하였을 뿐 아니라, 더 중요하게도 그 과정에서 '경제'를 이해하는 대안적 방식을 제시하였다. 에드워드 사이드(Edward Said)의 유명한 비평 『오리엔탈리즘(Orientalism)』(1978)이나 서발턴(Subaltern, 하위주체) 연구의 역사적 · 이론적 전통(Guha and Spivak 1988)과 같은 유럽 중심적 사회과학의 영향력 있는 이중적 해체에 자극을 받아, 하트(Hart 2002), 차리(Chari 2004), 기드와니(Gidwani 2008) 등은 유럽 중심적 눈가리개를 벗고 경제란 무엇인가, '자본주의'나 '지구화'와 같은 서구적 용어들은 무슨 의미인가를 질문하였다. 이러한 것들은 싸우기 쉬운 상대가 아니다. 우리는 여기서 그 껍질을 겨우 벗겨 냈다. 그러나 전술한 학자들과 깁슨-그레이엄의 연구에 의해 경제지리학에서 '경제적인 것(the economic)'이 아마도 몇십 년 만에 가장 본질적이고도 중요한 개조를 겪고 있다.

2.4 경제적인 것의 지리

2.4.1 정의의 뼈대에 살 붙이기

이제 우리는 한 범주로서 경제적인 것이 생각만큼 간단치 않다는 것을 알게 되었다. 이번에는 우리의 정의에 따라 경제지리학을 실천하고 생산하기 위해, (일반적으로 이해되는) 경제과정들에서 공간, 장소, 스케일, 경관, 환경의 실재적 함의에 대한 분석상의 유의점과 설명상의 강조를 채택하고 훈련하는 것이 무엇을 의미하는지에 대해 고찰하고자 한다.

분석적 유의점과 설명의 강조로 시작한다는 것은 무슨 의미인가? 유의는 조심하는 것으로 생각할 수 있다. 그것은 어떤 신호도 놓치지 않는 방식으로 탐색 안테나를 배치하는 것을 의미한다. 유의점은 어떻게 달성될 수 있고, 어떻게 해야 **분석적**이라고 할 수 있는가는 이론적(제5장)으로나 방법론적(제6장)으로나 분명 중요한 질문이다. 그러나 핵심 요점은 다음과 같다. 경제지리학은 경제적인 것에서 지리적 자국을 찾기 위해 주의를 기울일 것을 요구한다. 다른 신호에 신경 쓰지 않건, 그런 신호에서 '지리적인' 독해(혹은 오독)를 미리 하건, 경제지리학자는 경제적인 것에 찍힌 지리적 자국에 눈을 번뜩이고 있어야 한다. 그런데 경제 세계에 관한 모든 것을 지리적인 용어로 또는 지리의 한 기능으로 설명하려고 고집하는 것은 분명히 경제지리학이 아니다. 오히려 경제지리학은 설명에서 지리적인 요인을 강조하지만 다른 요인들을 소홀히 하지 않는다.

이러한 고찰은 경제지리학을 '하는' 데 있어, 그리고 경제지리학자(우리 자신을 포함하여 많은 학자들이 자처하는 바)가 '되는 데' 있어(이 두 가지가 반드시 같은 것은 아니지만) 세 가지의 뜻깊은 함의를 갖는다.

첫 번째, 경제지리학 연구를 하려고 시작하였지만 궁극적으로 끝에 가서는 분석이 명백히 지리적인 요소를 결여할 수도 있다. 또한 '지리적'인 것에 유의하였지만, 고찰하려는 경제과정에 그것이 **실질적인 연관**이 없을 수도 있다.

두 번째, 경제지리학이 경제 세계를 이해하고 설명하는 다른 방법들과 불가피하게 상호 얽혀 있다는 점이다. 경제지리학을 한다는 것, 그리고 경제지리학자가 된다는 것은 지리학적 설명이 어려운 여러 수준의 경제과정뿐만 아니라 거의 확실히 다른 도구와 설명 양식(주류경제학에서 파생된 것이거나 정치경제학 또는 그 밖의 양식)마저 요구하는 경제과정들까지도 해독하려고 노력하는 것을 의미한다. 제4장은 이와 같은 이론적·방법론적 이종교배가 불가피한 지형을 기탄없이 탐색한다.

그리고 세 번째, '경제지리학자'가 된다는 것은 자신의 연구 혹은 다른 사람의 연구를 기초로 지리학이 경제 세계를 설명하는 데 크게 도움이 된다는 것을, 즉 경제적으로 지리가 중요하다(Massey and Allen 1984)는 점을 인식한다는 의미이다. 그러나 경제지리학자는 특정 경제과정들 혹은 그것들의 구성 요소가 지리학적 설명의 차원을 특별히 요구하지 않을 수 있다는 가능성에 늘 열려 있다. 도린 매시는 '지리적'이라는 것을 지리학만의 자산이라고 주장하지 않는다. 그녀는 '공간분리주의자'가 아니다. 경제에서 지리가 중요하다면, **모든** 경제 관련 학문들은 지리적 관계와 관련되거나 적어도 관심을 가져야 한다. 경제지리학자들은 단지 그런 관심을 특히 더 많이 가지고 있으며, 다른 사람들이 그렇게 하지 않으려고 한다는 것을 알고 지리가 중요하다는 것을 **강조하는** 사람일 뿐이다.

'지리학의 물질성'이라는 이 관념은 우리가 경제과정에서 공간, 장소, 스케일, 경관, 환경의 **함의**라고 부르는 것이다. '함의'라는 말은, 문제의 지리가 문제의 과정에 **영향을 준다**는 뜻이다. 그것이 인플레이션, 지구화, 원료 추출, 산업폐기물 처리 혹은 그 밖의 어떤 것이든 지리는 경제과정의 형태와 산출에 주변적이거나 부수적인 것이 아니라 오히려 필수적인 것이다. 지리는 적극적인 요소이다. 우리는 '실질적'이라는 단어를 추가하여 핵심 요점을 더하고자 한다. 이것은 지리적인 것의 효과가 사소하거나 하찮지 않다는 것이다. 지리적 효과는 설명이 필요한 만큼 중요하다. 대안적 관점에서 보면, 공간과 기타 요인들이 **실질적으로** 연루된 경제과정의 형태와 산출은 그러한 요인들이 관여되지 않을 때와 사뭇 다를 것이다. 지리는 (큰) 차이를 만든다. 그렇기 때문에 그러한 과정을 의미 있게 이해하고 설명하려면 그 과정들의 지리적 차원에 대한 유의와 고찰이 명시적으로 필요하다.

이제 우리의 정의에서 명료하게 할 마지막 한 가지 구성 요소가 남아 있다. 즉 경제지리학이 그 함의에 초점을 두는 '공간, 장소, 스케일, 경관, 환경'의 본질이다. 이것들은 다 무엇인가? 놀랄 것도 없이 이 질문에 대한 대답은 단순하

글상자 2.2

인문지리학과 경제지리학의 '재료'

모든 사회과학은 자신의 핵심적 용어와 개념을 가지며, 그것에 의해 어떤 사회과학인지 어느 정도 알게 된다. 예를 들어, 당신이 계급에 대해 말한다면, 당신은 사회학자일 것이다. 문화에 대해 말하고 있다면, 나는 당신이 인류학자라고 짐작한다. 당신이 효용에 대해 이야기한다면, 당신은 경제학자일 것이다. 인문지리학도 그런 개념들을 많이 가지고 있다. 그런데 인문지리학만이 그것을 '소유'하는 것은 아니다. 왜냐하면 다른 사회과학자들도 그 개념들을 사용하기 때문이다. 그러나 인문지리학이 그 개념들을 특별히 잘 다룬다. 우리는 공간, 장소, 스케일, 경관, 환경의 5개를 선발하였는데, 이 중 하나도 언급하지 않은 논문을 인문지리학 학술지에서 찾는다면 그것은 이상한 일이다. 이 책에서 우리의 관심은 경제지리학에서 이 개념들이 구체적으로 어떻게 작용하는가이다.

공간(space): 지리의 핵심 개념 중 가장 폭넓고 일반적이며, 종종 가장 모호한 개념이다. 이 개념은 전형적으로 한 사회 혹은 경제의 공간적 배열, 즉 사회 또는 경제에서 상이한 입지들이 서로 연결된 방식을 말한다. 연결이 전혀 없는 것도 공간적 구성의 한 (극단적) 면모이지만, 긴밀하고 빠른 연결―아마도 고도의 교통·통신 기술에 의해 촉진된―도 또 다른 한 (극단적) 공간의 모습이다. 경제지리학자들은 **경제**과정들의 공간적 구성에 관심을 갖는다. 예를 들어, 공간적 유동성과 서로 다른 지역의 경제에 대한 심층적 통합은 어떤 경제과정의 특징인가? 또는 공간은 더 많이 단속적이며 좀 더 천천히 이행되는가?

장소(place): 이 개념은 여러 공간적 관계가 짜깁기된 개별 입지들을 말한다. 장소는 특수하고 고유하다. 경제지리학자들은 장소와 관련된 모든 종류의 이슈들에 관심을 갖는다. 장소 A의 경제는 어떤 유형인가? 장소 B의 경제는 그것과 왜 매우 다른가? 한 장소―가령 시카고―의 경제는 더 넓은 (중서부) 지역경제 혹은 (미국) 국민경제에 얼마나 중요한가? 특정 장소들에서 우리가 알아낸 고유한 경제적 결과들을 산출하는 데 어떤 조합의 넓은 경제과정들이 기여하였는가?

스케일(scale): 이것은 공간적 범위, 즉 국지적, 지역적, 국가적, 국제적 혹은 지구적 범위를 나타낸다. 자동차시장은 지구적 스케일인가? 즉 해당 소매업자들은 지구적으로 경영하고, 소비자들은 지구적으로 검색하는가? 아니면 그것은 일련의 더 작은 국가 혹은 국내 시장들로 이루어져 있는가? 우리는 국지적, 국가적 혹은 초국가적 화폐를 갖는가, 즉 화폐 시스템의 스케일은 무엇인가? 좀 더 근본적으로 상이한 경제과정은 어떻게 경제조직의 관련 영역으로서 상이한 스케일을 구성하는가? 환언하면, 경제적 탐구에서 국가적 혹은 '지구적' 스케일은 왜 중요한가? 어떤 과정들이 그것을 그렇게 만드는가? 그러한 모든 질문들이 경제지리학의 중심적 관심이다.

경관(landscape): 무엇이 인문 혹은 사회적 경관일까? 비판적 고찰은 **가시성**(visibility)
이다. 즉 사회적 경관은 인간 간섭 역사의 결과로 대지 위에서 우리가 보는 것, 예를 들
어 여러 형태의 토지이용과 건조환경(built environment)이다. 그러므로 경제 경관은
경제과정의 가시적 모습, 예를 들어 상이한 경제활동(농업, 광업, 제조업 등)과 연관된
상이한 경관 유형이다. 경제지리학자는 이러한 경관들을 만들어 내는 과정과 이 경관
들이 경관을 통해, 그리고 그 위에서 발달하는 경제를 조형하는 양식을 매우 중요하게
연구한다.

환경(environment): 환경은 물리적 '자연'이다. 물론 수천 년 인간의 간섭에 의해 변형되
고 적응된 자연이다. 경제지리학은 경제과정들의 방대한 배열이 각종 일차적 환경자원
(목재, 물, 광물 등)에 물리적으로 의존하는 것에서부터 '좋은' 환경재(예로 습지보존채
권)와 '나쁜' 환경재(예로 탄소배출권)의 현대 금융시장 창출에 이르기까지 경제와 환경
간 관계의 모든 상이한 방식에 관심을 갖는다.

지 않다. 그것들은 인문지리학의 본질적 '재료'를 집합적으로 구성한다고 말
하는 것을 뛰어넘는다. 각각의 그러한 개념과 그것의 의미에 대해서는 최소한
'경제'에 대해서만큼이나 쓰여져 왔다.

이런 점에서 우리는 경제지리학에서 이들 용어의 정의나 일반적 용법을 규
정하지 않으려고 한다. 정의가 불가능할 수도 있다. 경제지리학에서의 용법은
여러 가지 점에서 이 책 전체와 관련한다. '장소'와 같은 용어의 의미는 이를
사용하는 맥락에서 비로소 분명하고 의미가 있게 된다. 경제지리학이 각각의
핵심적 지리 용어를 어떻게 이해하고 인용하는가는 다음 장에서 좀 더 명확해
질 것이다. 그러므로 여기서는 각 용어의 기본적인 윤곽을 예비적으로 약술하
고자 한다. 그렇게 하면 논의를 전개하는 데 도움이 되는 토대가 될 것이다(글
상자 2.2: 인문지리학과 경제지리학의 '재료').

다른 한 가지 중요한 점이 남아 있다. 일부 독자들은 '지역(region)'이나 '영역
(territory)'에 대해 궁금해할 수 있다. 이것들 역시 지리학의 '재료' 아닌가? 사
실 그것들도 지리학의 재료이다. 이는 확실히 하는 것이 중요하다. 우리가 그

러한 현상/개념들을 소홀히 하는 것도 아니고, 지리적 과정과 지식에서 그것들의 중요성을 부정하는 것도 아니다. 다만 우리의 정의에서 활용된 지리적 용어들의 배열을 적절한 수준에서 유지하고자 하였다. 공간, 장소, 스케일, 경관, 환경 모두—상호 관련되어 있음에도 불구하고—실질적으로 서로 **다른** 아이디어와 속성을 잠재적으로 함축하고 있다는 것이 우리의 견해이지만, 지역과 영역 개념은 우리가 이미 목록에 올린 요인들의 결합을 통해 수용될 수 있다고 생각한다.

2.4.2 경제지리학의 실제: 두 가지 사례

이 책의 나머지 부분이 주로 경제과정에서 지리의 다면적 함의를 드러내는 연구를 비판적으로 논의하는 데 비해, 이 절의 나머지 부분의 목표는 그리 높지 않다. 목표는 두 가지 사례를 들어 실제로 그것이 어떤지를 보여 줌으로써 '함의'의 기본적 사고를 예증하는 것이다. 조금 덜 추상적이면서 동시에 (희망하건대) 독자의 욕구를 자극하는 논의를 함으로써 경제지리학의 묘미를 제공하고자 한다.

우리가 두 가지 사례를 선택한 것은, 우리가 정의하는 경제지리학의 좋은 예이기도 하고, 또한 두 사례가 (제12장에도 불구하고) 이 책의 다른 어느 부분에서 깊이 있고 구체적으로 다루어지지 않는 경제의—경제지리학의—영역 (즉 노동과정)과 관계되기 때문이다.

문제의 두 연구는 제이미 펙(Jamie Peck)의 『작업-장소(Work-Place)』와 돈 미첼(Don Mitchell)의 『땅의 거짓말(The Lie of the Land)』로 1996년 동시에 출판되었다. 먼저 『작업-장소』를 살펴보려고 한다. 이 책은 경제지리학에서의 경제가 시장을 소홀히 한다고 지적받는 '규칙'의 몇 안 되는 예외의 하나이다. 펙의 연구는 노동시장이 어떻게 작동하는가가 주요 대상이다. 그의 연구는 우리가 집합적으로 노동시장이라고 부르는 사회경제적 과정들의 형태, 운용, 산출을 고찰한다. 노동시장의 핵심은 취업자를 찾는 기업과 임금노동을 찾는 노동자들로 구성된다. 펙의 설명은 기저의 구조적 요인을 중심으로 노동시장을 거시적이고 일반화된 수준에서 설명한다는 점에서 이론적이다(상세한 내용은 제5장에서 논의한다). 그러한 기저의 요인들은 일차적으로 제도적 힘과 권력관계로 구성된다.

그러나 펙이 인정한 것처럼, 사회적 구조화(structuration)와 제도적 매개라는 관점에서 노동시장을 엄밀하게 설명한 주요 정치경제학 연구—노동시장 분절론을 말한다—는 이미 있었다. 그렇다면 그 연구는 어떤 점이 결여되어 있어 『작업-장소』에서는 그것을 어떻게 보완하려고 하였을까? 그 대답은 기존 연구가 본질적으로 간과한 노동시장의 지리에 있다. 지리적 요인들이 노동시장 과정에 **실질적으로** 어떻게 **연루되는가**를, 따라서 기존 연구가 그러한 과정을 충분히 설명하는 데 부족하다는 점을 보여 준 것이 『작업-장소』의 훌륭한 성과이다.

어떻게 그렇게 하였는가? 그 책은 치밀하고 다층적이며, 정독할 가치가 있다. 그러나 그의 핵심적 주장과 노동시장의 지리에 대한 피상적인 독해를 명확히 구분하면, 그 주요 통찰을 드러낼 수 있을 것이다. 펙이 지적한 것처럼, 후자의 독해는 "노동시장의 구체적 형태는 공간적으로 다양하다."(p.262)는 식의 주장으로, 그러한 시장들이 지리적 다양성을 보인다는 진부한 문구를 단순히 열거하는 것이다. 경제지리학은 단순히 경제적 결과물의 공간적 변이가 아니라, 경제과정 속 지리적 함의에 대한 것이다. 경제적 결과물의 단순한 공간적 변이는 비지리적 요인들에 의한 결과일 수도 있다(예를 들어, 다른 제도나 정책들).

『작업-장소』는 "결과물의 불균등성이 아니라 과정 그 자체의 공간성"(p.265)을 분석한다. 더욱이 책은 이 공간성이 **물질적**이라는 것을 드러낸다. 왜냐하면 "노동시장 과정은 공간상에 … 뻗어 나가는 방식으로 스스로 변형되기"(p.262) 때문이다. 정확하게 펙은 노동시장이 "영역적으로(우리의 1차 '재료' 목록에 없는 지리학적 개념들 중 하나) 구성되는" 것을 보여 준다. 즉 노동시장은 그 노동시장 과정의 동학에 **중요한** 특정 공간 형태를 전제한다는 것이다. 펙 은 그의 설명에서 특정 공간적/영역적 형태가 국지적이라고 강조하는데, 이는 부분적으로 다른 비평가들이 그 점을 소홀히 하는 경향이 있기 때문이다. 노 동시장의 스케일(여기서는 영역이라고 바꾸어 써도 된다)이 노동시장을 조형하는 한, 펙은 국지적 노동시장이 "데이터 단위 혹은 연구 지역 이상의 것으로 간주 되어야 한다."라고 주장한다. "근본적으로 국지적 노동시장은 노동시장이 일 상적 토대 위에 작동하는 스케일을 나타낸다"(p.263).

우리의 두 번째 연구인 『땅의 거짓말』은 전혀 다른 맥락에서, 전혀 다른 일 련의 노동과정을 다룬다. 펙은 현대 앵글로아메리카의 노동시장에 초점을 두 는 반면, 미첼은 20세기 전반 캘리포니아의 이주 노동과 기업적 농업(agri-business)를 고찰한다. 그러나 그의 책은 경제적인 것의 역동성에 있어 지리적 인 것의 중요성을 더할 나위 없이 강력하게 보여 준다.

미첼의 책은 우리의 '재료' 목록에 있는 지리적 현상/개념 중에서 논쟁이 적 었던 경관(landscape)과 관련된다는 점에서 경제지리학에서 두드러진다. 미첼 은 경관이 공간이나 장소 못지않게 실질적으로 경제과정과 관련된다고 주장 한다. 그리고 현장의 물질적 실체로서, 또 담론적 인공물로서의 경관이란 관 점에서 그의 주장을 개진한다.

여기서 두 번째 논점은 전형적 사례를 보여 준다. 미첼에게 지리학의 그 '재 료', 즉 경관은 물질적 형태뿐만 아니라 은유적 혹은 담론적 형태를 취한다. 경 제지리학은 원칙적으로 전자의 중요성만큼 후자의 중요성과도 관련된다. 그 렇다고 경제지리학이 물리적인 것에 관심을 집중하는 만큼 담론적인 것에도 **실제적으로** 많은 관심을 기울이고 있다는 것은 아니다. 오히려 그렇지 않다. 그렇기에 담론에 관심을 두는 연구들, 즉 헨더슨(Henderon 1998)과 고스와미

경제지리학

(Goswami 2004)의 연구가 두드러져 보이는 것이다. 우리가 보기에, 이런 연구가 부족하다는 것은 지리적 재현이 일반적으로 중요하지 않다는 신호를 넘어 경제지리학의 실패를 나타내는 한 징후이다. 지리적 재현이 중요하지 않은 것이 아니다. 공간, 장소, 스케일, 경관, 환경이 재현되는 방식(예술에서 미디어까지, 문헌에서 계획 정책까지, 군사 전략에서 금융시장 규제까지 등 다양한 토론장에서)은 경제과정들이 구성되고 드러나는 것에 차이를 만들어 낸다. 미첼의 책은 바로 이것을 보여 주기에 주목할 만하다.

여러 가지 면에서 미첼의 핵심적 주장은 팩의 주장보다 요약하기가 더 쉽다. 미첼에 따르면, 경관은 두 가지이다. 하나는 물리적 실체(노동이 가해진 땅)이고, 다른 하나는 재현(예술 작품)이다. 20세기 초 캘리포니아에서의 노동과정에서 두 가지 모두 중대한 함의를 갖는다. 예를 들어, 캘리포니아의 경관 이미지는 노동관계의 사악한 특정 형태를 '당연시'하는 인종적 이데올로기를 심어 준다는 점을 미첼은 보여 준다.

미첼은 나아가 두 가지 분석 수준을 더한다. 첫째, 그는 전술한 관계에 활발한 상호성이 있었다는 것을 보여 준다. 노동과정이 경관에 의해 만들어지는 것처럼, 노동과정은 경관(물리적 경관과 재현된 경관)을 만들었다. 예를 들어, 그의 책 제3장은 경관 형태와 관념에 모두 영향을 미치는 이주 노동의 '파괴적 이동성'을 상세하게 그린다. 둘째, 미첼은 물리적 경관과 재현된 경관을 분리해서 다루는 것의 부적절함을 지적한다. 물론 그 이유는 그것들이 스스로 상호 연결되어 있기 때문이다. 따라서 그것들의 노동과정과의 상호 관계는 그런 연결의 관점에서만 이해될 수 있다는 것이다. 여기서 미첼은 데니스 코스그로브(Denis Cosgrove 1984)의 큰 족적을 따른다. 코스그로브는 경관의 관념이 보다 일반적으로 자본주의 상품화의 역사, 그것이 속한 노동과 **땅**의 역사와 분리될 수 없다는 것을 보여 주었다. 고전적인 경관 재현에서 핵심적 모순은 경관을 '자연스러운 것' 혹은 **노동이 가해지지 않은** 것처럼 보이도록 만들려 하였다는 점이다. 『땅의 거짓말』은 노동과 형태로서의 경관(land-scape-as-morphology), 재현으로서의 경관(landscape-as-representation)을 서로 연결시킨다는 점에서 코스그로브와 유사하다. 결과적으로 미첼의 책은 상당히 정교하고 힘 있는 경제지리학 저작이다.

2.5 현대 경제지리학의 주요 서사

지금까지 우리는 경제지리학의 폭넓은 학술적 다양성을 위해 필요에 따라, 그리고 의도적으로 경제지리학의 정의를 확장시켰다. 다음 장에서는 경제지리학이 역사적으로 당연한 것으로 여겨 온 주요 형태들을 검토할 것이다. 여기서 이 장을 완결하기 위해 현 상황에 초점을 두고자 한다. 이 장의 핵심 질문 "경제지리학이란 무엇인가?"에 대한 우리의 답변이 일반적이고 포괄적이라면, 같은 질문에 대한 구체적 답변이 현재 통용되고 있는 경제지리학을 실천하고 생산하는 데 가장 유력한 접근 방법들을 명시적으로든 암묵적으로든 제공할 수 있기 때문이다. 이런 서사(narratives)의 고찰에서 우리의 일차적 목적은, 원칙상 경제지리학은 어떤 것일까(우리의 포괄적 답변)가 아니라, 오늘날 경제지리학이 실제로 어떤 것일까에 대한 좀 더 명료한 느낌을 독자에게 주는 것으로 시작하는 것이다.

또한 중요한 두 번째 목적이 있는데, 다음 장들로 이어지는 직접적이고 의미 있는 세구에(segue)*를 제공하는 것이다. 그 장들은 일련의 상이하지만 연결된 렌즈들, 즉 경제지리학의 역사, 경제지리학의 (주류경제학 및 다른 사회과학들과의) 관계, 경제지리학의 이론과 방법들, 경제지리학에 종사하는 '공동

---

* 역주: 한 악장에서 다음 악장으로 연속적으로 이어지도록 하는 기호.

체', 경제지리학의 중심적인 현실 분석 토픽들을 통해 경제지리학을 비판적으로 검토하고 설명한다. 본 장 이 절에서 우리의 주장은 우리가 확인하는 오늘날 주요 서사 모두 이 책 뒷장에서 상술하게 될 토픽, 방법, 이론 등의 차별화된 **아상블라주**(assemblages)—서로 다른 접합들—를 동원하여 이루어진다는 것이다. 우리의 의도는 지금의 지배적인 서사들을 헤드라인 수준에서 떼어내고 기술하되, 그 이론적 토대와 실천적 공동체, 토픽의 관심 등에 고개를 끄덕이며 그렇게 하는 것이다(단 상술하지는 않는다). 책의 나머지는 경제지리학의 폭넓은 흐름을 밝혀 줌으로써 독자들이 이들 주요 접근 방법을 **맥락 속에서** 이해하도록 도울 것이다.

서사 ("경제지리학은 …")	핵심 주제	핵심 이론적 토대	핵심 주창자
자본주의의 지리	• 축적과 가치 • 자본순환 • 권력 • 생산의 사회적 관계 • 불균등 발전	• 정치경제학 • 페미니즘 • 후기식민주의	• 데이비드 하비 • 도린 매시 • 제이미 펙 • 앨런 스콧
비즈니스의 지리	• 기업 • 산업 클러스터, 산업지구, 산업지역 • 혁신 • 지식과 학습 • 네트워크	• 비즈니스 연구 • 제도와 진화경제학	• 론 보슈마 • 고든 클라크 • 메릭 저틀러 • 앤 마커슨 • 헨리 영
지리경제학	• 집적경제 • 공간적 균형 • 거래비용 • 도시경제학	• 주류경제학 • 지역과학	• 폴 크루그먼 • 헨리 오버먼 • 안드레스 로드리게스-포스 • 마이클 스토퍼 • 앤서니 베너블스
대안 경제지리학	• 맥락 • 담론 • 수행성	• 문화경제학 • 후기구조주의	• 존 앨런 • 크리스티안 베른트 • J. K. 깁슨-그레이엄 • 로저 리 • 앤드루 레이슨

그림 2.2 경제지리학이란 무엇인가?

우리는 경제지리학 내 4개의 접근 방법, 즉 4개의 차별화된 서사를 규정한다. 그림 2.2는 4개의 서사 각각을 간단히 개관하고 비교한 것이다. 이 표는 답을 주는 만큼 많은 질문을 제기한다. 다음으로 진행하기 전에 먼저, 그런 이유로 우리의 범주화에 관해 세 가지 요점을 설명하고자 한다. 첫째, 가장 분명한 것은 우리의 범주화가 모든 것을 포괄하지 않는다는 것이다. 경제지리학은 그것을 범주화하여 제한하려는 어떤 시도도 넘어선다. 둘째, 경제지리학은 우리가 여기서 한 방식과 다른 무수히 많은 방식으로 '구분'될 수 있다. **다른** 조합 또는 다른 이론적 속성에 기초해서 얼마든지 가능하다. 다만 우리는 우리의 구분이 명쾌하고 도움이 된다고 생각하며 또 그렇기를 희망한다. 그리고 셋째, 우리가 규정한 서사와 접근 방법 간 경계들은 몇 가지 점에서 틈이 많은데, 우리의 정태적 구분에는 불행하게도 그 점이 잘 드러나지 않는다. 한 가지를 말하자면, 각 범주들 간에는 중첩이 존재한다. 즉 '비즈니스의 지리'라고 명명한 서사는 '자본주의 지리'와 '지리경제학' 모두와 연결되거나 공통점이 있다. 다르게 말하자면, 우리가 핵심 주창자라고 언급한 사람들 중 어떤 이는 하나의 서사 이상의 것에 기여하였다. 대체로 그들은 연구 경력의 다른 시점에 그렇게 하였다. 예를 들면, 마이클 스토퍼(Michael Storper)는 전술한 세 가지 접근 방법 중 어디에든 명백히 '해당될' 수 있다.

2.5.1 자본주의의 지리

경제지리학에 대한 우리의 정의 안에 있는 오늘날 연구는 대부분 자본주의 사회의 중추적인 경제과정의 다양한 지리 유형이 갖는 의미를 이해하고자 한다. 그러한 연구는 자본-노동 관계에 한정하지 않고, 자본순환(화폐, 상품, 생산 순환을 통한), 자본축적의 과정, 신용과 부채의 사회적 관계, 국가와 조절을 포함한 자본주의의 기본적인 경제적 동학 전반에 초점을 둔다. 이런 부류의 연구들은 거시(예로 Harvey 2010; Mann 2013)에서부터 아주 미시적인 것에 이른다.

그러나 그 연구들은 전형적으로 자본주의가 특징적 사회구조, 사회적 관계, 사회적 산출과 함께 사회경제적 생산과 재생산 양식의 지속과 확장을 재현하며, 자본주의는 그와 같이 이해되고 이론화되고 설명될 필요가 있다는 신념을 공유한다.

경제지리학의 이러한 서사와 접근 방법은 일차적으로 다양한 갈래의 정치경제학의 영향을 받는다. 그런데 그러한 정치경제학은 오늘날 대중적인 접근으로 알려진 '비교' 정치경제나 '국제' 정치경제를 일컫는 것은 아니다(그런 정치경제를 활용한 경제지리학이 있긴 하지만). 대신 경제지리학이 활용한 정치경제학은 보다 오래된 것으로서, 다음 두 가지 정치경제학에 대해 비판적으로 발언하려던 그런 정치경제학이다. 하나는 오늘날 우리가 아는 주류경제학을 낳은 19세기 후반의 경제사상적 혁명 **이전에** 있던 정치경제학에 대한 비판이고, 다른 하나는 20세기 전반 주류경제학과 함께 **연이어** 등장한 정치경제학에 대한 비판이다. 그 첫 번째 시기에서는 마르크스가 경제지리적 사고에 특히 중요하고, 두 번째 시기에서는 칼 폴라니(Karl Polanyi)가 중요한 인물이다. 이론적 영감을 누구로부터 얻든, 어떤 계열의 정치경제학이든 경제지리학자들은 기존의 설명 틀에 지리적인 엄밀함과 감수성을 더하려고 특히 노력하고 있다. 기존의 설명 틀은 자본주의 경제과정의 지리적 함의를 과소평가하거나 노골적으로 무시함으로써 한계를 갖는다고 지리학자들은 주장한다.

그러나 지리적 정치경제학—이런 종류의 경제지리학 서사(Sheppard 2011)와 관련된 접근을 우리는 이렇게 부를 수 있다—은 오늘날 다른 원천의 영향도 받고 있다. 이 범주에서 연구하는 많은 연구자들이 주장하듯이, 정치경제학은 무엇보다도 사회경제적 권력과 그것의 사회적 관계 구조 문제에 관심을 갖는다. 그렇다면 사유의 보다 현대적인 전통들이 가진—계급보다는 다른 종류의 사회적 분화에 관심을 갖는—통찰력은 마르크스나 폴라니로부터 유래된 것만큼이나 형성적 역할을 한다. 이 장의 전반부에서 암시한 것처럼, 경제지리학 연구에서 페미니즘 이론은 특히 영향력이 있다. 그러나 페미니즘 이론이 경제과정과 공간을 뚜렷이 젠더화하는 것을 드러낼 때조차도, 프랫(Pratt 2004)과 맥다월(McDowell 2008)과 같은 학자들의 연구는 계속해서 '자본주의의 지리(Geography of Capitalism)'라는 주제를 중심으로 발언한다. "경제지리학이란 무엇인가?"의 질문과 분리된 서사 그리고 그것과 분리된 답을 제공하기보다는, 관련되지만 보다 확대되고 포괄적인 방법으로 그 질문에 답함으로써 이들 학자는 더 나은 모습을 보인다. 페미니즘 이론이 아니지만, 마찬가지로 그들의 지속적인 관심이 자본주의 고유의 지리에 있는 후기식민주의 이론 역시 그러하다(예로 Gidwani 2008).

2.5.2 비즈니스의 지리

'비즈니스의 지리(Geography of Business)'는 이 장의 제목에 대해 '자본주의의 지리'와 현저히 다른 대답을 하는데, 이 점은 일부 독자의 호기심을 자극할 수 있다. 자본주의는 비즈니스에 **관한** 것, 즉 상품과 서비스의 비즈니스 생산, 비즈니스의 경쟁 환경, 비즈니스의 수입과 비용, 비즈니스의 성장과 이윤 추구 등에 관한 것이 아닌가? '비즈니스의 지리' 관점에서 쓰인 경제지리학은 '예'라고 답할 것이다. 그러나 또한 그 이상이기도 하다.

따라서 '비즈니스의 지리'라는 겉모습을 가진 경제지리학은 우리가 이름 붙인 네 가지의 접근 방법 중 첫 번째보다 범위가 크게 다르고 현저하게 좁다. 비즈니스의 지리는 자본주의와 그 지리에 대해 뚜렷이 **부분적인** 관점을 제공하는데, 주로 자본주의 주요 조직 형태 중 하나인 기업을 따로 떼어내어 특권화시켜 분석의 중심으로 삼는다. 비즈니스의 지리 연구자들은 기업들이 어떻게 서로 차별화하며 경쟁 우위를 확보하여 상업적 성공(또는 실패)을 유지하는지에 관심을 갖는다. 그들은 기업을 사회적 (재)생산양식으로서 자본주의의 구성과 동학이라는 더 넓은 관점에서 이해하려 하지 않는다. 그들의 관심 이슈는 (기업의) 학습과 혁신이고, 그러한 관심은 비즈니스 연구 문헌들이나 '혁신의 예언자' 조지프 슘페터(McCraw 2010)의 명저에서 나타난다. 그들이 연구하는 지리는 자본주의 경제의 공간적 구성, 즉 그 안의 다차원성과 이질성보다는 주로 혁신과 학습, 경쟁적 차별화를 고무하거나 혹은 방해한다고 여겨지는 생산조직의 공간적 배열—산업지구(industrial district), 학습 지역(learning region), 특히 클러스터—과 관계된다. 그러므로 그들의 상징적 표상은 마르크스가 아니라 앨프리드 마셜이다(Amin and Thrift 1992).

'비즈니스의 지리'가 '자본주의의 지리' 경제관의 틀을 좁힌 것이라고 하면, 왜 '비즈니스의 지리'를 단순히 '자본주의의 지리'의 부분집합으로 취급하지 않는가? 왜 그것을 다른 서사와 접근 방법으로 설정하는가? 부분적으로 이는 이론적 기반과 관련된다. 비즈니스의 지리에는 정치경제학이 거의 없다. 그 자리에는 진화경제학(Boschma and Lambooy 1999), 특히 슘페터리안 스타일의 진화경제학이 있고, (신)제도경제학(Martin 2000)이 있다. 진화경제학(evolutionary economics)과 제도경제학(institutional economics) 모두 경제지리학에서 언급되는 정치경제학과는 사뭇 다른 방식으로 경제를 설정한다. 더 중요한 것은 '비즈니스의 지리'는 경제와 경제지리에 관해 아주 다른 질문을 한다는 점이다. 예를 들어, 사회적 (여전히 덜 환경적인) 결과들에 대한 고려를 소홀히 한다. 그러나 '자본주의의 지리' 전통의 많은 저작에서는 그러한 연구가 전면과 중심에 있을 뿐만 아니라, 사회적 결과들에 대한 강력한 규범적(주로 부정적인) 관점을 제공한다. 실제로 비즈니스의 지리에서 사회적 관계도 잘 드러나지 않지만 이를 권력관계로 다룰 가능성은 거의 없다. 경제지리학을 비즈니스 지리학으로 설정하는 연구들이 경제 세계를 조금이나마 관계적인 것으로 다루는 경우에도, 그들이 관심을 갖는 관계는 기업 내, 기업 간 관계와 그것을 추동하는 기업가들 사이의 관계, 즉 이러저러한 형태의 '네트워크'로 이해되는 관계가 되는 경향이 있다.

2.5.3 지리경제학

오늘날 경제지리학의 세 번째 지배적 서사는 경제지리학을 경제학—특히 주류(보통 '신고전'이라고 하는)경제학(제4장)—의 지리학적 버전으로 설정한 것이다. 그러한 접근 방법을 채택하는 사람들이 역점을 두고 다루는 핵심 주제는 앞의 두 접근 방법에서 채택되는 주제들과 크게 다르지 않다. 사실 지리경제학(geographical economics)의 핵심 주제는 두 접근 방법의 혼합이다. '비즈니스의 지리'와 함께 '지리경제학'은 산업 군집화에 대한 관심을, '자본주의의 지리'와는 국제적 스케일에서의 지리적 불균등 발전에 대한 관심을 공유한다. 그러나 주요 연구자들의 학문적 훈련이나 정체성, 그리고 그들이 사용하는 방법은 본질적으로 다르다. 현실적으로는 동전의 양면과 같지만 우리는 이들을 다루려고 한다.

그림 2.2에는 '지리경제학'의 주창자 목록에 지리학을 공부한 두 명의 학자(로드리게스–포스와 스토퍼)가 있지만, 사실 선도적 주창자는 거의 대부분 주류경제학을 공부하고 경제학과에서 연구하는 경제학자들이다. 그들은 자신들의 연구를 전통 주류경제학의 비지리적인 지식 더미에 지리 차원을 추가하는 것으로 생각하는 경향이 있다. 오늘날 '지리경제학'의 선구자 중 하나인 지역과학자 월터 아이사드(Walter Isard 1949, p.477)는 지리적 감수성이 없는 주류경제학의 지식 더미에 대해 "무차원적 동화의 나라"라고 적절히 표현한 바 있다. 최근 경제학자들은 비공간적인 것을 공간화하는 이 작업, 즉 자신들이 스스로 하고 있다고 보는 연구에 '신경제지리학(new economic geography)'(예로 Krugman 1998)이라고 이름표를 붙였다.

한편, '지리경제학'이란 용어는 대개 학문 구분의 다른 편, 즉 지리학에서 경제 문제를 연구하는 사람들에 의해 붙여진 이름이다. 이 다른 이름표는 이른바 신경제지리학과 그 말이 나타내는 학문 영역의 소유권에 대한 어떤 의구심을 반영한다. 그들의 학문적 소속 때문이기도 하고 그들이 사용하는 방법(제4

장과 제6장 참조) 때문이기도 한데, 폴 크루그먼(Paul Krugman)과 여타 '지리경제학자들'은 궁극적으로 '적절한' 경제지리학을 하는 것으로 간주되지 않는다. 그러므로 의미론적 거리두기인 셈이다. 그러나 우리는 이에 동의하지 않는다. 이 장에서 우리가 애써 주장해 온 것처럼, 우리는 경제지리학이 한정된 학문으로 혹은 일련의 미리 정해진 방법들로, 제한된 주제 물음 묶음으로 잘 정의된다고 생각하지 않는다. 경제지리학을 경제적인 것에 대해 지리의 물질성에 유의하고 이를 강조하는 학문으로 정의한다면, 거기에 어떤 이름표를 붙이든 '신경제지리학'은 경제지리학에 포함되어야 한다.

그럼에도 불구하고 방법론 문제는 중요하다. '지리경제학'과 우리의 첫 두 가지(그리고 네 번째)의 접근 방법들 사이에는 정말로 중대한 차이가 있다. 다른 접근 방법들은 모두 주로 정성적(qualitative) 방법을 사용하고, 가끔씩 제한된 기반에서의 계량적(quantitative) 방법을 사용한다. '지리경제학'은 그와는 달리 근본적으로 계량적이며, 주류경제학과 마찬가지로 형식적 모델화 기법에 크게 의존한다.

그러나 단지 정성적 대 계량적이라는 용어로 그 차이를 규정하는 것은 과도한 단순화이다(제6장). 먼저, 설명이라는 문제가 있다. '지리경제학'에서 모델과 그 모델이 표현하는 계량적 관계는 설명으로 간주된다. 그러나 다른 유형의 경제지리학에서 계량적 결과들은 일반적으로 기술(describe) 이상이 아니어서 설명은 정성적 분석을 필요로 한다. 둘째, '지리경제학'과 지리경제학의 모델은 다른 유형의 경제지리학이 이의를 제기하는 가정들에 의존한다. 주류경제학이 통상 설정하는 폭넓은 가정 중 일부(완전경쟁이나 규모수익 불변 가정)는 '신경제지리학자들'에 의해 확실히 완화된다. 그러나 보다 심층적인 가정들—일반 균형의 가능성과 분석력 수용하기 및 개인 극대화로 집합적 행동 도출하기와 같은—은 여전히 남아 있다. 이러한 것들이 '지리경제학'을 경제지리학의 폭넓은 지형에서 명확히 떼어 놓은 것이 된다.

2.5.4 대안경제지리학

이 네 번째이자 마지막 제목 아래 우리가 조명하고 싶은 현대 경제지리학 연구는 "(경제지리학은) 무엇인가"란 질문에 매우 다른 대답을 한다. 사실 차이 (difference)가 이 서사의 중심적 자산이다. 그러한 경제지리학을 수행하는 사람들은 (무엇인가를) 정의한다는 생각조차도 싫어할 수 있다. 그러나 굳이 (무엇인가를) 정의해야 한다고 한다면, 그들은 먼저 앞에서 논의한 세 접근 방법과의 긴장 속에 경제지리학을 정의할 필요가 있다고 언급하면서 시작할 것이다. '대안경제지리학(Alternative Economics Geography)'은 그 세 접근 방법이 아니라고 말하거나, 혹은 좋게 말해 그것들이 **유일한 것은 아니라고** 말할 것이다. 앞의 세 접근 방법이 '지배적' 혹은 '선도적' 서사라면, 그것들에 도전하거나 적어도 그것들을 해체하고 다른 무엇을 성취하려는 유형의 경제지리학이 있을 필요가 있다.

그러나 거기서 머문다면 매우 제한된 독해가 될 수 있다. 우리가 여기서 염두에 두었던 것이 무언가 다르다는 뜻으로서의 '대안'이라고 한다면, 이는 또한 다른 방식으로, 즉 보다 적극적인 의미에서의 대안이다. 그것은 주제 면이나 접근 방법 면에서도 명시적인 비**주류**라는 점에서 대안이라는 것이다. 예를 들어, 대안경제지리학은 일반적으로 대규모 상업 공간들에 초점을 두지 않는다. 오히려 지리학이 대상으로 삼는 경제의 성격을 확장한 리(Lee 2006)의 '일상경제(ordinary economy)'의 공간들에 초점을 둔다. 레이슨과 리, 윌리엄스 (Leyshon, Lee, and Williams 2003, p.x)가 그러한 '대안적 경제 공간'에 관한 많은 논문들을 소개하면서 말한 것처럼, 관심은 "다양성의 실현과 경제적 확장의 가능성" 그리고 좀 더 넓혀서 "사회생활의 부단한 개방과 변형"에 있다. 그러한 논문들과 비슷한 경제지리학들은 "주류적인 관계와는 차별화된(어떤 경우에는 반대되는) 사회적 관계들을 통해 형성되고 견인되는 경제생활을 사람들이 어떻게 창출하고 마련하는지"를 탐구한다.

그러한 지리학들은 대안적인 사회경제적 공간 혹은 '타자성(alterity)'의 공간들(Amin, Cameron, and Hudson 2003)을 탐구하고, 또한 방법론적·이론적으로도 다원주의적이어서 비주류라고 일컬어질 만하다. '대안경제지리학'은 보통 '차이'에 관해 뚜렷한 의견을 가진 후기구조주의의 영향을 받고, '문화적 전환'에 기여하였을 뿐 아니라 아울러 그 전환으로 인해 형성되었다. 앞의 세 서사들은 차이보다는 그 세 서사 모두 합리주의적이고 전체주의적이며 심지어 권위적이라는 **공통점**에 더 주목한다. 전술한 세 전통 중 어느 것이든 그러한 대안적 속성을 보인다면—예를 들어, 프랫(Pratt 2004)이나 기드와니(Gidwani 2008)의 연구가 바로 그러하다—그 연구는 아마 틀림없이 우리가 여기서 논의하는 서사와 동류일 것이다.

이 서사는 결코 단일하지 않다. 그러나 이 서사는 합리주의에 의문을 품고, 은유의 불확실성을 떠안는다(Barnes and Curry 1992). 그와 관련해서 이 서사는 재현의 권력과 사회 '담론'에 예민하다. 즉 상이한 역사적·지리적 국면에서 무엇이 맞고 틀리는지, 무엇은 확신과 권위로 말해지거나 쓰일 수 있고 무엇은 그러면 안 되는지를 규율하는 사회 '담론'에 민감하다. 경제는 당연한 것을 포함한다는 당연함의 명제를 대안 서사는 부인하고, 대신 누가 경제를 수행하고 왜 수행하는지를 질문한다. 나아가 총체화의 서사를 거부하고 맥락은 환원불가능하다는 것을 강조한다. 피클스(Pickles 2012)는 '대안경제지리학'의 계기가 된 것은 문화적 전환인데, 그것은 다름 아닌 맥락**으로의** 전환이었다고 주장한다. 무엇보다도 이 접근은 닫힌 것, 설명적인 것, 정치적인 것이 가능하거나 바람직하다는 생각을 부인한다. 경제지리학은 겸손해져야 한다. 경제지리학이 연구하는 사회경제 공간들처럼 경제지리학 자신도 경계가 없어야 한다.

2.6 결론

이 장에서 우리는 책의 나머지에 대한 기초를 놓았다. 매우 기본적인 질문인 "경제지리학이란 무엇인가?"를 고찰하면서 우리는 그렇게 하였다. 경제지리학은 여러 형태와 크기를 갖는다. 그 모든 형태의 경제지리학이 우리의 제목이 주는 질문에 나름의 대답을 준다. 명시적이든 암묵적이든, 최소한이든 최대한이든 대답을 한다. 그 대답들은 대단히 다양하다. 그 다양한 것들을 하나로 묶는 것은 분석 대상이나 방법론 또는 학문적 위상이 아니라, 오히려 경제생활의 동학을 이해하는 데 지리적인 것이 중요하다는 관점이라는 것이 우리의 주장이다.

경제지리학에 관해 항상적이고 일관된 것은 이것뿐이다. 이론, 방법, 실천, 심지어 원리들까지도 대단히 다양해서, 다음 장들에서는 그것들의 질서와 의미를 알아보고 비판적 평가를 할 것이다. 우리의 비판적 관점에서 중요한 것은 당연함에 대한 문제의 제기이다. 오늘날 경제지리학 세계를 포함해서 모든 것들은 우연히 생긴 것이 아니다. 그것들이 역사적으로 우연성이라는 손도장을 받은 것은, 그것들이 그렇게 **만들어졌기** 때문이다. 다음 장에서는 경제지리학이 어떻게 자신의 지리적 역사를 새겨 오늘날의 모습이 되었는지 검토한다.

주

1. 이 항목은 우리 중 한 명이 썼다(Barnes).
2. http://www.oed.com/view/Entry/59393 (#11) (2017. 7. 7. 접속함)
3. http://www.oed.com/view/Entry/59384 (#4c) (2017. 7. 7. 접속함)
4. http://www.oed.com/view/Entry/59384 (#4a) (2017. 7. 7. 접속함)

참고문헌

Amin, A., and Thrift, N. 1992. Neo-Marshallian Nodes in Global Networks. *International Journal of Urban and Regional Research* 16: 571-587.

Amin, A., Cameron, A., and Hudson, R. 2003. The Alterity of the Social Economy In A. Leyshon, R. Lee, and C. C. Williams (eds), *Alternative Economic Spaces*. London: Sage, pp.27-54.

Barnes, T. J. 2008. Making Space for the Economy: Live Performances, Dead Objects, and Economic Geography. *Geography Compass* 2: 1432-1448.

Barnes, T. J., and Curry, M. R. 1992. Postmodernism in Economic Geography: Metaphor and the Construction of Alterity. *Environment and Planning D* 10: 57-68.

Boschma, R. A., and Lambooy, J. G. 1999. Evolutionary Economics and Economic Geography, *Journal of Evolutionary Economics* 9: 411-429.

Breslau, D. 2003. Economics Invents the Economy: Mathematics, Statistics, and Models in the work of Irving Fisher and Wesley Mitchell. *Theory and Society* 32: 379-411.

Cameron, L., and Gibson-Graham, J. K. 2003. Feminising the Economy: Metaphors, Strategies, Politics. *Gender, Place and Culture* 10: 145-157.

Castree, N., Kitchin, R., and Rogers, A. 2013. *A Dictionary of Human Geography*. Oxford: Oxford University Press.

Chari, S. 2004. *Fraternal Capital: Peasant-Workers, Self-Made Men, and Globalization in Provincial India*. Stanford: Stanford University Press.

Christophers, B. 2011. Making Finance Productive. *Economy and Society* 40: 112-140.

Christophers, B. 2013. Mad World? On the Social Construction of Economic Value. https://antipodefoundation.org/2013/06/03/mad-world/(accessed June 14, 2017).

Christophers, B. 2014. From Marx to Market and Back Again: Performing the Economy. *Geoforum* 57: 12-20.

Coe, N., Kelly. P., and Yeung, H. W. C. 2007. *Economic Geography: A Contemporary Introduction*. Oxford: Blackwell.

Cosgrove, D. 1984. *Symbolic Formation and Symbolic Landscape*. London: Croom Helm.

Crang, P. 1997. Cultural Turns and the (Re)constitution of Economic Geography. In R. Lee and J. Wills (eds), *Geographies of Economies*. London: Arnold, pp.3-15.

Crewe, L. 2000. Geographies of Retailing and Consumption. *Progress in Human Geography* 24: 275-290.

Fioramonti, L. 2013. *Gross Domestic Problem: The Politics Behind the World's Most Powerful Number*. London: Zed Books.

Gibson-Graham, J. K. 1995. Identity and Economic Plurality: Rethinking Capitalism and 'Capitalist Hegemony'. *Environment and Planning D* 13: 275-282.

Gibson-Graham, J. K. 2008. Diverse Economies: Performative Practices for Other

Worlds. *Progress in Human Geography* 32: 613-632.

Gidwani, V. 2008. *Capital Interrupted: Agrarian Development and the Politics of Work in India*. Minneapolis: University of Minnesota Press.

Goswami, M. 2004. *Producing India: From Colonial Economy to National Space*. Chicago: University of Chicago Press.

Gregory, D., Johnston, R., Pratt, G. et al., eds. 2009. *The Dictionary of Human Geography*, 5th edn. Oxford: Wiley-Blackwell.

Guha, R., and Spivak, G. C. 1988. *Selected Subaltern Studies*. Oxford: Oxford University Press.

Hart, G. P. 2002. *Disabling Globalization: Places of Power in Post-Apartheid South Africa*. Berkeley: University of California Press.

Harvey, D. 2010. *The Enigma of Capital and the Crises of Capitalism*. London: Profile Books.

Henderson, G. 1998. *California and the Fictions of Capital*. Oxford: Oxford University Press.

Isard, W. 1949. The General Theory of Location and Space-Economy. *The Quarterly Journal of Economics* 63: 476-506.

Krugman, P. 1998. What's New about the New Economic Geography? *Oxford Review of Economic Policy* 14: 7-17.

Lee, R. 2002. 'Nice Maps, Shame about the Theory'? Thinking Geographically about the Economic. *Progress in Human Geography* 26: 333-355.

Lee, R. 2006. The Ordinary Economy: Tangled Up in Values and Geography. *Transactions of the Institute of British Geographers* 31: 413-432.

Leyshon, A., Lee, R., and Williams, C. C., eds. 2003. *Alternative Economic Spaces*. London: Sage.

Mackinnon, D., and Cumbers, A. 2007. *An Introduction to Economic Geography: Globalization, Uneven Development and Place*. Harlow: Pearson Education.

Mann, G. 2013. *Disassembly Required: A Field Guide to Actually Existing Capitalism*. Edinburgh: AK Press.

Martin, R. 2000. Institutional Approaches in Economic Geography. In E. Sheppard and TJ. Barnes (eds), *A Companion to Economic Geography*. Oxford: Blackwell, pp.77-94.

Martin, R., and Sunley, P. 2001. Rethinking the "Economic" in Economic Geography: Broadening our Vision or Losing our Focus? *Antipode* 33: 148-161.

Massey, D. 1997. Economic/Non-economic. In R. Lee and J. Wills (eds), *Geographies of Economies*. London: Arnold, pp.27-36.

Massey, D. 2013. Vocabularies of the Economy. In S. Hall, D. Massey, and M. Rustin (eds), *After Neoliberalism? The Kilburn Manifesto*. London: Soundings.

Massey, D., and Allen, J., eds. 1984. *Geography Matters!: A Reader*. Cambridge: Cam-

경제지리학

bridge University Press.

McCraw, T. 2010. *Prophet of Innovation: Joseph Schumpeter and Creative Destruction.* Cambridge, MA: Harvard University Press.

McDowell, L. 2008. Thinking through Work: Complex Inequalities, Constructions of difference and Trans-national Migrants. *Progress in Human Geography* 32: 491-507.

Mitchell, D. 1996. *The Lie of the Land: Migrant Workers and the California Landscape.* Minneapolis: University of Minnesota Press.

Mitchell, K., Marston, S., and Katz, C., eds. 2004. *Life's Work: Geographies of Social Reproduction.* Oxford: Blackwell.

Mitchell, T. 2002. *Rule of Experts: Egypt, Techno-politics, Modernity.* Berkeley: University of California Press.

Mitchell, T. 2008. Rethinking Economy. *Geoforum* 39: 1116-1121.

Murphy, J., and Carmody, P. 2015. *Africa's Information Revolution: Technical Regimes and Production Networks in South Africa and Tanzania.* Oxford: Wiley-Blackwell.

Peck, J. 1996. *Work-Place: The Social Regulation of Labor Markets.* New York: Guilford Press.

Philipsen, D. 2015. *The Little Big Number: How GDP Came to Rule the World and What to Do about it.* Princeton, NJ: Princeton University Press.

Pickles, J. 2012. The Cultural Turn and the Conjunctural Economy: Economic Geography, Anthropology, and Cultural Studies. In T. J. Barnes, J. Peck, and E. Sheppard (eds), *The Wiley-Blackwell Companion to Economic Geography.* Oxford: Wiley-Blackwell, pp.537-551.

Pratt, G. 2004. *Working Feminism.* Philadelphia: Temple University Press.

Roberts, S. M. 2012. Worlds Apart? Economic Geography and Questions of Development! In T. J. Barnes, J. Peck, and E. Sheppard (eds), *The Wiley-Blackwell Companion to Economic Geography.* Oxford: Wiley-Blackwell, pp.552-566.

Said, E. 1978. *Orientalism: Western Conceptions of the Orient.* New York: Random House.

Shamir, R. 2008. The Age of Responsibilization: On Market-Embedded Morality. *Economy and Society* 37: 1-19.

Sheppard, E. 2011. Geographical Political Economy. *Journal of Economic Geography* 11: 319-331.

Thrift, N., and Olds, K. 1996. Refiguring the Economic in Economic Geography. *Progress in Human Geography* 20: 311-337.

Wallerstein, I. 2003. Anthropology, Sociology, and other Dubious Disciplines. *Current Anthropology* 44: 453-465.

Waring, M. 1999. *Counting for Nothing: What Men Value and What Women are Worth.* Toronto: University of Toronto Press.

경제지리학의 발명: 한 학문의 역사들

"현실은 아직 존재하지 않으며, 그것은 꺼내어지거나 만들어져야 한다. 그리고 이것은 글쓰기의 의무이자 문제이다."

톰 매카시(Tom McCarthy 2014, p.21)

3.1 서론

이 장의 제목에서 '경제지리학'의 뒤에 '발명'을 두는 것이 이상하게 보일 수도 있다. 경제지리는 영속적으로 존재하지 않았던가? 그것은 발명될 필요가 없다. 그것은 백열전구 같은 것이 아니다. 그러나 우리는 이 장에서 그렇다고 제안한다. 경제지리학은 명백히 발명품이다. 게다가 많은 발명품들과 마찬가지로 그것이 일단 세상에 등장하자 세계가 개조되었다. 톰 매카시의 말처럼, 경제지리학자의 글들은 새로운 현실을 만들어 내거나 생산하는 것을 도왔다.

우리가 지금 경제지리적이라고 생각하는 물질적 행위들, 즉 제2장에서 제공한 경제지리학의 정의를 충족하는 물질적 행위들은 매우 오랫동안 존재해 왔다(Sahlins 1972). 아마도 이브가 에덴동산에 있는 선악과나무에서 과일을 딴 것이 최초의 경제지리적 행위였을 것이다. 그러나 그 행위는 다른 많은 것들처럼 그 당시에는 경제지리로 묘사될 수 없었다. 왜냐하면 경제지리학이라는 아이디어가 아직 발명되지 않았기 때문이다. 그 일은 언제 일어났을까?

그것을 알기는 쉽지 않다. 가능성 있는 후보는 다음과 같다. 1925년 이 주제의 주요 학술지인 『경제지리학(Economic Geography)』이 미국 매사추세츠주 우스터에 있는 클라크 대학교에서 처음 출판되었을 때(제7장 참조), 1893년 코넬 대학교와 펜실베이니아 대학교에서 경제지리학 과목이 처음 강의되었을 때(Fellmann 1986), 1882년 독일 지리학자 빌헬름 괴츠(Wilhelm Götz)가 상업지리학과 경제지리학을 구별하였을 때(Sapper 1931), 1826년 독일의 지주이자 농부인 요한 하인리히 폰 튀넨(Johann Heinrich von Thünen 1966 [1826])이 경제지리학 최초의 고전 『고립국(Der isolierte Staat)』을 쓰고 비공식적으로 출판하였을 때 등이다.

이들 날짜는 적어도 경제지리학의 발명을 19세기와 20세기 초로 좁힌다. 이것들은 그 시기에—적어도 서유럽과 북아메리카에서—그 학문의 출현을 무르익게 하는 무언가가 있었다는 것을 일러 준다. 발명의 과정과 유사한 점을 다시 보자. 예를 들어, 1879년 토머스 에디슨(Thomas Edison)이 한 것처럼 백열전구를 발명하기 위해서는 전기에 대한 지식, 숙련된 기술자와 과학자들, 재료와 기구가 있는 실험실, 그리고 전기를 생산하고 이를 사용자들에게 장거리 전송하는 수단을 포함하여 특별한 환경의 조합이 필요하였다. 백열전구를 눈부시게 만들고 후대의 그 모양과 능력을 가능하게 한 것은 이러한 역사적 상황 요인들의 결합이었다. 더욱이 눈부신 백열전구가 일단 발명되자, 그것은 새로운 현실을 만들어 냈다. 야간에 도시의 거리를 환하게 하고, 날이 저문 후 집들을 밝히며, 조명을 켜 공장 공간을 24시간 가동하도록 하였다.

경제지리학의 발명도 마찬가지이다. 단 한 장(章)의 서술로 경제지리학의 발명을 가능하게 한 모든 역사적 맥락 요인들을 확인하는 것은 불가능하다. 그러나 몇 가지 확실한 후보가 있다. 하나는 '사회', '경제', '국가'와 같은 담론적 실체들이 먼저 있었다는 것이다. 이들은 경제지리학을 위해 필요한 개념적 구성 요소였다. 예를 들어, 경제라는 개념이 없었다면 경제지리가 어떻게 발명될 수 있었을지 상상하기 어렵다. 그런데 아마도 17~18세기가 되어서야 경제라는 별개의 독립된 영역이 인식되었을 것이다(Dumont 1977; Buck-Morss 1995)(제2장 참조). 또 다른 것은 사회과학의 출현, 즉 먼저 서유럽에서, 그 후 북아메리카에서 사회적 과정의 이해와 분석에 대한 제도화된 연구 분야의 등장이 인정된 것이다. 사회과학의 우산 아래 경제학, 인류학, 사회학, 정치학, 그리고 19세기 말에 이르러서는 경제지리학과 같은 분야가 등장하였다. 이러한 학문들이 이 기간 동안 제도화되었다는 사실은 유럽과 북아메리카의 국민국가들이 식민지의 인구뿐만 아니라 자국의 인구를 통제, 관리, 조직하는 데 점점 더 신경을 쓰는 쪽으로 변화하였다는 것을 의미한다. 미셸 푸코(Michel Foucault 1977)가 생체권력(biopower)[*]으로 인식한 국가는 새로운 사회과학에서 얻은 지식을 활용하고 배치함으로써 인구를 통제하고 관리하기 위해 노력

---

[*] 역주: 생체권력이란 몸의 생체를 통해 권력을 행사하는 것을 말한다. 몸을 통제함으로써 순응하는 인간을 만드는 것이 생체권력의 목표이다. 절대왕정 시대에 군주의 권력은 죽이는 권력이라고 할 수 있다. 백성의 목을 베어 버림으로써 백성의 머릿속에는 군주의 절대권력이 자리 잡는다. 신체를 속박하고 처벌함으로써 권력을 행사하고 통치를 강화하는 방법은 시대와 역사에 따라 변하였다. 18세기에는 원형감옥 같은 감시의 통제가 있었다면, 사방에 CCTV가 설치되어 있고, 빅 데이터와 안면인식 기술이 고도로 발달한 현대사회는 사회 전반에 걸쳐 더욱 정교하고 치밀한 감시와 통제가 이루어지고 있다.

하였다. 또 다른 요인은 서유럽과 북아메리카에서의 대학들의 성장이었다. 대학의 팽창은 부분적으로는 자녀들을 교육시킬 능력이 있는 중산층의 성장으로 촉발된 것인데, 여러 과목 중에서도 경제지리학을 가르치도록 하였다. 또 한 가지 요인은 특히 19세기 후반에 만연한 유럽의 식민지화 정책이다('아프리카 쟁탈전'). 유럽 제국주의는 전례 없는 수준의 지구적인 경제 전문화와 상업화, 운송, 인구이동을 유발하였다. 부분적으로는 에디슨의 발명과 같은 발명에 의해 가능하였고, 우리가 주장하게 될 것처럼 또한 경제지리학과 같은 새로운 학문 분야의 발명에 의해 가능하였다.

따라서 경제지리학의 발명은 결코 순수하다고 할 수 없다. 그것은 연속되는 사회적, 정치적, 지정학적, 경제적 및 제도적 이해관계에서 나타난 것이다. 그러한 이해관계는 무엇보다도 다양한 형태의 권력과 경제적 불평등, 인종적 편견, 그리고 제국주의적 야망에 의해 형성되고 동기가 부여되었다. 경제지리학의 역사는 경제지리학의 어떤 부분보다도 비판적 도입이 필요하다. 또한 대학의 강좌로, 전문 교과서로, 혹은 특정한 종류의 실천이나 기법으로든 경제지리학이 세상에 등장한 효과를 검증할 때에도 동일한 비판적 감수성이 필요하다.

또 한 가지 비슷한 점이 있다. 백열전구 같은 발명품들이나 경제지리학과 같은 학문 분야가 실현되려면 대단히 많은 노력이 필요하다. 새로운 시도를 완성시키는 일은 위험하고도 불안정하다. 에디슨은 "천재는 1%의 영감과 99%의 땀"이라는 유명한 말을 남겼다. 백열전구나 경제지리학의 발명에는 땀 흘리는 노력이 있었다. 두 개 모두 나약하거나 용기 없는 사람들의 과제는 아니다. 그들은 다양한 종류의 자원을 모으고 등록하며, 서로 독려하면서 하나의 안정된 성과물을 함께 만들어 낸다. 그 결과물이 몇 분짜리 전구 하나든, 특정 지식을 산출하는 학문 분야든 그러하다. 어떤 경우든 발명은 곧바로 이루어지지 않았고, 출발점에서 잘못되거나 막다른 골목에 부딪히기도 하며 수많은 후회를 동반하면서 느리게 전개되었다("나는 실패하지 않았다. 효과가 없는 1만 가지 방법을 찾았을 뿐이다."라고 에디슨은 술회하였다). 경제지리학의 역사 또한 힘든 작업, 지적인 땀뿐만 아니라 실패한 노력, 좌절과 실망의 역사이다.

이 장은 5개의 짧은 절들로 나뉘며, 각 절은 해당 시기에 등장한 경제지리학의 형태와 내용에 크게 영향을 미친 역사적 배경들을 다룬다[이 장의 부제목이 복수형 '역사들(Histories)'인 것에 유의]. 첫 번째는 19세기 후반 식민주의와 그와 관련된 급성장하는 세계 무역의 맥락 안에서 경제지리학의 제도적 출현에 관한 것이다. 두 번째는 지역의 체계적 설명과 비교로 정의되는 지역주의(regionalism)가 지배한 제2차 세계대전 전후 기간에 관한 것이다. 세 번째는 제2차 세계대전 직후 경제지리학이 자연과학을 모방하여 정연한 이론, 엄격한 경험주의, 엄정한 설명, 도구의 사용을 추구하던 시기에 초점을 맞추고 있다. 네 번째는 1970년대 초반 산업적 혼란이 증가하던 시기에 등장한 급진주의 정치적 접근, 즉 정치경제학의 출현에 관한 것이다. 마지막은 경제지리학의 후기 구조주의 국면으로 1990년대 즈음에 시작된 경제적인 것과 경제지리학자의 역할에 대한 재개념화이다.

최소한 두 가지 한정(限定)이 있다. 가장 오래된 것부터 가장 최근까지 다섯 번의 시기를 설정하지만, 우리가 시기에 따른 어떤 큰 발전(big P)이 있음을 시사하는 것은 아니다. 발전을 규정하려면 그것을 측정하기 위한 독립적이고 객관적인 일련의 기준이 있어야 한다. 그러한 기준은 물론 없다. 각 시기 안에 발전을 표시하는 국지적 기준이 있을 수 있지만, 시기가 달라지면 기준도 전혀 달라진다. 이러한 차이는 절대적인 큰 발전을 주장할 근거가 없다는 것을 의미한다. 또 다른 한정은 우리의 역사가 경제지리학의 유일한 역사(the history)가 아니라 하나의 역사(a history)—또는 일련의 겹쳐진 역사들—(이)라는 것이다. 경제지리학의 유일한 역사란 있을 수 없다. 왜냐하면 우리의 것을 포함해서 모든 설명은 반드시 그 자신의 역사적 배경의 거품 방울 안에 있기 때문

경제지리학

이다. 또한 우리는 언어 능력이 제한되고 앵글로아메리카의 경제지리학이 아닌 다른 전통의 경제지리학에 대한 지식에도 한계가 있다. 이 장은 주로 영어를 사용하는 앵글로 및 북아메리카의 경제지리학의 발명을 다룬다.

3.2 경제지리학의 시작: 상업지리학

영어로 쓰인 최초의 경제지리학 교과서는 1889년에 출판된 조지 치솜(George Chisholm)의 『상업지리 핸드북(Handbook of Commercial Geography)』(이하 『핸드북』)이었다(그림 3.1). 이 책은 여러 번 인쇄되어 20판까지 갔다. 가장 최근의 재출판은 저자가 사망한 지 80년이 넘는 2011년 10월이다.

치솜은 스코틀랜드에서 태어났다. 그는 에든버러 대학교에 다녔고, 후에 에든버러 출판사 W. G. Blaikie & Son에서 『제국 사전(The Imperial Dictionary)』과 같은 프로젝트들을 수행하였다. 그 후 그는 런던으로 이주하여 1884년에 왕립지리학회(Royal Geographical Society, RGS) 회원이 되었다. 그는 주로 지리학 교과서, 지명사전, 지도책을 쓰고 편집하며 생계를 유지하였다. 1896년부터는 런던 대학교 버벡 칼리지에서 상업지리 강의를 통해 수입을 보충하였다(Wise 1975; MacLean 1988). 치솜은 58세의 나이로 신설된 에든버러 대학교 지리학과 교수로 임명되어 고향으로 돌아왔다.

『핸드북』은 치솜이 아직 런던에 있는 동안 쓰였고, 후에 그는 성인 대학생들을 위한 버벡 칼리지 평생교육과정의 교재로 사용하였다. 수강자들은 주로 자신의 더 나은 전망을 향상시키기 위해 그 강좌를 들었다. 그들은 치솜의 과목과 『핸드북』의 주제인 대영제국의 상업에 대한 상세한 지식이 제국의 성과를 공유할 수 있도록 해 줄 것이라고 믿었다. 『핸드북』이 등장한 1889년에 빅토리아 시대 영국 제국주의는 전성기를 구가하였고, 영국은 세계의 공장이었다.

Photo by Elliot and Fry.

그림 3.1 조지 치솜(1850~1930)
출처: *The Scottish Geographical Journal*.

제국주의 프로젝트는 영토를 획득—세계지도에 분홍으로 색칠하는—하는 것뿐만 아니라, 그 영토들을 경제적으로 변형하여 영국을 이롭게 하는 것이었다. 이때 그 변형은 보통 특정 식민지 원산품 혹은 식민지로부터 전래된 특정 상품들을 생산하고 무역하는 것이었다. 고전적인 사례는 인도의 차 재배이다. 이는 인도 원산도 아니었고 1850년경에는 가치가 전혀 없던 것이었으나, 19세기 말 즈음에는 영국 최고의 환금작물이 되었다. 상품에 기반을 둔 제국의 상업은 치솜의 책 모든 페이지를 장식하였다. 그것은 꼼꼼하게 편집된 통계 부록과 많은 표, 개별 상품에 대한 수많은 상세한 설명과 지도들에서 발견된다. 특히 책의 안쪽 제본에는 별도로 붙인 지도들이 있었다. 예를 들어, 삽입된

경제지리학

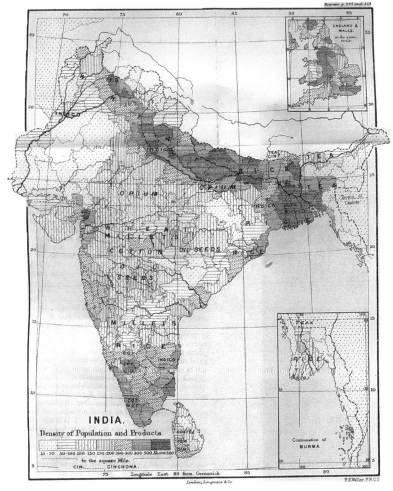

그림 3.2 "인도의 인구밀도와 생산물", Chisholm 1889, pp.322-323.
출처: *The Handbook of Commercial Geography*, 초판.

인도 지도는 아대륙 전체를 단 한 장의 종이 위에 표현한다(그림 3.2). 그 공간
은 영국의 식민지 건설 프로젝트인 북동부의 차, 북서부의 아편, 중부의 밀, 기
장, 면화, 기름씨앗이 문자 그대로 그 위에 기록될 수 있다는 것을 보여 준다.
　치솜의 저서를 통한 확장은 또 다른 제국주의 프로젝트, 즉 학문적 프로젝

트이기도 하였다. 그것은 경제지리학이라는 새로운 과목의 학문 공간을 식민지화하기 위한 것이었고, 『핸드북』은 영미에서 그 새로운 과목의 출발점이 되었다. 새로운 학문을 의심하는 사람이 있다면, 누구나 치솜의 책(페이지는 500쪽이 넘고 무게는 1kg을 넘었다)을 가리키며 말 그대로 그 실체를 보여 줄 수 있었다. 경제지리학은 더 이상 공허한 아이디어나 지식이 아니었다. 경제지리학은 이제 치솜의 책이라는 형태로 만질 수 있고 잡을 수 있는 것이었다. 일단 출판되고 유통되었다는 것은 경제지리학이 중요성을 가진 학문이라는 것에 대한 물적 증거였다. 영감보다는 대부분 일상적이고 뻔한 일들이긴 하지만 (에디슨 식의) 많은 작업들을 필요로 하였다. 치솜은 표 형태로 데이터를 찾아 조립하고, 모든 최신 사실을 찾아내며, 상세한 지도를 작성하는 데 엄청난 시간을 소비하였다[종종 치솜이 아니라 다른 RGS 회원 웰러(F. S. Weller)가 그린 것이지만]. 그러나 그는 이론에 관심이 없었으며, 어느 순간에는 "순수한 이론에 대한 사랑을 악마에게 갖다 줘 버리고 싶은…"(Wise 1975, p.2에서 인용) 충동까지 있을 정도였다. 치솜이 한 일들은 평범하고 지루하기조차■1 해 보일지도 모르지만, 그의 실천은 제국주의의 재생산에 기여하면서 동시에 새로운 교과목의 발명을 도왔다.

치솜에게 경제지리학의 지적 원리는 환경주의(environmentalism), 즉 물리적 환경이 주어진 장소에서 수행되는 경제활동의 종류에 영향을 미친다는 사고였다. 치솜(Chisholm 1889)은 『핸드북』 첫 페이지에 다음과 같이 썼다.

경제지리학은 특정 시장의 공급을 위해 갖는 자연적 이점의 관점에서 장소들을 조사하는 것에 관심을 가져야 한다. 자연적 이점은 바람직한 토양과 기후, 외부와 내부의 의사소통을 위한 시설의 존재, 그리고 지표와 물리적 특성의 성격으로 보았을 때 양호한 상황에 있는 가치 있는 광물의 존재 등 그와 같은 것들을 의미한다.

엘즈워스 헌팅턴과 환경결정론

엘즈워스 헌팅턴

엘즈워스 헌팅턴은 주어진 장소의 경제발전 수준이 그곳의 기후 체제에 의해 결정된다고 주장하였다. 1915년에 출간된 그의 책 『기후와 문명(Climate and Civilization)』에는 "일과 날씨"에 관한 장(Huntington 1915, 제6장)이 포함되어 있다. 그는 계절의 평균기온이 3.3℃(38°F) 이상으로 유지되면 정신적 작업능률이 최대화되고, 18.3℃(65°F)를 초과하지 않는다면 신체 작업능률이 최대화되는 것으로 계산하였다(Huntington 1915, p.129). 그의 결론은 세계의 온대 지역에서 정신적·육체적 활동이 가장 효율적으로 일어나며, 그곳이 백인 인구에 의해 점유되었다는 것이다(물론 초기 유럽 식민지 개척자들이 소멸시킨 원주민들을 잊어버린다면 그렇기는 하다). 그에 따르면, 북부 또는 중앙 아프리카와 남부 혹은 동부 아시아, 중앙 또는 남아메리카 사람들은 결코 경제적으로 활동할 수 없다. 왜냐하면 기후 체제가 노동을 매우 힘들게 만들기 때문이다. 미국의 초창기 경제지리학자 J. 러셀 스미스(J. Russell Smith)는 거기에 전적으로 동의하고 헌팅턴에게 "인간의 산출물과 기온과의 관계를 보여 주는 차트"가 "진짜 지리학"(Livingstone 1994, p.143, fn. 35에서 인용)이라고 쓴 편지를 보냈다.

1924년 헌팅턴은 그의 분석을 확장하였다. 그는 '기후 에너지'라는 단일 척도와 결합된 정신적·육체적 효율성을 다양한 지구적 수준으로 지도화하고, 러셀 스미스를 포함한 120명의 '전문가'가 작성한 문명 수준의 공간적 분포를 측정하는 두 번째 지표와 상관관계를 분석하였다(그림 3.3). 헌팅턴은 내심, 그 결과가 '백인의 책무(The White Man's Burden)'에 대한 사례라고 확신하였다. '백인의 책무'란 러디어드 키플링(Rudyard Kipling)이 1899년에 발표한 시집의 제목으로, 비유럽계 인구는 결코 자력으로 발전과 문명을 창출할 수 없다는 사고를 표현한 것이다. 이 두 사람 모두 이미 발전과 문명을 이룩한 '백인들'이 발전과 문명으로 그들을 이끌 필요가 있다고 생각하였다.

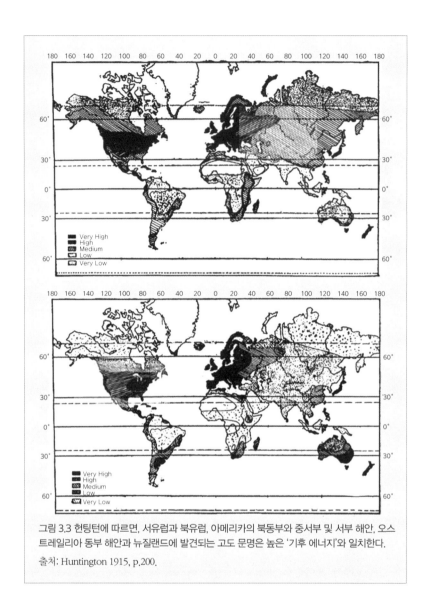

그림 3.3 헌팅턴에 따르면, 서유럽과 북유럽, 아메리카의 북동부와 중서부 및 서부 해안, 오스트레일리아 동부 해안과 뉴질랜드에 발견되는 고도 문명은 높은 '기후 에너지'와 일치한다.

출처: Huntington 1915, p.200.

치솜은 특정 유형의 경제활동을 수행하는 데 있어 어떤 한 장소를 유일무이하게 적합한 곳으로 만드는 것은 그 장소의 자연환경 요소라고 보았다. 그런 입장은 세기의 전환기에 더 극단적이 되어, 경제지리학에 종사하는 수많은 환

경제지리학

경결정론자들에 의해 명백한 인종주의적인 색채를 띠게 되었다. 인종적 특성, 그것도 기후에 의해 설정되는 인종 특성만이 생계 활동을 포함한 특정 활동들을 수행하는 능력을 이끌어 낸다고 주장하기 때문에 환경결정론은 인종주의적이었다. 모든 환경결정론자 중에서 아마도 가장 악명 높은 학자는 경제지리학이라는 용어를 처음 사용한 미국인으로 예일 대학교 지리학자였던 엘즈워스 헌팅턴(Ellsworth Huntington, 1876~1947)일 것이다(글상자 3.1: 엘즈워스 헌팅턴과 환경결정론). 사실 헌팅턴은 각 장소들의 기후 체제를 기초로 하여 세계의 문명을 지도화하고 순위를 정하려는 그의 프로젝트에 치솜의 참여를 요청하였다. 그러나 치솜은 제국주의자였기는 하지만 인종주의자는 아니었다. 그는 "[그러한] 판정에 있어 특히 능력이 부족하다."라고 하면서 헌팅턴의 요청을 거절하였다(Livingstone 1994. p.143에서 인용). 치솜이 집계한 모든 수치, 그가 그린 지도, 그가 보고한 사실들은 영국 제국주의를 실현하는 데 도움이 되었다.

경제지리학은 자신이 생겨난 19세기 제국주의 세계를 단순히 묘사하는 것이 아니라, 제국주의를 유지하고 확장하는 데 공헌하였다. 더욱이 경제지리학은 지리적으로 경제 수준이 다양한 것(불균등 발전)을 설명하기 위한 인과기제로 환경결정론에 의존하고, 유럽 제국주의와 백인 정착민의 식민주의를 정당화하는 인종주의에 연루되었다. 만약 경제지리학에 비판적 감수성이 필요하다면, 정치적 및 도덕적으로 이러한 부끄러운 제도적 출발을 이해해야 할 것이다.

3.3 경제지역주의

1914년 유럽에서 제1차 세계대전이 발발하기 전부터 경제지리학에 변화의 조짐이 있었다. 치솜이 중점적으로 글로벌 상품 생산에 초점을 두던 것에서 지역의 구별에 초점을 두는 것으로 이동하였다. 1914년 미국의 경제지리학자 레이 위트벡(Ray Whitbeck)은 치솜의 책을 비판적으로 검토하면서, "상업 및 산업에 관한 교과서와 상업 및 산업 지리에 관한 교과서는 다르다."라고 주장하였다(Whitbeck 1914, p.540). 위트벡(1915~1916, p.197)은 지리적인 것이 강조되어야 한다고 보았다. "[연구의] 단위는 상품이 아니라 국가가 되어야 한다."

지역에 초점을 두는 것은 학문적으로 오랜 선행 전통이 있는데, 고대 그리스인들이 지리 연구에서 지구(geos), 장소(topos)와 함께 지역(choros)을 중심으로 인식한 것에까지 거슬러 올라간다(Lukermann 1961). 지역이 20세기 초 경제지리학 연구의 단위로 재부상한 것은 현대적 요소의 결과이기도 하며, 학계 안팎의 권력관계 변화와도 결부된다. 식민주의의 둔화(예를 들어, 아프리카 쟁탈전은 1914년에 끝났다)와 1930년대 대공황이 세계 무역과 상업에 미친 영향은 글로벌 상품 생산에 초점을 맞춘 치솜의 기획을 덜 중요한 것으로 만들었다. 또한 내부의 사회학적 요인들도 있었는데, 그중 가장 많이 인용된 것은 경제지리학 초기의 환경결정론과의 연루에 따른 곤혹스러움이었다. 지역연구로의 전환은 "더 푸른 목초지"라기보다는 적어도 "더 작고 안전한 목초지"였다(Mikesell 1974, p.1). 지리학 그 자체는 또한 대학 환경 내에서 더욱 전문화되고 제도화되었다. 그에 따라 지역과 같은 고유한 아이디어와 담론의 성공적인 발현에 기대어 개별 학문의 평판과 함께 위상이 더 높아졌다.

지역경제지리학은 주어진 지역의 핵심적 사실들을 분류하는 고정된 유형 체계를 활용한다. 예를 들어, 브리티시컬럼비아의 경우 '도시' 항목에 밴쿠버와 빅토리아를, '지형' 항목 아래 해안 산맥과 프레이저강을, '경제' 항목에 목재업과 영화산업을 두는 것이다. 앨버타나 워싱턴주와 같은 인접 지역의 특징을 파악하기 위해서도 동일한 분류 체계를 사용한다. 모든 지역이 서술되고 나면, 즉 모든 빈 칸이 채워져 하나의 큰 유형학적 격자가 만들었을 때, 한 지역의 고유성이 곧 명확해진다. 어떤 행을 따라 눈을 움직이면—'도시', '지형',

'경제' 등으로—한 칸의 내용과 다른 칸의 내용을 비교함으로써 한 지역의 고유성이 바로 나타난다.

예를 들어, 레이 위트벡과 위스콘신 대학교의 동료인 버너 핀치(Vernor Finch)는 1924년에 출판된 공저 교과서 『경제지리학(Economic Geography)』에서 이러한 형태의 경제지역주의(economic regionalism)를 실천하였다. 그 교과서는 미국과 캐나다로 시작되는 정치적 지역단위로 조직된 "매우 다양한 세부 사실들"(p.4)을 제공하였다. 그 사실들은 조사 대상 지역별로 각각 네 가지 유형, 즉 '농업', '광물', '제조', '상업적 교역과 교통·통신'으로 깔끔하게 정리되었다.

지역주의 관점은 경제지리학 담론의 뚜렷한 변화를 나타내며, 탐구 대상을 변화시켰다. 경제지리학의 초점은 더 이상 하나의 상품과 그 상품의 이동이 아니라, 미리 정해진 범주의 상자들로 조직된 지리적 사실들의 목록으로 정의되는 고정된 지리적 실체, 즉 지역이 되었다. 1939년 미국의 지리학자 리처드 하트숀(Richard Hartshorne, 1899~1992)은 그의 저서 『지리학의 본질(The Nature of Geography)』에서 이러한 지역적 접근에 대한 철학적이고 방법론적인 논거를 제공하였다.

하트숀은 지역을 객관적인 지리적 요소들의 고유한 조합으로 보았다. 그러나 이 개념은 자연법칙에 기초한 전통적인 자연과학적 설명을 적용할 수 없다는 것을 의미한다(제5장 참조). 과학적 법칙은 동질적인 현상의 분류에 적용된다. 수소 가스의 원자 하나는 다른 것과 같기 때문에 외부의 힘, 예를 들어 열 또는 압력과 같은 외력의 영향에 관해 수소 원자의 한 표본에 대해 수행한 실험을 다른 모든 수소 원자에 미치는 영향으로 일반화할 수 있다. 동질성 때문에 일반화할 수 있고, 예를 들어 보일의 법칙(Boyle's Law)과 같은 법칙으로 진술할 수 있다. 그러나 지역은 수소 원자와 같지 않다. 지역을 형성하는 구성요소의 혼합물은 각 지역을 같지 않게 만들고, 동일한 원인에도 다르게 반응하게 만든다. 결과적으로 지역에 관해서는 법칙과 같은 일반화를 만들 수 없다. 하트숀(Hartshorne 1939, p.446)은 다음과 같이 요약하였다. "우리는 크로버(Kroeber: 하트숀보다 23세 연상인 미국의 문화인류학자–역주)가 역사에 대해 말한 결론과 비슷한 결론에 도달하였다. '모든 역사적 현상은 고유성이 있어서 … 법칙이나 법칙 비슷한 것이 발견되지 않는다.' 특정 장소에서의 현상들의 특정 조합에도 같은 결론이 적용된다." 그러므로 지리학자들은 자연과학이 자연법칙에 의존함으로써 성취한 어떤 것, 즉 설명하거나, 예측하거나, 계획적으로 개입하는 것도 할 수 없다. 하트숀의 지역 개념에서 지리학자들은 단지 기술만 한다. "지역지리는 문자 그대로 제목이 나타내는 것이다. … 그것은 본질적으로 고유한 사례에 대한 기술 및 해석에 관심을 두는 기술적 과학(descriptive science)이다…"(Hartshorne 1939, p.449).

돌이켜 보면 하트숀이 고유한 지역의 기술적 연구에 기반한 경제지리학을 주장하던 때는 최악의 시기였다. 하트숀이 그의 책을 출간한 1939년, 미국의 사회과학과 심지어 일부 인문학은 근본적인 변화의 정점에 있었다. 그들은 일반적인 설명, 예측, 계획적 개입을 추구하는 준자연과학으로 바뀌고 있었으며, 하트숀의 지역 개념으로는 제공할 수 없는 것들을 추구하였다. 제2차 세계대전 이후에는 이렇게 '자연과학화된' 사회과학이라는 새로운 개념화가 정착되었다. 지리학은 애초에 거기에서 배제되었다. 적어도 10년 정도는 낡은 지역주의 패러다임이 유지되었으며, 그것은 지리학을 이끄는 나이 많은 남성 지리학자들(하트숀을 포함한)의 '엘리트 집단'에 의해 주도되었다(Butzer 1989, p.5). 1950년대 중반부터는 이 집단의 장악력이 사라지기 시작하였는데, 이는 엘리트 집단이 아닌 젊은 학자들의 비판과, 당시의 정치적·학문적 상황 변화에 따른 것이었다. 처음에는 천천히, 그러나 이후에는 매우 빠르게 지역지리학에서 새로운 종류의 지리학, 나중에 '공간과학(spatial science)'이라고 불리는 지리학으로 이동하였다. 지역들은 여전히 논의되었지만 완전히 다르게 생각

경제지리학

되었다. 지역은 별개 사실들의 목록, 즉 고유한 장소가 아니라 재배열되고 조작되고 형식적으로 재현된 추상적 공간으로 인식되었으며, 중요한 계획 목표를 성취하기 위한 수단으로 사용되었다. 경제지리학은 제2차 세계대전 이후 새로운 세계를 도래하게 한 공헌자 중 하나가 되었다

3.4 공간과학

3.4.1 제2차 세계대전과 냉전

이러한 변화의 큰 맥락은 제2차 세계대전 이후 냉전이라는 거시적 규모의 지정학적 갈등에서 비롯되었다. 연합국의 제2차 세계대전 승전은 그들의 더 발전된 과학 때문이라고 여겨졌다. 지리학을 포함한 사회과학(Barnes and Farish 2006)이 역할을 하였지만 자연과학이 훨씬 앞장을 섰다. 레이더, 독일의 에니그마(Enigma) 암호를 해독하기 위해 블레츨리 공원에서 사용된 콜로서스(Colossus)와 같은 계산기, 메릴랜드 애버딘 유도탄 사격장에서 사용된 에니악(ENIAC), 그리고 가장 극적인 '원자폭탄' 개발의 결과로 연합국은 군사적 승리를 달성하였다. 자연과학의 성공 때문에 사회과학도 점차 자연과학을 모델로 하게 되었다. 사회과학은 자신을 학제적인 연구팀으로 정의하고 실용적 문제의 해결과 엄격한 분석 방법, 객관적 데이터를 활용하면서 특히 '거대과학(Big Science)'을 모방하려 하였다. 냉전 기간 동안 이러한 경향은 더욱 심화되고 확대되었으며, 철학이나 언어학, 문예비평과 같은 일부 인문학조차 이를 답습하였다(Schorske 1997).

　공간과학이 등장하게 된 또 다른 요인은 훨씬 심화된 개입주의적인 국가였다. 제2차 세계대전 이후 국가는 군사적으로뿐만 아니라 국내 사회경제적 목표를 실현하기 위해 조절하고 계획하고 통제하는 데 국가의 상당한 권력과 자

원을 공격적으로 사용하기 시작하였다. 그런 변화의 씨앗 중 하나가 1936년 출간된 존 메이너드 케인스(John Maynard Keynes)의 저서 『고용, 이자 및 화폐의 일반이론』이다(제1장). 국가가 특정한 경제적 산출을 생산하기 위해 눌러야 할 단추와 당겨야 할 지렛대를 가리키는, 사실상 정부 개입의 안내서였다. 제2차 세계대전 동안 국가가 계획가로서 효율성을 대표하였던 것과 맞물려, 이 책은 냉전 기간 적어도 미국에서 '군산복합체'라는 것을 만들고 유지하는 데 기여하였다. 군산복합체는 국가와 민간기업(주로 대기업), 경제학자들, 그리고 종종 대학이 탄탄하게 상호 연계된 집합이었다. 이러한 케인스주의 군산 기획의 세계에서 경제학자들은 국가 개입과 통제를 구현할 새로운 모델, 측정 기법, 이론적 교훈, 예측 도구들을 고안하였다. 그러는 중에 그들은 새로운 종류의 경제학을 발명하고 있었다. 우리가 보게 될 것처럼, 지역주의 '엘리트 집단'에 속하지 않은 젊은 세대의 지리학자들도 그와 비슷한 도구와 유사한 목표들을 동원하였다. 그들은 공간경제에 실제 개입하고 비록 핵심은 아니지만 케인스주의 군산복합체에 소수자로서 참여하고자 하는 새로운 종류의 경제지리학을 발명하려 하였다.

자연과학적 감수성과 강력한 군산 국가와의 친밀함을 지향하는 이러한 학술적 움직임은 비판적인 정치적 질문을 제기하였다. 남성우월주의(그러한 접근을 추구한 사람들 대다수가 남자였다는 점에서, 또한 그러한 접근이 순수성, 보편성, 우월성을 주장하였다는 점에서 남성우월주의적인) 합리성에 뿌리를 두고, 과학적 객관성에 기반한 완전히 새로운 지식의 정치가 주장되었다. 그와 더불어 국가가 요구하는 새로운 정치가 또한 등장하였고, 경제지리학은 거기에 응하였다. 그러나 비판적인 질문은 거의 이루어지지 않았고, 그렇게 되었을 때는 막다른 곳에 도달하였다.

3.4.2 '계량혁명'

미국에서 엘리트 집단에 속하지 않은 젊은 지리학자들은 처음에는 주요 두 곳, 즉 아이오와시티의 아이오와 대학교와 시애틀의 워싱턴 대학교에 모여들었다. 하트숀과 경제지리학의 지역주의에 대해 최초로 명백한 공격을 시작한 곳은 아이오와에서였다. 나치 독일에서 도피한 사회주의 정치 난민이자 아이오와 대학교 지리학과의 첫 구성원인 프레드 섀퍼(Fred K. Schaefer, 1904~1953)는 1953년 미국 지리학의 대표 학술지 *Annals of the Association of American Geographers*(이하 AAAG)에 「지리학에서의 예외주의(Exceptionalism in Geography)」(Schaefer 1953)를 발표하였다. 그것은 하트숀의 입장을 전면적으로 비난하면서, 대신 지리적 법칙 추구에 기초한 지리학의 과학적 접근을 요구하였다. 섀퍼는 그의 논문이 인쇄되기 전에 세상을 떠났다. 그래서 하트숀(1955)의 뒤이은 지독한 공격으로부터 자신을 방어할 수 없었다. 그러나 그의 논문은 '공간과학'으로서 지리학을 다르게 수행하고자 하는 젊은 세대 경제지리학자들을 결집시키는 계기가 되었다.

공간과학으로서 지리학을 수행하려면 과학적인 기법과 논리, 그리고 과학적 어휘가 필요하였다. 여기에 섀퍼의 아이오와 대학교 동료이자 학과장인 해럴드 매카티(Harold McCarty, 1901~1987)가 중요한 역할을 하였다. 매카티는 섀퍼의 거대한 철학적 이야기에 의구심을 갖고 그의 전투성에 불편함을 느꼈지만, 경제지리학이 지역주의에서 벗어나 좀 더 과학적이 되어야 한다는 점에서는 섀퍼와 의견이 같았다. 그것은 두 가지 변화를 의미하였다.

첫째, 이론의 사용이다. 단 낡은 이론을 사용하는 것은 아니다(제5장 참조). 자연과학에서 볼 수 있는 그런 종류의 이론이 필요하였다. 그것은 설명(사건의 원인을 규명하는 것)하고 예측(사건이 일어나기 전에 이를 예상하는 것)하는 것이었다. 이 두 가지 목표를 이룩하기 위해 이론은 논리적으로 연결된 일련의 추상적인 용어들로 표현되어야 했다. 예를 들어, 아래 아이작 뉴턴(Isaac Newton)

의 전형적인 중력이론처럼 표현되어야 했다.

$$G = \frac{M_1 \cdot M_2}{d^2}$$

여기서 일련의 추상적인 용어 G(중력), M(질량), d(거리)는 수학 공식을 사용하여 논리적으로 서로 연결되어 있다. 수학은 이 용어들을 합리적으로 연결하는 순수한 형태가 된다.

둘째, 경험적 자료와 통계적 분석 기법의 사용이다(제6장 참조). 앞에서 정의한 것처럼 이론은 용어들 사이의 논리적 관계들로만 표현된다. 그것이 설명력과 예측력을 가지려면 이론이 세계와 경험적으로 연결되어야만 한다. 즉 이론의 추상적인 용어들은 실세계의 통계적인 변수들로 변형될 수 있어야 한다. 이 두 번째 단계는 변수들을 구축하고, 그 변수들에 관한 데이터를 모은 다음, 측정하고 계산하고 통계 분석을 수행하는 것이다.

이론을 설계하고 통계 분석을 수행하는 두 단계 모두가 공간과학을 정의하는 것이다. 아이오와 대학교의 매카티는 경제지리학자들이 그 두 과제 중 두 번째, 즉 자료를 수집하고 통계 분석을 수행하는 데에는 적합하지만, 첫 번째 과제에는 적합하지 않다고 보았다. 그는 이론을 개발하는 것은 경제학자들에게 넘겨야 한다고 생각하였다. 결과적으로 매카티와 아이오와의 그의 학생들은 공간과학이란 이름하에 단지 통계 분석만을 수행하였으며, 산업지리에서 공간적 연관을 측정하기 위해 주로 상관관계분석(correlation analysis)과 회귀분석(regression analysis) 기법을 사용하였다(McCarty, Hook, and Knox 1956; Barnes 1998).

다른 곳, 워싱턴 대학교에서는 이론화를 별로 주저하지 않았다. 이를 촉진시킨 인물로 에드워드 울먼(Edward Ullman, 1912~1976)과 윌리엄 개리슨(William Garrison, 1924~2015)이라는 두 명의 교수가 있었다. 그리고 나중에

'공간 사관후보생들'이라는 별명이 붙은 대학원생들이 있었다. 이들은 경이적인 연도인 1955년 우연히 거의 같은 날 시애틀에 도착하였다. 개리슨이 먼저 1954년 지리학과에서 고급통계학 과정을 개설하였다. 중요한 것은 숫자만이 아니라 기계였다. 크고 느린 프라이든 전기식 계산기가 있었지만, 더 중요한 것은 더 크고 좀 더 복잡한 컴퓨터가 있었다는 점이다. 학과의 초창기 광고에서 도널드 허드슨(Donald Hudson 1955)은 미국 최초의 학과용 IBM 604 디지털컴퓨터를 자랑하였다. 회로판에 전선을 플러그로 연결하는 이른바 플러그 와이어링이라는 프로그래밍 기법은 조잡하고 비효율적이었지만, 과학과 최신 기술에 기반한 지리학의 새로운 버전을 정의하고 공고히 하는 데 도움을 주었다. 이론은 독일 경제학에서 재발견한 입지론에서 가져왔다(글상자 4.2: 독일 입지학과 참조). 그 시점에 새롭게 번역된 아우구스트 뢰슈(August Lösch 1954[1940])와 발터 크리스탈러(Walter Christaller 1966)의 도시경제에 관한 책들은 매우 유용하다고 판명되었다. '사관후보생들'은 경험적 분석, 특히 시애틀 대도시의 분석을 정연한 이론, 수리적 모델 구축과 연결하였다.■2

우리는 이미 다른 종류의 경제지리학이 출현하는 모습을 목격하기 시작하였다. 그것은 지역 현장에 기초한 하트숀의 지역에 대한 유형학적 기술과 명백히 달랐다. 새로운 경제지리학은 주로 책상에서 계산기, 컴퓨터, 그래프, 숫자, 스프레드시트를 사용하여 이루어졌고, 경제학과 물리학(뉴턴의 중력방정식이 특히 인기가 있었다)에서 차용한 추상적 용어들을 점점 더 활용하게 되었다. 새로운 경제지리학은 원인을 발견하고 설명하는 데 관심을 가졌으며, 단순한 분류에는 관심이 없었다. 새로운 경제지리학은 고유한 것에 대한 서술적 기술에 만족하지 않고 일반적인 것의 논리적·수리적 분석에 초점을 두었다. 경제지리학은 자연적인 것보다 사회적인 것을 강조하고, '단순한' 기술을 넘어 과학적인 분석을 강조하는 제대로 된 사회과학이 되어 갔다. 오늘날의 '지리경제학'(제2장)은 이러한 유형의 전후 경제지리학과 강하게 호응한다고 할 수 있다. 좀 더 일반적으로 말하면, 경제지리학적 담론과 실천이 재발명됨에 따라 완전히 다른 경제지리학의 세계가 출현한 것이다. 그것은 유클리드 공간과 비유클리드 공간, 기하학적 공리(公理), 그리스어 기호들, 회귀선들로 정의되었다.

그러나 이것은 어려운 작업이었고 종종 도전을 받았으며, 이는 약간 나중에 비슷한 과정이 전개된 영국에서도 볼 수 있었다. 영국에서의 '혁명'은 특히 피터 하게트(Peter Haggett)—케임브리지 대학교에 있다가 나중에 브리스틀 대학교로 옮겼다—와 케임브리지의 자연지리학자인 리처드 촐리(Richard Chorley)와 연관된다. 지리학을 과학적 접근 방법으로 옮겨 놓음으로써 지리학을 뒤흔들었기 때문에 그들에게는 '끔찍한 쌍둥이'라는 별명이 주어졌다. 하게트의 경우(Haggett 1965) 그러한 접근은 주로 경제지리학의 맥락 내에서 이루어졌다. 경제지리학자들은 추상화 과정을 통해 현실을 이상적으로 단순화하여야 하며(즉 모델을 수립하여), 통계적 방법을 사용하여 그것을 현실 세계에서 검증하여야 한다고 그는 주장하였다.

1950년대 중반 공간과학을 향한 경제지리학의 궤적을 더 강화한 것은 경제지리학과 연관된 동맹의 움직임, 즉 지역과학(regional science)이다(글상자 4.1 참조). 지역과학은 열정적이고 야심 있는 미국 경제학자 월터 아이사드(Walter Isard, 1919~2010)가 낳은 것이다. 그의 목적은 지금까지 경제학자의 세계를 구성하는 "차원이 없는 동화의 나라"에 공간적 관계를 추가하는 것이었다. 아이사드의 논저 『입지와 공간경제(Location and Space Economy)』(1956)[워싱턴 대학교의 개리슨(Garrison)이 자신의 경제지리학 세미나에서 즉각 사용하였다]의 영향력은 1958년 펜실베이니아 대학교에 최초로 지역과학과가 아이사드에 의해 설립될 정도였다. 처음 몇 년 동안은 지역과학과 경제지리학 간에 서로 이익을 창출하는 이론적·인적·제도적 상호 교류가 있었다. 그러나 두 프로젝트가 같은 학문적 영역을 주장하였기 때문에 언제나 잠재적 갈등을 가진 관계였다.

경제지리학

아이사드의 태도는—매카티의 원래 견해에 가깝기는 하지만—지역과학자들의 도움이 없으면 경제지리학자들은 단순한 채탄부이거나 운반자라는 것이었다.

1960년까지 이 서로 다른 요소들—미국과 영국의 새로운 경제지리학과 지역과학—은 함께 응집된 하나의 네트워크를 형성하였다. 그것은 아이오와시티, 시애틀, 필라델피아, 영국의 케임브리지와 같은 지리적 결절들을 특징으로 한다. 그들은 세 가지를 통해 서로 연결되었는데, 논문의 배포(초창기 워싱턴 대학교 대학원생들은 자체적으로 논집 시리즈를 만들어 이를 세계의 비슷한 부류의 사람들에게 보냈다), 자금의 흐름[특히 미국에서는 새로운 경제지리학자들에 의한 대규모 협동 실천 프로젝트를 선호하던 해군연구소(Office of Naval Research)가 제공한 연구비가 중요하였다. Pruitt 1979], 인적 교류(전혀 다른 분야에서 오는 방문학자와 박사학위를 받은 대학원생들이 자리를 잡아 이동하면서 자신들의 혁명적인 정신을 가져갔다)가 그것이다.

접근 방법에 대한 이와 같은 실용적 태도는 최첨단 기법 및 기술과 함께, 적어도 미국에서는 정부 및 군대의 연구비 확보를 통해 국가적 그리고 심지어 군사적 목적에 맞추어 경제지리학을 조정하였다(Barnes and Farish 2006). 그러한 조정과 채택된 객관적 지식—추상적·통계적·수학적이며 모델 기반으로, 현장보다는 컴퓨터 센터의 멸균 공간이나 계산 기계로 가득한 방에 의존하는—개념에 대한 내부 정치적 비판은 거의 없었다. 군-산-학 복합체의 하나가 된다는 것의 정치적 의미는 무엇이었을까? 적어도 초창기 지리학자들이 재현하려고 노력하였던 주관성, 도덕성, 그리고 일상 공간과 장소성의 풍부함을 폄하하려는 객관적 지식의 정치학은 무엇이었을까? 그러한 비판적 질문들이 다음에 등장하는 결연한 비판적 학문 감수성을 가진 급진적 경제지리학(radical economic geography)에 의해 제기되었다.

3.5 급진적 경제지리학

1970년대부터 공간과학은 공격을 받기 시작하였다. 이번에는 과학과 과학적 방법론이 모든 것을 할 수 없다는 것이 명백해졌다. 세계는 점점 더 분열되고 소외되고 있으며 외상을 입은 것으로 드러났다. 환경 위기가 있었다(최초 지구의 날은 1970년 4월 2일이었다). 특히 미국에서는 민권운동이 제도화된 인종 분리와 차별의 역사적 멍에를 집어던지기 위한 대규모 집회와 저항 행진, 여러 가지 시민불복종 행동이 일어났다. 1960년대 초부터는 남성 가부장제와 특권을 비판하고 반대하는 제2차 페미니즘 운동의 물결이 진행되었다. 세계 곳곳에서 도시 폭동이 발생하였다. 1968년 5월 파리에서 발생한 폭동은 프랑스 정부를 거의 무너뜨릴 뻔하였다. 베트남과 캄보디아, 라오스와 같은 장소에서는 과학과 기술이 인간의 터전을 개선하는 데 쓰이지 않고 오히려 폭력적으로 악화시키는 데 사용되었다. 과학은 해피엔딩을 가져오는 마법의 해결책이 아니었다. 사회과학 내에서 적어도 일부는 그러한 현실에 직면하여 당시 엉망이 되어 깨어지고 분열된 세계를 이해하는 데 좀 더 유용한 다른 접근 방법을 찾으려고 애썼다.

1970년대 초에는 경제에서도 경기가 정상적이지 않다는 징후들이 나타났다. 전후 북아메리카와 서유럽은 주기적인 침체에서 벗어나 완전고용과 생산성 및 임금 향상을 포함하는 포디즘적 '황금기'를 구가하고 있었다. 그러나 1970년대 초부터 실밥이 터지기 시작하였다. 높은 인플레이션율, 생산성 정체, 이윤율 하락, 낮은 고용 성장, 투자 부진으로 황금기는 점점 어두워져 갔다. 1970년대 말에는 경제가 완전한 위기 상황에 빠졌고, 이것은 지리적으로도 뚜렷이 나타났다. 미국의 북동부와 중서부 혹은 잉글랜드 중부와 북부 같은 오랜 제조업 기지들은 급격한, 경우에 따라서는 재앙에 가까운 투자 감소를 경험하였다. 수백만 명의 산업노동자들이 해고되고 제조업 기반의 소읍과

도시들은 더 이상 예전과 같지 않게 되었다. 제조업 지대는 녹슨 지대가 되었다. 그러나 '탈산업화'의 이면은 새로운 제조업 공간의 성장이기도 하였다. 일부는 캘리포니아의 실리콘밸리 혹은 영국의 케임브리지와 같은 첨단 클러스터들이었지만, 새로운 제조업 공간의 대다수는 후진국에 위치한 새로 건립된 수출가공지대가 차지하였다. 그곳의 제조업은 보통 대규모 다국적기업이 수행하거나, 저렴하고 여성이기 일쑤인 노동력을 사용하여 부품의 대량생산 또는 조립 가공을 수행하였다.

이 같은 뒤틀리고 분열된 세계를 이해하기 위해 경제지리학자들은 뉴턴 중력방정식이나 독일 입지론의 기하학적인 경관과 같은 공간과학의 모델을 점차 멀리하였다. 대신에 그들은 사회 이론을 활용하였다. 사회 세계와 그것의 뒤틀린 특징을 이해하기 위해서는 사회 그 자체의 분석이 출발점이 되어야 한다는 것이 그들의 주장이었다. 그것은 공간과학이 맞는 곳이 아니라는 것이었다. 자연과학에 기초하는 것은 자연 세계를 이해하기에 적합하지만 사회 세계를 이해하는 과제에는 마땅치 않다는 것이다.

사회 세계를 이해하는 데 이용 가능한 여러 사회 이론 가운데 경제지리학자들은 특히 마르크스주의에 무게를 두었다. 마르크스주의는 경제가 사회와 정치로부터 분리될 수 없으며 불가분의 관계로 결합되어 있다고 단언한다. 1970년대 초부터 많은 경제지리학자들이 급진적 경제지리학이란 별명이 붙은 마르크스주의 관점의 분석을 채택하였다.

3.5.1 데이비드 하비의 지리적 축적 이론

데이비드 하비(David Harvey)는 경제지리학에서 마르크스의 저작에 대한 가장 유명한 해석가이며, 지금도 여전하다. 하비의 연구는 방대할 뿐만 아니라 이론적으로나 실질적으로 모두 폭이 넓다. 여기서 그의 연구를 논의하지만, 그의 연구는 이 책 전체에 걸쳐 있으며, 특히 제5장과 제10장에서는 절대적이다.

우리의 초점은 하비(Harvey 1975)가 가장 초창기에 가장 중요한 기여를 한 자본축적에 관한 이론, 즉 자본주의 투자 이론에 있다. 자본주의 투자 이론은 그의 많은 후속 이론의 기초가 된다. 자본축적은 자본주의 경제의 핵심부로 갈수록 그것의 성패를 좌우하는 매우 근본적인 문제이기 때문에, 그의 이론은 매우 근본적이다. 경제지리는 축적과정을 진전시키기도 하고, 위기를 막기도 하며, 다른 경우에는 축적을 정지시켜 파괴와 아수라장을 만들기도 한다.

마르크스는 축적을 자본주의의 엔진으로 인식하였다. "축적하라, 축적하라! 그것이 모세와 그의 예언이다."라고 마르크스는 『자본론(Capital)』 제1권(24장) 에서 썼다(Marx 1992[1867]). 축적이 없다면 경제 시스템은 서서히 멈출 것이 다. 공장은 폐쇄될 것이고, 노동자는 해고될 것이며, 상품은 생산되지 않을 것 이다. 축적은 자신의 경제적 거품 속에 존재하며 사회와 정부 형태로부터 분 리되어 있지만, 그렇다고 자율적이지는 않다. 오히려 그 반대이다. 마르크스 는 축적이 오로지 한 사회계급, 노동자들에 대한 다른 한 계급의 착취와 억압 으로 발생한다고 주장하였다. 그러한 착취와 억압이 없다면 잉여가치(이윤)가 없을 것이며, 잉여가치가 없다면 축적도 없을 것이다. 이런 의미에서 마르크 스는(하비 역시) 자본주의적 축적이 사회적·정치적 부정의(injustice)에 기초한 다고 믿었다. 축적은 자본주의의 일부로서 그 작동과 유지에 필수적이다.

마르크스의 축적 이론에 하비는 경제지리적 감수성을 추가하였다(Harvey 1982). 그 감수성은 마르크스 이론의 틀에 들어가서 그것을 변형시킨다. 하비 는 자본축적 과정의 근본적 한계가 공간 그 자체라고 주장한다. 축적은 핀의 머리 위가 아니라 실제 장소에서 그리고 넓은 공간에 걸쳐 일어난다. 자본가 들은 공간적 장애를 극복하려는 방법들을 지속적으로 발견하여야만 한다. 그 렇지 않으면 공간적 장애는 잉여가치(이윤)를 창출하는 그들의 능력에 제약을 가하게 되며, 그런 이유로 축적에도 제약이 된다. 자본가들은 공간적 장애를 무너뜨리는 교통과 통신의 신기술 활용, 즉 "시간에 의한 공간의 소멸"을 통해

경제지리학

제약을 극복한다. 그 과정에서 경제지리의 새로운 형상이 만들어진다.■3 이렇듯 자본주의 내부에는 축적의 공간들을 변화시키려는 추동력이 깔려 있다. 그러나 여기에 역설이 있다. 그러한 공간들을 변화시킨다는 것, 즉 시간에 의해 공간을 소멸시킨다는 것은 기존 장소들의 파괴와 가치 잠식, 평가절하를 요구한다. 그런 이유 때문에 축적의 지리 내부에는 한 장소의 현존하는 과거의 투자가치를 온전히 유지하려는 지리적 관성의 힘과 시간에 의한 공간의 소멸로 그러한 장소들을 파괴하려는 지리적 변화의 힘 사이의 지속적인 긴장이 있다. 하비는 이를 "칼날(knife-edge)"이라고 불렀다(Harvey 1986, p.150). 한동안은 최소한의 안정성이 있을 것이다. 그러나 하비의 용어를 빌리면, 그것은 "일시적인 공간적 해결(spatial fix)"이다(제5장 참조). 그러나 조만간 그 경관은 산산이 부서진다. 시간에 의한 공간적 소멸의 힘은 지리적 관성의 경향을 압도한다. 옛 공간들은 파괴되고 새로운 공간이 창조된다. 유일한 상수는 "지리적 경관의 끊임없는 형성과 재형성"이다(Harvey 1986, p.150).

　1970년대 후반과 1980년대 초반 하비의 이 주제는 그 시기 핵심적 경제지리적 사건—제조업 공간들의 파괴(탈산업화)와 때때로 세계의 절반가량 떨어진 곳의 새로운 (제조업) 공간들—에 대한 완벽한 기술과 설명이 되었다. 그것은 변화하는 경제지리 맥락에 대한 훌륭한 대응이었다.

3.5.2 도린 매시의 『노동의 공간적 분업』

급진적 경제지리학 내부에서 나온 또 다른 멋진 대응은 도린 매시(Doreen Massey)의 대표 저서 『노동의 공간적 분업(Spatial Divisions of Labour)』이다(Massey 1984). 매시의 책은 '매시 이전'과 '매시 이후'로 지리학의 상전벽해를 나타낸다. 그 변화의 한 측면은 젠더를 중심으로 한다. 그때까지 경제지리학은 소재, 재현 스타일, 구성원에서 압도적으로 남성 중심적이었다. 매시는 이런 토양을 갈아엎어 버렸다. 다른 하나는 경제지리학에 새로운 내용(예를 들어,

가정생활이 근로생활만큼이나 중요하다는 것)과 새로운 형태의 이론화(이론이 일상적인 산문으로 쓰일 수 있으며, 반드시 그리스 문자일 필요가 없다는 것)를 열었다는 점이다.

하비와 마찬가지로 매시는 자본주의의 세 가지 요소, 즉 축적(그녀는 "사회적 재생산"이라고 불렀다), 자본과 노동 관계(계급 갈등), 공간에 관심을 가졌다. 그러나 그녀가 그 요소들을 조립하는 방법은 하비의 접근 방법과 매우 달랐다. 나아가 사회주의와 마르크스의 깊은 영향에도 불구하고 매시는 전반적으로 자신의 것에서 마르크스의 텍스트 사용(하비의 접근 방법)을 회피하였다. 또한 하비와 달리 그녀는 경험적 사례, 특히 1970년대와 1980년대에 영국에서 일어난 대량의 산업재구조화로부터 얻은 사례들을 통해 주장하였다. 그것은 매시 저작에 부가적 구매와 효능을 더하여 주었다.

매시는 축적을 시간에 따라 전개되는 일련의 여러 투자 라운드로 인식하였다. 하비와 마찬가지로 그녀에게 축적은 시간적일 뿐만 아니라 지리적이다. 투자의 각 라운드는 상이한 지리, 즉 '노동의 공간적 분업'을 만든다. 분업에 관한 사고는 최초의 위대한 경제학자 애덤 스미스(Adam Smith)의 사고로 거슬러 올라갈 만큼 오래되었으며, 이는 1776년에 출간된 그의 책 『국부론(An Inquiry into the Causes of the Wealth of Nations)』에 소개되어 있다(제12장 참조). 스미스는 산업 생산이 노동자의 전문화, 즉 각 노동자가 서로 다른 특정한 작업 과제를 수행하는 분업의 정도에 따른다는 것을 인식한 최초의 사람이다. 매시는 축적이 반드시 공간 내에서 일어나기 때문에 노동의 공간적 분업도 역시 형성된다고 주장하였다. 다시 말하면, 어떤 장소들은 철강 용광로에 대한 투자가 축적되어 노동의 공간적 분업은 중공업이 된다. 다른 장소들은 자동차 조립공장에 대한 투자가 누적되어 자동차 제조업의 공간적 분업이 된다.

매시는 나아가 한 장소에서 수행되는 투자 유형이 그곳의 사회적 관계를 형성한다고 주장하였다. 그녀는 영국의 남부 웨일스를 예로 들었다. 1980년대까지 적어도 한 세기 동안 남부 웨일스는 중공업과 석탄 채굴, 철강 생산과 연관된 특별한 형태의 축적을 경험하였다. 매시는 이런 유형의 산업이 사회적 관계의 특별한 형식과 양상, 즉 남성이 일하고 여성은 가정에 머무는 것을 기대하는 남성 중심적인 가부장적 문화, 노동조합과 연계되고 영국노동당(좌파)을 지지하는 정치적으로 활발한 좌파적 공동체, 감리교회를 다니는 것에 의해 강화되는, 유대가 긴밀한 사회적·문화적 결속을 만들었다고 주장한다(그림 3.4).

매시의 설명에서 지금까지 경제가 모든 일을 하였다. 지리는 경제적 투자라는 결정의 결과이다. 그렇지만 궁극적으로 매시는 지리학자이다. "지리가 문제이다!"는 그녀의 유명한 문구이다. 처음에는 투자 유형에 의해 결정되었던 지리가 특정 시점에 이르러서는 중요해져서 다음 라운드의 투자에서 추구되는 축적의 형태에 영향을 주기 시작한다고 그녀는 주장한다. 더 이상 단순한 일방적 흐름의 결정이 아니라 쌍방향의 상호관계가 성립한다. 지리는 축적과정에 반작용하며 이제는 새로운 축적 형태를 만든다(그림 3.5).

그림 3.4 매시의 노동의 공간적 분업론, 축적의 1라운드: 투자(노동의 공간적 분업)가 지리를 만든다.

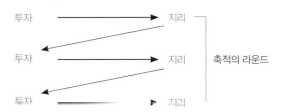

그림 3.5 축적의 라운드들: 투자(노동의 공간적 분업)가 지리를 만들고, 지리가 다시 투자(노동의 공간적 분업)를 만든다.

과거의 예를 들면, 1970년대 후반에 외국인 소유 전자회사들이 남부 웨일스에 투자를 하기 시작하였다(매시의 체계에서 다음 라운드의 투자를 나타낸다. 그림 3.5). 매시에 따르면, 그들 기업은 축적의 과거 라운드—이 경우 중공업에 의한 축적—에 만들어졌던 경제지리적 특성에 따라 남부 웨일스에 투자한 것이다. 중공업 투자는 (역으로) 이제 전자회사들을 위한 완벽한 잠재 노동력인 여성 노동력의 풀을 산출하였는데, 가부장제의 영향으로 그 지역의 많은 여성들이 종전에는 공식부문 경제에서 일을 하지 않았기 때문이다. 그들은 '미개발(greenfield) 노동력'이었다. 결과적으로 그 여성들은 노조화되어 있지 않았고 상대적으로 순응적인 경향이었으며, 특히 남성의 감독 아래 그러하였다. 나아가 가부장제 때문에, 전자회사의 이들 여성 노동자는 집에서도 가사노동을 계속하여야 해서 멀리 통근할 수가 없었다. 그들은 다른 곳에서는 직업을 구할 수 없는 포획된 노동시장이었다. 이는 그들을 더 매력적인 피고용인으로 만들었다. 더욱이 1970년대 후반과 1980년대 초반, 같은 기간 국가는 1979년 5월 정권을 잡은 마거릿 대처의 보수당 정부가 도입한 신자유주의 논리에 따라 남부 웨일스의 중공업에서 투자를 회수하기 시작하였다(제1장 참조). 그 결과로 초래된 장기간의 광부 파업(1984~1985) 또한 가족 수입을 늘리기 위해 여성들을 전자공장에서 일하도록 하였다. 따라서 남부 웨일스의 지리적 특성이 근본적으로 변하였고, 투자의 다음 라운드를 위한 지역으로 만들어졌다(그림 3.6)

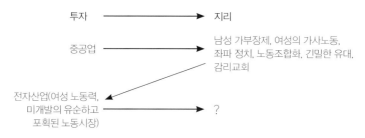

그림 3.6 투자와 지리의 상호관계: 남부 웨일스 사례

경제지리학

지리가 투자의 장래 형태에 영향을 주는 메커니즘(노동의 공간적 분업)을 제공함으로써, 매시는 경제지리학이 중요한 학문적 영역에 포함된다는 것을 보여 주었다. 만약 경제지리가 어떻게 문제가 되는지를 이해하지 못한다면, 당신은 우리 시대의 중대한 사건의 일부를 이해하는 데 실패할 것이다.

요약하면 하비와 매시 두 사람은 경제지리학에 비판적 감수성을 도입하였다. 1970년대 후반과 1980년대 초반 그들이 공헌할 당시, 그렇게 한 것은 부분적으로 그들이 경제 변화의 최전선에 있었기 때문이다. 경제 재구조화와 탈산업화의 격렬하고 충격적인 결과를 보면서, 매시와 하비는 과거 정태적이고 추상적이며 동떨어진 수리적 모델에 기반을 둔 경제지리학 설명(공간과학)에 등을 돌렸다. 대신에 그들은 당시 공간과 장소에서 끊임없이 펼쳐지는 위기와 불평등, 역동성과 특수성을 포착하는 설명을 추구하였다. 두 사람 모두에게 마르크스주의보다 더 적절한 비판적 설명은 없었다. 오늘날 공간과학이 하나의 형태로, 아니면 '지리경제학'이라는 다른 형태로 존립한다면, '자본주의의 지리'(제2장)는 그 출현에 하비와 매시가 처음 기여한 급진적 경제지리학의 핵심으로 남을 것이다.

3.6 후기구조주의와 (우리가 알던) 자본주의의 종말

우리가 논의하는 경제지리학의 가장 최근의 주요 형태는 1990년대 중반에 출현하였다(제2장 '대안경제지리학' 논의 참조). 우리가 검토한 다른 움직임들과 마찬가지로 이 움직임도 부분적으로는 실질적인 경제지리의 변화에 자극을 받았고, 부분적으로는 그 변화를 재현하는 방법과 관련된 새로운 아이디어에 영향을 받았다.

변화한 세계는 좀 더 복잡한 자본주의가 되었으며, 아마도 더 무자비하기까지 하였다. 그 복잡성은 일부분 하비와 매시가 이론화한 위기와 재구조화에서 비롯되었다. 적어도 선진국에서는 산업자본주의의 형태가 점차 사라지고 (탈산업화, 제1장), 다양한 형태의 서비스 경제, 즉 생산하는 데 육체보다는 두뇌 작업이 요구되는 주로 비가시적인 생산물들로 대체되었다. 이러한 새로운 세상에서 마르크스의 19세기 정치경제학적 분석 범주, 특히 계급과 생산을 둘러싼 범주들은 연관성이 줄어들었다. 또한 적어도 개발도상국의 일부가 새로운 제조업 중심지로 탈바꿈하였다. 그런 곳에서는 마르크스의 19세기 저작들이 다시 필요해졌다. 중국 남부의 주장강 삼각주, 멕시코 국경 일대, 말레이시아-싱가포르-인도네시아를 아우르는 동남아시아 산업 트라이앵글과 같은 일부 선택된 지역에서는 포드의 루지(Rouge) 공장만큼 크거나 그보다 더 거대한 동굴 같은 공장들에서 어마어마한 수의 룸펜 프롤레타리아트(Lumpen Proletariat)가 열악한 노동조건에서 저임금 장시간 노동을 하고 있었다. 그들은 마르크스가 약 150년 전에 묘사한 노동계급과 같았다. 한편, 후진국은 선진국과 복잡하게 길게 늘어지고 중첩된 생산사슬로 서로 연결되었으며, 많은 후진국들의 경제적 산출보다 더 많은 수익을 올리는 거대 다국적기업들에 의해 고정되었다. 그렇게 진화된 이 커다란 시스템은 파악하기도 어려울 뿐만 아니라(그 모든 것이 어떻게 잘 굴러갈까?), 변화가 불가능해 보일 만큼 압도적이고 거대하였다.

자본주의는 더욱 지구화되어 심지어 세계의 먼 구석구석까지 침투해 들어 가면서, 점점 더 야만적이고 무자비한 것이 되었다. 1980년대에 서구 선진국에서 처음 시작되고, 1990년대에는 후진국에서도 전개된 신자유주의하에서 엄격한 시장 원칙이 강화되었다(제1장). 살뜰한 보모 국가(nanny state, 제1장 역주 참조)는 이제 사라졌다. 대신에 이전투구식 경쟁과 깐깐하고 냉혹한 시장 효율성이 그 자리를 차지하게 되었다. 적어도 마거릿 대처에 따르면, 대안이 없었다. 1989년 공산주의 소비에트연방과 그 위성국가들의 붕괴, 그리고

1980년대 중국공산당의 시장개혁 채택이라는 상황에서 대처가 옳은 것처럼 보였다.

이러한 경제지리적 변화와 더불어 지적인 틀도 후기구조주의(poststructur-alism)로 변화하였다. 후기구조주의의 기원은 1960년대 일련의 프랑스 파리 지식인들에게 있다. 미셸 푸코(Michel Foucault)는 그중 가장 중요한 인물일 것이다. 철학, 문화사, 문예비평, 정신의학 연구에 기원을 둔 후기구조주의의 핵심적 사고가 1970년대에 이르러 영미 인문학에 확산되었다. 1980년대에는 사회과학으로 확산되었고, 1990년대 즈음에는 경제지리학에도 도입되었다.

후기구조주의는 부분적으로는 고전적 마르크스에 대한 반작용이다[후기구조주의는 장 폴 사르트르(Jean-Paul Sartre)와 같은 파리 지식인들의 초기 세대에 의해 대표되기도 한다]. 후기구조주의자들은 특히 경제와 경제 내 사회계급, 즉 노동자와 자본가 사이의 물질적 적대관계를 모든 것의 원인으로 돌리려는 마르크스주의의 경제주의에 비판적이다. 마르크스주의에서는 모든 설명이 사회계급의 영향으로 귀착되는 것으로 본다. 이와 반대로 후기구조주의자들은 문제가 더 복잡하고 혼란스럽다고 주장한다. 그들은 계급보다 젠더, 인종, 섹슈얼리티와 같은 다른 사회적 차원이 더 중요하며, 어느 것도 사회계급으로 환원될 수 없다고 한다. 오히려 그러한 사회적 차원들은 문화의 일부로서 경제로부터 어느 정도 자율성을 가지고 독자적인 완결성이 있다고 주장한다. 그렇지만 고전적 마르크스주의에서 문화는 독립적이지 않다. 문화는 마르크스주의자들이 상부구조라고 부르는 경제(토대 혹은 하부구조)에 의해 결정되는 것 내에 존재한다. 이러한 확정적 관계는 후기구조주의자들에 의해 부정된다. 후기구조주의자들은 종종 그 관계가 역전될 수 있다고 한다, 즉 경제의 형태가 문화에 의해 만들어질 수 있다고 제시한다. 마르크스주의자와 후기구조주의자 간에 일부 격렬한 논쟁이 있었던 것은 놀라운 일이 아니다.

그러나 그들의 상이한 접근이 후기구조주의자들이 현재 상황에 만족한다는 것을 의미하지는 않는다. 그들의 기획 역시 마르크스의 기획만큼이나 세상을 변화시키는 데 관심을 가지고 맹렬하게 정치적이다. 그러나 세상이 어떻게 변하고 변화하여야 할 것인가에 대한 그들의 생각은 마르크스의 처방과 매우 다르다.

3.6.1 깁슨-그레이엄과 후기구조주의 경제지리학

토대 조건의 이러한 근본적 변화와 더불어 후기구조주의로부터 유입된 변화된 사고는 경제지리학에서 1990년대 초 캐시 깁슨(Kathy Gibson)과 줄리 그레이엄(Julie Graham)의 저작 속에서 강렬하게 표현되었다. 그들에게 후기구조주의는 저자로서 자기정체성의 전부였다. 그들은 저자로서 자신들의 정체성의 복잡성을 제이 케이 깁슨-그레이엄(J. K. Gibson-Graham)이라는 하나의 이름으로 씀으로써 후기구조주의 스타일로 표현하였다.[4]

깁슨-그레이엄은 그녀가 인식한 보다 폭넓은 운동과 더불어, 고전적 마르크스주의 및 경제지리학에서 가장 유명한 고전적 마르크스주의 주창자 데이비드 하비와는 다소 반대편에서 저술하였다. 이는 노골적인 전쟁은 아니지만, 두 분파 간의 논쟁을 불러일으켰다. 약간의 까칠하였던 시기가 있었지만, 경제지리학자들은 점차 결합하거나 통합 또는 최소한 다른 편(다른 편이 무엇이든 간에)의 주장을 인정하려고 노력하였다.

깁슨-그레이엄 자신은 고전적 마르크스주의자로 시작하였다. 그녀는 데이비드 하비가 예리하게 밝힌 자본주의 모순 때문에 노동자들이 체제를 전복하는 반란을 일으킬 것이라고 믿었다. 뺏는 자들이 빼앗길 것이며 새로운 체제, 공산주의가 자본주의의 잿더미에서 불사조처럼 일어날 것이라고 생각하였다.

그러나 1990년대 중반에 그녀는 문득 깨닫게 되었다. 마르크스주의는 세상을 결코 변화시키지 못할 것이라고. 왜냐하면 마르크스주의가 이론적으로 자본주의를 불굴의 힘들에 의해 추동되어 바꿀 수도 없고 파괴할 수도 없는 실체로 그려 놓았기 때문이다. 그녀는 이런 이해를 자본주의가 자본이라는 극복할 수 없는 권력에 의해 구성되었다는 믿음, 즉 자본 중심적 관점이라고 불렀다. 나아가 그런 관점이 지구화에 대한 대중적 묘사에 의해 강화되었다는 것이다(제8장 참조). 또한 그것이 자본주의 세계경제를 보편적이고 뿌리 깊으며 누구도 바꿀 수 없는 것으로 재현하였다는 것이다. 마르크스주의자들은 자신들이 혁명가인 것처럼 말하지만, 자본주의에 대한 그들의 자본 중심적 묘사는 사실 혁명의 가능성을 방해한다고 깁슨–그레이엄은 주장한다. 당신들은 시작도 하기 전에 수건을 던졌다. 깁슨–그레이엄은 수건 던지기를 원하지 않았다. 그녀는 경제의 복잡성과 힘을 인정하지만 동시에 자본중심주의에 마비되지 않으려 하였다. 또한 문제는 세상을 바꾸는 것이지 단순히 그것을 설명하는 것이 아니라는 마르크스 자신의 권고를 깁슨–그레이엄은 단념하지 않고자 하였다[『포이어바흐에 관한 테제(Theses on Feuerbach)』(1976[1888])에 나오는 카를 마르크스의 11번째 테제]. 그녀는 그것을 어떻게 할 수 있었을까?

  그것은 후기구조주의, 특히 페미니스트들(제6장에서 더 상세히 논의)에 의해 전달된 버전을 통해서였다. 후기구조주의는 자본주의의 본질에 대해 다시 생각할 수단을 제공하였다. 자본주의가 더 이상 겁이 나는, 도전 불가능한 것이 아니라는 것이다. 그것이 깁슨–그레이엄의 1996년 책의 제목『(우리가 알던) 자본주의의 종말(The End of Capitalism(As We Knew It))』의 의미였다. 자본주의를 변화시키고, 그것을 끝내기 위해서 우리는 자본주의를 다른 방식으로 이해하는 것을 배워야 한다. 후기구조주의는 그러한 새로운 방식의 이해를 가능하게 하였다. 이는 자본중심주의를 무력화하였다. 자본주의를 다른 모든 것을 결정하는 단일한 근본 힘으로 재현하지 않고, 전통적으로 전혀 경제적이지 않은 많은 다양하고 다채로운 상이한 요소가 결합되어 이루어진 것으로 묘사하였다. 그 많은 것들은 오히려 문화적이다. 경제지리학에서 후기구조주의로의 전환은 모든 다양한 경제의 문화적 특수성과 '배태성'을 중요시 하는 '문화적 전환'과 중첩된다. 후기구조주의는 자본중심주의라는 철창에서 벗어나 경제를 단편적이고, 다채로우며, 깨지거나 손상되기 쉬운 것이라고 인식하게 한다고 깁슨-그레이엄은 주장한다. 자본주의를 그렇게 바라보면, 자본주의는 더이상 강력하거나 무서운 것이 아니게 된다. 자본주의는 서서히 저항을 받아조금씩 잘려 나갈 수 있다.

이것이 후기구조주의와 마르크스주의의 또 다른 차이이다. 깁슨-그레이엄에게 자본주의는 전통적인 마르크스주의자들이 생각하였던 것처럼 단 한 번의 종말론적인 혁명적 계기가 아니라, 점차 변화해 가는 것이다. 깁슨-그레이엄의 혁명 모델은 제2차 페미니즘 운동에 의해 추구되는 그런 것이다(제6장 참조). 1960년대 초반 가부장적 사회는 자본주의가 단단히 자리 잡아 마치 원래부터 있던 것 같았기 때문에 변화는 불가능한 것처럼 보였다. 그러나 점차 소규모의 국지적인 혁명적 행동을 통해 가부장적 사회가 변화하였다. 물론 개선의 여지는 거대하였고 여전히 거대하다. 그렇지만 중요한 것은 개선이 단번의큰 혁명이 아닌, 많은 매일매일의 작은 혁명적 행동들에 의해 이루어졌다는것이다. 깁슨-그레이엄은 자본주의가 그와 유사하게 변화할 수 있을 것으로생각한다. 그것은 점진적으로 이루어질 것이다. 오랜 시간에 걸쳐 작은 변화가 큰 변화를 만들 것이다.

이런 변화들이 실현하는 것은 무엇인가? 그것은 마르크스가 예견한 웅장한 유토피아 미래 사회가 아니다. 대신에 그러한 변화는 이미 존재하는 다양한 형태의 경제를 실현하는 방향으로 나아가는 것으로 깁슨-그레이엄은 보았다(그림 3.7). 여기서 깁슨-그레이엄은 그녀가 빙산 모델(iceberg model)이라고 부르는 것을 활용하였다. 빙하의 꼭대기는 순수 자본주의이다. 즉 자유시장, 경쟁, 대기업, 무수한 금융흐름, 임금노동 시장 등이 있다. 그러나 순수 자본주의 아래에는 일반적으로 보이지 않는 경제의 90%가 있고, 그것들은 잘해야 준자본주의거나 전혀 자본주의가 아닌 것도 있다. 이 90%가 깁슨-그레이엄이 다양한 경제(diverse economies)라고 부르는 것으로, 순수 자본주의하에서는 찾기 어려운 원리들에 기초해 작동하는 경제들이다. 깁스-그레이엄의 정치적 희망은 수면 아래에 (비가시적으로) 있는 다양한 경제를 수면 위로 올라오게 하는 것이다. 그것들이 주류가 되게 하는 것이다. 그것들은 개선된 새로운 경제들이 된다. 이는 자본주의의 조종(弔鐘)이 하룻밤 사이에 울리지 않듯이 한 번에 일어나지 않을 것이다. 그러나 시간을 두고 작은 행동들이 커다란 변화를 일으킨다고 믿는다.

깁슨-그레이엄은 여기에 또 다른 후기구조주의 사고, 즉 수행성(performativity)을 활용한다. 이는 우리의 지식은 세계를 반영하는 거울이 아니라, 세계에 개입하고 변화시켜 다른 세계를 만드는 수단이라는 관념이다. 자본주의의 힘은 자본주의를 정의하는 어떤 내재된 속성들에서 나오는 것이 아니다. 자본주의의 힘에 대한 어떤 관념을 믿고 그 관념을 수행하며, 그들의 그런 행위를 통해 그 관념을 실현하는 것으로부터 나온다. 그러나 사람들이 다른 관념을 믿고 행동을 추구한다면 세상을 변화시킬 수 있다. 예를 들어, 경제를 수행하는 다른 방법이 있다고 믿도록 사람들을 설득하면, 즉 협동조합을 통한 방법이 있다고 설득되면 협동조합 경제가 성립하게 된다. 깁슨-그레이엄에게 그러한 대안들이 수면 아래에 있다는 것과 비가시적이라는 것을 제외하면 이미 존재한다. 사람들로 하여금 그러한 대안들을 목격하고 수행할 수 있게 함으로써 수면 아래에서 보이지 않던 다양한 경제가 수면 위에 보이는 다양한 경제가 될 수 있다. 깁슨-그레이엄은 그녀가 행동연구(action research)라고 부르는 학술 연구를 통해, 사람들이 대안적 경제 수행에 참여하도록 설득하였다(제6장). 이 전략은 경제지리학이 존재해 온 대부분의 기간 동안 경제지리학 이름으로 행해져 온 연구들과는 정반대이다. 100여 년 동안 경제지리학 내에서 연구과정은 [대상에] 개입하지 않는 것이었다. 연구는 연구 대상을 기술할 뿐, 그것의 변화를 직접 시도하지 않았다. 반대로 깁슨-그레이엄은 연구과정의 수

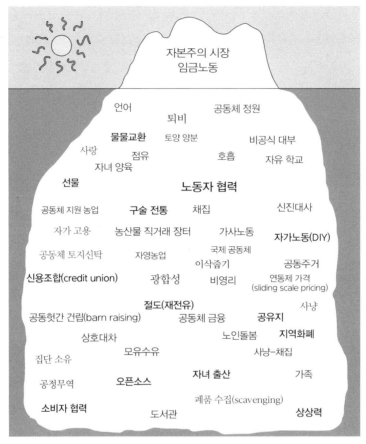

그림 3.7 깁슨-그레이엄의 빙산 경제 모형. 켄 번(Ken Byrne)이 그린 '공동체 집단 경제(Community Economies Collectiive)'로부터.

출처: Gibson-Graham 2006, p.70.

행을 통해 연구하는 대상 자체를 변형시키려고 하였다. 그녀는 자신의 연구가 새로운 형태의 다양한 경제를 만들어, 지난 60여 년간 페미니즘이 한 것처럼 폭넓은 사회적 변형을 자극하기를 원하였다.

처음부터 후기구조주의 경제지리학은 심층적 비판 프로젝트이다. 깁슨-그레이엄은 연구되는 것을 변화시키기 위해, 즉 새롭고 개선된 현실이 실현되기

경제지리학

위해 연구과정을 활용한다. 이는 하비와 매시의 비판적 프로젝트와 다르다. 그들은 자신들의 연구를 통해 자본주의 현실을 보다 잘 이해하고 그 현실의 비밀을 찾아내려 하였다. 그들도 자본주의가 변화되기를 원하였지만, 그들 연구 자체가 세계를 변화시킬 것이라고는 믿지 않았다. 그들의 연구는 자본주의의 모순을 드러낼 수 있고, 그런 드러냄이 변화를 이끌 수는 있을 것이라고 보았다. 그들의 연구 자체가 그런 변화를 촉발하는 것은 아니다. 그러나 깁슨-그레이엄은 자신의 연구가 그렇게 한다고 주장한다. 그녀는 지금까지 어떤 경제지리학자가 믿었던 것보다 더 많이 경제지리학의 비판적 잠재력을 믿는다.

3.7 결론

경제지리학의 역사는 지속적인 발명과 재발명의 역사이다. 경제지리학은 가장 멈추지 않는 사회과학 중 하나이다. 다른 사회과학들은 과거의 모습, 신성시된 방법, 신격화된 계율, 신성불가침의 교과서를 경배해 왔다. 경제지리학에는 그러한 것들이 없다(제5장 참조). 경제지리학의 역사는 현란한 변화, 지적 개방성, 절충주의, 다원주의의 역사였으며, 거의 혼돈과 무정부 상태로 보일 정도였다. 비항상성이 유일한 항상성이었다.

그러나 경제지리학이 완전히 자유로운 영혼은 아니었다. 이 장의 주요 주제의 하나는 경제지리학의 지적 내용이 부분적으로는 그 지적 내용의 역사적 시기에 기반을 두고 있다는 것이다. 이것은 19세기 후반과 20세기 초반 치솜(Chisholm)의 저작에서 가장 명확하다. 그의 상업지리에 관한 기술은 같은 기간 영국 제국주의에서 발견되는 상업적 이해관계를 거울처럼 반영하였다. 우리가 서술한 경제지리학의 가장 죄근 형태, 즉 깁슨-그레이엄의 후기구조주의 접근을 그런 식으로 연결하는 것은 어려울 수도 있지만, 그것도 시기와 관련된다. 깁슨-그레이엄의 연구는 부분적으로는 신자유주의와 지구화가 결합된 자본주의의 가장 최근 변화에 대해 우리가 아무것도 할 수 없을 것 같다는 좌절로부터 나왔다. 그러나 그녀는 무언가 하고 싶었고, 개입하기를 원하였으며, 그것이 가능할지도 모른다는 것을 보여 주고 싶었다. 깁슨-그레이엄과 그녀의 맥락과의 관계가 치솜과 그의 맥락과의 관계와 다름에도 치솜의 경우와 마찬가지로, 깁슨-그레이엄의 저작이 쓰인 더 큰 역사적 맥락에 대한 이해가 없다면 우리는 그 저작의 형태뿐만 아니라 그것이 시사하는 점과 목적을 이해할 수 없을 것이다.

대규모 사건뿐만 아니라 좀 더 큰 아이디어도 경제지리학에 중요해 왔다. 이것이 위의 모든 역사적 삽화들의 핵심이다. 많은 아이디어들이 경제지리학에서 나오지 않았다. 구걸해 오든, 빌려 오든, 훔쳐 오든 간에 경제지리학은 타 학문 개념의 훌륭한 사용자이다. 우리의 역사에서 명확히 알 수 있듯이, 무엇이든지 쓸모 있는 것이 될 수 있다. 경제지리학의 개방성은 여기서 온다. 이것은 경제지리학에 대책 없는 절충주의, 성급한 접근, 모호한 논리, 혹은 엄밀함 부족이라는 혐의를 씌우기도 하였다. 그러한 혐의는 어느 정도는 맞다. 그러나 느슨해 보이는 학문의 이점이 있다. 역사적으로 규범이나 엄격한 방법론, 또는 이론에 대한 명확한 정의가 미진함으로 인해, 경제지리학은 흥미로운 문제들이 있는 곳을 어디든 탐방할 수 있었고, 경제지리학의 경찰이 그것은 경제지리학이 아니라고 경고한다고 해서 거기에 제약된다거나 그 이슈를 포기할 필요가 없었다. 그러한 자유로움이 충만함으로써 경제지리학은 많은 에너지, 열정, 역동성을 갖고 활력과 목적을 갖게 되었다.

경제지리학이 완벽하다는 것이 아니다. 오히려 이 장과 이 책의 가장 중요한 주제인, 끈질기고 철저한 비판적 검토가 필요하다. 과거를 하얗게 칠하여 역사를 해피엔딩으로 만드는 것은 쉽다. 그러한 것은 교과서들이 흔히 하는 일로서, 불쾌한 부분을 생략하고 승리의 이야기만 말한다. 그러나 우리는 우리 교과서에서 경제지리학의 불완전한 역사와 형편없는 부분까지 모든 것을 말하려고 한다. 니체의 유명한 "고통을 견뎌 낼수록 우리는 더 강해진다(What doesn't kill me, makes me stronger)."는 말처럼, 우리의 희망은 우리의 역사가 당신을 더 강하게 만드는 것이다.

주

1. 치솜은 지루함을 낮게 평가하였지만, 적어도 자신의 경제지리학 형식이 지루하다는 것을 인식하였다. 즉 "지리학을 공부하는 데 힘들고 단조로운 일이 있을지 모르지만, 나는 그것이 해롭지 않다고 본다."(Chisholm quoted in MacLean 1988. p.25)라고 하였다.
2. 월터 크리스탈러의 저서 『남부 독일의 중심지(Central Places in Southern Germany)』의 칼 바스킨(Carl Baskin)의 번역본이 1966년 출판되었지만, 버지니아 대학교의 박사학위 논문 등 사본이 1957년부터 돌아다녔다.
3. "시간에 의한 공간의 소멸"이란 어구는 본래 마르크스가 『자본론』을 쓰기 위해 작성한 노트의 모음집 『정치경제학 비판 요강(Grundrisse)』에 있는 표현이다. 그것은 새로운 교통·통신 기술을 사용함으로써 생산의 시작과 종료 사이의 기간, 이른바 순환속도를 줄이기 위한 자본주의의 근본적 추동을 말한다. 그러한 기술들은 위치가 다른 생산들 사이의 더 빠른 교환을 가능하게 한다. 즉 세계를 축소시킨다(하비의 "시공간 압축"처럼(Harvey 1989), 제16장에서도 나온다). 장소들 사이의 거리, 즉 공간이 증가된 속도, 바로 시간에 의해 소멸된다. 이 사고는 하비의 책, 특히 『포스트모더니티의 조건(The Condition of Postmodernity)』(1989)에서 그의 축적에 관한 더 큰 이론과 결합한다.
4. 2010년 줄리 그레이엄의 갑작스러운 죽음도 제이 케이 깁슨-그레이엄의 지속적인 저술을 중단시키지 못하였다.

참고문헌

Barnes, T. J. 1998. A History of Regression: Actors, Networks. Machines and Numbers. *Environment and Planning A* 30: 203-223.

Barnes, T. J., and Farish, M. 2006. Between Regions: Science, Militarism, and American Geography from World War to Cold War. *Annals of the Association of American Geographers* 96: 807-826.

Buck-Morss, S. 1995. Envisioning Capital. *Critical Inquiry* 21: 435-467.

Butzer, K. W. 1989. Hartshorne, Hettner and The Nature of Geography. In J. N. Entrikin and S. D. Brunn (eds), *Reflections on Richard Hartshorne's The Nature of Geography*. Washington, DC: Occasional Publications of the Association of American Geographers, pp.35-52.

Chisholm, G. G. 1889. *Handbook of Commercial Geography*. London and New York: Longmans, Green, and Co.

Christaller, W. 1966 *Central Places in Southern Germany*, trans. C. W. Baskin- Originally published in German in 1933. Englewood Cliffs, NJ: Prentice-Hall.

Dumont, L. 1977. *From Mandeville to Marx: The Genesis and Triumph of Economic Ideology*. Chicago: University of Chicago Press.

Fellmann, J. D. 1986. Myth and Reality in the Origin of American Economic Geography. *Annals of Association of American Geographers* 76: 313-330.

Foucault, M. 1977. *Discipline and Punish*. London: Allen Lane.

Gibson-Graham, J. K. 1996. *The End of Capitalism (As We Knew It): A Feminist Critique of Political Economy*. Oxford: Blackwell.

Gibson-Graham, J. K. 2006. *Postcapitalist Politics. Minneapolis*. MN: University of Minnesota Press.

Haggett, P. 1965. *Locational Analysis in Human Geography*, London: Edward Arnold.

Hartshorne, R. 1939. *The Nature of Geography. A Critical Survey of Current Thought in Light of the Past*. Lancaster, PA: AAG.

Harvey, D. 1975. The Geography of Capitalist Accumulation: The Reconstruction of Marxian Theory. *Antipode* 7: 9-21.

Harvey, D. 1982. *Limits to Capital*. Chicago: University of Chicago Press.

Harvey, D. 1986. The Geopolitics of Capitalism. In D. Gregory and J. Urry (eds) *Social Relations and Spatial Structure*. London: Macmillan, pp.128-163.

Harvey, D. 1989. *The Condition of Postmodernity: An Enquiry into the Origins of Cultural Change*. Oxford: Blackwell.

Hudson, D. 1955. University of Washington. *The Professional Geographer* 7: 28-29.

Huntington, E. 1915. *Civilization and Climate*. New Haven, CT: Yale University Press.

Huntington, E. 1924. *The Character of Races as Influenced by Physical Environment, Natural Selection and Historical Development*, New York: Charles Scribner's Sons.

Isard, W. 1956. *Location and Space Economy*. London: Willey.

Keynes, J. M. 1936, *The General Theory of Employment, Interest and Money*. London: Macmillan.

Livingstone, D. N. 1994. Climate's Moral Economy. Science, Race and Place in Post Darwinian British and American Geography. In A. Godlewska and N. Smith (eds), *Geography and Empire*. Oxford: Blackwell, pp.132-154.

Lösch, A. 1954. *The Economics of Location*, 2nd edn, trans. W. H. Woglom with the assistance of W. F. Stolper. Originally published in German in 1940. New Haven, CT: Yale University Press.

Lukermann, F. E. 1961. The Concept of Location in Classical Geography. *Annals of the*

Association of American Geographers 51: 194-210.

MacLean, K. 1988. George Goudie Chisholm 1850-1930. In T. W. Freeman (ed.), *Geographers Bibliographical Studies*, volume 12. London: Infopress, pp.21-33.

Marx, K. 1976. Karl Marx Theses on Feuerbach. In F. Engels (ed.), *Ludwig Feuerbach and the End of Classical German Philosophy*. Originally published in German in 1888, Peking: Foreign Languages Press, pp.61-65. http://www.marx2mao.com/M&E/TF45.html (accessed July 4, 2017).

Marx, K. 1992. *Capital: A Critique of Political Economy*: Volume 1, trans. by Ben Fowkes. Originally published in German in 1867. Harmondsworth: Penguin.

Massey, D. 1984. *Spatial Divisions of Labour: Spatial Structures and the Geography of Production*. London: Macmillan.

McCarthy, T. 2014. *Writing Machines*. London Review of Books, 36: 21-22.

McCarty, H. H., Hook, J. C., and Knox, D. S. 1956. *The Measurement of Association in Industrial Geography*. Iowa City: Department of Geography, University of Iowa.

Mikesell, M. W. 1974. Geography as the Study of the Environment: An Assessment of Some New and Old Commitments. In I.R. Manners and M.W Mikesell (eds), *Perspectives on Environment*. Washington, DC: Association of American Geographers, pp.1-23.

Pruitt, E. L. 1979. The Office of Naval Research and Geography. *Annals of the Association of American Geographers* 69: 103-108.

Sapper, K. 1931. Economic Geography. *Encyclopedia of the Social Sciences*, volume 5. New York: MacMillan, pp.626-629.

Sahlins. M. D. 1972. *Stone Age Economics*. Chicago: Aldine-Atherton.

Schaefer. F. K. 1953. Exceptionalism in Geography: A Methodological Introduction. *Annals of the Association of American Geographers* 43: 226-249.

Schorske, C. E. 1997. The New Rigorism in the Human Sciences, 1940-60. *Daedalus* 126: 289-309.

Von Thünen, J. H. 1966. *Von Thünen's "Isolated State,"* trans. C. M. Wartenberg, edited and with an introduction by P. Hall. Originally published in German in 1826 as Der isolierte Staat. Oxford: Pergamon Press.

Whitebeck, R. H. 1914. Review of Russell Smith's Industrial and Commercial Geography. *Bulletin of the American Geographical Society* 46: 540-541.

Whitebeck, R. H. 1915-1916. Economic Geography: Its Growth and Possibilities. *Journal of Geography* 14: 284-296.

Whitebeck, R. H. and Finch, V.C. 1924. Economic Geography. New York and London: McGraw-Hill.

Wise, M. J. 1975. A University Teacher of Geography, *Transactions, Institute of British Geographers* 66: 1-16.

제4장

경제지리학과 경제지리학의 접경지역

4.1 서론

20세기 영국에서 대중적으로 가장 유명한 비판적 지식인의 한 사람인 레이먼드 윌리엄스(Raymond Williams)는 웨일스와 잉글랜드의 경계, 문자 그대로 접경지역에서 성장하였다.[1] 그는 이도 저도 아니었으며 다른 경계 사이에 있기도 하였다. 그는 노동자계급의 가족으로 성장하였지만(그의 아버지는 철도 신호수였다), 자신은 영국의 엘리트 대학의 하나인 케임브리지에서 현대 드라마의 교수가 되어 그가 말한 것처럼 "한때 적으로 여겼던 자들을 가르쳤다". 그는 웨일스 문학 전통을 열렬히 선전하는 웨일스의 대변자였지만, 학부생들에게는 잉글랜드의 고전—소설, 시, 연극—을 가르쳤다. 그리고 그는 잉글랜드의 왕, 정복자 에드워드(Edward)가 처음 침입한 13세기 이래 웨일스가 잉글랜드의 식민지가 되었다고 믿었지만, 성인이 된 이후 그의 생활은 억압받는 켈트족의 웨일스 변경이 아닌 제국주의 앵글로·색슨족의 본거지 핵심부에서 이루어졌다. 그가 살았던 다양한 경계들 사이로 뻗고 옮겨진 레이먼드 윌리엄스의 존재는 긴장과 좌절, 불안과 모순, 그리고 때로는 분노마저 가득 찬 것이었다. 그러나 결국 그는 언제나 그의 인생을 규정한 서로 다른 경계들과 어떻게든 성공적으로 타협하였다. 접경지역에 살며 전혀 다른 세계를 가로지르고 또다시 가로지른 것이 윌리엄스의 두 발목을 잡기보다는, 오히려 그에게 활력과 목적의식, 창조성과 비판적 영감의 원천이 되었다.

이 장은 경제지리학의 접경지역에 관한 것이다. 여기에는 두 가지 주요 목적이 있다. 첫 번째 목적은 지도화이다. 즉 경제지리학이 관련 사회과학들과 공유하는 경계를 지도로 그리는 것이다. 경제학은 아마도 가장 중요한 인접 학문일 것이다. 그러나 우리는 다섯 가지 다른 학문들, 즉 인류학, 문화 및 젠더 연구, 환경연구, 정치학, 사회학에 대해서도 논의할 것이다. 이들 다른 학문 중 어느 것도 경제지리학과 동일한 방법으로 동일한 것을 다루지 않는다. 그러나 적어도 학문 계열 간에 보이는 유사성이 있어서 각각의 연구를 어느 정도는 이해할 수 있고, 비판적 프로젝트에도 유용하게 작용할 것이다.

이것은 이 장의 두 번째 목적으로 이어진다. 마치 레이먼드 윌리엄스가 그랬던 것처럼, 경제지리학과 이웃 사회과학들 사이의 경계를 가로지르는 움직임이 비판적 질의에 유용한지 탐색하는 것이다. 경계는 역공간(閾空間, liminal space)*을 나타낸다. 즉 어떤 것과 다른 어떤 것 사이의 문턱에 놓여 있는, 그래서 이것도 저것도 아닌 공간이다. 우리가 제안하려는 것은 정확히 이 중간에

---

* 여주: 문지방 역(閾) 자를 써서 역공간으로 번역되는 'liminal space'는 인류학에서 통과의례 중에 의례 이전 상태와 의례 이후 상태 사이의 모호한 상태를 지칭하기 위해 20세기 초에 고안된 용어이다. 지리학의 점이지대와 같은 중간적이고 모호한 상태를 지칭하다 보니 용도가 넓어 심리학, 건축학, 조경학 등에서도 널리 사용된다. 'liminal'은 '두 장소나 상태 사이'라는 뜻이다.

있는, 한쪽에 속하지 않고 경계에 놓여 있는 상태로서 경제지리학의 비판적 감수성을 강화하는 관점들의 제공이다. 한편으로 그것은 이미 고정된 것으로 받아들여지며 당연시되는 진리에 대해 의문을 제기함으로써 필연적으로 체제를 분열시키고 전복한다. 문화비평가 호미 바바(Homi Bhabha 1994, p.5)는 이를 "분열적 중간성(disruptive inbetweenness)"이라고 말한다. 다른 한편, 역공간은 잠재적으로 창조적 공간을 나타낸다. 역공간에서는 학문 분야의 통상적인 제약이 완화된다. 역공간은 어느 한 분야에만 소속되는 것이 아니기 때문이다. 그래서 낡은 이분법도 위계질서도 더 이상 통하지 않는다. 결과적으로 통상 허용되지 않는 것도 수행할 수 있고, 생각되지 않던 것도 생각할 수 있으며, 나아가 전에는 없었던 새로운 의미나 사회적 관계 및 새로운 정체성을 만들어 낼 수도 있다. 접경지역의 이러한 개방성은 그 공간에서 창의성, 혁신, 새로운 사회 실험이 촉진되도록 한다.

이렇게 말한다고 해서 그러한 공간에서 연구하는 어려움을 부인하는 것은 아니다. 학문(discipline)이라는 단어가 함축하는 것처럼 어떤 훈련(discipline)을 부과한다. 내부 공간 그리고 경계 안에서는 보통 단속과 감시 및 제약이 깐깐하게 이루어진다. 이러한 내부 규율을 따르지 못하면 다양한 반응이 뒤따른다. 이해 못함("무슨 뜻이죠?"), 반대("틀렸어요."), 조롱("그것도 몰라요?"), 거부("나가 주세요.") 등. 따라서 어떤 분야 안에서 연구하는 사람들에게 접경지역으로 가는 것은 냉전 시대 동베를린과 서베를린 사이의 장벽을 통과하는 것처럼, 또는 남북한 사이의 38도선을 지나는 일처럼 위험한 일일 수도 있다.

그럼에도 불구하고 우리의 주장은 레이먼드 윌리엄스와 마찬가지로 위험이 따르더라도 접경지역에서 연구하면 잠재적인 보상도 뒤따른다는 것이다. 경계를 가로질러 통행하는 것은 우리가 보여 주려는 것처럼 경제지리학에 고유한 실험과 발명을 촉발할 수도 있고, 새로운 어휘를 만들어 낼 수도 있다. 또한 이론적 틀을 창조할 수도 있고, 학술 논쟁과 담론의 유익한 형태를 만들 수도

경제지리학

있으며, 방법론적인 전략을 새롭게 할 수도 있다.

이 장의 의도는 경제지리학과 인접 사회과학 사이의 접경지역에서 성공적으로 이루어진 다양한 상호작용의 사례를 제공하는 것이다. 이 경계를 가로지르는 통행은 '교역지대'가 있기 때문에 가능하다고 본다. 몇몇 나라에 있는 자유무역지대와 마찬가지로, 우리가 말하는 '교역지대'는 한 분야에서 다른 분야로의 아이디어 교환을 허용하여 그것들의 생산적인 혼합이 이루어지게 한다.

우리는 이 장을 3개의 주요 절로 나누었다. 첫 번째 절은 학문 분야를 정의하고(제2장 참조), 아이디어의 교환과 혼합 및 병합이 일어나는 학문의 경계, 접경지역, 위치, 교역지대의 일반적인 의미를 제시한다. 두 번째 절은 가장 긴 절로서, 경제지리학의 접경지역에 대한 도식화된 지도의 제공을 통해, 경제지리학이 인접해 있는 여타 학문 분야의 공간을 규정한다. 우리는 경제지리학과 교역 관계에 있는 여러 분야 중에서 역사적으로 가장 중요한 경제학에 초점을 맞추고자 한다. 다만 지난 30~40년 동안 경제지리학은 대체로 주류 신고전주의 경제학과의 교역 관계에서 멀어지고 대안 경제학 접근 또는 이단 경제학이라고 묶여지는 느슨한 군도(群島)로 관심을 이동해 왔음을 제시할 것이다. 그다음 인류학, 문화 및 젠더 연구, 환경연구, 정치학, 사회학과 같은 다른 사회과학들과 경제지리학의 교역 관계를 개관하고자 한다. 마지막 절에서는 접경지역에 거주함으로써 이루어진 세 가지 특별한 비판적 연구 사례를 논의할 것이다.

4.2 제도와 학문, 경계와 교역지대

사회과학 학문 분야들은 하늘에서 떨어진 것도, 신에 의해 주어진 것도 아니다. 그것들은 사회적·정치적·경제적 환경에 대응해 세속의 특정 역사적 시기에 발명되었다(제3장 참조). 우리가 제3장에서 주장하였듯이, 학문들이 발명되었다는 것이 학문들이 공허하거나 수명이 짧다는 것을 의미하지 않는다. 경제지리학을 포함해서 19세기 후반과 20세기 초반에 처음 등장한 사회과학들은 지금도 여전히 원기왕성하고 지속성이 있다. 사회과학들이 출현한 약 150여 년 전 이래 세계의 거대하고 심각한 변화—두 번의 세계대전과 수많은 정치적 혁명, 전례 없는 지구의 심대한 자연적 변형—에도 불구하고 사회과학들은 심지어 최초의 이름표와 주제 영역을 유지하면서 계속 번성하고 있다. 사회과학들은 현대 학문아카데미의 보루처럼 보이며, 탄력적이고 단단하다.

4.2.1 제도와 학문, 그리고 경계

학문은 결코 공정한 지식체로 순수하게만 존재하지 않는다(제2장과 제7장 참조). 학문들은 언제나 사회제도의 구조와 결합되어 있으며, 거의 대부분 대학에 중심을 둔다. 이것은 어떤 학문의 지속가능성이 단순히 그 학문의 아이디어와 연구의 내재된 올바름 혹은 진실성의 결과가 아니라는 것을 의미한다. 학문은 또한 일련의 사회적 관계에 좌우되는데, 그 관계들은 그 학문이 자리한 제도의 구조와 그것을 지지하는 외부 제도들에서 발견되는 그런 구조 속에 배태되어 있다. 경제지리학이 대학의 교과목으로 존재해 온 약 150년 동안, 학문의 가치 유지에 필요한 권력과 자원을 가진 충분한 후원자(동맹)들이 있었다. 경제지리학이 적절한 제도적 조건을 만나지 못하였다면, 다윈 식으로 말해 그것이 도도새*의 길을 갔다면, 당신은 이 책을 읽지 못하였을지도 모른다. 그러나 앞으로의 생존이 보장되는 것은 결코 아니다. 역사는 사회제도화에 실패하여 길가로 떨어진 학문들(그중 어떤 것은 심지어 경제지리학의 친척이기도 하다)로 가득 차 있다(글상자 4.1: 지역과학의 흥망).

---

* 역주: 날지 못하는 큰 새로 멸종하였다.

경제지리학

경제지리학에게 최초의 제도화는 매우 중요하였다. 제3장에서 보았던 것처럼, 19세기 후반과 20세기 초반에 대학들이 제도화를 기꺼이 추진하였기 때문에 경제지리학은 무대에 등장할 수 있었다. 대학들은 (1908년 지리학과를 개설한 에든버러 대학교와 같이) 새로운 학과를 만들고, (조지 치솜과 같은) 교수를 고용하였으며, 책들을 구매하고(예로 치솜 자신의『상업지리학 핸드북』등), 특수 설비와 기자재를 도입하였으며[벽지도, 지도함, 매직 랜턴(magic lantern, 초기의 환등기)], 건물 공간을 제공하였다(에든버러 대학교는 지리학과에 'Old High School'에 있는 공간을 주었다). 그 밖에도 새로운 학문 연구를 장려하기 위해 재정을 지출하였다. 정부 부처, 왕립위원회, 왕립학회, 사업체 혹은 군대 같은 여타 기관들이 대학에 그런 행동을 하도록 재촉하였을 수도 있다. 그러나 직접적인 동력은 역시 대학이었다.

한 학문을 견고하게 하는 또 다른 중요한 요소는 역시 사회적으로, 그 학문을 실천하는 사람들에 의한 자기정체화(self-identification)의 과정이다. 철학자 이안 해킹(Ian Hacking 1995)은 "루핑 효과(looping effect)"** 라는 표현을 사용해, 인위적으로 만들어진 사회적 범주가 어떻게 통용되고 실질적 의미를 갖게 되며, 사람들이 그에 따라 자신의 정체성을 어떻게 변화시키는지를 비판적으로 묘사하였다. 이 경우처럼 사회과학에서 만들어진 학문들은 "나는 경제학자이다", "나는 사회학자이다", "나는 경제지리학자이다"라고 각 개인이 자기 자신을 확인하는 하나의 기초가 된다. 나아가 이 자기정체화 과정이 전개됨에 따라 그 학문의 사회적 구조는 그 학문의 실천가들에 의해 내부화된다. 그러

** 역주: 과학철학자 이안 해킹이 만든 용어로서, 인간학이 발달하면서 어떤 특성을 보이는 인간을 이러저러한 용어로 지칭하게 되는데(예로 자폐아라든가, ADHD 혹은 미혼모 등), 이런 개념 규정 자체가 인간들 자체와 상호작용하면서 인간의 종류를 실제로 구성해 냄으로써 회로처럼 주고받는다는 의미로 만든 용어이다. 예를 들어, 그전에는 자폐아가 없었지만 먼저 인간학 연구를 통해 개념이 생기고 특정인이 자폐아로 규정되면, 그 주변 사람들이나 당사자는 그런 특성으로 자신을 바라보고 해석하게 됨으로써 자폐아로서의 정체성이 비로소 탄생할 수도 있다는 것이다.

한 구조는 사람들이 그 학문 내에서 어떻게 움직여야 할지를 결정함으로써 학문을 두드러지게 보이게 하고 다른 학문과 구별되도록 한다. 경제지리학자 에리카 쇤버거(Erica Schoenberger 2001, p.368)가 다음과 같이 상기한 것과 같다.

한 학문 내부의 사회적 구조는 누가 말할 권위를 갖는지, 사람들이 그 학문의 일을 하려면 공부를 어떻게 해야 하는지 따위를 규정한다. 그것은 전문성의 개발이나 경력 단계에 대한 자신만의 이해 방식을 가진 실천의 공동체를 보증한다. 학과가 어디에서 어디로 가는지, 인기 있는 이슈는 무엇인지, 점잖은 모임에서는 어떤 이론을 말해야 하는지, 어느 저널에 발표해야 하는지를 알고 있다. 모든 분야는 쿨라 조개(Kula shell)*와 같이 인용과 참고문헌이 붙어 다니는 자신만의 "명성의 회로(circuits of fame)"를 갖고 있으며, 이를 통해 인정과 사회적 강화라는 복잡한 과정이 이루어진다.

더 중요한 것은 사회과학에서 한 학문 분야는 하나의 복합체라는 점이다. 그것은 지식의 특정 형태를 담는 그릇이지만 언제나 그 그릇 이상, 즉 지식의 한 형태를 넘어선다. 학문은 살아 있는 존재이다(제7장 참조). 학문은 물리적 세계의 요소들과 사회적 계층·경계·권력, 개인적 정체성 및 자의식이 다른 것들과 어울려 교차하는 것을 반영한다. 그와 같은 복합성은 왜 학문들이 그러한 실체와 의미를 갖는지, 왜 구분선들이 그토록 전투적이고 방어적이며 규칙 준수를 감시하는지, 왜 관습에 대한 도전에 제재가 가해지는지에 대해 부분적으로 설명해 준다. 그러나 도전, 즉 접경지역에서 연구하는 것에는 그만한 이유가 있다.

---

* 역주: 조개껍질로 엮은 화려한 장식품으로, 파푸아뉴기니의 일부 지역에서 이루어지는 전통적인 거래 시스템에서의 거래 항목이다. 사용가치는 없지만 주는 자의 명성 및 사회적 지위를 드러내고, 받는 자의 신용 및 의무 등을 상징한다.

적어도 이것은 토머스 쿤(Thomas Kuhn 1970)의 유명한 책(추정하자면 20세기에 가장 많이 인용된 학술서)『과학혁명의 구조(The Structure of Scientific Revolutions)』에 제시되어 있다. 쿤은 잘 정의된 학문 내에서 연구하는 것은 보통의 과학[그의 문구는 "정상과학(normal science)"]을 수행하는 데 충분하지만, 참신하고 창의적인 것을 성취하기 위해서는 학문 외부로 이동할 필요가 종종 있다고 주장한다. 정상과학이 일단 주조되면 새로운 아이디어의 다양한 함의들을 먼저 부지런히 채워 버리려고 한다고, 즉 서둘러 "마무리"하려 한다고 쿤은 생각하였다. 쿤의 어휘로는, 정상과학은 지배적인 "패러다임", 즉 과학 공동체의 가이드 틀을 구성하는 가치와 가정, 방법 그리고 사례들의 안정적 행렬 내에서 머물려 한다(쿤과 정상과학, 패러다임에 대해 좀 더 자세한 것은 글상자 7.1: 패러

글상자 4.1

지역과학의 흥망

월터 아이사드
출처: Walter Isard 논문 #3959, 코넬 대학교 도서관
희귀문서보관소.

경제지리학의 친척 학문인 지역과학(regional science)은 제도화가 깨졌을 때 사회과학 학문이 잠재적으로 얼마나 취약한지에 대한 좋은 본보기를 제공한다. 지역과학은 학문들이 어떤 식으로 그 시대와 장소의 제도적 창조물인지를 보여 준다. 학문들은 변화하는 환경에 적응하지 못할 경우 공룡의 운명을 쉽게 맞을 수 있다.

1954년 한 사람, 미국의 경제학자 월터 아이사드(Walter Isard)의 머리에서 마치 완전한 이데베치럼 만들어진 지역과학은 엄격한 수학적 이론과 특히 전후 미국의 공간경제에 대한 인상적인 경험적 모델들을 개발하였다. 지역과학은 경제학, 지리학, 도시 및 지역

계획의 아이디어들을 결합하였다. 처음 30년 동안 지역과학은 학문적 대성공을 거두었고, 지리적으로 전 세계로 확산되었다. 같은 기간 미국의 다국적기업처럼 성공을 거둔 셈이다. 1958년 아이사드는 아이비리그 대학인 펜실베이니아 대학교를 설득하여 새 브랜드인 지역과학 학과와 그와 연관된 지역과학학회의 집을 마련하였다. 이 제도화 과정은 필라델피아에 있는 펜실베이니아 대학교 캠퍼스의 맥닐(McNeil) 빌딩과 천문대 건물에 여러 자원을 끌어모으는 것이었다. 그러한 자원에는 아이사드―그는 학과의 학과장이자 교수였다―를 비롯해 앨런 스콧(Allen Scott), 마이클 데이시(Michael Dacey)와 같은 경제지리학자들과 도린 매시(Doreen Massey), 마이클 디어(Michael Dear), 닐 스미스(Neil Smith)를 위시한 전 세계에서 온 대학원생들이 포함되었다. 또한 학생들의 등록금, 미국 정부의 연구 보조금, 카네기나 록펠러와 같은 자선 재단, RAND와 같은 비영리단체로부터의 계약연구 보수 등 제도의 바퀴에 기름칠을 하는 많은 자금의 유입이 있었다. 마지막으로는 지역과학이 주로 수행하는 빅 데이터 기반 모델링에 필요한 기계들이 있었다. 펜실베이니아 대학교 무어(Moore) 전기공학부는 1946년 세계 최초의 범용 전자 컴퓨터 기계(인류사 전체에서 그때까지 완수한 계산보다 더 많은 수리 연산을 가동 기간에 완수한) 에니악(ENIAC)을 보유하고 있었다. 지역과학은 전후 미국의 도시와 지역, 국가가 유례없는 팽창을 하는 동안 명료한 설명, 기록, 분석, 조언을 제공함으로써 전후 미국에 딱 맞는 것이 되었다.

그러나 1970년대 후반 언젠가부터 지역과학은 과거의 개인적인 지지자들(예로 앨런 스콧과 같은 과거의 일원조차도), 경제지리학과 같이 과거 지지하였던 학문, 미국 정부와 같은 연구의 재정적 지원자들, 과거 지역과학에 안락한 집을 제공하였던 대학의 고위급 관리들을 포함한 여러 제도적 후원자를 잃으면서 행운이 역전되기 시작하였다. 이 학문은 더 이상 동조되지 않았으며, 관심을 끌지 못했다. 마침내 로마제국처럼 쇠퇴하고 와해되었다. 1994년 펜실베이니아 대학교는 지역과학과를 폐쇄하였다. 지역과학과는 재정지원이 끊기고 건물도 없어졌으며 학생들도 교육시키지 않게 되었다. 그리고 교수들은 떠나거나 대학의 다른 학과로 전과를 하였다. 지역과학은 하나의 아이디어 집합체로서 여전히 존재할지 모르지만, 수반되는 적절한 제도화가 사라지면서 점차 생명력을 잃게 되었다.

다임 참조). 쿤에게 있어 패러다임의 주요한 집이 학문이다. 정상과학이 발생하는 곳이 학문이기 때문이다. 그러나 쿤은 기존의 패러다임이 더 이상 작동하지 않고 변화가 필요한 때가 있다고 말한다. 우리의 패러다임이 세계는 이래야만 한다고 말하려는 것과 우리가 실제로 세계 속에서 보는 것 간의 지속적이고 충격적인 차이가 있을 때마다 우리는 그 박스의 바깥을 볼 필요가 있고, 새로운 패러다임을 발견할 필요를 갖게 된다. 정상과학을 실천하는 대신에 우리는 혁명적인 과학을 실천할 필요가 있다('혁명이론'에 대해서는 제5장 참조). 그렇게 하기 위해 쿤은 우리에게 학문의 내적 제약, 즉 정상과학에 따라다니는 눈가리개를 벗어나 이동할 것을 제안한다. 우리는 접경지역의 역공간으로 들어가야 한다.

레이먼드 윌리엄스와 마찬가지로 쿤에게도 접경지역은 잠재적으로 비옥한 지적 토양을 제공한다. 그곳은 보통의 학문적 제약이 완화되는 곳이며, 다른 패러다임으로 연구하는 사람들과 대화할 수 있는 곳이다. 결과적으로 다른 분야의 익숙하지 않은 이론 및 방법들을 자신의 익숙한 것들과 결합하면서 새로운 것을 창조할 기회가 존재하는 곳이다.

4.2.2 교역지대

과학사를 연구하는 피터 갤리슨(Peter Galison 1998)은 그러한 기회가 '교역지대(trading zone)'에서 구현될 것이라고 한다. 교역지대는 통상 다른 방식으로는 상호작용하지 않는 학문들 사이에 아이디어와 개념, 방법과 기법들이 교환될 수 있게 한다. 한 분야의 정상적인 선입견, 흔히 굳어진 선입견을 접어 둔다는 것은 쉬운 일이 아니다. 그래서 교역지대가 필요하다. 교역지대는 어느 한 학문 분야의 강한 확신을 완화하도록 하는 것도 포함하고, 그 분야의 정체성(예로 경제지리학으로서의)을 유지하는 것과 다른 분야의 목소리를 따르는 것과의 균형을 잡는 것을 아우른다.

교역지대는 접경지역에 관한 관점에서 유용한 도구이다. 접경지역은 상이한 학문들이 인접해 있는 공간이지만, 반드시 상호작용이 보장되는 장소는 아니다. 여기서 교역지대가 유용하게 된다. 교역지대는 경계를 가로지르는 연결이자 통로이다. 갈라져 있는 한 편에 있는 사람들이 다른 편에 있는 사람들과 가로질러 상호작용할 수 있게 하는 곳이다. 갤리슨(Galison 1998, p.47)이 보기에 이 상호작용의 핵심은 서로 다른 공동체의 구성원들이 소통할 수 있도록 공통의 언어를 수립하는 것이다. 갤리슨은 피진어(pidgin)나 크리올어(creole)와 같이 서로 다른 언어의 혼합을 만들 것을 제안한다. 임기응변적이고 부분적이기도 하며 변화하는 것이기도 하지만, 적어도 교환이 일어나도록 하는 혼성어와 같은 것이다. 그런 언어는 물론 어설프고 완전하지 않다. 그러나 일이 이루어지게 한다.

4.3 경제지리학 접경지역의 지도화

경제지리학은 학문으로서의 역사 내내 접경에 있는 다른 사회과학들과 여러 방식으로 스스로를 비교해 왔다. 때로는 시기심에서, 때로는 자만에 찬 우월감에서, 또 어떤 때는 어깨를 으쓱이는 무관심으로 비교해 왔다. 마찬가지로 지리학과 그 이웃 간의 경계를 횡단하는 통행도 가벼운 것부터 무거운 것까지, 일방향에서 쌍방향에 이르기까지 변화해 왔으며, 그 통행이 가로지르는 경계들의 투과성도 부드러운 것부터 딱딱한 것에 이르기까지 다양하였다. 어떤 경계는 유럽연합(EU)의 자유이동지대인 셍겐 지대(Shengen zone)와 같아서 당신이 다른 나라로 가는지를 거의 알아차리지 못할 정도이다. 다른 쪽의 원주민들이 단지 악센트가 조금 다르거나 단어 선택이 가끔 유별난 정도로 거의 당신과 같다. 그러나 어떤 경계는 과거 철의 장막과 같아서 정확한 입국 서류 세 통을 요구하며, 비자가 거부되면 창문 없는 작은 방에서 심문을 받을 수도 있다.

경제지리학의 역사 대부분 동안 경제지리학자들은 접경지역을 탐험하고 학문의 경계를 횡단하는 데 호기심을 가져 왔다. 아마도 그것은 지리학자의 유전자인 듯하다. 예를 들어, 조지 치솜(Chisholm 1910)은 초창기 한 논문에서 스코틀랜드의 산업입지를 설명하기 위해 경제사회학자 알프레트 베버(Alfred Weber)의 연구를 인용하였다. 지난 35년 동안 깁슨-그레이엄(Gibson-Graham 1996)이 그랬던 것처럼 "주변을 읽으려는" 성향이 크게 증가하였다. 경제지리학자들은 그들이 경제지리학에 가져온 책들로 전에 없이 더욱 난잡해졌다(깁슨-그레이엄은 자신들을 "이론가 잡년들"이라고 명명하였다. 2006, p.xi). 그래도 1980년 이전 경제지리학자들은 일부일처제 성향이었다. 그들은 단 하나의 사회과학 파트너인 경제학에 어느 정도는 충성심을 가졌다.

4.3.1 경제학

당신은 인접 학문 중 경제학이 틀림없이 지리학의 가장 중요한 교역 파트너일 것이라고 생각할 수 있다. 문제는 경제다, 바보야. 그러나 경제지리학과 경제학의 관계는 종종 골치 아프고 망설여지는 관계이다. 처음에는 두 학문 간에 별 접촉이 없었다. 지적 프로젝트가 너무 달랐기 때문이다. 그러나 전후 초기 주류경제학에 완전히 반한 몇몇 경제지리학자들이 경제학을 좋아하도록 경제지리학 만들기를 시도하면서 상황이 변화하였다. 좀 더 최근에는 사이가 틀어져 서먹서먹하고 (거의 언제나 지리학자들로부터) 혹평이 있기도 한다. 그럼에도 불구하고 일부 경제지리학자들은 경제학에 계속 호감을 품고 있다. 그리고 몇몇은 지리학 버전의 정통 경제학이 실천되는 사이트를 선택한다.■2

옛날 옛적

경제지리학과 경제학의 관계를 복잡하게 만드는 것은 경제학에 여러 버전이 있다는 점 때문이다. 지배적(패권적인 것에 가까운) 형태로 신고전주의(neo-classicism)가 있다. 신고전주의라고 불리는 주류 또는 정통 경제학은 19세기 후반 서유럽에서 시작되었다. 처음에는 여러 학파가 있었다. 그러나 그들 모두 합리적 생산자와 소비자가 자유시장에서 만난다면 가격의 능률적인 움직임을 통해 최종 결과는 최적(극대화)과 균형이 될 것이라고 가정한다. 어느 소비자도, 어느 생산자도 더 나을 수 없다(그들은 최적 상태에 있기 때문이다). 균형(equilibrium)과 최적(optimailty)의 입증은 수학적 연역을 통해서였다. 합리적 선택[호모 이코노미쿠스(homo economicus)]과 같은 정밀하게 정의된 일련의 추상적 가정에서 시작해 처음 가정한 것들과 연관된 등식을 이용한 엄격한 작업에 의해 최적과 균형이 논리적으로 유도된다.

경제지리학은 경제학과 동시대인 후기 빅토리아 시대에 등장하였다. 그러나 처음에는 이 두 학문 간에 거의 접촉이 없었다. 경제지리학과 경제학은 매우 달랐다. 초기의 경제지리학이 백과전서주의(치솜의 지루한 기계적 암기 목록)와 환경 일변도의 강조로 정의되었다면, 신고전경제학은 추상적인 수학적 증명과 시장 일변도의 강조로 정의되었다. 경제지리학과 경제학은 한두 번 지나치던 사이였다. 내적 제약뿐만 아니라 서로를 방문하여야 할 이유가 없었기 때문에 경계를 횡단하는 통행은 없었다.

전후의 로맨스

1940년 미국의 경제지리학자 해럴드 매카티(Herold H. McCarty 1940, p.xiii)가 순수한 혈통을 가진 학문들 간의 교류를 주장하면서 상황이 변화하였다. 그는 "경제지리학은 개념은 경제학 분야에서 가져오고, 방법은 주로 지리학 분야에서 가져온다(와야 한다)."라고 주장하였다. 매카티의 설계 안에서 경제지리학자들은 지리 자료를 자르고 사실들을 수집·저장하는 육체노동을 하지만, 경제학자들은 이론을 개발하는 정신적으로 고된 두뇌노동을 하게 된다. 교역지대에서 경제지리학자들은 자료를 제공하고, 경제학자들은 그 대가로 이론을 제공하는 것이다.

경제학 이론 위에 그림을 그리려는 경제지리학의 충동은 지리학이 공간과

경제지리학

학으로 이동한 1950년대 중반 이후 더 강렬해졌다(제3장). 어떻게 하든 경제지리학을 경제학의 쌍둥이로 만드는 것이 최선임을 상기하면서, 경제지리학자들이 주류경제학으로 경계를 넘는 일이 반복적으로 일어나던 시기였다. 그들은 대부분, 예를 들어 **호모 이코노미쿠스**와 같은 가정들, 기업이론과 같은 이론들, 선형 프로그래밍, 게임이론, 몬테카를로 시뮬레이션(Monte Carlo simulation), 투입-산출 분석과 같은 모든 수학적 기법을 가지고 돌아왔다. 이와 대조적으로 경제학자들은 경제지리학에 거의 관심을 보이지 않았다. 경제학자들이 그들의 "차원이 없는 동화의 나라"(경제학자들이 활동하는 비공간적 세계를 비꼬는 말, Isard 1956, p.25)를 떠나는 경우는 드물었다. 그들은 기존 경제지리학의 학문적 관계 위에 그림을 그리기보다는 자신들만의 틀을 개발하였다. 예를 들어, 아마도 미국에서 가장 유명한 신고전경제학자 폴 새뮤얼슨(Paul Samuelson 1954)은 국제무역에 관한 그의 이론을 개발하면서, 경제지리학자들에 의해 과거에 연구된 보다 현실적인 다른 개념들을 무시하고 교통비를 마치 녹아내리는 빙산('빙산 모델')과 같이 비현실적인 것으로 간주하였다.

문제는 경제지리학자들이 경제학자들로부터 받아 온 것들을 가지고 다시 연구를 할 때 부가되는 가치가 별로 없었다는 점이었다. 그들은 공간적 첨자만을 가진 단순한 경제이론을 돌려주었다. 경제학자들은 영향을 받지 않았고, 통행은 일방적이었다. 또 다른 이유는 경제지리학에는 경제학자의 수학적 훈련과 전문성에 상응하는 것들이 없었다는 점이다. 경제지리학의 전통은 수학적이 아닌, 확고하게 정성적인 것이었고, 수학이 아닌 문학적인 것이었다. 미국의 지리학과에서 통계학 대학 강좌가 처음 개설된 것은 1950년대 중반에 이르러서였으며, 최초의 통계지리학 교과서가 출판된 것은 1960년대이다. 경제지리학자들은 여전히 수학적 유아 상태로 수학적 표현을 거의 할 수가 없었고, 당연히 형식을 갖춘 경제이론화에 기여할 수 없었다.

전후 경제지리학자들이 기여한 두 개의 영역이 있었으나, 두 경우 모두 경

독일 입지학파

경제지리학의 입지이론은 개별 경제활동과 집합적인 경제활동의 입지를 설명하거나 때로는 예측하는 것과 관련된 다양한 이론과 기법들로 구성된다. 이 연구는 독일 입지학파라고 이름 붙여진 19세기 초반에 처음 저술을 시작한 일련의 독일 학자들과 관련이 깊다 (Blaug 1979; Barnes 2003).

아마도 가장 잘 알려진 이 학파의 첫 번째 구성원은 프러시아 상류 귀족이자 독학자인 요한 폰 튀넨이었다. 1826년 그는 농업 토지이용에 관한 고리 모양의 '동심원 모델'을 제시한 『고립국(Die isolierte Staat)』을 개인적으로 출판하였다. 『고립국』은 토지이용과 상품의 가격, 교통비, 토지 임대료 사이의 일련의 일반적 공간 관계를 엄격하게 규정하고 경험적으로 입증하였다. 그의 경험적 검증(꼼꼼하고 실험실같이 작성된 폰 튀넨의 농장 기록에 기초한)과 이론화는 놀랄 만큼 정교하였다(잉글랜드 최초의 경제학 교수 앨프리드 마셜은 "나는 모든 스승 가운데 폰 튀넨을 가장 사랑한다."라고 말하였다. Marshall and Pigou 1925, p.360). 실제로 폰 튀넨은 연역적 모델링 기술을 발명하였다. 그가 한 일은 직관적 형태(Form der Anschauung)라고 불리는데, 그것은 단순화된 가정으로 시작해 점차 가정을 완화한 다음, 형식적인 연역법(미적분 적용을 포함한)을 사용해 결과를 도출하는 것이다. 두 번째 이론가는 역시 정식 경제학자가 아닌 알프레트 베버였다. 그의 연구는 점점 활기를 띠어 가는 19세기 후반 독일의 도시-산업 경제에서 탄생하였다. 1909년에 그는 '입지삼각형'의 개념적 기법[나중에는 로프, 도르래, 중량 등으로 만든 바리뇽 (Varignon) 틀이라고 하는 나무 삼각형을 실물 형태로 만들었다]을 제시한 『산업입지에 관하여(Über den Standort der Industrien)』를 출판하였다. 입지삼각형의 목적은 주어진 한 공업 제조업자의 최적 입지(즉 최소 비용과 이윤극대화)를 결정하는 여러 입지 요인들의 상대적인 인력(引力)을 각각 알아보기 위한 것이다. 베버의 연구는 폰 튀넨의 연구만큼 경험적으로 정확하거나 정밀하지는 않았지만, 수학적 표현으로 보완하였다. 베버는 입지 모델의 방정식을 저술하는 데 독일의 뛰어난 수학자 게오르크 피크(Georg Pick)의 협조를 받았다. 피크는 나중에 아인슈타인이 상대성이론을 정립하는 데에도 도움을 주었다. 마지막으로 각자 독자적으로 중심지이론(크리스탈러의 용어)을 개발한 지리학자 발터 크리스탈러와 경제학자 아우구스트 뢰슈가 있다. 중심지이론은 전 도시 계층에 전개되는 경제활동의 공간적 분포에 대한 일반 이론이다. 두 저자 모두 경제활동은 일련의 중첩되는 상이한 크기의 육각형 격자 위에 입지하는 이상적인 벌집 모양의 경제 공간 경관을 산출한다. 크리스탈러와 뢰슈는 세상을 변화시키고, 좀 더 나은 세상을 만드는 데 자신들의 이론을 사용하는 것에 관심을 가졌다. 뢰슈(Lösch 1954[1940], p.4)는 "경제학자의 실질적 의무는 우리의 애석한 현실을 묘사하는 데 있는 것이 아니라 그것을 개선하는 것이다."라는 유명한 말을 하였다. 그런데 크리스탈러는 자신의 이론을 나치에 협력하는 데 사용함으로써, 현실을 '개선'하는 것이 무엇을 뜻하는지에 대한 정의를 파기하지는 않더라도 비상식적인 것으로는 만들었다.

제학의 일종이었다. 당연히 그들은 주류의 중심이 아니었다. 첫째는 입지이론으로 한 세기 이상 그 주제에 대해 저술해 온, 느슨하게 연결된 여러 분야의 독일 학자들과 관련된다(글상자 4.2: 독일 입지학파). 농업 토지이용의 동심원 모델을 개발한 프러시아의 독학자이자 지주이며 농부인 요한 폰 튀넨(Johann von Thünen, 1783~1850), 제조업 공장의 최적 입지를 산출하는 입지삼각형(locational triangle)의 개발자인 경제사회학자 알프레트 베버(Alfred Weber, 1868~1958), 공식화된 중심지이론, 즉 경제활동의 도시 입지에 관한 일반 이론을 계층적으로 포섭된 육각형의 격자 위에 각각 독립적으로 구축한 지리학자 발터 크리스탈러(Walter Christaller, 1893~1969)와 경제학자 아우구스트 뢰슈(August Lösch, 1906~1945)가 그들이다. 주류경제학자들에게서 빌려 온 연구와 달리, 입지이론은 처음부터 내재적으로 지리학적이어서 공간적 첨자를 요구하지 않았다. 입지이론은 선반에서 꺼내어져 곧바로 써먹을 수 있었다. 토지이용과 농촌 취락(치솜에 의해 해석된 폰 튀넨, 1962), 영국의 철강공장 입지(Warren 1970), 아이오와와 네브라스카의 도시 서비스 분포[베리(Berry)가 해석한 크리스탈러와 뢰슈, 1967] 연구와 같은 경험적 적용과 맥락화를 통해 경제지리학자들은 입지이론에 기여하였다.

입지이론과 관련된 또 다른 영역은 산업지구(industrial district)에 대한 설명이다. 산업지구는 잉글랜드 최초의 경제학 교수인 앨프리드 마셜(Alfred Marshall, 1842~1924)로부터 시작된 아이디어이다. 산업지구는 의류, 가구와 같은 단일 재화로 긴밀하게 연관된 특화 산업지역이다. 고도로 특화된 산업지구 내의 각 기업들은 전체 생산과정에서 단 한 개 혹은 제한된 임무만을 수행한다. 그러므로 최종 재화를 생산하기 위해 산업지구 내의 기업들은 상호작용을 해야 한다. 마셜(Marshall 1919)은 산업지구 형성의 추동이 집적 혹은 외부경제의 승가에 있다는 것을 이론화하였다(제10장과 제12장 참조). 이 외부경제는 단지 집적이라는 행위로, 즉 한 산업지구에 참여하고 모이는 것으로부터 각 기업들에게도 전달되는 비용의 절감이다. 그 함의는 더 많은 기업들이 집적할수록 더 큰 비용의 절감이 있고, 따라서 그 산업지구는 아직 참여하지 않은 더 많은 기업들에게도 입지할 장소로서 더 매력적이게 된다는 것이다. 그것은 많으면 많을수록 더 많아지는 선순환이다.

산업지구와 집적에 대한 연구에서 경제지리학자의 기여는 복잡해서 경제지리학과 경제학 간의 관계에 대한 다음 국면의 이야기로 넘어가야 한다. 산업지구에 관한 마셜(Marshall 1919)의 아이디어는 1940년대 초반에 이르러 경제지리학자들에 의해 암묵적으로 채택되었지만[예로 마이클 와이즈(Michael Wise)의 1949년 버밍햄의 총과 보석세공 구역에 관한 연구], 하나의 이론적 설명으로 통합되지는 않았다. 통합은 1980년쯤 언젠가부터 주류경제학과 경제지리학의 관계가 깨어지기 시작하면서 비롯되었다. 그때부터 산업지구는 포스트포디즘(post-Fordism)에 의해 제공되는 더 큰 이론적 설명에 포함되었다(제11장과 제12장 참조). 결과적으로 그것은 점차 경제지리학을 주도하게 된 비신고전적 접근(non-neoclassical approach) 내에서 핵심적 범주가 되었다.

결별

경제지리학과 경제학의 관계가 깨어진 것은 부분적으로 세계와 주류경제학의 세계관 사이의 단절 때문에, 또 부분적으로는 방법상의 문제 때문에 발생하였다. 주류경제학의 견해는 시장의 부드러운 움직임을 통해 장기적으로 최적 상태에 도달하게 되어 모든 가능한 세계 중 팽글로스(Pangloss) 박사[*]가 말하는 최선이 실현된다는 것이다. 그러나 1980년대의 세계는 그렇지 않았다(제1장 참조). 그즈음 서구 선진국은 거의 10년간 '스태그플레이션'이었다. 좀처럼 나아지지 않은 경기 침체가 고실업과 저투자, 경제 생산성의 저하, 실질임금

---

[*] 역주: 볼테르(Voltaire)의 소설 「캉디드(Candid)」에 나오는 유명한 낙관주의자.

의 부진한 성장, 물가 급등과 연관되었다. 설상가상으로 선진국의 탈산업화, 즉 제조업의 체계적 공동화와 포기 또한 나타나기 시작하였다. 오랜 산업지역들, 특히 북부 잉글랜드(맨체스터는 약 50만 명이 일자리를 잃었다)와 미국의 북부 주들(제조업 지대는 녹슨 지대가 되었다)의 제조업이 5년 이내에 황폐화되었다. 이 경제는 명백히 균형도 아니고 최적도 아니었다(균형이라기보다 자유낙하에 더 가깝고, 최적이라기보다 파멸에 더 가까웠다). 다른 접근이 필요하였다. 최초의 그 접근은 오랜 기간 신고전경제학의 격렬한 적인 마르크스주의에서 왔다. 신고전경제학은 처음에는 그러한 접근을 자본주의에 대한 이념적 변명 정도로 간주하였다. 그러나 나중에는 [집합적으로 비주류경제학(heterodox economics)으로 이름 붙여진] 다른 비주류경제학 접근들로부터도 그러한 접근이 등장하게 되었다.

경제지리학이 주류경제학과 결별하게 된 또 다른 이유는 방법론적인 것이다. 1970년대 중반에 시작된 인문지리학에서의 보다 일반적인 논쟁에 이어, 순수한 수학적 형식주의와 통계적–계량적 접근에 대한 단호한 반대가 대두하였다. 이 두 가지는 분별이 없던 시기 경제지리학을 빚은 주류경제학의 방법론적 빵과 버터였다. 1970년대 중반 이후 수학적–계량적 접근에 대한 일부 경제지리학자들의 반대는 철학적인 것에서부터 이념적, 기술적, 실천적인 것에 이르기까지 다양하였다(제6장 참조). 경제지리의 세계는 너무 어수선하고, 너무 애매모호하며, 너무 잠정적이고, 너무 예측 불가능해서 단일한 방법론적 논리의 덫으로는 잡을 수가 없다는 것이다. 수학이 자연의 언어일지 모르지만, 사회의 언어 혹은 심지어 경제의 언어, 적어도 지리학자들이 다루는 경제의 언어는 아니었다. 경제지리는 비경제적인 것과 뒤섞이고 혼탁해져 기회와 우연에 속박되고 얼룩진 다원적인 세계로 하나가 아니라 많은 방법을 요구한다. 그것이 단 하나의 방법을 교조적으로 주장하는 주류경제학과 결별한 또 다른 이유였다.

결별 이후

제이미 펙(Jamie Peck 2012, p.114)이 "그것은 마치 큰 대양이 그들을 갈라 놓은 것 같았다."라고 말한 것처럼, 그렇게 시작된 경제학과 경제지리학의 오랜 결별은 폭이 넓었다. 그림 4.1처럼 과거 경제지리학과 주류경제학을 연결하였던 육교가 씻겨 내려간 듯이 경제지리학은 분리된 섬으로 남아 있다. 그러나 이는 정통 경제학과 결별한 것이지, 경제지리학이 모든 경제학을 거부한 것은 아니다. 다른 경제학, 즉 대안적인 비정통 버전의 경제학이 존재한다. 그중 일부는 심지어 신고전주의가 등장하기 이전부터 있었다(표 4.1). 펙의 은유를 확장하면, 경제지리학은 신고전주의의 반대자들과 대안적인 비주류경제학 관점의 지지자들에 의해 점유되고 있는 커다란 군도(群島)의 일부가 되었다(그림 4.1).

주류경제학과 결별한 이후 경제지리학자들은 점점 더 그 군도를 탐색하고 있다. 그중 가장 먼저 탐색된 가장 큰 섬이 마르크스주의 경제학이다. 영국의

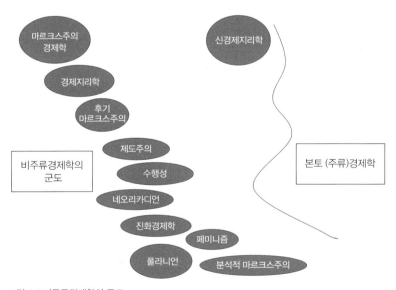

그림 4.1 비주류경제학의 군도

사회지리학자 호라빈(J. F. Horrabin)은 1920년대에 혼자 그곳으로 건너갔지만 (Hepple 1999), 1970년대 중반부터는 건너가는 사람들이 많아졌고 더 많은 사람들의 횡단이 시도되었다. 그 결과 교역지대는 완전히 다른 형태의 경제지리학을 만들었다. 그 섬의 거주자들은 자본주의를 역동적이지만 종종 파괴적인 것으로 그렸다. 자본주의 지리는 공간적으로 얼룩진 위기, 불균등 지역발전, '위태로운 (비)정상의' 환경, 산업 인력의 폭력적인 감원으로 정의된다. 횡단하는 동안 최적화와 균형의 관념은 내던져졌고 흔적 없이 가라앉았다. '가치', '과잉축적', '위기'와 같은 새로운 보물들이 경제지리학의 변화한 어휘와 실천의 중심을 차지하게 되었다(하비의 1982년 연구에서 멋지게 표현되었다. 제3장과 제5장 참조).

다른 섬들 역시 탐험되었다. 여러 가지 면에서 최근 경제지리학의 역사는 이들 섬을 방문한 역사이다. 이 섬들은 제도주의, 진화경제학, 페미니즘, 후기마르크스주의, 분석적 마르크스주의, 네오리카디언(neo-Ricardian), 폴라니언(Polanyian), 수행성(Performativity)뿐만 아니라 프랑스의 조절이론을 포함한다(표 4.1). 각각의 경우 교역지대들은 개방되어 있었으며, 아이디어들이 교환되었다. 섬 교류의 결과로 만들어진 다원적이고 혼종적이며 흐릿한 경계를 가진 비정통적 경제지리학은 몇몇 눈에 띄는 예외를 제외하면, 신고전주의에 비해 덜 수학적이고 덜 추상적이며 극히 일부만 이해하는 이론화에 반대하는 중간적 수준에 위치하여(제5장), 철갑을 두른 수학적 필연성과 보편성이 아닌 맥락과 우연성에 관심을 가지게 되었다.

군도에서 좀 멀리 떨어져 본토와 강한 연계를 유지하는 한 악당 섬이 있었다. 그것은 우리가 제2장에서 '지리경제학'이라고 이름을 붙인 '신경제지리학'이다. 지리경제학은 미국의 경제학자로 2008년 노벨상을 수상한 폴 크루그먼(Paul Krugman 1995a, p.33)에 의해 생겨났다. 그는 지리경제학이 처음 생각난 것을 "(사도 바울이) 다마스쿠스로 가는 길에 겪은 이적"이었다고 주장하였다.

그 이적은 신고전적 규범과 두 개의 근본 원리, 즉 (일부의) 극대화와 (일부 의미에서) 균형에 의해 뒷받침되었다(Krugman 1995b, p.75). 또한 신고전주의와 마찬가지로 크루그먼은 수학에 대한 절대적 믿음을 유지하였다. 크루그먼은 "어떤 아이디어를 진지하게 받아들이기 위해서는 당신이 **그것을 모델화할 수 있어야** 한다."라고 하였다(Krugman 1995b, p.5; 원문 강조). 그러나 구식 모델로는 안 된다. "그리스 문자로 쓰인", 수식, 크루그먼의 수학 기호여야만 한다(Krugman 1990, p.ix).

표 4.1 비주류경제학의 형태

분석적 마르크스주의
1980년대에 등장한 접근 방법으로, 마르크스주의를 일련의 명제들로 구분한 후, 그 명제들의 의미, 일관성, 타당성, 사실성을 분석적으로 면밀히 조사하는 데 관심을 가졌다. 마르크스를 혁신적 사상가로 여겼지만, 마르크스 사고의 주의 깊은 논리적 해체와 그간의 역사적 관점에서 현대 사회과학의 개념적·수학적 분석 도구들을 이용하는 발전이 필요하다고 본다(Elster 1985와 지리학에서는 Sheppard and Barnes 1990 참조).

진화경제학
진화경제학은 진화생물학의 이론, 모델, 개념들을 경제에 적용한다. 기업, 제도, 기술변화, 지역의 경제 동학을 설명하는 데 개체 변이, 유전형질, 선택, 자원 경쟁, 적응, 생존과 같은 진화 개념들이 사용된다. 고착(일단 어떤 선택이 이루어지면 변화하기 어렵다는 것), 경로의존성(과거의 결정이 현재의 궤도를 결정한다는 것), 회복력(외부 환경적 충격으로부터 회복하는 능력) 등 특히 지리적 의의를 가진 관련 개념들도 개발되었다(Nelson and Winter 1982와 지리학에서는 Boschma and Martin 2007 참조).

페미니즘 경제학
경제학의 모든 측면—실질적인 초점, 방법론, 역사, 철학—에 대한 페미니즘 관점에서의 비판적 연구. 페미니즘 경제학의 일부 비판적 견해는 주류경제학의 남성 중심의 가부장적 가정들에 대한 공격을 포함한다. (비가시적 유리천장에서부터 똑같은 일에 대한 차별적 임금에 이르기까지) 노동 시장에서 발견되는 성차별과 같은, 특히 여성의 이해와 밀접한 관련이 있는 주제를 포함시키려 하였다. 이 접근의 규범적 목적은 행동연구를 포함해서 경제 내에서 여성의 몫을 개선하는 것이다(제6장 참조)(Waring 1989와 지리학에서는 Gibson-Graham 1996 참조).

프랑스 조절학파
1970년대 후반에 등장하였으며, 프랑스 경제학자 알랭 리피에츠(Alain Lipietz), 로베르 부아예(Robert Boyer)와 가장 연관이 깊다. 이 학파는 경제의 동학을 이해하기 위한 두 가지 비판적 요소, 즉 축적 체제(regime of accumulation, 거시적 투자와 소비 간 관계)와 조절양식(mode of regulation, 경제를 조형하는 모든 형태의 제도, 법률, 수행 규칙)을 고려하여야 한다고 주장한다.

조절이론가들은 한편으로는 1970년대에 걸친 서구 선진국의 산업 포디즘의 쇠락을, 다른 한편으로는 그것에 이은 1980년대 이후 포스트포디즘(유연적 생산 혹은 유연적 축적으로도 불린다)의 발전을 이해하기 위해 이 개념들을 적극적으로 활용하였다(Lipietz 1987과 지리학에서는 Amin 1998 참조).

제도주의 경제학

제도주의 경제학은 미국의 개성이 강한 경제학자 소스타인 베블런(Thorstein Veblen, 1857~1929)의 연구로 처음 시작되었다. 부와 소비 수준의 막대한 불평등을 낳은 국내 산업체계와 수입된 신고전경제학 모두에 대항해 베블런은 그 자신의 시간과 장소에 대한 미국산 이론, 즉 제도주의 경제학을 구축하였다. 특히 다윈에 의지해 베블런은 개별적인 경제행위와 진화하는 ('사고의 고정된 습관'으로 정의되는) 제도들 사이의 밀접한 관계를 강조하였다(Hodgson 1993과 지리학에서는 Martin 2001 참조).

마르크스주의 경제학

기원이 19세기 카를 마르크스(1811~1883)의 자본주의 분석으로 거슬러 올라가는 경제학파. 마르크스주의 경제학은 지금도 거대하고 다양한 연구의 집합체이다. 그러나 모두 자본주의가 자본주의 생산양식의 내재된 위기 취약성(모순)과 자본의 소유자(자본가계급)에 의한 노동(노동자계급)의 착취와 억압에 기초하고 있음을 강조한다. 마르크스는 착취와 억압과 함께 따라다니는 이 모순들이 오래지 않아 사회혁명을 유발하고, 자본주의의 그 폐허에서 공산주의가 발흥할 것이라고 믿었다(Baran 1957과 지리학에서는 Harvey 1982 참조).

네오리카디언 경제학

케임브리지의 이탈리아인 경제학자 피에로 스라파(Piero Sraffa, 1898~1983)와 1960년 그의 얇은 단행본 논문 「상품에 의한 상품의 생산(The Production of Commodities by Means of Commodities)」에서 처음 시작된 경제학의 한 분파. 스라파는 경제의 수학적 모델을 투입–산출 방정식 시리즈로 표현하였다. 그는 결정론적인 수학적 해법은 방정식 외부에 존재하는 역사적으로 우연한, 일련의 비경제적 관계들을 참고하여야 한다는 것을 보여 주었다. 국지적 맥락이 경제학에서도 중요하다는 것이다(Wolff 1982와 경제지리학에서는 Barnes 1996, 5장 참조).

수행성

과학·기술연구(STS)에 기원을 두며, 특히 미셸 칼롱(Michel Callon)의 저작들에서 시작된 수행성 접근은 경제시장이 그 시장의 수행을 통해서만이 출현하고 현실이 된다고 주장한다. 경제시장은 수행 이전에는 존재하지 않는다. 대신 종종 다양한 타산적 도구들을 가진 인간에 의해 수행되는 수행은 새로운 객체, 즉 시장을 만들기도 한다. 칼롱은 신고전 이론이 이미 존재하는 시장을 비추어 보기보다 사람들이 시장을 수행하기 위해 따라가는 대본, 즉 시장을 존재하게 하는 대본이라고 주장한다. 그러므로 수행적 접근은 이론과 현실 사이의 일반적 관계를 뒤집는다. 이론이 현실을 따라가는 것이 아니라, 오히려 이론이 먼저 현실을 생산해 낸다.(Callon 1998과 지리학에서는 Berndt and Boeckler 2009 참조).

후기마르크스주의

후기구조주의 이론의 다양한 변종들을 느슨하게 엮은 접근으로, 경제과정을 가장 넓게 정의하며, 엄격하고 배타적인 계급 중심적 고전 마르크스주의 분석을 거부한다. 마르크스의 설명처럼 일련의 위기를 통해 역사가 진행되고 공산주의 혁명으로 귀결되는 생산관계 같은 단일의 원인은 없다. 대신 사회계급과 같은 불완전한 용어들을 불안정하게 만드는, 원인 위에 원인을 쌓는 과도한 결정론이 있을 뿐이다. 에르네스토 라클라우와 샹탈 무프(Ernesto Laclau and Chantal Mouffe 1985)가 명시적인 후기마르크스주의의 의제를 처음으로 제기하였다. 경제지리학에서 후기마르크스주의는 오스트레일리아의 라트로브밸리에서 채굴하는 다국적기업, 스페인 바스크 지역에서 시작된 노동자 협력 조직인 몬드라곤 협동조합(Mondragon Corporation)과 같은 깁슨-그레이엄(Gibson-Graham 2006)의 연구와 가장 관련이 깊다(Callari and Ruccio 1996과 지리학에서는 Gibson-Graham 2006 참조).

폴라니언
20세기 중반 경제사학자이며 인류학자인 칼 폴라니(Karl Polanyi, 1886~1964)에 의해 촉발된 경제학 접근. 폴라니는 경제 속 문화적·제도적 배태의 비판적 중요성을 강조하였다. 폴라니는 경제가 지속하기 위해서는 저변의 지원 제도들에 의해 지지되어야 한다고 주장하였다. 만약 그렇지 않은 곳은 19세기 영국의 산업자본주의에 관한 그의 연구 「거대한 전환(The Great Transformation)」(1944)에서 보여 준 것처럼 더 큰 시스템이 붕괴 쪽으로 방향을 틀 수 있다. 그것은 오로지 잃어버린 제도적 기반을 재설치하는 것에 의해서만 구할 수 있다(Dalton 1968과 지리학에서는 Peck 2013 참조).

크루그먼은 종전의 경제지리학이 가진 문제는 그리스 문자가 충분하지 않았으며, 있더라도 종종 잘못된 그리스 문자였다고 생각하였다. 그는 과거 "지리학자들의 모델화 노력은 … 애매하였다."라고 책망한다(Krugman 1995b, p.87). 그의 해법은 "지리학자들의 통찰력을 … 경제학자들의 수학적 표현 기준을 충족하는 … 똑똑한 모델들을 가지고 경제학과 통합"하는 것이다(Krugman 1995b, p.88). 크루그먼의 통찰은 자신이 경제지리학을 교정하기 위한 아주 똑똑한 모델을 이미 가지고 있다는 것이다. 그 모델은 크루그먼이 그전에 국제무역이론에서 시도한 바 있는 딕시트-스티글리츠(Dixit-Stiglitz)* 모델이었다. 크루그먼이 딕시트-스티글리츠를 지역경제에 적용할 때 보여 준 것은 마셜의 산업지구에서 발견되는 선순환을 자신의 입장에서 설명하는 것에 불과하였다. 노동의 이동이 충분히 가능하다면, 시장의 힘은 지역적인 집적을

---

* 역주: 딕시트-스티글리츠 모델은 독점적 경쟁 상황에서 소비자의 다양성 선호, 균형가격과 균형 생산량, 기업의 자유 진입 등을 수리 모델로 정립한 것으로, 크루그먼은 자신의 무역이론에서 이 모델을 활용하였다. 크루그먼의 결과는 복잡한 논의과정에 비하면 간단하다. 국가 간 기호 차이나 요소부존 차이 없이도 소비자의 다양성 선호로 인해 무역은 가능하며, 무역의 결과 노동자의 실질임금과 소비 다양성에서 이익이 발생한다는 것이다.

촉진하고 수익 증대를 가져올 것이다. 결과적으로 크루그먼의 지역경제 경관은 부드럽지 않고 투박하다. 수익 증대가 두드러진 탄탄한 지역경제 활동의 밀도 있는 집중은 그 중간에 넓은 무기력한 경제 공간을 만들게 될 것이다.

신경제지리학과 경제지리학의 다른 ('옛') 부분 간에 일부 교류가 있지만, 전반적으로 가벼운 것들이다. 경제지리학자들의 '지리경제학자'가 아닌 **다른** 경제학과의 교류 대상은 일반적으로 본토의 주류경제학이 아니라 군도의 비주류경제학들이다. 신고전경제학과의 교류가 가진 문제는 그것을 그대로 수용하거나, 아니면 절대 받아들이지 않거나 해야 하기 때문이다. 크루그먼의 중재 뒤에도 그것이 숨어 있다. 경제지리학자들이 그것을 적절하게 수행하지 않았기 때문에, 즉 경제학자들의 수학적 표현 기준을 충족하지 않았기 때문에 크루그먼이 경제지리학자들을 위해 그것을 해야만 했다는 것이다. 그것은 신고전경제학의 근본적인 제국주의적 충동이다. 경제지리학과 같이 수학적 형식주의가 아직 없거나 제대로 수행되지 않는 사회과학의 어두운 공간에 수학적 형식주의를 주입하는 것이 경제학자들의 책무였다.

그러나 경제지리학과 다양한 비주류경제학의 관계는 훨씬 다르다. 경제학을 행하기 위한 단일한 견본도, 제국주의적 충동도 없다. 대신에 웬디 라너(Wendy Larner 2012, p.159)가 말하듯이, 현대 경제지리학은 "자신의 쇄신과 창의력으로 오염된, 브리콜라주(bricolage)와 차용에 기초한다." 브리콜라주는 사용할 수 있는 범위 내의 다양하고 유연적인 자원들을 가지고 무엇인가를 창조하는, 스스로 하기(do-it-yourself)를 의미한다. 그것은 비주류경제학의 섬들에서 무엇을 발견하고 되돌아오는 것을 포함한다. 이런 이유 때문에 우리가 다음 장에서 보게 되는 것처럼 경제지리학 이론은 그리스 문자로 쓰인 수학적 형식 모델이 아니라, 어떤 것들은 국지적으로 또 어떤 것들은 상궤를 벗어난 것 같은 잡동사니로 창조적으로 덧대어진 콜라주를 뜻한다.

4.3.2 인류학

역사적으로 인접한 경제학(주류든 비주류든)과의 교류가 대대적으로 진행되는 동안 다른 시기, 다양한 기간에 경제지리학과 다른 사회과학 간에도 교역지대가 형성되었다.

잘 알려진 바와 같이, 경제인류학(economic anthropology)과의 상호작용은 제한적이었다. 그렇지만 여러 면에서 경제인류학은 경제지리학이 경험한 것과 유사한 접근과 논쟁들을 경험함으로써 경제지리학과 동류의 학문적 영혼을 갖는다. 나아가 두 학문은 사례 연구에 기반을 둔다든가, 이론적 원천이 다양하다든가, 중간 정도의 추상 수준에서 설명을 구성한다든가 하는 점에서 공통의 성향을 갖는다. 그러나 경제인류학은 그 방법론인 민족지학(제6장)에서 경제지리학보다 훨씬 엄격하며, 관찰 실천에 참여하는 데 현장에 몰입하는 기간도 길다. 어떤 경제지리학자들은 민족지학을 했노라고 주장하기도 한다. 그러나 엘리자베스 던(Elizabeth Dunn 2007)은 이를 의심하는데, 그들의 주장은 보통 인터뷰만 수행한 것을 뜻하며, 기간도 훨씬 짧고 같이 지내거나 참여한 것도 아니기 때문에 민족지학과는 다르다고 보았다.

경제지리학자들이 활용한 것 중에 성공적인 것은 물질문화에 관한 인류학자들의 연구였다. 브로니슬라브 말리노프스키(Bronislaw Malinowski 1922)와 같은 경제인류학자들은 초기부터 물질적 인공물의 문화적 의미를 설명하는데 열정적이었다. 막대기 하나도 단순한 막대기가 아니다. 그것은 농사 도구일 수도 있고, 종교의식의 소품일 수도 있으며, 소지자에게 대중 연설의 권리를 주는 도구일 수도 있고, 지위를 나타내는 의류 액세서리일 수도 있다. 그것의 의미는 문화적 맥락에 의해 좌우된다. 이와 유사하게 일부 경제지리학자들이 상품사슬의 구성 요소를 분석할 때 상품의 단순한 물리적 속성 이상에 대한 분석을 시도하였다(제1장). 이안 쿡(Ian Cook 2004)의 연구는 문화적 맥락을 환기시키는데, 파파야의 지리적 이동에 관한 논문 중 하나에서 그는 다음과 같이 주장하였다. 영국에서 파파야를 먹는 것은 파파야의 물리적 특성—달콤한 맛, 풍부한 즙, 두껍고 부드러운 섬유질, 노란 색깔—때문이 아니라 잘 의식하진 못하지만 그것에 의미를 부여하고 거부할 수 없게 만든 문화적 공감때문이라는 것이다. 즉 서구인의 열대에 대한 로망, 해외여행 광고, 제이미 올리버(Jamie Oliver) 요리쇼, 델리아 스미스(Delia Smith)의 요리책, 영국 중산층의 진화한 심미적 입맛 때문이라고 한다.

교류의 이익을 지속적으로 창출하는 가장 활기 넘치는 인류학과의 교역지대는 아마도 칼 폴라니의 연구가 될 것이다. 폴라니는 그 자신이 여러 학문의 접경지역을 아주 성공적으로 탐구한 경계인 학자이다. 그가 마지막으로 소속된 대학 학과는 컬럼비아 대학교의 인류학과로, 그곳에서 그는 고대 및 원시경제에 대한 저술을 하였다(Dalton 1968). 폴라니는—고대 그리스의 가계경제에 대한 추정에서—처음부터 교환경제의 지속적인 재생산은 일련의 문화적 제도들 내부의 (그가 명명한) 배태성(embeddedness)에 좌우된다고 주장하였다. 그러한 제도들은 문화마다 다를 것이다. 문화적 제도의 중요성은 경제와 사회를 하나로 묶는 접착제를 형성하는 데 있다. 제도적 배태성이 없다면[비배태성(disembeddedness)], 혼란과 위기, 즉 경제와 사회가 가망 없이 분리된 채 달리게 되어 교환경제의 재생산이 불가능해질 것이다.

경제지리학자들은 1990년대에 처음 폴라니의 배태성 개념을 받아들였다(Grabher 1993). 그것은 공간과학의 시기에 경제지리학에 처음 도입된 기업에 관한 신고전 이론에서 벗어나는 수단이었다(제3장). 신고전 이론에서는 기업을 단일하고 독립적이며, 이윤의 하한선을 극대화하려는 무자비한 내적 추동으로만 달려가는 존재로 인식하였다. 경제지리학자들은 폴라니의 배태성 개념을 도입함으로써, 기업을 경제적인 것과 비경제적인 것을 모두 아우르는 좀 더 큰 사회적·문화적 제도의 모체 안에 있는 한 요소일 뿐이라고 인식하게 되었다. 이 새로운 접근은 한 기업의 다른 기업과의 연계뿐만 아니라 국가, 교육

기관, 은행, 노동 조직 및 다양한 비영리 조직과 같은 비산업적 기관과의 연계도 강조하였다. 즉 기업은 두꺼운 폴라니언, 즉 장소-특수적인 제도 안에 배태되어 있다.

좀 더 최근에는 배태성을 보다 직접적으로 사용하고 있다. 아니 오히려 비배태성 개념을 많이 사용하고 있다. 폴라니(Polany 1944)는 그의 책『거대한 전환(The Great Transformation)』에서 비배태성에 대해 경제가 사회적·문화적 제도와 단절될 때, 즉 배태되지 못할 때는 언제나 사회적 위기가 뒤따른다고 주장하였다. 그의 견해에 따르면, 순수한 교환경제는 자신을 유지하기에는 너무나 거칠고 변덕스럽다. 교환경제는 항상 통제적인 제도들에 의해 검토될 필요가 있다. 만약 그런 제도들이 더 이상 없다면, 조만간에 문제가 생길 수 있다. 경제지리학자들은 1980년대 초반에 신자유주의의 출현 이후 자본주의에 휘몰아친 연속적인 경제 위기를 이해하기 위해 이 통찰력을 특별하게 사용하였다. 경제지리학자들은 경제 소용돌이의 주요 원인이 지금까지 안정된 제도들로부터 경제가 유리된 데 있다고 주장하였다. 신자유주의의 의제는 처음부터 시장을 순수하고 단순하게 만들어 규제를 없애고 제도적·문화적·정치적·사회적으로 시장에 주는 어떤 형태의 추가적인 부담도 제거하는 것이다. 신자유주의의 의제 자체가 비배태성인 것이다. 폴라니라면 그것이 문제를 일으킬 것이라고 말했을 것이다. 그런데 실제로 문제가 되었다. 그 정점은 2008년 10월의 금융 붕괴였고, 자본주의는 거의 소멸 직전이었다. 점잖던 캐나다 은행 총재(지금은 영국은행 총재) 마크 카니(Mark Carney)도 "세계는 지금 금융 아마겟돈*에서 36시간 남았다."라고 할 정도였다.

20세기 중반 신자유주의가 오기도 전에 폴라니는 인류학자로서 문화, 정치, 경제의 밀접한 관계에 대해 썼다. 경제인류학과 접경지역에서 연구하는 경제

---

* 역주: 성서에 나오는 세계 종말의 전쟁터.

지리학자들은 그의 통찰을 인식하고 수용하면서 비이성적인 "신자유주의적 이성(neoliberal reason)"의 경제지리를 이해하는 데 생산적으로 활용하고 있다 (Peck 2010).

4.3.3 문화 및 젠더 연구

문화 및 젠더 연구는 서로 다르지만 양자가 상호 얽힌 역사는 1960년대로 거슬러 올라간다. 두 연구 사이에는 공유하는 관심 영역이 분명히 있다. 두 연구는 일상에 관심을 가지며, 현대적인 것(오로지 그것만은 아니지만)을 지향하는 경향이 있다. 또한 두 연구는 방법론에 있어 개방적이고 다원주의적이며 마르크스주의, 후기마르크스주의, 페미니즘, 후기구조주의, 후기식민주의, 비판적 인종이론, 동성애이론 등 여러 비판이론적 관점에 의존한다. 벤다이어그램과 같이 두 연구가 중첩되는 부분도 있고, 서로 독립적으로 분리된 각각의 고유한 부분도 있다.

경제지리학과 젠더 연구 사이의 교역지대는 1970년대부터 형성되었으며, 문화연구와는 1990년대에 이루어졌다. 지난 20여 년간 문화 및 젠더 연구는 경제지리학에 있어 인접 학문과의 교류 중 가장 중요하고도 활발한 교류가 이루어진 영역이다. 노동의 지리, 근로의 지리, 소비의 지리, 지구화의 지리와 같은 구체적인 주제의 내용뿐만 아니라 경제지리학의 연구 방법, 정치적 행동주의의 형태, 이론화를 포함해서 여러 부분이 이러한 교환에 의해 급진적으로 변형되었다.

젠더연구는 1970년대 지리학이 공간과학 국면 중에 경제지리학에 페미니즘의 두 번째 물결■[3]로 유입되었다(제3장). 결과적으로 페미니즘은 숫자들의 표와 통계 방정식으로 표현되었으며, 여성에게 호의를 가지고 남성과 여성 간 노동시장 조건과 통근 패턴의 극명한 차이를 보여 주었다. 1980년대에는 사회주의적 페미니즘에 의지하는 더 강경하고 정치적인 형태의 페미니즘이 경제지리학에 등장하였다. 그때는 정치경제학이 경제지리학에 자리를 잡고 있었다(제3장). 급진적 경제지리학 내부에서 사회주의적 페미니즘 지리학자들은 자본주의 내에서 여성의 사회적 지위와 권력, 권위를 남성에게 부여하고 그러한 분배를 정당화하는 가부장적 시스템과 자본주의 관계에 대해 문제를 제기하였다. 제3장에서 논의한 웨일스 남부의 산업재구조화에 관한 도린 매시(Doreen Massey 1984)의 연구는 부분적으로 이러한 맥락에서 나왔다. 그녀는 웨일스에서 발견되는 가부장제가 그 뒤 그 지역에서 나타나는 산업재구조화의 형태에 상당한 영향을 미쳤다는 것을 보여 주었다. 남성 가부장제는 1970년대부터 웨일스 남부 지역에 투자하기 시작한 미국과 일본의 다국적 전자회사들에게 그 지역의 여성들을 완벽하게 착취할 수 있는 노동력으로 만들어 놓았다. 즉 가부장제의 결과로 웨일스 남부의 여성 노동력은 미개발된 지역과 같았고(그들은 과거 산업자본주의 내에서 일을 한 적이 없다), 고분고분하였으며(특히 남성 관리인 앞에서), 공간적으로도 갇혀 있었다(남성들은 그들의 여성 배우자에게 하루 48시간 두 가지 임무, 즉 공장에서의 일과 가정에서의 가사노동 모두를 기대하기 때문에 여성들의 통근 능력은 공간적으로 크게 제약되었다). 1990년대부터는 젠더 정체성과 신체 이슈에 대한 관심이 점차 증대하였다(페미니즘의 세 번째 물결이 일어난 결과-주 3 참조). 제2차 세계대전 이후 여러 이주 인구를 포함해 영국의 여성 노동자에 관한 린다 맥도웰(Linda McDowell 2013)의 저술들이 그 예이다. 페미니즘 이론가 주디스 버틀러(Judith Butler)를 뒤이어 맥도웰은 그녀가 인터뷰한 여성들의 정체성, 즉 주체가 자리 잡는 위치는 유동적이며 계기에 따라 수행된다고 주장한다. 물론 그 수행에는 한계가 있고, 종종 권위적으로 부과되었다. 그러나 맥도웰이 제시한 것처럼 관습에 대한 도전이 가능하고, 그것은 가끔 부가적으로 진보적 정치 변화를 생산할 수 있었다(맥도웰의 연구에 대해서는 아래에서 보다 상세하게 논의한다).

문화연구는 '토대(base)' 혹은 '하부구조(infrastructure)'라는 경제의 딱딱한 요소에는 관심을 덜 갖는 '연성' 버전의 마르크스주의로 시작하였다. 문화연구의 관심은 일상생활을 둘러싸고 있는, 마치 스펀지처럼 부드러운, 이름 그대로 '상부구조(superstructure)'에 있다. 문화연구는 처음에는 일상생활을 비교적 협소한 정치경제학적 관점에서, 즉 산업자본주의의 유지와 지속에 기능적이지만 간접적인 것으로 해석하였다. 예를 들어, 문화연구에서는 학교에 가는 것을 천진하고 근심 걱정 없이 한가로운 어린 시절로 해석하지 않는다. 대신에 자본주의 노동생활의 규율 세계로 들어가는 첫 단계로 해석한다. 문화연구는 학교에서 남성들의 무례한 행동들조차 직종에 맞는 적절한 성격의 노동을 확보하려는, 그럼으로써 자본주의의 지속성을 확보하려는 자본주의의 기능적 기획의 요소의 일부라고 주장한다(Willis 1977). 그러나 문화연구의 이러한 연성 정치경제학은 지속되지 않았다. 격렬한 산업재구조화와 탈산업화, 그리고 그것에 수반된 노동시장의 하층(질 낮은 일자리)과 최상층(창조계급) 영역 모두에서의 서비스부문 고용 증가에 따른 1970년대 이후 서구 선진국 경제의 심대한 변화로 인해, 남근주의적 산업노동 계급에 치중하도록 문화연구를 감염시켰던 오리지널 마르크스주의는 이론적 매력을 상실하였기 때문이다. 문화연구는 그들이 수행하였던 것을 확대할 필요가 있었으며, 현재 하는 것처럼 젠더, 인종, 섹슈얼리티 등 여러 영역의 문화적 정체성을 분석하게 되었다. 문화연구에서는 계급이 강조될 때조차 문화적 굴절을 통해 그 계급을 다르게 인식하였으며, 또한 중요한 이론적 변화가 반영되었다. 과거 문화연구에서 노동을 중심에 두었던 고전적 마르크스주의 이론가들은 종종 후기구조주의나 후기식민주의, 동성애 연구에 근거한 새로운 이론가들에게 자리를 내주고, 뒤로는 아니더라도 적어도 옆으로 비켜 서게 되었다.

젠더 및 문화 연구는 모두 경제지리학이 1990년대부터 경험한 '문화적 전환(cultural turn)'의 출현에 중요한 역할을 하였다(제3장과 제5장 참조). 경제지리학과 이 두 학문 간의 활발한 교역지대가 활짝 개방되었다. 지리학자들은

주디스 버틀러, 도나 해러웨이(Donna Haraway), 이브 세지윅(Eve Sedgwick)
과 같은 페미니즘과 문화연구의 이론가들을 활용하였고, 그 이론가들은 공간
적 감수성에 영향을 받고, 주목할 만한 지리적 경험 사례에 의해 작성되고 조
형되어 재구성된 개념들을 교환해서 되돌려주었다. 그 결말은 근본적으로 다
른 버전의 경제지리학, 예를 들어 경제적인 것이 더 이상 독립적이고 자율적
인 것으로 인식되지 않고 다른 문화적·정치적·사회적 생활과 매우 혼합되어
있고 뒤섞여 있다고 보는 경제지리학의 출현이다(제2장). 본질적으로 분리되
어 있는 경제는 존재하지 않으며, 또한 그것은 자신만의 한정된 내적 규칙과
논리를 갖지 않는다. 대신에 경제는 접합되어 있는 것으로 인식되었다(Pickles
2012). 그것은 정의하기 매우 어려운 단어이다. 경제지리학의 경우, 이는 한 경
제의 지리를 일시적으로 안정된 관계의 복합적 균형의 일부로 본다는 것을 의
미한다. 어떤 최적의 이론적 수단을 사용하든지 간에 접합 경계의 정확한 정
의, 접합 경계 변형의 정밀한 메커니즘, 접합 경계 구성 요소들 간의 특수한 관
계, 진보적 변화를 구체화하기 위한 잠재적 개입 지점 등 모든 것이 **상황 속**(in
situ), 즉 맥락 안에서 검증될 필요가 있다(제5장).

물론 문화연구와 페미니즘은 경제지리학에 신고전경제학과는 매우 다른 접
근 방법을 제공한다. 신고전경제학은 영원무궁하고 순수한 대상인 경제와 그
대상에 영향을 미치는 일련의 엄밀한 정의와 보편적 설명 원리에서 시작한다.
반면에 문화연구와 페미니즘에서는 이해를 위해 설정하는 접합적 계기든, 사
용되는 방법과 이론이든 영원무궁하거나 순수한 것은 없다. 이것이 경제지리
학자들이 접경지역의 탐험을 계속해야 하는 중요한 이유이다.

4.3.4 환경연구

1950년대 공식적으로 시작된 환경연구는 처음부터 학제적이었다. 환경연구
는 인간과 자연환경의 관계를 설명하는 데 관심을 가진 자연과학과 사회과학

의 결합이었다.

경제지리학의 연구 주제로서 환경의 중요성은 역사적으로 변해 왔다(제11장 참조). 조지 치솜이나 러셀 스미스 같은 최초의 경제지리학자들은 환경을 활용하기에 알맞은 순수 원료로 보았다. 지리적인 문제는 지도와 지명사전에 그 자원들이 어디에 있는지를 표시하는 것이었다. 식민주의가 그 나머지를 수행하였다. 제1, 2차 세계대전 사이에는 환경에 대한 관심이 일차적으로 농업에 대한 관심을 의미하였다. 주요 관심은 유형학적인 것이었다. 즉 특정 농업부지가 '옥수수 지대' 범주로 가장 잘 묘사되는가? 아니면 '돼지 지대인가' 혹은 '낙농업 지대인가' 하는 것이다. 같은 기간 미국 농업에 영향을 미치는, 문자 그대로 수백만 톤의 표토가 바람에 휩쓸려 간 먼지구름(Dustbowl)* 같은 환경 재앙은 거의 무시되었다. 전후 초기 경제지리학과 환경연구의 관계는 공간과학이 학문적 우위를 차지하자 더욱 약화되기도 하였다. 공간과학의 수학적 모델을 다루기 쉽게 만들기 위해 필요한 가정의 단순화는 환경에 대한 진지한 검토를 처음부터 배제하였다. 가장 잘 알려진 것은 '등방성(等方性)의 평원', 즉 자원의 차별성이 없는 무한하게 평탄한 지표의 가정이다.

아이러니하게도 환경을 진지한 지적 연구 주제로 처음 경제지리학에 들여온 것은 마르크스주의와의 결합을 통해서이다. 표면적으로 마르크스는 자연에 대해 많은 이야기를 하지 않았다. 그의 초점(그리고 도덕적 경멸)은 19세기 도시 산업자본주의의 "어두운 악마의 공장(dark Satanic Mills)**, 즉 찰스 디킨

---

* 역주: 먼지구름은 1930년대 미국 및 캐나다 프레리 지역을 덮친 극심한 먼지폭풍 현상을 일컫는 유명한 자연재해로서, 그 지역의 농업과 생태계에 큰 피해를 주었다. 그 원인은 당시 극심한 가뭄과 그 이전의 부적절한 경작 방식 때문이었다. 그 이전 10여 년간 대평원 지역에서는 건조 지역의 토양 상태에 대해 무지하여 기계화된 농업에 힘입어 동부와 같은 심경(深耕)을 수행하였다. 그러자 표토층이 부실해졌고, 이것이 1930년대의 극심한 가뭄과 바람을 만나 먼지폭풍이라는 신가한 재해로 나타난 것이다.
** 역주: "어두운 악마의 공장"은 영국의 시인 윌리엄 블레이크(William Blake)의 시, 예루살렘에 등장하는 시어로 산업주의에 대한 비판을 상징한다.

스(Charles Dickens)가 『어려운 시절(Hard Times)』에서 묘사한 "자연이 벽돌로 유폐되어 버린" 장소들에 있었다. 그러나 마르크스(와 디킨스)를 가까이 뒤따르는 데이비드 하비(David Harvey 1974)는 자연이 자본주의가 생산한 또 다른 어떤 것이라고 주장한다. 물론 자본주의가 문자 그대로 시초부터 자연을 생산하였다는 뜻으로 그가 말한 것은 아니다. 열역학법칙은 위배되지 않았다. 하비가 지적하는 것은 자본주의가 무대에 오르자마자 기존의 자연(때로는 '최초의 자연', Smith 1984)을 변형시키기 시작하였다는 것이다. 어떻게 자연이 착취되고 이용되고 생각되는지 모든 것이 달라진 채 재현되었다. 자연이 '2차 자연(second nature)'으로 바뀐 것이다(추가적 논의에 대해서는 제11장 참조).

그 후 환경에 대한 경제지리학 연구는 가장 활기차고 활발한 연구 영역 중 하나가 되었고, 지금은 '정치생태학'이라는 다소 엉성하면서도 넓찍한 제목하에서 이루어지는 경우가 많다. 정치생태학 연구는 엄밀히 말하면 비주류경제지리학과 환경연구가 결합하는 접경지역에서 만들어졌다. 처음에는 마르크스주의 접근만 있었다. 후에 다른 비주류 전통들이 들어오게 되었다(표 4.1 참조). 그 결과의 저술 일부는 순수하게 이론적이지만, 대다수는 중범위 추상 수준에서 쓰인 이론과 상세한 경험적 사례 연구들을 결합함으로써 경제지리학의 전통에 충실하였다. 환경연구와의 교류는 개념적인 것(예를 들어, 수용능력, 회복력, 돌연변이와 같은 생태학적 사고에 의존하는)과 경험적인 것(예를 들어, 오리곤 숲, 태평양 큰 넙치 혹은 스페인 대수층과 같은 특정한 환경 사례의 검토) 양자 모두에서 이루어졌다.

나아가 환경연구와 경제지리학 사이의 이 접경지역 상당 부분은 신자유주의가 가져온 환경 규제의 변화에 의해 추동되었다. 신자유주의는 자연을 재구성하고, 어떤 경우는 새로운 형태로 바꾸었다. 예를 들면, 물은 공공재라기보다 오히려 상품으로 취급되었으며, 남부 캘리포니아 고급 레스토랑 메뉴에 있는 병에 든 물에서부터 잉글랜드와 웨일스의 민영화된 상수도 회사의 물에 이르기까지 다양한 형태로 담긴다. 혹은 습지은행(wetland bank)*, 생물다양성 자산, 탄소배출권 나무와 같이 지금까지 생각하지 못했던 새로운 형태의 자연이 새롭게 만들어지기도 하였다. 이런 연구에서 환경연구와 경제지리학의 경계는 무디어졌고, 경우에 따라서는 사라졌다. 자연은 경제지리학으로부터 분리되거나 다른 누군가에 의해 나중에 다루어질 블랙박스가 아닌, 학문의 핵심이 되어 경제지리학과 결합되었다(제11장).

4.3.5 정치학

정치학은 19세기 후반에 생겨난 또 다른 사회과학이다. 처음부터 미국의 정치학자들은 거버넌스의 문제를 분석하고 해결하기 위한 **과학적 원리**를 확립하고 동원하는 데 관심을 가졌다. 지리학보다도 더 객관적인 자료와 분석의 과학적 기법, 형식적인 수학적 모델과 이론들에 관심이 있었다. 그 궤적은 매우 깊이 파여 결과적으로 정치학은 경제지리학과는 반대의 방향으로 여행을 하였다. 경제지리학에서는 점점 다양한 시도들이 이루어졌지만, 정치학에서는 오직 한 가지 과학적이고 수학적인 접근만이 이루어졌다. 아마도 이런 이유 때문에 경제지리학자들이 교역지대를 확립하기 위해 가장 빈번히 싸워 온 학문이 정치학이었던 것 같다. 두 학문 사이의 관계(없음)에 대한 리뷰에서 존 에그뉴(John Agnew)는 다음과 같이 썼다.

> 정치학도들은 정치적 접근의 경제지리학에 제공할 것을 정녕 많이 갖고 있을 것이다. ⋯ 그러나 나는 이 지적 경계를 횡단하는 상호작용을 거의 볼 수 없거나 매우 제한된 것만을 볼 수 있었다. 2006년 『미국 정치학평론(American Political Science Review)』의 100주년 기념호는 ⋯ 학회지의 주요 주제를 다

---

* 역주: 개발에 의해 습지나 계류가 훼손되면 다른 지역의 습지나 계류를 보존하도록 강제하는 제도.

루면서 경제지리학과 관련된 것을 거의 또는 전혀 언급하지 않았다(Agnew 2012, p.570).

이것은 두 학문이 서로에게 할 말이 없어서가 아니다. 최소한 1970년대 후반부터 경제지리학은 국가의 중요성을 인식하면서 마르크스주의 동맹들의 영향을 부분적으로 받았다. 경제지리학자들이 처음 활용한 국가 이론은 마르크스주의였지만, 그 이후 논의가 확대되어 다중적인 이론적 접근, 다중적 지리 스케일, 다중적 정부 기능, 다중적 거버넌스(국가가 수행하는 '정부'와 달리, 거버넌스는 국가를 포함할 수도 있고 아닐 수도 있는 다양한 기구들이 주도한다) 형태로 넓어졌다. 1970년대 후반 이후 경제지리학자들이 제공한 가장 중요한 학문적 기여의 일부는 거버넌스의 정치 이슈를 정밀하게 고찰하도록 하였다는 것이다. 예를 들어, 거버넌스가 산업지구에 미치는 영향이라든가, 거버넌스가 신자유주의를 정의하는 방식과 같은 것이다. 그럼에도 이런 논의에서 중요한 개념적 자원은 정치학이 아닌 사회학으로부터 온 것들이다(다음 절에서 논의한다).

당시 경제지리학과 정치학 사이의 관계는 단속적이고 임기응변적이었다. 1980년대 초반 산업 변화의 시기, 특히 포스트포디즘(post-Fordism)의 출현과 그것의 구현체로서의 지역적 집적지(산업지구)의 연구를 둘러싸고 불완전한 교역지대가 형성되었다. 교역지대는 정치학자 마이클 피오레와 찰스 사벨(Michael Piore and Charles Sabel 1984)의 영향력 있는 저서 『제2차 산업 분수령(The Second Industrial Divide)』에서 만들어졌다. 그들의 기고는 유사한 신산업공간에 대한 경제지리학자들의 연구와 일치하였다. 피오레와 사벨은 지역적 집적이 종전 포디즘 체제하에서 과학적으로 관리되는 비숙련 노동자들 사이에서 발견되는 정치 형태와는 매우 다른 '자영농 민주주의(yeoman democracy)'*의 근대적 형태라고 주장하면서 수준 높은 정치적 의견을 덧붙였다. 경제지리학자들은 산업의 지역 집적에 관해 상세하고 현장에 기반을 둔 연구와

경제지리학

더불어, 그 형성과정에 대해 창조적인 이론화에 기여하였다. 서로를 인정하고 다소간 칭찬을 교환하였지만 통합은 결코 일어나지 않았다.

완전하게 실현된 것은 아니지만, 자본주의의 다양성(varieties of capitalism, VoC)이라는 아이디어를 둘러싸고 경제지리학자와 정치학자들 사이에 잠재적인 교류가 있었다는 것은 좀 더 만족스러운 일이다. 이 개념은 정치학자 피터 홀(Peter Hall)과 데이비드 소스키스(David Soskice), 그리고 그들이 편집한 저서『자본주의의 다양성(Varieties of Capitalism)』(2001)과 가장 관계가 깊다. 이 사고의 요지는 자본주의가 두 가지 주요 형태로 출현하였다는 것이다. 하나는 미국과 영국이 사례가 되는 자유시장(liberal market) 형태이고, 다른 하나는 독일과 일본 같은 국가에서 발견되는 조정시장(coordinated market) 형태이다. 둘 간의 차이는 반드시는 아니지만 종종 이루어지는 국가의 시장개입이 어느 정도인가에 달려 있다. 자본주의의 자유시장 형태는 최소 개입을 특징으로 하지만, 조정시장 형태는 매번 개입을 한다. 경제지리학자들은 자본주의의 형태에 지리적 변이가 있는가 하는 논제를 탐구하였다. 특히 펙과 시어도어(Peck and Theodore 2007)는 정치학자들과의 교역의 잠재력이 크다고 보았고, 교환을 통해 경제지리학 접근의 풍부한 사례 연구와 잠재력 있는 보조 개념들을 제공하였다. 그들은 정치학자들에게 자본주의의 형태가 두 가지만 있는 것이 아니라 훨씬 많은 형태가 있다는 것을 인식하도록 하였다. 펙과 시어도어의 언어로는 자본주의의 다양성이 아니라 다채로운 자본주의(variegated capital-ism)이다. 펙은 나중에 중국의 사례를 통해 쥔장(Jun Zhang)과 함께 그 점을 설명하였다(Peck and Zhang 2013). 그들이 보여 준 것처럼, 중국 경제는 자유시장도 조정시장도 아닌 어중간한 위치에 있다. 둥그런 말뚝은 홀과 서스키스가 말한 2개의 네모난 구멍 어느 것에도 망치로 박을 수 없다. 그것은 다른 틀, 즉

---

* 역주: 여기서는 노동자들의 민주주의에 대비되는 의미로 쓰인다.

과거의 것을 모두 내던져 버릴 필요는 없지만 지리적 감수성을 통해 수정한 틀을 요구하며, 이는 접경지역에서 부지런히 연구함으로써 얻을 수 있다.

4.3.6 사회학

사회학은 20세기 전환기 정치학과 거의 동일한 시점에 학문으로서 등장하였다. 그럼에도 사회학의 이론적 기둥의 하나는 마르크스의 연구이다. 마르크스의 연구는 출발부터 사회학에 비판적이고 급진적인 감수성을 부여하였다. 그런 감수성은 적어도 지난 40년간 경제지리학과도 잘 어울리는 것인데, 그 결과 사회학과 경제지리학 간에 접경지역에서 여러 가지 밀접한 협업이 있었다. 간혹 그러한 교역은 너무 밀접해서 지리학은 지도가 있는 사회학인가, 아니면 사회학이 지도 없는 지리학인가 하는 인상을 줄 정도였다. 교역은 사방에서 진행되었다. 이매뉴얼 월러스틴의 세계체제론(world system theory)과 상품사슬 분석도 거기서 나왔고, 피에르 부르디외(Pierre Bourdieu)의 계급이론과 문화자본 개념, 보다 최근 미셸 칼롱(Michel Callon)과 도널드 매켄지(Donald MacKenzie)의 시장 수행성(market performativity) 이론들도 그러하였다(아래 참조).

경제지리학자와 사회학자가 어깨를 마주 비볐던 초기 과제는 1980년대 중반 이른바 로컬리티 프로젝트였다(Cooke 1989). 이 프로젝트는 그 당시 전개된 대처 정책의 신자유주의적 사회·정치 개혁과 결합한 영국의 탈산업화의 공간적 변이 효과를 분석하는 것이었다. 프로젝트는 그러한 효과들이 어느 곳에서나 동일한지, 아니면 장소마다 뚜렷한 차이가 있는지, 만약에 차이가 있다면 그러한 효과들이 취하는 형태가 공간적으로 다른지 여부를 분석하였다. 분석의 기본적인 지리적 단위는 '로컬리티'였다. 로컬리티를 명확하게 정의 내리기는 어렵지만, 실제로 그것은 다소 큰 도시 지역(urban region)을 의미한다. 각 로컬리티에 대해 지리학자와 사회학자로 구성된 여러 팀의 연구자들이 모였다. 그들의 임무는 자신들에게 할당된 로컬리티에 대해 탈산업화와 대처리 즘을 둘러싼 국가적 구조 변화가 유도한 독특한 형태를 조사하는 것이었다. 그것은 접경지역의 연구를 의미하였다. 지리학자들은 장소가 문제라고 주장 하였고, 다른 로컬리티들을 비교하면 그것은 명확하였다. 반면에 사회학자들 은 계급, 젠더, 인종과 관련된 폭넓은 사회적 과정 또한 문제라고 주장하였고, 각 로컬리티 내로 돌아가 상세히 보면 그것 역시 명확하였다.

또 다른 생산적 만남은 1980년대 쇠퇴하는 포디즘 대량생산의 구산업체제 와 그것을 대체하는 포스트포디즘, 네오포디즘, 유연적 생산 혹은 유연적 축 적 등 다양하게 불리는 새로운 산업 체제 사이의 전환을 이론화하고 기록하 는 것에서 이루어졌다. 이것은 다중적 접경지역의 탐사를 수반하는 진정한 학 제적 노력이 되었다. 그것은 경제지리학자와 별개로 비주류경제학자[특히 알 랭 리피에츠(Alain Lipietz), 로베르 부아예(Robert Boyer) 같은 프랑스 조절학파의 학 자들], 정치학자[마이클 피오레(Michael Piore)와 찰스 사벨(Charles Sabel)], 경제사 회학자[밥 제숍(Bob Jessop)]들을 포함하였다. 폭넓은 논쟁은 새로운 체제가 근 본적으로 구체제와 다르게 작동하느냐는 것이었다. 새로운 체제에서는 차별 화된 제품의 단기적 일괄생산(대량생산과 반대되는 간헐적 배치 생산, 제12장 참 조)을 위해 이전에 없던 컴퓨터화된 생산 방법(CAD-CAM)을 사용하고, 생산 현장에서 넓은 범위의 직무를 수행할 수 있는 노동자들(유연적 노동)을 훈련시 켰다.

이러한 재개념화 작업에서 국가론 연구자이자 경제사회학자인 밥 제숍은 특히 탁월하였으며, 정부의 역할을 매우 강조하였다. 그는 제1장에서 소개한 케인스주의 복지국가(KWS) 개념을 사용하여, KWS가 거시경제를 조절하고 복지 시스템을 가동하여 이념적 정당성을 획득함으로써 포디즘 산업 체제를 유지하는 데 중요한 역할을 수행하였다고 주장하였다. 그는 또한 KWS 이후 국가의 성격에 대해서도 서술하면서 처음으로 슘페터리언 근로국가(Schumpeterian Workfare State)라는 이름을 붙였다. 이것은 모든 영역에서 효율성과 선택의 극대화를 추구하는 시장의 창출이 쉬워지도록 하는 데 주력하는 축소된 국가(확대된 국가가 아닌)라고 주장하였다(Jessop 1993). 이런 형태의 국가는 나중에 신자유주의라고 불렸다. 경제지리학자들은 제솝의 정식과 분석을 활용하여 그의 이론에 지방국가(local state)에 관한 논의를 처음 추가하였다(Peck and Tickell 1995). 제솝은 그의 연구에 명시적으로 공간적 차원을 추가함으로써 그 교류에 화답하였다(Jessop and Sum 2006).

한 가지 최근 사례는 이미 앞에서 논의한 용어인 배태성과 네트워크 사고로, 배태성의 발달과 관련된다. 배태성은 20세기 경제사회학에서 가장 많이 인용된 논문의 하나인 마크 그래노베터(Mark Granovetter 1985)의 「경제행동과 사회구조: 배태성의 문제(Economic Action and Social Structure: The Problem of Embeddedness)」(3만 번 이상 인용되었다)와 연관된다. 그래노베터에게 배태성은 경제 내에서 경제적 목적의 실현이 용이하도록 개인들이 사용하고 구축하는 공고한 개인적 관계와 구조(사회적 네트워크)를 의미한다. 그래노베터의 견해로는 우리 모두가 사회적으로 연결되어 있다. 우리는 어쩔 수 없다. 그것이 곧 우리가 현대사회에서 산다는 것을 의미한다. 결과적으로 우리는 경제적 행동을 포함한 모든 인간의 행동이 근본적으로 개인적 관계의 네트워크 안에서 이루어진다고 보아야 한다. 그래노베터의 사상을 일찍이 경제지리학에 도입한 경제지리학자 게르노트 그라버(Gernot Grabher 2006, p.165)는 "경제지리학과 경제사회학 사이의 학문적 교류를 위한 플랫폼을 제공하였다". 그래노베터의 사상은 경제지리학에서 네트워크로 연결된 기업, 지역, 산업지구에 관한 문헌을 싹틔우는 역할을 하였다. 각 사례에서 네트워크화된 기업, 지역, 산업지구는 자신을 포함하는 더 큰 상호 연관 기업, 지역, 산업지구들의 네트워크와의 관련하에 분석된다. 어느 기업도, 어느 지역도, 어느 산업지구도 혼자서 고립되고 밀봉되어 존재하지 않으며, 언제나 점점 더 크고 단단하게 연

경제지리학

계된 집합적 실체, 즉 네트워크의 한 부분이다.

경제사회학과 관계된 경제지리학의 역사는 국경무역의 이점을 잘 보여 준다. 그러나 그러한 교류가 자동적으로 공짜 월경을 뜻하는 것은 아니다. 수입된 사상에 대한 비판적 사고와 응용 역시 중요하다. 예를 들어, 제이미 펙(Jamie Peck 2005)은 그래노베터의 배태성 개념에 대해 예리한 비판을 가하였다. 접경지역에서 연구한다는 것이 더 나은 접근 방법을 보장하지는 않지만, 새로운 사고를 자극함으로써 적어도 창조적이고 비판적인 조정을 위한 토대를 제공하고 선택의 폭을 넓힌다.

4.4 경계의 삶: 세 가지 사례

끝으로 간단한 세 사례를 통해 접경지역에서의 연구가 갖는 이점에 대해 좀 더 구체적으로 살펴보고자 한다. 접경 연구에서 가장 좋은 것은 상호 교류이다. 경제지리학자들이 인접 학문으로부터 얻은 아이디어로 연구를 시작하지만, 구체적인 지리적 사례를 통해 그것들을 연구함으로써, 그리고 기존의 혹은 새로운 지리적 개념들을 가지고 그것들을 보완함으로써 연금술과 같은 변화가 있을 수 있다. 파생물이 아닌 새로운 브랜드의 실체가 창조된다. 그 새로운 실체는 여행할 만한 잠재력을 가지며, 차별화된 자신만의 통합성과 가치를 지닌다.

4.4.1 체화된 노동에 관한 린다 맥도웰

린다 맥도웰(Linda McDowell)은 페미니즘과 사회학 그리고 경제지리학의 접경지역에서 신체를 둘러싼 이슈와 노동(labour) 및 근로(work)의 변화하는 패턴에 대해 연구하면서 학문적 이력의 대부분을 보냈다. 맥도웰은 반자전적

에세이에서 처음 경제지리학자가 되었을 때부터 "여성의 합리성"을 주장하려 하였었고, 한편으로는 신체에 관한 이슈들을 제기하고 싶었다고 술회한다 (McDowell 2007, p.65). 맥도웰은 육체성(corporeality) 이슈를 제기하면서, "여성의 신체적 제약을 강조하는 논의에서 … 확실히 신체가 무시될 수 있는가?"라고 생각하였다(McDowell 2007, p.65). 그러나 맥도웰은 영국 내 고용과 근로의 경제지리에 관한 연구를 수행하면서 신체가 무시될 수 없다는 것을 명확히 하였다. 신체는 "밝혀진 바와 같이 설명의 한 부분이다"(McDowell 2007, p.65).

20년 이상 설득력 있는 일련의 영국의 꼼꼼한 경험적 사례 연구들을 제출하면서, 맥도웰은 근로에서 신체가 어떻게 문제가 되는지를 보여 주었다. 그녀가 서술한 많은 신체들은 여성의 신체이지만, 반드시 그런 것만은 아니다. 선진국, 특히 영국의 탈산업화의 결과로서 근육질 공장 일자리의 대량 소멸에 대해 그녀는 우려하게 서술하였다("Life without Father and Ford", McDowell 1991). 그리고 새로운 젠더 질서를 탐구하는 연구 시리즈가 그 뒤를 이었다. 그 중 하나는 학교에서 젊은 여성들의 능력 향상으로 초래된, 일자리가 없어진 젊은 남성들을 중심에 두고 있다. "젊은 남성들은 새로운 열등 집단(disadvantaged group)이다."라고 맥도웰은 썼다(McDowell 2007, p.66).

포디즘적 산업주의가 탈산업주의의 서비스부문으로 대체되면서 근로에 관한 낡은 관념과 그와 연관된 젠더 질서가 역전되었다. 맥도웰에게 서비스업의 중요한 점은 그것이 종종 소비자 및 다른 노동자와의 체화된 상호작용을 요구한다는 것이다. 노동력, 즉 근육만으로는 이 일을 완수하기 충분치 않다. 서비스 노동자들은 감정적으로 응대하고 문화적 수행을 갖출 필요가 있다. 서비스업에서는 노동자의 신체가 판매될 제품에서 중심이 된다. 신체는 표현되는 방식에 따라 많은 차이를 만들 수 있다. 늠름하거나 무기력하거나, 단정하거나 헝클어지거나, 자신감 있거나 소심하거나, 말을 잘하거나 말을 더듬거나 등등.

연구를 수행하면서 맥도웰은 여러 학문의 경계를 넘나들었다. 맥도웰은 그녀의 이론에 미국 페미니즘 학자 주디스 버틀러(Judith Butler)와 그녀의 신체 수행(bodily performance) 아이디어, 그리고 프랑스 사회학자 피에르 부르디외(Pierre Bourdieu)의 문화자본(cultural capital) 및 구별 짓기(distinction) 개념을 활용하였다(McDowell 2013). 버틀러의 사고를 사용함으로써 맥도웰은 근로에서의 젠더화된 신체의 세부적 수행—학습된 라인, 도구, 복장, 동선 등—과 훈육 형태(간혹 전복되기도 한다) 모두를 논의할 수 있었다. 부르디외의 개념을 활용함으로써는 그녀의 분석에 사회계급을 추가할 수 있었다. 부르디외의 계급 정의는 복잡하다. 그러나 핵심 구성 요소는 (부르디외가 문화자본이라고 부르는 것의 일부를 형성하는) 문화적 취향(cultural taste)이다. 특수하게는 감각, 좀더 일반적으로는 문화자본이 체화된 노동을 수행하는 서비스부문에서 노동자의 성공에 필수적일 수 있다. 맥도웰의 개념적 틀은 주로 사회학과 정치경제학에서 온 논저, 특히 서비스부문의 중요성 증대를 강조하는 선진국의 폭넓은 구조적 경제변동을 서술하는 문헌들과 결합된다. 그 문헌들은 특정한 일터에서의 특정한 신체들에 관한 그녀의 구체적인 경제지리학적 연구, 즉 제2차 세계대전 이후 노인들을 위한 영국 요양원의 라트비아인 여성들, 1970년대 런던 교통에 종사한 아프리카계 카리브해 남성들, 1986년 '빅뱅(Big Bang)'[*] 이후 대형 투자은행에 종사하는 옥스퍼드와 케임브리지 대학교를 졸업한 백인 영국 여성에 대한 연구의 필수적 배경을 제공하였다(McDowell 2013). 맥도웰의 접경지역에서의 연구는 개인 신체의 미시지리에서부터 영국연방의 거시지리에 이르기까지 공간적 규모의 스펙트럼을 가로지르는 긴밀한 연관성을

---

[*] 역주: 금융 빅뱅은 1986년 영국의 마거릿 대처 수상이 개혁 프로그램의 일환으로 발표한 금융시장 정책을 말한다. 빅뱅이라고 할 만큼 획기적인 조치로 런던 증시가 외국 증권사에 완선 개방되고 증시 거래의 전산화와 더불어 고정 수수료가 폐지되었다. 은행, 증권, 보험의 상호 업무 진입이 허용되고, 다양한 금융 자회사를 거느린 금융 그룹의 형성이 가능하게 되었다.

보여 주면서 비상한 범위의 연구를 생산하였다.

4.4.2 기업 문화와 정체성에 관한 에리카 쇤버거

볼티모어의 존스홉킨스 대학교의 경제지리학자로서 에리카 쇤버거(Erica Schoenberger)의 경력 첫 절반은 서로 잡아먹고 잡아먹히는 무자비한 기업자본주의의 세계에서 생존을 위해 투쟁하는 미국의 대기업에 관한 연구와 관련된다. 자신의 연구를 회고하는 한 에세이에서, 쇤버거는 그러한 기업들이 얼마나 자주 "충격적인 판단 오류"를 범하는지가 가장 놀라웠다고 술회한다(Schoenberger 2007, p.28). 미국 대기업의 내부 이야기를 제공하는 금융지를 정독하면서 그녀는 반복적으로 일어나는 기업의 오판과 실수를 관찰하였다. 그럼에도 그녀가 학생 때 배웠던 신고전경제학과 마르크스주의 경제학은 모두 기업의 합리성만을 단언하였다. 이 두 접근은 거의 모든 점에서 정반대였지만, 이상하게도 자본가들이 실패하지 않는다는 점에는 동의한다. 그러나 그녀는 더 읽을수록 그와는 더욱 반대의 비합리성, 터무니없는 바보 같음, 엄청난 실수들을 보았다. 기업의 최정상급에 있는 사람들은 때때로 터무니없이 어리석고, 비합리적인 것보다 더 나쁘며 단순히 미친 짓과 같은, 그리고 다수의 사람들과 장소들이 그로 인해 끔찍한 결과로 고통받게 되는 결정을 하였다.

그것을 어떻게 설명할까? 정규 여행 안내서인 신고전주의와 마르크스주의 경제학은 명백히 부적절하였다. 그래서 그녀는 접경지역을 탐색하기 시작하였다. 구체적으로 인류학과 역사학의 탐구를 통해 쇤버거는 자신이 목격하고 어이없는 탄식("멍청이들!", Schoenberger 2007, p.30)을 내뱉었던 기업의 비합리적인 의사결정들이, 사실은 대책 없이 어리석은 행동이라기보다는 의사결정권자의 급한 상황에서의 사고방식과 기업이 처한 상황에서 요구되는 사고방식 사이의 불일치에서 비롯된 것이라는 것을 깨달았다. 이러한 통찰이 그녀의 책 『기업의 문화적 위기(The Cultural Crisis of the Firm)』(1997)의 기반이 되었다.

쇤버거(Schoenberger 1997)의 접경지역 탐험 활동은 그녀의 책 전체를 통해서 발견된다. 놀라운 사례는 오랜 기간 무시무시하게 여겨진 무슬림 전사계급 맘루크(Mamluks)에 대한 역사적이고 인류학적인 설명을 활용한 것이다. 그녀는 오늘날 미국 기업들을 이해하기 위한 우화로 맘루크를 활용하였다. 맘루크의 특기는 전투마 위에서 장창, 활, 화살을 이용해 적을 공격하는 것이다. 그것은 곧 전투에 임한다는 것을 의미한다. 이는 전사가 자신을 규정하는 방식이다. 그것은 전투하는 남성 맘루크의 문화이다. 그들은 많은 전투에서 그런 식으로 이겼다. 즉 대포와 총부리가 넓은 나팔 모양의 초기 소총이 나타날 때까지 그러하였다. 그러나 그 후에도 100년 넘게 그들은 옛날 방식대로 싸웠고, 그 결과 궤멸되었다. 그들은 어쩔 수 없었던 것이다. 맘루크는 그들의 집단정신을 상실하였을까? 혹은 합리적이냐 비합리적이냐의 경직된 이분법을 회피하는 또 다른 설명이 있을까? 인류학자와 역사학자들은 문화가 있다고 생각하였고, 문화로 설명하려 하였다. 그것이 미국의 일부 다국적기업의 명백한 어리석은 행동을 이해하려는 쇤버거의 접근 방법이 되기도 한 셈이다. 특히 록히드마틴(Lockheed Martin)과 제록스(Xerox)의 예를 활용해, 쇤버거는 그들의 완고한 의사결정과 뒤이은 위기가 그녀가 처음 생각하였듯이 정신이상의 행동이 아니라 핵심 의사결정권자들의 익숙한 심층 문화와 생활방식의 반영이라는 것을 훌륭하게 보여 주었다. 문제는 기업의 의사결정권자들이 자신을 생각하는 방식이 맘루크처럼 그들이 직면하고 있는 새로운 현실과 달랐다는 것이다. 그러나 그들 자신, 그들의 정체성, 그들이 살던 세계에 관해 이전에 믿어 왔던 모든 것을 버리고 다르게 생각하는 것은 너무도 힘든 일이다. 미국 기업들이 처한 딜레마를 그런 식으로 파악하려면 쇤버거 자신도 다르게 바라보아야 했다. 그것은 접경지역의 탐험을 요구하는 것이었다.

4.4.3 시장의 수행성에 관한 크리스티안 베른트와 마르크 뵈클러

최근의 교역지대는 독일의 경제지리학자들, 즉 취리히 대학교의 크리스티안 베른트(Christian Berndt)와 프랑크푸르트 괴테 대학교의 마르크 뵈클러(Marc Boeckler)가 진행한 시장 수행성(market performativity)에 관한 연구를 포함한다. 그들의 초점은 시장, 즉 상품이나 서비스의 구매와 판매를 용이하게 하고 가격이 정해지는 장소들이 어떻게 구성되는가에 있다. 종전의 경제지리학자들도 특히 공간과학 시기에 시장을 연구에 포함하였다. 그 연구에서 시장은 상품과 서비스가 판매되는 곳으로서 보통 도식화된 지도 위에 점이나 원으로 표시되었다. 더 이른 시기의 초기 경제지리학자들도 그들의 연구에서 시장을 언급하였지만, 시장이 만들어지는 사회적·물질적 과정을 면밀히 검토하지는 않았다. 대신에 시장은 단순히 자명하고 자연스럽다는 것이 이야기의 결말이었다.

그러나 베른트와 뵈클러(Berndt and Boeckler 2009)에게 시장은 이야기의 시작일 뿐이다. 그들은 시장에 관해 자연적인 것은 아무것도 없다고 믿는다. 그들은 특히 과학사회학[sociology of science, 과학학(science studies)]과의 접경 연구를 통해, 시장이 언제나 계획된 협력과 힘겨운 노력의 산물로서 성공한다는 보장은 없다고 주장한다. 시장은 자발적으로 출현하지 않는다. 보통은 시장이 경제학자들의 시장 모델과 같이 행동하도록(수행하도록) 세계를 바꿈으로써 만들어진다. 이것은 공을 들여야 한다. 베른트와 뵈클러는 시장에 관한 신고전적 모델이 시장을 성립시키기 위해 (일련의 무대 연출에 따라) 인간과 비인간의 여러 배우들에 의해 연기되는 사실상 대본이라고 생각한다. 이것이 자신들의 접근을 수행적(performative)이라고 부르는 이유이다. 시장의 모델이 먼저 있고, 그 모델과 일치하도록 세계를 배열하고 그것이 수행되도록 한다. 모델은 이미 존재하는 세계를 비추는 거울이 아니라, 오히려 적극적인 간섭을 통해 자신의 이미지로 새로운 세계를 창조한다.

베른트와 뵈클러에게 영감을 준 과학사회학의 내력은 오래되었지만, 가장 두드러진 그 최근 형태는 과학학이다. 과학학은 과학적 지식이 생산되는 다면적 과정을 연구한다. 과학학은 상세한 역사적 사례 연구를 포함해, 경험적이면서 동시에 현학적인 설명 틀이나 중범위적이고 설명력 있는 개념을 제공하고 이론적이기도 하다. 새천년 즈음에 과학학은 경제, 특히 시장의 문제를 제기하였다. 미셸 칼롱(Michel Callon 1998)과 도널드 매켄지(Donald MacKenzie 2006)가 제안한 바에 따르면, 시장은 인간 및 비인간 행위자(agent)들의 다양한 집단의 협력적 수행에 의해 가능해진 것이다. 여기서 행위자들은 시장을 만드는 데 필요한 요소를 의미하며, 인간의 신체에서부터 주머니 계산기와 엑셀 스프레드시트의 인쇄물에 이르기까지 다양할 수 있다. 이 행위자들 각각이 신고전적 시장 모델 안에 등록될 때, 즉 그것들이 함께 움직이는 '동맹(allies)'이 되어 신고전적 대본에 따르게 될 때, 시장은 수행되고 현실이 된다. 또 칼롱과 매켄지는 시장 수행이 불안정하다고 한다. 동맹이 깨지거나 이해관계가 변할 수도 있고, 행위자들이 제대로 수행하지 않게 될 수도 있으며, 혹은 그들의 동선을 잊어버리거나 대본을 버릴 수도 있다. 그때는 상황이 종료된다.

베른트와 뵈클러(Berndt and Boeckler 2011)는 칼롱과 매켄지에게서 시장 수행성에 관한 기본 개념을 가져와서, 처음에는 멕시코와 미국 간의 토마토 시장 사례, 두 번째는 모로코와 유럽연합(EU) 사이의 토마토 시장 사례를 지리적으로 고찰하였다. 이 사례에서 시장은 신고전주의에 기초한 신자유주의적 모델이다. 그것은 시장이 판매자와 구매자 간 자유로운 거래를 허용해야 한다는 사고이다. 그럼에도 베른트와 뵈클러가 보여 주듯이, 그 모델이 실현되기 위해서는 막대한 양의 노동과 농업 노동자 및 농업 장비뿐만 아니라 관료들과 관련 기계류를 필요로 한다. 국회의원도 공무원도 열정적으로 개입해 토마토의 자유 거래를 가능하게 하는 규제들을 제공해야 한다. 그래야 신고전적인 시장 모델에 맞출 수 있다. 베른트와 뵈클러에 따르면, 그러에도 불구하고 그러한 규제들은 많은 회피와 속임수를 포함한다(그들의 말로는 '과잉'). 그리고 그런 행위들은 공간적 경계를 넘어간다. 시대에 따라, 토마토의 종류에 따라 공간적 경계는 투과성, 반투과성, 불투과성이 된다. 공간 그 자체, 공간의 구획, 공간의 분할, 공간의 통제, 공간적 치안 활동을 생산하는 것 자체도 자유시장을 실현하기 위해 요구되는 근본적 과업의 일부이다. 경제지리는 시장을 수행하는 작업에서 필수적이지만, 그러한 통찰력을 가지려면 접경지역으로의 여행이 필요하다.

4.5 결론

레이먼드 윌리엄스는 잉글랜드와 웨일스 접경지역에서 단지 살기만 한 것은 아니다. 그는 경계인으로서 인생에서 폭넓은 지적 모험을 추구하였다. 그는 1950년대 문화연구의 선구자 중 한 사람이었다. 그 프로젝트는 인간성과 사회과학의 학문적 접경지역에 있는 새로운 주제의 구축에 관한 것이었다. 사실상 윌리엄스는 문화연구를 간공간(間空間, interstitial space)에서의 삶, 즉 영어, 역사, 철학, 인류학, 사회학, 그리고 아마도 지리학을 포함하는 전통적인 학문 주제들 내에서의 삶으로 인식하였다. 문화연구는, 간혹 다소 반학문적인 것만은 아니지만, 근본적으로 학제적이다. 문화연구는 전통적인 학술적 학문 공간들의 사이 공간(in-between spaces)에 있으며, 그 위치를 이용하여 파괴하고 비판하였다[파괴적 사이성(disruptive inbetweenness)]. 전통적인 학문의 공간들 및 그것들 간의 경계에 비해 접경지역은 의무와 통제도 훨씬 덜 받고, 표준(그것이 무엇이든)에 덜 얽매여도 되며, 새로운 것을 시험해 보는 것에도 더 개방적이고, 우상에 도전하는 것에도 덜 두려워하며, 방법과 이론과 재현 스타일을 실험하려는 의지도 더 강하기 때문에 가능하였다. 문화연구는 순수성을

경제지리학

지향하기보다는 여러 가지를 끌어모으고 으깨어 섞으며, 세계를 전통적인 학술 범주가 재현하는 것보다 오히려 더 너저분하다고 인식한다.

그런 관점에서 이 장은 경계를 가로지르는 다양한 형태의 거래, 즉 교역지대의 성립과 연관되어 있는, 접경지역 경제지리학자들의 연구를 고찰하였다. 그들의 프로젝트는 윌리엄스의 문화연구만큼 급진적이지는 않다. 경제지리학자들은 사이 공간에서만 존재하는 새로운 브랜드의 학문을 만들려고 하지는 않았다. 그러나 그들은 점점 더 모험적이 되었으며, 윌리엄스와 마찬가지로 접경지역 연구의 주요한 정당성이 날카로운 비판, 즉 정주하지 않고 탈구하며 당연하지 않게 하는 능력에 있다고 믿게 되었다(제5장 참조).

접경지역에서 연구하기, 즉 교역을 하는 일은 불안한 일일 수 있다. 경우에 따라 그것은 치명적이기조차하다. 분과 학문들을 분리된 채 두려는, 경계를 폐쇄하거나 적어도 제한하려는 강력한 내부의 사회학적·제도적 힘들이 있다. 때때로 경계를 넘기 위해서는 힘겹게 연구하거나 맷집이 좋아야 한다. 그러나 특히 1980년 이후 경제지리학자들은 그렇게 하려고, 즉 새로운 교역지대를 확립하고자 노력하고 있다. 중요한 계기는 경제학과의 교역 패턴에서의 변화였다. 그때까지 주요 상호작용—대부분 경제학으로부터 경제지리학으로의 일방적인 흐름—은 본토의 신고전경제학이었다. 1980년 이후 흐름이 점점 바뀌어 본토에서 멀어져 비주류경제학이 군도를 이루는 여러 섬들로 이동하였다(그림 4.1). 교역은 더 활발해졌고(쌍방향으로), 비판에 더욱 초점이 두어졌다(대상은 보통 정통, 즉 신고전경제학). 경제지리학자들이 거래하는 대상은 전술한 종류의 경제학만이 아니다. 경제지리학자들은 밖으로 나가 윌리엄스 자신의 문화연구를 포함한 다른 사회과학들과도 관계를 맺고 있다. (우리의 확장된 사례 연구는 높은 잠재적 성취 수준을 보여 주지만) 이 관계 맺기가 항상 성공적인 것은 아니다. 아마도 가장 흥미로운 점은 경제지리학자들이 다른 학문들과 관계를 가지려는, 학문적 경계를 넘어 소통하려 하는 열정이다. 영국-아일랜드-

프랑스의 접경지역에서 산 극작가이자 소설가 사뮈엘 베케트(Samuel Beckett)는 유명한 말을 하였다. "시도하라, 실패하라. 더 열심히 시도하라. 더 좋은 실패를 하라." 그들의 접경지역 탐구에서 경제지리학자들은 더 열심히 시도하고 더 좋은 실패를 하고 있다.

주

1. 레이먼드 윌리엄스(Raymond Williams 1960)는 그의 첫 번째 소설의 제목을 'Border Country'로 지었다.
2. 가장 좋은 예는 (아래와 제2장에서 논의된) 신경제지리학 혹은 '지리경제학'과 연관된 London School of Economics의 지리·환경학과이다. 이 학과는 최근 2015년 QS(Quacquarelli Symonds) 학문별 세계 대학 순위에서 세계 2위(지리학과 지역연구)로 선정되었다.
3. 19세기 중엽 이후 페미니즘 운동에서 세 번의 물결이 있었던 것으로 일반적으로 인정된다. 첫 번째 페미니즘 물결은 여성의 기본적인 법적 권리, 평등권, 특히 참정권(투표할 권리)에 관한 것이었다. 1960년 즈음에 시작되어 1980년대까지 이어진 두 번째 페미니즘 물결은 그러한 권리를 재생산과 섹슈얼리티, 가족, 일터의 영역을 포함시켜 확장하는 것이었다. 1990년대에 시작되어 지금도 지속되고 있는 세 번째 페미니즘 물결은 섹슈얼리티와 인종, 문화, 종교를 포함해 여성들 사이의 폭넓은 차이를 탐색하는 것이다.

참고문헌

Agnew, J. 2012. Putting Politics into Economic Geography. In T. J. Barnes, J. Peck. and E. Sheppard (eds), *The Wiley-Blackwell Companion to Economic Geography*. Oxford: Wiley-Blackwell, pp.567-580.

Amin, A., ed. 1998. *Post-Fordism: A Reader*. Oxford: Blackwell.

Baran, P. 1957. *The Political Economy of Growth*. New York: Monthly Review Press.

Barnes, T. J. 1996. *Logics of Dislocation: Models Metaphors, and Meanings of Economic Space*. New York: Guilford Press.

Barnes, T. J. 2003. The Place of Locational Analysis: A Selective and Interpretive History. *Progress in Human Geography* 27: 69-95.

Berndt. C. and Boeckler. M. 2009. Geographies of Circulation and Exchange: Constructions of Markets. *Progress in Human Geography* 33: 535-551.

Berndt, C. and Boeckler. M. 2011. Performative Regional (Dis-)integration: Transnational Markets, Mobile Commodities and Bordered North-South Differences. *Environment and Planning A* 43: 1057-1078.

Berry, B. J. L. 1967. *Geography of Market Centers and Retail Distribution*. Englewood, NJ: Prentice-Hall.

Bhabha, H. 1994. *The Location of Culture*. London: Routledge.

Blaug, M. 1979. The German Hegemony of Location Theory: A Puzzle in the History of Economic Thought. *History of Political Economy* 11: 21-29.

Boschma, R. A., and Martin, R., eds. 2007. *Handbook of Evolutionary Economic Geography*. Cheltenham: Edward Elgar.

Callari, A. and Ruccio, D. eds. 1996. *Post-Modern Materialism and the Future of Marxist Theory*. Hanover, NH: Wesleyan University Press.

Callon, M., ed. 1998. *Laws of Markets*. Chichester: Wiley.

Chisholm, G. G. 1910. The Geographical Relation of the Market to the Seats of Industry. *Scottish Geographical Magazine* 26: 169-182.

Chisholm, M. 1962. *Rural Settlement and Land Use: An Essay in Location*. London: Hutchinson.

Cook, I. 2004. Follow the Thing: Papaya. *Antipode* 36: 642-664.

Cooke, P., ed. 1989. *Localities*. London: Unwin Hyman.

Dalton, G., ed. 1968. *Primitive, Archaic. and Modern Economics: Essays of Karl Polanyi*. New York: Doubleday.

Dunn, E. 2007. Of Pufferfish and Ethnography: Plumbing New Depths in Economic Geography. In A. Tickell, E. Sheppard, J. Peck. and T. J. Barnes (eds), *Practice and Politics in Economic Geography*. London: Sage, pp.82-93.

Elster, J. 1985. *Making Sense of Marx*. Cambridge. Cambridge University Press.

Galison, P. 1998. *Image and Logic*. Cambridge. MA: Harvard University Press.

Gibson-Graham, J. K. 1996. *The End of Capitalism (As We Knew It): A Feminist Critique of Political Economy*. Oxford: Blackwell.

Gibson-Graham, J. K. 2006. *A Postcapitalist Politics*. Minneapolis: University of Minnesota Press.

Grabher, G. ed. 1993. *The Embedded Firm. On the Socioeconomics of Industrial Networks*. London and New York: Routledge.

Grabher, G. 2006. Trading Routes, Bypasses, and Risky Intersections: Mapping the Travels of "Networks" between Economic Sociology and Economic Geography. *Progress in Human Geography* 30: 163-189.

Granovetter, M. 1985. Economic Action and Social Structure: The Problem of Embeddedness. *American Journal of Sociology* 91: 481-510.

Hacking, L. 1995. The Looping Effects of Human Kinds. In D. Sperber, D. Premack, and A. James Premack (eds), *Causal Cognition. An Interdisciplinary Debate*. Oxford: Oxford University Press, pp.351-383.

Hall, P. A., and Soskice, D., eds. 2001. *Varieties of Capitalism. The Institutional Founda-*

tions of Comparative Advantage. Oxford: Oxford University Press.

Harvey, D. 1974. Population, Resources and the Ideology of Science. *Economic Geography* 50: 256-277.

Harvey, D. 1982. *Limits to Capital.* Chicago: University of Chicago Press.

Hepple, L. W. 1999. Socialist Geography in England: J.F. Horrabin and a Worker's *Economic and Political Geography.* Antipode 31: 80-109.

Hodgson, G. M. 1993. *Economics and Evolution: Bringing Life Back into Economics.* Cambridge and Ann Arbor, MI: Polity Press and University of Michigan Press.

Isard, W. 1956. *Location and Space Economy.* Cambridge, MA: MIT Press.

Jessop, B. 1993. Towards a Schumpeterian Workfare State. Preliminary Remarks on a Post Fordist Political Economy. *Studies in Political Economy* 40: 7-39.

Jessop. B., and Sum, N-1. 2006. *Beyond the Regulation Approach: Putting Capitalist Economies in their Place.* Cheltenham: Edward Elgar.

Krugman, P. R. 1990. *The Age of Diminished Expectations: US Economic Policy in the 1980s.* Cambridge, MA: MIT Press.

Krugman, P. R. 1995a. Incidents from my Career. In A. Heerje (ed.), *The Makers of Modern Economics,* volume 2. Aldershot: Edgar Elgar, pp.29-46.

Krugman, P. R. 1995b. *Development, Geography and Economic Theory.* Cambridge, MA: MIT Press.

Kuhn, T. S. 1970. *The Structure of Scientific Revolutions*, 2nd edn. Chicago: University of Chicago Press.

Laclau, E. and Mouffe, C. 1985. *Hegemony and Socialist Strategy: Towards a Radical Democratic Politics.* London: Verso.

Larner, W. 2012. Reflections from an Islander. *Dialogues in Human Geography* 2: 158-161.

Lipietz, A. 1987. *Mirages and Miracles: The Crisis of Global Fordism.* London: Verso.

Lösch, A. 1954. *The Economics of Location*, 2nd edn, trans. W. H. Woglom with the assistance of W. F. Stolper. Originally published in German in 1940. New Haven, CT: Yale University Press.

MacKenzie, D. 2006. *An Engine, Not a Camera: How Financial Models Shape Markets.* Cambridge, MA: MIT Press.

Malinowski, B. 1922. *Argonaut of the Western Pacific: A Account of Native Enterprise and Adventure in the Archipelagoes of Melanesian New Guinea.* London: Routledge and Kegan Paul.

Marshall, A. 1919. *Industry and Trade.* London: Macmillan.

Marshall, A. and Pigou, A. 1925. *Memorials of Alfred Marshall.* London: Macmillan.

Martin, R. J. 2001. Institutional Approaches to Economic Geography. In E. Sheppard and T. J. Barnes (eds), *The Wiley-Blackwell Companion to Economic Geography.* Oxford:

Wiley, pp.77-94.

Massey, D. 1984. *Spatial Divisions of Labour: Social Structures and the Geography of Production*. London: Macmillan.

McCarty, H. H. 1940. *The Geographic Basis of American Economic Life*. New York Harpers & Brothers.

McDowell, L. 1991. Life without Father and Ford: The New Gender Order of Post-Fordism. *Transactions of the Institute of British Geographers* 16: 400-419.

McDowell, L. 2007. Sexing the Economy: Theorising Bodies. In A. Tickell, E. Sheppard, J. Peck, and T. J. Barnes (eds), *Politics and Practice in Economic Geography*. London Sage, pp.60-70.

McDowell, L. 2013. *Working Lives: Gender, Migration and Employment in Britain, 1945-2007*, Oxford: Wiley-Blackwell.

Nelson, R. R. and Winter, S. G. 1982. *An Evolutionary Theory of Economic Change*. Cambridge, MA: Harvard University Press.

Peck, J. 2005. Economic Sociologies in Space. *Economic Geography* 81: 129-176.

Peck, J. 2010. *Constructions of Neoliberal Reason*. Oxford: Oxford University Press.

Peck, J. 2012. Economic Geography: Island Life. *Dialogues in Human Geography* 2: 113-133.

Peck, J. 2013. Disembedding Polanyi: Exploring Polanyian Economic Geographies. *Environment and Planning A* 45: 1536-1544.

Peck, J. and Theodore, N. 2007. Variegated Capitalism. *Progress in Human Geography* 31: 731-772.

Peck, J. and Tickell, A. 1995 The Social Regulation of Uneven Development: "Regulatory Deficit" England's South East, and the Collapse of Thatcherism. *Environment and Planning A* 27: 15-40.

Peck, J. and Zhang, J. 2013. A Variety of Capitalism ... with Chinese Characteristics? *Journal of Economic Geography* 13: 357-396.

Pickles, J. 2012. The Cultural Turn and the Conjunctural Economy: Economic Geography, Anthropology; and Cultural Studies. In T. J. Barnes, J. Peck, and E. Sheppard (eds), *The Wiley-Blackwell Companion to Economic Geography*. Oxford: Wiley-Blackwell, pp.537-551.

Piore, M. and Sabel, C. 1984. *The Second Industrial Divide: Possibilities for Prosperity*, New York: Basic Books.

Polanyi, K. 1944. *The Great Transformation: The Political and Economic Origins of our Time*. New York: Farrar and Rinehart.

Samuelson, P. A. 1954. The Transfer Problem and Transport Costs II: Analysis of Effects of Trade Impediments. *The Economic Journal* 64: 264-289.

Schoenberger, E. 1997. *The Cultural Crisis of Firm*. Oxford: Blackwell.

Schoenberger, E. 2001. Interdisciplinary and Social Power. *Progress in Human Geography* 25: 365-382.

Schoenberger, E. 2007. Politics and Practice: Becoming a Geographer. ln A. Tickell, E. Sheppard, J. Peck, and T. J. Barnes (eds), *Politics and Practice in Economic Geography*. London: Sage, pp.27-37.

Sheppard, E. and Barnes, T. J. 1990. *The Capitalist Space Economy: Geographical Analysis after Ricardo, Marx and Sraffa*, London: Unwin Hyman.

Smith, N. 1984. *Uneven Development: Nature, Capital and the Production of Space*. Oxford: Blackwell.

Sraffa, P. 1960. *Production of Commodities by Means of Commodities: Prelude to a Critique of Economic Theory*. Cambridge: Cambridge University Press.

Veblen, T. 1919. *The Place of Science in Modern Civilisation and Other Essays*. New York: B.W. Huebsch.

Waring M., ed. 1989. *If Women Counted: A New Feminist Economics*. London: Macmillan.

Warren, K. 1970. *The British Iron and Steel Sheet Industry since 1840: An Economic Geography*. London: Bell & Sons.

Williams, R. 1960. *Border Country*. London: Chatto & Windus.

Willis, P. 1977. *Learning to Labour: How Working Class Kids Get Working Class Jobs*. Lexington, MA: Lexington Books.

Wise, M. 1949. On the Evolution of the Jewellery and Gun Quarters in Birmingham. *Transactions of the Institute of British Geographers* 15: 57-72.

Wolff, R. P. 1982. Piero Sraffa and the Rehabilitation of Classical Political Economy, *Social Research* 49: 209-238.

이론과 경제지리학의 이론들

5.1 서론

이제까지 제1부에서는 이 책이 열망하는 경제지리학의 비판적 그림을 위한 첫 스케치를 제시하였다. 그렇게 하면서 부지런히 붓을 놀렸지만 이제 우리가 본격적으로 시작하려는 주제, 즉 이론의 문제에 대해서는 상세하게 논하지 않았다. 제2장에서 확인한 오늘날 경제지리학의 지배적인 서사는 모두 이론적인 논의를 다양하게 발전시키고 있다. 제3장에서 살펴본 경제지리학의 역사는 적어도 부분적으로는 이론적 발전과 논쟁의 역사였다. 제4장에서 검토하는 다른 사회과학과 오고 간 내용은 전적으로 이론적 내용물이다. 그러므로 이제는 이론과 이론적 문제들을 앞으로 끌어올 차례이다.

이 장의 주요한 목표 중 하나는 이해하기 쉽게 설명하는 것이다. '이론' 하면 사람들은 겁을 먹곤 한다. 이론은 추상적이어서 손에 잡히지 않는 것처럼 보이거나, 나쁜 경우 현실과 맞지 않기도 한다. 이론이 다루는 범위가 지나치게 넓기도 하고 복잡할 수도 있다. 그리고 이론은 모든 것이거나 일부일 수도 있고, 그렇지 않을 수도 있고 그렇지 않아야 하기도 한다. 우리는 이론을 쉽게 접근할 수 있도록 돕고자 하지만, 그렇다고 생략하거나 단순화하지 않을 것이다.

이 장은 6개의 절로 구성되어 있다. 2절에서는 이론의 정의를 고찰하고, 경제지리학에서 '이론'이 갖는 다양한 의미와 역할들을 논의한다. 이론은 연구자들마다 의미가 달라지기도 하고, 그에 따라 연구 유형이 달라지기도 한다.

3절에서는 그러한 차이에도 불구하고 이론의 중요성, 특히 비판적인 이론의 중요성을 논의한다. 경제지리학이 건강하고 역동적이려면 이론에의 참여와 개발이 필수적이라고 우리는 제안한다.

경제지리학자와 지리학에 큰 영향을 끼친 많은 이론들은 주로 다른 곳에서 유래하였는데, 4절에서는 그 이론들의 범위와 유형을 탐색한다(제4장 참조). 선리(Sunley 2008, p.16)의 말처럼, 경제지리학은 역사적으로 "여타 학문에서 이론과 모델을 끊임없이 수입하는 성향"을 보여 왔다. 실제로 그러하였다.

그러나 사태를 방치하는 것은 경제지리학 **내에서** 이론적으로 혁신적이고 창의적인 연구가 이루어지는 데 방해가 될 것이다. 그러한 상황을 깨닫게 되면 다음으로 또 다른 중대한 질문이 제기된다. 경제지리학 자신의 이론적 지위는 무엇인가? '경제지리학 이론'이라는 것이 있는가? 있다면 그것은 어떤 것인가? 이 질문은 경제지리학을 이론의 수입 사용자가 아니라 이론으로 보는 질문으로서, 5절과 6절의 주제이다. 그 마지막 두 절에서는 오늘날의 경제지리학이 특히 이론적 언어에서 동력을 얻어야 한다는 비판적·평가적 논평으로 결론을 갈음하려고 한다. 우리가 제안한 것처럼 경제지리학이 이론적으로 활발해져야 한다면, 현재는 어떤 모습인가? 우리의 답변은 복잡하지만, 대체로 긍정적이다.

5.2 경제지리학에서 이론의 의미와 역할들

경제지리학에서 이론(들)을 논의하는 데 가장 큰 어려움은, 경제지리학 내에서든 그 밖에서든 경제지리학 자신과 마찬가지로 '이론'이 의미하는 바가 사람들마다 다르다는 점이다. 기본적인 개념 정의에서부터 경제지리학과 이론의 관계를 본질적으로 복잡하게 만드는 문제가 존재한다. 곧 보게 되겠지만, 경제지리학은 다양한 종류의 이론을 가지고 있으면서 또한 '이론'을 이해하는 방식도 다양하다는 특징을 갖는다. 즉 다양한 이론 자체들이 '이론'을 서로 다른 방식으로 이해한다는 것이다. 그러므로 우리는 경제지리학을 형성하는 특정 이론들을 고려하거나 경제지리학 자체의 이론적 내용과 지위를 살펴보기 전에, 먼저 경제지리학에서 통용되는 '이론'의 정의에 대한 접근 방식과 그것들이 왜 그렇게 다른지에 대해 고려해야만 한다.

5.2.1 설명으로서의 이론

사회과학에서 일반적으로 그런 것처럼, 경제지리학에서 이론은 전통적으로 설명을 의미한다. 데이비드 하비가 영향력 있는 그의 저서 『지리학에서의 설명(Explanation in Geography)』(1969, p.172)에서 제시하듯이, 이론화는 "상당히 믿을 만한 설명적 일반 진술을 개발하는 것"을 수반한다. 하비의 간단명료한 정의는 이론의 전통적 측면 중 두 가지를 더 강조한다. 하나는 일반성이다. 즉 이론에 의한 설명은 한 장소나 시간에만 적용되어서는 안 된다. 이론은 일반화되어야 한다. 다른 하나는 신뢰성이다. 좋은 이론은 하나의 설명으로 일관되게 작동한다. 이론의 설명 능력이 가끔은 몰라도 우리를 자주 실망시키면 안 된다.

  이론적 설명의 구조는 매우 다양할 수 있지만, 이론은 전형적으로 인과성 주장을 수반한다. 다시 말하면, 일반적 설명을 내세우는 이론들은 결과와 배후 요인 간의 인과관계를 설정하게 된다. A가 B의 원인이다. 노동자에 대한 자본가의 착취는 사회적 소득 불평등의 원인이다. 그런데 이와 같은 사회-과학 이론(social-scientific theory)의 정의를 지지하는 사람들은 종종 한 걸음 더 나아가곤 한다. 이론이란 모름지기 눈에 보이는 세계의 원인을 찾는 것만으로는 부족하다고 그들은 말한다. 이론이란 어떤 출발 조건이 주어지면 세계를 예측할 수 있어야 한다는 것이다. 이것에 대해서는 나중에 더 논의하기로 하자

하지만 이론이, 관습적으로, 인과적 설명에 중심을 둔 것 것이라면, 실제로 어떤 모습일까? 우리가 그것을 마주하게 되었을 때 어떻게 그것을 이론으로 인식할 수 있을까? 문학평론가 조너선 컬러(Jonathan Culler 1997, pp.2-3)는 몇 가지 유용한 요점을 지적한다. 핵심만 간추리면, 이론은 "명제들의 일정한 집합"이다. 즉 A는 B의 원인이다; C는 D의 원인이다; A와 C는 함께 E의 원인이다. 실제로 이론은 보통 이보다 훨씬 많은 연관 명제들로 이루어져 있다. 이론은 "분명하지 않을 수 있다. 이론은 다수의 요인 가운데서 하나의 체계적인 복잡한 관계들로 이루어져 있다. 그래서 이론은 쉽게 확증되거나 반증되지 않는다."라고 컬러는 말했다.

그러나 아마 다른 무엇보다도 인과적 설명으로서의 이론은 **추상적**이다. 이것은 무슨 뜻일까? 추상적이라는 것이 모호하거나, 손에 잡히지 않거나, 어렵다는 것을 뜻하지는 않는다. 오히려 추상적이라는 것은 경험적으로 특수한 개별 사례나 상황으로부터 추출된 것이고, 따라서 개별적인 것에 비해 간추려진 것을 의미한다. 사회학자 키런 힐리(Kieran Healy 2017, pp.122-123)는 다음과 같이 부연한다. "우리는 다양한 사물이나 사건들(물체, 사람, 국가 등)에서 시작하여 개별적인 차이를 **무시함**으로써 '가구(家具)', '명예살인', '사회민주적 복지국가', '백인 우월주의' 따위와 같은 모종의 추상적 개념을 만들어 낸다. 그러므로 이론적 설명은 적어도 2개의 추상적 실체 사이의 인과관계에 대한 설명이다. 예를 들어, 주류경제학에서 우리는 소비라는 추상적 실체와 한계효용이

라는 추상적 실체 사이의 인과관계를 진술할 수 있다. 즉 주어진 재화의 소비가 증가하면 그 재화의 한계효용이 감소한다.

'이론'에 대한 이와 같은 전통적인 인과-설명적 해석은 현대 경제지리학의 많은 부분에서 번성하고 있다. 제2장에서 확인한 경제지리학의 두 지배적인 서사 또는 '학파', 즉 '지리경제학'과 '자본주의의 지리'의 정치경제학적 전통을 생각해 보자. 전자에 대한 한 지지자는 다음과 같이 말한다(Overman 2004, pp.512-513). "경제활동이 공간상에 불균등하게 분포되어 있다는 사실"로부터, "가장 중요한 것은 그 규칙성을 설명하는 것"이다. 이 분야에 있는 사람들은 형식적인 수학적 모델(제4장과 제6장)을 사용하여 그러한 가설적 규칙을 표현하려 하는데, 그렇게 해야 "무슨 요인이 결정적인지 확인할 수 있다."라고 믿기 때문이다. 한편, 경제지리학의 정치경제학자들은 "경제의 지리를 [만들어 내는] 과정을 효과적으로 개념화하려는 데" 목표를 두고 인과적 설명 형태의 이론에 더 얽매인다(Hudson 2001, p.16). 우리는 이 장의 뒷부분에서 그러한 개념화 중 일부를 접하게 될 것이다. 두 학파는 큰 차이가 있지만 설명적 이론과 특히 추상화를 공히 선호한다. 세계를 설명하기 위해서는 일반적 '규칙'이나 '법칙'을 개별 사례로부터 분리하여 추상화할 필요가 있다고 두 학파는 주장한다.

5.2.2 그 밖의 혹은 그 이상의 것으로서의 이론?

그러나 이론에 대한 전통적인 인과-설명적 해석에 경제지리학과 관련된 모든 학자들이 찬성하는 것은 아니다. 어떤 사람들은 격렬하게 반대한다. 왜 그럴까?

사회학자 찰스 틸리(Charles Tilly)의 저서 『왜?(Why?)』는 한 가지 이유를 제시한다(Tilly 2006). 그는 사람들이 (무수한 양상의) 무수한 질문에 대답할 때 상이한 설명 양식과 형태들이 있다는 점에 주목하였다. 이로부터 틸리는 사회적 맥락이 가장 중요하다고 주장하였다. 맥락이 달라지면 설명도 **달라지므로**, 설명은 맥락으로부터 독립적일 수 없다는 것이다.

우리는 이러한 통찰을 더 일반적으로 경제지리학 및 사회과학의 이론으로 확장할 수 있다. 철학자 사이먼 크리츨리(Simon Critchley 2015)가 지적한 바와 같이, 어떤 현상은 인과적 설명이 필요한 반면, 다른 어떤 현상은 "명료화(clarification)"나 "해명(elucidation), 곧 더 풍부하고 더 표현적인 기술(description)"과 같은 다른 **종류**의 이론을 필요로 한다는 막스 베버의 유명한 주장이 있다. 물론 크리츨리는 동의한다. 그리고 우리 자신이 사회이기 때문에 "인과적 설명이 필요한 경우와 심층 기술, 명료화 또는 해명이 필요한 경우"를 우리는 잘 분간하지 못한다고 그는 생각하였다. "그렇지 않을 때조차 모든 경우에 설명과 같은 것(보통 인과적인)이 적절하다고 우리는 혼동하여 상상하는 경향이 있다."라는 것이다.

일반적으로 사회과학에서, 특수하게는 경제지리학에서 '이론'에 대한 다른 이해가 통용되는 이유 중 하나는 일부 학자들이 인과적 설명이 언제나 반드시 연구 대상에 대한 올바른 '이론적' 대응은 아니라고 믿기 때문이다. 예를 들어, 크리스티안 베른트(Christian Berndt)와 마르크 뵈클러(Marc Boeckler)의 상품 사슬의 경제지리 연구(2011)를 살펴보자(제4장 참조). 그들이 연구하는 사슬의 특정한 부분들은 학문적·정치적 담론으로부터 흔히 배제되기 때문에, 그들은 이러한 사슬을 구성하는 이질적인 네트워크와 연관성의 해명(설명만큼, 또는 그것 이상으로)을 돕는 이론이 필요하다고 주장한다. 그들이 인류학자 클리퍼드 기어츠(Clifford Geertz 1973)가 제창한 "심층 기술(thick description)"의 민족지 방법과 같은 것을 제공하는 행위자-네트워크 이론(actor-network theory, ANT)(제7장)에 눈을 돌리는 것도 이 때문이다. ANT는 인과적 설명을 강조하지 않을 수도 있지만, 그 사용자에게 ANT는 이론이며 연구의 내용과 맥락에 적합하다.

이론에 대한 전통적 접근법에 관한 다른 경제지리학적 비판으로, 예를 들어 깁슨-그레이엄(J. K. Gibson-Graham 2008; 2014; 제3장 및 제4장)과 같은 이는 설명 자체가 문제라고 비판한다. 그렇기 때문에 그들은 이론의 개념 자체가 추상, 인과, 설명력에 뿌리를 두는 전통적인 방식으로부터 전적으로 탈피해야 한다고 주장한다.

그들은 왜 그럴까? 그 이유는 어느 정도는 '학문적'이다. 깁슨-그레이엄은 현실 경제지리의 복잡하고, 난삽하고, 변화무쌍한 상황에 대해 일반적이고 신뢰할 수 있는 설명을 요구하는 것은 무리라고 주장한다. (오만하거나 엘리트주의적이지 않더라도) 학자들이 자신이 연구하는 모든 것에 대해 다 알고 있다는 자부심, 즉 근육질의 '하느님 콤플렉스'를 벗어난다는 것은 비현실적이다. 깁슨-그레이엄 등은 설명으로서의 이론(theory-as-explanation)에 전적으로 회의적인 것은 아니지만, 이론이 갖는 지나치게 확신에 차고 확장적인 인과 주장, 즉 A는 어디서나 항상 B의 확실한 원인이라는 주장에 의문을 제기한다.

전통적인 '이론'에 대한 이러한 도전의 이유는 정치적인 것이기도 하다. 설명이 지나치게 상아탑 같지 않느냐고 비판자들은 주장한다. 가장 중요한 것은 세계를 이해하는 것이 아니라 바꾸는 것이라고 마르크스는 말했다. 깁슨-그레이엄은 이를 연구의 주요 목표로 보았다. 설명으로서의 이론은 이 노력에서 우리를 단지 여기까지 이끌어 낼 수 있을 뿐이다. 우리의 세계에는 윤리적 삶을 장려하는 "공동체 경제"와 같은 더 비자본주의적이거나 자본주의를 넘어서는 경제 체제가 필요하다고 그들은 주장한다(제3장 참조). 우리의 목표가 정녕 "다른 경제들을 확대하는 것이라면, 이론에 대한 지향도 다른 것으로 채택할 필요가 있을 것이다." 그렇게 하면 "우리는 자유와 가능성의 공간을 볼 수 있을 것이다"(Gibson-Graham 2008, pp.618-619).

아울러 설명으로서의 이론에 대해 다른 관점을 강화하는 경우에는 (사회)과학의 기저에 놓여 있는 철학에서 깊은 차이를 보이는 경우가 많다. 이는 경제지리학 내에서 '이론'에 대한 다양한 이해를 설명하는 데 도움이 된다. 전통적 모습의 이론을 지지하는 사람들은 사회과학도 자연과학이 설계된 방식으로 **인식론적**이고자 노력하여야 한다고 주장한다. 벤트 플뤼비에르(Bent Flyvb-jerg 2001, p.3)의 지적처럼, 사회과학도 "설명력과 예측력 있는, 즉 '지식의' 이론"으로 설계되어야 한다는 것이다. 그러한 관점의 핵심 전제는, 우리의 이론이 외부의 독립된 실체를 정확히 반영하여야 하고, 그렇게 판단될 수 있다는 것이다. 그러나 플뤼비에르와 같은 비판가들에게 이 철학은 내재적으로 결함이 있다. 그는 이렇게 말한다(Flyvbjerg 2001, p.32). "사회과학이 자연과학의 패러다임을 흉내내려는 시도를 200년 이상 하였으면 그 원하는 방향, 즉 예측력 있는 이론으로 옮아 가게 될 것이라는 적어도 하나의 징후라도 합리적으로 기대할 수 있다. 그러나 그런 것은 없었다."

그러나 설명을 위해 노력하는 모든 이론이 플뤼비에르의 의미에서 엄격하게 인식론적인 것은 아니다. 앞서 우리가 비교한 경제지리학의 두 전통 '지리경제학'과 '자본주의의 지리'는 이론에 대한 이해에서 그랬던 것처럼 여기서도 의견이 다르다. 주류경제학 자체와 같은, 예측이 핵심적 열망인 전자의 전통은 인식론적인 본보기이다. 그러나 현실의 정확한 반영으로서의 이론에 덜 입각해 있는 후자는 인식론적인 부담을 일부 털어 낸다. 이러한 차이의 대부분은 과학철학에서의 근본적인 차이 때문이다.

'지리경제학'은 철학적으로 주로 **실증주의적**이다. 실증주의는 이론중립적, 가치중립적인 단순 감각 인지(즉 관찰)를 통해 실재에 접근할 수 있다고 가정한다. '자본주의의 지리'에 흐르는 정치경제학은 실증주의적이지 않다. 한 가지 이유는 자본주의의 지리가, 하비(Harvey 1972, p.4)가 또 다른 기념비적인 (경제)지리 이론에서 언급한 바와 같이, "사회과학은 사회에 현존하는 기존 사회적 관계와 관련하여 개념, 범주, 관계, 방법을 구성한다"는 것을 받아들이기 때문이다. 그러므로 사용된 개념 자체는 그들이 설명하도록 설계된 바로 그

경제지리학

현상의 산물이다. 다른 한 이유는 정치경제학이 사회적 실재에 정말 중요한 어떤 것도 간단히, 문제없이 관찰될 수 있다는 생각을 반대하기 때문이다. 사회와 경제의 핵심적 동학은 이면 사회구조의 기저 속에 감추어져 있다. 그러므로 우리의 이론적 과제는 경험적 대상 사이의 관계가 아니라, 그것들을 생산하는 구조에 대해 일반화하는 것이어야 한다. 정치경제학은 실증주의적이 아니라 **구조주의적**이다. 그리고 정치경제학은 혁명적 미래에 대한 마르크스 자신의 유명한 기대 때문에 예측을 조심스러워한다.

이 모두는 우리가 시작한 비판적 관찰, 즉 경제지리학이 '이론'에 대한 대단히 다양한 이해 방식, 또는 제이미 펙(Jamie Peck 2015)이 말한 "이론–문화(theory-culture)"의 본고장임을 설명하는 데 도움을 준다. 단일한 경제지리학 이론도 없지만, 무엇이 '이론'을 **구성하는가**에 대한 합의도 경제지리학에는 없다.

어떤 이론도 경제지리학에서 이해되고 적용된 다양한 방법에 대한 전체 목록을 제공하는 것은 불가능하다. 여하튼 그것은 아마도 별로 도움이 되지 않을 것이다. 그러나 우리는 이론에 대한 두 가지의 넓은 이론–문화 또는 지향성이 있다고 주장한다. 하나는 설명을 중심에 두는 이론에 대한 전통적인 해석이다. '자본주의의 지리'와 '지리경제학'은 차이가 있지만 모두 여기에 속한다. 두 번째 '문화'는 사실상 다른 모든 것들이다. 즉 아마도 전통적인 이론에 대한 회의주의와 설명의 초점과 지향이, 그것이 무엇인가보다 무엇이 아닌가로 정의되는 일종의 혼종문화이다.

반드시 경제지리학과 관련된 것은 아니지만, 다른 지리학자들이 이전에 이 두 가지 이론–문화를 논의한 바 있다. 그것들에 대해 새로운 용어를 제안하기보다는 독자들에게 이러한 기존 분류를 제시하는 것이 좋을 듯하다. 그중 세 가지를 그림 5.1에서 다룬다.

이러한 분류에 대해 많은 언급을 하고 싶지 않거니와 그럴 필요도 없다. 그것들은 대체로 스스로 잘 말하고 있다. 다만 한 가지 명확히 할 점이 있다. 깁슨-그레이엄과 신디 카츠(Cindi Katz)가 각각 사용하는 "약한(weak)"과 "소수(minor)"의 의미에 관한 것이다. 이 용어들은 쉽게 오해될 수 있다. 따라서 분

	깁슨-그레이엄(2014)	카츠(1996)	펙(2015)
'이론'의 전통적 해석	"강한 이론" "사태를 이해 가능하고 예측 가능한 궤도로 조직하려 하고, 어떤 실천들 간 강한 연관을 이론화하려는 강한 담론이다." … "경제적인 변화에 대해 말하기 위해 개인 이해관계, 경쟁, 효율성, 자유, 혁신적 기업가주의, 착취, 사적 이득 추구 따위와 같은 몇몇 동기의 집합을 지속적인 힘으로 선별하고 다른 것들은 무시한다."	"다수 이론" "전문성(mastery)을 구성한다. 전문성은 게임 참여자들이 규칙에 따라 게임하는 사람들을 존중하게 되는 것처럼, 점진적이고 선형적이며 지배적인 방식으로 지식을 다루는 방식이다." … "다수 이론은 특별한 조건들하의 특정 역사지리에서 지배적인 이론(들)이다." … "다수성(majoritarianism)은 숫자가 많다고 해서 보증되지 않는다. 어떤 것을 제약받지 않고 선언하는 주체가 되어, 모든 것을 관찰 아래 두는 항상적 동질 시스템을 산출하는 주체가 되는 것으로 보증된다."	"종합하기(lumping)" "일반화된 분석 범주를 정련하고 재구성하는 데 관심이 있다" … "다양성 속에서 패턴과 연관성을 찾아내려 하고" … "자본주의, 금융화, 신자유주의와 같은 비교적 크고 연결된 범주로 구성해 내려 한다."
'이론'의 대안적 해석	"약한 이론" "뉘앙스, 다양성, 중층 결정된 상호작용을 다루려 한다. 약한 이론은 이미 알려진 것을 정교화하고 확증하려 하지 않는다. 그것은 새로운 지식을 관찰하고, 해석하고, 산출한다." … "약한 이론은 경제적 변화에 대해 어떤 하나의 방향이 있다고 가정하지 않는다. 오히려 하나의 '경제'를 구성하는 이질적인 경제 실천들에 따라 위기와 안정성이 다르게 경험되는 방식에 주의를 기울인다."	"소수 이론" "이론과 실천을 동시에 변화시키기 위해 투쟁하고" … "다수 이론의 제약을 흔들어댄다." … "무한히 변형적이고 밀접하게 관계적이다." … "소수 이론은 전문성에 관한 것이 아니다. 소수 이론의 정치학은 이론의 개념을 활기차게 하는 데, 즉 생기 있고 재미 있게 하는 가능성에 기초하지만, 그 의도는 대안적인 주체성, 공간성, 시간성을 창출하려는 것이다."	"해체하기(splitting)" "이러저러한 포괄적인 정식에서 중요한 예외를 찾아내려고 한다. 그리하여 경제의 대안적인 배열과 비전을 찾으려 하고, 실제적으로 무시되고 겉보기에 주변적인 것들을 이론적 및 정치적으로 다채롭게 보이는 것으로 옮기려 하며, 단일성의 경향을 보이는 것에 대한 활발한 차이들에 가치를 부여한다."

그림 5.1 경제지리학의 이론-문화: 세 가지 구분

경제지리학

명히 말하면, 깁슨-그레이엄의 "약한" 이론은 그 자체로 약하지 않으며, 특히 다양한 비자본주의 경제와 같은 상이한 생활세계를 생각하게 하는 능력 측면에서는 그렇지 않다. 마찬가지로 카츠의 "소수" 이론은 그 중요성이 작지 않다. 오히려 깁슨-그레이엄과 카츠는 주로 문제가 되는 이론의 설명과 주장의 범위를 언급하기 위해 "약한" 그리고 "소수"라는 이름표를 사용한 것이다.

약한/소수 이론은 한마디로 더 겸손한 이론을 의미한다. 심지어 설명은 그들의 주된 목표가 아닐 수도 있다. 문학이론가 어맨다 앤더슨(Amanda Anderson 2005, pp.3-4)에 따르면, 그러한 이론은 이해보다는 "삶의 방식"에 더 비중을 두고, 실천적·실존적 차원과 "주체적인 효과 및 실행"을 강조한다. 그 기저에 놓여 있는 사회과학 철학은 전형적으로 인식론적이라기보다는 **해석학적**이다(Flyvbjerg 2001; Barnes 2001). 이 철학에 따르면, 단 하나의 설명적 답변은 없다(Critchley 2015). 그리고 해석학은 세계의 이해에 관한 것만이 아니라, 저자 자신을 포함한 세계의 **이해**를 이해하는 것에 관한 것이기도 하다. 인식론에서 해석학으로 전환하는 것은 단지 하나의 이론을 다른 이론과 교환하는 것을 의미하지는 않는다. 오히려 이론에 관한 관념을 바꾸는 것이다. 해석학 이론은 단 하나의 형태를 가지고 있지도 않고, 배타적인 진리를 가지고 있지도 않다. 그것은 부득이하게 복잡하고, 확장적이며, 비결정적이다.

5.3 (비판적)이론을 위해

경제지리학에 대한 비판적 개론의 제공에서, 그리고 경제지리학 내외의 이론에 관한 이 장에서, '이론' 자체가 어떻게 이해되고 동원되며, 어떤 이론이 우월한가에 관해 우리의 입장은 불가지론이다. 이론-문화나 철학으로 말하자면, 경제지리학에는 펙(Peck 2015)의 "종합하기"와 "해체하기" 모두 있을 수 있다(그림 5.1). 어떤 이론이 경제과정에 지리가 실질적으로 내포되어 있음을 성공적으로 드러내거나, 혹은 어떤 학자가 성공적으로 드러내는 데 그 이론이 기여하기만 한다면, 우리는 그 이론을 긍정적으로 평가할 것이다. 이 말은 우리가 모든 이론이 똑같이 든든하고 유용하며 가치 있다고 생각한다는 뜻이 아니다. (또한 우리 자신의 연구를 이론적으로 선호한다는 것도 아니다. 우리는 그러지 않는다). 그것은 경제지리학에서의 이론적 혁신과 다양성에 대한 개방성을 의미한다.

그러나 우리는 이론 자체가 경제지리학에서 중요하다는 것과, 특히 비판적 이론이 중요하다는 것에 관해서는 불가지론자가 아니다. 경제지리학이 적실하고, 통찰력 있으며, 구성적 분야로 남기 위해서는 이론적으로 참여적이고, 이론적으로 비판적이어야 한다. 경제지리학에서 이 두 가지 차원의 '좋은' 이론적 실천을 차례대로 다루어 보자.

5.3.1 지속가능한 일반화로서의 이론

첫째, 우리는 이론을 위한 강력한 사례를 만들고자 한다. 경제지리학은 '이론적'이어야 한다. 즉 기존의 이론에 참여하되, 단순히 기존 이론을 사용하는 것이 아니라 그것을 재구성하는 데 관심을 가져야 한다. 이 사례를 만들기 위해 우리는 이론에 대한 최소주의적인 정의를 제안한다. 그 정의는 이전 절에서 제기된 이론-문화의 범위를 잠재적으로 포괄할 수 있다. 닐 스미스(Neil Smith 1987, p.67)는 이론을 "지속가능한 일반화"라고 불렀다. 그러한 일반화는 설명적일 수 있고, 매우 자주 그럴 것이다. 그러나 반드시 그럴 필요는 없다. 예를 들어, 이론의 유용성은 설명력보다는 그 정치적 영향, 수사적 힘, 또는 다양한 경제행위에 대한 명령과 지침이 되는지 여부에 있을 수 있다.

경제지리학은 왜 일반화를 위해 노력해야 하는가? 그렇지 않으면 스미스(Smith 1987, p.60)가 "경험주의의 심연(abyss of empiricism)"이라고 표현한, 즉

경제지리학

모든 것이 고유하고 특수하며 차별적이고 다른 것과 연결되지 않은 채로 남아 있는 곳으로 떨어지기 때문이다. 이것은 경험적 연구가 불필요하다고 제안하는 것이 아니다. 물론 그렇지 않다. 그러나 스미스(Smith 1987, p.62)가 정확히 주장한 바와 같이, "중요한 것은 그 경험적 자료로 무엇을 설명하는가이다." 만약 그것이 스스로 정립하여 자신의 이야기를 할 것이라면, 이 자료는 가치가 제한된다. 스미스가 선호하는 특정 관점(마르크스주의)이 아니더라도, 일종의 "공유된 이론적 관점"이 있어야 해당 자료에 생명을 불어넣고 살아 있게 한다. 이것이 이론이 "늘 적극적 요소인 이유이다. 이론은 단순히 전개되는 경험적 연극의 배경으로서 기능할 수 없지만 무대 앞부분의 공동 주연임에 틀림없기" 때문이다.

"공동"이라는 수식 어구를 주목하라. 스미스는 "추상적 이론의 심연"도 경험주의의 심연 못지않게 문제가 된다는 것을 잘 알고 있었다. 사회학자 리처드 스웨드버그(Richard Swedberg 2014, pp.14-15)가 관찰한 바와 같이, 추상적이고 설명 지향적인 이론은 때때로 경험적 자료와 전혀 연결되지 않으며, 심지어 연결되는 경우에도 자료가 이론을 '예시하기'만 하는 경우가 많다. 그러한 경우에는 이론이 가장 먼저 나온다. 그러나 이것은 스미스가 옹호하는 이론과 경험적 자료의 관계가 아니며, 우리가 추천하는 것도 아니다.

대신에 이론적으로 가장 잘 참여하는 경제지리학은 심연들 사이에 있는 "칼날 위의 경로 걷기"를 시도하면서 스미스(Smith 1987, p.60)가 고안한 "중간 지대(middle ground)"를 개척하는 것이라고 생각한다. 이 길을 정확히 어떻게 걷느냐 하는 문제는 경제지리학에서 가장 창의성을 발휘한다. 우리는 교과서적인 답을 갖고 있지 않다. 앤드루 세이어(Andrew Sayer 1982, p.72)는 경험적 연구는 "확립된 개념화"의 "적합성을 확인하도록" 설계되어야 한다고 주장한다. 우리도 동의한다. 레이 허드슨(Ray Hudson 2001, p.28)은 "생산조직과 그 지리에 대해 경험적으로 관찰 가능한 형태들"과 이론적인 추상이 연결되려면 양자 간에 "중간 수준의 이론적 다리"가 필요하다고 주장하였다. 우리는 이 역시 좋은 접근이라고 생각한다. 그러나 우리는 도린 매시(Doreen Massey 1995a, p.304)와 함께 이론화에 포함되는 일반화는 "필요한 경험적 결과에 대한 명제를 함축해서는 안 된다."라는 것을 또한 강조한다. 스미스 등은 비판하였지만, 우리는 매시의 "불확실성의 수용"에 공감한다.

5.3.2 비판으로서의 이론

더욱이 최선의 경제지리학은 이론적으로 비판적이다. '좋은' 이론은 비판적 관점을 채택할 뿐만 아니라 그 본질에 있어 비판적이다. 좋은 이론은 '비판(critique)'이다. 컬러(Culler 1997, p.4)는, 사회 이론은 "통념에 대한 신랄한 비판과, 나아가 '상식'이라고 주어진 것이 사실은 역사적 구성물이며, 너무 자연스럽게 보여서 우리가 미처 이론이라고 생각지도 못한 것이 사실은 특수한 이론임을 보여 주려는 시도"로 이루어져 있다고 말한다. 컬러에게는 비판, 즉 주어진 것에 대한 비판이 이론의 전부인 셈이다. 그러므로 이론은 우리가 이론적 지혜라고 인식하는 것, 그리고 습관화나 선동이 사실처럼 만들어 낸 것 두 가지 모두에 대해 의문을 제기하고 필요하다면 재개념화하는 것이기도 하다.

그러므로 이론의 역사는 비판의 역사이다. "문제의 현상에 관해 이전에 성취한 이해에 대해 문제를 제기하고 다시 정식화하면서 끊임없이 엄밀하게 개념화하는 과정"이다(Massey 1995a, p.304). 아마도 이 틀에서 가장 유명한 경제 이론의 사례는 마르크스의 『자본론』인데, 그 부제를 정치경제학이 아닌 정치경제학 **비판**으로 붙였다는 점에서 가장 적절한 사례가 된다. 마르크스는 자본주의를 개념적 공백이나 허공 속에서 이론화하지 않았다. 그는 기존의 정치경제학 이론(특히 애덤 스미스와 데이비드 리카도의 그것)의 모순, 침묵, 기득권을 규명하고 급진적으로 재작업함으로써 그렇게 하였다. 우리가 장 후반에서 보게 될 것처럼, 가장 중요하고 영향력 있는 경제지리적 이론은 마르크스의 이론으로 마르크스처럼 함으로써 만들어졌다. 그러한 이론은 본질적으로 '비판적'이다.

이론을 신랄하되 존중하는 비판의 형태라고 생각하는 것은, '이론'을 "통달함(mastery)"(Katz 1996)과 동일시하면 결국 실패하게 된다는 인식이다. 분명히 어떤 이론가는 통달하게 되는 것을 추구하고, 어떤 학생들은 통달하게 되는 이론을 동경한다. 그러나 컬러(Culler 1997, p.16)가 인식하듯이, 이론을 비판으로 생각하면, 이론은 "통달이 가능하지 않다. 그것은 더 알아야 하는 것이 항상 있기 때문이기도 하고, 특히 그리고 고통스럽게도 이론 자체가 추정된 결과와 그것이 근거한 가정들에 대해 의문을 제기하는 것이기 때문이기도 하다." 우리가 이 책에서 독자에게 권장하듯이, 이론적이 되도록 선택하는 것은 이러한 의미에서 겸손함을 받아들이는 것이다. "이론의 본질은, 당신이 알고 있다고 생각하였던 것을 전제와 공준(公準)을 따져 봄으로써 되돌리는 것이다." 그러므로 "이론의 중요성을 인정한다는 것은 수정 가능성을 받아들이고, 당신 스스로 당신이 모르는 중요한 것들이 항상 있다는 입장을 견지하는 것이다"(Culler 1997, p.16).

그러나 기존 이론에 대해 '신랄하게' 비판하는 것이 비판이론(critical theory)의 상한, 즉 경제지리학 및 다른 분야에서 가장 비판적인 것일까? 그렇지 않다. 저명한 경제지리학자를 포함하여 많은 학자들이 그러한 비판은 필요하지만 이론이 진실하고 비판적이기 위해서는 그것으로 충분하지 않다고 주장한다. 예를 들어, 하비(Harvey 1972)는 지리학은 '비판적' 이론이 아니라 '혁명적' 이론이 필요하다고 생각한다. 이 말은 혁명적인 정치 슬로건의 거친 이미지를 떠올리게 하고, 바리케이드를 세울 것을 요청할 것만 같다. 그렇지만 하비의 주장은 그렇게 간단치 않다. 경제지리학에서 잠재적으로 무엇이 이론/비판이 될 수 있고, 무엇을 할 수 있는지 시그널을 준다는 점에서 그의 주장은 고려할 만하다.

마침 하비가 염두에 두고 있는 이론의 유형이 흔히 '비판이론'이라고 알려진 소위 프랑크푸르트학파의 철학, 사회학, 정치경제학에서 발전한 이론의 접근 방법에 현저히 가깝기 때문에, 그가 '비판'이론보다 '혁명'이론이라는 말을 사용한 것은 아이러니하다(글상자 5.1: 비판이론 참조).

프랑크푸르트학파는 경제지리학자들에게 중요한 교훈을 준다. 특히 세 가지 유형의 비판의 중요성을 인식하게 하였다는 점이다. 우리는 이를 하비 자신의 '혁명적' 이론에 따라 논의하고자 한다.

첫째, 프랑크푸르트 전통에서 비판이론은 자기비판적이다. 그것은 **자신의** 이론/비판에 내재된 관점과 권력관계에 맞서기를 주장한다. 정치학자(이자 비판이론가) 로버트 콕스(Robert Cox)에 의하면, "이론은 항상 누군가를 **위한** 것이고 어떤 목적을 **위한** 것이다. 모든 이론은 관점을 가지고 있다"(Cox 1981, p.128). 프랑크푸르트학파의 또 다른 지지자인 지리학자 닐 브레너(Neil Brenner 2009, p.202)가 말한 것처럼, 그것은 모든 이론이 부분적으로 "특정한 역사적 조건과 맥락"에 의해 가능하기 때문이다. 어떤 이론가도 맥락적으로 "역사의 특정한 시간/공간을 '벗어'날 수 없다".

이론적으로 자기비판의 첫 단계는, 우리가 그렇지 않다고 생각할 때조차 우리가 이론을 "사용하고 있다"고 판단하는 것이다. 결국 아무리 순수하고 편견이 없을지라도, 모든 관찰은 "기존 의미의 틀을 통해 굴절된" 상태라는 뜻에서 이론-의존적(theory-laden)이다(Gibson-Graham 2014, p.148). 과학적 설명의 근거를 이론-중립적(theory-neutral) 관찰에 두는 실증주의의 이상은 그저 이상일 뿐이다. 이론은 "부재할 수 없으며 지나칠 수도 없다"(Gibson-Graham 2014, p.148).

그러나 이론의 편재성(遍在性)을 인정하는 것만으로는 충분하지 않다. 우리는 또한 질문, 종종 불편할 수 있는 질문을 해야 할 필요가 있다. 우리의 이론이 특권화하는 것은 누구의 관점이며, 그리고 특정한 사회적 관계 유형을 받

글상자 5.1

비판이론

'비판이론'이란 무엇인가? 그 질문에는 두 가지 주요 대답이 있다. 첫 번째는 일반적이다. 즉 비판이론은 자본주의에 대해, 정치적 억압에 대해, 다른 이론에 대해, 이론을 회피하는 경험주의에 대해, 다른 어떤 것에 대해 어떤 관점에서 비판하는 이론이다. 두 번째는 좀 더 특수한 경우이다. 즉 비판이론은 프랑크푸르트 사회연구소(Institute for Social Research in Frankfurt)와 관련된 특정한 이론 전통으로서, 1930년대부터 1950년대까지 몸담았던 주요 이론가와 그들의 저명한 후계자들에 의한 전통이다. 이 특정한 전통의 비판이론은 사회를 이해하는 것뿐만 아니라 비판하고 변형시키는 것과 관련된 이론이다.

프랑크푸르트 사회연구소는 처음에 마르크스주의에 영감을 받아 1923년 설립되었다. 연구소의 초기에는 비교적 특출하지 않았지만, 1930년 독일의 유대인 철학자이자 사회학자인 막스 호르크하이머(Max Horkheimer)가 지도하면서 변화가 시작되었다. 독일 노동운동의 영향력이 점차 쇠퇴해 가는 역사적 상황에서, 호르크하이머가 주도하는 프랑크푸르트 사회연구소는 정통 마르크스주의를 벗어나 이단적인 지적 전통을 수립하는 장기적인 과정을 시작하였다.

호르크하이머와 함께, 아마도 가장 영향력 있는 2명의 프랑크푸르트 이론가들은 그가 1920년대 초에 학생으로 만났던 오랜 친구이자 협력자인 테오도어 아도르노(Theodor Adorno)와 허버트 마르쿠제(Herbert Marcuse)이다. 아도르노와 마르쿠제도 연구소 회원이었다. 발터 베냐민(Walter Benjamin)은 회원은 아니었지만, 연구소와 밀접하게 관련되어 있었고 연구비를 지원받기도 하였으며, 그의 사상의 많은 부분이 '비판이론'의 기준 안에 있다.

프랑크푸르트 스타일의 비판이론은 요약할 수 없을 정도로 광범위하였지만, 아마도 핵심 저서는 아도르노와 호르크하이머의 『계몽의 변증법(Dialectic of Enlightenment)』(1994)일 것이다. 이 책은 지적 계몽이 분명히 인간 해방의 가능성을 제시하지만, 그것은 동시에 다양한 형태의 지배(다른 인간 및 자연에 대한)와 소외의 근거가 된다고 비판하기 때문에 비관적으로 읽힌다. 이는 '좋은 것'과 '나쁜 것'의 공생, 즉 '변증법'이다. 결국 계몽은 이른바 문화산업에 의해 작지 않은 규모로 전파된 '대중적 기만'이었다.

1950년대 이후에는 프랑크푸르트 이론가들의 영향력이 시들해졌으나, 가장 주목할 만한 지적 후계자인 위르겐 하버마스(Jürgen Habermas)에 의해 여전히 살아 있다.

아믈일 만한 것으로 만든 관점은 또 누구의 것인가라는 질문이다. 경제지리학자들은 항상 이런 질문을 하는가? 거의 그렇지 않다.

둘째, 프랑크푸르트식의 '비판이론'은 지배적인 사회질서와 특히 그것을 떠받치는 권력−지배 관계에 대한 비판이다. 비판이론은 "세계의 지배질서와 그 질서가 어떻게 초래된 것인지"를 매섭게 응시하고 있다고 콕스(Cox 1982, p.129)는 말한다. 현재의 상태는 어떻게 오게 된 것이고, 그것은 누구의 이익에 부합하는가? 나아가 비판이론은 지배질서에 대한 대안을 이론화하고, 그에 대한 실질적 위협을 표출한다. 그런 점에서 하비의 '혁명'이론은 비판이론과 같은 종류이다. "게토(ghetto) 주민에 대한 일상적 부당행위"와 같이 "인간이 인간에게 비인도적 행위를 공공연하게 자행하는 더 많은 증거들"을 학술적으로 지도화하는 데 보낼 시간이 없다고 그는 보았다. 하비는 이것을 "반혁명" 이론과 "도덕적 자위행위"라고 호되게 비난한다. 깁슨−그레이엄도 그럴 시간이 없다고 보았다. (비판적) 경제지리 이론의 목표는 무엇인가? "세계가 지배와 억압의 장소라는, 우리가 이미 알고 있는 것을 확인함으로써 지식을 넓히는 것"이 아니라, 오히려 "우리가 자유와 가능성의 공간을 열고 제공하는 데 기여하는 것이다"(Gibson−Graham 2008, p.619).

그리고 셋째, 프랑크푸르트 전통의 비판이론은 하비의 혁명이론과 마찬가지로, 기존 사회질서를 정당화하고 지지하는 이론들에 대한 비판이기도 하고, 또한 "기존 질서를 대략 염두에 두고 구성되어 기존 질서를 위협하지 않는"(Harvey 1972, p.5) 이론들에 대한 비판이기도 하다. 이 비판의 지상 명령을 가장 유명하게 제시한 저서는 막스 호르크하이머의『도구적 이성 비판(Critique of Instrumental Reason)』(1974)이다. 도구적 이성은 단지 수단이 지향하는 목표를 받아들이는 수단 지향적이고 문제해결적인 합리성을 말한다. 도구적 이성은 현 상태에 의문을 제기하기보다는 더 "효율적"이게 하는 데 관심을 둔다. 하비(Harvey 1972)는 주류 도시경제학이 그러한 도구적 이성의 한 사례라고 규정하고, 반혁명적이라고 말한다. 혁명이론은 그렇게 비판한다.

5.4 경제지리학의 이론들

그 이론적 특성이 무엇이든 경제지리학은 다른 곳에서, 즉 우리가 말하는 경제지리학을 '하지' 않는 학문 공동체들로부터 이론을 수입하여 이론적 활력을 오랫동안 유지해 왔다.(제2장과 제4장). 이론의 유입은 제4장에서 논의한 학제 간 교류의 중요한 요소이다. 이 이론 유입으로 경제지리학은 형태도 대상도 기원도 다양한 아이디어와 논의들로 북적거리는 활기찬 지적 공간이 되었다. 이론 유입은 또한 경제지리학을 혼란스러운 공간으로 만들기도 하였는데, 이론적으로 단일한 학문 공간보다 더 파악하기 어렵게 만들었다. 실제로 경제지리학이 경제의 지리들에 맞추기 위해 동원하려 한 이론의 종류에는 사실상 제한이 없다.

경제지리학에서 찾을 수 있는 다양한 수입 이론에 대한 포괄적인 개요를 제공하려는 시도는 거의 의미가 없을 듯하다. (그리고 일부는 이미 제4장에서 이루어졌다). 그러한 개요는 과도한 공간을 차지할 뿐만 아니라, 백과사전만큼이나 실질적인 관심은 거의 없을 것이다. 역사적 서사도 순서가 맞지 않는다. 예를 들어, X형 이론을 수입한 경제지리학에서 Y형 이론을 수입한 경제지리학으로의 이행과 같은 깔끔한 시간적 이행은 없다.

그러나 경제지리학이 활용한 이론의 주요 **범주들**에 대한 고찰은 유익할지도 모른다. 그것은 이론적 운동과 그에 대한 반작용의 소용돌이 속에서 학생들과 연구자들이 방향을 잡는 데 도움이 될 것이다.

'범주(category)'라고 하면 우리는 사뭇 특별한 것을 생각하게 된다. 즉 해당 이론에 '경제적인 것'이 명시적이고 중심적으로 담겨 있을 것이라고 추측하게 된다. 그러나 흥미롭게도 경제지리학이 명시적이고도 중심적으로 **경제와 관련된** 이론을 사용할 때에도, '경제'와 명목상 전혀 무관한 것이거나, 혹은 반드시 중심적인 것이 아닌 것도 자유롭게 사용되어 왔다. 그래서 경제지리학에 유용한 수입 이론이 반드시 **경제** 이론일 필요는 없다.

이를 위해 이론 범주를 세 가지로 구분하고자 한다(그림 5.2). 첫 번째는 간단히 우리가 '경제 이론(economic theory)'이라고 부르는 것이다. 당연하게도 경제지리학을 움직이는 이론의 많은 것이 경제 이론, 즉 특정한 경제적 과정, 구조, 결과에 대한 이론화이다. 그러한 이론은 주류경제학에서의 자원배분 및 가격 결정에서부터 마르크스 경제학에서의 생산과정에 이르기까지 매우 다양할 수 있고 또 다양하다. 그러나 모든 변이들은 다 경제의 소관이다.

두 번째 범주는 '경제와 관련된 이론(theory pertaining to the economy)'이라는 어색한 이름표를 가졌다. 이것은 그다음 단계에 있는 이론이다. 이 이론들은 경제와 관련되나 '경제' 이론에서 유래한 것은 아니다. 그리고 만약 그것이 잘못된 생각처럼 들린다면, 가령 우리가 어떻게 경제 이론을 사용하지 않고 경제를 이론화할 수 있을까?라는 생각이 든다면, 해당 이론들이 공유하는 중심 전제를 생각해 보라. 즉 경제를 이해하려면 경제 이상의 것을 이해해야 한다. 경제를 조절하는 국가, 경제를 규율하는 법, 경제가 배태되어 있는 사회문화적 제도 등등을 이해할 필요가 있다. '경제와 관련된 이론'은 경제를 넘어선 관점에서 경제를 이론화하고, 정치, 문화, 생태 등으로부터 경제를 자의적으로 분리하는 것을 배격한다.

마지막으로 '일반적인 사회 이론(general social theory)'이 있다. 이것은 가장 넓은 의미에서 사회 세계에 관한 이론으로, 종종 철학과도 겹친다. 사회적 실재의 본질, 그것에 대한 우리 지식의 성격, 인간 주체의 본질 등에 관한 무거운 질문들에도 일반적인 사회 이론이 걸쳐 있기 때문이다. 이런 종류의 이론과 경제지리학의 질문들 사이의 연관성은 분명하지 않지만, 그럴 필요도 없고 대체로 그렇지 않다. 경제지리학은 무수히 다양한 창조적 방식으로 그러한 이론들을 활용할 수 있고, 활용해 왔다. 페미니즘 이론의 활용은 대표적인 사례로, '전통적' 경제지리학은 어떤 것도—연구 방법, 연구의 주체와 대상, 핵심 과제

경제지리학

든—다루어지지 않은 것이 없다(제4장).

그림 5.2는 현대 경제지리학에 영향을 미친 수입 이론들 중에서 선별하여 그 세 가지 넓은 범주로 제시한 것이다. 선별하였다는 점이 중요하다. 이 표는 모든 것을 포괄하고 있지 않고, 전적으로 예시적이고 부분적이다. 두말할 필요 없이 실제로 표에서 드러나지 않는 많은 중복이 있다. 말하자면, 진화경제학 지지자가 페미니스트 이론적 관점을 동시에 결합한다고 해서 막을 필요가 없다. 그리고 어떤 경제지리학자는 내내 하나의 이론적 무기를 사용하였지만 [닐 스미스의 마르크스주의처럼], 다른 학자들[애슈 아민(Ash Amin)처럼]은 표에

	이론	표본 주제	핵심 이론가	경제지리 주창자 사례
경제학 이론	• 진화경제학 (EE)	• 혁신, 학습, 기술 변동	• 조지프 슘페터, 소스타인 베블런('구' EE); 리처드 넬슨, 시드니 윈터('신' EE)	• 론 보슈마, 쿤 프렝컨, 론 마틴, 데이비드 리그비
	• 주류(신고전) 경제학	• 집적, 규모의 경제, 공간 균형	• 에드워드 글레이저, 앨프리드 마셜, 로버트 솔로	• 폴 크루그먼, 헨리 오버먼, 마이클 스토퍼
	• 마르크스 경제학	• 축적, 착취, 가치	• 카를 마르크스, 프리드리히 엥겔스	• 데이비드 하비, 닐 스미스, 리처드 워커, 마이클 웨버
경제와 관련된 이론	• 경제사회학	• 문화, 배태성, 네트워크	• 피에르 부르디외, 마크 그래노베터, 칼 폴라니, 막스 베버	• 게르노트 그라버, 애나리 색스니언, 에리카 쇤버거
	• 조절이론	• 제도 형태, 사회적 조절, 국가	• 미셸 아글리에타, 로베르 부아예, 밥 제솝, 알랭 리피에츠	• 닐 브레너, 제이미 펙, 애덤 티켈
일반 사회 이론	• 행위자-네트워크 이론	• 아상블라주, 수행성, 번역	• 미셸 칼롱, 브뤼노 라투르, 존 로	• 애슈 아민, 크리스티안 베른트, 마르크 뵈클러, 나이절 스리프트
	• 페미니즘	• 경계, 착취, 물질성	• 주디스 버틀러, 도나 해러웨이, 매릴린 웨어링	• 린다 맥도웰, 도린 매시, 제럴딘 프랫, 멜리사 라이트
	• 후기구조주의	• 통치성, 권력, 재현	• 루이 알튀세르, 자크 데리다, 미셸 푸코	• 깁슨-그레이엄, 폴 랭글리, 웬디 라너, 매슈 스파크

그림 5.2 경제지리학의 이론들

적시된 이론들 중 적어도 절반 정도는 넓게 뛰어다녔다. 요컨대 이 표의 목적은 이론이나 개별 학자 중 어느 하나를 '고정'하는 것이 아니다. 항해에 도움을 주고자 하는 것이다.

각 범주에서 구체적인 사례, 즉 실증적 경제지리학 연구에서 긍정적인 효과를 얻기 위해 사용되고 있는 이론들 중 하나를 예시하는 것이 도움이 될 것이다. 이러한 예를 제공하는 이유는 앞서 확인한 방식으로 범주마다 '이론'의 성격이 달라 경제지리학과 이론의 관계도 그러할 것이기 때문이다. 각 범주마다 이론은 목적과 수단이 다르기 때문에, 다른 방식으로 작동하도록 두어야 한다. 이론에 관심을 갖게 된 학생들은 종종 이론으로 무엇을 해야 할지, 어떻게 사용할지 궁금해한다. 물론 대답은 학생이 '사용'하고자 읽고 생각하고 있는 그 이론의 성격에 따라 다르다. 순전히 예시에 불과하지만, 우리의 세 가지 사례는 수입된 이론의 서로 다른 유형이 경제지리학에서 어떻게 다양한 방식으로 동원될 수 있는지를 보여 줄 것이다.

i. **진화경제학, 기술 다양성 및 지역성장**: 일련의 연구(예로 Rigby and Essletz-bichler 2006)에서 위르겐 에스슬레츠비클러(Jürgen Essletzbichler)와 데이비드 리그비(David Rigby)는 최근 미국 각 지역의 경제 변화와 성장의 다양한 속도를 이해하는 데 상당한 기여를 하였다. 그들이 이 수수께끼를 풀고자 활용한 이론은 비주류 경제 이론 중 하나인 진화경제학이다. 진화경제학은 주류경제학이 주로 가정하는 정상 상태의 균형을 거부하고 경제 변화나 '진화'의 주요 동학을 개념화하려고 한다(제4장). 에스슬레츠비클러와 리그비는 **경제발전의 차별화된 궤적들에는 기술적 차이가 중심에 있을 것이라는** 진화경제학 이론을 가지고서, 이 관계를 명쾌하게 공간화하였다. 개별 산업업종 내에서도 제조업 생산기술이 미국 내 지역에 따라 크게 다르다는 것을 그들은 알아냈다. 더욱이 그러한 차이는 진화경제학자들이 '경로의존성

경제지리학

(path dependence)'이라고 부르는 것의 결과로 시간이 지나도 지속된다. 결과적으로 이 차이가 만들어 내는 지역 간 경제적 불균형은 지속된다. 에스슬레츠비클러와 리그비의 연구는 이론경제학을 경제지리학에 응용하여 경제 이론이 지리적 효과로 나타난 좋은 사례이다.

ii. **조절이론, 신자유주의 및 불균등 발전**: 또한 일련의 연구(예로 Tickell and Peck 1995)가 수행한 분석에서, 제이미 펙과 애덤 티켈(Adam Tickell)은 명목적으로 유사한 문제인 1980년대 초 이후 영국의 지역 불균등 발전(uneven regional development)의 지속에 대해 매우 다른 관점을 제시해 왔다. 관점의 차이는 이론적 영향의 차이에서 비롯된 것이다. 펙과 티켈은 경제 이론이 아니라 '조절이론(reglulation theory)'을 사용하였는데, 이것은 경제 동학을 조절환경으로 이론화하는 것이다(제4장). 경제는 늘 주기적인 문제에 봉착하는데, 이는 '제도적 조정(institutional fix)'을 필요로 한다고 조절이론은 가정한다. 펙과 티켈은 이 이론을 사용한 것이다. 즉 **사회적·정치적·법적 제도들의 지배적인 조절적 혼합**이 더 이상 작동하지 않으면 경제를 재정비하여 다시 안정화하여야 한다. 펙과 티켈은 조절이론을 동원하여, 1970년대 영국 경제가 불황이었을 때 새로 시도된 제도적 조정—신자유주의, 즉 대처 스타일의 제도적 조정—이 실패하였다고 본다. 조정이 작동하지 않았다는 것이다(제1장과 제4장). 그리하여 조절이론의 **성공적** 조정이 가져오는 안정적 성장의 시기가 다시 오기보다, 대처리즘의 신자유주의는 오히려 위기가 지속되는 시기를 다시 오게 하였다. 지역에 따라 사람들이 경험하는 바는 달랐겠지만 말이다. 요컨대 신자유주의의 실패한 조절 실험에 의해 뿌리내린 모순에는 엄연한 지리적 모순이 포함되어 있다.

iii. **페미니즘, 이원론 및 첨단기술**: 우리의 세 번째 관심사는 경제지리학에서 페미니즘의 활용에 관한 것이다. 페미니즘은 엄밀히 경제적이기보다는 사회적 관계를 개념화한 이론이지만, 사회적 관계가 경제적 과정 및 실천을 형성하기도 하고 그것에 의해 형성되기도 하므로, 경제에 대해서도 적실성을 갖는 이론이다(제4장 참조). 1980년대부터 경제지리학에서 페미니즘 접근의 선구자 중 하나인 도린 매시의 연구에서 예를 들어 보자(제3장). 1990년대에 매시는 영국의 첨단과학단지에 대한 공동 연구를 수행하였다. 그녀는 젠더화된 이원론(dualism)에 관심이 있었다. 즉 첨단기술 노동자와 그들 가족의 삶 속에서, 특히 그들의 삶의 지리에서 '옳은 것'과 '그른 것', '위'와 '아래'와 같은 반대말을 둘러싸고 조직되는 개념인 '이원론'에 주목한 것이다. 그녀는 페미니즘 이론에서 다음과 같은 논제를 원용하였다. **추상적 이원론, 예를 들어 그녀의 연구에서, '이성'과 '비이성'은 '남성'과 '여성'이라는 이원론을 따라 젠더화되어**(똑똑한 남성 과학자와 그의 아내 따위로) 살아가고 있다. 그것들은 재현이지만, 실제 삶의 사회적 관계를 능동적으로 구조화하고 있다. 매시의 연구(1995b)는 실제로 이러한 능동적인 구조화를 드러내고, 그것이 공적/노동 공간과 사적/가정 공간이 이성/비이성의 이원론에 각각 연결된 의미를 탐색하였다. 아울러 남성들이 첨단기술의 남성성(masculinity)이라는 지배 양식에 저항하려 할 때조차도 역설적으로 그 이원론을 강화하는 경향이 있음을 그녀는 논증하였다.

5.5 경제지리 이론

경제지리학은 이론을 수입하기만 하지 않는다. 비록 그런 경우가 적지 않지만, 경제지리학이 다른 데서 발전된 이론을 가져다 경험적 경제지리 문제에 적용하기만 하는 것은 아니다. 오히려 경제지리학 자체는 이론 발전의 중심이다. 경제지리학에서 그러한 이론의 발전은 기존 이론(들)—수입된 것이든 토착적이든 둘 다이든—과 대화하면서 발생한 것이다. 그렇다면 경제지리학에서 발전한 이론은 어떤 것일까? '경제지리 이론'으로 구별되는 것이 있는가? 만약 그렇다면 그 결정적 속성은 무엇인가? 달리 표현하자면, 경제지리학을 어떻게 **이론으로** 이해할 수 있는가?

물론 경제지리 이론의 존재와 특성을 거론하기 위해서는 우선하는 한 질문에 답하여야 한다. 경제지리란 무엇인가? 우리가 선호하는 경제지리의 정의에 근거하여 진행한다면(제2장), 경제지리 이론은 공간, 장소, 규모, 경관 또는 환경의 실질적 함의를 **분명하게 이론화하는** 이론일 것이다. 그렇다면 이런 유형의 이론이 있는가?

5.5.1 장소의 문제?

그렇다, 언급된 유형의 경제지리 이론은 존재한다. 그러나 경제지리학은, 보다 일반적으로 인문지리학은 자신의 이론적 지위를 두고 오랫동안 실존적 투쟁을 벌여 왔다. 그리고 특히 한 가지 문제는 다른 어떤 문제보다 더 많은 골칫거리를 불러일으켰다. 바로 장소(place)의 의미와 역할이다.

그 이유는 그 장소가 일반적으로 특수한 것, 고유한 것, 맥락적인 것의 위치로 해석되기 때문이다. 이와 반대로 이론은 일반화를 지향한다. 실제로 추상을 지향하는 한 이론은 특수한 것을 **제거**한다. 특수한 것은 이론에 대해 이단인 것처럼 보인다. 분명히 이론에는 '장소'를 위한 여지가 없다. 플뤼비에르 (Flyvbjerg 2001, p.47)가 말하는 전통적 지혜는 "이론은 맥락으로부터 자유로워야 한다." 왜일까? 그 이유는 "그렇지 않으면 그것은 일반적 이론이 아니"기 때문이다.

경제지리학의 한 흐름은 '이론'으로서의 경제지리학의 지위를 추호도 의심하지 않으며, 의식적으로 장소를 무시하고 심지어 경멸하기까지 한다. 그것은 '지리경제학'이다. 다른 경제지리학자들은 지리경제학자들이 '실제 장소(real place)'를 무시하는 것에 대해 자주 비판한다. 론 마틴(Ron Martin 1999, p.77)

은 "실제 사람들이 실제 역사적·사회적·문화적 환경에서 '보통의 생활 비즈니스'를 영위하는 실제 공동체들(이것이 마셜이 묘사한 적 있는 경제학이다)이 완전히 무시되고 있다."라고 불평한 바 있다. 그러나 그들은 중요한 점을 놓치고 있다. 즉 지리경제학자들은 이렇게 비켜 가는 것을 약점이 아니라 힘의 근원으로 인식한다는 점이다. 그것은 '지리경제학'을 '이론적'으로 **만드는** 것의 필수적인 부분이다. 그리하여 어떤 경제학자들은 경제지리학의 다른 흐름이 '실제 장소'에 주목하는 것을 상찬할 일이 아니라고 비판한다. "개별 상황을 고유한 것으로 취급하고 각각의 개성을 중요한 것으로 간주하는 것은 우리에게 아무것도 가르쳐 주는 바가 없기" 때문에, 그것은 오히려 아킬레스건이라는 것이다(Overman 2004, pp.512–513). 간단히 말해서, 그것은 비이론적이다. 나무만 보고 숲을 보지 못한다.

실제로 이론적 일반화를 희생해서 장소에 초점을 두고 고유성에 비중을 두는 경제지리학을 비이론적 학문으로 보는 오버먼의 그림은 거의 캐리커처나 다름없다('거의'라는 부사어와 관련해서는 나중에 논의할 것이다). 이 말은 경제지리학이 전혀 그렇지 않았다는 것은 아니다. 그런 적이 있었다. 1960년대 이전, 제3장에서 보았듯이 경제지리학은 장소에 매우 초점을 두었으며, 추상이나 일반화에는 거의 관심이 없었다. 경제지리학은 매우 표의적(ideographic)이고 기술적(descriptive)이어서, 당시 어느 경제지리학자의 말처럼 "이론에는 짧고 사실에는 길었다"(Ballabon 1957, p.218). 하비(Harvey 2000, p.76)는 나중에 다음과 같이 회상하였다.

전통적으로 지리적 지식은 극도로 분절화되어 '예외주의(exceptionalism)'라고 불린 것을 강하게 강조하였다. 지리 연구로 얻은 지식은 다른 어떤 것과 다르다는 것이 확립된 교리였다. 일반화할 수도 없고, 체계화할 수도 없었다. 지리적 법칙도 없고, 기댈 수 있는 일반적 원칙도 없었다. 할 수 있는 일이란 밖

에 나가서 스리랑카의 건조지대를 연구하고 그것을 이해하는 데 일생을 보내
는 것이다.

그러나 그것은 반세기 혹은 그전의 일이었다. 경제지리학을 포함하여 인문
지리학이 '지리학 이론'의 가능성과 성격에서 장소가 갖는 함의를 붙잡고 진행
한 투쟁은 아직 끝나지 않았다. 뒤이은 세대의 지리학자들은, 특히 그 전면에
서 경제지리학자들은 장소-이론 이분법을 초월하는 데 엄청난 진전을 이루
어 냈다. 하비 자신이 선두에 섰다. "나는 지리학에 대한 이런 관념과 싸우고
싶었다." 하비는 1960년대 지리학의 오랜 비이론적이고 장소-구속적인 예외
주의와 맞설 때, 자신의 연구를 이렇게 회상하였다. "지리 지식을 보다 체계적
인 방식으로 이해할 필요가 있다는 것을 주장하고 싶었다"(Harvey 2000, p.76).
그는 장소를 존중하면서도 이론적이기를 원하였던 것이다.

　1960년대에는 하비 등이 보았듯이 답은 실증주의적 공간과학이었다(제3장).
그리고 1970년대 초반부터는 하비 등의 주장처럼 그 대답은 점점 마르크스주
의가 되었다. 공간과학과 마르크스주의는 모두 깁슨-그레이엄의 용어인 '강
한' 이론적 접근에 속한다. 그러나 적어도 하비가 이해한 바로는, 그리고 하비
가 경제지리학에 적용한 바로는 그 둘은 이론이 장소의 중요성과 화해하는 것
을 허용한다. 따라서 마르크스주의로 옮아 가기 전에 출판된 『지리학에서의
설명(Explanation in Geograhy)』(1969, pp.172-173)에서 하비는 "지리적 분석의
궁극적인 목적은 개별 사례를 이해하는 것일 수도 있다."라고 주장하였다. 이
는 "모든 경우마다 별도의 지도나 이론을 만들어야 한다는 것을 의미하지 않
는다. … 무엇보다도 많은 사람들이 그렇게 결론 내리듯이, '지리학자들은 특
수한 사례들에 매우 관심이 많기 때문에 각 사례를 설명할 수 있는 법칙을 정
식화할 가능성이 없다'고 우리는 결론 내릴 수 없다는 것이다."
　그러나 이것들은 하비 자신의 유명한 브랜드인 '자본주의의 지리'(곧 다시 논

의할 것이다)도 그의 초기 공간과학만큼이나 장소에 대한 존중이나 이해 측면에서는 충분하지 않다고 생각하는 경제지리학자들이 있었고 아직 있기 때문에 용감하고 의심할 바 없이 독창적인 말이었다. 그들에게 마치 하비의 주장은 상대적으로 스미스(Smith)의 추상적 이론의 구렁텅이에 더 가까운 쪽으로 방향을 튼 것처럼 판단되었다. 예를 들어, 반스(Barnes 1996)는 마르크스 경제학과 주류 신고전경제학(지리경제학 같은 부류)은 '본질주의(essentialist)'적이기 때문에, 경제지리학에서 그 두 이론을 사용하게 되면 장소에 관해 빈약한 관점만을 낳게 된다고 주장하면서, 경제지리학이 더 많은 '맥락적인' 경제 이론과 관계를 맺을 것을 요구하였다.

하비의 장소 관점에 대해 경제지리학에서 가장 소리 높여 비판한 학자 중 한 사람은 매시이다. 그녀는 일련의 논문들(예로 Massey 1991)에서 하비가 한 것보다 훨씬 자연스럽고 효과적으로 장소와 일반화 이론을 화해시키는 접근법을 제시하였다. 매시는 전통적인 이해 방식과 달리, 장소는 단순히 경험적이고 기술(記述)적인 것이 아니며 또 단지 로컬적인 것의 정지된 영역도 아니라고 주장한다. 보다 넓은 그리고 아마도 전 지구적인 것이기까지 한 사회경제적 관계의 동적 상호작용으로 장소를 이론화할 수 있다는 것이다. 장소는 하나의 과정(process)이다. 그렇다고 해서 각 장소가 고유하지 않다는 뜻은 아니다. 장소는 고유하다. 그러나 장소의 고유성은 로컬을 넘어선 관계(제3장에 있는 매시의 노동의 공간적 분업에 관한 논의 참조)의 상호작용인 일반적인(그래서 이론화가 가능한) 과정을 반영한다. 장소에 초점을 두기 때문에 경제지리학은 이론적일 수 없다는 오버먼 유형의 얕은 비판을 통쾌하게 뒤집은 것이 있었다면 그것은 매시였다.

5.5.2 경제지리학의 이론화

경제적인 것의 지리들과 별개로, 경제지리학의 이론 및 이론화와 다른 사회–

과학에서의 이론 및 이론화를 구별하는 특별한 무엇이 있는가? 아니면 경제지리학의 이론 및 이론화는 인류학의 이론 및 이론화, 경제학의 이론 및 이론화, 사회학의 이론 및 이론화 등과 대동소이한 것인가? 우리는 중요하고 서로 연결되어 있는 두 가지 독특한 특징을 강조하고 싶다.

첫째, 경제지리학의 이론 및 이론화는 비교적 참신하며, 인접 분야보다 더 개방적이고 확장적이다. 여기서 우리는 사회학과의 비교가 유익하다고 생각한다(제4장의 사회학 논의 참조). 경제지리학은 1950년대 말까지만 해도 뚜렷이 비이론적 분야로 남아 있었고, 1960년대부터 이론을 '받아들이고' 이론적 설명의 개발을 시도하였다(제3장). 이 무렵 이론사회학은 반세기 이상 형식적이고 비교적 한정된 연구 분야로 존재해 왔다.

역사적으로 사회학이 제도화된 결과의 하나는 사회학자들이 사회학의 세 창시자 카를 마르크스, 에밀 뒤르켐, 막스 베버 중 한 명의 입장을 따르리라고 기대할 수 있다는 것이다. 우리는 이것이 태생적으로 폐쇄적이고 제한적인 이론화 방식을 만든다고 주장한다. 심지어 (특히?) 일부 사회학자들도 그렇게 생각한다. 피에르 부르디외(Pierre Bourdieu 1990, p.27)는 "당신은 마르크스주의자인가, 아니면 베버주의자인가…" 하는 사회학의 질문은 "거의 언제나 사회학자를 위축시키거나 파괴하는 방법"이었다고 말한다. 부르디외는 이 질문을 사회학적 관행에서 지우고 싶어 했다.

반대로 경제지리학은 자신의 베버나 뒤르켐(또는 부르디외)을 가져 본 적이 없다. 경제지리학의 이론화에서는 항행을 위한 고정된 별이 없다. 1960년대 경제지리학 이론가 1세대는 고정된 역사적 나침반에 구애받지 않고 완전히 자유롭게 이론화할 수 있었다. 그리고 수십 년간의 모든 이론적인 발전 및 재발전에도 불구하고, 이와 같은 상황이 오늘날에도 폭넓게 남아 있다. 이론화에 대한 변허는 여전히 매우 광범위하게 수어져 있다. 물론 보기에 따라서는 이러한 특징, 즉 누구나 따라야 하는 준거점이 없다는 것을 강력하고 설득력 있는 이론의 부재로 해석하면, 그것은 약점의 표시일 수도 있다. 그러나 그렇지 않다. 우리는 그것이 경제지리학에서 이론적 논쟁이 집단적이고 지속적으로 유지되는 것을 반영하는 장점의 표시라고 생각한다.

아마도 경제지리학이 이론적 '아버지'를 갖게 된—어쩌다 보니 그렇게 된—가장 최근의 인물은 데이비드 하비이다. 예를 들어, 나이절 스리프트(Nigel Thrift 2006, p.223)는 하비의 연구가 경제지리학에서뿐 아니라 넓게는 인문지리학에서 실로 '준거적'이라고 주장한다. 스리프트는 "하비의 저술들이 상당 부분 그 이후로 이야기되는 것들의 조건이 되었다는 점에서 하비가 여러 학문 분야의 준거가 되었다."라고 본다.

이것은 경제지리학의 이론 및 이론화의 두 번째 두드러진 특징이다. 하비의 이론화와 다른 마르크스주의 경제지리학 이론화는 오늘날 경제지리학자들이 **필수적으로** 참조하는 것과는 다소 동떨어져 있다. 그래서 "당신은 마르크스주의자 또는 하비주의자인가?" 하는 질문은 경제지리학자들에게 분명히 거리가 있는 질문이다. 그럼에도 불구하고 그런 식의(비판적) 이론화는 경제지리학의 집단적인 이론의 케이크 안에 어느 정도는 굳어져 있다. 에릭 셰퍼드(Eric Sheppard 2011)와 마찬가지로 펙(Peck 2015)은 이것을 경제지리학의 "비판적 상식" 또는 "다양성 속의 통일"이라고 부른다.

펙과 셰퍼드(그리고 우리)가 말하고자 하는 것은, 그러한 다중적 차이에도 불구하고 다수의 경제지리학자들은 기본적인 이론적 전제들의 핵심을 받아들이고 있다는 것이다. 그 핵심 전제들은 컬러(Culler 1997)가 말한 상식과 비슷하게 철저히 스며들어서 이론으로서의 지위가 잘 드러나지 않는다. 그 (숨겨진) 전제들은 원래 지리학이 마르크스주의와 만나면서 발생한 것이다. 양자의 연관은 이제는 늘 명시적이지도 필연적이지도 않지만 말이다. 그 핵심 전제들은 무엇인가? 갈등, 불안정, 위기는 자본주의에서 본래적인 것이라는 것, 그리고 자본주의는 지리적 불균등 발전이라는 형태의 사회-공간적 불평등을 산출하고, 그것에 의해 동력을 얻는다는 것이다(제8장).

많은 경제지리학자들이 이러한 비판적인 이론적 상식을 생산하는 데 기여하였지만, 하비의 중요성은 실로 깊었다. 그의 가장 중요한 이론적 개입은 의심할 여지 없이 『자본의 한계(The Limits to Capital)』(1982)이다. 거기서 그는 "공간적 조정(spatial fix)"과 같이 가장 영향력 있고 대단히 경제지리학적이면서 동시에 이론적인 아이디어들을 내놓았다(글상자 5.2: 하비의 "공간적 조정" 참조).

하비의 전체적인 목표는 『자본의 한계』란 책의 제목으로 잘 표현되고 있는데, 그가 식별하고 이해하려 하였던 두 가지 한계를 그 제목이 암시해 준다. 첫째, 마르크스에 의하면 자본은 순환과정으로 이해된다. 화폐는 생산자금으로 사용되어 잉여/이윤을 산출하고, 그 잉여/이윤은 확대 생산에 투입된다. 그러나 순환은 자본주의의 위기 경향을 일으키는 온갖 종류의 한계에 종속된다. 둘째, 마르크스의 원래 이론인 『자본론』도 모든 이론과 마찬가지로 한계를 갖는다. 그러한 한계들 중 결정적인 한 가지가 자본주의의 지리에 대한 마르크스 이론화의 상대적인 약점과 관련된다는 것이 하비의 주장이다. 그래서 하비는 『자본의 한계』를 저술하면서 마르크스를 지리학에 도입하고자 하였을 뿐만 아니라, 지리학을 마르크스에게 가져오려 하였다. 그는 두 가지 모두 성공하였다.

연이은 그의 사고와 글쓰기를 포함한 그 모든 중요성에도 불구하고, 하비의 저작들이 경제지리학 이론의 최종 언어는 아니다. 아직 많이 남아 있다. 하비의 연구나 그가 이론화한 쟁점에 관여하지 않는 경제지리학 이론들의 넓은 영역이 있다. 그리고 비판으로서의 이론의 사례로서, 부분적으로 하비의 연구를 활용한 비판적 연구를 통해 정식화된 넓은 경제지리학 이론의 영역이 존재한다. 자본주의의 불균능 발전에 대한 매시의 대안적 이론화인 『노동의 공간적 분업(Spatial Divisions of Labour)』이 함축하는 바와 같이, 어떤 이는 하비의 이

글상자 5.2

하비의 "공간적 조정"

하비는 1970년대에 마르크스주의를 접하였을 때, 자본주의의 위기에 대한 마르크스주의의 이론화가 가장 매력적이고 가치 있다는 것을 알게 되었다(제3장 하비에 관한 절도 참조하라). 그는 자신을 둘러싸고 있는 세계 위기의 징조들을 보았고, 기존의 (실증주의) 지리 이론이 "주변에서 일어나는 사건에 관해 정말로 의미 있는 것을 거의 말해 주지 못한다는 것에 충격을 받았다. … 새롭게 떠오르는 객관적 사회 조건들과 그에 따라 드러나는 우리의 무능력은 지리적 사고의 혁명이 필요하다는 것을 정확히 설명해 준다"(Harvey 1972, p.6). 이론적 위기에서 마르크스주의는 그에게 성공적인 혁명의 열쇠를 쥐고 있는 것처럼 보였다.

마르크스를 더 깊이 연구하면서 하비는 위기에 대한 그의 이론화가 제한되어 있다는 것을 발견하였다. 하비는 자신의 『자본의 한계』에서 『자본론』이 위기 형성 이론의 "첫 번째 단면"만 제공하였다고 주장한다. 그것은 자본주의가 팽창하면서 이윤율이 하락하는 경향에 관한 마르크스의 유명한 이론의 핵심적 내용에 해당하는 것이었다. 게다가 하비는 그 첫 번째 단면조차 특별히 설득력 있다고 생각하지 않았다(그는 여전히 그렇게 생각하지 않고 있다).

그러므로 『자본의 한계』에서 가장 혁신적인 부분은 위기 형성 이론을 보다 종합적이고 적실성 있도록 (여전히 마르크스주의적으로) 재구성하려고 노력한 것이었다. 구체적으로 하비는 그 이론에 제2, 제3의 "단면"을 제시하였다. 두 번째 단면은 주로 신용 체계의 역할에 관한 것이었다. 신용 체계는 자본주의의 위기를 완전히 제거하지는 못하지만, 위기 경향의 시작을 연기하거나 지연시킬 수 있도록 한다. 그럼으로써 신용 체계는 하비가 자본주의의 기본 모순에 대한 "일시적 조정(temporal fix)"이라고 부른 것을 자본주의에 제공한다. 한편, 세 번째 "단면"은 주로 역사보다는 지리, 시간보다는 공간 등을 다루었으며, "공간적 조정(spatial fix)" 개념에 함축되어 있다.

공간적 조정은 무엇인가? 신용이 허용한 시간이나 신용의 승인이 자본주의의 위기 경향을 지연시킬 수 있는 것처럼, 또한 **새로운 경제지리적 구성의 활용이나 생산**이 그러한 경향을 대체할 수 있다고 하비는 주장하였다. 반복하지만, 그것은 위기를 제거하지 않는다. 다만 창의적인 방법으로 '공간'을 사용하여(예를 들어, 미판매 상품을 지리적으로 새로운 시장에 팔거나, 유휴자금을 도시 건조환경 재개발에 투자하는 것 등) 자본가들은 위기를 뒤로 미룰 수 있다. 그렇게 함으로써 위기를 지금 여기서 일어나게 하지 않고, 나중에 다른 곳에서 다른 형태로 일어나도록 하는 것이다. 이것은 넓게 보아 기능주의적 논리이다. 즉 공간은 어떤 식으로든 결정적인 위기 경향을 옮길 수 있도록 함으로써 자본주의에 유용한 기능을 수행한다는 것이다. 하비가 이 용어를 고안한 이후 한동안 경제지리학자들은 "공간적 조정"이라는 개념을 다양한 방식으로 활용하였다. 자본주의의 위기 경향을 완화하는 데 기여하는 어떤 경제지리적 변형에도 이 용어를 효과적으로 적용하였다.

론이 너무 "강하여", 세계를 "마치 일련의 법칙과 경향성이 미리 결정한 산물일 뿐"인 것처럼 바라본다고 비판한다(Massey 1995a, p.6). 또 어떤 연구자는 그것을 너무 남성주의적이라고 비판하기도 한다(Massey 1991). 너무 서구적이라는 비판도 있다(Gidwani 2008). 하지만 우리의 제시처럼, 현대 경제지리학의 많은 부분이 비판적인 이론적 상식을 공유하고 있다면 하비는 그것에 기여한 셈이다.

5.5.3 이론과/으로서 경제지리학: (비판적) 자산목록

제1장에서 우리가 강조한 경제지리학에 대한 '비판적' 개론의 한 측면은 평가적인 것이다. 즉 찬반을 가늠하고, 상대적 장점을 판단하며, 입장을 취하는 것이다. 그러나 우리는 아직 이 장에서 실제로 그렇게 하지 않았다. 여러 이론들과 이론에 대한 여러 관점을 확인하였을 뿐이다. 우리가 해야 할 것은 하나의 이론적 분야로서 경제지리학의 현재 상태를 비판적으로 평가하는 것이다. 논쟁과 이론적 부침에서 물러서면, 그런 것들이 어떻게 보이는가? 경제지리학이라고 일반적으로 정의한 지식 분야가 이론적으로 좋은 상태에 있는가, 나쁜 상태인가, 아니면 그 중간 어디쯤인가?

이런 질문을 제기하는 이유는 불길한 소리가 들리기 때문이며, 그것이 맞는지 여부를 고찰하는 것이 중요하기 때문이다. 스웨드버그(Swedberg 2014, p.14)는 아주 개략적으로 "사회과학에서 이론은 지금 별로 좋은 상태가 아니다."라고 말한다. 오버먼(Overman 2004)은 특히 경제지리학에 관해 거기에 동의한다. 그는 자신의 경제지리학 줄기('지리경제학')를 제외한 여타 분야는 이론적으로 공허하고 변변치 못하다고 배제해 버린다. "명료하지 못하고 모호하다"는 1960년대 후반의 지리적 이론화에 대한 하비의 비판(Harvey 1969, p.134)이 반세기 우의 경제지리학 이본화에 (그의 비판을 통해) 적용되고 있는 셈이다.

우리는 동의하는가? 대체로 아니다. 수입 이론을 '사용'하는 것과 더 중요하게는 고유의 경제지리학 이론을 산출한다는 측면에서, 경제지리학은 지난 20~30년 동안 이론적으로 매우 창의적이며 생산적으로 발전해 왔다. 더욱이 최고의 경제지리학 이론은 그 분야 자체를 변화시켰을 뿐만 아니라, 학계 내부와 이따금 그 바깥 멀리까지 광범위하게 퍼지고 영향을 미쳤다. 그리고 이것은 전반적으로 사실이다. 즉 현대 경제지리학의 핵심 서사와 판본(version) 중어떤 것을 취하든(제2장) 수출된 혁신적이고 영향력 있는 경제지리학 이론의수많은 사례를 발견할 수 있다. 여기에 우리가 확인한 각각의 서사 네 가지가있다.

i. **탈식민화 발전**(decolonizing development): '자본주의의 지리' 서사에서 이론적으로 생산적인 연구의 한 사례로 웨인라이트(Wainwright 2008)의 연구가있다. 이 연구는 벨리즈(Belize)의 식민주의와 발전의 역사를 정치경제학과탈식민주의의 이론적 개념으로 엮어 내어, 웨인라이트가 "발전으로서의 자본주의"라고 부른 것에 대한 비판적 이론을 개진하였다.

ii. **지역 우위**(regional advantage): 경제지리학에서 '비즈니스의 지리'에 잘 맞는연구로 뚜렷이 대비되는 미국의 두 산업지역, 캘리포니아의 실리콘밸리와매사추세츠의 루트 128(Route 128) 지역에 대한 색스니언(Saxenian 1996)의연구가 있다. 그녀는 '지역 우위' 이론을 발전시켜 그 지역 첨단기술 부문의수평적, 탈중심적, 협력적 구조를 가진 네트워크 우위로 실리콘밸리의 경쟁적 우위를 설명하였다(제12장).

iii. **신무역이론**(new trade theory): '지리경제학'의 핵심 부분으로 신무역이론(Krugman 1995)은 국제무역이 왜 일어나고 현재의 패턴이 왜 나타나는지에대해 정형적 용어로 설명하고자 한다. 이것이 '새로운' 이유는 완전경쟁이나규모에 대한 수익불변(constant returns to scale) 등 '종전의' 무역 이론의 많은 핵심 가정을 완화하였기 때문이다(제3장).

iv. **공동체 경제**(community economies): 깁슨-그레이엄과 캐머런, 힐리(Gibson-Graham, Cameron, and Healy 2013)의 이론은 '공동체 경제'라고 하는데, 앞의 사례와는 달리 설명을 목적으로 일반화를 하는 것이 아니라, 삶(living)을 목적으로 일반화를 시도한 것이다. 그들은 윤리적 실존을 위한 안내서를 제공하려 하였다. 그것은 실천적인 경제지리 이론의 사례로서, 공유된 윤리적·경제적 관심을 통해 사람들, 장소들, 사례들을 서로 연결한다. 이때 그 결과는 다르게 나타날 수 있다.

그러나 우리는 아직 이론과 관련해서 현대 경제지리학 이야기가 앞으로도 계속 긍정적인 것이라고 생각하지 않는다. 두 가지 발전이 우리에게 경종을 울리고 심지어는 잠재적으로 문제가 될 소지가 있다.

첫 번째는 1990년대 중반 이후 경제지리학 일부가 겪어 온 '문화적 전환'에 관한 것이다(제4장). 문화적 전환은 지리적 경제의 문화와 젠더적 구성에 대한 높아진 인식 등 다양한 요소로 구성되는데, "처음이자 가장 두드러진 … '맥락'으로의 전환"이었다(Pickles 2012, p.539). 이런 식으로 그것은 특수성과 장소에 대한 긴밀한 관심을 이론주의와 어떻게 조화시킬 것인가 하는 문제를 (지속적으로) 일으킨다.

"이론은 맥락에서 자유로워야 한다."라는 플뤼비에르(Flyvbjerg)의 격언을 상기해 보자. 매시가 한 것과 같은 정교한 작업에서 이 격언은 대단히 오해의 소지가 있다. 그녀는 맥락, 장소, 그리고 장소의 생산이 **이론화**될 수 있다는 것을 증명하였다. 그러나 피클스(Pickles 2012, p.539)는 "순진한 경험주의나 느슨한 기술주의(descriptivism)로 되돌아가는 것을 피하기 위해 '맥락'과 맥락의 우연성(contingency)으로의 전환은 신중하게 생각해야 한다."라고 경고한다. 이는 그가 보기에 경제지리학에서 문화적 전환을 이끈 학자들이 항상 신중하게 생각하지도 않았고, 매시와 같은 정교함도 보여 주지 못했으며, 오버먼이 한탄한 비이론적 장소 연구의 경험주의/기술주의로 후퇴하였기 때문이다. 실제로 헨리 영(Henry Yeung 2012, p.26)도 문화적 전환의 "주창자들(자신을 포함하여)이 미시적인 것을 지나치게 강조하여 어려움이 있었다."라고 뒤늦게 인정하였다. 이는 "문화적 전환의 영감을 받은 지리학 연구들에서 자본주의를 폭넓게 일반화하였을 때, 그 주창자들은 체계적이고 구조적이기보다 임시방편적이고 무계획적이었다."는 것이다. 다른 말로, 하비가 50년 전에 비판한 "불분명하고 모호한" 지리 이론화로 되돌아가는 것이었다.

우리가 주의해야 할 두 번째 발전은, 문화적 전환과 대체로 비슷한 시기에 경제지리학에서 두드러지게 된 이른바 글로벌 생산 네트워크(global production network, GPN) 접근과 관련된다(예로 Henderson et al. 2002). GPN은 경제의 지구화와 그것이 창출하는 상호 연결된 세계에 대해 명백히 비방법론적으로 국가주의적(nationalist) 설명을 추구한다. GPN은 '네트워크'를 "재화와 서비스를 생산, 분배, 소비되도록 하는 상호 연결된 기능 및 작용들의 연결망"으로 정의되고, 특히 다국적기업의 성장과 영향 증대에 관심을 갖고, 국제경제 발전에는 물론 지역 및 국가적인 문제도 다루려 한다(Henderson et al. 2002, p.445). 이 이론을 개발하고 사용하는 데 관여한 학자들은 글로벌 산업의 조직 및 거버넌스뿐만 아니라 가치 창출과 가치 획득 문제에 특히 민감하다. 그들은 다양한 초국적 생산 체계의 다중 행위자와 다중 스케일의 속성을 강조한다.

우리는 왜 조심해야 할까? 우리의 우려는 GPN 접근 자체가 아니다. 오히려 우리는 GPN이 전체적으로 현대 경제지리학 이론의 지위나 상태에 대해 시사하는 측면에서, 지난 10년 동안 지배력을 행사한 GNP의 위치가 잠재적으로 문제가 된다고 본다. GPN의 상승이 그 **징후**이다. 그러나 무슨 징후?

GPN 접근의 매력은 이론으로부터의 이탈 혹은 이론에 대한 가치 절하를 나타낸다고 우리는 믿는다. 우리가 이렇게 말하는 이유는 간단하다. 즉 GPN 접근은 그 반대의 주장에도 불구하고 비이론적이고, 혹은 GPN의 존재 대부분이 비이론적이기 때문이다(예로 Hess and Yeung 2006). 이 비이론주의(atheoreticism)의 본질에 대해 곧 논의해 보자. 우리의 주요 주장은 다음과 같다. 경제지리학이 우리가 주장한 만큼 이론에 관심을 가졌다면, GPN 접근이 비이론주의를 경제지리학에 심어 놓지 않았을 것이라는 점이다.

상기해 보자. 이론은 하나의 명제이거나 명제들의 집합이다. 그것은 대안 명제를 위한 공간과 다른 반론을 어느 정도 허용한다. 이론은 배제적이다. 군더더기를 제거해 나가면서 계급이 중요하다고, 혹은 권력이 중요하다고, 혹은 지리가 그렇다고 주장한다.

그러나 GPN 접근은 일반적으로 정반대 방향으로 간다. GPN 접근은 생산 네트워크를 구성하고 연구자들이 산업 구성체를 분석할 때 '대조'해야 하는 모든 잠재적인 물적 요인들과 관계들을 열거함으로써 모든 이들에게 모든 것이 되려고 한다. 이 목록에 금융을 포함시키는 것을 잊었는가? 좋다, 그럼 그것도 냄비에 집어넣자(Coe, Lai, and Wójcik 2014).

전체적으로 미묘한 차이에 강박감을 갖는 학자들의 세계에서(Healy 2017), 그런 식으로 위험을 회피하는 것은 분명 GPN만은 아니다. "어떤 수준이나 차원이 배제되면 사람들은 그것을 찾고 다시 들여오자고 불평한다."라고 힐리(Healy 2017, pp.123-124)는 말한다. 이런 분위기에서 "다차원성 주장으로 되돌아가려는 과도하게 이해심 많은 경향 혹은 모든 것을 한꺼번에 설명해야 한다는 염려"가 있다. 그러나 이러한 경향, 즉 "무제한적으로 복잡성이 증가하는" 경향은 좋은 이론화와는 정반대라고 힐리(Healy 2017, pp.123-124)는 설명한다.

한 이론이 좀 더 종합적이 되도록 하거나, 한 설명에 부가적 차원을 포함하도록 하거나, 한 개념이 보다 유연해지고 다면적이 되도록 하는 것은 역설적으로 그것들을 덜 명료하게 만들고 만다. 세부 항목을 추가함으로써 우리는 정보를 상실하게 된다.

모든 관점을 수용하고 모든 요인을 통합하기 위해 명제를 확장하면, 명제가 희석되고 그것은 이론 같지 않아진다. 만약 모든 것이 잠재적으로 중요하다면, 무엇이 **정말로** 중요한지 구별하는 것이 불가능해진다. 즉 모든 것에 대한 이론은 결국 아무것도 아닌 것에 대한 이론이 된다.

GPN의 사촌쯤 되는 '글로벌 상품사슬(global commodity chain, GCC)' 접근도 비슷하게 광범위한 사회경제적 관계를 끄집어낸다. 이를 검토한 번스타인과 캠플링(Bernstein and Campling 2006, p.435)은 중요한 질문을 제기하였다. "단순히 목록 만들기에 머물지 않고, 분석과 설명을 위해 어떻게 하면 이것들의 복잡한 관계를 풀고 순서 매기기를 시작할 수 있는가?"

다양한 경제들에 대한 깁슨-그레이엄의 이론이 비교 가능하게 열거한 소스를 보여 준다는 말이 타당할 것이다. 경제적 실천들에 영향을 미친 사회적 관계는 어떤 것인가? "신뢰, 돌봄, 공유, 호혜성, 협력, 박탈, 미래 지향, 집단적 합의, 강요, 속박, 절약, 죄책감, 사랑, 공동체의 압력, 형평성, 자기 착취, 연대, 분배 정의, 소명의식, 영적 연결, 그리고 환경 및 사회 정의… 등등 얼마나 많은가!"(Gibson-Graham 2014, p.151). 이 목록을 GPN 접근과 비교하며 검토해 보면, 오버먼(Overman 2004, p.508)의 주장, 즉 현대 경제지리학의 많은 부분이 근본적인 것과 사소한 것을 체계적으로 구별할 수 없다는 주장에 공감하지 않을 수 없다. "풍부한 이론(보다 복잡하다는 점에서)이 … 반드시 더 나은 이론(현실세계를 더 잘 이해하도록 돕는다는 점에서)은 아니다." 이것이 정확히 힐리와 번스타인, 캠플링의 요점이다.

그런 점에서 GPN 전통에서 가장 최근의 연구, 특히 그 선도적 주창자 중 두 명(Coe and Yeung 2015)에 의한 연구가 어느 정도 뒤로 노를 저어 지배적인 방

경제지리학

향에 변화를 주고 있는 점은 흥미로운 일이다. 그들은 복잡성을 증가시키고 미묘한 차이를 크게 하지 않으며, 그것을 줄여 번스타인과 캠플링이 요구하는 "얽힘 풀기(unraveling)와 순서화(ordering)"를 구현하려고 노력하였다. 그들은 일반적으로 글로벌 생산 네트워크를 추진시키고 차별화하는 핵심 요소들에 관해 상당히 깐깐한 명제들을 만들려고 노력하였다. 이것은 특수하게 '비즈니스의 지리' 양식에서 이론에 훨씬 가까워 보인다. [번스타인과 캠플링이 GCC에서 놓친 것을 찾아낸 "계급 불평등과 사회적 불평등의 구조와 동학"(Berstein and Campling 2006, p.440)도 여전히 여기에는 거의 없다.] 따라서 이 새로운 세대의 GPN 모델에 대한 경제지리학의 대응은 유익하다. 그것은 경제지리학과 이론의 현재 관계를 나타낼 것이다.

5.6 결론

비록 색조는 사뭇 다르지만, 『지리학에서의 설명(Explanation in Geography)』 (1969)은 그 이후 출판되어 데이비드 하비의 훨씬 유명하고 널리 읽힌 책들만큼이나 경제지리학자들에게 전투 명령과 같았다. 그것은 **이론적** 무기에 대한 요구였다. 하비는 경제지리학사, 넓게는 지리학사를 연구한 후, 최근에야 이론을 진지하게 다루기 시작하였고, 그와 다른 학자가 시도한 경험에서 이론으로의 혁명에 따른 출산의 고통을 여전히 경험하고 있다는 것을 알게 되었으며, 이론은 학문의 미래의 힘과 불가분이라고 결론을 내렸다. "아마도 우리가 1970년대 연구실 벽에 붙였어야 할 슬로건"을 그는 이렇게 썼다. "읽으라. 우리의 이론으로 우리를 알게 되리라"(Harvey 1969, p.486).

그 후 수십 년 동안 경제지리학에서 엄청난 양의 이론적 논쟁과 발전이 있었다. 이 장에서는 경제지리학과 이론과의 지속적으로 진화하는 관계의 보다 중요한 측면을 규명하려고 노력하였다. 우리가 보았듯이, 경제지리학은 오랫동안 다른 분야의 이론들을 수입해 왔다. 그러나 점점 경제지리학은 이론의 원천이자 수출하는 장소가 되었다. 즉 기존 사고를 덮고 다시 씨를 뿌려 새롭고도 두드러진 형태로 수확하는 분야가 된 것이다. 경제지리학의 '이론'은 대부분 매우 건강하다.

이론에 대한 경제지리학의 뚜렷한 개방성, 적극적인 이론 개발, 그리고 이론에 대한 다양한 이해 방식이 존재한다는 점 등은 경제지리학 이론의 건강함을 나타내는 지표이다. 다시 말해, 서로 다른 이론에 대해 개방적이고, 이론이 무엇인가에 대한 관점에 대해서도 개방적이다. 이론이 무엇을 위한 것인지에 대해서도 열려 있을 뿐 아니라, 이론의 힘이 어디로 향해야 하는지에 대해서도 열려 있다. 그러나 한 가지 우려가 있다면, 단일한 이론, 즉 '강한 이론'으로부터 벗어나는 역사적 전환이 어느 정도는 이론 자체로부터도 벗어나도록 하는 경향을 수반한다는 점이다. 이것은 그렇게 긍정적이지 않다. 요즘과 같이 학문적으로 폭넓은 사회경제 환경에서 경제지리학이 이론적 생명력이 없다면, 그 고유 언어에 익숙하지 않은 사람들(심지어 익숙한 일부 사람들)에게 경제지리학이라는 학문을 권하는 것은 쉽지 않다.

1969년 하비의 요청을 다시 생각하면, 전술한 관찰로부터 얻은 결론의 요점은 할 일이 아직 남아 있다는 것이다. 결론적으로 이론에 대한 사례와 경제지리학에 대한 사례 모두 배태되어 있지 않으며 일관되게 만들어지지 않고 있다. 우리는 아직 하비의 슬로건을 내려서는 안 된다. 그리고 우리가 우리의 이론으로 알려지거나 우리 자신을 이론적으로 알려지게 만들면, 우리는 방법론 및 방법에 관한 관련 질문을 피할 수 없게 된다. 방법과 방법론 때문에 좋든 싫든 우리는 알려지게 될 것이다. 다음 장에서 방법과 방법론을 살펴보고자 한다.

경제지리학

참고문헌

Adorno, T. and Horkheimer, M. 1979 [1944]. *Dialectic of Enlightenment*. London: Verso.

Anderson, A. 2009. *The Way We Argue Now: A Study in the Cultures of Theory*. Princeton, NJ: Princeton University Press.

Ballabon, M. B. 1957. Putting the "Economic" into Economic Geography. *Economic Geography* 33: 217-223.

Barnes, T. J. 1996. *Logics of Dislocation: Models, Metaphors, and Meanings of Economic Space*. New York: Guilford Press.

Barnes. T. J. 2001. Retheorizing Economic Geography: From the Quantitative Revolution to the "Cultural Turn." *Annals of the Association of American Geographers* 91: 546-565.

Berndt, C., and Boeckler, M. 2011. Performative Regional (Dis)integration: Transnational Markets, Mobile Commodities, and Bordered North-South Differences. *Environment and Planning A* 43: 1057-1078.

Bernstein, H., and Campling, L. 2006. Commodity Studies and Commodity Fetishism II: 'Profits with Principles'? *Journal of Agrarian Change* 6: 414-447.

Bourdieu. P. 1990. *In Other World, Essays Towards a Reflexive Sociology*. Stanford: Stanford University Press.

Brenner, N. 2009. What Is Critical Urban Theory? *City* 13: 198-207.

Coe, N. M., Lai, K. P., and Wójcik. D. 2014. Integrating Finance into Global Production Networks. *Regional Studies* 48: 761-777.

Coe, N. M., and Yeung, H. W. C. 2015. *Global Production Networks: Theorizing Economic Development in an Interconnected World*. Oxford: Oxford University Press.

Cox, R. 1981. Social Forces. States and World Orders: Beyond International Theory. *Millennium* 10: 126-155.

Critchley, S. 2015. There Is No Theory of Everything. http://opinionator.blogs.nytimes.com/2015/09112/there-is-no-theory-of-everything?_r=0 (accessed June 20, 2017).

Culler, J. 1997. *Literary Theory: A Very Short Introduction*. Oxford: Oxford University Press.

Flyvbjerg, B. 2001. *Making Social Science Matter: Why Social Inquiry Fails and How it Can Succeed Again*. Cambridge: Cambridge University Press.

Geertz, C. 1973. *The Interpretation of Cultures: Selected Essays*. New York: Basic Books.

Gibson-Graham, J. K. 2008. Diverse Economies: Performative Practices for Other Worlds. *Progress in Human Geography* 32: 613-632.

Gibson-Graham, J. K. 2014. Rethinking the Economy with Thick Description and Weak Theory. *Current Anthropology* 55: 147-153.

Gibson-Graham, J. K., Cameron, J., and Healy, S. 2013. *Take Back the Economy: An Eth-*

ical Guide for Transforming Our Communities, Minneapolis: University of Minnesota Press.

Gidwani, V. 2008. *Capital Interrupted: Agrarian Development and the Politics of Work in India*. Minneapolis: University of Minnesota Press.

Harvey, D. 1969. *Explanation in Geography*. London: Edward Arnold.

Harvey, D. 1972. Revolutionary and Counter Revolutionary Theory in Geography and the Problem of Ghetto Formation. *Antipode* 4: 1-13.

Harvey, D. 1982. *The Limits to Capital*. Oxford: Blackwell.

Harvey, D. 2000. Reinventing Geography. *New Left Review* 4: 75-97.

Healy, K. 2017. Fuck Nuance. *Sociological Theory* 35: 118-127.

Henderson, J., Dicken, P., Hess. M. et al. 2002. Global Production Networks and the Analysis of Economic Development. *Review of International Political Economy* 9: 436-464.

Hess, M., and Yeung, H. W. C. 2006. Whither Global Production Networks in Economic Geography? Past, Present and Future. *Environment and Planning* A 38: 1193-1204.

Horkheimer, M. 1974. *Critique of Instrumental Reason: Lectures and Essays Since the End of World War II*. New York: Seabury Press.

Hudson, R. 2001. *Producing Places*. New York: Guilford Press.

Katz, C. 1996. Towards Minor Theory. *Environment and Planning D* 14: 487- 499.

Krugman, P. 1995. Increasing Returns. Imperfect Competition and the Positive Theory of International Trade. In G. Grossman and K. Rogoff (eds). *Handbook of International Economics*, Volume 3. Amsterdam: Elsevier North-Holland, pp.1234-1277.

Martin, R. 1999. The "New Economic Geography": Challenge or Irrelevance? *Transactions of the Institute of British Geographers* 24: 387-391.

Massey, D. 1991. Flexible Sexism. *Environment and Planning D* 9: 31-57.

Massey, D. 1995a. *Spatial Divisions of Labour. Social Structures and the Geography of Production*, 2nd edn. New York: Routledge.

Massey, D. 1995b. Masculinity, Dualisms and High Technology. *Transactions of the Institute of British Geographers* 20: 487-499.

Overman, H. G. 2004. Can We Learn Anything from Economic Geography Proper? *Journal of Economic Geography* 4: 501-516.

Peck, J. 2015. Navigating Economic Geographies. http://blogs.ubc.ca/peck/files/2016/03/Navigating-economic-geographies3.0.pdf (accessed June 20, 2017).

Pickles, J. 2012. The Cultural Turn and the Conjunctural Economy: Economic Geography. Anthropology, and Cultural Studies. In T. J. Barnes. J. Peck. and E. Sheppard (eds), *The Wiley-Blackwell Companion to Economic Geography*, Oxford: Wiley-Blackwell, pp.537-551.

Rigby, D. L., and Essletzbichler, J. 2006. Technological Variety, Technological Change and a Geography of Production Techniques. *Journal of Economic Geography* 6: 45- 70.

Saxenian, A. 1996. *Regional Advantage: Culture and Competition in Silicon Valley and Route 128.* Cambridge, MA: Harvard University Press.

Sayer, A. 1982. Explanation in Economic Geography: Abstraction versus Generalization. *Progress in Human Geography* 6: 65-85.

Sheppard, E. 2011. Geographical Political Economy. *Journal of Economic Geography* 11: 319-331.

Smith, N. 1987. Dangers of the Empirical Turn: Some Comments on the CURS Initiative. *Antipode* 19: 59-68.

Sunley, P. 2008. Relational Economic Geography: A Partial Understanding or a New Paradigm? *Economic Geography* 84: 1-26.

Swedberg, R. 2014. *The Art of Social Theory.* Princeton, NJ: Princeton University Press.

Thrift, N. 2006. David Harvey: A Rock in a Hard Place. In N. Castree and D. Gregory (eds), *David Harvey: A Critical Reader.* Oxford: Blackwell, pp.223-233.

Tickell, A., and Peck, J. 1995. Social Regulation after Fordism: Regulation Theory, Neo-liberalism and the Global-Local Nexus. *Economy and Society* 24: 357-386.

Tilly, C. 2006. Why? Princeton, NJ: Princeton University Press.

Wainwright, J. 2008. *Decolonizing Development: Colonial Power and the Maya.* Oxford: Blackwell.

Yeung, H. W. C. 2012. East Asian Capitalisms and Economic Geographies. In T. J. Barnes, J. Peck. and E. Sheppard (eds), *The Wiley-Blackwell Companion to Economic Geography.* Oxford: Wiley-Blackwell, pp.1l6-129.

제6장

경제지리학의 방법과 방법론

6.1 서론
6.2 방법과 방법론
6.3 경제지리학의 방법과 방법론의 역사
6.4 경제지리학의 현대적 방법
6.5 결론

6.1 서론

겉보기에 방법과 방법론은 이 책과 같은 책들이 어쩔 수 없이 다루어야 하는 지루한 주제 중 하나이다. 방법과 방법론을 배운다는 것은 참호를 판다든가, PVC 파이프를 묻는다든가 하는 육체노동과 같다고 할 수 있다. 그것들은 해야만 한다. 어느 누구도 그것들의 중요성을 부정하지 못한다. 그것들은 의심할 여지 없이 추구할 만한 가치가 있으며, 다른 과제들을 완수하기 위해 절대적으로 필요하다. 그러나 활동으로서 그것들 자체는 매우 흥미롭지 않다.

경제지리학이 경계를 맞대는 다른 사회과학과 구별되는 점은 일반적으로 방법과 방법론에 관한 대화를 회피하는 것이다. 그것이 지루함에 대한 낮은 임계값 때문인지, 아니면 다른 어떤 것 때문인지는 명확하지 않다. 그러

경제지리학

나 최근 40년 이상 방법과 방법론 이야기가 나오면 "묻지도 말고 말하지도 말라(Don't ask, don't tell, DADT)"[*]는 암묵적 합의가 경제지리학 내에서 있었다. DADT는 2004년부터 2011년 사이 미군에 등록된 게이와 레즈비언에 대한 미국의 공식적 정책이었다. 법적으로 게이와 레즈비언은 미군에 복무하는 것이 금지되어 있었다. 그러나 많은 동성애 남성과 여성이 미군 여러 부대에 근무하는 현실과 법적인 결격 규정을 조화시키기 위해, 묻지도 말고 말하지도 말라는 규칙을 만든 것이다. 그 상황은 경제지리학과 비슷하다. 경제지리학자들이 결과를 얻기 위해 모종의 방법과 방법론을 사용하는 것은 분명하지만—그렇지 않는 것이 불가능할 것—그런 것들을 밝혀야 할 의무가 없으며("말하지도 말라"), 청중은(최소한 그들이 경제지리학자라면) 상세한 것을 요구하지 말아야 한다("묻지도 말라")는 말하지 않은 암묵적 동의가 있다.

묻지도 말고 말하지도 말라는 준칙은 다른 사회과학 분야에서는 찾아볼 수 없다. 오히려 그 반대이다. 경제지리학의 많은 인접 분야는 그들의 방법과 방법론의 가정과 실천을 발표하는 것에 대해 공을 들이며, 정력적이고, 열정적이기까지 하다. 그들의 정책은 묻고 말하는 것이다. 자신의 방법론적 핵심을 털어놓지 않는 것은 여러 사회과학에서 잠재적으로 추방의 벌을 받거나 꾸짖음을 받을 만한 거의 범죄로 취급된다. 일부 분야에서는 방법과 방법론이 그 학문 분야를 정의하는 것과 유사하다. 방법과 방법론은 그 학문 분야의 씨줄과 날줄이다. 예를 들어, 민족지학은 인류학이다. 사회학이나 지리학과 같은 다른 학문들도 민족지학을 할 수 있지만, 만약 당신이 인류학자라면 민족지학을 **해야 한다.** 그렇게 하지 않는다면 당신은 인류학을 하지 않는 것이 된다. 아

---

[*] 역주: 1993년 도입된 미국 성소수자의 군복무와 관련된 제도이다. 성적 지향과 무관하게 누구든 군복무를 할 수 있도록 허용한다는 내용이어서, 성적 지향에 대해 묻지도 말하지도 말라는 듯이 규칙이었다. 그런데 성소수자가 자신이 그렇다는 것을 밝히면 군을 떠나야 한다는 제약이 있어서 또 다른 억압이라는 비판이 제기되어 2011년 폐지되었다.

마도 주류경제학은 더 심할 것이다. 폴 크루그먼(제4장과 제5장)에 따르면, 그리스 문자를 사용한 적절한 수학적 모델이 아니면, 그것은 경제학이 아니다. 그리스 문자를 사용한 적절한 수학적 모델처럼 보여도 여전히 충분하지 않을 수도 있다. 제4장에서 논의하였듯이, 그것은 공간과학자들의 경우였다. 그들의 수학은 기준에 미달하였다. 경제지리학자들에게 그 일을 제대로 하는 방법을 보여 주려면 적절한 수학적 모델을 만드는 법을 아는 정식 경제학자들을 필요로 하였다.

묻지도 말고 말하지도 말라는 규칙은 게이와 레즈비언 모병에 관한 미군의 정책이 21세기에 와서 2011년 오바마 행정부에서 폐지되었다. 이 장에서 우리는 방법과 방법론에 대한 질문을 통해 경제지리학을 21세기로 가져오려고 한다. 경제지리학이 사용해 온 방법과 방법론들에 대한 이야기를 통해 지금까지 닫혀 있던 경제지리학 옷장을 열려고 한다.

이 장은 세 부분으로 나누어져 있다. 첫째, 우리는 방법과 방법론을 구별하고, 경제지리학자들이 왜 그렇게 그것들을 숨기려 하였는지 그 이유에 대해 답하려고 한다. 둘째, 경제지리학의 방법과 방법론의 역사를 간단히 살펴본다. 끝으로 경제지리학에서 사용되는 몇 가지 현대적 방법과 방법론에 대해 비판적으로 고찰하고자 한다. 방법과 방법론은 연구로 세계를 재현하는 수단일 뿐 아니라, 세계의 결점을 드러내고 비판하며 더 낫게 변화시키는 수단이 되기도 한다.

6.2 방법과 방법론

6.2.1 방법, 방법론, 인식론과 존재론

우리는 방법(method)과 방법론(methodology)을 구별하는 것으로부터 시작한다. 방법은 주어진 연구 문제를 다루기 위해 자료와 정보를 준비하고 분석하는 데 사용하는 직접적인 실제 기법을 말한다. 예를 들어, 일련의 추론통계학 도구나 민족지가 방법이다. 혹은 설문지를 준비하고 시행하는 것도 방법이 될 수 있다. 각 방법은 다르지만, 각각은 특정한 절차 규칙을 따를 것과 그러한 규칙을 공부하고 학습할 시간, 수업 중에 그 방법을 좀 더 잘 사용하기 위한 빈번한 연습을 요구한다. 덧붙여 확실히 이 세 사례의 경우 암묵적인 무언의 학습 규칙이 있다. 그런 규칙은 그 방법의 활용을 과학에서 기예로 만들며, 주어진 방법을 사용하는 데 있어 다른 사람들보다 더 나은 소질을 가진 사람들이 생겨난다. 나아가 여러 종류의 자료에 여러 방법을 사용할 때, 각 유형은 그것만의 숙련을 요구한다. 그 자료는 '객관적' 숫자들(정보는 적어도 이론적으로는 자료를 수집하고 기록하는 사람의 주관적 의견으로부터 독립적이기 때문에 객관적이다), 혹은 주관적 느낌으로 적은 상세한 야외조사 노트, 혹은 연구자에 의해 점수가 매겨지고 패키지 소프트웨어 프로그램을 사용해 전자적으로 분석되는 설문지 응답일 수도 있다.

이와는 대조적으로 방법론은 방법보다 엄격하게 제한적이지는 않다. 방법론은 특정한 기법이나 도구가 아니다. 오히려 주어진 연구 문제를 위해 선택한 특정 연구 방법을 결정하는 규칙, 원리, 가정들의 일반적인 집합이다. 말하자면 방법론은 방법의 상위에 있으며, 그 안에서 적절한 방법이 선택된다. 예를 들어, 방법론의 가정 중 하나가 오직 신뢰할 만한 자료는 숫자라고 하면, 선택 가능한 방법들의 범위가 필연적으로 제한된다. 숫자를 생산하지 않는 방법들은, 말하자면 민족지는 출발부터 배제된다.

방법론의 토론에 있어 방법론과 분리될 수 없는 인식론적·존재론적 가정들에 대해 명확히 하는 것 또한 중요하다. 인식론은 무엇이 세계에 대한 참된 진술인지를 정의하는 지식에 관한 이론이다. 예를 들어, 논리실증주의(logical positivism)로 알려진 인식론은 참된 지식은 단 두 가지 형태를 갖는다고 말한다. 첫째, 정의에 의한 참된 지식—예를 들어, 수학적 증명과 같은 수학적 진술—이 있다. 이 지식은 일련의 초기 가정이나 공리(axiom)를 통해 유도된다. 가정이나 공리가 인정되면, 연역된 것은 정의에 의해 필연적으로 참이 된다. 둘째, 현실세계에 대해 확인(증명)할 수 있는 경험적 지식이 있다. 예를 들어, "고양이가 매트 위에 앉았다"는 진술은 경험적으로 증명할 수 있다. 고양이는 매트 위에 있거나 매트 위에 없거나인데, 당신이 그것을 보거나, 목격담이 있거나, 사진이 있다면, 이 경우는 참이다. 당신이 내내 거기에 있었는데 고양이가 없고, 그 밖에 고양이를 본 사람이 없으며, 사진에 고양이는 없고 매트만 있다면, 이 경우는 거짓이다. 논리실증주의 인식론하에서는 그 외 당신이 할 수 있는 다른 어떤 종류의 진술—말하자면 "당신은 **좋은** 사람이다"라는 도덕적 언설, 혹은 "당신은 **아름답다**"라는 심미적 판단—도 의미가 없으며, 심지어 난센스이기도 하다. 그런 것들은 정의에 의해 참이지도 않고 경험적으로 증명될 수도 없기 때문에 진리 가치가 없는 진술이다. 어떤 방법론 안에 있는 인식론적 가정들, 말하자면 논리실증주의의 인식론적 가정들은 그러므로 물어보게 되는 연구 문제들의 종류를 언제나 한정하게 된다. 예를 들어, 도덕적 질문과 심미적 질문은 논리실증주의에서는 즉각적으로 배제된다. 마찬가지로 동일한 인식론적 가정은 또한 사용할 수 있는 방법의 종류도 제한한다. 즉 논리실증주의는 민족지와 거래하지 않는다. 민족지 안에 포함된 주관적 판단이 진리가 아닌, 단지 무의미한 것과 난센스를 생산하기 때문이다.

존재론은 존재하는 것에 대한 이론이다. 그것은 정당하게 연구될 수 있는 세계에서 무엇을 대상으로 할 것인가에 관한 이론이다. 예를 들어, 사회과학 내의 존재론 중 하나가 방법론적 개인주의이다. 방법론적 개인주의에서 연구를 정당화하는 (존재론적) 대상은 오직 개인들이다. 문화, 사회 또는 제도 같은 집합적 실체는 진정한 실체가 아니다. 그것들은 근본적인 존재가 아니다. 그것들은 실제인 것처럼 보일지 모르지만, 언제나 보다 본질적인 기반적 실체,

즉 개별적인 것으로 환원될 수 있기 때문에 그렇지 않다. 그러한 존재론적 이론은 영국 총리 마거릿 대처의 "사회 같은 것은 없다."라는 유명한 언설의 배경이 된다. 대처에게 사회는 단순히 사회를 구성하는 개인들의 합이며, 그것의 존재론적 실체는 불필요하다. 따라서 방법론적 개인주의의 존재론적 가정을 장착한 방법론은 어떤 것이든 방법론적 개인주의가 다루는 연구 문제의 유형에 갇히게 된다. 사회나 문화와 같은 집합적인 실체에 관해서는 연구 질문을 할 수 없게 된다.

마지막 한 가지 요점은 방법과 방법론이 흔히 숨겨진 꾸러미, 즉 공개적으로 진술되지 않는 숨은 가정, 숨은 가치관, 숨은 신념 등과 함께 다닌다는 것이다. 사용자는 그것들이 거기 있다는 것을 알지 못하기 때문에, 종종 그것들을 알아차리지 못한다. 아니면 그것들이 너무도 익숙해져 아무도 이에 대해 말하려고 하지 않는다. 그도 아니면 그것들은 정말 숨겨져 있거나 묻혀 있어서 발견하려면 파헤쳐야 할 수도 있다. 이 때문에 방법과 방법론을 사용할 때 비판적으로 분석할 필요가 있는 경우가 많다(제1장 참조). 주어진 방법론에 숨어 있는 인식론적·존재론적 계율을 추출하는 것이 특히 중요하다. 일단 그러한 전제가 표면으로 올라와 비벼지고 세탁되어, 그 계율들이 무엇이고 무엇을 위한 것인지 인지될 때, 비로소 질의된 연구 문제에 대해 그 계율들을 확인할 수 있다. 그 계율들은 일관되는가? 제시된 방법 및 사용된 자료 유형과는 어울리는가? 만약 어떤 점에서 불일치가 있다면, 그것은 중요한가? 불일치의 결과는 무엇인가? 역사적으로 경제지리학의 성향은 이런 종류의 질문들에 직면하면 그것들이 사라지고 정상으로 돌아올 것이라고 희망하면서 침묵을 지키는 것이었다. 이는 미군이 묻지도 말고 말하지도 말라는 정책에서 희망하였던 것과 같다. 그러나 그것은 잘못된 생각이거나 아니면 좀 비겁한 것이다 이것은 경제지리학의 경우이기도 하다. 경제지리학에서 이런 종류의 질문을 요청하는 새로운 유형의 방법과 방법론들이 최근 폭발적으로 증가함에 따라 아마도 더 무책임하게 된 셈이다.

6.2.2 경제지리학의 복합적 방법과 방법론, 그리고 목적

과거에는 경제지리학에서 인정받을 수 있는 방법론과 방법은 엄격한 학문적 제한이 있었다. 그러나 더 이상 그렇지 않다. 지금은 모든 것들이 허용되고, 어느 것도 금지되지 않은 것 같다. 예를 들어, 집중적 사례 연구, 심층 인터뷰, 구술사(oral history), 민족지, 참여관찰, 담론 및 텍스트 분석, 실험적인 반성적 글쓰기, 행위자-네트워크 이론, 행동연구, 계량-통계적 기법 패키지 등 오늘날 경제지리학에서 사용되는 방법과 방법론의 목록을 보자. 그것들은 학문을 다양하고 활기차게 해 흥미진진하게 만든다. 그러나 방법과 방법론의 발전을 쫓아가서 그중에서 이용 가능한 것의 미묘한 차이를 평가하고, 심지어 그것들의 일관성을 확인하는 것은 점점 복잡해지고 어려워지고 있다.

일부 경제지리학자들의 방법과 방법론은 그러한 복잡성과 어려움에 더해 새로운 요구를 부과한다. 그중 하나는 깁슨-그레이엄(Gibson-Graham 2006; 2007; 제3장과 제5장 참조)이 예시하고 있는 것으로, 정치적 목적을 실현하기 위한 도구로 연구 방법을 사용하는 것이다. 깁슨-그레이엄은 일부러 비학술인을 연구자로 섭외하였다. 그들은 그러한 과정을 통해 비학술인이 "새로운 정치적 주체"가 되리라고 믿었다. 연구과정에 참여함으로써 비학술인이 주체성과 의견을 바꾸며 행동을 바꾸어, 세상을 더 나은 방향으로 변화시킨다는 것이다(Gibson-Graham 2007).

두 번째 요구는 특정한 윤리적 기준을 충족하는 것이다. 전통적으로 연구에서의 도덕적 질문은 연구 대상을 다루는 것과 관련해서만 이루어졌다. 예를 들어, 연구 참여자를 속이거나 거짓말을 하는 것은 비윤리적이며, 특히 그들에게 해를 끼치는 것으로 여겨졌다.[1] 그러나 최근에는 윤리적 관심이 연구과정 자체로 이동해 그것에 영향을 주고 있다. 예를 들어, 어떤 연구자들은 연구 행위과정에서 도덕 기준을 높이고자 한다. 즉 주어진 프로젝트 내에서 차별적인 지위, 재능, 권력을 가진 연구자들 간 관계에서, 또는 연구가 지식만을 위한 것이 아니라 그 이상을 얻도록 하는 연구의 적실성과 관련하여, 혹은 (석유회사의 돈과 같이) 어떤 돈은 사용이 부적절한 '더러운' 데서 온 것이고, (옥스팜의 돈과 같이) 어떤 돈은 사용이 적절한 '깨끗한' 데서 온 것인지에 대한 연구비 조달과 관련하여 도덕적 기준을 높이고자 한다.

세 번째 요구는 복합적 방법과 방법론을 도입하는 것이다. 예를 들어, 계량−통계적 방법과 민족지 방법을 결합하는 것과 같이, 세계는 그것을 재현하는 우리의 방법과 방법론들보다 더 복잡하기 때문이다. 결과적으로 우리는 둘 이상의 자원을 보유할 필요가 있다. 젠더화된 노동시장에 관해 제4장에서 논의하였던 저작에서 린다 맥도웰(Linda McDowell 2013)은 정확히 그렇게 하였다. 그녀는 서로 다른 형태의 자료, 서로 다른 방법, 양립할 수 없는 것은 아니지만 사뭇 다른 방법론 가정들을 통합하려 하였다. 그것은 창의력과 상상력은 물론 능숙한 솜씨가 필요한 쉽지 않은 일이다. 하지만 성공적으로 해 낸다면 매우 흥미로운 일이 될 것이다.

요약하면, 방법과 방법론을 전개할 때 많은 함정이 잠재되어 있으며, 경제지리학에서는 그것들의 가짓수가 많고 다양성도 커서 그 함정들이 배가된다. 그러나 선택의 여지가 없다. 연구를 수행하기 위해서는 방법과 방법론을 사용해야 한다. 방법과 방법론이 없다면 연구는 없을 것이다. 경제지리학자들의 묻지도 말고 말하지도 말라는 정책은, 방법과 방법론에 대해 말하지 않고 방법과 방법론을 활용한다는 것을 암시한다. 그것은 연구가 어떻게 행해지는지를 설명하지 않고 연구 작업을 바로 하는 것이나 다름없다. 왜 행동보다는 말이 더 많아야 하는지, 또는 행동도 잘하고 말도 많이 해야 하는지 다 이유가 있음을 우리는 여기서 제시해 왔다. 우리의 방법론은 무엇이어야 하는가? 우리의 방법론에 주어진 질문에 어떤 방법이 가장 잘 대답할 수 있는가? 우리가 취해야 할 인식론과 존재론은 무엇인가? 그것들이 우리의 방법론과 방법에 어떻게 조화되는가? 이것이 우리가 해야 할 대화이다.

6.3 경제지리학의 방법과 방법론의 역사

6.3.1 초기-경험주의적 목록화

초기의 경제지리학자들도 연구에 있어 방법의 중요성을 알고 있었다(제3장). 치솜은 그의 시작 첫 페이지에서 "여러 [다른] 연구들은 … 현재 연구에서 채택된 방법들과 다른 방법을 사용한다."(Chisholm 1889, p.ⅲ)라고 인정하였다. 미국의 초창기 경제지리학자 러셀 스미스(Rusell Smith 1913, p.ⅴ)도 마찬가지로 그의 첫 페이지에 "[나의] 방법이 가져온 결과는 동일한 공간에서 보다 일반적인 표현 방법으로는 얻을 수 없다고 나는 믿는다."라고 적었다. 이 두 사례에서 그들은 나열된 나라들로 단순히 구성하고는, 아무런 언급 없이 그것들의 목록을 경제 통계와 함께 나란히 두는 '옛' 방식을 거부하였다. 치솜과 스미스 둘 다 대안적 방법을 사용하는 다른 무언가를 갈망하고 있었다. 그들의 책이 "일반적으로 참고하는 … 상품들이 어디에 있고 어디에서 유래하였는지에 대한 단순한 레퍼토리"인 백과사전이 아니었음을 의미한다(Chisholm 1889, p.ⅲ). 대신에 그들은 "지리적 사실의 연구에 '지적 관심'을 전하는 것"(p.ⅲ)을 목표로 하였다. 그것은 그런 목적을 구현하기 위한 특정한 방법을 요구하고 있었다.

 치솜과 스미스가 말하는 방법은 경험적 정보의 특정한 표현 방식을 의미한다. 두 사람 모두 자신들의 임무가 세계를 있는 그대로 사실과 도표의 방대한 일람표로 보고하는 것이라고 믿는 철저한 경험주의자들이었다. 경험주의는 오랜 역사를 가지고 있다. 방법론으로서 경험주의는 특정한 인식론(참된 지식

230

은 세계의 증명된 사실의 형태를 취한다는)과 특정한 존재론(세계는 분리된 참된 사실의 거대한 집합으로 존재한다는)을 의미한다. 치숌과 스미스에 의해 편찬된 사실과 도표는 많은 경우 다양한 국가 기관들로부터 수집된 것이다. 그러나 지역 상공회의소와 같은 민간 출처인 것도 있다. 예를 들어, 치숌(Chisholm 1889, p.vi)은 런던의『상공회의소 저널(Chamber of Commerce Journal)』과 업계별 무역 잡지에서 수집하였으며, 스미스(Smith 1913, p.ix)는 무역 잡지『브리더 관보(Breeders Gazette)』와『베터 프룻(Better Fruit)』을 언급하고 있다. 치숌과 스미스는 과거에는 전혀 행해진 적이 없던 일을 해냈는데, 그들의 방법은 상업지리학에 대한 지적 관심을 불러일으키기 위해 그런 사실과 도표들을 배열하는 것이었다. 그것이 그들의 방법이 만들어 낸 차이였다. 독자들은 끝없이 이어지는 숫자들의 라인을 더 이상 볼 필요가 없어졌다. 독자들은 그들이 바라는 대로 목록화하고 질서가 있는 사실과 도표에 자극을 받아 국제 상거래의 더 큰 지리적 시스템을 인식하게 되었을 것이다. 지리적 사실과 도표들이 그것들을 만들어 낸 글로벌 상업 시스템을 드러나게 하였을 것이다.

6.3.2 지역주의와 야외조사

뒤이은 지역적 접근(regional approach)의 방법론 역시 경험주의로, 아마도 더 경험주의적일 것이다. 그 당시 경제지리학은 집에 머물면서 무역 잡지와 공식 자료원들에서 얻은 사실과 도표를 배열하는 안락의자 지리학을 더 이상 추구하지 않게 되었다.■2 대신에 현장에 가서 세계를 직접 경험하고, 발견하는 것을 기록하고 정리하는 것이 포함되었다.

　지역주의(regionalism) 방법론은 또한 독특한 존재론을 가지고 있었다. 지역주의는 지리적 세계의 기본적인 존재론적 단위가 지역이라고 주장하였다. 지리는 우리에게 캐나다 프레리, 북부 중서부, 요크셔데일스와 같은 지역단위로 다가온다는 것이다. 리처드 하트숀(Richard Hartshorne 1939, pp.428-431)의 어휘를 사용하면, 각각의 지역은 "요소 복합체", 즉 농가, 농지, 돌담, 관개수로 등등과 같은 상호 연관된 개별 성분들로 이루어진 통합된 총체로서 자신을 나타낸다. 경제지리학자의 임무는 야외로 나가서 그러한 성분 요소와 그것들의 관계 및 총체로서, 그것들이 주어진 지역의 경제를 어떻게 형성하는지를 기술하는 것이었다. 경제지리학자들은 그들이 관찰한 지역의 여러 성분을 모두 기술하기 위해 넓은 일반적(유형론적) 범주들을 사용하였다(제3장). '재배작물', '관개', '가축 보유', '건물 유형'과 같은 범주들을 사용하여 주어진 경제지역 안에서 각 범주에 해당하는 모든 관찰된 사실을 기재하는 거대한 목록을 구축하고자 하였다. 그런데 그러한 일반적 성분의 엄밀한 조합은 지역마다 고유하다. 하트숀(Hartshorne 1939, p.393)의 경제지리 예를 사용하면, 미국의 옥수수지대, 포 평원(Po Plain), 중부 다뉴브 평원 내에는 공통의 일반적 요소들이 있다. 그것들 모두에서 재배작물, 관개시설, 가축, 농가를 발견할 수 있지만, 각 지역에서 세세한 조합, 정밀한 비율, 그것들 간 특유의 관계는 다르다. 하트숀(Hartshorne 1939, p.393)이 쓴 것처럼, "실제로 발견되는 실제 조합에서 그것들[일반적 요소들]의 결합은 지구상에서 단 한 번 발생한다." 그래서 3개의 각 지역에 공통된 일반적 요소들이 있지만, 세세한 조합은 고유하다.

그 고유성(uniqueness)은 하트숀에게 중요하였다. 그것은 경제지리학자들이 지역을 연구하는 데 사용하였던 방법들은 설명적이라기보다는 단지 기술적일 수 있다는 것을 의미한다. 자연과학에서 현상은 일반적 원리로 설명된다. 일반적 원리는 모든 세계에 똑같이 적용되기 때문이다. 사실 그것들은 전 우주에 똑같이 적용된다. 캐나다 밴쿠버의 중력은 스웨덴 웁살라의 중력과 정확히 같으며, 그것은 우주에서 알려진 것으로 가장 멀리 5,000광년 떨어져 있는 행성 OGLE-TR-56b에서 발견되는 중력과도 동일하다. 결과적으로 세 사례를 모두 설명하는 유일한 설명 원리인 뉴턴의 중력법칙이 떠오른다. 그러나 그러한 접근 방식은 하트숀에게 있어 경제지리의 기본 존재론적 단위인 지역에는 적용될 수 없다. 각 지역은 서로 다르다. 그래서 일반적 원리, 설명보다는 오히려 기술만이 있을 뿐이다(제3장과 제5장 참조).

6.3.3 과학적 방법과 통계학

경제지리학자들의 기술적 지역주의(descriptive regionalism) 방법론은 전후 초기부터 다수의 사회과학들이 사용하는 방법들과 점차 유리되었다. 여러 사회과학이 받아들인 단일의 방법, 즉 과학적 방법의 전반적 압력이 있었다(제3장과 제5장). 그 방법은 현상을 관찰하고 숫자로 측정함으로 시작되어, 그 결과를 '객관적' 자료로 꼼꼼하게 기록하는 것이다. 자료를 수집하고 기록하는 사람의 주관적인 의견과는 별개로, 자료 자체가 제시하는 세계이기 때문에 (표면상으로) 객관적이다. 이어서 그 자료를 주의 깊게 조사함으로써 연구자는 잠재된(가설적) 관계를 규정할 수 있다. 예를 들어, 어떤 장소가 다른 장소에서 멀리 떨어져 있을수록 그들 사이를 여행하는 사람들의 수가 더 적어진다는 것을 관찰할 수 있다. 이 가설을 확정하기 위해 사람들은 많은 다른 사례들을 조사해야 할 것이고, 각각의 사례가 이 일반적인 관계에 부합한다는 것을 입증해야 한다. 만약 가설적 관계가 살아남는다면(반증되지 않는다면), 그때 과학적 이론으로 전환되는 것이 가능하다. 과학적 이론은 관찰된 관계에 대한 일반적인 설명인데, 이 경우 통행 횟수와 통행 거리 사이의 관계(멀수록 통행 횟수가 줄어든다)이다. 만약 그 이론이 대단히 믿을 만하다면, 즉 언제나 확인된다면 그 이론은 과학적 법칙, 즉 어느 곳에서나 그리고 언제나 유지되는 관계(전 우주 어디에서나 그리고 138억 2000만 년 전 우주가 창조된 이래로 유지되고 있는 뉴턴의 중력법칙을 생각해 보라)로 승격될 것이다. 통행 횟수와 통행 거리를 연결하는 지리적 이론은 사실 하나의 경제지리 법칙으로 제시된 것이다. 월도 토블러(Waldo Tobler 1970, p.234)는 그것을 "지리학 제1법칙"이라고 하였다. 즉 "모든 것은 그 밖의 모든 것과 관련된다. 그러나 가까운 것들은 먼 것들보다 더 관련이 있다."

전후 초기 과학적 방법을 채택한 사회과학자들은 다음과 같은 이유로 그들의 접근을 정당화하였다. 즉 과학적 방법은 1) 투명하고(과학적 방법의 각 단계는 암묵적이거나 숨겨진 것 없이 매우 명확하고), 2) 반복 가능하며(다른 사람이 같은 절차를 따르면 같은 결론에 이르며), 3) 신뢰할 수 있기(규칙에 따라 수행된다면 결과는 자명하기) 때문이다. 인식론적으로 과학적 방법은 경험주의에 의존하였다. 진리를 발견하는 어떤 주장이라도 경험적 증거, 즉 외부 세계가 그것에 대한 우리의 이론과 부합한다는 엄밀한 증거에 기초한다. 예를 들어, 지리학 제1법칙은 수많은 경험적 연구들이 "가까운 것들은 먼 것들보다 더 관련이 있다."라는 것을 입증하기 때문에 진리로 받아들여진다. 존재론적으로 그 방법론은 세계가 수학적인 질서를 갖는다고 상정한다. 갈릴레오가 말한 것처럼, "수학은 자연의 고유한 언어이다." 제2차 세계대전 이후 경제지리학을 포함하여 여러 사회과학이 사회적 세계가 수학적 형태로 자신을 드러낸다는 존재론적 가정 위에 작동하였다. 결과적으로 세계를 기술하고 설명하기 위해 경제지리학자들은 반드시 수학을 사용해야 했다.

과학적 방법은 1950년대 중반부터 경제지리학에서 활용되었다. 경제지리학자들은 '객관적' 자료를 수집하고 기록해 더 탐구하고 검증할 수 있는 가능한 관계들에 대해 자세히 조사하였다. 미국의 경제지리학자 윌리엄 원츠(William Warntz)는 그 방법을 추구하는 선구자였다. 1950년대 초반부터 그는 미국 농무부로부터 작물의 지리적 생산 수준에 대한 대량의 (객관적) 수량 자료를 수집하였다. 초창기 컴퓨터를 사용해 원츠는 이론(가능하다면 궁극적으로는 법칙)의 기초가 될 수 있는 핵심적인 관계를 그의 자료 속에서 확인하려 하였다.

원츠가 자신의 자료 속에 있는 지리적 관계를 가장 잘 기술한다고 생각하였던 이론은 이미 논의한, 장소들 간의 거리와 그것들 간의 이동 사이에 있는 관계였다(제3장 3.4.2 참조). 즉 뉴턴의 중력법칙이다. 뉴턴은 두 물체, 말하자면 두 행성 간의 중력(G)은 두 물체의 크기, 즉 질량(M_1, M_2)이 클수록 더 크고, 그들 간 거리(d)가 증가할수록 작아진다고 말했다. 원츠는 이미 제3장에서 제시된 등식을 사용해서 그 관계를 기술하였다.

$$G = \frac{M_1 \cdot M_2}{d^2}$$

임의의 두 물체 M_1, M_2 사이의 중력(G)은 두 물체의 크기에 비례하고, 그 둘을 나누는 거리의 제곱(d^2)에 반비례한다.

그런데 뉴턴의 중력방정식은 두 물체에만 적용되었다. 원츠는 자신의 연구를 발전시켜 많은 대상을 포함하는 공간 내 어디에서든 중력을 계산할 수 있는 방법, 즉 나중에 잠재력 모델(potential model)이라고 불린 방법을 정식화하였다. 잠재력 모델은 다양한 크기의 대상들로 가득 찬 지역에 대해 다양한 크기의 중력의 힘을 계산하였다. 중력의 힘, 즉 뉴턴의 잠재력은 큰 물체들에 가까이 있는 공간에서 가장 강하고 가장 집중적이며, 그러한 물체들로부터 가장 멀리 떨어진 공간에서 가장 약하다. 원츠는 뉴턴의 방정식을 사용하여 미국에서 재배되는 여러 작물에 대한 잠재력을 계산하였다. 뉴턴의 처음 설명과 부합해, 잠재력은 그 작물을 가장 많이 생산하는 주들 주변에서 가장 높게 나타나고, 그 작물의 생산 수준이 낮거나 없는 주들 주변에서 낮게 나타났다. 그림 6.1은 원츠가 그린 밀에 대한 잠재력 다이어그램을 보여 준다. 이 지도를 얻기 위해 원츠는 미국 전역의 수많은 지점에 대한 밀 잠재력을 계산한 다음, 잠재력 값이 같은 모든 지점을 연결하여 지도 위에 선을 그렸다. 그런 선들은 동일한 크기의 선, 즉 등치선으로 지도 위의 등고선과 같은 것이다. 그림 6.1에서 미국 밀 생산 능지선(1940~1949)은 캔자스에서 값이 35로 가장 높으며, 다음 등치선(30)은 캔자스뿐 아니라 네브래스카, 노스다코타, 오클라호마, 콜로라

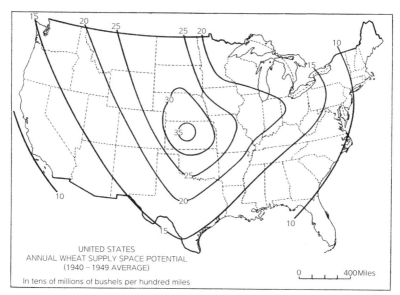

그림 6.1 미국의 밀 생산 잠재력 등치선(1940~1949)

출처: Warntz 1959, p.67. 펜실베이니아 대학교의 허가를 받아 재인쇄되었음.

도까지 포함한다. 이러한 밀의 잠재력 등치선은 이 작물의 생산에서 미국 내의 극심한 공간 집중을 보여 준다. 적어도 원츠에 따르면, 그는 이 결과를 그가 과학적 방법을 따랐기 때문에 얻은 것이다. (객관적) 자료를 수집하고 걸러내고, 유의미한 관계를 찾아, 뉴턴의 잠재력 모델의 수학적 규칙성으로 그것을 표현해 냈다.

인식론적으로 원츠의 연구는 경험주의에 의존하였다. 원츠는 경험적 세계를 이론과 일치시킨 뉴턴과 마찬가지로, 자신이 눈으로 볼 수 있는 객관적인 총조사(census) 숫자를 사용하기 때문에 진리를 주장할 수 있다고 믿었다. 그리고 존재론적으로 그는 현실이 본질적으로 수학적 질서를 가진 실체로서 스스로를 조직하고 있다는 것을 보여 주었다. 그것은 논리적 등식의 형태, 이 경우에는 뉴턴적 잠재력 공식의 형태를 갖는다.

6.3.4 비판적 사회이론과 방법론 및 방법

경제지리학의 방법론과 방법의 역사에서 가장 최근의 시기는 우리가 **비판적 사회이론**이라고 부르는 것과 관련이 있다. 이 용어는 이론이 사회와 사회적 관계를 설명의 중심에 놓는다는 것을 의미한다. 이 이론을 비판적이라고 하는 것은 지배적인 경제지리적 배열과 그러한 배열의 기저에 있는 권력과 자원의 사회적 분배에 문제를 제기하기 때문이다(제5장 참조). 비판적 사회이론이 경제지리학에 처음 도입된 것은 마르크스주의가 이 분야에 들어온 1970년대이다. 우리의 좀 더 초기 시기화 관점에서 비판적 사회이론은 급진적 경제지리학에서부터 후기구조주의에 이르기까지 거의 대부분의 접근 방법을 포함한다(각각 제3장 3.5와 3.6).

이 시기에 싹튼 방법론과 방법들은 계량적이라기보다 거의 대부분 정성적이다. 두 가지 예외가 있는데, 소수가 추구하는 "분석적 마르크스주의"(Webber and Rigby 1996; 표 4.1)와 보다 최근에는 약간 더 지지자가 많은 (아래에서 논의될) 비판적 지리정보시스템(GIS)이다. 그러나 정성적 방법들이 더 우세하였다. 정성적 방법은 숫자로는 표현될 수 없는, 혹은 그렇게 표현된다면 실질적 의미를 상실하는 세계의 양상을 포착하는 데 사용되어 왔다. 경제지리학에 사용된 정성적 방법은 표 6.1에 요약되어 있다. 이 장의 목적과 관련해서 정성적 방법들에 대해 아마도 가장 중요한 점은, 정성적 방법들이 사용될 때 종종 방법론과 방법으로서 그것들에 대해 명시적인 논의가 없다는 것이다. 이는 묻지도 말고 말하지도 말라는 것이다.

그러나 예외가 있다. 우리는 이 장의 마지막 절에서 이를 상세하게 논의하고자 한다. 앤드루 세이어(Andrew Sayer)의 연구와 관련된 것으로, 1980년대 초반 경제지리학에 들어온 비판적 실재론(critical realism)은 언제나 자신의 방법론과 방법을 분명하게 밝힌다. 경제지리학에서의 페미니스트들은 방법론과 방법을 명백하게 하는 관심을 가진 또 다른 그룹이다. 그들은 방법론적 명확성이 정치적·도덕적 의무라고 믿는다. 그리고 마지막으로, 정성적 방법이라기보다는 계량적인 비판적 GIS를 추종하는 사람들도 그들의 방법과 방법론을 투명하게 하고자 하였다.

표 6.1 경제지리학의 정성적 방법들

행동연구(action research) – 사회심리학에서 1940년대에 시작된 이 방법은 사회변동 시기에 그 변화를 촉진하고 실현하기 위해 수행하던 연구와 관련이 있다. 필연적으로 이런 연구는 규범적이다. 연구 대상인 사회변동의 가치에 연구를 맞추게 된다. 이것의 주된 목적은 사회행동의 안내, 즉 연구의 진술된 목적을 충족하는 것이다. 제럴딘 프랫(Geraldine Pratt 2012)은 밴쿠버의 필리핀 가사 도우미들에 대한 연구에서 행동연구 방법을 사용하였다. 그녀의 연구는 필리핀 근로자 공동체의 목표를 달성하기 위해 설계되었다.

아카이브(archive) – 아카이브는 과거의 원본 기록물을 보관하는 장소이다. 전통적으로 아카이브는 종이로 된 문서들을 저장하였다. 그런데 요즘에는 문자적·시각적·청각적 자료들이 디지털 파일 형태로 클라우드 등에 가상적으로 저장될 수 있다. 아카이브는 기록의 더미들처럼 보일 수 있지만, 사실상 갈등하는 정치적 위치이기도 하다. 이는 기관, 보통 국가가 과거에 대해 기억되기를 원하는 것으로 선택한 것을 구체화한 것이다. 그것을 통해 장래에 이야기될 수 있도록 하는 일종의 역사를 만들어 낸다. 경제지리학의 아카이브 연구는 드물지만 기업사나 경제지리학사에 대한 아카이브 연구가 있다(Barnes 2014).

담론 및 텍스트 분석(discourse/textual analysis) – 보통 기록물인 텍스트를 면밀히 비판적으로 읽는 일은 흔치 않다. 그렇게 하는 목적은 텍스트에 숨겨진 가정, 모순, 기술하지 않은 것, 그릇된 추론, 그리고 그 텍스트에 부여된 사회권력의 다양한 기법 때문에 존재하는 지배적인 은유들을 밝혀내려는 것이다. 이런 기법은 미셸 푸코(Michel Fouchault)와 주변적인 역사 문서들에 대한 그의 성실하고 정밀한 비판적 분석에서 기원하였다. 푸코의 담론분석은 '주변적인' 문서라는 것은 없다라는 것을 보여 주었다. 담론분석에서는 모든 기록물이 그것을 생산한 권력관계를 증언하고 더 넓은 의미를 시사한다. 비나이 기드와니(Vinay Gidwani 2008)는 인도 구자라트주의 시골 지역에서 서로 다른 카스트(caste)에 속한 사람들을 인터뷰하여 담론분석을 시도하였는데, 그것을 통해 체화된 현실권력의 운영 기술들을 훌륭하게 조명하였다.

민족지 및 참여관찰(ethnography/participant observation) – 주로 인류학과 관련된 기법으로 민족지 방법은 몰입, 근접 및 빈번한 접촉, 개별 또는 집단적 접근 등을 포함한다. 이 방법은 지속적인 근접 상호작용, 면밀한 관찰, 빈번한 질문, 빈번한 참여, 세심한 노트 기록(접촉 중 또는 접촉 후에) 등을 수반한다. 참여관찰은 보통 민족지 방법과 병행되는데, 연구자가 대상 집단에 완전히 참여하여 동일한 활동 실천을 수행하는 것을 말한다. 어떤 경우에는 연구자가 참여관찰자라는 것을 드러낼 수도 있다. 다른 경우 대체로 연구자는 자신의 정체성을 숨기고 드러나지 않게 한다. 필립 크랭(Philip Crang 1994)의 대표적인 참여관찰 연구는 사우스이스트잉글랜드 지방의 어떤 곳에 있는 멕시코 분위기의 레스토랑에서의 식당 일 연구를 수행한 것인데, 드러나지 않게 한 경우이다.

답사(fieldwork) – 아마도 경제지리학 본래의 방법일 것이다. 진실되고 확실한 정보는 '그곳'이 어디에 있든지 '거기'에 가야만 수집될 수 있다는 믿음에 따른 것이다. 가장 기초적으로 답사는 외부에 있는 지리적 장소에 대한 면밀한 관찰을 의미하며, 그 후 다양한 형태로 기록된다(현장 '속기록'에서 사후에 답사 노트에 다듬어진 기록까지). 다만 야외 관찰로는 피상적인 기술만 가능하다. 답사는 사례를 제공한다거나 배경 색깔과 구체적 디테일을 얻는 데 유용하지만, 민족지나 참여관찰, 면담 등의 다른 방법으로 보완될 필요가 있다. 자메이카의 파파야 재배에 관한 연구에서 이안 쿡(Ian Cook 2004)은 그 섬에 장기간 머물며 야외 관찰을 수행하면서 앞의 세 가지 다른 방법으로 보완하였다.

초점집단(focus group) – 한 사람만 면담하지 않고 특정한 주제에 대해 여러 사람을 집단으로(즉 초점집단)으로 면담하는 것이다. 그러나 이것은 피면담자들이 서로 대화를 할 수 있고, 심지어 보다 큰 집단에게 질문을 하는 것조차 허락된다는 점에서 특별한 종류의 면담이다. 면담자에게 신속하고 저렴하게 많은 응답을 제공하며, 참가자가 집단으로부터 학습할 수 있다는 것이 장점이다. 단점은 표명된 의견이 독립적이지 않고 '집단적 생각'에서 나온다는 것이다. 이러한 문제점은 익명성이 취약할 경우 심화되기도 하고, 주도적인 개인이 있는 경우에 발생하기도 한다. 또한 참여자의 고유한 구성과 환경 때문에 초점집단은 단 '한 차례(one-off shot)'만 조직될 수 있고 다시 조직하기 어렵다. 깁슨-그레이엄(Gibson-Graham 2007)은 한 공동체 경제에서 지역 내 구성원 숫자와 다양성에 관한 정보 및 공동체 유지에 필요한 전략 및 기법들에 관한 정보를 확산하도록 하기 위해 초점집단을 활용하였다

면담(interview)(글상자 6.1: 면담 참조) – 경제지리학에서 볼 수 있는 유연하고도 두루 쓸 수 있는 방법이다. 일반적인 형태는 기업 면담, 산업 전문가 면담, 정부 관료 면담, 노동자 면담이다. 한 사람 이상을 동시에 면담할 수 있으며, 한 사람 이상이 면담을 진행할 수도 있다. 닫히거나 좁혀진 방식의 질문은 미리 작성되어 읽는 방식으로(설문지처럼 효과적으로 면담을 하는) 진행된다. 열리거나 넓은 방식의 질문은 요점만 미리 작성되어 진행된다. 면담은 질과 중립성에서 다르며, 면담자와 피면담자는 균형을 맞출 필요가 있으나 다른 사회적 관심과 입장이 항상 결부된다. 경제지리학에서 면담 방법을 둘러싼 논쟁 중 하나는 젠더 이슈에 관한 것이다. 린다 맥도웰(Linda McDowell 1992)은 에리카 쇤버거(Erica Schoenberger 1992)에게, 그녀가 여성이라는 것과 그녀의 모든 피면담자가 남성이라는 것이 기업 면담에 무슨 차이를 발생시키는가라고 물었다.

구술사(oral history) – 특정 주제(예로 고용)에 대한 질문이 피면담자인 한 개인의 생애 경험과 관련되는 다소 특별한 종류의 면담이다. 여기서 얻어진 결과는 풍부하고 구체적이며 생생하고, 감정이 개입되어 있으며, 공식 역사에는 편입되기 어려운 이면의 이야기들을 포함한다. 다만 여기서 얻은 것들은 부분적이고, 오류 가능성이 있는 인간의 기억에 의존하며, 종종 확인하기 어려운 것도 포함되고, 추상적이거나 보다 큰 역사적 운동에 대해서는 잘 말해지지 않는다. 구술사 방법은 경제지리학에서 일반적인 방법은 아니나, 린다 맥도웰(Linda McDowell 2013)은 이 방법을 사용하여 1940년대 중반 이후 영국으로 이주해 온 여성들의 노동사 연구를 효과적으로 수행하였다.

6.4 경제지리학의 현대적 방법

이 마지막 절에서는 사회 이론의 비판적 형식에 따라 경제지리학의 가장 최근의 방법론적 시기에 대해 더 상세히 논하고자 한다. 먼저 주요 방법으로 떠오른 정성적 방법과 최근에는 비판을 받고 있어 더 이상 지배적인 방법이 아닌 계량적 방법의 관계를 개관할 것이다. 계량적 및 정성적 방법은 비판적 연구를 목표로 하여 보완적으로 보아야 하며, 그 반대가 아니라는 점을 제안하고자 한다. 그리고 나서 경제지리학에서 비판적 실재론, 페미니즘, 그리고 비판적 GIS 접근을 개관하고 경제지리학이 비판적이면서 방법과 방법론에 대해서도 어떻게 명시적이 될 수 있는지를 드러내고자 한다.

6.4.1 계량적 방법과 정성적 방법

전술한 바와 같이, 경제지리학은 계량적 방법에서 정성적 방법으로의 중대한 전환이 있었다. 계량적 방법은 윌리엄 원츠가 옹호하는 종류였다. 수량 데이터를 수집하고, 검사하며, 분석하여 보여 주는 기술이었다. 경제지리학사에서 한 시기는 그러한 기법들이 첨단이었고, 경제지리학을 과학적이고 엄밀하며 엄정하고 객관적인 학문으로 파악하는 관점이 지배했었다. 현대적인 경제지리학자가 되려면 계량적 방법을 훈련해야 했었다.

1970년대 이후 과학과 근대성에 대한 학문적 신념이, 그리고 그와 관련되어 숫자와 계량적 방법에 대한 신념이 점차 도전을 받게 되었다. 과거 경제지리학의 혁명적인 계량주의자들도 배반자가 되었고, 그들이 착수하였던 거대 프로젝트들을 비판하기 시작하였다. 첫째, 사용된 복잡한 수학적 방법과 이를 적용한 실제 연구의 사소한 문제들 사이의 간극이 점점 커지는 것을 지적하였다. 변절자 중 하나인 데이비드 하비(David Harvey 1972, p.6)는 이렇게 말했다. "우리가 사용하는 복잡한 이론적·방법론적 틀과 우리 주변에서 드러나는 사건들에 관한 정말로 유의미한 어떤 것을 말하는 역량 사이에 명백한 불일치가 존재한다"(제5장 참조). 둘째, 계량적 방법을 적용할 때 경제지리학자들은 흔히 중요 수학적 가정들을 위반하였다. 이는 특히 추론통계학을 전개하던 사람들에게 사실이다. [3] 피터 굴드(Peter Gould 1970)는 배반자가 아님에도, 그의 비판적 논문 중 하나에 **추론통계학**은 기러기 쫓기*의 지리적 명칭인가?"라는 제목을 달았다. 그는 그렇게 생각하였다. 셋째, 계량분석가들은 그들이 수집하고 분석하고 보고한 숫자들이 가치중립적이고 객관적이라고 가정한다는 비판을 받았다. 그 숫자들은 오히려 사회적으로 구성되고, 정치적 이해관계가 침투해 있는 것이라는 비판이다. 예를 들어, 경제지리학자들이 사용한 많은 숫자들이 총조사에서 온 것인데, 그것이야말로 국가의 정치적인 이해관계를 반영하는 것이라고 비판자들은 주장하였다. 사실 통계(statistics)라는 말은 독일어 **Staatskunde**, 즉 국가 연구(state study)에서 온 말이다. 넷째, 계량적인 경제지리학자들은 모든 것이 계량화되어야 한다고 믿는다는 비판을 받았다. 계량화되지 않으면 가치가 없거나 연구될 필요가 없다고 믿는다는 비판이다. 인간 삶은 얼마나 가치가 있는가? 민주주의는? 행복은? 사랑은? 비판자들은 이렇게 물었다. 그 모든 것들은 어마어마한 가치가 있지만, 어떤 것이 '많고 적고를 계산하여' 수학 방정식에 들어갈 수 있겠는가? 마지막으로 실증주의, 즉 계량적 방법을 정당화하는 철학이 비판받았다(제5장 참조). 실증주의는 19세기에 시작되었다. 다양한 변형을 거쳤지만, 실증주의는 과학적 방법과 그와 관련된 계량적 기법만이 진실을 보증한다는 관점을 견지하였다. 1960년대와 1970년대의 실증주의에 대한 비판은 이후 40년간의 '이론 전쟁'을 낳고, 계량적 방법을 대체하기 위해 일련의 다른 접근 방법들이 경쟁하였다. 그 경쟁하는 방법 중 어느 것도 순수한 계량적 방법의 사용을 지지하지 않았다.

---

* 역주: 실현 불가능한 허망한 일.

이러한 공공연한 비판으로 1980년대에는 계량적 방법이 점차 주변화되었다. 더욱이 학부 및 대학원 학생들은 이 전통을 더 이상 훈련받지 못했고, 이 때문에 그들이 원하더라도 계량적 연구를 수행하기 무척 어렵게 되었다. 그전에는 학생들이 졸업 요건을 충족하기 위해서는 계량적 방법 과목을 (보통 1개 이상) 반드시 수강해야 했다. 오하이오 주립대학교 지리학과의 경우 대학원생들은 미적분학 두 강좌를 수강해야 했다. 1980년대 초반부터 그러한 요건은 많은 지리학과에서 점차 완화되었고, 어떤 경우에는 그러한 강좌들이 교육과정에서 제외되기도 했다. 한때 정점을 구가하였던 계량적 방법은 불과 한 세대 만에 소수의 방법이 되었고, 심지어 사라지기도 했다.

계량적 방법의 급격한 쇠퇴와 반대로 정성적 방법의 사용법 교육은 가파르게 증가하였다. 경제지리학의 다양한 질적 자료를 수집하고, 기록하며, 해석하고, 보여 주는 방법들이다. 여기서 질적 자료란 서술될 수 있고 재현될 수 있지만 수량화되지는 않는 다양한 속성, 특성, 종류를 말한다. 당신의 직업은? 거기서 하는 일은? 왜 그것을 선택하셨나요? 이러한 질적 자료들은 전형적으로 단어와 어떤 이미지(숫자가 아니라)로 구체화된다. 연구자와의 면담으로 드러날 수도 있고, 문서로 기록되거나 관찰된 비디오의 이미지로 보이거나 해석될 수도 있다. 경제지리적 과정(processes)의 질적 자료들이 구체화되는 형태는 대단히 다양하고, 정성적 방법에 유용하게 활용된다. 1대1 면담 기록, 초점집단 기록물, 노트, 메모, 편지, 전단지, 일기, 브로슈어, 정책 기록물, 회색 문헌(grey literature)*, 신문, 도서, 유튜브, 팟캐스트의 시청각 자료 등이 그것이다.

정성적 방법은 정성적 자료들이 발견되는 수많은 양상들을 처리하는 형식적 절차이다(표 6.1). 여기서 '형식적'이라는 말은 이 방법이 계량적 방법과 마

---

* 역주: 발행은 되었으나 공식적으로 출판되어 판매 또는 공개되는 것이 아닌 문헌을 말한다. 기관 내부 보고서 등과 같은 것이다.

찬가지로 일련의 코드화된 규칙과 절차를 따른다는 것을 의미한다. 결과적으로 계량적 방법과 마찬가지로 강의실에서 교수될 수 있고, 교재로 저술될 수 있으며, 시험으로 출제될 수도 있다[예로 고메즈와 존스(Gomez and Jones 2010)의 대학 교재를 보라]. 정성적 방법은 간혹 어떤 것이든 가능하고 연구자가 원하는 대로 할 수 있는 비교적 열린 방법으로 묘사되기도 한다. 그러나 그렇지 않다. 정성적 방법은 엄격하며, 인내가 필요하고, 방법적으로 계량적 방법과 마찬가지로 정교해야 한다. 물론 그렇다고 정성적 방법이 언제나 완벽하다고 말하는 것은 아니다. 정성적 방법을 경제지리학에서 부주의하게 사용한 사례들이 있지만, 그것은 계량적 방법의 사용에서도 마찬가지이다.

경제지리학에 사용된 모든 정성적 방법 중에서 가장 흔히 사용되는 방법은 아마도 면담일 것이다(글상자 6.1: 면담). 그것은 경제지리학의 주요 방법이다. 면담은 학자들을 전문가의 지위에서 언제나 단번에 종속된 지위로 바꾸어 버린다. 이제 무지의 위치에서 정보를 얻기 위해 전문가인 피면담자에게 물어야 하는 것은 학자들이다. 정보는 기록되고 연구를 위한 자료가 된다. 연구물에서는 인용문의 형태로 나타날 수도 있고, 인용된 사실로 표현되기도 하며, 더 큰 서사 안에 인용되지 않은 채 다른 확증 사례를 형성하지만 눈에 띄지 않은 채로 들어가 있을 수도 있다.

경제지리학자들이 수행하는 다수의 연구가 정성적 방법으로 이루어진다고 해서 모든 연구가 그렇게 이루어진다는 것은 아니다. 그러한 주장은 독단적이며 1960년대와 1970년대 경제지리학의 주요 계량주의자들만큼이나 단견이다. 경제지리학이 이론적으로 다중언어적이었던 것처럼, 방법론적으로도 다중언어적이어야 한다. 경제지리학에는 계량적 방법과 정성적 방법을 모두 사용할 수 있는 공간이 있다. 하나가 다른 하나를 배제하고 한 가지만 고집해서는 안 된다. 경제지리학이 하나의 분야로서 다루어야 할 재료들이 굉장히 많기 때문에 방법론적 접근에서도 더 넓은 캔버스가 필요하다. 더욱이 계량적

면담

면담의 기본은 불균등한 관계이다. 한쪽은 면담자로서 다른 쪽인 피면담자에게 종속된다. 결과적으로 면담자는 보조자의 역할이다. 즉 피면담자에게 일련의 질문으로 필요한 정보를 그들이 제공하도록 청원하는 사람이다. 어떤 경우에는 질문들이 공식적으로 미리 기록되어 피면담자에게 사전에 송부되기도 한다. 다른 경우에는 질문이 면담이 진행되는 동안에 만들어져, 이전 응답에 대응하여 그 자리에서 성립되기도 한다. 그 응답들을 나중에 사용하기 위해 기록하는 방법에도 차이가 있다. 어떤 경우에는 응답을 비디오나 디지털 리코더로 기록하기도 하여 전체 면담 내용을 나중에 열어 보기도 한다. 다른 경우에는 수기 노트로 만들어져 면담의 일부만 기록되기도 한다. 또 다른 경우에는 어떤 것도 기록하지 않고 정보가 면담자의 기억에 저장되어 추후 답사 노트에 기록되기도 한다. 마찬가지로 피면담자의 자료를 사용하는 방법도 다를 수 있다. 매우 드문 경우이긴 하지만, 전체 면담 내용이 그대로 연구물에 기재되기도 한다. 그러나 대체로 일부만 사용된다(선택적 인용으로). 그러나 다른 경우에는 전혀 사용되지 않기도 하는데, 그런 경우는 면담 내용이 다른 면담자에 의해 더 잘 표현되었거나, 연구 주제와 맞지 않거나, 혼란스럽게 표현된 경우이다. 어떤 경우는 피면담자의 발언상의 휴지, 한숨, 웃음 표현, 목소리의 높낮이, 문법적 실수 등으로 나타나는 그의 성격을 사용할 수도 있다. 경제지리학에서 이러한 것이 사용되기도 하지만, 보통 그러한 요소는 제거하고(혼란을 피하기 위해) 제시된다. 최근에는 면담을 전사한 내용을 피면담자에게 보내 그들이 면담 내용을 바꾸거나, 실수를 수정하거나, 대중적으로 나가도 되길 원하는지 여부를 확인할 기회를 주기도 한다.

이 마지막 요점은 면담 윤리에 관한 더 큰 쟁점으로 이어진다. 면담이 대학 내 조직의 지원하에 이루어지는 경우, 연구 서비스 사무국으로부터 윤리적 승인을 받아야 할 것이다. 이것은 다른 무엇보다도 연구 목적, 연구 방법, 피면담자 충원 방법, 질문 내용, 출판 방법 등의 윤리적 적설성에 대한 대학 위원회의 결정을 포함한다. 면담자는 출판물에서 피면담자를 익명화해야 하고 신분을 보호하여 이름, 사는 곳, 직업 등을 식별할 수 없도록 해야 한다. 다만 예외가 있을 수 있는데, 연구 프로젝트가 피면담자의 이름, 직위, 소속을 밝혀야 하는 경우이다. 면담 방법에서 다른 쟁점은 피면담자 수가 얼마나 많아야 충분한 가이다. 이것은 마치 얼마나 많이 써야 하는가와 같은 질문이다. 프로젝트의 성격에 따라 그것은 달라진다. 그러나 마지막 피면담자에게서 나온 정보가 유의미하게 반복되면 면담을 중단하는 것이 대략의 규칙이다. 관습적으로는 면담 번호 34번이다. 그러나 이것은 관습일 뿐이다. 면담 방법에서 마지막으로 중요한 쟁점은 면담도 항상 하나의 사회적 상호작용이라는 것이다. 면담도 계급, 젠더, 인종의 쟁점에 의해 굴절을 받는다는 것이다. 결과적으로 그러한 일이 생기면 권력관계가 개입될 가능성이 있다.

방법에 적용되었던 비판들은 이제 많이 약해졌다. 지리적 문제와 그것들을 해결하기 위해 사용한 복잡한 수학적 속성 사이에 '벌어진 간극'이 더 이상 있지도 않다. 지금은 우리의 지배적인 디지털 문화 및 회계 문화 탓에 많은 문제들이 부분적으로는 수학적 문제들이기 때문이다. 세계는 점점 수학적 형태로 되어 가고 있다. 지리적 통계 기법들도 좀 더 상식적이 되어 피터 굴드의 비판을 중화시킬 수 있게 되었다. 경제지리학자들 자신도 좀 더 요령을 터득해 숫자가 더 이상 특권적인 것이 아니며, 다른 텍스트에 비해 더 나을 것이 없고, 그릇된 추론, 가치판단, 부정확 등의 문제점을 갖고 있다는 것을 잘 알고 있다. 숫자로 사는 것이나 다른 텍스트로 사는 것이나 다를 바 없다. 마지막으로 경제지리학자들은 계량적 방법으로 진리를 보증할 수 있다는 실증주의와 같은 근본주의적인 아이디어를 포기한 지 오래이다. 그러한 방법이 진리를 전달하지 않을 수도 있지만, 여전히 유용할 수 있고 비본질주의적 방식으로 사용할 수 있다(Barnes 2009; Wyly 2009).

경제지리학의 방법은 지난 40년 동안 엄청나게 변화해 왔다. 표 6.1에 제시된 정성적 방법들의 대부분은 1980년대 중반만 해도 받아들일 수 없거나 잘해야 아방가르드한 것으로 치부되었다. 지금의 문제는 정성적 방법이 새로운 정통이 되었다는 것이다. 이는 안타까운 일이다. 왜냐하면 그 과정에서 종전의 계량적 방법은 배제되어 방법론의 쓰레기통으로 들어간 반면에, 오늘날 실제 세계의 경제지리는 매우 자주 숫자들의 형태(그렇다고 계량적 방법만이 해석할 수 있다는 것은 아니다)로 나타나고 있다. 더욱이 경제지리학자들이 정책을 결정하는 사람들은 물론 다른 사회과학자들과 대화하려면 계량적 방법을 이해해야만 한다. 그들의 어휘가 그렇기 때문이다. 지리학자들이 계량적 방법의 모든 것을 다 믿을 필요는 없으나, 적어도 대화가 익숙할 정도로는 계발할 필요가 있다. 엘빈 와일리(Elvin Wyly 2009)는 지리학자들이 계량화 언어로 말할 필요가 있다는 것을 "전략적 실증주의(strategic positivism)"라고 표현하였다.

그렇게 하면 경제지리학자들이 계량화를 반드시 수행하지 않더라도 계량화의 말을 구사할 수 있게 된다.

6.4.2 세 가지 사례: 현대 경제지리학에서 비판적 방법 및 방법론

경제지리학의 잠재적 모델이 될 수 있는, 명료하면서도 비판적인 경제지리학에서 방법과 방법론의 세 가지 사례를 살펴보자.

비판적 실재론과 경제지리학

비판적 실재론(critical realism)은 경제지리학, 특히 공간과학, 즉 경험주의와 실증주의가 처음으로 체계적으로 적용한 방법론적 접근이었다. 또한 이것은 종합적이고 완전히 작동되는 방법론적 대안을 제공하였다. 1970년대 후반에 영국 경제지리학자 앤드루 세이어(Andrew Sayer)는 경제지리학을 그의 원리적 시험 사례로 삼아 비판적 실재론의 구안(具案)을 시작하였다. 그것은 즉각 추종자들을 끌어들였다. 1980년대 후반에 적어도 영국에서는 비판적 실재론이 산업 변동(당시의 주요 주제)을 연구하는 사람들에게 경제지리학의 비공식적인 방법론이 되었다. 나아가 하나의 방법론으로서 그것은 즉각적으로 유명해졌고, 고유의 어휘, 강조점, 스타일을 갖추었다. 이는 거의 음악에 버금가는 것이었다. 먼저 추상을 통해 기저의 인과 구조를 규정하고, 그다음으로 특수한 우연적(contingent) 관계와 필연적 관계들을 서술하고, 마지막으로 결말을 "경제지리학에서의 설명"으로 설정하는 것(Sayer 1982; 제5장 참조)이다. 세이어(Sayer 1984)의 사용 매뉴얼인 『사회과학에서의 방법(Method in Social Science)』에는 그의 세심하면서 명료한 산문으로 된, 누구나 따라 할 수 있는 포장 상자 속 안내문이 있다.

세이어의 비판적 실재론의 좋은 점은 하나의 방법론으로서의 자의식이 있었다는 것이다. 자신의 지상명령을 결코 숨기지 않았다. 인식론적·존재론적 가정을 포함하여(아래에서 논의한다), 자신이 해야 할 것과 얻어야 할 것을 누구나 정확하게 알 수 있다. 하나의 방법론으로서의 실재론은 고정되고 엄격하지만, 그것이 방법으로 사용될 때 비판적 실재론은 열린 자세이며 다원주의적이다. 여기서 세이어는 포괄적 방법(extensive methods)과 집중적 방법(intensive methods)을 구분한다. 포괄적 방법은 폭넓은 일반화, 규칙성, 패턴을 추구하기 위해 총조사, 대규모 설문조사, 질문지 등을 활용하는 것을 말한다. 이를 위해서는 계량적 기법들이 가장 유용하다. 집중적 방법은 사례 연구 기반으로서 특정 사례와 변화의 메커니즘 규명에 초점을 둔 연구이다. 이 경우에는 보통 정성적 기법들이 더 적절하다. 세이어의 넓은 관점에서 보면, 포괄적 방법과 집중적 방법 모두 자신의 자리가 있다. 둘 다 유용할 수 있다. 이는 이것이냐/저것이냐의 문제가 아니다.

　비판적 실재론은 가장 직접적으로 비판적이었다. 왜냐하면 그것은 경제지리학이 실증주의의 철학적 정당성을 사용하여 추구해 온 오랜 경험주의 방법론에 반대하기 때문이다. 경험주의는 문제가 되는 사건들만이 직접적으로 경험되는 것이고, 그것이 사실이 된다고 받아들인다. 비판적 실재론은 그와 반대로 피상적 경험보다 더 중요한 무엇이 있으며, 경험이 산출한 사실들은 사람들이 보거나 직접 경험할 수 없는 깊은 존재론적 구조를 갖는다고 주장한다. 그리고 그것(구조)이 실제의 것(real thing)이라는 입장이다. 나아가 그러한 구조는 인과력(causal power)을 포함하고 있으며, 인과력은 기저 구조를 구성하는 실체들에 내장되어 있다. 이것은 실증주의와는 전혀 다른 인과 개념이다. 실증주의는 인과란 하나가 다른 하나를 뒤따르는 것이라고 단순하게 말한다. 예를 들어, 공간과학자 윌리엄 원츠는 지리적 잠재력(geographic potential)에 관한 그의 연구에서 인과를 하나의 항상적 연접(constant conjuncture)■4이라고 보았다. 장소들 간 거리가 증가하면 오가는 사람들도 더 적어진다는 것이다. 그러나 비판적 실재론은 인과를 실체의 존재를 정의하는 존재론적 구조에서 찾았다. 더욱이 인과력이 발휘되는지 안 되는지는 특정한 우연적(con-tingent) 환경의 존재에 달렸다. 세이어가 좋아하는 사례는 화약 가루이다. 화약 가루의 표면적 외양인 회색의 미세한 가루들은 서로 무관하다. 결정적인 것은 그 혼합물의 (존재론적인) 화학 구조이다. 그것 때문에 폭발하는 인과력을 반드시 갖게 되는 것이다. 내적인 인과력이 실현되기 위해서는, 즉 폭발이 일어나려면 특정한 우연적 조건이 있어야 한다. 누군가가 성냥불을 켠다든가 하는 일이 필요하다.

경제지리학에서 심층의 존재론적 구조를 식별하려면 연구자는 추상(ab-straction)을 수행해야 한다고 비판적 실재론은 말한다(제5장). 이것은 그 아래에 순수한(실제의) 존재론적 구조를 숨기고 있는 피상적 덮개를 치워 버리는 것을 말한다. 세이어의 말로 표현하면, 하나의 순수 구조는 필연적인 관계로 이루어져 있다. 하나의 실체가 자신의 정체성을 유지하기 위해 보존해야 하는 관계이다. 그렇게 되지 않는다면 다른 실체로 된다. 세이어가 즐겨 드는 다른 사례로는 '집주인'이라는 실체인데, 그것은 '세입자'라는 두 번째 실체와의 관계에 반드시 의존한다. 집주인은 세입자 없이는 존재할 수 없으며, 그 반대도 마찬가지이다. 양자는 필연적 관계이다. 추상을 통해 감식하듯이 걷어 내고 조사하면 집주인-세입자와 같은 깊은 존재론적 구조를 형성하는 인과력을 갖는 그러한 필연적 관계들을 찾아낼 수 있다고 세이어는 말했다. 나아가 그러한 인과력은 특정한 우연적 환경에서만 실현될 뿐 아니라(첫 번째 사례에서처럼 누군가가 성냥불을 그어댈 때), 그 결과 또한 그 인과가 구현되는 특수한 맥락적 환경에 따라 우연적이다. 예를 들어, 화약 폭발의 결과는 언제 어디서 불이 붙여졌느냐에 따라 달라진다. 11월 5일이나 7월 4일의 불꽃놀이에서인가? 아니면 1605년 하원의원들이 앉아 있는 영국 국회의사당의 지하실에서인가? 추상이 완료되면 그 존재론적 구조가 드러나고, 필연적·우연적 관계들이 밝혀지면 경제지리학에서의 설명이 가능해진다.

비판적 실재론의 방법론은 1980년대와 1990년대 경제지리를 설명하기 위해 반복적으로 사용되었다. 영국의 산업 구조조정과 탈산업화를 이해하기 위해 우선 사용되었다. 첫째, 추상을 통해 산업자본주의의 심층 존재론적 구조를 관련된 인과력을 따라 규정하였다. 그것이 명료해지면 경제지리학자들은 포괄적·집중적 방법을 동원하여 그 존재론적 구조가 좋지 않은 영향을 자주 산출하는 특정 장소라는 우연적 환경에서 어떻게 작동하는지를 검토하였다. 한 사례는 1980년대 후반 영국의 로컬리티 프로젝트(제4장)이다. 각 로컬리티는 특정한 우연적 지리 조건들의 집합을 나타낸다. 이 프로젝트는 지리적 상황성이 어떻게 인과의 방아쇠로서 그리고 산업자본주의의 다양한 심층 구조적(존재론적) 인과력 활성화를 위한 환경으로서 작동하는가를 이해하기 위한 것이었다. 세이어의 비판적 실재론은 대서양을 넘어 상이한 경제지리 맥락을 이해하는 데도 이용되었다. 특히 캘리포니아의 경제지리학자 마이클 스토퍼와 리처드 워커(Michael Storper and Richard Walker 1990)는 자신들의 존재론적 구조론을 "자본주의의 규정력(capitalist imperative)"이라고 정식화하였다. 이 규정력은 반대를 허용하지 않는 순수한 권력과 힘을 말한다. 북아메리카 공업지대[녹슨 지대(rust belt), 제1장과 제3장]와 같이 어떤 장소에서는 그 규정력이 파괴를 촉발하기도 한다. 그러나 다른 장소에서는—이것이 스토퍼와 워커의 특별한 기여이기도 한데—그 규정력이 창조력을 촉발하여 얼마 전까지만 해도 황량하고 버려진 경관만 있었던 곳에 공장, 창고, 오피스 빌딩, 대도시를 일으키기도 한다. 샌프란시스코 외곽의 첨단기술 기업들의 어마어마한 복합체인, 이제는 우리의 일상을 분단위로 규율하는 것처럼(애플, 페이스북, 구글, 넷플릭스, 오라클) 보이는 실리콘밸리가 그런 경우이다(글상자 12.3: 실리콘밸리).

페미니즘 방법과 경세시리학

경제지리학에서 진지하고 명시적인 방법과 방법론의 두 번째는 페미니즘에서 온 것이다. 무엇보다도 페미니즘은 정치적 프로젝트이다. 그것은 여성이 받는 다중적 억압 형태들의 인식을 목표로 한다. 그리고 여성에게 동등한 정치적·경제적·문화적·인격적 권리를 제공하는 바람직한 사회 변화의 촉진을 지향한다. 사회과학 연구(특히 경제지리학 연구)는 페미니스트들이 그러한 정치적 목표를 획득하는 수단의 하나이다. 물론 작업장에서 무엇을 입어야 하는가에 대한 시위 참여에서부터 일간신문 논평 기사 등과 같은 다른 수단도 없지 않다. 이러한 운동들에서 중요한 것은 정치적 프로젝트이다. 그런 정치적 프로젝트가 사회 연구로 실현된다면 그 연구 방법과 방법론은 올발라야 한다. 연구 방법과 방법론이 그들의 정치적 목표를 잘 실어 날라야 한다. 결과적으로 그 정치적 프로젝트는 "묻지도 말고 말하지도 말라" 준칙(DADT)일 수 없다.

경제지리학의 페미니즘 연구 방법은 세 가지 넓은 원칙에 의해 규정되어 왔다. 첫째, 가장 기본적인 것으로 방법, 방법론, 연구 실천은 페미니즘적 가치와 신념에 기초한다. 이것은 특히 연구의 주제, 자료의 표현, 연구 방법의 사용, 연구진의 조직에 영향을 미친다. 페미니즘 경제지리학자들은 그 출발부터 여성의 경험을 말해 주는 주제를 연구하였다. 여성의 경험은 과거에는 경제지리학이 무시해 온 것으로서, 경제지리학은 과거 지나치게 남성주의적이었다(거의 모든 경제지리학자들이 남성이었고, 연구 주제도 중노동, 거대 기계 조작, 트럭, 기차, 선박과 같은 대량 운송 수단 등과 같은 '남자다운' 남성들이 하는 일이었다는 점에서 남성주의적이었다. 제2장 참조). 반대로 페미니즘 경제지리학자들은 여성, 특히 여성 억압의 형태에 초점을 두었다. 임금노동에 종사하는 여성뿐만 아니라 가계의 재생산에서의 여성의 역할에도 중점을 두었고, 모든 지리적 스케일에서 여성의 이동 패턴도 중요하게 보았다. 그렇지만 그런 연구를 수행하기 위한 고유한 페미니즘적 방법은 따로 없었다. 페미니스트들은 어려운 추론통계학에서부터 '부드러운' 정성적 방법까지 모든 가능한 기법들을 동원하여 자료를 수집하였다. 만약 페미니즘 경제지리학자들의 연구 방법을 특징짓는 것이 있다면, 그것은 가장 전통적인 방법에서부터 가장 첨단의 방법에 이르기까지 모든 스펙트럼의 기법들을 혼합하고 연결하여 기꺼이 활용하는 것이다. 특별히 사용하는 방법이나 결과를 제시하는 방법 결정의 핵심은 언제나 더 큰 정치적 목적이었다. 마찬가지로 페미니즘 가치는 연구 프로젝트가 조직되는 방식에도 영향을 미쳤다. 무엇보다도 연구 조직은 연구자들 사이 권력의 차이와 다양성과 차이의 이슈, 윤리, 프로젝트 내의 개방되고 민주적인 소통과 의사결정에 민감하였다.

둘째, 페미니즘 연구는 몇 가지 사회과학의 경계에 걸쳐 있어 기본적으로 학제적이다(제4장). 그러므로 경제지리학에서 페미니즘 연구는 폭넓게 섭렵하고, 다양한 분야의 이론가들과 교류하며, 상이한 방법들을 사용하고 폭넓은 주제를 결합할 수밖에 없다. 필리핀 가사노동자들을 대상으로 한 제럴딘 프랫(Geraldine Pratt 2004; 2012)의 연구는 대표적이다. 그녀의 연구는 직장에서 가정으로, 계급에서 가족으로, 고용주에서 국가로, '합리적'에서 감성적으로, 경제에서 문화로, 그리고 밴쿠버에서 마닐라까지 자연스럽게 넘나들었다. 마찬가지로 프랫은 폭넓은 방법론, 방법, 정보원들을 활용하여 자신의 정치적 프로젝트를 구현하였다. 면담, 초점집단, 비공식 촌극, 법적 문서, 의회 연설 등을 동원하였다. 모든 것이 쓸모가 있었고, 그녀의 연구를 무대에 올리는 데 (말 그대로) 더 많은 경계를 넘나들어야 했다. 처음에는 학술논문으로 작성하였지만, 프랫은 나중에 이 연구물을 드라마 희곡으로 번안하여 연극 무대에 올렸고, 후에 캐나다, 독일, 필리핀을 순회하였다(Pratt 2012). 연극을 만든 것은 밴쿠버에서의 필리핀 가사노동자의 노동에 관한 문화와 그 이면의 젠더화되고 인종화된 가정들에 대한 비판적 탐구였다. 필리핀 가사노동자와 고용주들을 포함한 더 많은 관객들에게 자신의 '자료'를 보여 주면서, 프랫은 그녀가 연구한 노동 실제와 그 이면의 문화적 가정들을 바꾸고자 하였다. 그녀는 새로운 노동의 세계를 위해 퍼포먼스를 하고자 하였던 것이다.

마지막으로, 여성이 겪는 억압의 경제지리적 형태에 관한 새로운 지식을 제공하고 새로운 개선 전략을 제안하고자 한다. 1970년대 경제지리학에 있었던 최초의 페미니즘 연구는 도시 통행(통근 포함)에서 운송 수단 사용(개인 교통 대 대중교통) 및 활동 형태에 있어 남성과 여성 간 유의미한 불평등을 드러내는 설문조사와 통계 분석을 활용한 것이었다(Hanson and Hanson 1980). 남성들은 자가용을 운전하고 하루에 먼 거리를 통근하며, 다양한 여가 활동에 참여하였다. 반면에 여성은 주로 대중교통을 이용하고, 빈번한 단거리 통행을 하며, 임금노동이 아닌 경우 가계 유지를 위한 구매 활동을 포함한 무임금노동을 수행하였다. 이 초기 연구는 젠더 불평등과 여성의 종속 형태에 대한 새로운 지식을 제공하였지만, 사회 변화를 위한 전략이나 수정 방안은 거의 제공하지 않았다. 1990년대에는 변화가 있었다. 페미니즘 경제지리학자들이 새로운 연구 방법을 사용하여 여성의 억압 형태와 그것을 개선하는 전략을 동시에 제공하기 시작하였다. 깁슨-그레이엄(Gibson-Graham 1996)의 연구는 선구적이었다(제3장, 제4장, 제5장). 깁슨-그레이엄의 첫 번째 프로젝트는 오스트레일리아 빅토리아주의 라트로브밸리에서 일하는 광부들의 여성 배우자를 추려 초점 집단을 설정하고 워크숍을 진행하면서 같은 지역의 다른 광부 배우자들과 면담 세션을 추진하였다. 그러한 상호작용을 통해 깁슨-그레이엄은 광부의 배우자로서 어떤 배우자가 될 것인가에 대한 여러 유형의 미래를 배양하고자 하였다. 즉 상이한 종속 지위를 계발하고, 그들이 변화를 주도할 수 있도록 역량을 키우려고 하였다. 그리하여 깁슨-그레이엄은 자신들의 가정생활을 변경하고 남성 배우자들에게도 노동 생활을 변경할 수 있도록 하는 페미니즘 정치 공간을 효과적으로 창출하였다.

GIS와 경제지리학

사용 규칙이 분명한 마지막 방법은 GIS이다. GIS는 컴퓨터 기반 시스템으로 경제지리 자료를 포함한 모든 유형의 공간 자료를 저장하고, 조작하고, 분석하고, 운영하고, 시각화하도록 설계된 것이다. 이것은 1960년대에 처음 등장하였다. 처음부터 GIS는 지리학과 연관되어 있었다. 영국 출신의 캐나다 지리학자 로저 톰린슨(Roger Tomlinson)은 1968년에 지리정보시스템(geographic information system, GIS)이라는 용어를 만들었다. 지리학의 맥락에서 보면 GIS는 수단이 다를 뿐 1950년대 계량혁명의 연속이었다. 윌리엄 원츠와 같은 계량혁명가들은 일찍부터 컴퓨터를 사용하였고, 손 계산으로는 평생 걸렸을 지리적 잠재력 계산을 그는 컴퓨터를 사용하여 수행하였다. GIS를 통해 컴퓨터는 엄청난 수의 디지털 계산을 빛의 속도로 수행할 뿐 아니라, 그 숫자를 지도로 만드는 것까지—지리시각화—제공함으로써 특별한 것이 되었다.

경제지리 문제에 계량적 기법을 적용하려면 정확한 규칙 준수, 방법의 정의 등이 요구되는데, GIS를 적용할 때도 마찬가지이다. 어떤 결과를 산출하려면 어떤 절차를 어떤 순서로 밟아야 할지를 정확하게 알아야 한다. 더욱이 그 결과가 과학적으로 타당하다고 주장하려면—계량혁명에서 GIS가 과학으로 받아들여졌던 것처럼■5—GIS 사용자는 컴퓨터의 GIS 소프트웨어 안에 내장된 통계 기법들이 가정하고 있는 것을 자료가 어떻게 만족하고 있는지를 명시해야 한다. 묻지도 말고 말하지도 말라는 준칙은 있을 수 없다. 기계로부터 어떤 것을 뽑아내면서도 과학적으로 온전하게 맞추는 능력은 그 방법을 명백하게 하는 것에 달려 있다

경제지리학에서 초기의 GIS 활용은 공간과학의 전통 내의 경향이 있었다. 주로 표준적인 입지론과 중력 모델이나 중심지이론 같은 것을 활용하는 경향이었다(Longley 2015: 제3장). 그러한 전통은 계속되었고, 점점 정교해지면서 갈수록 대규모 지리 데이터 집합을 컴퓨터의 능력으로 다룰 수 있게 되었다. 즉 기계의 정보처리 효율성이 기하급수적으로 승가하였다(예로 도시 체계의 경제지리에 관한 Ioannides and Overman 2003: 2004를 참조). 그러한 연구는 성실

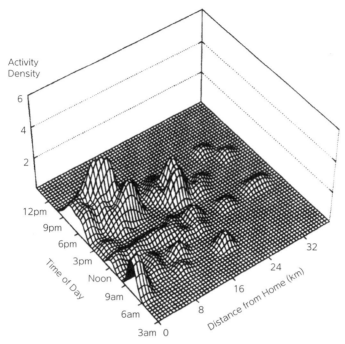

그림 6.2 상근 여성 고용인에 의해 수행되는 일일 비고용 활동의 GIS 기반 3D 밀도면 지도

출처: Kwan 1999, p.381, Taylor & Francis Ltd의 허가에 의해 재인쇄함. http://www.tandfonline. com.

하고 세심하며 엄밀하게 GIS의 방법론적 규칙을 따른 것이다. 그러나 그런 규칙을 엄격하게 지키면서 동시에 비판적인 연구를 수행할 수도 있다. 즉 비판적 실재론이나 페미니즘처럼 비판적이면서도 방법론적 규칙도 더 잘 준수할 수 있다.

비판적 GIS 연구라는 자의식이 처음 등장한 것은 1990년대이다. 그 이후로 비판적 GIS는 떠오르는 세부 전공이 되었다.■6 일부 비판적 GIS 프로젝트는 GIS 방법이 진보적인 정치적 목적을 커뮤니티 집단의 손으로 구현하는 강력한 도구가 될 수 있다는 것을 보여 준 바 있다. 지식은 권력이다. GIS가 제공하는 지식으로 보수적인 정책안을 물리치고 진보적인 정책이 이기도록 할 수 있다. 또 다른 목적은 과거에는 이루어진 적이 없는 지리학의 다양한 하위 분야에 비판적 GIS를 활용하는 것이다. 메이포 콴(Mei-Po Kwan 1999)의 GIS를 활용한 연구는 여성 임금노동자의 지위를 그녀들의 통근과 그녀들에 부과된 가계 재생산 역할에 따른 시공간 제약과 연결하여 조명하였는데, 고소득 전문직에 있는 남성과 여성 간의 뚜렷한 불평등이 드러났다. GIS 기반 지리시각화 방법을 사용하여 여성 노동자들이 기록한 매일의 활동 일지를 경험적으로 그려냄으로써, 메이포 콴은 3D 지도를 구축하였다(그림 6.2). 여성들이 어디서 일하고, 일터에서 무엇을 하는지, 가장 중요하게 가정에서 무엇을 하며, 그녀들이 다른 것을 할 시간이 없다는 것을 그 지도는 시각적으로 입증하였다. 메이포 콴의 GIS 방법은 방법론적으로 열린 창과도 같이 세심하고, 체계적이며, 엄밀하게 제시되었다. 그녀의 방법론과 방법은 비판적인 결론에 이르는 데 어떤 방해도 되지 않는다. 사실 그녀의 방법은 비판적인 결론의 기초였다.

6.5 결론

어떤 학술 연구도 방법론과 방법이 있어야 한다. 설혹 연구자가 그것들이 무엇인지 잘 모르더라도 그것들은 적용되고 있다. 방법과 방법론이 없다면 연구 결과는 논의되지 않을 것이며, 경제지리학은 멈추게 될지도 모른다. 한 학문이 강하고 역동적이지 않은 것으로 나타나는 것마저도 방법론과 방법이 사용되고 있음을 보여 주는 것이다. 그러나 그런 것들은 일반적으로 거론되지 않는다. "묻지도 말고 말하지도 말라"는 미군의 복무 정책도 2011년 워싱턴에서 폐지되었다. 경제지리학 내에서는 비슷한 일이 아직 일어나지 않고 있다. 비판적 실재론, 페미니즘, 비판적 GIS와 같은 몇몇 경제지리학 연구를 제외하고, 경제지리학자들은 여전히 자신들의 방법론적 카드를 비밀에 부치는 성향이 있다. 그들은 보통 자신의 방법을 보여 주기보다는 감추고 싶어 하지만, 그들이야말로 자신들이 무엇인지 알 필요가 있다고 생각된다.

다른 사회과학들은 경제지리학 같지 않다. 어떤 경우는 심지어 자신들의 건강하지 못한 면까지 공개하기도 한다. 연구의 수단들, 즉 방법론과 방법이 원래 설정된 실질적 사용에서 점차 멀어지면서 그 자체로 목적이 된다. 1940년대에 경제학자 폴 새뮤얼슨(Paul Samuelson)은 경제학의 방법을 수학적으로 생소한 고도의 추상적 형태로 변형하였다. 그렇지만 그 결과 경제학자들이 이제 고도로 훈련되었지만 달리기 경주를 하지 않는 육상선수들처럼 되었다고 그는 나중에 반성하였다. 그들이 섭취한 방법의 수준이 그것을 적용할 수 있는 과업을 뛰어넘었던 것이다.

경제지리학에는 그런 기회가 거의 없었다(하비의 비판에서 볼 수 있듯이, 공간과학의 시기에 일부 사려 깊은 계량혁명가들이 기법을 위해 기법을 검토하던 경우가 없지 않았지만). 다만 경제지리학의 역사를 볼 때, 일반적으로 경제지리학자들은 방법론적으로 혼란스러웠고, 그런 흐름을 따라가다 보니 연구 대상보다는 연구 방법에 관심을 덜 기울였다. 이러한 점은 경제지리학 안팎의 불만을 초래하였다. 계획가이자 경제학자인 앤 마커슨(Ann Markusen 1999)은 경제지리학의 가망 없는 '모호함'과 엉성한 접근을 비판한 바 있으며, 엄격함, 초점, 정책 적실성이 부족하다고 내부적으로 불평한 바 있다(Martin 2001).

이러한 방법론적 약점에도 불구하고, 경제지리학은 서로 협력적이고 장점들이 존재한다. 역설적이게도 그것은 부분적으로 경제지리학이 그런 규칙을 깨기 때문일 수도 있다. 어떤 과학철학자들은, 특히 이단아로 가장 유명한『방법에 반하여(Against Method)』(1975)의 저자 파울 파이어아벤트(Paul Feyerabend)는 과학자들이 좇아야 하는 단일한 과학 규칙 집합은 없다고 주장한다. 대신에 이론적 무정부주의만이 있을 뿐이라고 그는 주장하였다. 파이어아벤트가 경제지리학을 연구한 적은 없지만, 그의 테제에 경제지리학이 가장 잘 맞을지도 모른다.

주

1. 연구 참여자에게 거짓말을 하면서 참여자들의 이중성을 이용하는 유명한 과학 실험들이 있었다. 미국의 심리학자 스탠리 밀그램(Stanley Milgram)의 1960년대 예일 대학교에서의 실험이 그 한 예였다. 그는 권위에 대한 복종을 연구하고자 하였다. 연구 참여자들은 실험실장으로 보이는 흰 가운을 입은 사람으로부터 옆방에 있는 '지원자들'에게 전기충격 수준을 올리라는 지시를 받았다. 연구 참여자들은 들을 수는 있었지만 지원자들을 볼 수는 없었다. 지원자들은 실제 배우였고, 전기충격은 전달되지 않았다. 그러나 일부 연구 참여자들은 '실험실장'의 명령에 따라, '지원자들'이 고통으로 크게 소리치며 자비를 간청하였음에도 불구하고 계속해서 충격을 가하였다. 더욱 불행하게도 그들 중 일부는 비명 소리와 간청이 멈춘 후 침묵만이 있을 때에도 전기충격을 계속 가하였다.

2. 또 다른 초기 경제지리학 교수인 런던 대학교의 라이어널 라이드(Lionel Lyde)는 치솜과 스미스와 닮은 꼴이었다. 그는 그의 출판물과 강의에 독점적으로 의존하였는데, 그것은 다양한 출처에서 수집한 방대한 양의 토막 자료에 의존하였다.

3. 통계학 분야는 둘로 나뉜다. 기술통계학은 평균, 최빈수(mode), 중위값과 같은 것으로 자료를 간결하게 요약하는 기법이다. 추론통계학은 표본에서 얻은 속성이 모집단에도 유지될 것인지 아닌지를 추론하는 기법에 관한 것이다. 모집단(N)은 주어진 변수에 대해 존재하는 잠재적인 모든 자료점(data point)들을 의미한다. 표본(n)은 모집단의 그것보다 적은 부분집합이다(n<N). 추론통계학의 기법들은 모집단에서 표본을 취해 형식적 검사를 거쳐 표본에서 얻은 관계가 모집단에서도 유지되는지 결정할 수 있게 한다. 추론통계학에서 얻은 결과가 확신이 있으려면 다수의 엄밀한 수학적 가정들이 만족되어야 한다.

4. '항상적 연접'은 인과를 정의하는 철학 용어로서, 한 가지 일이 다른 한 가지 일에 늘 뒤따르는 것을 의미한다. 이 용어를 처음 만든 이는 스코틀랜드 철학자 데이비드 흄(David Hume, 1711~1776)이다.

5. 실제로 1992년에 마이클 굿차일드(Michael Goodchild)는 GIS에서 S를 '과학(science)'으로 이름을 바꾸었다.

6. http://criticalgis.blogspot.ca(2017년 6월 21일에 접속); http://manifesto.floatingsheep.org/(2017. 6. 21. 접속함)를 참조하라.

참고문헌

Barnes, T. J. 2009 "Not Only ... But Also": Critical and Quantitative Geography. *The Professional Geographer* 61, 1542-1554.

Barnes, T. J. 2014. Geo-historiographies. In R. Lee, N. Castree, R. Kitchin et al. (eds), *Sage Handbook of Human Geography*. London: Sage, pp.202-228.

Chisholm, G. G. 1889. *Handbook of Commercial Geography*. London and New York: Longman, Green, and Co.

Cook, P. 2004. Follow the Thing: Papaya. *Antipode* 36: 642-664.

Crang, P. 1994. It's Showtime: On the Workplace Geographies of Display in a Restaurant in Southeast England. *Environment and Planning D* 12: 675-704.

Feyerabend, P. 1975. *Against Method: Outline of an Anarchist Theory of Knowledge.* London: New Left Review Books.

Gibson-Graham, J. K. 1996. *The End of Capitalism (As We Knew 1t): A Feminist Critique of Political Economy.* Oxford: Blackwell.

Gibson-Graham, J. K. 2006. *A Postcapitalist Politics.* Minneapolis: University of Minnesota Press.

Gibson-Grapham, J. K. 2007. Cultivating Subjects for a Community Economy. In A. Tickell, E. Sheppard, J. Peck, and T. J. Barnes (eds), *Politics and Practice in Economic Geography.* London: Sage, pp.106-118.

Gidwani, V. 2008. *Capital Interrupted: Agrarian Development and the Politics of Work in India.* Minneapolis: University of Minnesota Press.

Gomez, B., and Jones, J. P. 2010. *Research Methods in Geography: A Critical Introduction.* Oxford: Wiley-Blackwell.

Gould, P. R. 1970. Is Statistix Inferens the Geographical Name for a Wild Goose Chase? *Economic Geography* 46: 439-448.

Hanson, S., and Hanson, P. 1980. Gender and Urban Activity Patterns in Uppsala, Sweden. *Geographical Review* 70: 291-299.

Hartshorne, R. 1939 *The Nature of Geography. A Critical Survey of Current Thought in Light of the Past.* Lancaster, PA: Association of American Geographers.

Harvey, D. 1972. Revolutionary and Counter Revolutionary Theory in Geography and the Problem of Ghetto Formation. *Antipode* 4: 1-13.

Ioannides, Y. M., and Overman, H. G. 2003. Zipf's Law for Cities: An Empirical Examination. *Regional Science and Urban Economics* 33: 127-137.

Ioannides, Y. M., and Overman, H. G. 2004. Spatial Evolution of the US Urban System. *Journal of Economic Geography* 4: 131-156

Kwan, M-P. 1999. Gender, the Home-Work Link, and Space-Time Patterns of Nonemployment Activities. *Economic Geography* 75: 370-394.

Longley, P. 2015. Analysis Using Geographical Information Systems. In C. Karlsson, M. Andersson, and T. Norma (eds), *Handbook of Research Methods and Applications in Economic Geography.* Cheltenham: Edgar Elgar, pp.1l9-134.

Markusen, A. 1999. Fuzzy Concepts, Scanty Evidence, Policy Distance: The Case for Rigor and Policy Relevance in Critical Regional Studies. *Regional Studies* 33: 869-884.

Martin, R. L. 2001. Geography and Public Policy: The Case of the Missing Agenda. *Progress in Human Geography* 25: 189-210.

McDowell, L. 1992. Valid Games? A Response to Erica Schoenberger. *Professional Geographer* 44: 212-215.

McDowell, L. 2013. *Working Lives: Gender, Migration and Employment in Britain, 1945-*

2007. Oxford: Willey-Blackwell.

Pratt, G. 2004. *Working Feminism*. Edinburgh: University of Edinburgh Press.

Pratt, G. 2012. *Families Apart: Migrating Mothers and the Conflicts of Labor and Love*. Minneapolis: University of Minnesota Press.

Samuelson, P. A. 1947. *Foundations of Economic Analysis*. Cambridge, MA: Harvard University Press.

Sayer, A. 1982. Explanation in Economic Geography: Abstraction versus Generalization. *Progress in Human Geography* 6: 65-85.

Sayer, A. 1984. *Method in Social Science*. A Realist Approach. London: Hutchinson.

Schoenberger, E. 1991. The Corporate Interview as a Research Method in Economic Geography. *Professional Geographer* 43: 180-189.

Schoenberger, E. 1992. Self-Criticism and Self-Awareness in Research: A Reply to Linda McDowell. *Professional Geographer* 44: 215-218.

Smith, J. R. 1913. *Industrial and Commercial Geography*. New York: Henry Holt and Company.

Tobler, W. 1970. A Computer Movie Simulating Urban Growth in the Detroit Region. *Economic Geography* 46: 234-240.

Walker, R., and Storper, M. 1990. *The Capitalist Imperative: Territory, Technology and Industrial Growth*. Oxford: Blackwell.

Warntz, W. 1959. *Toward a Geography of Price*. Philadelphia: University of Pennsylvania Press.

Webber, M. J., and Rigby, D. L. 1996. *The Golden Age Illusion. Rethinking Postwar Capitalism*. New York: Guilford Press.

Wyly, E. 2009. Strategic Positivism. *The Professional Geographer* 61: 310-322.

경제지리학 상자 열기

7.1 서론

블랙박스 개념이 언제 처음 등장하였는지는 명확하지 않다. 최초 사용은 1920년대 전기회로에 관한 연구와 연관된 것으로 보인다. 용어는 제2차 세계 대전 이후 1950년대 통신과학, 인공두뇌학의 한 부분으로 확산되었다. 블랙 박스는 투입물이 들어가고 산출물이 나오는 것을 볼 수 있는 하나의 물건으로 서, 결코 투입물이 산출물로 바뀌는 내부 작용을 볼 수 없다(그림 7.1). 내부 과 정은 숨겨져 있고 볼 수 없으며 검게 막혀 있다.

한 학문으로서 경제지리학은 종종 하나의 블랙박스처럼 보인다. 경제지리 학에도 다양한 투입물들을 볼 수 있다. 산업지구 강의를 들으러 강의실로 꾸 역꾸역 들어가는 지친 학부생들, 학위논문 발표장에서 답변을 더듬거리는 불안한 대학원생들, 하는 일 없이 텅 빈 벽만 응시하는 듯 보이지만 사실은 경제지리학에 관한 참신한 생각을 떠올리려 노력하는 교수들. 그리고 산출물들도 있다. 당신이 읽고 있는 이 경제지리학 교재, 대학 도서관 서가에 진열된 딱딱한 표지의 두툼한 박사학위논문들, 강좌의 논문 목록에서, 전자저널의 웹 페이지에서, 저널의 뻣뻣한 표지들 사이에서, 프린터의 출력 트레이에서, 캐비닛이나 책장의 황색 폴더 안에서 찾을 수 있는 학술논문들 등등이다.

과학사회학자 브뤼노 라투르(Bruno Latour 1987; 1999)가 보기에 모든 과학은 자신을 블랙박스로 표현한다. 그는 그것이 그들의 성공 결과라고 본다. "어떤 기계가 효과적으로 돌아가면, 즉 실제로 안정되면 사람들은 그것의 투입물과 산출물에만 주목하고 그 내적 복잡성에는 관심을 둘 필요가 없게 된다. 그래서 역설적으로 과학·기술이 성공적일수록 그것들은 더 불투명하고 모호하게 된다(Latour 1999, p.304)." 그러나 라투르의 목적은 불투명한 것을 투명하게, 모호한 것을 명확하게 만드는 것이다. 그는 블랙박스의 뚜껑을 비집어 열고, 그 아래 얽히고설킨 실타래를 면밀히 조사함으로써 그 일을 해냈다.

거기서 라투르는 '이미 만들어진 과학(ready-made science)'과 '만들어지고 있는 과학(science-in-the-making)'을 유용하게 구분한다. '이미 만들어진 과학'은 블랙박스화된 과학이다. 여기서는 이미 성공적으로 작동하는 기계, 또는 이미 확립된 사실들만을 다룬다. 우리의 경우에는 이미 만들어진 경제지리학 교재, 박사학위논문 혹은 학술논문들만을 다루게 될 것이고, 그 밖의 것들은 고려할 필요가 없다. 그러나 만들어지고 있는 과학에서는 모든 것이 '그 밖의 것들'이다. 즉 최종 산출물을 생산하는 와중에 있는 베일에 가려진 과정들이다. 만들어지고 있는 과학 혹은 만들어지고 있는 경제지리학은 계속해서 어

그림 7.1 블랙박스

질러지고 갈라지고 힘이 넘치는 끝나지 않는 과정을 나타낸다. 무엇보다 그것은 다양한 사회적 관계와 내부 권력관계, 자금의 흐름, 물리적 여행과 적극적 수행, 공식적·비공식적 회의, 그리고 세미나 뒤풀이의 맥주와 감자칩에서부터 기차, 비행기, 자동차, 담쟁이덩굴에 덮인 오랜 건물들, 모던 스타일의 우람한 사회과학 타워에 이르기까지의 온갖 물질적인 것들을 말한다. 그러나 이러한 모든 요소들은 블랙박스화되면 보이지 않게 된다(Barnes 2012). 이 장의 목적은 경제지리학의 상자를 열어 그렇게 봉인된 것들을 보이게 만드는 것이다. 그렇게 하는 것이 우리의 책 '비판적' 개론에 어울린다.

사실 상자 열기(unboxing)의 정당성은 오랫동안 여러 모습으로 지속된 비판적 연구로부터 나온다. 그것은 지식사회학, 과학사회학, 가장 최근에는 과학연구(science studies) 등 다양하게 불린다. 이들 다채로운 이름표가 붙은 연구들 간에는 큰 차이가 있지만, 최소한 두 가지의 공통된 강조점이 있다. 바로 반합리주의(anti-rationalism)와 사회적 권력(social power)이다.

합리주의는 지식이 순수한 합리성을 통해 얻어지며 몸에서 분리된 마음속에, 즉 철학자 힐러리 퍼트넘(Hilary Putunam 1981, p.7)의 인상적인 이미지를 빌리면 "통 속의 두뇌(brain in a vat)" 속에 있다는 견해이다. 합리주의하에서는 마음은 몸과 분리되어 이원론[그것을 처음 인식한 17세기 프랑스 철학자 르네 데카르트(René Descartes)를 따라 '데카르트적 분리(Cartesian divide)'라고도 알려진]이 된다. 합리주의에서는 지식의 생산에 있어서 오로지 합리성과 그것의 집인 마음이 문제가 되기 때문에, 마음 바깥에 있는 사회적인 그 밖의 모든 것은 중요하지 않은 부차적이고 종속적인 것으로 다루어진다. 그와 대조적으로 과학연구(라투르의 연구를 포함하여)와 더불어 지식사회학과 과학사회학이 옹호하는 반합리주의는 정반대를 주장한다. 사회적인 것과 '그 밖의 모든 것'들이 오히려 일차적이며, 지식을 설명한다. 거추장스러운 것은 차라리 합리성이다. 철학자 리처드 로티(Ricahrd Rorty 1982, p.167)가 말한 것처럼, 합리성은 "기제

(mechanism)에서 돌지 않는 바퀴"이다.

두 번째 강조는 사회적 권력이다. 경제지리학을 포함해서 지식의 학술적 생산의 모든 측면에 권력이 스며들어 있다고 주장한다. 경제지리학의 블랙박스 덮개를 제거하면 권력의 책동이 즉각적으로 드러난다. 사회적 권력은 학술지 편집자, 편집위원회, 대학과 출판사에 의한 출판 결정에서부터 국가 연구 기금과 채택위원회의 결정, 베테랑 연구자의 명강의, 글로벌 학계에서 영어의 헤게모니, 국가권력 기구 및 민간 대기업에서의 경제지리에 대한 수요 변화에 이르기까지 전 영역에 걸쳐 있다. 푸코(Foucault)가 인정하듯이, 권력의 행사는 생산적이어서 어떤 것들을 이루어지게 한다. 그러나 그것은 또한 파괴적이어서, 그 뒤에 학문적 제한과 제약, 버려진 길뿐 아니라 개인적 파멸의 흔적들(경력 단절, 트라우마, 한계상황, 쓸모없다는 느낌, 절망감 등)을 남긴다.

1955년에 돈을 상으로 주는 최초의 게임 쇼가 영국 TV에서 방영되었다. '콕 찍어!(Take Your Pick!)'라고 하는 프로그램이었는데, 같은 해 출범한 영국의 첫 민영방송 ITV에서 방영되었다. 참가자들의 실력을 테스트한 다음, 언변 좋은 사회자 마이클 마일스(Michael Miles)는 성공한 경기 참가자들에게 이미 획득한 돈을 가져갈 것인지, 대신 '상자를 열 것인지'를 묻는다. 청중들은 언제나 "상자를 열어!"라고 소리쳤다. 상자를 열면 별 쓸모없는 것(헤어네트, 사탕 봉지)들이 들어 있거나, 아니면 1950년대 영국에서 놀랄 만큼 가치가 큰 물건(세탁기, 마요르카 주말 여행권—와!)이 들어 있을 수 있다. 스튜디오의 청중처럼, 이 장은 상자를 열려고 한다. 우리의 경우에는 엉터리 상품이 있을 가능성은 없다. 경제지리학에 대해 납득할 만한 반합리주의적인 설명과, 사회적 권력이 그 밖의 모든 것들과 함께 어떻게 학문 지식에 기여하는지를 명확히 할 것이라는 약속이 있을 뿐이다.

이 장은 3개의 주요 절로 구분된다. 첫 번째 절은 어떤 학문 분야를 이해하는 데 필요한 비판적 기획, 즉 그 학문에 얽힌 번잡한 권력관계, 곧 합리주의 관점에서는 간과되거나 주변적인 것으로 처리될 '그 밖의 모든 것'을 소상히 논의할 것이다. 가장 긴 두 번째 절은 경제지리학에서의 그런 번잡한 것들에 초점을 두는데, 특히 다음과 같은 다양한 요소가 경제지리학에서 어떤 역할을 하였는지를 검토할 것이다. 즉 신체들, 학술대회, 워크숍, 여름학교, 학술지, 대학 교재, 20세기 초반 브라우니 박스 카메라에서부터 2016년 아이폰 7에 이르기까지의 숱한 기계들, 그리고 돈 등등을 다룰 것이다. 이들 요소는 서로 전혀 다르지만, 그런 것들이 모여 경제지리학이라는 학문 분야가 유지되는 데 핵심적인 역할을 하고 있다. 그것들의 꾸준함과 회복력, 긴밀한 연계가 골격을 이룬다. 우리 몸의 뼈대가 가끔 그렇듯이—뼈가 부러지거나 탈골되거나 병들거나—무엇인가 잘못되었을 때에야 비로소 그 중요성을 깨닫는다. 그때는 우리나 경제지리학이라는 신체나 둘 다 슬럼프이다. 이 점을 강조하기 위해 이 장의 세 번째 절은 지난 10여 년간의 과정에서 있었던 경제지리학의 슬럼프 사례, 영국의 경제지리학이라는 제도화된 실체의 허약한 골격에 대해 간략히 논하고자 한다. 영국에서는 경제지리학을 유지하는 데 필요한 다양한 요소들이 더 이상 우호적으로 배열되어 있는 것 같지 않다.

7.2 경제지리학의 숨겨진 이력

순수한 합리성, 통 속의 두뇌를 떠올려 본다면, 그것은 아마도 영국의 과학자 아이작 뉴턴(Isac Newton, 1643~1727) 경일 것이다. 뉴턴은 한 분석적인 문제를 붙잡고 며칠 동안 생각하면서 한 가지 논리적 해결을 시도하다가, (안 되면) 다른 논리적 해결을 시도하여 결국 그 문제가 해결될 때까지 하는 것으로 유명하다(Gleick 2003). 그렇게 해서 그는 미적분학을 발명하고, 빛의 파동 이론을 만들어 냈으며, 중력방정식을 구축하였다. 이는 마치 두뇌의 힘이 땀을 흘려 이루어진 것 같았다. 철저히 합리성을 추구하고 합리성만을 추구함으로써, 진리가 드러났던 것이다.

그러나 문제는 그렇게 간단하지 않다. 뉴턴의 합리성은 잘해야 혼합적이다. 정확히 말하자면, 그의 성취는 그가 더 큰 외부 사회, 다른 초기 과학자들, 그리고 사물의 세계와 상호작용하였기 때문에 가능하였다. 뉴턴은 놀랄 만한 과학의 발전을 이루었다. 그러나 그는 생애 대부분을 케임브리지 대학교 트리니티칼리지의 펠로가든에 있는 2층짜리 나무집(그는 '실험실'이라고 불렀다)에서 보냈는데, 과학에 거의 관심이 없었다. 대신에 그는 싼 금속을 금으로 바꾸는 마법의 레시피(연금술)를 검증하고, 신의 비밀을 밝히기 위해 굉장히 어려운 계산을 푸는 데 시간을 보냈다. 뉴턴은 신의 비밀이 성서 속의 대수 코드로 쓰였다(성서숫자점술)고 믿었다. 사실 사후 법의학적 증거는 노년기 뉴턴의 생활에서 빈약한 악력은 연금술 실험을 하는 동안 접촉한 수은 중독의 결과임을 시사하였다. 그의 또 다른 열렬한 찬양자인 존 메이너드 케인스(John Maynard Keynes 1951, p.321)조차 뉴턴을 "약간 정신 나간 사람"이라고 불렀다(Gleick 2003, p.99). 만약 어떤 사람이 지저분한 생명체나 예견할 수 없는 유형물, 복잡한 이해관계와 비합리성을 만난다면, 그것은 뉴턴이다. 더 나아가 뉴턴은 결코 홀로 있는 외톨이 과학자가 아니었다. 그는 늘 폭넓은 과학 공동체의 일원이었다. 영국에서 과학 학회로 처음 설립된 왕립학회(1672년)의 최초로 선출된 회원의 한 사람이었으며, 런던의 그레셤칼리지에서 다른 과학자들과 만나 토론하고 그들의 논문을 읽고 그들의 실험을 목격하였다. 그럼에도 그 공동체는 권력의 위계, 경쟁의식, 질투심으로 가득하였다. 예를 들어, 뉴턴은 그의 아이디어들이 도난당할 것을 염려해 자신의 저작 상당 부분을 비밀 암호로 저술하였다. 뉴턴이 더 큰 과학 공동체의 역할을 인식하고 외견상 온화하였을 때조차, 그는 여전히 그의 라이벌 중 한 사람인 로버트 훅(Robert Hook)을 키작은 사람, '거인'이 아닌 사람으로 경멸하는 기회를 활용하였다. 뉴턴은 "내가 거인들의 어깨 위에 선다면 더 먼 곳을 볼 텐데."라는 유명한 말을 하기도 했다(Gleick 2003, p.98에서 인용).[1]

지난 50여 년 이상 과학이 어떻게 작동하고, 경제지리학을 포함해 사회과학으로 어떻게 스며들어 왔는가에 대한 재개념화가 이루어져 왔다. 재개념화는 반합리주의 해석이다. 이것은 과학자를 영웅적이고, 고립되어 있으며, 얼굴도 없는 합리적 기계 같고, 다리 달린 컴퓨터라고 보는 프레임 대신에, 그들도 감정이 있고 실수할 수 있으며, 주어진 시대와 장소의 더 큰 사회 구조와 제도에 배태되어 규칙과 명령과 이해관계에 따르는 보통 사람과 같다고 인식하려고 한다. 토머스 쿤(Thomas Kuhn 1970)의 『과학혁명의 구조(The Structure of Scientific Revolutions)』는 반합리주의 재개념화로 가는 중요한 열쇠이며, 후에 과학학 분야의 연구에 의해 정교화되었다. 쿤과 과학학 모두 우리가 경제지리학의 상자를 열면 보게 될 것을 이해하기 위한 도구와 개념을 제공한다.

7.2.1 토머스 쿤, 패러다임과 실천

『과학혁명의 구조』는 과학적 변화와 과학자들의 실천에 대한 근본적인 재개념화를 제안한다. 핵심은 쿤의 패러다임(paradigm) 개념이다(글상자 7.1: 패러다임). 패러다임은 과학 공동체를 정의하는 가치, 가정, 목표, 방법, 본보기, 일상 행동의 조합을 의미한다. 공동체는 매우 중요하다. 쿤이 보기에 과학 지식은 합리적이지만 그것은 외로운 한 과학자, 즉 통 속의 두뇌의 결과가 아니라 집합적으로 생산된다. 쿤의 패러다임 개념은 그것을 명확하게 한다. 출발부터 과학 지식은 사회적 관계와 합의, 실천의 집합 세트 속에서 배태된다.

쿤은 과학자들이 한 패러다임 내에서 판에 박힌 일을 수행한다고 생각하였다. 과학자들은 그들이 배운 대로 한다. 그렇다고 이것이 과학자를 로봇 노동자로 만드는 것은 아니다. 과학자들의 임무는 퍼즐을 푸는 것으로 상상력과 창의성이 요구된다. 그러나 그러한 퍼즐의 해법은 늘 패러다임을 형성하고 있

패러다임

패러다임은 패턴, 본보기 혹은 모형을 의미하는 고대 영어 단어였다. 그것이 미국의 철학자이자 과학사학자 토머스 쿤(1922~1996)에 의해 그의 짧은 단행본 『과학혁명의 구조』(1970[1962])에서 구제되어 세상에 알려지게 되었다. 보도에 의하면, 이 책은 20세기에 가장 많이 인용된 학술서이다. 그러나 패러다임의 정의는 논쟁의 여지가 있었다. 어떤 비평에 따르면, 쿤의 초판에는 21개의 다른 의미가 있었다고 한다. 개략적으로 패러다임은 과학 공동체가 공유하는, 그럼으로써 그 공동체를 공동체로 만드는 규범, 규칙, 기법, 본보기, 반복되는 일상적 활동의 묶음이다. 패러다임은 과학자들이 어떤 것에 대해 생각하기 이전에 그것에 대한 그들의 생각을 미리 형성한다.

쿤은 패러다임 개념을 사용하여 과학의 진보와 영웅적 성격을 강조하던 표준적인 합리주의 과학사에 대해 대안을 제시하였다. 쿤이 보기에 대부분의 과학은 퍼즐 풀기에 관한 것이었고, 그것은 잘 정의된 준거 틀, 즉 패러다임 내에서 이루어졌다. 물론 패러다임 내에서 학습하고 능숙해지는 데는 많은 시간이 걸릴지도 모른다. 그러나 당신이 천재가 될 필요는 없다. 그것은 99%의 노력과 단지 1%의 영감이다. 결과적으로 쿤은 대부분의 경우 과학자들의 실천은 예외적인 것이 아니라 지극히 평범한 것이라고 생각하였다. 쿤의 말을 빌리면, 과학자들은 "정상과학(normal science)"에 종사한다.

그러나 정상과학 내에서는 간혹 지배적인 패러다임 내에서 설명할 수 없는 이례적인 것이 발생한다. 이례적인 것이 충분히 주어지면 위기가 발생하고, 그것은 (단순히 퍼즐 풀기가 아니라) 예외적인 연구를 촉발한다. 만약 성공한다면, 그 새로운 연구가 이례적인 것들을 수용하였다는 의미에서 '혁명적' 변화가 패러다임의 이동이라는 형태로 일어난다. 옛 패러다임은 버려지고 새로운 패러다임이 채택된다. 쿤은 태양계에 대한 프톨레마이오스의 (지구 중심적) 설명에서 코페르니쿠스의 (태양 중심적) 설명으로의 이동을 예로 들었다. 나아가 쿤은 패러다임은 그 특성상 서로 비교할 수 없으며, 상호 "통약불가능(incommensurable)"하다고 주장한다. 이것은 패러다임이 다른 패러다임에는 적용될 수 없는 여러 가치 가정과 실천을 가지고 있기 때문이다. 한 패러다임이 다른 패러다임보다 더 낮다는 것을 확실하게 판정할 수 없기 때문에, 즉 그것들은 비교할 수 없기 때문에 과학 지식은 선형적인 진보(linear progress)가 아니라 비교할 수 없는 불연속적 이동(discontinuous shifts)을 한다.

는 미리 주어진 일련의 실천 자원들에서 나온다. 쿤(Kuhn 1970)은 그런 자원들을 "본보기(exemplars)"라고 불렀다. 그는 그 본보기가 "과학 교육의 출발부터 학생들이 마주치는 구체적 문제해결 방법"이라고 말한다(Kuhn 1970, p.196). 두 가지 중요한 점이 있다. 첫째, 패러다임을 따르는 것은 방정식 처리, 지도 그리기, 면담하기, 노트하기, 컴퓨터 코딩 등 직접 참가하는 구체적 실천을 수반한다. 패러다임은 백열전구가 켜지는 것과 같은 단순히 번뜩이는 아이디어가 아니다. 패러다임은 실천, 즉 실행을 요구한다. 그것은 명예와 이익을 얻은 업적이 된다. 둘째, 패러다임들은 교육이라는 과정과 밀접하게 연관된다. 요컨대 당신은 패러다임, 즉 본보기를 배우기 위해 대학에 들어간다. 본보기 학습은 고전적인 교과서 읽기 혹은 장 말미에 있는 연습문제 세트 풀기, 유명한 실험실 실험의 재현에 참여하기, 강의 듣기 등을 통해 이루어진다. 학생들이 패러다임을 학습하였는지 확인하기 위해 시험, 퀴즈, 리포트, 구두 발표, 교실 관찰 등으로 학생들을 추적, 훈계, 테스트한다. 자비는 없다. 패러다임을 학습하거나 본보기를 익히고 실천하지 못하는 학생들은 잡초처럼 제거된다. 그런 학생들은 낙제를 받고, 중도 탈락하고, 논문 디펜스에 실패하고, 재정지원이 중단된다. 패러다임은 중대한 비즈니스이다.

쿤의 관점에서 볼 때 블랙박스의 뚜껑이 제거되었을 때 드러나는 것은 모든 과학자들(적어도 우리 안의 신자들에 의해 인정받은 과학자들)이 공동 소유하고 있는 집단적인 기업이다. 과학자가 된다는 것은 어떤 다른 것과 마찬가지로 직업을 갖는 것이다. 당면한 문제의 구체적인 해결에 적용하기 위해 당신은 규칙에 따라 당신이 이미 알고 있는 것, 즉 당신이 학습한 본보기를 사용한다. 중요한 것은 무엇을 하고 있다고 과학자들이 말하는 것이 아니라, 그들의 현실적인 실천이다. 그러나 학생 때 학습한 패러다임에 매우 깊이 고착되고 훈련되어 있기 때문에, 사실 과학자들은 그들이 무엇을 하고 있는지 정확히 모를 수도 있다.

7.2.2 과학학

쿤의 저작은 다음, 즉 과학학(science studies)의 발달을 가져왔다. 과학학은 문헌이 현재 방대하고 이질적이고 경쟁적인 전통들로 가득하다. 그럼에도 불구하고 구체적인 실천에 초점을 둔다거나, 과학은 집합적 프로젝트라고 주장하는 등 쿤의 반합리주의를 떠받치는 데에는 통일되어 있다. 과학학 내 다수의 연구자들이 사회학 또는 사회학 관련 학문 분야 출신이라는 사실 때문에 그들은 권력과 사회적 관계에 관한 이슈를 더 많이 논의하려는 경향을 갖는다.

과학학에서 가장 잘 알려진 접근은 특히 라투르(Latour)에 의해 개발된 행위자 네트워크 이론(actor-network theory, ANT)이다. 그 요점은 여러 가지 것들이 함께 모여 지식이 생산된다는 것이다. 즉 ANT의 관점으로는 인간과 비인간을 모두 포함하는 이질적인 '행위자'들의 '등록(enrolling)'에 의해 생산된다. 그들 행위자는 인간 신체에서부터 기계, 도서, 수리 방정식에 이르기까지 모든 것을 포함한다. 각 행위자는 다른 행위자와 제휴하거나 ANT 대화(ANT talk) 속에서 협력하고 '동맹(ally)'이 되도록 권고받는다. 그럴 때 네트워크가 가능하게 되고, 지식이 생산된다.

네트워크를 구성하는 여러 행위자들 사이의 연계는 ANT 용어로 '번역(translation)'이라고 하는 과정을 통해 만들어진다. 번역은 각기 다른 행위자들이 결합(joining)해야 자신들의 관심이 가장 잘 충족된다는 것을 깨달을 때 일어난다. 여기서 결합이란 매우 다른 행위자들과 동맹을 맺고 그들을 참여시켜—ANT 용어로는 수행(performing)—어떤 공동의 프로젝트를 진행하는 것이다. 예를 들어, 제6장에 나온 미국의 경제지리학자 윌리엄 원츠(William Warntz)는 자신의 거시지리학(macro-geography)에 관한 프로젝트를 위해, 다음 두 가지 서로 다른 실체들을 결합하여 수행을 조직하였다. 그 두 가지 실체는 1) 뉴턴의 17세기 중력이론, 2) 미국 인구총조사에서 수집된 20세기 중반 미국의 소득과 농산물 가격 통계이다(Warntz 1959). 원츠의 성취는 그림 6.1에 있는 것처럼 두 가지가 함께 일하는 것을 가능하게 하였다는 것, 즉 그들이 유사한 이해를 가졌으며, 동맹이 될 수 있고, 공동의 프로젝트를 수행할 수 있음을 보여 준 것이다.

구체적으로 성공적인 수행을 조직하기 위해 원츠는 다음과 같은 일련의 이질적 행위자들을 배열하였다. 미국농무부에서 수집되어 유황색 종이에 정리되어 새겨진 숫자들, 전자계산기, 미국 기본도, 지도학 기술과 장비, 중력과 질량 및 거리에 관한 뉴턴의 방정식, 그가 그 일을 할 수 있게 해 준 시간과 돈 등이다. 그가 받은 돈은 해군연구소(the Office of Naval Research)가 지원해 주었고, 수행한 연구는 그 후 원츠가 일하고 있는 뉴욕의 미국지리협회(American Geographical Society, AGS)의 회보 학술지 『지리 리뷰(The Geographical Review)』에 게재되었다.

원츠의 과제는 힘든 연구였고, 성공의 보장이 확실하지 않았다. 그러나 그의 경우 이들 매우 어려운 실체를 결합한 것이 성공적이었으며, 그 새로운 지식과 새로운 실재(reality)를 만들어 냈다. 그것은 이제까지 어느 누구도 중력함수의 뉴턴 우주론 정식을 지구상 공간에 적용하지 않았기 때문에 새로운 지식이다. 그리고 과거 어느 누구도 가격과 소득 잠재력에 관한 그러한 지도를 그리지도 착안하지도 않았기 때문에 새로운 실재이다(그림 6.1). 그것들은 결코 존재하지 않았지만, 그 수행 때문에 세상에 나와 다른 실재의 조각들과 부딪치고 돌아다니게 되었다.

그러나 수행이 성공하게 되는 것은 아니다. 어려운 상황에서 일이 항상 잘되는 것은 아니므로. 수행은 각각 자신의 역할을 하고 협력하는 각양각색의 많은 행위자들에 의존하기 때문에 불확실한 성취이다. 수행의 결과는 소아마비 백신을 생산하거나 DNA의 이중나선 모델처럼 만장의 갈채를 받는 빛나는 것일 수도 있다. 그러나 시작도 못하거나, 금세 용두사미가 되거나, 청중의 무관심 속에 끝나 버릴지도 모른다.

경제지리학

예를 들어, 윌리엄 원츠와 그의 친구이자 경제지리학자인 빌 번지(Bill Bunge)의 『지리학: 순결한 과학(Geography: The Innocent Science)』이라는 교과서가 있었다. 출간 계약은 출판사 존 윌리(John Wiley)와 1963년 7월 18일에 이루어졌다(Warntz 1955-1985, box 5). 계약은 원츠와 번지 스타일의 경제지리학을 수행하기 위한 물리적 지원까지 포함하였다. 그러나 많은 초고가 있었고 심지어 지원 계획도 있었지만, 결국 그 책은 구현되지 않았다. ANT 용어로 말하자면, 서로 다른 행위자를 배열하고 그들을 독려하여 동맹으로 협력하게 하는 데 너무 많은 '간섭'이 있었다. 그 '간섭'들은 빈번하고도 다양한 권력의 작용이었다. 그것은 번지를 1967년부터 직업이 없게 만든 교수 종신직 거부에서부터, 궁극적으로 학교를 떠나게 만든 원츠의 하버드에서 학장과의 다툼에 이르기까지 다양하다. 그 마지막 결과는 미완의 책이었다. 차이를 만들고, 수행하고, 새로운 실재를 창출하기 위한 잠재력은, 원츠와 번지가 책을 끝내 달라고 하는 편집자의 애처로워지는 호소를 정중히 거절한 1971년에야 포기되었다(Warntz 1955-1985, box 45).

요점은 블랙박스 뚜껑을 제거하면 일시적으로 다른 이와 함께 일하며 동맹이 되고 과제를 완성하는 것에 동의한 행위자들의 얽힘이 드러난다는 것이다. 그 행위자들은 원츠와 마찬가지로 새로운 지식과 새로운 세상의 단면을 낳는 집합적 수행을 한다. 만약 기관 혹은 개인에 의한 어떤 잘못된 권력 행사가 있다면, 또는 다양한 행위자들이 협력적이지 않거나 일을 못한다면 그것은 종말, 즉 우리가 알던 바와 같은 경제지리학의 종말이 올 수 있다. 다음 절의 목적은 경제지리학을 움직이게 하는, 즉 학문적 생혈이 흐르도록 하는 경제지리학의 수행에 있어 다양한 요소들을 확인하는 것이다. 이들 요소는 많은 것 같지는 않다. 그러나 그 요소들은 표면 아래에 있는 학문의 골격 구조이다. 그것들은 최소한 현재 경제지리학이라는 놈제를 지냉하노톡 한나.

7.3 경제지리학 지탱하기

7.3.1 신체

우리가 상자를 열었을 때 보는 첫 번째 중의 하나는 특별한 종류의 인간 신체 (bodies)이다. 그것들은 보통 가려져 있다. 합리주의에서는 오직 마음만이 중요하다. 신체는 이차적이고, 지식에 비해 주변적인 단순한 그릇이다. 그러나 과학학은 지식을 생산하는 데 관계된 신체들이 큰 차이를 만들어 낸다고 주장한다. 상이한 신체는 권력의 상이한 체제에 순응해야 한다. 권력은 신체가 할 수 있는 것을 가능하게도 하고, 제한하기도 하기 때문이다. 신체는 상자에 닫혀져 어둠 속에 숨겨 있으면 안 된다. 오히려 신체는 빛으로 나와야 한다.

합리주의자들은 지식을 생산하는 신체를 "점잖은 목격자(modest witness-es)", 즉 세상을 중립적으로 기록하기만 하는 것으로 취급한다고 도나 해러웨이(Donna Haraway 1997)는 주장한다. 해러웨이가 주장하기를, 그러한 점잖음은 결코 점잖음이 아니다. 그것은 사실 표면이자 속임수로, 단 한 가지 신체 유형의 안녕을 숨기고 보호하려 한다. 해러웨이가 보기에, 점잖은 외관은 근본적으로 백인, 서양 남성들이 가진 기득권을 숨기려는 것이다. 생산된 지식으로부터 가장 큰 혜택을 누리는 것은 그들의 신체이다. "점잖음은 … 인식론적·사회적 권력이라는 동전으로 보상된다."라고 해러웨이는 썼다(Haraway 1997, p.23). 블랙박스의 덮개 아래 숨겨진 신체의 중요성에 대해 합리주의가 부인하는 것은, 결국 해러웨이가 남성주의, 인종주의, 이성애규범성(heter-onormativity)이라고 이름표를 붙인 특별한 종류의 지식을 퍼뜨리는 전략임이 드러난 셈이다. 이런 이유 때문에 그녀는 우리가 (경제지리학과 같은) 지식을 생산하는 데 관계되는 신체의 유형에 긴급히 관심을 기울이고, 어떤 유형의 신체가 작용하고 있는지 보기 위해 블랙박스 속을 주시할 필요가 있다고 주장한다. 경제지리학의 지식은 신체에서 분리되지 않으며, 언제나 육신을 갖는다.

1980년 이전 경제지리학을 실천하였던 신체들은 거의 대부분 남성이며, 거의 대부분 백인이다. 그들은 서유럽과 북아메리카의 핵심 산업지역에서 공산품을 제조하는 자신들과 유사한 종류의 신체를 연구하는 데 주로 관심을 가졌다(제2장). 경제지리학자들의 신체는 보통 숫자 형태인 '딱딱한' 사실들을 축적하고, 표와 지도로 그 사실을 보여 주었다. 제2차 세계대전 이후 그들은 때때로 형식적인 수리 모델을 포함한 통계적 분석을 수행하였다.

1980년 이후 백인 남성 신체가 계속 지배적이었지만 적어도 약간의 변화가 있었다. 비코카서스 인종(특히 아시안계)과 더불어 여성의 숫자가 늘어났다.■2 도린 매시의 (제3장에서 논의한) 1984년 『노동의 공간적 분업(Spatial Divisions of Labour)』이 두 가지 점에서 분수령이 되었다. 첫째, 『노동의 공간적 분업』은 그때까지 제출된 어떤 논저와도 다른 지적 의제를 제공하였다. 생산과 공장이 여전히 지배적이지만 더 이상 따로따로 수행되지 않았으며, 오직 남성들에 의해서만 점유되지도 않게 되었다. 나아가 여성도 노동자로 있는 공장의 내부에서 어떤 일이 이루어지고 있는지를 이해하기 위해서는 공장 바깥, 특히 '가내 재생산(domestic reproduction)'의 장소인 가정에서 어떤 일이 이루어지고 있는지를 파악하는 것이 중요하다고 매시는 주장한다. 따라서 상이한 종류의 신체들을 구분하고 각 신체들이 상이한 장소에서 무엇을 하는지를 판별하는 것이 중요하다. 두 번째 분수령은 책의 저자가 물론 여성이라는 점이다. 전에도 여성 경제지리학자들이 있었지만, 많지 않았다. 경제지리학은 또 다른 "남자들의 마을(Boys Town)"이었다(Deutsche 1991). 그러나 학문적 문제 설정에 신체의 부재, 특히 여성 신체의 부재를 집어넣은, 더욱이 그런 부재를 설정하고 해결하는 폭넓은 이론적 틀까지 제공한 여성 경제지리학자는 그때까지 전혀 없었다, 그것이 매시의 천재적 한 요소이다.

보다 최근에 학술의 국제화, 구체적으로 경제지리학의 지구화는 더 폭넓은 범위의 신체들의 경제지리학 참여를 북돋운다. 현재 경제지리학은 북유럽 유산의 남성성을 덜 추구하는 것처럼 보인다. 과거 지리학의 전통이 있던 싱가포르와 홍콩 같은 종전 영국의 식민지뿐만 아니라 중국, 한국, 일본, 대만 출신의 아시아 경제지리학자들이 특히 두드러진다.

권력관계가 신체에 중요하거나 그것이 신체에 각인되어 있을 수 있는 형태가 적어도 한 가지 더 있다. 강의를 수행하는 것이 그것이다. 대상이 대학 강의실의 학생들이든, 컨퍼런스나 공공 행사에서의 더 넓은 청중들이든 그렇다. 창의적인 강의는 교수의 수행도 포함된다. 적절한 의상, 시선 처리, 청중들과의 정서적 유대, 물리적 소품 사용하기, 연출 행동, 얼굴 표정, 제스처 등을 포함하기 때문에 강의 수행은 언제나 신체에 체화되어 있다. 그러한 신체의 수행과 청중의 수용을 통해 젠더와 인종 이슈, 그리고 십중팔구 계급 이슈가 소용돌이친다. 예를 들어, 알파 남성(alpha male)*이 수행을 하면 그에 따른 모든 부가적인 손익에 따라 알파 남성성(alpha masculinity)이 재생산된다.

이런 식으로 경제지리학자들의 신체는 중요하다. 보통 가장 쉽게 알게 되는 신체는 논문의 맨 위나 책의 표지 등에 쓰인 젠더적 또는 인종적 특성을 갖는 이름이다. 그러나 그들 신체에 대해 더 많이 알 필요가 있다. 경제지리 지식으로 떠오르고 그 지식을 발달시키는 마음은 마음이 거주하는 신체와 분리될 수 없다.

7.3.2 사람들 간 접촉과 보이지 않는 대학: 학술대회, 워크숍, 여름학교와 지도자

우리는 또한 이 신체들이 어떻게 상호작용하는지 알 필요가 있다. 쿤과 과학학은 모두 지식의 생산이 집단적이며, 교환과 직접적인 개인 접촉을 수반한다고 주장한다. 거기에 있음(being there)이 차이를 만든다. 그것이 당신을 집단

---

* 역주: 무리의 대장.

적 프로젝트와 묶고 상호작용을 통해 새로운 사고와 참신한 모험을 촉발한다.

'거기에 있음'의 편익은 다이애나 크레인(Diana Crane 1972)이 그녀의 책『보이지 않는 대학(Invisible Colleges)』에서 처음 정식화하였다. 보이지 않는 대학은 학술 공동체의 사람들을 연결시켜 주는 한 수단이다. 그것은 특정한 장소에서 사람들 사이의 연대를 용이하게 하고, 사회적 결속을 드러내고(집단의 재생산), 독창적이고 풍부한 탐구의 불꽃을 일으킬 수 있게 한다. 크레인은 또한 대학에서의 연구 지도자의 중요성을 강조한다. 연구 지도자들은 조직자로서, 관리자로서, 인재 선발자로서, 뮤즈로서, 촉진자로서 기능한다. 그러한 지도자들은 필시 에너지 넘치고 생산적이며 잘 인용되지만(흠결이 있지만, 인용도는 학술적 지위와 가치의 중요한 척도로 기능한다), 또한 열린 마음을 가지고 외부의 문헌 사용과 상호 증진을 북돋워야만 한다고 크레인은 주장한다.

보이지 않는 대학은 학술대회, 특강, 워크숍, 여름학교와 같은 장소에 나타나서 개별 경제지리학자의 신체들 사이의 직접적인 상호작용을 가능하게 한다. 각 장소는 공동체의 강화, 인적 연계의 공고화, 아이디어와 연구 결과의 교환, 학습과 교육, 이슈 논쟁, 학문에 대한 대화의 확장, 신규 프로젝트의 착수 등을 위한 기회를 제공한다.

매년 봄 미국의 주요 도시 중 하나를 돌아가며 개최되는 미국지리학회(AAG)의 연례 대회와 같은 전국학술대회는 경제지리학의 '보이지 않는 대학'이 보이게 되는 한 장소이다. 그러나 AAG는 참가자가 8,000명에 이르고, 대회 기간에 80개의 세션이 동시에 열리는 대규모이다. 경제지리학의 개별 논문들은 쉽게 잊힌다. 주목을 받는 가장 좋은 기회는 특별히 지정된 주제 세션에 참가하는 것이다. 이 경우 세션은 AAG 경제지리학 특별 그룹(AAG 조직 구조 내의 65개 특별 그룹 중 하나)의 주제에 관심이 있는 개별 참가자들로 구성된다. 또한 같은 학술대회에서 학술지『경제지리학(Economic Geography)』은 그 분야에서 선도적인 학자의 연례 뢰프케(Röpke) 강의 비용을 지원한다. 강의는 경제지리학에서 스포트라이트를 받는 계기이다. 강의는 참석률이 좋고, 학문 분야의 쇼케이스이며, 많은 경제지리학자들을 같은 방으로 불러모은다. 와인과 맛있는 간단한 음식이 있는 뒤풀이 연회는 공동체 강화, 네트워킹, 친해지기, 학문적 한담, 공상적인 사고, 때로는 공동 작업을 위한 계획까지 제공한다.

2000년 이후 경제지리학자들의 국제적인 전문 학술대회인 경제지리학 글로벌 학술대회(the Global Conference on Economic Geography)[3]도 있다. 이 학술대회가 지구적이라는 것—2000년 싱가포르, 2007년 베이징, 2011년 서울, 2015년 옥스퍼드, 2018년 쾰른—은 지구화의 더 큰 과정, 특히 학술의 지구화를 의미한다. 대회는 더 커졌고(싱가포르에서 개최된 첫 번째 대회에는 250명 가량이 참가하였지만, 최근 옥스퍼드에서는 700명이 넘게 참가하였다), 더 국제적이 되었으며(옥스퍼드 대회에는 50개 나라에서 참가하였다), 점차 다른 사회과학자들도 끌어들이고 있다. 한 장소로서 글로벌 학술대회는 경제지리학의 보이지 않는 대학을 강화하는 상당한 기회를 제공한다. 거기에 가면 누구든 있다.

학술대회와 비교하여, 워크숍은 다소 작지만 좀 더 초점이 있고, 크레인의 보이지 않는 대학의 본래 정의에 좀 더 부합한다. 그녀가 기대한 보이지 않는 대학은 구성원이 대략 100명 정도였다. 워크숍에서는 모든 사람이 다른 모든 사람의 논문을 청취한다. 워크숍은 한 번으로 끝나는 이벤트일 수도 있고, 연례적인 시리즈일 수도 있다. 워크숍의 특징은 모든 참가자들이 자신의 발표와 직접 연관된 특정 주제에 초점을 둔다는 것이다. 그런 주제 중 하나는 글로벌 생산 네트워크(global production network, GPN)이다(제5장 참조). 이것은 싱가포르 국립대학교 글로벌 생산 네트워크 센터(GPN Centre)가 후원하고 경제지리학자 닐 코(Neil Coe)와 헨리 영(Henry Yeung)이 주관한다.[4] 또한 연구·혁신 정책연구 유럽포럼(the European Forum for Studies of Policies for Research and Innovation, Eu-SPRI)이 재정 부담을 한 지역혁신체제(regional innovation system) 주제도 있다. Eu-SPRI는 공식적으로는 학제적이지만, 역사적으로는 스칸디나비아 경제지리학자들과 그들 대학의 혁신연구센터와 연관된다. 이러한 주제의 워크숍은 참가자들을 사회적·지적으로뿐만 아니라 지리적으로 밀접하게 결합시킨다. 즉 경제지리학의 GPN은 싱가포르, 경제지리학의 혁신연구는 스칸디나비아이다.

여름학교는 특별한 종류의 워크숍으로서 학문의 사회화, 구인, 교육 훈련 등을 위해 종종 활용된다. 경제지리학에서 여름학교는 1960년대 공간과학의 기법과 방법들을 그런 것에 노출된 적이 없던 그룹에게 가르치고 북돋는 수단으로 처음 등장하였다. 영국에서 가장 유명한 것은 피터 하게트(Peter Haggett)와 딕 촐리(Dick Chorley)가 조직한 매딩리 홀(Madingly Hall) 강좌라고 하는 것이다. 1963년에 시작된 이 강좌는 영국 고등학교(6th form college)의 지리 교사들에게 공간과학의 방법들을 소개하고 지도하고 훈련시켰다(다음 절에서 좀 더 논의한다). 미국 버전은 하계연구소(Summer Institute)라고 불리는데, 일리노이주 에반스턴의 노스웨스턴 대학교에서 1961년 처음 개최되었다. 미국 국립과학재단(National Science Foundation)의 후원을 받고 에드워드 테이프(Edward Taaffe)와 브라이언 베리(Brian Berry)가 조직한 하계연구소는 일차적으로 젊은 조교수와 대학원생들을 대상으로 하였다. 계량적 방법을 모르는 인력을 위한 훈련 캠프로도 역할하면서 연구소는 전향자를 만들고, 학문적 결속을 강화하고, 참가자들이 그들의 소속기관에서 새로 획득한 지식을 복습하고 실천함으로써 지리적으로 새로운 경제지리학을 확장하는 포럼으로서 복합적인 기능을 하였다.

경제지리학 교육에 여전히 관심이 있는 다른 여름학교인 경제지리학 하계연구소(the Summer Institute in Economic Geography)가 제이미 펙(Jamie Peck)에 의해 2003년 위스콘신 매디슨에서 출범하였다(글상자 7.2: 제이미 펙). 그 이후 연구소는 2년에 한 번 대략 일주일 정도 만난다(날짜, 장소, 참가자들은 그림 7.2 참조). 앞의 하계연구소와 달리 이 연구소는 특별한 방법론적 도구를 연마시키지 않는다. 스스로 "보편적"임을 표방하며, "지역과학에서부터 페미니즘과 마르크스주의까지"■5 모든 관점을 수용한다. 그러나 핵심은 교육 목표이다. 목표는 "경제지리학의 사회적·지적 '재생산'과 지속적인 발전에 뚜렷한 기여를 하는 것"이다. "세계의 젊은 연구자들", 즉 대학원생, 박사 후 과정 학생, 신규 임용 조교수들을 경제지리학이라는 기예로 훈련시킴으로써 그렇게 한다. 학술 분야의 재생산에 있어 대학원생과 박사 후 과정 학생들은 후학을 생산하는 교수에게 크게 의존한다. 그들은 다음에 자신들이 교수가 된다. 선한 다윈적 이유 때문에 더 많은 경제지리학 교수들이 거기에 참가하면 할수록 학문적 생존의 기회가 더 커지고, 이런 것들을 융성하게 하는 것이 연구소의 목적이다.

약 40명이 하계연구소에 참가한다(젠더 비율은 거의 비슷하고, 지금까지 45개 나라에서 참가하였으며, 재정적 도움이 필요한 사람들에게는 지원금이 있다). 초청된 "국제적으로 저명한 교수"가 훌륭한 경제지리학자가 되기 위해 알아야 할 모든 것에 관해 강의하고 토론하는 특별 과정을 통해 지도한다. 주제는 출판, 강의, 연구 방법, 연구 보고서를 포함한다. 또한 일주일 내내 경제지리학 분야의 "당대의 논란과 논쟁들을 토의하는" 공식적이고 비공식적인 무수히 많은 기회가 있다. 지식과 실천적 기술, 구체적 본보기(concrete exemplar)를 직접 전달하는 것과는 별개로, 하계연구소는 그 자리에서 동료 네트워크를 제공하고, "국제적으로 저명한 교수"를 통해 더 큰 경제지리학 공동체와 다리를 놓는다. 행사 주간이 끝나면 참가자들은 명실상부한 경제지리학 구성원이 되는 길로 가게 된다.

마지막 요소는 리더십이다. 보이지 않는 대학은 운동가(movers)와 촉진자(shakers), 즉 조직하고, 아이디어를 촉발하고, 하위 그룹끼리 다리를 놓고, 연결하고, 서로 씨앗을 교환시키는 사람들이 필요하다. 그러한 지도자들은 활동적이고 똑똑한 사람이어야 한다. 그들은 학문적 지위를 가지고 있어야 하며,

이상적으로는 공정하고 판단력 있고 유연해야 한다. 아마도 가장 중요한 것은 그들이 집단적인, 더 넓은 학문 공동체의 이해보다 즉각적인 자기 이해에는 관심을 덜 갖는다는 점이다. 이것은 비상한 자질의 조합이다. 그러나 경제지리학의 역사에 걸쳐 여러 시기에 딱 그런 사람들이 있었다. 조지 치숌(George Chisholm)이 그런 사람이었고, 미국의 지역주의자 클래런스 존스(Clarence F. Jones)도 또 다른 그런 사람이었다. 영국 지역경제 조사의 대가 더들리 스탬프(Dudley Stamp)도 그러하였다. 1960년대에는 영국의 피터 하게트, 북아메리카의 레슬리 킹(Leslie King)이 매우 중요한 리더십을 발휘하였다. 보다 최근에는 도린 매시, 나이절 스리프트(Nigel Thrift), 로저 리(Roger Lee), 게리 프랫(Gerry Pratt), 린다 맥도웰(Linda McDowell), 에릭 셰퍼드(Eric Sheppard), 제이미 펙 등이 핵심적인 리더가 되고 있다(글상자 7.2: 제이미 펙). 리더가 되는 것이 반드시 가장 혁신적이거나, 가장 인용이 많다거나, 가장 연구비를 많이 받았다는 것을 의미하지 않는다(그럴 수도 있지만). 지적 기회를 포착하고 그것을 체계적으로 실현하는 것을 포함해 적절한 기업가적·경영자적 기술과 자질이 요구된다. 전자는 에너지와 열망이 필요하고, 후자는 실행과 오랜 시간의 작업을 필요로 한다.

물론 이런 활동들에는 권력과 권위가 내내 작동한다. 내적 위계, 내부 그룹, 학문 내 서열이 있는 것이 분명하다. 많은 사람들이 경제지리학에 초청되지만, 선발되는 사람은 많지 않다. 내부 인사들은 정식 강의를 하거나, 보이지 않는 대학의 워크숍에 참석한다. 또는 여름학교 강의에 대한 강연료를 받기도 하며, 훌륭한 점심과 저녁 식사 대접을 받는다. 그런데 다수의 경제지리학자들은 자비로 학술대회에 참석하여 자신의 세션을 스스로 조직하고, 단 15분의 발표 시간이 주어지며, 패스트푸드 식당에서 점심을 먹는다. 이는 한편으로는 공부에 들인 시간과 관련된 세대의 문제이기도 하고, 일부분 사회적 특성이기도 하다. 그리고 또 다른 한편으로는 출판물의 질과 양, 신뢰성, 본인의 실제

제이미 펙

제이미 펙
출처: Jamie Peck.

제이미 펙은 브리티시컬럼비아 대학교 지리학과의 도시 및 지역 정치경제학의 캐나다 연구 좌장(Canada Research Chair in Urban and Regional Political Economy)이다. 그는 보이지 않는 대학의 리더 자질의 완벽한 예이다. 그는 대단한 출판물을 가지고 있으며(300개 이상), 많이 인용되고 있다(모든 사회과학자 중 상위 1%). 펙 연구의 특징은 경제지리학의 관심을 이론적이고 실질적으로 외부 문헌과 연결시킨다는 것이다. 그런 능력은 경제지리학 내 일련의 연구 의제를 확립하는 결과를 낳았다. 그런 의제들은 다른 경제지리학자들에 의해서도 추구되어 왔지만 펙이 처음으로 탐구함으로써 활력이 살아난 것이다. 그런 의제로는 조절이론, 자본주의 다양성론(varieties of capitalism)이 있으며, 가장 스펙터클한 것은 신자유주의이다. 펙은 어떤 하나의 이데올로기적 입장이나 방법론적 접근을 고수하지 않는다. 오히려 그의 지적 감수성은 보편적(ecumenical)이며, 그것은 인문지리학 연구의 전 영역을 대변하는 「환경과 계획(Environment and Planning)」 시리즈(현재는 5개)의 편집장으로서 그의 역할에 의해 입증된다. 그의 유일한 임무는 경제지리학 분야에 있다. 그는 그 임무에 엄청난 에너지와 정력과 헌신을 쏟는다. 그것은 국내 및 국제 행사에서의 대규모 강연, 경제지리학 하계연구소의 개최와 지휘, 편집위원회 업무, 학술대회와 워크숍, 강연 시리즈 조직, 학술지와 도서 시리즈의 편집, 학술상 시상, 상당수의 대학생원 지도, 학생위원회 구성원 지원 등 많은 형태를 취한다. 아마도 가장 중요한 것은 경제지리학 내에서 혁신적인 연구 저서와 학술논문의 지속적인 출간일 것이다.

수행 등으로 측정되는 성공의 공식적·비공식적 척도와도 관련된다.

7.3.3 불변의 유동물: 경제지리학 학술지와 교과서

만약 경제지리학이 유형의 무엇인가를 생산한다면, 그것은 책과 학술논문이다. 표면적으로 책이나 학술논문은 경제지리적 사고가 단순히 물질화된 중립적 미디어이다. 그러나 그렇게 간단하지 않다. 책과 학술지는 복잡한 수행을 제도화함으로써 경제지리학이 발전하고 계속 이어지는 데 기여한다. 라투르는 책과 학술지에 "불변의 유동물(immutable mobiles)"*이라는 특별한 이름을 새로 지어 주었다(Latour 1990). 책과 학술지는 쉽게 들고 다닐 수 있다는 점에서 유동적이나, 그것들이 여행하는 거리가 그것들이 담고 있는 내용을 오염시키지 못한다는 점에서 변하지 않는 성질을 갖는다.

불변의 유동물은 적어도 세 가지 점에서 경제지리학이 유지되는 데 기여한다. 첫째, 그것들은 지리적으로 분산되어 있는 경제지리학 구성원의 연결을 용이하게 함으로써 그들의 관계를 공고히 할 뿐만 아니라, 비구성원에게도 가서 그룹에 끌어들임으로써 공동체를 확장한다. 1990년대 이후 경제지리학의 지구화와 더불어 먼 거리를 연결하는 '불변의 유동물'의 역할이 전에 없이 중요해졌다. 이는 부분적으로 전자출판에 의해 뒷받침해졌다. 마우스를 몇 번 클릭하거나 엄지손가락 혹은 검지로 사람들은 손에 있는 어떤 디바이스로든—스마트폰, 태블릿, 노트북 혹은 독립형 컴퓨터—세계 어느 곳 어떤 것이든 대부분 마음만 먹으면 읽을 수 있게 되었다. 그런데 그렇게 쉽지 않을 수도 있다. 여기서 비판적인 것이 다시 중요해진다. 한 가지 예를 들면, 인터넷의 분포는 지리적으로 매우 불균등해서, 주로 북아메리카와 서유럽, 오스트랄라시아**, 아시아의 일부에 집중되어 있다. 학술지와 도서의 온라인 접근도 구독을

---

* 역주: "immutable mobiles"는 과학사회학자 브뤼노 라투르가 제안한 용어이다. 지도, 책, 신문과 같은 인쇄물로서, 대량생산되어 어디든 이동할 수 있으면서도 변형이나 손상되지 않는 것을 말한다.

** 역주: 오스트레일리아와 뉴질랜드, 서남 태평양 제도를 포함하는 지역.

HOME | ABOUT | TESTIMONIALS | APPLY | CONTACT

SUMMER INSTITUTE *in*
ECONOMIC
GEOGRAPHY

- GHENT 2018
- KENTUCKY 2016
- FRANKFURT 2014
- ZURICH 2012
- VANCOUVER 2010
- MANCHESTER 2008
- MADISON 2006
- BRISTOL 2004
- MADISON 2003

The next meeting of the Summer Institute in Economic Geography will be hosted by the Department of Geography at the University of Kentucky, July 10-15, 2016. The meeting will be organized by Susan Roberts, Michael Samers, Andrew Wood, Matthew Zook, and Jamie Peck.

As with previous meetings, it is expected that the costs of accommodation and other local expenses will be covered for all participants, though it is possible that a modest registration fee will be charged. Stipends will be available to cover the costs of travel to the meeting for those participants without other sources of funding.

The deadline for applications is January 8, 2016. The link to the online application form may be found on the Apply page. Selected candidates will be notified in February, 2016.

The Summer Institute provides an opportunity to investigate leading-edge theoretical and methodological questions, along with a range of associated career development issues, in the field of economic geography, broadly defined. The meeting features contributions from internationally renowned figures in economic geography. > MORE DETAILS

> view testimonials from previous participants

The following featured speakers have contributed to previous Summer Institutes:

- Ash Amin
- Trevor Barnes
- Harald Bathelt
- Christian Berndt
- Brett Christophers
- Betsy Donald
- Kim England
- Meric Gertler
- Amy Glasmeier
- Gernot Grabher
- Nik Heynen
- Ray Hudson
- Wendy Larner
- Victoria Lawson
- Andrew Leyshon

- Becky Mansfield
- Linda McDowell
- James Murphy
- Phillip O'Neill
- Jessie Poon
- Katharine Rankin
- David Rigby
- Sue Roberts
- Erica Schoenberger
- Eric Sheppard
- Rachel Silvey
- Marion Werner
- Jane Wills
- Dariusz Wójcik
- Henry Wai-chung Yeung

Open to doctoral students (usually post-fieldwork), postdoctoral researchers, and recently appointed faculty/lecturers (normally within three years of first continuing appointment), the Summer Institute comprises an intensive, week-long program of activities designed to provide participants with an in-depth understanding of the innovatory developments and enduring controversies in this fast-moving field.

HOME | ABOUT | APPLY | CONTACT

last revised November 6, 2015

그림 7.2 경제지리학 하계연구소 홈페이지(http://www.econgeog.net/)

출처: Jamie Peck.

하는 대학 도서관에서만 가능하기 때문에 역시 비슷하게 불균등한 지리이다. 나아가 학술지의 구독 가격은 지난 20여 년 동안 엄청나게 올랐다("연속간행물의 위기"). ■6 결과적으로 그 사람이 다니는 대학이 부유한 경우에만 접근권을 얻을 수 있다.

학술지에 관해서는 역시 또 다른 이슈가 있다. 영어가 세계 아카데미의 **국제 공용어**(lingua franca)가 되었다는 사실을 반영해, 거의 대다수가 영어로 쓰인다. '링구아프랑카'는 본래 지중해 주변의 무역업자들이 사용하였던 공동의 혼성어였다(교역지대에 관해서는 제4장 참조). 학술 활동이 지구화되면서 유사한 혼성어를 개발하기보다 오히려 단일의 기존 언어 하나, 즉 영어가 지배적이 되고 헤게모니를 갖게 되었다. 이는 영어 모국어 사용자들이 출판(학문의 유통) 능력에 큰 이점을 가진다는 것을 의미한다. 동시에 그것은 또 영어로 쓰지 않는 주변화된 집단을 만들어 낸다. 그들은 필시 외부에서 바라만 보는 존재가 될 것이다(이것이 경제지리학에서 어떻게 작용하는지에 대한 논의는 Hassink and Gong 2016을 참조).

둘째, '불변의 유동물'은 분야를 형성하고, 사람들을 불러모으며, 학문적 의제를 제공함으로써 더 큰 프로젝트를 위한 빙정핵*과 같은 것이 될 수 있다. 라투르는 그런 교과서를 특정한 논제를 토론할 때 반드시 언급해야 하는 "필수 길목(obligatory passage point)"이라고 불렀다(Latour 1987, p.159). 그런 책과 논문들이 그 논제를 논제로 만들었기 때문이다. 예를 들어, 당신이 경제지리학에서의 신자유주의에 대해 논의한다면 펙과 티켈(Peck and Tickell)의 2002년 논문 「공간의 신자유주의화(Neoliberalizing Space)」를 참고해야 한다(이 논문은 인용이 3,500건에 이른다). 혹은 지구화의 경제지리에 대해 토론하고 싶다면, 이제 당신은 피터 디킨(Peter Dicken)의 책 『세계 경제공간의 변동(Global Shift)』

---

* 역주: 구름 형성에서 수증기 응결을 촉진하는 작은 입자들.

(1986-2015, 현재 7판이 인쇄되었고, 도합 1만 번 이상 인용되었다)을 참고하여야 한다. 만약 이들 '필수 길목'을 참고하지 않는다면, 당신은 진지하게 취급되지 않거나 당신의 투고가 심사위원들(제출된 원고를 심사하기 위해 편집인이 접촉한 무명의 검토자들)의 불합격 판정으로 인쇄되지 않을 것이다. 심사위원들은 당신의 연구에 대해 충분한 문헌 연구가 되어 있지 않기 때문에 만족스럽지 않다고 말할 것이다. 펙과 티켈의 중요한 논문을 인용하지 않고 어떻게 신자유주의에 대한 논문을 쓸 수 있겠는가? 지구화 분야의 기초적인 교재인 디킨의 책을 참고하지 않고 어떻게 지구화에 관한 글을 쓸 수 있는가?

마지막으로 '불변의 유동물'은 학문 분야 외부로부터의 기여를 함께 엮어 내는 학문의 능력을 보여 준다. 이 경우 경제지리학은 다른 학문과 잠재적인 동맹이라는 것을 보여 줌으로써 경제지리학을 더 단단하고 안정적인 학문으로

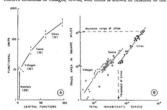

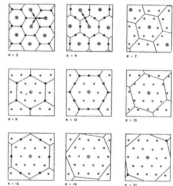

그림 7.3 주장을 더 강하게 하고 좀 더 설득력 있게 만들기 위해 지리학자와 지리학자가 아닌 학자들 모두의 저작을 등록한 피터 하게트의 책

출처: Haggett 1965, pp.118-119.

경제지리학

만든다. 예를 들어, 피터 하게트(Peter Haggett)는 그의 고전적 경제지리학 교재인 『인문지리학의 입지 분석(Locational Analysis in Human Geography)』(아래 참조)에서 다른 저자들과 함께 강한 동맹을 맺는 뛰어난 능력을 보여 주었다(Haggett 1965). 책 118-119쪽 두 페이지에서 하게트는 브라이언 베리(Brian Berry)의 미국 아이오와주 도시 체계에 관한 경험 연구, 아우구스트 뢰슈(August Lösch)가 완성한 경제 입지에 관한 이론적 연구, 19세기 후반 영국의 우생학자 프랜시스 골턴(Francis Galton)에 의해 발명된 상관관계와 회귀분석 기법, 천문학자 요하네스 케플러(Johannes Kepler)가 17세기 처음 고안한 최소 묶음 이론(elementary packing theory)을 모아 놓았다. 모두를 한 페이지로 가져왔고 함께 일하도록 만들어졌다. 그것은 연결들의 개수로써 경제지리학의 힘을 보여 주었다. 이는 당신이 하게트에 반대되는 주장을 하고 싶다면 그가 동원한 동맹들, 베리, 뢰슈, 골턴, 케플러와 싸워야 한다는 것을 의미한다. 개별적으로 그들 각각은 대단하다. 그룹으로서 그들은 벅찬 상대이다.

경제지리학의 학술지들

경제지리학과 같은 한 학문을 학술적으로 정당화하기 위해서는 전문 학술지를 갖는 것이 필수적이다. 경제지리학 분야에서의 연구와 논쟁을 출판하고 확산하는 포럼과 별개로, 학술지도 학술적인 영토 경쟁을 나타낸다. 학술지들은 특정 지적 영토에 대한 영역 주장이다. 새로운 학술지의 출범은, 학술지가 담당하는 영역이 이제 학술 분야를 구성한다는 선언이다. 나를 믿지 못하는가? 여기 증거, 학술지 제1호의 두꺼운 표지가 있다.

　놀라울 것도 없이 『경제지리학(Economic Geography)』이라고 불리는 경제지리학의 첫 번째 학술지는 1925년에 출간되었다. 첫 페이지에서 이 학술지는 지적 추구로서 경제지리학의 차별성을 수창하였고, 자신을 경제지리학 선전을 위한 필수 아울렛이라고 자부하였다.

세계의 천연자원에 대한 충분한 지식의 필요성, 그리고 인간이 더 주의 깊게 적응하여야 하는 자연조건에 대해 더 잘 이해할 필요성은 … 최근 더 커지고 있다. 이 필요성은 경제지리학에 대한 새로운 관심을 불러일으키고 … 미국과 해외 어느 학술지도 이 과학적 탐구 분야에 관심을 기울이지 않기 때문에 클라크 대학교는 ECONOMIC GEOGRAPHY를 출간하고자 한다.

이 학술지는 지적 영토를 주장하지만 경계를 구획하지는 않았다. 나아가 쿤의 용어로 말하자면, 이 학술지는 신생 학문의 일상적 실천의 닻을 내리는 중요한 안정화 요인이었다. 이 학술지는 읽고 논문을 발표하며, 학생들을 위한 읽을거리를 선정하고, 자신의 연구에 인용하기 위한 것이었다. 그것은 패러다임적 요소였으며, 경제지리학 내에서 정상과학의 실천을 강화하는 '구체적 본보기'였다.

제2차 세계대전이 끝날 때까지 경제지리학에서 새로운 학술지는 더 이상 나오지 않았다. 새로운 학술지가 나왔지만, 그것은 다른 학문, 지역과학(regional science)과 연관되었다(제3장과 글상자 4.1: 지역과학의 흥망). 지역과학은 경제지리학의 공간과학 국면의 전조였다. 결과적으로 공간과학자들은 『경제지리학』 학술지에서 쫓겨났고, 『경제지리학』은 계량적-이론적 논문들을 출간하지 않았다(Murphy 1979, p.42). 분석적으로 기울어진 경제지리학자들은 대신 2개의 지역과학 학술지 『지역과학 논문 및 발표문(Papers and Proceedings of Regional Science)』(1955년 첫 출간)과 『지역과학 저널(Journal of Regional Science)』(1958년 첫 출간) 중 하나에 그들의 연구물을 올렸다. 그런데 1960년대 후반에 이르러 공간과학은 물론 다른 많은 경제지리학 연구 성과를 출간하기 위해 전적으로 지리학 내에 기초한 2개의 새로운 학술지, 즉 영국에 기반을 둔 『환경과 계획(Environment and Planning, 나중에 Environment and Planning A)』, 미국에 기반을 두고 초창기 계량혁명 진원지의 하나인 오하이오 대학교에서 편집되는 『지리학적 분석(Geographical Analysis)』이 나오게 되었다.

다음 학술지가 나오기까지는 다시 30년 이상 걸렸지만, 학술지 『경제지리학 저널(Journal of Economic Geography)』은 전적으로 경제지리학에 전념한다. 최초로 경제학자 리처드 아노트(Richard Arnott)와 경제지리학자 닐 리글리(Neil Wrigley)가 함께 편집인으로 참가하고 대화를 강화함으로써 경제학과 경제지리학을 문자 그대로 한 페이지 위에 가져왔다. 그러한 큰 목표는 실제로 실현되지 못하였지만, 현재의 편집인과 편집위원회도 여전히 열정적으로 에너지 넘치고 확장적인 학제적 학술지를 유지하고 있다(글상자 7.3: 두 학술지 『경제지리학』과 『경제지리학 저널』).

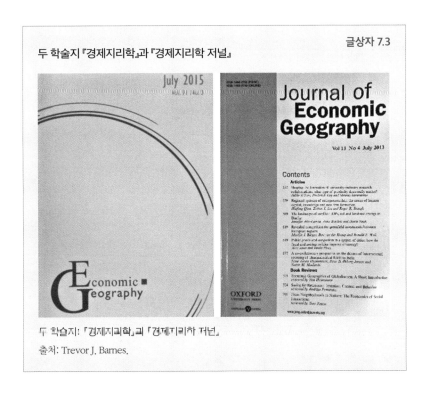

글상자 7.3

두 학술지 『경제지리학』과 『경제지리학 저널』

두 학술지: 『경제지리학』과 『경제지리학 저널』.
출처: Trevor J. Barnes.

현재 2개의 학술지가 경제지리학의 선봉 함선(flagship)으로 활약하며 선두에 있다. 좀 더 오래된 『경제지리학』이 좀 더 보수적이다. 『경제지리학 저널』은 뒤늦게 시작하였지만 빠른 시간에 자리를 잡았다. 경제지리학 분야에 대한 정의는 각기 다르지만, 두 학술지 모두 경제지리학으로 정의되는 연구들을 출간한다. 그러나 그러한 정의는 이 두 아울렛에 실리는 논문들에 의해 변화되고, 부분적으로 조정되고 있다.

1925년 매사추세츠 우스터에 있는 클라크 대학교 대학원이 최초의 경제지리학 학술지를 시작해 지금도 가지고 있다. 그 당시 새로 고용된 총장 월리스 애트우드(Wallace Atwood, 1921~1949 재임)는 활동적인 지리교육자로, 지리학부를 설립하는 조건으로 총장직을 수락하였다. 그리고 편집자로서 그가 중심이 되어 새로운 학술지인 『경제지리학』이 창간되었다. 학부에 고용된 초기 교수진은 1차 상품과 자연환경 사이의 관계를 연구하였는데, 경제지리학에 대한 이 학술지의 초기 정의를 결정하였다(Murphy 1979). 그 이후 학술지는 폭이 넓어졌다. 그런데 학술지의 논문은 더 이상 천연자원에 고정되지 않았지만, 이론이 포함된 사례 연구 스타일의 비슷비슷한 논문들로 수렴하는 경향이 있었다. 계량적 분석을 포함하더라도 서사적인 산문에 기대는 경향이 있었다. (비록 예외가 있지만) 순수한 이론적 설명 혹은 기술(技術)적·수학적 설명은 학술지에 거의 게재되지 않았다. 학술지 웹 사이트에는 "세계에서 일어나는 중요한 경제지리학의 이슈에 대한 이해를 심화하는, 이론에 기반한 최고의 경험 논문을 출간하는 것이 우리가 오랫동안 전문화해 온 것이다."라고 쓰여 있다.

2001년 두 번째 연속간행물인 『경제지리학 저널』이 독점을 깨뜨렸다. 그것은 1990년대 저명한 폴 크루그먼(Paul Krugman)에 의해 선도된 신경제지리학(혹은 '지리경제학')의 출현(제2장, 제4장, 제5장 참조)에 대한 대응이었다. 그 전해에 2명의 경제지리학재[고든 클라크(Gordon Clark)와 메릭 거틀러(Meric Gertler)]와 경제학자 메리안 펠드먼(Maryann Feldman)이 공동으로 편집한, 중요한 편저서 『옥스퍼드 경제지리학 핸드북(The Oxford Handbook of Economic Geography)』(2000)이 나왔다. 이 책은 경제지리학자와 경제학자가 두 학문 간 토론을 활성화하기 위해 엮은 것이었다. 경제지리학자와 경제학자가 발을 맞추고 상호작용을 통해 서로 배우는 경제지리학 책을 목표로 한 것이었다. 다음 해에 같은 목표를 가진 학술지가 출현하였다. 즉 "『경제지리학 저널』의 목표는 경제학과 지리학의 공통 부분을 재정의하고 다시 활기를 북돋아 이 분야의 세계적 수준의 학술지를 만드는 것이다"(*Journal of Economic Geography*, homepage, 2017). ■7 학술지는 처음 목적을 달성하지 못하였다. 본래 『옥스퍼드 경제지리학 핸드북』에서처럼 경제학자와 경제지리학자들은 대부분 자신의 '종족'에 머물렀다. 그러나 이 학술지는 활기찬 장소가 되었다. 『경제지리학』에 비해 덜 보수적이고, 순수 이론에 더 관심을 가지며(경제학자들의 것이더라도), 보다 계량적이다. 경제학자들도 경제지리학자들과 직접 대화를 하지 않더라도 자신의 연구를 기꺼이 올린다.

물론 학술지가 학문적 지식을 선전하는 장소만은 아니다. 학술지는 경력을 만들기도 하고 파괴할 수도 있는 잠재력을 가졌으며, 학문 분야의 내부 사회학에서 중요한 역할을 한다. 대부분의 학술 종사자는 북아메리카의 경우, 처음 고용된 이후 유예 기간(보통 6년)을 거쳐 정년 보장(tenure)을 신청하게 된다. 정년 보장에 성공하면 평생 직장이 보장된다. 그러나 정년 보장 거부는 학문적 길의 끝, 즉 또 다른 직업의 전망이 거의 없는 해고이다(당신은 손상된 상품이다). 정년 보장은 거의 대부분 출판('출판 아니면 퇴출')과 연구 지원금 수혜(아래에서 논의한다)에 의존한다. 정년 보장 심사를 앞둔 경제지리학자들에게 학술지 게재는 결정적이다(학술 동료들이 평가하는 논문이 정년 보장의 황금 기준). 따라서 학술지 편집인과 그들이 선정하는 심사자는 매우 큰 힘을 갖는다. 나아가 『경제지리학』('선봉 함선 학술지')과 같이 분야에서 가장 중요한 학술지의 편집인들은 그들 중에서도 가장 힘이 세다. 많은 학과에서 교수진은 정년 보장뿐만 아니라 그 후의 승진을 위해 반드시 그러한 중요한 학술지에 논문을 게재하여야 한다.

경제지리학의 교과서들

경제지리학 교과서는 매우 특별한 목적에 기여하지만 또 다른 종류의 '불변의 유동물'이다. 교과서는 새 학생들에게 학문 분야를 소개하고 거기에 맞추어 변화하도록 한다(그것이 당신이 이 단어들을 읽을 때 우리가 하려고 하는 것이다). 교과서는 고전 이론에 대한 서술과 연구되어 온 사례, 개념, 학문적 실천과 기능, 논문 심사가 의존하는 사례 연구 등 쿤(Kuhn 1970)이 말하는 "구체적 본보기"의 저장소이다. 또한 교과서는 학문 분야의 기억 저장소이며, 차세대 경제지리학자들(당신들의 일부처럼)을 위한 창조적 새 프로젝트의 촉매이다. 교과서는 외부인에게 우리가 무엇을 하고 있는지를 보여 주고, 그들에게 가치 있는 학문 분야임을 설득하기 위해 제공하는 물건이기도 하다. 아울러 교과서는 재정지원 기관, 정부 관료, 왕립위원회까지 포함해서 경제지리학 내부와 외부의 동맹을 강화하는 수단이다. 두꺼운 교과서가 위협적으로 보일지 모르지만, 교과서의 목적은 그 반대이다. 즉 그 목적은 환영하고, 격려하고, 주의를 끌고, 설득하고, 한데 모으는 것이다.

영어로 쓰인 첫 번째 경제지리학 교과서는 조지 치솜(Chisholm 1889)의 『상업지리학 핸드북』(Handbook of Commercial Geography)(이하 『핸드북』, 제3장 참조)이다. 이 책은 경제지리학에 실체를 제공함으로써 학문을 창조하였다. 처음으로 그러한 교과서를 가지면서 우리는 이제 새로운 학문을 손에 쥘 수 있게 되었으며, 문자 그대로 주변에 관심 있는 사람들에게 그 학문을 전해 줄 수 있었다. 1896년부터 치솜의 책은 신선한 눈을 가진 대학교와 런던 대학교 버크벡칼리지(Birkbeck College)의 특별 과정 학생들의 가방에도 들어갔다. 그 대학에서 치솜은 처음으로 『핸드북』을 1년 과정 교과의 교재로 사용하였다. 책은 교육위원회와 영국에서 학교와 대학교의 교육과정을 결정하는 왕립위원회까지 전달되었다. 나아가 다른 학자들에게도 동네에 새로운 학문 분야가 있다는 것을 보여 줌으로써 길을 만들어 주었다. 그리고 이 책은 새로운 학문을 스스로 실천하고 싶은 교수와 학생들, 때로는 분야가 매우 다른 곳에서까지 읽혔다. 미국의 지리학자 러셀 스미스(J. Russell Smith)는 휘턴스쿨(Wharton School)에 독립된 지리 및 산업 학과 신설의 중요성을 역설하는 데 치솜의 『핸드북』을 활용하였다. 1906년에는 스미스를 창립 학과장으로 하는 학과가 신설되었다. 그 후 1913년 스미스는 치솜의 『핸드북』을 자신의 교과서 『공업 및 상업 지리학(Industrial and Commercial Geography)』을 저술하는 데 저본으로 활용하였다(Smith 1913). 그의 책은 경제지리학 과정을 제공하는 미국 대학들 사이에서 새로운 학문 분야를 위한 교재로 널리 채택되었다(Fellmann 1986). 치솜의 『핸드북』은 강력한 책이었다.

제1차 세계대전 말에 이르러 부분적으로 치솜과 스미스 교과서의 결과로서 경제지리학이 성립하고 앵글로아메리카의 대학교들에서 운영되었다. 그때 벌써 이미 관점이 지역 관점으로 이동하고 기울어져 다른 교과서가 요구되었다. 그런 교과서는 더 이상 제국의 글로벌 생산과 상품의 세계적 이동에 대해서가 아니라, 한 지역의 경제지리적 사실들이 꼼꼼하게 분류된 표준 유형들을 사용해서 해당 지역의 고유한 특색에 대해 다루는 것이었다. 이제 경제지리학자가 된다는 것은 그런 유형과 그 항목들 아래 있는 모든 사실을 공부한다는 것을 의미하였다. 예를 들어, 레이 위트벡과 버노 핀치(Rey Whitbeck and Vernor Finch 1924)의 교과서 『경제지리학(Economic Geography)』을 보면 그런 유형과 사실들이 나오는데, 4중 분류표를 사용하였다. 클라크의 클래런스 존스(Clarence Jones 1935)의 『경제지리학』도 그 틀을 더 밀고 나가 8중 분류표로 확대하였다. 존스의 책은 수천 명의 학생들이 수강하는 과목의 표준적인 개론서가 되었다.

1950년대 후반에 이르러서는 완전히 다른 것, 즉 공간과학이 경제지리학에 들어왔고, 교과서를 요구하였다. 그 요구는 피터 하게트(Peter Haggett 1965)의 지리학 이론, 모델링, 통계 기법에 관한 입문서인 『인문지리학의 입지 분석(Locational Analysis in Human Geography)』에 의해 훌륭하게 채워졌다. 이 책은 케임브리지 대학교에서 토요일 오전 3학년 학부생들을 가르치기 위해 하게트가 사용하였던 "수없이 살펴보고 수없이 수정된 강의 노트"(Haggett 1965, p.v)에 기초한다. 똑똑하고 열정적인 그 학생들은 하게트의 수업을 듣기 전에는 이론지리학이나 수리지리학을 들어 본 적이 없었을 것이다. 그러나 그들은 하게트의 새로운 접근을 검토하고, 예리하게 하며, 정련하고, 명료하게 하는 완벽한 청중이었다. 존스의 책과 마찬가지로 하게트의 책은 핫케이크처럼 팔렸다. 유례없이 4만 부나 팔렸으며, '필수 길목'이 되었고, 경제지리학의 지평을 확대하였다. 더 나아가 하게트는 경제지리학을 공간과학으로 설정하는, 영국 고등학교의 지리 교사 대상 강의를 조직하면서 그의 책을 1960년대 중반부터 준비하였다. 결과적으로 그들의 학생들이 대학에 가서 지리학을 수강할 때 하게트를 읽으리라 기대하였다. 이 책은 또한 경제지리학의 새로운 정상과학을 용이하게 하는 쿤의 '구체적 본보기'로 채워졌다. 책의 여기저기에 대부분 작은 다이어그램으로 표현되어 있는 각각의 그림은 공간이론과 모델, 통계 기법을 간결하고 명료하게 보여 준다(총 310쪽의 책에 162개의 삽화가 있다).

끝으로 현대 교과서로 엄청난 성공을 거둔 피터 디킨(Peter Dicken)의 『세계 경제공간의 변동(Global Shift)』(1986~2015년까지 7판을 찍었으며 10만 부 이상 팔렸다)은 어떤 점에서는 경제지리학을 치솜으로 돌려 놓았다. 치솜의 『핸드북』과 마찬가지로 『세계 경제공간의 변동』은 전 세계를 이해하는 데 경제지리학의 적절성을 보여 주었다. 20세기 후반의 지구화는 19세기 후반에 경험한 지구화와 비견된다고 허스트와 톰슨은 주장한다(Hirst and Thomson 1996). 그런 점에서 두 책이 비슷하다는 것은 놀라운 일이 아니다. 그러나 두 책이 동일하지는 않다. 디킨은 설명 틀로 치솜의 환경론이 아니라, 자본(다국적기업), 국가 규제(혹은 규제완화), 기술변동이라는 3중 관계에 기초한다. 그럼에도 『세계 경제공간의 변동』은 치솜의 『핸드북』보다 심지어 더 많은 사실들로 채워졌다. 그것들은 목록과 표, 다이어그램, 막대그래프, 사례 연구, 글상자, 지도와 같은 책의 숨구멍을 통해 흘러나온다. '사실이 더 시시하다'는 말이 있다. 그러나 디킨(과 치솜)에게 지구화의 사실은 그렇지 않다. 그에게 지구화에 관한 사실들은 생생하고 역동적이며, 이해를 위한 근본적인 기초이다(왜 치솜의 『핸드북』이 93년간 24판이 출간되었고, 디킨의 책은 29년간 7판이 출간되었는지 그 점이 설명한다). 지구화가 20세기 후반과 21세기 초의 이야기란 것과 한동안 그 주제에 대해 저술하지 않던 경제지리학자들이 지구화를 재현하고 이해하는 데 중요한 이론과 기법, 도구를 이미 가지고 있었다는 것을 일찍이 깨달았다는 점에 디킨의 비범함이 있다. 그들의 학문은 특별한 강점이 있다. 지구화와 경제지리학은 함께 가야 했다. 그렇게 한 사람이 지구적 승자가 될 것이다. 디킨이 그렇

경제지리학

게 하였고 그렇게 되었다. 그의 책은 그가 쓴 대로 되었다. 즉 상하이에서 셰필드까지 사용되는 글로벌 상품이 되었고, 그의 책이 드러내고 설명하고 포교한 경제지리학도 그렇게 되었다.

교과서들은 표지에서부터 지루하고, 마크 트웨인이 과거 비꼬았던 것처럼 "인쇄된 마취제"처럼 보일지도 모른다. 그러나 교과서는 중요한 학문적 연구를 수행한다. 외견상 그렇지 않는 것처럼 보일 수도 있다. 가방에서 꺼내 도서관 탁자 위에 놓거나, 침대에 기대어 있는 동안 손안에 있는 책을 한 장 펼쳤을 때는 아무 일도 일어나지 않을 것이다. 당신이 페이지를 넘기며 문득 한두 문장에 노란 매직펜으로 표시를 하고 끼적끼적 노트를 한다. 당신이 그런 일을 하였을 때 무슨 일이 일어난다. 당신은 경제지리학이라는 학문 내에서 훈련되고 있으며, 이것이 교과서의 궁극적인 목적이다.

기계와 경제지리학

다른 학문, 특히 자연과학과 비교해서 경제지리학은 지식을 생산하는 데 기계(machines)를 잘 사용하지 않는다. 물론 치솜과 스미스 같은 초창기 경제지리학자들은 기계에 관심이 많았다. 그들은 개별적인 작은 장비들뿐만 아니라 19세기 후반 그들의 새로운 연구, 즉 경제지리학을 창조한 더 큰 종류의 기계들에도 관심을 가졌다. 치솜과 스미스 두 사람은 19세기 후반과 20세기 초에 글을 쓰면서 다음과 같이 생각하였다. 재화의 생산과 이동에 관한 지리적 제약이 현저히 느슨해져 숨어 있던 독창적인 자극들이 마침내 속박에서 풀려났다고. 교통과 통신에서의 혁신—철도, 증기선, 내연기관, 전신, 전화—은 상품의 생산, 순환, 교환을 전에 없이 전 지구적으로 통합하고, 마침내 자연의 역사적 인색함에도 제약을 가하게 되었다.

기계와 기계의 지리적 효과를 표현하는 데 있어 초창기 경제지리학자들 역시 일부 기계를 스스로 사용하였다. 치솜의 책에는 사진이 없다. 그러나 스미스의 책에는 사진이 많다. 많은 사진은 미국 정부 출처에서 수집된 것이었지만, 상당수는 그가 산업 및 상업 지리의 장소들을 여행하면서 자신의 카메라로 직접 촬영한 것이다. 그는 아마도 1900년 처음 도입된 코닥 브라우니(Kodak Brownie) 카메라를 사용한 듯하다. 브라우니는 처음으로 비전문가가 자신의 사진을 찍을 수 있도록 하였다. 치솜의 책은 페이지 사이에 낱장으로 붙인 두 가지 색깔의 복합 패턴의 지역 교통·통신 지도 인쇄로 유명하다. 이들 지도는 치솜이 아니라 왕립지리학회(FRGS) 동료인 워커(F. S. Walker)가 그렸다. 19세기 후반에 기술변동의 결과로 급속히 발달한 지도 제작 도구를 사용한 사람이 워커였다(상세한 지도 제작 기술 발달에 대해서는 Pearson 1983 참조). 지금은 여러 색조를 프린트하고, 다양한 지도 기호를 사용하며, 폰트와 글자 크기에 변화를 주는 등, 『핸드북』의 지도에서 찾을 수 있는 모든 특징을 구현하는 것이 훨씬 쉬워졌다.

특히 전후 경제지리학에 공간과학이 도입된 시기에 숫자와 계산에 특화된 기계들이 나서기 시작하였다. 처음에는 숫자도 제한되고 계산도 비교적 단순하였다. 계산자(slide rule) 하나면 충분하였다. 그러나 기계식 계산기는 더 좋았다. 먼로(Monroe) 같은 수동식이 있었지만, 1950년대에는 머천트(Marchant), 프라이든(Friden) 같은 전자식 계산기로 점차 대체되었다. 대학 건물에는 계산기 전용실이 있었다. 그러나 숫자의 양과 계산의 복잡성이 기하급수적으로 증가하면서 상황은 달라지지 않을 수 없었다. 1950년대 후반에 이르러서는 머천트와 프라이든조차 더 이상 감당할 수 없었다. 더 많은 기계의 도움이 필요하였다. 다행스럽게도 정확히 그때 그런 도움이 가능하게 되었다. 북아메리카에서 처음 상업적으로 판매된 컴퓨터는 1954년에 출시되어 컬럼비아 대학교가 구입한 IBM 650이다(그림 7.4). 워싱턴 대학교와 아이오와 대학교를 포함한 다른 대학들도 재빨리 뒤를 따랐다. 두 대학교 모두 공간과학의 길로 여행하기 시작한 지리학과가 있었다. 그러나 그들 초창기 공간과학자를 위한 공식적인 컴퓨터 활용 교육은 없었다. 그것은 해 보면서 배우는 '독학 운용 (bootstrap operation)'이었다. 사실 마우스도 없었고, 스크린 메뉴는 물론 스크린도 없었다. 처음에는 공식적인 프로그램 언어조차 없었다. 초기 컴퓨터를 사용하는 경제지리학자들은 회로판에 전극을 붙였다 떼었다 하면서 프로그래밍하였다. 작업한 것을 보낼 클라우드도 없었고, 그것을 저장할 하드 디스크와 심지어 플로피 디스크조차 없었다. 1955년 대학의 첫 컴퓨터를 가지게 된 시애틀의 워싱턴 대학교 학생 월도 토블러(Waldo Tobler 1998)는 다음과 같이 회상하였다.

우리는 오전 2시 화학과 건물의 다락방으로 올라가야 했다. 그래야 우리 힘으로 컴퓨터를 돌릴 수 있었다. 그 당시는 컴퓨터 운영자가 없었다. FORTRAN 같은 컴퓨터 언어도 없었다. 650에 프로그램을 걸려면, 드럼이 한 번 회전할

그림 7.4 1950년대 텍사스 칼리지 스테이션, 텍사스 A&M 대학교의 IBM 650
출처: 텍사스 A&M 대학교 쿠싱 기념도서관과 아카이브(플릭커: IBM 처리 기계) [CC BY 2.0 (http://creativecommons.org/licenses/by/2.0)], Wikimedia Commons.

때 2바이트의 정보를 올려야 했다. 빠르게 돌아가는 2K의 메모리를 가진 것이었다. 잘하면 한 번 회전할 때 2개의 정보를 얻을 수 있었다.

현재의 컴퓨터 성능과 비교하면, 초기의 이 기계들과 처리 수법은 다루기 힘든 공룡과 같았다. 그러나 그 시대 문화의 언어로 말하자면 그것은 로켓과학 혹은 적어도 공간과학이었다. 게다가 기계와 운영 처리 수법은 경제지리학의 새로운 문화 내에서 급속히, 매우 빠르게 **유행**(de rigueur)이 되었다. 예를 들어, 하게트는 자신의 책『인문지리학의 입지 분석』에서 특정 지도와 수리적 결과를 유도하는 데 '고속 컴퓨터'를 사용하면서 컴퓨터의 가치를 칭송하였다(Haggett 1965, p.248). 그런 지도들과 결과는 그런 기계들이 없었다면 생산되지 않았을 것이다. 그것들은 단지 생명 없는 도구(전선, 연결 스위치, 버튼, 섬광)가 아니라, 독립적으로 기여하는 행위자들이다. 컴퓨터가 어떻게 설계되고 어떤 일을 할 수 있는가는 공간과학자들이 산출하는 지식에 차이를 가져왔으며, 결과적으로 학문으로서 경제지리학의 실제 특성에 영향을 주었다. 그것들은 어떤 지식이 가능한지를 결정하는, 지식을 형성하는 강력한 힘을 갖게 되었다.

컴퓨터는 아마 공간과학에 가장 중요한 기계였을 것이다. 그러나 명백히 덜 복잡하지만, 단역이라도 수행하는 다른 기계들도 있었다. 저급한 계산자는 초기의 수행자였다. 그 후에는 라인 프린터(line printer), 제록스(Xerox) 복사기가 있었다. 1950년대 후반 워싱턴 대학교에서의 핵심은 또 다른 기계장치, 즉 복사기 혹은 화상 전사(spirit) 복사기였다. 특별하게 코팅된 종이에 타이핑한 다음, 그 종이를 회전하는 드럼 위에 놓고 손잡이를 돌리면 엷은 자주색의 메탄올(잉크로 사용하는 화학약품의 하나) 냄새가 나는, 원래 것을 복사한 종이 여러 장을 만들 수가 있었다. 1950년대 중반에 워싱턴 대학교 지리학과 학과장인 도널드 허드슨(Donald Hudson)은 대학원생들에게 종이와 잉크에 대한 무제한적 접근과 업무 시간 외 복사기 무제한 사용을 허용하였다. 복사기는 처음에는 검토 논문(discussion papers)을 학과 내부에서 돌려 보기 위한 용도로 사용하였지만, 나중에는 학과의 검토 논문 시리즈를 재생산하는 수단으로 이용하였다. 이 자주색 복사물은 세계 여러 곳으로 보내졌으며, 다른 장소에 공간과 학을 확산하는 도구가 되었다.

경제지리학자들이 사용하는 기계는 크게 증가하였고, 전에 없이 더 복잡해졌다. 우리가 주머니 속에 가지고 다니는 스마트폰은 큰 거실만한 크기의 IBM 650과는 비교할 수 없을 만큼 강력하고 능력이 있다. 그러나 그 점은 두 가지 사례에서 우리가 종종 기계에 관해 망각하는 것이다. 우리는 경제지리학이 아이디어만으로 구성된다고 생각한다. 기계들은 단순히 그런 아이디어에 도달하는 수단, 즉 매개 수단으로 간주되었다. 그 결과 기계는 버려지고 잊힌다. 기계는 상자 속으로 되돌려 들어가고 뚜껑은 닫힌다. 이와 대조적으로 우리의 주장은 기계가 학문의 지식을 형성해 왔고 계속해서 형성한다는 것이다. 기계들은 중립적인 매개 수단이 아니라, 활동적인 대리인이다. 과제들 중에서도, 특히 경제지리학의 상자 열기는 외부의 기계에서부터 경제지리학에 대해 검토할 것을 요구한다.

7.3.4 돈은 경제지리학의 세계를 돌아가게 한다

마지막 요소, 다른 모든 것들에 영향을 주는 요소는 돈이다. 경제지리학 이면에는 중요한 경제지리가 있다. 돈은 세상을 돌아가게 한다. 중심 국가는 군사 무기와 정보를 포함해서 언제나 재원의 중요한 제공자이다. 경우에 따라서는 특히 제2차 세계대전 이후 미국에서, 일부 그들의 돈이 국가로부터 나온 것이긴 하지만—CIA는 큰 재단을 통해 대학에 기반을 둔 지역 연구 프로그램을 위해 많은 돈을 세탁하였다(Solovey 2013)—민간 자선단체와 재단 역시 중요하였다.

돈이 말을 한다는 것은 분명하다. 이슈는 돈이 권력에 말대꾸를 할 수 있느냐 하는 것이다. 돈이 말을 하면 진실은 침묵한다는, 러시아 속담이 있다. 연구비가 학술 지식을 조형하는 데, 즉 재정지원자의 정치적 이해를 반영하도록 만드는 데 이용될 수 있을까? 미국의 전후 물리학 역사가 폴 포먼(Paul Forman)은 그렇다고 생각한다. 이제는 고전이 된 연구에서 포먼은 1940년부터 1960년 사이 군사적 연구 지원금이 미국 물리학의 "목적과 성격에 질적 변화"를 야기하였음을 보여 주었다(Forman 1989, p.150). 미국의 물리학자들은 군사적 요구를 충족시키기 위해 그들의 연구 의제를 바꾸었다. 학문으로서의 물리학이 생산하는 지식은 그것과는 근본적으로 달랐다. 결론적으로 우리가 여기에서 하고 있는 것처럼, 학술 연구의 블랙박스의 뚜껑을 열어 보면 언제나 "돈을 따라가고" 있음이 틀림없다. ■8

영국왕립지리학회(RGS, 1830년 런던에서 설립)와 미국지리학협회(AGS, 1851년 뉴욕에서 설립) 모두 민간 기부와 국가 재원을 활용해 초창기 지리학 연구를 후원하였다(RGS는 1859년 빅토리아 여왕의 칙허장을 받았다). 그 연구들은 변변한 것은 아니었지만, 중앙아시아와 남극의 탐험뿐만 아니라 '암흑 대륙(dark continent)*에의 '원정'에 기여함으로써 식민지 프로젝트와 명확히 연결되고 그것을 확장하였다.

제2차 세계대전은 사회과학에, 특히 미국에 특별히 중요한 시기였다. 처음으로 사회과학이 체계적으로 통합되어 군부 내에서 전시 지원을 위해 활용되었다. 전시 연구는 팀 단위로 충분한 지원을 받았으며, 한두 가지 도구적 과제에 집중하였다. 당시 그것은 제2차 세계대전의 종전 후, 특히 미국에서 사회과학 연구의 재정지원 모델이 되었다. 1946년에 설립된 해군연구소(the Office of Naval Research, ONR)를 통해 미군은 1950년대 후반 내내 사회과학 연구에 많은 재정지원을 하였다. 공간과학적 경제지리학을 포함해 자연지리학과 인

---

* 역주: 사하라 이남 아프리카를 표현하는 말.

문지리학 모두를 지원하는 ONR 지리학 지부(ONR Geography Branch)가 있었다(제3장). 공간과학 최초의 두 중심, 아이오와 대학교와 워싱턴 대학교의 지리학과 모두 연구와 대학원생을 지원하는 중대한 ONR 자금 지원을 받았다. 전후 초기 연구비의 다른 제공자는 대규모 민간 재단들이었다. 그중 카네기, 록펠러, 포드 재단이 3대 민간 재단이었다. 포드 재단은 카네기와 록펠러 재단을 합한 것의 두 배 크기였는데, 이른바 저개발 세계의 '근대화'를 장려하는 학술 프로젝트에 상당한 연구비를 지출하였다. 공식적으로는 국가로부터 독립적이었지만, 이들 민간 재단은 국가적 관심을 장려하면서 국가의 연장으로 기능하였다는 증거는 많다. 이들 재단은 국가의 이해를 충족하는 지식을 생산하였던 시카고 대학교와 노스웨스턴 대학교 경제지리학자들의 연구를 포함해 많은 학술 프로젝트를 지원하였다(Solovey 2013).

1958년 경제지리학은 미연방의 재정지원을 받는 국립과학재단(National Science Foundation, NSF)으로부터 재정지원을 받을 수 있는 자격을 갖게 되었다. 영국에서는 1965년에 비로소 사회과학연구협회(Social Science Research Council)가 설립되었고, 이것은 1983년 경제사회연구협회(the Economic and Social Science Research Council, ESRC)가 되었다. 물론 두 나라에는 경제지리학 연구를 위해 가능한 다른 연구비 출처도 있다. 그러나 NSF와 ESRC가 견고한 연구비 지원기관이다. 다른 나라들도 학술 연구에 연구비를 지원하는 유사한 국가 재정지원 기관이 있다. 더 중요한 점은 돈은 결코 순수하지 않다는 것이다. 개별 연구비 신청을 판정하는 것에서부터 정부의 연구비 지원 우선순위 설정에 이르기까지, 비판적으로 해석될 수 있는 날것 그대로의 정치, 즉 권력 관계는 늘 있기 마련이다.

7.4 모든 것이 무너져 내린다

경제지리학과 같은 학술 분야가 단순히 한 가지 현상만으로 존재하지 않고 지속되지도 않는다는 것은 이제 분명해졌다. 학술 분야는 다종다양한 이질적 요소들로 구성된다. 생존이 가능하기 위해서는 이들 요소가 적든 많든 조화롭게 상호작용을 지속하여야 한다. 핵심적인 건물 벽돌을 치우거나, 실질적으로 서로 마주 보고 있는 것들을 재배열하면 붕괴될 위험이 있다. 한 학문 분야의 발명은 학문을 구성하는 필수 요소들이 이음매 없이 서로 연결되도록 자리 잡고 있다는 것을 의미한다. 그러나 조건이 변화하면, 사물들은 마치 준비되어 있었던 것처럼 붕괴될 수 있다. 우리는 글상자 4.1에서 지역과학을 사례로 그러한 붕괴에 대해 논의한 바 있다.

비슷한 일이 영국의 경제지리학에서 발생하는 과정에 있을지, 즉 정말 걱정스러운 과정에 있을지 모른다. 영국은 역사적으로, 적어도 1970년대 이후로 경제지리학의 거점 중 하나였다. 지난 40년의 경제지리학에서 가장 인상적이고 영향력 있는 연구와 우리가 이 책에서 조명한 연구의 상당 부분은 영국에서 수행되었다. 그중에서 특히 애슈 아민(Ash Amin), 피터 디킨, 레이 허드슨(Ray Hudson), 로저 리(Roger Lee), 앤드루 레이슨(Andrew Leyshon), 도린 매시, 린다 맥도웰(Linda McDowell), 앤드루 세이어(Andrew Sayer), 나이절 스리프트(Nigel Thrift)의 연구 등이다. 나아가 가장 영향력 있는 일부 경제지리학자들—데이비드 하비(David Harvey)와 제이미 펙(Jamie Peck)—은 그들이 초기 경력을 훈련받았던 영국과는 다른 곳에서 현재 활발하게 활동하고 있다.

그러나 오늘날 경제지리학은 멸종 위기에 처한 종이 되었다. 왜? 제임스 폴콘브리지(James Faulconbridge)와 그의 동료들에 의해 진행 중인 연구에서 제안하듯이, 여러 가지 요인이 작용하고 있는 것으로 보인다.[9] 일부 사람들에게 현재 문화지리학은 한두 가지 이유로 영국에서 더 매력적인 혹은 더 '섹시한' 전문 분야로 인식되고 있다. 이런 인식은 학문이 궁극적으로 재생산되는 경력 발전 단계, 즉 대학원생 국면에서 특히 그런 것 같다. 확실히 경제지리학은 그 자신이 '문화적 전환'을 하고 있다(제4장). 그러나 인문지리학의 문화적 전환은 좀 더 포괄적이며, 특히 영국에서 문화적 전환은 의심할 여지 없이 문화지리학에는 혜택을, 경제지리학에는 불이익을 주었다.

이러한 변화가 눈에 띄게 드러나는 것은 박사 후 연구과정에서 교수에 이르기까지, 대학교 지리학과에서 경영대학원에 이르기까지 모든 수준에서 훈련된 영국 경제지리학자들의 뚜렷한 탈출 현상이다. 폴콘브리지와 그의 동료들은 87명의 개별 이주자를 확인하였는데, 그중 92%는 2000년 이후 다른 학문 분야로 이동하였다(Faulconbridge et al. 2016). 작은 하위 학문 분야의 맥락에서 이것은 어마어마한 숫자이다. '배출'과 '흡인' 요인 모두가 작동하는 것은 분명하다. 경제지리학자들은 점차 지리학 내에서 환영을 받지 못하고 있다. 경제지리학자들의 전문성은 종종 문화지리학자들보다 못하다고 여겨진다. 이와 대조적으로 경영대학원은 경제지리학자의 장점을 인식하고 더 많은 급여와 연구 조건을 제공하면서, 불만을 품은 경제지리학자들을 활발하게 뽑고 있다. 다른 분야로 자리를 옮긴 그런 경제지리학자들은 대부분 경제지리학자로서 자신의 정체성을 유지한다고 주장한다. 그러나 그들은 또한 경제지리학에 대한 소속감을 덜 느끼며, (경제)지리학 학술대회에 덜 참가하게 되고, 점차 다른 학술지에 논문을 발표하게 된다고 말한다.

이러한 점 모두가 영국에서 경제지리학의 재생산성에 실존하는 위협을 나타낸다. 그러므로 이 장에서 우리가 하는 주장이 명백해진다. 누가 영국의 미래 경제지리학자들을 훈련시킬 것인가? 만약 그 일을 영국의 지리학과에서 더 이상 하지 않는다면, 결과적으로 시간이 지날수록 그런 일은, 그런 일을 하며 사는 일은 점점 더 줄어들 것이다. 지리학과 학과장과 대학 행정가들이 경영대학원에 새로운 인력을 뺏길 것을 염려하여 경제지리학의 신규 일자리를 만들기를 꺼려하면서 악순환이 이미 시작되었다는 것을 폴콘브리지와 그의 동료들의 연구는 말해 준다. 영국의 경제지리학 하계연구소에 따르면, 역량 있는 영국 출신의 초기-경력* 지원자의 수가 지난 10년 동안 급락하였다. 롤 모델인 선배들은 더 푸르른 목초지로 달아나고, 첫 직업으로 경제지리학자가 되는 것이 과거에 비해 별다른 인센티브가 없다면 당연한 일 아닌가?

경제지리학 당원(제1장)으로서 우리는 진실로 영국 경제지리학의 미래에 대한 근심이 과한 것이기를 희망한다. 물론 비전, 투자, 에너지를 통해 이 우세한 추세가 역전될 수도 있다. 그러나 흐름을 바꾸려면 경제지리학의 다양한 구성 요소들을 알아야만 한다. 그것들은 전형적으로 블랙박스 속에 숨어 있다. 그것들을 구제하고 꿰매고 합치는 방법을 알아야 한다. 쉬운 과제는 아닌 것 같다.

7.5 결론

이 장의 목적은 스튜디오의 청중들이 '콕 찍어!(Take Your Pick!)' 경기 참가자들에게 "상자를 열어!"라고 고함쳤던 일을 하는 것이다. 이 경우 우리는 경제지리학의 블랙박스를 여는 데 관심을 가졌다. 학문이 블랙박스로 들어가기 시작한 것은 서구의 학술적 탐구, 특히 경제지리학을 감염시킨 합리주의의 강한 힘 때문이다. 우리가 주장하였듯이 합리주의는 신체, 권력과 사회제도, 가치와 문화적 실천, 돈 등 실로 세상의 물질적 대상과는 거래하지 않았다. 그것들은 모두 사이드쇼로서 사람들이 길을 잃게 하고 지식을 곡해하기 십상이다. 지식의 생산에서 합리주의에 주요한 사태, 즉 유일한 사건은 논리와 이성, 두

---

* 역주: 전임강사나 조교수, 부연구위원과 같은 박사학위 취득 후 첫 직위.

뇌력이다. 그것들이 올바른 학문 지식을 위한 유일한 기반이다. 따라서 경제지리학과 같은 학문에 대한 합리주의자들의 설명은 합리주의에 적합하지 않은 지식 생산의 과정들을 지우고, 덮어 버리고, 제거한다. 그와 달리 이 장은 그 잊어버린 요소들을 되찾고, 재통합하고, 경제지리학의 상자를 열었다.

토머스 쿤과 과학학에서의 연구들, 특히 브뤼노 라투르의 연구는 학술 분야에 대한 합리주의적 (블랙박스) 해석에 중요한 해독제로 작용한다. 지식에 대한 정통 합리주의적 설명에서는 배제되었지만 반합리주의에서는 지극히 중요하게 포함되는 요소들을 확인하기 위해 우리는 그 두 연구를 사용하였다. 우리는 신체, 보이지 않는 대학, 불변의 유동물, 기계들, 돈에 초점을 두고, 이 요소들을 통해 그리고 그 요소들을 넘나들며 흘러 다니는 권력의 생산적이며 파괴적인 효과를 모두 강조하였다. 물론 이것은 시작일 뿐이며, 단지 부분적 리스트일 뿐이다. 그러나 그것만으로도 더 있을지도 모르는 것까지 보여 주기 시작하는 것이다. 셰익스피어의 『햄릿(Hamlet)』에 유명한 말이 있다. "허레이쇼, 당신의 철학 속에 꿈꾸어지는 것보다 더 많은 것들이 하늘과 땅에 있습니다." 셰익스피어는 그 글을 쓸 때 아마도 합리주의에 대해 생각하지는 않았을 것이다(설사 그가 합리주의일지라도). 학문이 복잡한 실체이고, 단일성이라기보다는 다중성의 산물이며, 권력이 끊임없이 흘러 다닌다는 것을 인식하였다는 점에서 그것은 좋은 첫걸음인 것으로 보인다. 그것이 경제지리학의 꿈을 실현하는 것과 관련된 하늘과 땅에 있는 모든 것을 보기 위해 우리가 상자를 열고 싶은 이유이다.

주

1 "거인들의 어깨 위에 서다"는 영국의 2파운드 동전의 끝에 둥글게 새겨진 작은 글자이다. 이 각인은 영국의 가상 유명한 과학자로서, 그 후 영국의 은행권과 통신을 발행하는 왕립조폐국의 장의 지위를 가진 사람으로서 뉴턴을 기념한다.

2. 지리학의 여성 학술 활동에서 급여와 승진 기회가 꾸준히 제한되는 유리천장을 만들어 내는 역사적이고도 현재적인 차별적 실천을 카츠와 몽크(Katz and Monk 1993), 그리고 매드렐(Maddrell 2007)은 논의한다.

3. http://www.gceg2018.com/home.html (2017. 7. 5. 접속함)

4. http://gpn.nus.edu.sg/conference2017.html (2017. 7. 5. 접속함)

5. 이 문단과 다음 문단의 모든 인용은 경제지리학 하계연구소의 웹 사이트에서 하였다. http://www.econgeog.net/ (2017. 7. 5. 접속함)

6. "연속간행물 위기"는 위키피디아 항목에도 있다. http://en.wikipedia.org/wiki/Serials_crisis (2017. 7. 5. 접속함)

7. http://academic.oup.com/joeg/pages/About (2017. 7. 5. 접속함)

8. "돈을 따라가라"라는 것은 리처드 닉슨 대통령의 1974년 사임을 이끈 소위 워터게이트 스캔들이 드러났을 때, 두 명의 워싱턴포스트 기자 칼 번스틴과 밥 우드워드에게 익명의 '내부 고발자(Deep Throat)'가 한 유명한 충고이다. '내부 고발자'는 궁극적으로 워싱턴D.C.에 기반을 둔 FBI 특수요원 마크 펠트(Mark Felt)였다.

9. 우리는 일차적으로 최근의 학술대회 발표에 의존한다. Faulconbridge et al.(2016).

참고문헌

Barnes, T. J. 2012. A Brief Cultural History of Economic Geography: Bodies, Books, Machines and Places. In B. Warf (ed.), *Encounters and Engagements between Economic and Cultural Geography*. Dordrecht: Springe, pp.19-37.

Chisholm, G. G. 1889. *Handbook of Commercial Geography*. London and New York: Longman, Green, and Co.

Clark, G. L., Feldman, M., and Gertler, M.S. 2000. *The Oxford Handbook of Economic Geography*. Oxford: Oxford University Press.

Crane, D. 1972. *Invisible Colleges: Diffusion of Knowledge Scientific Communities*. Chicago: Chicago University Press.

Deutsche, R. 1991. Boys Town. *Environment and Planning D* 9: 5-30.

Dicken, P. 1986-2015. *Global Shift*. 7 editions. New York: Guilford Press.

Faulconbridge, J., James, A., Bradshaw, M., and Coe, N. 2016. In the Business of Economic Geography: Trends and Implications of the Movement of Economic Geographers to Business and Management Schools in the UK Paper presented at the RGS-IBG Annual International Conference, London, August.

Fellman, J. D. 1986. Myth and Reality in the Origin of American Economic Geography. *Annals of Association of American Geographers* 76: 313-330.

Forman, P. 1989. Behind Quantum Electronics: National Security as Basis for Physical Research in the United States, 1940-60. *Historical Studies in the Physical Sciences* 18: 149-229.

Gleick, J. 2003. *Isaac Newton*. New York: Pantheon.

Haggett, P. 1965. *Locational Analysis in Human Geography*. London: Edward Arnold.

Haraway, D. J. 1997. *Modest_Witness@Second_Millenium.Femaleman@Meets_Oncomou se*. London: Routledge.

Hassink, R., and Gong, H. 2016. Towards an Integrative Paradigm of Economic Geography. Unpublished paper, University of Kiel.

Hirst, P., and Thompson, G. 1996. *Globalization in Question: The International Economy and the Possibilities of Governance*. Cambridge: Polity.

Hudson, J. C. 1993. In Memoriam: Clarence Fielden Jones, 1893-1991. *Annals of the Association of American Geographers* 83: 167-172.

Jones, C. F. 1935. *Economic Geography*. New York: Henry Holt and Company.

Katz C., and Monk, J. 1993. *Full Circles: Geographies of Women over the Life Course*. London: Routledge.

Keynes, J. M. 1951. *Essays in Biography*. New York: Horizon Press.

Khun, T. S. 1970 (1962). *The Structure of Scientific Revolutions*, 2nd edn. Chicago: University of Chicago Press.

Latour, B. 1987. *Science in Action: How to Follow Scientists and Engineers Through Society*. Cambridge, MA: Harvard University Press.

Latour, B. 1990. Drawing Things Together. In M. Lynch and S. Woolgar (eds), *Representation in Scientific Practice*. Cambridge: Cambridge University Press, pp.19-68.

Latour, B. 1999. *Pandora's Hope: Essays on the Reality of Science Studies*. Cambridge, MA: Harvard University Press.

Maddrell, M. 2007. *Complex Locations: Women's Geographic Work in the UK, 1850-1970*. Oxford: Wiley-Blackwell.

Massey, D. 1984. *Spatial Divisions of Labour*. London: Macmillan.

Murphy, R. E. 1979. Economic Geography and Clark University. *Annals of the Association of American Geographers* 69: 39-42.

Peck, J., and Tickell, A. 2002. Neoliberalizing Space. *Antipode* 34: 380-404.

Pearson, K. S. 1983. Mechanization and the Area Symbol/Cartographic Techniques in 19th Century Geographic Journals. *Cartographica* 20: 1-34.

Putnam, H. 1981. *Reason, Truth, and History*. Cambridge: Cambridge University Press.

Rorty, R. 1982. *The Consequences of Pragmatism (Essays 1972-1980)*. Minneapolis: University of Minnesota Press.

Smith, J. Russell. 1913. *Industrial and Commercial Geography*. New York: Henry Holt and Company.

Solovey, M. 2013. *Shaky Foundations: The Politics Patronage Social Science Nexus in Cold War America*. New Brunswick, NJ: Rutgers University Press.

Tobler, W. 1998. Interview with Trevor J. Barnes, Santa Barbara, CA, March.

Warntz, W. 1955-1985. Papers, catalogue # 4392, 54 boxes, Kroch Library of Rare Books and Manuscript Collections, Cornell University Ithaca, NY.

Warntz, W. 1959. *The Geography of Price.* Philadelphia: University of Pennsylvania Press.

Whitbeck, R. H., and Finch, V. C. 1924. *Economic Geography.* New York: McGraw-Hill.

경제지리학

제2부

비판적 경제지리학의 실제

지구화와 불균등 발전

8.1 서론

지구화(globalization)와 그 특징인 불균등 발전(uneven development)보다 더 분명한 경제지리적 현상이 있을까? 아마도 틀림없이 그런 것은 없을 것이다. 이것이 우리가 지구화와 불균등 발전으로 제2부를 시작하는 이유이다. 비록 문화적이고 정치적인 차원도 분명히 있지만, 지구화는 대부분 변화하는 (세계) 경제의 지리에 관한 문제로 이해된다. 이러한 특성은 그것을 부득이 경제지리의 중심적 관심사로 만든다. '지구화'란 용어가 함축하는 경제적 과정이 돌이킬 수 없는 지리적인 것이며, 따라서 지리적 접근을 요구한다는 인식이 때때로 허용되는 특별한 것이 아니다. 예를 늘어, 대니얼 매키넌(Daniel MacK-innon)과 앤드루 컴버스(Andrew Cumbers)의 대학 교재 『경제지리학 개론(An

Introduction to Economic Geography)』(2007)에는 '지구화와 불균등 발전, 그리고 장소'라는 부제가 붙어 있다.

이 장의 주요 목표 중 하나는 이러한 지리를 설명하고 지구화를 지리적으로 '사고하는' 것의 중요성을 드러내는 것이다. 또 다른 주된 목적은 **비판적**인 지리적 접근법의 장점을 논증하는 것이다. 그런데 왜 명시적으로 '비판적'인 것일까? 여기에는 두 가지 이유가 있다.

첫째, 지구화는 우연히 발생하거나 초자연적으로 재생산되는 중립적, 독립적, 비역사적인 현상이 아니다. 그것은 항상 **만들어진** 어떤 것이었고, 그것이 만들어질 때 지리학자 길 하트(Gill Hart 2002, p.12)가 강조하듯이, 개인, 정부, 기업, 또는 다른 강력한 행위자들의 힘이든 간에 "권력의 행사와 깊이 연루되었다."라는 것이다. 게다가 지구화는 그것을 형성하고 밑받침하는 권력관계를 언제나 사회적으로 귀결되는 방식으로 다시 만든다. 그러므로 지구화의 기원, 형태, 효과에 대한 비판적 관점은 필수적이다.

둘째, 지구화에 대한 기존 서사에서 '지구화'가 갖는 중요성 때문에 지구화에 대해 비판적으로 생각할 필요가 있다. 수없이 많은 관찰자들이 지적하였듯이, 지구화는 물질적 현실—세계지도를 심대하게 바꾸어 버린 일련의 경제적 (문화적·정치적) 과정—이기도 하고, 동시에 하나의 '담론'이자 서사—지구화가 무엇인지 또는 무엇이어야 하는지에 관한 하나의 이야기로 엮어진 비교적 응집된 일련의 논의들—이기도 하다. 그러나 지구화의 현실과 담론이 반드시 일치하는 것은 아니다. (지구화의 지리에 대한 서사를 포함해) 지구화에 대한 지배적인 서사들은 대체로 잘못된 것이거나, 그 규범적 형태들에서 비판받을 만할 뿐만 아니라, 사회적으로도 유해한 영향을 미친다고 우리는 제안할 것이다. 즉 하트(Hart 2002, p.12)가 쓴 바와 같이, 지구화의 담론은 "그것이 기술하고자 하는 바로 그 과정을 적극적으로 형성하는 데"에서 중추적인 역할을 한다(Herod 2009 참조). 이러한 수행적(performative) 양상—지구화의 서사가 자신을 생성하도록 돕는—또한 비판적 접근을 필수적으로 만든다.

이 장은 '지구화'라는 용어가 전형적으로 지칭하는 주요 역사적 경제발전에 대한 간략한 개관으로 시작한다. 이러한 발전이 1970년대 이후에 시작된 것으로 추정되는 지구화라는 최근의 '고유한' 형태와 이전의 지구화 물결을 어떻게 구분하는지 논의한다. 지구화는 완전히 새로운 것이 아니다(제1장 참조). 예를 들어, 데이비드 하비(David Harvey 2001, pp.24−25)가 "전까지는 아니더라도 최소한 1492년 이후 계속되어 온" 것이라고 말한 바와 같이, 산업자본주의보다 훨씬 오래된 것이다. 우리는 심지어(조금 과장이더라도) 그것이 고대 그리스인들로부터 시작되었을지도 모른다고 제안하였다. 그러나 하비의 말에 따르면, 산업자본주의는 "기술변동과 경제성장을 통한 끝없는 확장에 몰두한 만큼 지리적 확장에도 몰두해 있으며", 특히 제2차 세계대전 이후 시대에 지구화를 추동하였다.

제3절에서 우리는 지구화, 특히 그것의 지리적 차원이 어떻게 전형적으로 재현되는가 하는 질문과 지배적인 담론의 영향에 대해 논의한다. 제4절에서는 지구화의 다양한 지리적 양상을 드러내는 지구화과정에 관한 풍부하고도 비판적인 경제지리학 문헌들을 사용하여 그러한 인습적인 담론들을 비판한다. 마지막으로, 이 장의 마지막 절에서 비판적 경향의 경제지리학의 핵심 구성 요소로 앞에서(제5장) 규정한 것(즉 이론 개발)을 논의한다. 경제지리적 특성을 고려할 때, 지구화는 어떻게 생산적으로 **이론화**될 수 있을까? 우리가 볼 때 가장 강력한 가능성은 많은 관찰자들이 지구화와 긴밀하게 연관되어 있다고 믿는, 지리적 불균등 발전(uneven geographical development)에 관한 문헌 속에 담겨 있는 것들이다.

8.2 경제 지구화의 기초

지구화라고 불리는 인식 가능한 단일한 '어떤 것' 또는 어떤 것들의 단일한 묶음은 없다. 더더구나 지구화가 무엇인지에 대한 합의는 아직 없다. 지구화의 개념은 모든 양태의 다양한 동학과 발전을 가리키는 데 사용된다. 게다가 이러한 서로 다른 용례들은 흔히 서로 부딪치고 때로는 모순되기도 한다. 하지만 우리가 제안한 바와 같이, 1980년대에 학술적·정치적·대중적 단어로 이 용어가 등재된 이후 지금까지 지속되는 이유 중 일부는 최근 몇십 년간 일련의 세계적 규모의 경제지리적 핵심 변형들이 기존 시대와 유의미한 수준으로 구별되어 **왔기** 때문이다.

핵심 발전은 무엇인가? 경제 지구화는 궁극적으로 확장된 지리 스케일에서의 경제적 통합과 상호 연결에 관한 것이다(제1장). 이 기본 정식의 두 요소 모두 핵심이다. 서로 다른 장소와 그 장소들의 경제적 속성 및 위상이 서로 더 밀접하게 통합되었을 뿐만 아니라, 그러한 통합이 일어난 스케일도 증가하였다. 10여 년 전에 도린 매시(Doreen Massey 2002, p.295)가 "우리 각자의 일상에 지구 전체가 이러저러하게 개입해 온다."라고 느꼈을 만큼, 그러한 소위 지구화 과정이 제2차 세계대전 이후 진행되어 왔다. 한마디로 이것이 지구화이다. 그리고 여기, 좀 더 포괄적이지만 같은 기본 요점을 시사하는 또 다른 지리학자인 필립 켈리(Philip Kelly 2000, p.3)가 있다.

[지구화는 세계의 금융 중심지('핫머니') 간의 자본흐름과 해외직접투자의 흐름에서 찾아볼 수 있다. 코카콜라에서 코코넛까지, 마이크로칩에서 미사일에 이르는 다양한 재화와 서비스가 글로벌 공간에서 이동하는 데에서 그것은 나타난다. 그 장소들 간에 사람들, 즉 관광객, 난민, 이주자, 계약노동자 등이 이동하는 것으로 그것은 나타난다. 공간을 자유롭게 이동하는, 혹은 간혹 그다

지 자유롭지 않게 이동하는 아이디어와 정보의 흐름으로 그것은 나타난다.

엄밀히 말해서 '지구화'라는 말에 대한 이해와 사용이 기본적인 용례를 넘어서자마자 이토록 분열되기 때문에, 그리고 그러한 분열은 나중에 논의할 것이기 때문에, 우리는 여기서 더 깊은 논의를 중단하고자 한다. 우선 세 가지 관찰이 유익할 것이다.

첫째, 만약 지구화가 다른 어떤 것보다 그 용어(그리고 그것이 의미하는 시대)와 관련된 하나의 고유한 특징을 보여 준다면, 그 특징은 국제무역의 확장과 그것을 구성하는 과정이다. 그러한 과정은 본질적으로 지구화일 뿐만 아니라, 경제지리학자 에릭 셰퍼드(Eric Sheppard 2012, p.45)의 말처럼 "본질적으로 지리적"이다. 제2차 세계대전 이후 지구화가 초래한 국제무역의 기하급수적 성장은 매우 광범위한 통계들에서 보여지는 바이다. 애그뉴와 코브리지(Agnew and Corbridge 1995, p.171)가 인용한 바와 같이, 1950년과 1990년 사이에 고소득국가 간 무역은 무려 15배 증가하였다. 그림 8.1은 전후 글로벌 상품(즉 재

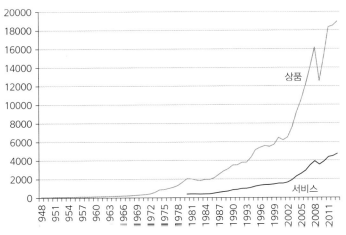

그림 8.1 글로벌 상품과 서비스 수출(10억 달러, 경상가격)
출처: 세계무역기구(WTO).

화) 수출액의 성장과 1980년 이후의 서비스 수출액의 성장을 보여 준다. 여기서 중요한 사실은 그러한 성장이 극도로 낮은 상태에서 시작하였다는 것이다. 1930년대의 대공황과 그 후 제2차 세계대전 동안 보호주의로 글로벌 무역은 바닥을 보였고, 기존의 무역 국가들은 위축되어 내수경제로 굴러갔다. 뒤이은 15배의 무역 규모 성장과 그와 관련된 것은 역사적인 맥락에서 이해되어야 한다.

그림 8.1에는 서비스의 무역에 관한 역사적인 이야기도 들어 있다. 1980년 이전에는 서비스무역에 관한 데이터가 없는 것은 우연이 아니다. 그때까지 대부분의 경제학자들은 서비스를 '무역 가능한' 현상으로 간주하지도 않았다. 어떻게 미용이나 세차를 수출한다는 말인가? 따라서 무역 데이터가 없다. 그러나 1970년대 후반부터 금융 서비스의 무역이 확대되면서 그러한 관점은 바뀌기 시작하였다. 예를 들어, 뉴욕의 한 은행이 대만의 한 회사에 환전 지원을 제공할 수도 있다. 또한 지구화를 표상하는 세계무역기구(World Trade Organization, WTO)가 1995년에 설립되었는데, 이 기구는 기존의 상품무역에 관한 다자간 조약으로 1947년에 체결된 관세무역일반협정(General Agreement on Tarriffs and Trade, GATT)에 서비스무역에 관한 일반협정(General Agreement on Trade in Services, GATS)을 합체한 것이다(글상자 8.1: 세계무역기구).

둘째, 지구화를 표상하는 공공기관이 WTO이면, 그것을 표상하는 일반 민간기관은 의심할 여지 없이 다국적 또는 초국가적 기업[이하 '다국적기업(MNCs)']이다. '모국' 외에 하나 이상의 국가에서 재화나 서비스의 생산을 소유하거나 통제하는 단체인 다국적기업은 지구화 경제의 주요 행위자이며 활동 주체이다. 그들은 또한 쉽게 경제 지구화에 관한 가장 영향력 있는(아울러 경제지리학자로서 가장 성공적이기도 한) 저서인 피터 디킨(Peter Dicken)의 『세계 경제공간의 변동(Global Shift)』이 초점을 두고 있는 대상이기도 하다(제7장). 제2차 세계대전 직후에는 그런 다국적기업들이 주로 영국과 미국에 있었지만

경제지리학

세계무역기구(WTO)

WTO는 성립 당시 164개 국민국가로 구성된 '정부 간 조직'으로서, 회원국 간의 무역 규칙을 설계하고 감시하는 기구이다. 무역 규칙은 회원국이 협상하고 조인한 협정의 형태를 띠고 있으며, 관세나 기타 무역 장벽 같은 것을 낮추어 자국 시장을 외국 회사들에 개방하도록 하는 약속을 담고 있다. WTO 회원국은 글로벌 무역의 약 90%를 점유하고 있다. '더 자유로운' 무역은 이 조직의 존재 이유요, 행위 동기이다.

WTO의 가장 중요한 협정은 회의 장소로 이름 붙인 일련의 역사적인 라운드의 무역 회의에서 이루어졌다. 대표적인 사례가 우루과이 라운드(1986~1994)로서 기존의 GATT로부터 WTO를 만든 회의이다. 1947년 제네바에서 조인된 원래의 GATT는 WTO 틀의 일부로 남았다. WTO는 우루과이 라운드 이전에 안시(1949), 토키(1950~1951), 제네바(1956), 딜런(1960~1961), 케네디(1964~1967), 도쿄(1973~1979) 등 6개의 라운드를 거쳐 이루어졌다.

WTO와 그 규칙들은 지식재산권과 재화 및 서비스 무역에 대한 조항을 포함하는데, 매우 복잡하지만 **비차별**(non-discrimination) 원칙을 핵심으로 하고 있다 이 핵심 원칙은 다양한 규칙을 구성하는 두 가지 하위 원칙을 통해 구체화되고 실현된다. 첫 번째는 '최혜국' 원칙으로서 모든 무역 당사자는 국경에서 어떤 국가의 최혜국대우 무역 파트너와 동일한 '최선의' 대우를 받아야 한다는 원칙이다. 두 번째는 '국민적 대우'로서 수입된 재화와 서비스는 국내 생산된 것과 같은 대우를 받아야 한다는 것이다. 이러한 원칙들은 단순한 추상적인 선언이 아니다. 회원은 계약상 이 누 원칙을 보함아는 규식을 존중할 의무기 있다. 그렇게 하지 않으면 WTO는 분쟁 안정화 절차를 작동하며 갈등을 해결하게 된다.

WTO는 대단히 논쟁적이다. 비판자들은 그것을 특별한 종류의 지구화, 즉 서구 강대국과 그들의 대기업에 유리한 방식의 지구화를 위한 도구로 간주한다. 그런 식의 지구화에 대한 대중적 반대가 1999년 시애틀의 WTO 각료회의에서 분출되었다.

WTO는 내적으로도 갈등이 있었다. 민감한 이슈에 다수가 동의하기가 점점 어려워졌기 때문에 협상의 '라운드'들은 점점 길어져 왔다. 현재의 라운드가 그런 경우이다. 도하 개발 라운드는 2001년에 출범하였지만 지금도 합의가 되지 않은 채로 남아 있다.

점차 일본이나 유럽의 주요 경제 대국, 나중에는 중국에 본사를 둔 회사들이 포함되었다. 다국적기업들은 그림 8.1에 나오는 엄청난 국제무역의 매우 많은 부분의 출처이면서, 동시에 그 무역흐름의 많은 부분의 통로가 되고 있다. 1990년대 초까지 전체 글로벌 무역의 약 40%가 다른 나라의 다른 회사들 간에 발생한 것이 아니라, 개별 다국적기업의 다른 국가 지점들 사이에서 일어나는 것으로 추정되었다(Agnew and Corbridge 1995, p.169).

셋째이자 마지막으로 지구화는 특정 시기(전후 시기)에 이루어진 것으로 알려졌지만, 완전히 새로운 것이 아니라 그전의 경우와 다른 것이다. 다국적기업은 이 점에서 중추적이다. 역사적으로 유사한 몇 가지 경우로부터 시작해보자. 무엇보다도 가장 보호주의적인 국민경제도 완전히 고립되고 연결이 전무한 적은 없다. 국제적 스케일에서 경제적으로 긴밀하게 통합된 경우는 매우 오랜 역사를 가지는데, 특히 1492년 이후의 유럽 제국주의 및 식민주의와 관련해서이다. 특정 상품, 특히 비단, 담배, 면화에 대한 글로벌 또는 준글로벌 시장은 오래전부터 있어 왔다. 오늘날의 상품무역에 비하면 작은 규모였지만, 이들 상품에 대한 무역은 '상인자본주의(merchant capitalism, 무역업자와 상인들의 자본주의)'의 시대인 17~18세기에 '지구화'되었으며, 화폐 및 금융 체계 또한 같은 방식으로 지구화되었다. 실제로 19세기에 달성된 국제금융의 이동성 및 통합의 수준은, 이미 커져 있던 국제금융 투자흐름을 현저하게 증가시킨 금본위제(gold standard) 채택으로 전에 없던 수준으로 올라왔었다(Lothian 2001).

따라서 '지구화된' 금융과 상품 무역은 확실히 전후 시기 이전의 지구화와 연관된다. 그러나 지구화된 생산과 노동은 일반적으로 그렇지 않다. 화폐와 공산품은 국경을 넘어서 넓게 순환되지만, 현실의 제조업 설비(자본주의 기업이라는 형태로)는 그렇지 못하며, 탄광 막장에서 레버를 당기는 사람들도 그렇지 못하다. 그렇다고 해서 역사적으로 예외가 없었다는 뜻은 아니다. 노동에 있어서는 가장 명백하고도 중요한 예외가 노예무역이었다. 너무 중요해서 역사가 스벤 베커트(Sven Beckert 2014)는 문제의 시대에 대해 "상인자본주의"보다 "전쟁자본주의"라는 용어를 더 선호하였다. 그러나 전후의 다국적기업과 국제 노동 이주의 발전 때문에 새로운 분석 틀이 필요하다. 즉 그것이 우리가 아는 바 지구화이다. 스미스(Smith 1997, p.176)가 확인한 바와 같이, "상품과 금융 자본의 글로벌 시장이 전후의 [자본주의적] 확장을 가져왔다면, 생산자본, 노동, 그리고 문화에서는 그와 같은 확장이 그렇게 쉽게 나오지 못했다."

8.3 지구화의 프레임

8.3.1 지배적 담론…

만약 앞의 간략한 요약이 지구화라고 알려진 것의 뼈대와 같은 점이 있다면, 그 용어를 사용하는 사람들은 그 뼈에 무슨 살을 가져다 붙일까? 분명히 이것은 대답하기 어려운 질문이다. 즉 지구화는 무수한 방법으로 그려진다. 그러나 여기서 우리는 특히 **지배적** 프레임(frame)에 관심이 있다. 여기서 지배적이라는 것은 수적으로 우세하다는 것만이 아니라, 가장 현실적이고 가장 강력하다는 것을 의미한다. 그 강력함은 수적인 우세함 때문이기도 하지만, 그 프레임을 전파하는 사람들의 정체성과 영향력 때문이기도 하다.

우리가 염두에 두고 있는 것은 지구화를 선호, 주창, 촉진 또는 생산하는 강력한 기관(공공 및 민간)과, 동일한 입장을 취하는 주창자(학자, 언론인, 또는 모두)의 구조이다. 확실히 이러한 지배적 프레임들 사이에서도 변이가 존재한다. 하지만 이러한 프레임들과 다음 절에서 다룰 비판적 경제지리학의 문헌에 나오는 지구화에 대한 서술의 차이는 훨씬 크다.

지구화 자체가 새로운 것도 아니고, 그것을 재현하는 방식도 그러함을 인정하는 것으로부터 시작하는 것이 가장 좋다. 이것이 중요한 이유는 오늘날 지배적인 지구화 프레임이 과거 강력하였던 담론을 반복하기 때문이다. 후자는 전자를 암묵적으로나 명시적으로나 지시한다. 그런 오랜 담론 중 하나는 '자유무역(free trade)'이다. 사실 확장적 국제무역은 지구화의 대표적 특징이고,

WTO가 지구화의 트레이드마크 기관이다. '자유무역'주의는 그 트레이드마크의 서사이다. 이 세 가지는 서로를 지지하고 지탱한다.

'자유무역'이라는 사고의 역사는 다양한 방식으로 이야기할 수 있지만, 대부분 19세기 유럽, 특히 영국에 초점을 맞춘다. 19세기 초반에는 독일 경제학자 프리드리히 리스트(Friedrich List)가 권장한 바와 같이 수입품과의 경쟁으로부터 국내 산업을 보호하려는 경향이 대세였다. 영국의 곡물법(Corn Law)*이 그것이다. 그러나 그러한 기조는 점차 바뀌었다. 보호주의에 반대하는 영국 경제학자 데이비드 리카도(David Ricardo)의 주장은 결정적이었다. 그의 핵심 논리는 '비교우위(comparative advantage)'였다. 상대적 비용우위에 있는 재화에 특화된 나라들이 무역하면 이익이 극대화되어 무역 당사국 모두 이익이라는 이론이다. 이 이론은 한 나라가 생산되는 모든 상품에서 절대적 비용우위를 가지고 있을 때에도 유효하다. 자유무역은 보호무역보다 항상 더 낫고, 더 나쁜 것은 무역을 하지 않는 것이다. 스코틀랜드의 사업가 제임스 윌슨(James Wilson)이 1843년 『이코노미스트(The Economist)』 잡지를 창간하면서 특히 자유무역을 제창하였다. 당시 '자유무역'의 담론은 이론적 '상식'이 되었다(제5장). 이후 헨리 조지(Henry George)의 『보호무역이냐 자유무역이냐(Protection or Free Trade)』(1886)와 같은 책은 자유무역을 신성시하기까지 했다.

지구화의 지배적 프레임을 지속적으로 가동시킨(또는 따라다닌?) 다른 오랜 담론은 '발전'과 '근대화' 서사이다. '미발전', '저발전', '전근대' 경제는 이미 '발전되고' '근대화된' 나라들이 추구하였던 과정을 따라가야만 발전과 근대화에 이를 수 있다고 이 두 서사는 주장한다. 지구화는 그러한 목적을 달성하기 위해 권장되는 전략에서 필수적인 부분이다. 지구화를 수용함으로써 발전과 근대화를 이룰 수 있게 된다. 하나의 개념으로서 '지구화'는 '발전'이나 특히 '근

---

* 역주: 곡물 수입에 중세를 과한 법률로 1846년 폐지되었다.

경제지리학

대화'보다 어떤 면에서 더 명료하고 덜 이데올로기적인 용어로 이해될 수 있다. 이것은 닐 스미스(Neil Smith 1997, p.172)의 주장이다. 그는 "근대화 이론은 적어도 이데올로기 용어로서는 실패하였다. 그래서 지구화라는 용어로 재탄생해야 했다."라고 주장한다.

그것이 '자유무역'이나 '근대화'와 같은 담론을 결합하였든 대체하였든 간에, 지배적 프레임으로서의 '지구화'는 두 가지 중요한 특징을 그 담론들과 공유한다. 하나는 상황적 속성(situated nature)이다. 그런 담론들은 무에서 나온 것도 아니고, 목소리를 가진 사람과 제도들로부터 독립적으로 존재하는 것도 아니다. 특히 사람과 제도는 특정 장소에서 자신들을 생산 및 재생산한다. 두 번째 특징은 규범성(normativity)이다. 이러한 담론들은 세계를 서술할 뿐만 아니라, 세계가 어떻게 되어야 하는지를 주장한다. 근대화되어야 하고, 발전되어야 하며, 지구화되어야 한다는 것이다. 중요한 것은 그 조합이다.

지배적 프레임에서 그리는 지구화의 이상형은 어떤 것이고, 또 어떤 지리일까? 『파이낸셜타임스』의 수석 경제평론가인 마틴 울프(Martin Wolf)가 쓴 『지구화는 왜 작동하는가(Why Globalization Works)』(2004)를 예로 들어 보자. 이 책뿐만 아니라 지구화의 지배적 담론의 핵심 명제는, "시장을 통해 통합된 세계는 세계의 대다수 주민에게 매우 유익하다."(Wolf 2004, p.xvii)라는 것이다. 이 명제가 중요한 이유는 그것이 글로벌 통합, 즉 **일반적인** 지구화를 주장할 뿐 아니라 통합의 특정한 방식까지 주장하기 때문이다. 인류 절대다수를 이롭게 할 세상은 특히 "시장을 통해" 하나로 통합된 것이라는 주장이다. 왜 그러한가? 울프의 주장에 의하면, 시장이 "생활 수준을 전에 없이 향상시키기에 가장 강력한 제도이고, 다른 대안이 없기" 때문이다.

'좋은' 지구화는 우리가 고무해야 한다고 생각하는 유형인 바, 사람과 장소가 시장 기반 질서를 통해 명시적으로 연결되는 과정으로 이루어신나. 이 규범적인 동전의 다른 한 면은 특히 배제되어야 할 제도로서 국가이다. 일본의 경제전문가 겐이치 오마에(Kenichi Ohmae 1995, p.123; Kelly 2000, p.8에서도 인용)의 말에 따르면, "한 나라가 글로벌 시스템에 순수하게 개방하면 번영은 따라 나온다. 그렇지 않거나 중앙정부의 둔한 손에 이끌려 불완전하게 개방하면, 번영은 비틀거린다." 오마에는 여기서 이례적으로 강한 주장을 하고 있는데, 흔히 들을 수 있는 주장이다. 지구화를 적절하게, 그의 표현으로는 "순수하게" 할 때만 번영이 따라온다는 것이다. 지구화를 수용한 나라들이 어려움에 봉착하면, 오마에와 같은 사람들은 지구화 자체는 문제가 아니라고 대꾸한다는 것이 이 주장의 속뜻이다. 쓸데없이 국가가 개입하여 지구화는 적절하게 '수행'되어 오지 않았다. 적절하게만 수행된다면, 우리가 아는 바와 같이 번영은 뒤따르게 되어 있다. 간단히 말해서, 그의 주장에 따르면 지구화에 따른 문제들은 현상 자체로부터 온 것이 아니라 항상 실패한 제도, 즉 그것을 전적으로 수용하고 지원해 온 국가로부터 온 것이다. "오늘날의 문제는 너무 많은 지구화에 있는 것이 아니라 너무 적은 지구화에 있는 것"이라고 울프(Wolf 2004, p.xvii)도 비슷하게 말했다.

지리학자 애그뉴와 코브리지(Agnew and Corbridge 1995, p.171)는 지구화에 대한 지배적이고 시장 기반인 프레임을 간결하게 정리하였다. "글로벌 시장에서의 자발적 경제 교환의 효율성과 형평성을 강조하는 초국적 자유주의의 이데올로기"를 반영하고 재생산한다고 말했다. 이 프레임과 관련된 지리 문제로 가기 전에 '자유주의'라는 단어에 잠시 머물러 볼 필요가 있다. 왜 '자유주의적'인가? 지구화의 지배적 담론은 무슨 의미에서 '자유주의적'인 것인가? 여기에는 두 가지 의미가 있다. 첫째, 울프 및 그와 비슷한 평론가들은 지구화가 적극적인 **자유화**, 즉 시장의 자유화나 국제무역의 자유화(그래서 '자유'무역이다) 과정에 의존한다고 주장한다. 둘째가 보다 근본적인 것인데, 시장 자유화와 무역 자유화는 이론적으로 자유주의자들(미국보다는 유럽적인 뜻에서)이 다른 무엇보다도 추앙하는 특정 속성, 즉 개인의 자유를 산출한다. 지구화된 세계에 살고 그런 세계로부터 혜택을 얻는다는 것은 시장 메커니즘에 대한 개입적인 규제나 국제무역에 대한 장벽과 같은 제약에서 해방되어 말 그대로 **자유롭게** 되는 것이다. 그러므로 지구화에 참여하는 것은 동시에 그것을 위협하는 것들(지구화에 문제를 제기하는 사람들)에게서 시장 기반의 자유를 옹호하는 것이다. "사회민주주의자, 고전적 자유주의자, 그리고 민주적 보수주의자들은 단결하여 자유주의적인 글로벌 경제를 안팎의 적들로부터 보호하고 북돋아야 한다."라고 울프(Wolf 2004, p.4)는 호소하였다. 이 자유주의적 글로벌 경제는 지난 10년간 신자유주의적인 것이라고 불렸다. 이런 맥락에서 '자유주의적'과 '신자유주의적'은 같은 의미를 갖는다(제1장 참조).

8.3.2 ⋯ 그리고 그 공간적 상상물들

우리가 보게 되겠지만, 지구화에 대한 비판적 경제지리학의 작업은 전술한 명목적 자유를('자유주의적' 지구화의 어두운 면에 대한 최근 선진국 백인 노동자들의 대중주의적 반격처럼 흥미롭게도, 2016년의 브렉시트 투표와 도널드 트럼프 선거에서 가장 잘 목격된 바와 같이. 제13장 참조) 완전히 다른 각도에서 조명한다. 이 비판적 작업은 또한 지배적 프레임이 지구화에 부당하게 덮어씌운 지리에 대해 직접 도전한다. 지배적 프레임은 공간적 **유동성**(spatial fluidity)을 지나치게 강조한다. 지구화는 "상품, 자본, 기업, 통신, 소비자의 마찰 없는 세계적인 흐름"으로 구성된다(그 추종자들에게는 구성되어야 한다)(Luke and Tuathail 1997, p.76). 그렇게 각색된 지리는 빠르고, 막힘 없고, 종종 현란한 운동의 공간이 된다. 이러한 운동은 공간들, 심지어 서로 멀리 있는 공간들 사이에도 긴밀한 경제 통합을 보증하며, "고정된 명시적 장소들(in-state places)을 깎아 내어 유동적인 비명시적 장소들(un-stated places)로 만든다"(Luke and Tuathail 1997, p.76).

루크와 투어테일의 5C(상품, 자본, 기업, 통신, 소비자) 중에서 지구화는 특히 두 가지를 중시한다. 하나는 상품(commodity)이다. 상품의 글로벌 유동성을 보장하기 위한 기구가 WTO이다. 다른 핵심 C는 자본(capital), 즉 돈이다. 지구화의 전도사들에게 자본은 세상을 유랑하여 투자 기회를 찾아 국경을 자유롭게 넘나들며 가치 있는 것을 지원하고 없는 것은 배척할 수 있는 일종의 자연권(natural right)에 다름 아니다. 또 다른 중요 국제기구인 국제통화기금(IMF)은 역사적으로 그 권리를 보장하는 일을 맡아 왔다(제9장).

이렇게 부풀려진 지구화의 다차원적인 유동성은 교통, 정보, 통신(자체로 루크와 투어테일의 5C 중 하나, 제1장) 기술의 진보에 의해 오늘날 구현된 수준으로 가능해진 것이다. 이러한 기술들은 세계를 "축소", 또는 하비(Harvey 1989)의 용어로 "시공간 압축(time-space compression)", 즉 지리 공간을 가로지르는 시간을 줄여 공간 경험을 압착하는 것(제3장)에 기여하였다. 10여 년 전에 IMF의 집행위원장이 '축소하는 세계에서의 경제성장: IMF와 지구화'라는 제목의 연설을 한 바 있다(Krueger 2004). 그녀는 그 제목이 지리와 지구화에 관한 명료한 메시지를 전달하려는 의도였다고 말했다. "내 연설 제목에 '축소하는(shrinking)'이라는 단어를 사용하였는데, 이것은 실제로 지구화가 의미하는 바이다." 훨씬 전에 마르크스는 그것을 "시간에 의한 공간의 소멸(annihilation of space by time)"이라고 불렀다.

지배적 프레임에 따르면, 장소들을 통합하고, 장소의 고정성을 뒤흔들며, 장소들 간 거리를 감소시키는 지구화 과정은 또한 장소들을 서로 비슷하게 만든다. 지구화는 장소를 표준화하여, 이들을 하나의 단일 모델로 수렴하도록 한다(제1장). 여기서 가장 논란이 많았던 사례는, 울프의 칭송이 아니라 초기에 영향력 있던 경영학자 시어도어 레빗(Theodore Levitt)이 지구화 담론의 중요 문헌 중 하나인 『하버드 비즈니스 리뷰(Harvard Business Review)』에 발표한 것이다. 레빗(Levitt 1983)은 "시장의 지구화"로 문장을 시작해서 "세계를 수렴하는 공통성으로 이끄는 강력한 힘, 그 힘은 기술이다."라고 썼다. 새로운 시대의 첫 번째 특징은 "수렴, 즉 모든 것이 다른 모든 것과 비슷해지는 경향성이다."라고 선언한 대니얼 부어스틴(Daniel Boorstin)을 적극적으로 인용하면서, 레빗은 다음과 같은 주장으로 나아갔다. "다국적기업은 표준화를 통해 상품 가격과 운영비를 끊임없이 낮추는 것을 추구한다. 다국적기업은 세계를 다수의 맞춤형 시장이 아니라 소수의 표준화된 시장으로 구성된 것으로 간주한다. 전 지구적 수렴을 적극적으로 추구하고 이를 위해 노력한다." 이런 관점에서도 리카도의 비교우위론에 따라 세계경제에서 서로 다른 제품과 서비스를 **생산하는** 데 특화하는 방식으로 서로 다른 장소들을 위한 여지는 여전히 있다. 그러나 다른 한편으로, 그리고 시장과 소비에 관련해서는 장소들 사이에 수렴이 일상적이다.

지구화의 표준 프레임에서, 앞 단락에 요약된 지리적 변환의 다양한 요소들은 모든 경우에 특정한 지리적 스케일의 지배와 연관되어 있다. 그 프레임은 가차없이 '글로벌한 것'을 우선시한다. "우리가 말하고자 한 것은, 지구화는 주로 글로벌 스케일에서 일어나고 글로벌한 행위자들에 의해 주로 작동하는 일련의 과정으로 보이게 된다는 것이다. 반면에 다른 스케일, 즉 '로컬', '지역', 심지어 '국가' 스케일에서는, 그리고 그 스케일들과 관련된 장소, 사람, 제도들은 종속되는 것으로 나타난다. 명백히 "지구화의 불가항력인 시장 및 기술의 힘"이라고 하트(Hart 2002, p.13)가 언급한 것에 그 스케일들은 따를 수밖에 없다. 그러한 힘들이 어디서 오든, 그 스케일들은 "글로벌 경제의 핵심으로 들어가든지 아니면 거기로부터 떨어져 나오게 된다."라고 하트는 부연하였다. 그래서 지구화는 선진국 및 종속적인 다른 지역을 엮는 구심력의 장처럼 보인다. 즉 "가급적 끌어당기는 것으로만 나타나는 [남성적인] 글로벌 힘을 로컬이 수동적이고 암묵적이며 여성적으로 수용하는 지위로 축소되는 것"으로 나타난다.

이 모든 것이 문제이다. 그것이 우리가 지구화의 이러한 공간적 상상물을 어느 정도 길게 논의한 이유이다. 그 실상에 대한 경험 연구에서 얻은 지구화의 모습과 비견할 때 이러한 재현 방식은 불편할 뿐 아니라, 더 중요하게도 문제 많은 그 지배적인 재현 방식이 그 지구화의 드러난 실제를 만들어 버린다는 것이다. 실제의 지구화는 지배적 프레임의 지구화와 일치하지 않다고 해서 전자가 후자와 무관하다는 것은 아니다. 무관하지 않다. 하트(Hart 2002, p.12)가 강조하듯이, 지구화에 대한 공동의 프레임은 "실천 행동의 지형과 정치적 정체성의 형성을 정의하고 한계 짓는 데 핵심적인 역할을 한다."

필리핀에서의 '지구화의 경관'에 관한 켈리(Kelly 2000)의 연구는 이러한 영향에 대한 충분한 증거를 제공한다. 켈리에 따르면, 국제적으로 그리고 국지적으로 돌아다니는 지구화에 관한 수사(rhetoric)가 중요한 이유는 "정치인과 정책가들이 목하의 경제개발에 관여하고 있다는 담론의 맥락"을 그 수사가 재현하고 있기 때문이다(p.8). 자신들이 그것으로 무엇을 만들든 그들은 그 수사를 '활용'해야 한다. 그리고 그 문제의 수사는 '지구화'에 스며든 '근대화'/'발전'에 관한 스미스의 논리와, 시장 지향적인 마틴 울프식의 (신)자유주의의 지구화 교리에 중심을 둔 논리 모두를 시험해 볼 수 있다. 켈리는 "발전의 담론은 국가를 방해물로 보는 신자유주의 경제 정책을 정당화하는 데 사용된다."라고 서술하였다(p.11). 결과는? "지구화의 필요성을 끊임없이 반복하는 수사에 따라 폭넓은 규제완화, 자유화, 탈중심화 과정이 이루어졌고, 결과적으로 필리핀은 외국인 투자자의 요구에 정교하게 맞추어진 경제로 남게 되었다"(p.1).

8.4 실제로 존재하는 지구화의 지리

8.4.1 불균등성과 쓸모없음

위에서 개괄한 지구화의 지배적 프레임은, 특히 그것이 상정하는 지리적 측면에서 매우 문제가 많다. 다음 사실에서 시작해 보자. 흔히 의심하듯이, 지구화는 지리적 표준화(standardization)와 균질화(homogenization)와 같은 것으로 이어지는 것이 실제로는 아니다. 오히려 지구화는 항상 지리적으로 차별화된 결과를 가져왔다. 많은 연구자들이 이것을 지적하였다. 그러나 인류학자 제임스 퍼거슨(James Ferguson 2005)만큼 예리하게 이를 드러낸 경우는 드물다. 그는 동료 인류학자 제임스 스콧(James Scott 1998, p.8)의 레빗(Levitt)류의 주장, 즉 오늘날 "글로벌 자본주의는 아마도 가장 강력한 균질화의 힘이다."라는 주장을 비판하였다. 지구화는 "근본적으로 균질화 메커니즘과 격자망 같은 공간 표준화를 작동한다."라는 관점은 간단히 말해서 틀렸다는 것이 퍼거슨의 주장이다(Ferguson 2005, p.378). 그는 이것을 아프리카의 경험을 통해 보여 주었다. 아프리카는 자본주의의 지구적 배치로의 통합의 수준, 형태, 결과들이 국제 및 국내적으로 지리적으로 이보다 불균등하게 되기 어려웠던 곳이었다.

그리고 '지구화'라고 통칭되는 프로세스들은 지리적 불균등을 야기할 뿐만 아니라, 불균등을 목표로 하고 또 이용한다. 서구 다국적기업의 그리고 그들에 의한 지구화에 관한 연구들에서 가장 일관되게 발견된 것 중 하나는, 그 지구화가 주로 노동비용이 비교적 저렴한 후진국 지역에 대부분 집중되었다는 사실이다. 이와 같은 "저렴한 노동의 저수지"와 레빗류의 지구화 찬양이 주목하는 "소비자 저수지"를 스미스(Smith 1997, p.184)는 꼬집어 대조하였다. 제임스 미크(James Meek 2017)는 최근 싼 노동을 찾아 세계를 헤매는 지구화의 한 사례에 관한 통렬한 논설을 쓴 바 있다. 2007년부터 2011년 사이에 캐드버리(Cadbury)사*는 영국 브리스틀 근처의 소머데일에 있는 초콜릿 공장에서의 생산을 점진적으로 중단하였다. 500개의 일자리는 대부분 폴란드의 스카르비미에스로 옮겨졌다. 왜냐하면 폴란드인은 그 돈의 5분의 1도 안 되는 돈으로 같은 일을 할 수 있었기 때문이다. 미크는 또한 이론적으로 지구화가 초래한 서로 먼 장소들의 겉보기 '통합'의 본질에 대해 중요한 통찰을 제시하였다. 캐드

---

* 역주: 영국의 유명 초콜릿 회사.

버리의 지구화가 소머데일을 스카르비미에스와 연결시켰다면, 그것은 "양자가 연대하도록 한 것이 아니라, 지구화라는 낯선 방식으로 연결만 한 것이다."

게다가 지구화하는 서구 기업들은 노동비용의 지리적 불균등만을 목표로 하는 것이 아니다. 생산활동을 국제 수준에서 경제적으로 매력적인 한 장소에서 다른 장소로 옮기는 것은 **어떤 것이든** 공정한 게임이다. 세계의 기본적인 불균등성은 이동하는 자본가들에게는 언제나 먹잇감이었다. 로버트 콕스(Robert Cox 1992, p.30)는 이렇게 요약한다. "글로벌 생산은 국제경제의 영역 구분을 활용할 수 있게 하였다. 한 영역을 다른 영역과 경쟁하게 하여 비용 절감, 세금 감면, 오염 규제 회피, 노동 통제, 정치적 안정성 및 호의성 보장 등을 극대화할 수 있다."

그런데 이것은 비용이 충분히 낮고 조건이 충분히 만만하다면, 어디든 누구나 지구화의 드라마에 잠재적으로 편입될 수 있다는 것을 의미한다. 그러나 실제로는 그렇지 않다. 지구화에 대한 가장 큰 지리적 신화 중 하나는 그것이 매우 **글로벌**하다는, 즉 공간적으로 어디든 포괄한다는 생각이다. 그러나 이것은 사실이 아니다. 무수히 많은 장소들이 적극적으로 배제되거나, 간단히 버려진다. 다시, 아프리카 또는 아프리카의 일부는 좋은 예이다. 퍼거슨(Ferguson 2005)은 윌리엄 르노(William Reno)를 따라 "쓸모 있는" 아프리카와 "쓸모 없는" 아프리카로 대놓고 구분한다. 쓸모 있는 아프리카는 지구화하는 행위자 관점에서 볼 때 지구화가 경제적으로 의미 있는 장소들로 구성된다. 쓸모없는 아프리카는 지구화가 그냥 지나가 버리는 (아마도 떠나기 전에 점잖은 체하다가 재빨리 옮기는 방식으로) 장소들로 구성된다.

이러한 관찰을 통해 퍼거슨은 충격적인 지구화의 기본도를 작성하였다. 지구화는 "그것이 지구를 건넌다는 점에서는 '글로벌'하지만, 지리 공간을 모두 또는 연속적으로 포괄하지는 않는다. … 자본은 런던에서 카빈다(Cabinda)* 지방으로 '흐르는' 것이 아니다. 자본은 건너뛰어 간다. 그 사이에 있는 대부분을 거의 생략하면서"(Ferguson 2005, p.379). 이러한 사이 장소들(in-between places), 쓸모없는 장소들은 스미스(Smith 1997, pp.178-179, p.187)가 지구화의 "악마의 지리"라고까지 말한 장소들이다. 주로 사하라 이남 아프리카에 집중되어 있으며, "축적의 잉여 공간"으로서 "투자 철회와 방치"가 된 곳이다. 그리고 "글로벌 시장에서 자본의 부스러기 이상의 것에는 접근이 거부되며, 식민 권력이 저지른 초기의 지구적 침탈의 지방적 결과를 해소하려는 것이냐며 비난받는" 곳이다.

8.4.2 자유와 권력의 지리

유동성과 마찰 없는 흐름이라는 지배적 재현이 함축하는 바 지구화가 지리적 경계를 무너뜨리기만 한다는 생각은 맞지 않다. 퍼거슨에 의해 그려진 '지구화된' 아프리카의 또 다른 두드러진 지리적 특성은, 그것을 가로지르는 새로 만들어진 공간적 경계선이다. 퍼거슨은 지구화의 형태와 효과가 특정 아프리카 국가들 내에 불균등하게 분포된 이유의 상당 부분은, 국내 스케일에서 새로운 경계들이 그어지고 새로운 공간들이 만들어져 왔기 때문이라고 말한다. 이 중 많은 것들이 광물 추출 활동과 연관되어 있다. 수단과 같은 경우, 글로벌 자본은 나라 전체에 투자되지 않고 영역적으로 제한된 엔클레이브(enclave), 그것도 민병대들이 지켜 주고 다수의 인구에게는 경제적 수혜가 없거나 거의 없는 곳에만 국한되었다. 실제로 앙골라와 같은 경우에 광물(석유) 추출은 육지에서 떨어진 바다에서 발생하며, 수입된 장비와 재료를 사용하고, 보호된 구역에 거주하는 외국인 노동자를 고용하며, "석유나 그것이 가져오는 돈의 대부분이 앙골라의 흙에는 닿지 않는다"(Ferguson 2005, p.378).

보다 일반적으로 말해서, 특정 경계를 허물뿐 아니라 장소들 간 거리를 감

---

* 역주: 앙골라에 있는 영국의 고립영토.

소시키는 중요한 방식으로 지구화는 경제적으로 의미 있는 새로운 공간을 형성하게 만든다는 것이 점점 명백해지고 있다. 그 새로운 공간들에는 일련의 지리적 스케일에서 다양한 정도로 구멍이 뚫린 경계들이 그어지고 있다. 지구화는 '공간'(거리)을 압축할 뿐 아니라 새로운 공간을 창출한다. 이것은 제5장에서 논의된 '글로벌 생산 네트워크(GPN)' 연구로부터 얻은 주요 발견이다. 지구화는 연결되거나 '네트워크화된', 다국적기업이 '건너뛰어' 넓은 평원에 우뚝 솟은 것 같은 일련의 공간들로 세계경제가 재구조화되는 것을 수반한다. 역사학자 마누 고스와미(Manu Goswami 2004)가 보여 주었듯이, 글로벌 스케일에서 신경제 공간의 생산과 연결은 새로운 것이 아니다. 그것은 1857년 이후의 영국 제국주의가 작동하는 방식(modus operandi)이거나, 고스와미가 인도 아대륙에 대해 칭한 "영토식민주의(territorial colonialism)"였다. 인도는 "광범위한 제국주의 경제 … 에 배태된 상품화된 '2차' 공간으로 만들어졌다"(Goswami 2004, p.45).

마찬가지로 경계들이 허물어지고, 공간이 압축되거나 혹은 시간에 의해 '소멸'된 곳에서는 특권화된 특정 지역을 위해서만 그런 과정이 존재하는 경향이 있다. 지구화를 자유주의적으로 옹호하는 사람들은 지리적 경계를 가로지르는 자유로운 운동을 강조하여, 마찰 없는 세계를 지지한다. 그러나 실제로 그러한 자유는 결코 보편적으로 향유되지 않는다. 자본은 자유롭게 흘러다닐 '자연권'을 향유할지 몰라도, 노동은 전혀 그렇지 않다. 10여 년 전 매시(Massey 2002, pp.293-294)는 이런 관점에서 지구화의 치어리더들의 위선에 강력한 일격을 날린 바 있다. 오늘날에도 통렬한 비판이기에 다소 길게 인용하고자 한다. 매시는 다음과 같이 일갈하였다.

마치 글로벌 이동성에 자명한 권리가 있는 것처럼 '자유무역'을 강하게 주장하는 사람들이 있다. '자유'라는 말은 즉각적으로 무언가 좋은 것이자, 무언가 추구해야 할 바인 것임을 시사한다. 마치 그것이 세계를 마음대로 돌아다니게 할 수 있을 만큼 자명하게도 좋은 것인 듯 보인다. 이것은 국경 없는 세계에 대한 하나의 지리적 상상력이다. 그러나 국제 이주 및 이주자들에 대한 논쟁은 그것과 정반대인 또 다른 지리적 상상력—동등하게 영향력 있고 의심의 여지도 없는—에 대한 자원을 제공한다. 이것은 방어 가능한 장소에 대한, 지역주민의 지역에 대한 권리에 관한, 차이로 나누어진 세계에 대한, 그리고 뚜렷한 경계들에 대한 상상력이다. 그래서 이 자본 '지구화'의 시대에 우리는 영불해협터널에 목숨을 거는 사람들과 지중해에 가라앉을지 모를 배에 가득 탄 사람들을 갖게 되었다.

실제로 존재하는 지구화를 보다 면밀히 관찰하면 할수록, 마틴 울프와 같은 이들이 부르짖는 '자유'는 발견하기 어렵다. 오히려 지구화의 영원한 핵심 요소, 즉 권력, 흔히 책임지지도 않는 권력을 발견하게 된다. 거대 다국적기업과 글로벌 금융기관에 거의 종속되는 글로벌 경제를 그 권력이 만들고 또다시 만든다면, IMF나 WTO, 세계은행과 같은 다자간 기구의 역할은 간과될 수 없다. 지구화의 결과이면서도 그것을 영속화시키는 일을 하는 이들 기구는 많은 점에서 흥미로운 현상이면서 전통적인 범주로 고정하기 어려운 면이 있다. 콕스 (Cox 1992, p.30)는 이들을 "글로벌 경제"를 잘 굴러가게 하는 "공식 관리자"라고 칭하였다. 정치학자 스티븐 길(Stephen Gill 1992, p.276)이 "정치적 권위의 부분적인, 여전히 비교적 저발전된 국제화"라고 묘사한 것을 그 기구들은 반영하고 표현한다.

전술한 '관리자'와 민간부문의 자본주의 엘리트 간의 상호 규약이라는 복잡한 호혜적 관계의 맥락에서 지구화는 발생해 왔고, 그 관계에 의해 뚜렷하게 형태가 마련되어 왔다. 이 관계는 권력으로 가득 차 있다. 한편으로는 기업들이 로비 등을 통해 다자간 기구와 그들의 지구화 노력에 중요한 영향력을 행사하기도 한다(Beder 2006). 다른 한편으로는 이들 다자간 기구와 이 기구들에서 합의를 형성하여 기업들이 작동할 지형을 만들어 내기도 한다. 그리고 만약 지구화가 선진국에 본사를 둔 기업들에 큰 이익을 가져다주었다면, 부분적으로 이것은 문제의 다자간 기구들이 그렇게 하도록 도왔기 때문이다. 유일한 것은 아니지만 세계은행이 한 사례이다. 사회학자 마이클 골드먼(Michael Goldman 2005)이 보여 준 바는, 글로벌 정치경제의 핵심에 있는 엘리트들의 권력 네트워크의 재생산에 세계은행이 깊이 개입되어 있을 정도로, 이 은행은 "글로벌 자본축적의 전망을 확대하고 … 글로벌 경제를 매우 불평등하게 만드는 데" 중심적인 역할을 한다(Goldman 2005, p.12).

이러한 이유로 지구화에서, 특히 지구화를 만드는 힘의 매트릭스에서 전통적인 국민국가 기반의 민주주의가 희석되는 것을, 또는 적어도 민주주의가 보다 제한된 용어로 재정의되어 가는 과정을 간과하기 어려울 것이다. 예를 들어, 길(Gill)은 지구화를 그가 "신헌정주의(new constitutionalism)"라고 부른 것과 관련시켰다. 길(Gill 1992, p.279)은 신헌정주의를 다음과 같이 정의하였다. "자본주의 엘리트들이 법적 또는 헌법적으로 경제 기구와 행위자들을 대중적 감시와 정치적 책무성으로부터 절연시키려는 노력이다." 지구화는 이 정의와 딱 들어맞는다.

아래 퍼거슨(Ferguson 2005, p.380)의 주요 관찰 중 하나를 고려해 보자.

(세계은행-IMF 개혁가들의 관점에서) 가장 큰 '실패'를 한 나라들은 개발도상의 자본 유치 지역으로서 가장 성공적인 나라 가운데 있었다. 평화, 민주주의, 그리고 몇 가지 법적 조치가 이루어진 아프리카의 나라들은 외국자본 투자를 유치하는 데 매우 뒤섞인 기록을 가진 나라들이다. 그러나 관례적인 용어로 이야기해서 '최악인', 그리고 '가장 부패한' 나라들은, 심지어 내전 중에 있는 나라들은 흔히 매우 큰 자본 투자를 유치한 나라들이다.

경제지리학

이런 사실에 직면하면 대단히 혼란스럽다. 퍼거슨은 확실히 혼란스러웠을 것이다. 그는 이러한 패턴을 "최근 아프리카 연구에서 가장 놀라운 발견"이라고 말했기 때문이다. 모든 '정상적인' 논리(IMF와 세계은행의 논리를 포함하여)는 글로벌 자본이 민주 정부와 투명한 법규가 작동하는 나라로 갈 것이라고 주장한다. 그러나 길(Gill)에 따르면 퍼거슨이 서술한 패턴은 아마도 놀랄 만한 일이 전혀 아니다. 정치적 '실패'는 시민적 감시와 정치적 책무성으로부터 벗어나게 할 수 있고, 길에 의하면 지구화의 기구와 행위자들은 그것을 더 좋아한다. 다시 말해서 자유주의로서의 지구화라는 수사와는 정반대로, 지구화의 '쓸모 있는' 아프리카는 실제로는 대부분 **비자유주의적인** 아프리카이다.

한편으로 다국적기업, 다른 한편으로 다자간 기구가 지구화하고 있고 지구화되는 세계에서 국민국가는 반드시 적실성을 상실한다고 말하는 경우는 없다. 국가 스케일과 그와 관련된 정치권력은 어떤 점에서는 경제적 사무에 덜 현실적이 되지만, '글로벌하게' 일어나는 많은 것들은 여전히 국가 스케일에서—자연스럽게도 영향력이 다른 나라보다 훨씬 많은 나라에서—결정된다. IMF와 WTO 같은 기구와 관련된 정치권력의 국제화는 오직 "부분적"이고 "비교적 저발전되었다"(Gill 1992).

사실 국민국가의 계속되는 중요성은 부분적으로 지구화하에서 민주주의의 약화를 설명하는 데 도움이 될 수도 있다. 경제학자 대니 로드릭(Dani Rodrick 2007)은 "민주주의, 국가 주권, 그리고 글로벌 경제통합은 상호 배타적이다. 즉 셋 중 둘을 결합할 수는 있지만 셋 모두를 동시에 완전히 결합하는 것은 불가능하다."라고 주장하였다. 다시 말하면, 경제 지구화하에서 국민국가의 주권을 유지하려면 불가피하게 민주주의가 훼손되고, 민주주의와 지구화를 공존시키면 국민국가가 뒷자리로 물러나게 된다.

로드릭의 이론에서 진실이 무엇이든 가상 무너지신, 그래서 시구와 시내의 지구화하는 발전은 다자간 기구, 다국적기업, 정보통신 기술 발전 및 시공간 압축만큼 국민국가의 주도에 의해 추동되어 왔다. 이에 관한 가장 좋은 예는 1960년대 이후의 금융 지구화(제9장)이다. 금융기관과 그들이 운영하는 화폐 및 금융 상품은 모두 국가 경계를 가로질러 훨씬 자유롭게 흘러 다닐 수 있게 되었다. 기술적 발전이 중요한 역할을 하였지만 열성적인 국민국가들 또한 마찬가지였다. 헬라이너(Helleiner 1994)는 여기서 미국과 영국 정부의 주장과 영향을 강조하였다. 압델라(Abdela 2007)는 독일과 특히 프랑스 정책입안자들의 촉진적인 활동에 초점을 맞추었다. 그리하여 지구화는 국민국가를 건너뛰지 않고 오히려 그들을 **변형**시킨다고 한 글래스먼(Glassman 2012)이 맞다면—우리는 그가 맞다고 본다—그 변형을 자체로 국민국가 프로젝트의 산물로 추가할 수 있을 것이다.

8.4.3 지구지방화(glocalization)?

지구화의 지배적인 공간적 상상물은 그것이 '로컬'(국내 지역의) 장소들과 사람들을 글로벌 스케일에서의 과정에 수동적으로 종속된 것으로 그려 내는 한 정확하지 않다. 현재 이러한 서술 방식의 문제점을 드러내는 연구들은 상당히 많다. 첫째로, 로컬은 지구화라는 불변하는 과정이 막힘 없이 기록되고 수행되는 고정된 무대와 같은 것이 아니다. 로컬 스케일에서의 사람과 기관들은 제한적이긴 하지만 고유한 로컬 환경에서 지구화가 취하게 되는 형태들을 만들어 내는 역량이 있다. 그러므로 지구화는 항상 "물질적인 과정으로서 그리고 담론적인 구성으로서 장소-특수적인 사회적 관계에 의해 매개되고 배태된다"(Kelly 2000, p.3, p.12). 자로스와 카지(Jarosz and Qazi 2000)는 '워싱턴의 세계 사과' 연구에서 로컬의 매개/배태 과정을 보여 주었다. 과수산업의 지구화는 특정 현장(locale)의 재현—"워싱턴주의 사과는 신선한 자연경관에서 직접 수확한 순수하고 영양분이 많다."(Jarosz and Qazi 2000, p.2)—에 의해, 그리고 로컬의 정치경제, 특히 지역에 뿌리를 둔 협동조합과 초국적 노동풀을 이

용함으로써 형성되었다. 지구화는 단순히 벌어진 일이 아니라 로컬 안에 얽혀
들어간 것이다.

지구화가 특정 장소에 배태되고 그에 의해 형성된다고 주장하는 것으로는
충분하지 않다. 지구화의 '글로벌' 상상물의 근본적인 요소에 닿는 데는 미치
지 못하고 있기 때문이다. 그 근본 요소란, 국지적으로 매개됨에도 불구하고
지구화로서 경험되는 과정들은 글로벌 스케일에서 **구성된다**는 관점이다. 물
론 이것 역시 오류이다. 우리가 지구화로 언급하는 과정들은 로컬 조건과 무
관하지 않다. 나아가 로컬로 '내려오게 되면', 로컬과 분리 가능성이라는 의미
에서 볼 때 그 과정들은 로컬에 외부적이지도 않고 그럴 수도 없다. 그 과정들
이 외부적일 수 있다는 것은 지배적인 서사가 함축하는 바이다. 이 서사는 가
정, 공동체, 신체와 같은 '주변적인' 로컬 스케일이 지구화의 영향을 어떻게 흡
수하는지를 논의하는 경우를 제외하면, 그런 작은 것들에 대한 고려를 전형적
으로 회피한다. 그러나 나가르 등(Nagar et al. 2002)과 차리(Chari 2004), 베어와
베르너(Bair and Werner 2011)와 같은 연구자들은 지구화가 로컬의 경계 너머
에 '거기 있지' 않고 있을 수도 없다는 것을 보여 주었다. 특히 지배적 프레임
에서는 무시되었던 로컬 장소, 사람, 스케일과 지구화가 분리될 수 없다는 점
을 보여 주었다. 그들이 어떻게 그렇게 하였는지 살펴보자.

i. **보조**(subsidizing): 지구화의 경제지리에 관한 지배적 프레임에 대한 영향력
있는 페미니즘 비판에서 리차 나가르(Richa Nagar)와 동료들은, 글로벌 자본
주의의 경제적 이윤은 표준 서사에서 무시되는 바로 그 장소와 사람들에 의
해 만들어진다고 주장하였다. 그들은 흔히 간과되고 지나치게 여성 중심적
인 "생산 및 돌봄의 비공식경제"를 강조한다. "열악한 노동 현장에서의 저임
금 노동과 가사노동"으로 이들 여성 경제는 "글로벌 자본수의를 보조하고
구성한다." 요약하자면 고전적인 지구화 시대의 성장 모델은 선진국의 소비

를 위한 공산품을 후진국에서 생산하는 것인데, 경제지리학자 매리언 워너 (Marion Werner 2015, p.4)가 "수출 주도라기보다는 여성 주도 성장 모델"이라고 하였던 것이다.

ii. **지방화**(provincializing): 지리학자 샤라드 차리(Sharad Chari 2004)도 남인도 티루푸르에서의 의류 생산에 대한 민족지적 사례 연구를 통해 고전적인 수출 주도의 지구화 모델을 분석하였다. 이 생산방식은 차리가 **동업자조합**(fraternity)이라고 칭한 신흥 자본가계급이 로컬 수준에서 통제하는데, 엄밀하게는 나가르 등(Nagar et al. 2002)이 젠더 기반 보조라고 규정한 것에 의해 운영되는 것이다. 차리는 이전의 농업 노동자들의 공동체가 지구화에서 충분히 중요한 역할을 한다는 것을 제안한 것인데, 이는 이러한 현상에 대한 우리의 기존 이해를 바꾸게 한다. 즉 그들의 성취는 "자본 지구화의 지방화에 다름 아니다"(Chari 2004, p.282). 차리가 분석한 의류 생산자들은 자본주의 지구화에서 주변적이지 않으며, 지구화의 중심에서 매우 적극적이고 직접적으로 더 넓은 동학에 영향을 미친다.

iii. **접합**(articulation)**과 탈접합**(disarticulation): 베어와 베르너(Bair and Werner 2011)는 멕시코 북중부의 상품 생산자들의 부침에 대해 연구하여, 산업 생산에서의 '글로벌' 변형이 로컬의 맥락에서만 이해할 수 있다는 것을 발견하였다. 즉 로컬리티들이 더 넓은 생산 네트워크와 접합하거나 '탈접합'하는 것을 형성하는 "로컬의 투쟁, 탈취, 축적에 관한 깊이 뿌리내린 역사적 과정"의 맥락을 이해해야 한다는 것이다. 이러한 이유로 그들은 지구화에 대한 글로벌 생산 네트워크 접근(제5장)과 '글로벌 상품사슬' 접근은 그것들이 자유주의 프레임이 하는 방식으로 글로벌 스케일을 특권화하는 한 적절하지 않다고 주장하였다. 그들은 다음과 같이 주장한다. "상품사슬에 대한 생각을 바꾸어" 멕시코의 로컬리티들은 "글로벌 생산의 배치를 구성하기도 하고 그 배치에 의해 구성되기도 한다."라는 것을 강조할 필요가 있다는 것

경제지리학

이다. 그러한 장소들은 더 이상 티루푸르보다 '주변적'이지 않다.

그렇다면 지구화의 공간성은 글로벌과 로컬 사이의 변증법, 즉 양자의 상호 구성이라는 것으로 파악할 수 있는가? [에릭 스윈기도우(Eric Swyngedouw 1997)는 이것을 "지구지방화(glocalization)"라고 부른다.] 정확하게 그렇지는 않다. 특정 로컬 장소와 과정들이 글로벌을 구성하는 것을 돕는 것은 맞다. 그러나 하트(Hart 2002)의 지구화 연구가 분명히 보여 준 바와 같이, 그것들은 늘 **다른** 로컬 장소와 사람들과 연결하여 그렇게 한다. 이것은 셰퍼드(Sheppard 2002)가 로컬리티의 상대적 위치 또는 "위치성(positionality)"이라고 부른 것에 대한 지구화 연구에서 드러난 점의 중요성을 강조한다. 하트(Hart 2002, p.14)는 1980년대와 1990년대 남아프리카에 들어간 소규모 대만 사업자들의 투자를 분석하여 다음과 같이 주장하였다. 각 장소, 즉 대만과 남아프리카는 "더 큰 전체에 대해"(지구화라고도 알려진) 상대적으로 변형되었지만 "서로에 대해서도" 변형되었다. 그와 같이 지구화는 그런 로컬 장소들의 거대한 배열에서 **연결된** 변화의 궤적들이다. 하트는 그런 로컬 장소들이 "우리가 '지구화'라고 부르는 과정을 적극적으로 **생산**하고 추동한다."라고 말했다. 이런 관점에서 그녀는 지구화의 지리를, "심화되는 글로벌 통합이라는 맥락에서 변형되고 있는, 다중적이고 다양하지만 상호 연결된 사회—공간적 변화의 궤적들"이라고 다시 정의하였다(Hart 2002, p.13).

이 절에서 그려진 바와 같은 지구화의 지리에 대한 사뭇 다른 그림에 기초하여 이전 절에서 개관한 지배적 프레임을 비교해 보면, 하트의 새 프레임이 유용하다고 생각된다. 지구화는 상호 연결된 로컬 궤적들의 조합이라고 생각하는 것이 유용하다. 그러나 그것이 전부는 아니다. 예를 들어, 하트의 정의는 지구화의 예외적인 불균등성을 부각하는 데 실패하고 있다. 또는 지구화가 공간적으로 흐르거나 보편적으로 포괄하기보다는, 건너뛰고 생략하는 경향이 있다는 것도 조명하지 못한다. 그리하여 우리는 이 절을 고스와미(Goswami 2004, pp.27-28)가 제안한 지구화(또는 '글로벌 공간-시간')의 보다 넓은 규정으로 마무리하려고 한다. 그녀는 지구화를 이렇게 묘사하였다. "근본적으로 관계적인(즉 다양한 부분들 간의 체계적인 상호의존으로 정의되는), 다중공간적인(즉 구별되지만 서로 얽힌 공간과 스케일), 다중시간적인(즉 서로 다른 시간과 시간 지평으로 구성된), 그리고 본래적으로 불균등하다(즉 구조적으로 만들어진 불균등 발전의 과정)." 지구화는 이 모든 것들이다.

8.5 지리적 불균등 발전으로서 지구화의 이론화

8.5.1 지구화 이론을 향하여?

전술한 복잡하고 다면적인 프레임—근본적으로 관계적(relational), 다중공간적(multispatial), 다중시간적(multitemporal), 본래적으로 불균등한(un-even)—은 우선 보기에 지구화의 이론화(제5장)에 필요한 지속가능한 일반화 요건에 부족한 것으로 보인다. 무엇보다 절대적이지도 않고, 균등하지도 않으며, (지리적으로나 시간적으로나) 단일하지도 않은 현상에 대해 시도될 수 있는 믿을 만한 일반화는 도대체 어떤 종류의 것일까? 본 장의 마지막인 이 절에서 우리는 그 현란한 복잡성과 극도의 다양성에도 불구하고, 지구화의 핵심적 기저 동학을 개념화하려는 지구화의 이론화가 상상하는 것만큼 절망적인 일은 아니라는 것을 제안한다.

이러한 관점에서 우리가 처음 다루어야 할 것은 닐 스미스(Neil Smith 1997, p.182)의 지구화 규정인 "불균등 발전의 가장 마지막 단계"이다. 더 길게 인용하자면(p.183) 다음과 같다. "1980년대와 1990년대의 글로벌 구조 재편은 지리적 불균등 발전의 기존 패턴을 심화·재편하는 것으로서의 사회적·경제적 발전 수준의 심화 및 재편을 어느 정도 드러낸다." 그런데 이 주장에서 이론화 문제에 관해 특별한 것이 무엇인가?

이 질문에 대한 답은 아주 많다. 이 장의 여러 지점에서 지적하였듯이, 1980년대 이후로 그 형태가 달라졌고 속도와 패턴이 바뀌었지만, '지구화'라고 언급되는 통합적이고 연결적인 경제과정의 제반 유형들은 전적으로 새로운 것이 아니다. 그리고 그 본래적 불균등성 또한 새로운 것이 아니다. 오늘날에도 그렇듯이, 국제적인 경제통합의 과정은 국제화의 이전 라운드 아래에서 매우 불균등했었다. 바꾸어 말하면, 오늘날의 지구화 시대 이전에 경제지리적 불균등성의 핵심 추동력을 이해하고자 이미 많은 학자들이 상당한 노력을 기울였다는 점이 그 중요성을 말해 준다. 즉 지리적 불균등 발전을 국제 스케일에서 (국제 스케일만은 아니다) **이론화**하는 것이었다. 그리고 나서 '지구화'가 온 것이다. 그러므로 스미스가 주장하듯이, 지구화가 과거의 현상(불균등 발전)을 새로 반복하는 것을 의미한다면, 불균등 발전을 설명하려고 정식화된 이론들은 여전히 어느 정도 적용이 가능하다.

앞으로 보겠지만, 스미스는 그런 이론적 가능성과 관련하여 무관심한 방관자가 결코 아니었다. 가장 영향력 있는 불균등 발전 이론이 그에 의한 것이었기 때문에(Smith 1984), 지구화는 불균등 발전으로 이론화될 수 있다는 것이 그와 그의 학문에는 의미가 있었다. 그러나 그것만이 유일한 배경은 아니(었)다.

우리는 이제 스미스를 포함한 불균등 발전이 이론화된 주요 방법 중 몇 가지를 고려해 보자. 그전에 다음 단계를 위한 사전 단계로, 두 가지 예비적 고려 사항을 순서대로 언급해 보자. 첫째, 우리는 근본적으로 스미스의 의견에 동의하는데, 경제 지구화를 "불균등 발전의 가장 마지막 단계"로서 이해하는 것이 의미 있고 도움이 된다는 점과, 지구화의 전성기 이전에 대부분 공식화된 불균등 발전의 기존 이론들이 우리에게 많은 것을 말해 준다는 점이다. 둘째, 그럼에도 불구하고 그러한 이론들은 선택적으로 정련되고 재조정되어야 한다. 특히 이전 절에서 불균등성을 배제하고 기록된 지구화의 지리적 차원에 대한 설명을 위해 그렇게 해야 한다.

8.5.2 불균등 발전 이론들

경제적·지리적 불균등 발전에 관한 가장 영향력 있는 이론적 작업의 대부분은 1960년대 후반부터 20년 동안 만들어졌다. 그러나 그 전통은 훨씬 오래되었다. 예를 들어, 18세기 후반과 19세기 초반에 영국의 두 위대한 정치경제학자 애덤 스미스와 데이비드 리카도는 나라마다의 명백한 경제적 격차에 깊은 관심을 보였으며, 국부(national wealth)에 관한 각자의 연구에서—국부의 성격과 성장 요인—국제적인 불균등 발전에 대해서도 동시에 조사하였다.

그러나 20세기 초반에 이르러서는 불균등 발전의 문제가 주류경제학자들의 논의에서 대체로 사라졌다. 신고전주의가 대두하였고, 신고전주의적 성장 및 무역 이론이 (선진국 경제 모델로) 장기적인 수렴을 예언하였다. 20세기 후반에 시어도어 레빗(Theodore Levitt)이 지구화에 관한 논고에서 말한 것과 똑같이 그러하였다. 물론 그렇다고 불균등 발전의 이론화가 사라진 것은 아니었다. 그럼에도 불구하고 지금은 그 주제가 급진주의자들에 의해 극적으로 새로운 방향으로 나타나게 되었다. 가장 영향력 있는 이론화는 러시아 마르크스주의 혁명가 레온 트로츠키(Leon Trotsky, 글상자 8.2: 레온 트로츠키)에 의한 "불균등 및 결합 발전(uneven and combined development)"이다.

1960년대에는 식민 지배를 겪은 지역인 '제3세계'에서의 지속적인 '저발전' 이론이 터져 나왔고 불균등 발전 문제가 활발하게 재등장하였다. 그 뒤 20여 년 동안 모든 종류의 이론이 제출되었다. 이들은 다음과 같이 넓게 네 가지 범주로 묶을 수 있다.

i. **종속이론과 관련된 이론**: 많은 마르크스 이론이 트로츠키의 아이디어를 되

레온 트로츠키와 '불균등 및 결합 발전'

오늘날 레온 트로츠키는 적군(Red Army)의 창설자로 유명하였고, 스트랭글러스(Stran-glers)의 싱글 히트곡 '더 이상 영웅은 없다(No More Heroes)'를 통해 1940년 멕시코시티에서 얼음 도끼로 잔혹하게 살해된 남자로 잘 알려졌다. 그러나 그는 대단히 창의적인 사상가였고, 가장 영향력 있는 기여는 '불균등 및 결합 발전' 이론이다.

이 이론은 당시(1920년대와 1930년대) 지구화의 지배적인 형태, 즉 유럽 제국주의와 밀접히 관련된 것이었다. 예를 들어, 트로츠키는 제국의 권력과 식민지 및 '반(半)식민지' 사회가 깊숙이 연관되어 있고 이를 '세계경제'로 이해하는 것이 중요하다는 것을 강조하였다.

러시아의 마르크스주의자 중에서 그가 처음 '불균등 발전'을 논급한 것은 아니다. 레닌 역시 자본주의하에서 불균등 발전은 불가피한 것으로 보았다. 그러나 트로츠키는 좀 더 정교하게 접근하였다.

트로츠키 이론의 핵심에는 정치적 가능성을 이론화하는 혁명이론이 있다. 즉 1차 농업 사회에서의 사회주의 혁명이 어떻게 가능한가를 이론화하는 것으로서, 종래의 마르크스주의 불균등 발전 이론에서는 그런 경우 제약적인 것으로 나타났다. 기존 이론에서는 '후진적인' (예로 봉건적) 국가들은 선진국의 초기 발전과정을 재생산함으로써 나중에 '근대화' 이론가들이 조언하게 되는 방식으로 좀 더 발전되어야 한다고 제안하였었다. 이것은 곧 사회주의 혁명은 더 발전되고 산업화된 나라들에서 대부분 시작한다는 것을 함축한다.

그러나 이 이론은 트로츠키가 다른 나라들에서 관찰한 것이나 러시아에서 보고 있는 것과도 달랐다. 그는 발전된 국가들보다 농업 및 식민화된 사회에서 노동계급의 의식과 조직의 수준이 더 높은 것으로 보았다. 그래서 그는 러시아 농부의 토지 경작 기술이 17세기 수준에 머물러 있다는 점이 혁명까지 가게 할 수 있다고 보았다. 이것을 어떻게 설명하였는가?

혁명이 가능하기 전에 '후진적인' 사회가 선진적인 나라들을 '따라잡을' 필요가 없거나 심지어 불가능하다고 트로츠키는 주장하였다. 대신에 농업 사회에서 급격한 도시회와 산업화가 이루어질 경우 복잡하게 '결합된' 사회 구성체를 창출하여 흔히 "과거의 형태와 현대적 형태가 결합"된 모양을 이루게 된다(Trotsky 1977, pp.26~27). 이것은 러시아에서 일어났던 일이다. 17세기 경작 기술이 근대적인 자본주의 도시산업 옆에 존재하고 있었다. 그러한 결합된 구성체에서는 혁명을 위한 토대가 비옥하게 자라고 있었다고 트로츠키는 주장하였다. 왜냐하면 그러한 형태들은 발전된 사회의 균질적인 구성체보다 본래적으로 안정적이지 않기 때문이다. 이는 결국 농업 사회가 발전된 사회로 이행해 갈 필요 없이 그런 사회를 "뛰어넘어" 사회주의 혁명을 달성할 수 있게 하였다.

살리고 재론하였다. 그중 하나가 이른바 종속이론(dependency theory)이라는 것으로서, 경제사학자인 안드레 프랑크(Andre Frank)와 밀접한 관련이 있었다. 이 이론에 따르면, 발전과 저발전은 동전(불균등 발전)의 양면이다. 보다 부유한 ('핵심') 국가들은 그들의 경제적·군사적·문화적 정책을 통해 보다 가난한('주변부') 국가들의 의존 상태를 영속화한다. 또 다른 이론은 아르기리 에마뉘엘(Arghiri Emmanuel)의 '부등가교환(unequal exchange)'이론이다. 국제무역은 수렴을 촉진하기보다는 오히려 불균등 발전을 악화시킨다고 에마뉘엘은 보았다. 고임금 국가와 저임금 국가 간에 제품이 거래되면 항상 후자로부터 전자로 부의 이전이 일어나기 때문이라는 것이다. 종속이론과 부등가교환이론으로부터 이 두 이론을 비판적으로 계승하면서 '세계체제이론(world-system theory)'이라고 알려진 것이 1970년대 후반에 나왔다. 사미르 아민(Samir Amin)과 이매뉴얼 월러스틴(Immanuel Wallerstein)이 그 주창자인데, 그들은 불균등하게 발전된 세계는 중심과 주변부뿐 아니라 '반(半)주변부'도 포함한다고 주장하였다. 반주변부는 중심과 주변부 사이에서 안정화 기제로서 행동하면서 경제에 중대한 역할을 하며, 또한 그 과정에서 가장 격렬한 구조 재편과 갈등을 겪게 된다고 그들은 주장하였다. 중심/반주변부/주변부라는 계층은 유동적이고 역동적이다. 각 나라의 위상은 자본축적에서의 주기적 위기의 영향을 받으며 그에 따른 정체 및 성장의 기간을 겪게 된다.

ii. **신국제분업**(New International Division of Labor, NIDL)**이론**: 선진국과 후진국 간의 노동 분업이 전후 수십 년 동안 변화되어 왔다는 사실에 초점을 둔 대안적 이론가들이 있다. 그 변화의 방향은 농업과 광물 자원 추출에 집중되던 후진국 경제가 제조업이 더 많은 역할을 하는 경제로 이행하는 것이었다. 이론적으로 이 '학파'는 이전의 학파와 다음과 같은 점에서 다르다. 이들은 불균등 발전이 지속되는 이유를 마르크스주의의 구조 요인에 초점을 두기보다는 다국적기업의 활동과 영향력에 특히 초점을 두고 설명한다는 것이다. 예를 들어, 유명한 스티븐 하이머(Stephen Hymer)와 같은 학자는 다국적기업이 본질적으로 세계를 자신의 이미지대로, 즉 기업 내부의 노동의 공간적 분업의 모양으로 창출해 낸다고 주장한다. 선진국 대도시에 본사를 두고 생산활동은 점차 '개발도상'국으로 보냄으로써 국제적인 노동 분업을 보다 넓은 범위에서 재생산한다는 것이다.

iii. **신무역이론**: 세계체제이론과 노동의 신국제분업이론과 거의 비슷한 시기에 발전한 이른바 신무역이론(new trade theory, 제4장과 제5장에서 이미 논의되었다)은 주류경제학의 한 흐름이다. 이 이론은 표준적인 신고전적 가정들을 재고찰하면서도, 경제학의 분석적(모델 기반) 기법을 사용하며 형식적 전통을 고집한다. 폴 크루그먼(Paul Krugman)은 이 새로운 경제학 분야의 리더 중 한 사람이다. 이 이론이 불균등 발전의 이해에 핵심적으로 기여한 것은 '개방된' 국제무역이 장기적으로 수렴이라는 이익을 가져다준다는 전통 신고전적인 신념에 의문을 제기하였다는 것이다. 예를 들어, 최근 아우토, 도른, 한슨(Autor, Dorn, and Hanson 2016)이 보여 주듯이 노동시장은 무역확장에 대해 긍정적인 새 균형에 자연스럽게 적응하는 방식으로 반드시 반응하지 않는다. 예를 들어, 미국 산업에서의 고용기회는 중국과의 수입 경쟁에 노출되어 황폐화되었지만, 다른 산업 부문에서의 개선으로 보충되지 않고 있다. 도널드 트럼프의 많은 지지자에게 물어보라.

전후 불균등 발전 이론의 네 번째 마지막 범주를 논의하기 전에, 전술한 세 '학파'가 중요한 차이에도 불구하고 공유하고 있는 바를 규정하는 것이 도움이 될 것이다. 그 마지막 학파는 전술한 세 학파와 문제의 특징을 공유하지 않는다는 점에서 다르다. 그것은 불균등 발전 현상의 개념적 지위이다. 첫 번째 학파는 종속이론, 부등가교환이론, 세계체제이론이고, 두 번째 학파는 노동의 공간적 분업 이론이며, 세 번째 학파는 신무역이론이다. 이들은 **불균등 발전**에 관한 이론이 아니다. 불균등 발전이 그 이론의 핵심이고 기초인 경우가 아니다. 오히려 불균등 발전은 각 이론에서 다른 것을 설명하고 이해하기 위해 배열된 **결과**이다.

이것이 네 번째 학파가 달라지는 지점이다. 네 번째 학파는 명시적으로 불균등 발전에 관한 이론이다. 불균등 발전이 이론의 핵심일 뿐 아니라, 또한 이 이론이 훨씬 광범위한 정치경제적 과정의 핵심으로 설정된다. 이 이론에서는 불균등 발전이 자본주의 생산양식에 통합되어 있고, 필수적인 구성 요소와 같은 것이다. 불균등 발전이 자본주의의 구조에 끼워져 들어가 있으며, 그 역사적(물론 지리적이기도 한) 발전을 뒷받침하고 추동하며 형성한다. 그리하여 자본주의의 현재를 만드는 데 기여한다. 지리적 불균등 발전이 없었다면 자본주의는 자본주의가 되지 못했을 것이다.

iv. **불균등 발전 이론**: 다른 학자들도 전술한 방식으로 지리적 불균등 발전 이론을 제시하였지만(특히 Harvey 2006 참조), 스미스의 걸작『불균등 발전(Uneven Development)』(1984)이 가장 영향력 있는 이론이다. 자본주의의 핵심에는 "차별화(differentiation)"와 "균등화(equalization)"라는 지리적으로 모순된 경향이 존재한다고 스미스는 주장한다. 전자는 개별 자본(기업)들 사이에 그리고 경제의 상이한 부문들 사이에서 발생한다. 그러나 자본은 역설적으로 공간을 가로질러 균등화하는 "수준자(leveler)"의 역할을 하는데(Christopers 2016), 생산조건과 생산력의 발달 수준을 균등화한다. 스미스가 보기에 이 두 상반되는 경향은, 그리고 특히 이 양자 간 모순은 불균등 발전을 모든 지리적 스케일에서 유발한다. 그는 이 과정은 본질적으로 역동적이라고 강조한다. 즉 "고착되는 것"에 반하기 때문에, 어느 한 시점에서 발전이 느려지는 장소는 나중에는 부흥할 수 있으며, 매우 발전된 장소들이 쇠

경제지리학

퇴할 수 있다. 왜 그럴까? 한 장소가 발전할 때 자본은 거기서 더 **유익한** 발전을 더 이상 못하도록 하는 조건을 창출한다. 그리고 상대적으로 저발전된 장소에서는 그 반대의 일이 일어난다고 스미스는 주장한다. 그렇게 함으로써 자본은 지리적으로 발전된 지역에서 저발전된 지역으로 이동하고 다시 돌아오는, 진동하는 또는 "시소 운동하는" 경향을 갖는다. 그러나 특정 중요한 요인, 특히 자본의 이동성 수준과 같은 요인이 그러한 전체적인 시소 운동의 정도를 제한할 수 있다. 특히 국제 스케일에서는 그러하다.

우리는 이제 이 절이 시작되던 곳으로 마침내 돌아갈 수 있게 되었다. 그곳은 1970년대 이후 경제 지구화에 대한 스미스의 프레임으로서, 즉 자본주의 하에서의 긴 지리적 불균등 발전의 마지막 단계라는 것이다. 지구화는 이제 그가 일찍이 이론화한 불균등 발전의 언어로 이해될 수 있다고 스미스는 지적하였다(Smith 1997, pp.178, 183). 한편으로 그것은 "자본주의 경제의 불균등한 발전에 있어 중심적인 어떤 경향 … 즉 사회적 생산의 수준과 조건의 지리적 **균등화**를 지향하는 어떤 경향"을 표현한 것이기도 하다. 다른 한편으로 그것은 "글로벌 공간의 지리적 차별화를 지향하는 노동과 자본의 지속적인 분업으로 가는 서로 모순적인 경향"을 표현한 것이기도 하다. 지구화는 지리적 불균등 발전이다.

8.5.3 불균등 발전으로부터 불균등 경제 지구화로

이미 지적한 바와 같이, 불균등 발전 이론이 매우 불균등한 경제 지구화를 이론화하는 일에서 유용한 기초를 제공할 것이라는 데 우리는 동의한다. '비판적'이기 위해서는 그 네 가지 '학파' 중에서 어느 하나를 특히 주창할 필요는 없으며, 또 어느 하나도 무시할 필요가 없다. 비록 나소 나든 특석을 가지고 있지만, 네 가지 모두 장점이 있다. 그리고 네 가지 모두 우리의 경제지리학 이론의 정의(제5장)에 잘 맞는다. 다만 제2장에서 정의한 경제지리의 서로 다른 '서사'와 각각은 서로 다른 방식으로 배열된다. 그중 두 학파(첫 번째와 마지막)는 우리가 '자본주의의 지리'라고 부르는 것을 대표하고, 두 번째인 노동의 신국제 분업은 '비즈니스의 지리'에 들어맞으며, 세 번째 신무역이론은 분명히 '지리 경제학'의 한 형태이다.

또한 우리가 일찍이 지적한 바와 같이 역사적인 불균등 발전을 설명하기 위해 1970년대와 1980년대에 발전된 이론들은 어느 것도 오늘날의 경제 지구화를 이론화하는 데는 충분하지도 또 자체로 적절하지도 않다. 그러므로 본 장을 마무리하면서 우리는 이해를 돕기 위해 그 이유 중 몇 가지를 조명하고 부연하고자 한다. 그것은 앞 절에서 논의된 경제 지구화의 대표적인 지리적 특징 중 하나와 관련된다. 즉 한 종류의 지구화의 공간적 경계가 침식되면서 동시에 다른 것이 구성되고, 또한 그것이 그 프로세스로 새로운 경제 공간을 새로운 지리 스케일에서 창출한다는 사실과 관련된다. 그러한 특성은 우리가 고찰한 불균등 발전의 어떤 개념화로도 이론화되지 않는다.

그러나 1990년대 초부터 이러한 반복적인 결과를 설명하려는 이론적 작업이 있어 왔다. 그리고 지구화와 그 지리에 대한 보다 완전한 설명은 그러한 생각을 고려해야 할 것이다. 그러한 연구의 기본적인 성과는 '영토화(territorial-ization)' 개념에서 다양하게 나타났다. 한편으로, 지구화는 **탈영토화**(de-territorialization)하여 시공간 압축에 따라 영토의 경계들을 덜 중요하게 만든다. 그러나 지구화는 또한 **재영토화**(re-territorialization)하기도 한다. 재영토화는 새로운 영토, 특히 신경제 공간(예로 퍼거슨의 투자 엔클레이브를 떠올려 보자)을 만들기도 한다. 그리고 그렇게 함으로써 자본주의의 영토 또는 **스케일적 조직**(scalar organization)을 반복적으로 재작성하기도 한다. 자본주의의 스케일적 조직이란 자본주의 생산, 교환, 분배의 과정이 이루어지는 지리적 스케일들의 배열을 의미한다.

고스와미(Goswami 2004)는 탈영토화와 재영토화 사이의 동적인 관계를 생산적으로 설명해 온 학자 중 한 사람이다. 또 다른 주목을 끄는 학자로는 스미스 자신이 있다(특히 Smith 1995). 그러나 탈영토화와 재영토화를 명시적으로 이론화하고 그것을 명시적으로 지구화와 연관시킨 경우를 찾는다면, 아마도 이 시대에 가장 중요한 연구는 닐 브레너(Neil Brenner)의 작업일 것이다. 중요한 의미에서 브레너(Brenner 1998)의 주장은 스미스의 불균등 발전 논제와 유사하다. 브레너의 주장 역시 지리적 모순, 즉 균등화와 차별화 간의 모순뿐 아니라 데이비드 하비를 응용한 공간적 '조정성(fixity)'과 '운동성(motion)' 간의 모순으로 설명된다. 여기서 조정성이란 "상대적으로 고정되고 움직이지 않는 영토적 인프라(infrastructure)", 예를 들면 국민국가이다(Brenner 1998, p.461). 후자는 본질적으로 시공간 압축을 가리킨다. 자본은 그것이 거의 그 자체임에도 불구하고 **운동성을 유지하기 위해** 특정한 정도로 조정성에 의존하고, 공간적 장벽을 허물기 위해 다시 그 장벽을 세워야 한다는 것이 그의 주장의 핵심이다(Harvey 2001, p.25 참조). 그리고 지구화의 지리들은 이것을 증명한다.

우리의 목적에 맞는 브레너 주장의 핵심 측면은 지구화하에서 글로벌 생산 네트워크 이해의 '네트워크 공간'과 같은 새로운 공간의 생산뿐만 아니라, 이러한 공간들이 지역적, 국가적, 초국가적인 서로 다른 연동된 스케일에서 구체화된다는 사실을 설명하는 데 도움이 된다는 것이다. 사실 더 깊은 주장은 엄밀하게 지리적 스케일은 고정된 것이 아니라고 보고 있다. 사회적·경제적 과정—그중 하나는 지구화—은 고정된 스케일에서는 잘 드러나지 않고, 오히려 자본주의가 구성되는 스케일을 **(재)생산한다.** 그것도 어느 특정 시점에 자본순환을 적정화하는 방식으로 그렇게 한다. 자본주의는 그렇게 '재스케일화'된다.

지구화의 한 역사적 국면에서는 자본이 운동성을 갖도록 "상대적으로 조정된(relatively fixed)" 공간 형태들이 요구되는데, 그 공간 형태들은 주로 국민국가와 도시 지역 스케일일 수도 있다. 다른 경우에는 로컬 엔클레이브를 가진 국민국가나 유럽연합(EU) 같은 초국가적인 경제 블록일 수도 있다. 그러한 영토적 배치들을 "자본순환의 각 역사적 라운드에 최적화된"(Brenner 1998, p.461) 특정한 스케일적 조정(scalar fix) 또는 "영토적 조정(territorial fix)"(Christophers 2014)이라고 이론화할 수 있다. 스케일적인 조정 개념과 불균등 발전의 개념을 주의 깊게 결합하는 것이 복잡한 지구화의 지리를 이론화하는 일에(단, 잠정적으로) 적합할 것이다.

8.6 결론

스케일이 결코 고정되지 않는 것처럼, 경제지리 이론도 그것이 스케일을 설명하려는 것이든 다른 현상을 설명하려는 것이든 고정되지 않는다. 이론은 항상 불완전하며, 진행 중인 작업이다(제5장). 닐 스미스는 이 사실을 예리하게 알고 있었다. 1980년대 초반에 지리적 불균등 발전의 이론을 구축하면서 자본주의 자체가 진화하며—늘 불안정하고, 항상 변화하면서—시간이 지날수록 이론도 진화하고 변천되어야 할 것을 그는 인정하였다.

우리가 자본주의 '지구화'와 관련시킨 동학과 지리는 어떻게 그런 이론적 변형을 강제해 왔는가? 스미스(Smith 1995)가 수행한 것에서 한 가지 발상을 떠올려 보면, 기존의 공간과 스케일의 해소에 따른 새로운 공간과 스케일의 생산을 생각해 볼 수 있다. 그러나 그의 연구를 피해 간 많은 다른 발상도 있다. 가장 중요한 것은 금융의 '부상'(Krippner 2011)에 관한 것이 아닐까 한다. 금융은 지구화 시대에 자본주의 경제에서 지속적으로 두드러지고 중요한 지위에 있었기 때문이다.

이렇게 언급한다고 해서 불균등 발전에 관한 스미스(혹은 다른 누구든)의 이론화에 치명적인 흠결을 부각시키는 것이 아니다. 지리적 불균등 발전이나 '발전의 마지막 단계'라고 하는 지구화에 관한 '완전한' 이론은 금융이 하는 역할을 실질적으로 다룰 필요가 있을 것이다. 불균등 발전의 설명에 금융을 통합하는 것을 이론적·경험적으로 추구해 온 연구들이 존재한다는 것도 마찬가지로 확실하다. 대표적인 사례가 패트릭 본드(Patrick Bond)의 연구 『불균등 짐바브웨(Uneven Zimbabwe)』(1998)이다. 그는 축적과정의 특정 시기에 금융 심화가 불균등 발전을 어떻게 그리고 왜 심화시켰는지를 보여 주었다.

우리의 요점은 오히려 다음과 같다. 현대 경제 세계를 이해하고 설명하고자 한다면 자본주의 화폐와 금융이 어떻게 '작동하는'지를 이해하고 설명해야 한다. 오늘날의 자본주의 경제에 관한 '이론'이 경제적 관계와 동학의 그런 중요한 차원을 무시하고서는 그 이름값을 감당할 수 없다. 지구화와 불균등 발전을 무시하는 것보다 더 그러하다. 그리고 화폐와 금융을 이해하기 위해서는 명백한 지리적 접근, 즉 경제과정의 공간, 장소, 스케일의 핵심 함의에 관한 분석적 관심과 설명이 지구화를 이해하는 것 못지않게 중요하다. 다음 장은 왜 그런지를 보여 줄 것이다.

참고문헌

Abdelal, R. 2007. *Capital Rules: The Construction of Global Finance.* Cambridge MA: Harvard University Press.

Agnew, J., and Corbridge. S. 1995. *Mastering Space: Hegemony, Territory and International Political Economy.* London: Routledge.

Autor. D. H., Dorn. D., and Hanson, G. H. 2016. The China Shock: Learning from Labor Market Adjustment to Large Changes in Trade. http://www.nber.org/papers/w21 906.pdf (accessed July 5, 2017).

Bair, J., and Werner, M. 2011. The Place of Disarticulations: Global Commodity Production in La Laguna. Mexico. *Environment and Planning A* 43: 998-1015.

Beckert. S. 2014. *Empire of Cotton: A New History of Global Capitalism.* London: Allen Lane.

Beder, S. 2006. *Suiting Themselves: How Corporations Drive the Global Agenda*. New York: Earthscan.

Bond, P. 1998. *Uneven Zimbabwe: A Study of Finance, Development and Underdevelopment*. Trenton, NJ: Africa World Press.

Brenner. N. 1998. Between Fixity and Motion: Accumulation, Territorial Organization and the Historical Geography of Spatial Scales. *Environment and Planning D* 16: 459-481.

Chari, S. 2004. *Fraternal Capital: Peasant-Workers, Self-Made Men, and Globalization in Provincial India*. Stanford: Stanford University Press.

Christophers, B. 2014. The Territorial Fix: Price. Power and Profit in the Geographies of Markets. *Progress in Human Geography 38*: 754-770.

Christophers, B. 2016. *The Great Leveler: Capitalism and Competition in the Court of Law*. Cambridge, MA: Harvard University Press.

Cox, R. W. 1992. Global Perestroika. *Socialist Register* 28: 26-43.

Ferguson, J. 2005. Seeing Like an Oil Company: Space, Security. and Global Capital in Neoliberal Africa. *American Anthropologist* 107: 377-382.

George, H. 1886. Protection or Free Trade. New York: National Single Tax League.

Gill, S. 1992. Economic Globalization and the Internationalization of Authority: Limits and Contradictions. *Geoforum* 23: 269-283.

Glassman, J. 2012. The Global Economy. In T. J. Barnes, J. Peck, and E. Sheppard (eds). *The Willey-Blackwell Companion to Economic Geography*. Oxford: Wiley. Blackwell. pp.170-182.

Goldman, M. 2005. *Imperial Nature: The World Bank and Struggles for Social Justice in the Age of Globalization*. New Haven. CT: Yale University Press.

Goswami, M. 2004. *Producing India: From Colonial Economy to National Space*. Chicago: University of Chicago Press.

Hart, G-R. 2002. *Disabling Globalization Races of Power in Post-Apartheid South Africa*. Berkeley: University of California Press.

Harvey, D. 1989. *The Condition of Postmodernity*. Oxford: Blackwell.

Harvey, D. 2001. Globalization and the Spatial Fix. *Geographische Revue* 2: 23-31.

Harvey, D. 2006. *Spaces of Global Capitalism*. London: Verso.

Helleiner, E. 1994. *States and the Reemergence of Global Finance: From Bretton Woods to the 1990s*. Ithaca, NY: Cornell University Press.

Herod, A. 2009. *Geographies of Globalization: A Critical Introduction*. Oxford: Wiley-Blackwell.

Jarosz, L., and Qazi, J. 2000. The Geography of Washington's World Apple: Global Expressions in a Local Landscape. *Journal of Rural Studies* 16: 1-11.

Kelly, P. F. 2000. *Landscapes of Globalization: Human Geographies of Economic Change in*

경제지리학

the Philippines. New York: Routledge.

Krippner, G. R. 2011. *Capitalizing on Crisis: The Political Origins of the Rise of Finance.* Cambridge, MA: Harvard University Press.

Krueger, A. 2004. Economic Growth in a Shrinking World: The IMF and Globalization. https://www.imf.org/en/News/Artides/2015/09128/04/53/sp060204 (accessed July 5, 2017).

Levitt, T. 1983. The Globalization of Markets. *Harvard Business Review* 61: 92-102.

Lothian, J. 2001. Financial Integration over the Past Three Centuries. *Bancaria* 9: 82-88.

Luke, T. W., and Tuathail, G. O. 1997. Global Flowmations, Local Fundamentalisms, and Fast Geopolitics: 'America' in an Accelerating World Order. In A. Herod, G .0. Tuathail, and S.M. Roberts (eds), *An Unruly World? Globalisation, Governance and Geography.* London: Routledge, pp.72-94.

Mackinnon, D., and Cumbers, A. 2007. *An Introduction to Economic Geography: Globalization, Uneven Development and Place.* Harlow: Pearson Education.

Massey, D. 2002. Globalisation: What Does It Mean for Geography? *Geography* 87: 293-296.

Meek, J. 2017. Somerdale to Skarbimierz. *London Review of Books,* 20 April hpps://www.lrb.co.uk/v39/n08/james-meek/somerdale to skarbimierz (accessed July 5, 2107).

Nagar, R., Lawson, V., McDowell, L., and Hanson, S. 2002. Locating Glocalization: Feminist (Re)readings of The Subjects and Spaces of Globalization. *Economic Geography* 78: 257-284.

Ohmae, K. 1995. Putting Global Logic First. *Harvard Business Review* 73: 119-124.

Rodrik, D. 2007. The Inescapable Trilemma of The World Economy. http://rodrk.typepad.com/dani_rodriks_weblog/2007106/the-inescapable.html (accessed July 5, 2017).

Scott, J. C. 1998. *Seeing Like a State: How Certain Schemes to Improve the Human Condition Have Failed.* New Haven, CT: Yale University Press.

Sheppard, E. 2002. The Spaces and Times of Globalization: Place, Scale, Networks, and Positionality. *Economic Geography* 78: 307-330.

Sheppard, E. 2012. Trade, Globalization and Uneven Development: Entanglements of Geographical Political Economy. *Progress in Human Geography* 36: 44-71.

Smith, N. 1984. *Uneven Development: Nature, Capital, and the Production of Space.* Oxford: Blackwell.

Smith, N. 1995. Remaking Scale: Competition and Cooperation in Prenational and Postnational Europe. In M. Eskelinen and F. Snickars (eds), *Competitive European Peripheries.* Berlin: Springer, pp.59-74.

Smith, N. 1997. The Satanic Geographies of Globalization: Uneven Development in the 1990s. *Public Culture* 10: 169-189.

Swyngedouw, E. 1997. Neither Global nor Local: 'Glocalization' and the Politics of

Scale. In K.R. Cox (ed.), *Spaces of Globalization: Reasserting the Power of the Local*. New York: Guilford Press, pp.137-166.

Trotsky, L. 1977 [1930]. *The History of the Russian Revolution*. London: Pluto.

Werner, M. 2015. *Global Displacements: The Making of Uneven Development in the Caribbean*. Oxford: Wiley-Blackwell.

Wolf, M. 2004. *Why Globalization Works*. New Haven, CT: Yale University Press .

화폐와 금융

9.1 서론

"우리는 금융 시대에 살고 있다." 런던의 국제 일간 경제지인 『파이낸셜타임스(Financial Times)』가 2007년 4월에 새로 내건 구호이다. 마침 전에 없던 호황기였다. 그러나 그해 말 서브프라임 '신용경색(credit crunch)'—대불황으로 이어질 원인 사태—을 크게 얻어맞아, 영국은 100년 만에 처음으로 저축은행[노던록(Nothern Rock)]에서의 대량 인출 사태를 맞이하게 되었으며, 미국은 주식시장이 불과 18개월 만에 가치가 반토막 이하로 하락하기 시작하였다. 과연 금융 시대였다.

흔히 말하듯이, 우리는 장소 없는/공간 없는 '비지리적' 시대에 살고 있기도 하다. 『파이낸셜타임스』의 그 새 구호가 나오기 2년 전에 미국 저널리스트 토머스 프리드먼(Thomas Friedman)은 지구화에 대한 칭송(제1장과 제8장)을 담은 『세계는 평평하다(The World is Flat)』를 출간하였다. 거기서 그는 세계가 점차 상호 연결되면서 장소 간 차이는 점점 덜 중요해지고 있다고 주장하였다. 그의 논지는 새로운 것은 아니었다. 이미 1992년 프랜시스 후쿠야마(Francis Fukuyama)가 "역사의 종언"을 주장한 유명한 책(1989년에 처음 출판한 에세이를 기반한)을 출간하던 바로 그해에, 리처드 오브라이언(Richard O'Brien)이 "지리의 종언(the end of geography)"을 부제로 삼은 책을 출간하였다.* 내용은 장소와 공간의 중요성이 감소하는 것에 대한 다양한 아이디어들을 프리드먼이 말하기 전에 미리 주장한 것이었다.

여기서는 오브라이언의 책이 특별히 중요한데, 그것은 그가 표면상 획기적인 그 두 가지 사태가 서로 연결되었다고 주장하였기 때문이다. 세계는 평평한데, 즉 지리의 종언은 다가오는데, 그 이유는 우리가 지금 금융의 시대에 살고 있기 때문이라는 것이다. 특히 규제완화와 새로운 정보통신 기술로 금융흐름이 자유로운 세계가 만들어졌고, 거기서는 금융 서비스의 공급자와 구매자에게 입지는 점점 덜 중요하게 되었다는 것이다. 그래서 그의 책 부제가 책의 제목 『글로벌 금융 통합(Global Financial Integration)』 이상으로 중요하다.

오브라이언의 주장은 진지하게 받아들일 필요가 있다. 무엇보다 우리가 금융 시대에 살고 있다면—진짜로 그렇다면—경제의 세계에 대한 제대로 된 학술적 접근은 금융과 현재 흔히 경제·사회의 '금융화'(글상자 9.1: 금융화)라고 불리는 것을 이해하는 데 도움이 되는 것이어야 한다. 그러나 지리가 종언을 고하게 된다면, 그리고 금융 자체가 그 종말을 초래하는 데 기여하였다면, 또

---

* 역주: 그의 책 제목은 *Global Financial Integration: the End of Geography*이다.

한 다시 그러한 '평평함'이 특히 금융 경관에 명백하다면, 경제지리학이 지구 상에 어떤 기여를 할 수 있을 것인가?

본 장은 이 질문에 답하고자 한다. 오브라이언의 주장이 정확하지 않다는 것을 보일 것이다. 공간과 장소는 여전히 중요하다. 금융 프로세스와 금융 관

글상자 9.1

금융화

사회과학은 유행하는 용어들로 가득하다. 그중 지구화(제8장)와 신자유주의는 대표적인 두 가지인데, 최근에는 '금융화(financialization)'가 유행하고 있다. 특히 경제사회학과 경제지리학에서 통용하는 용어이다.

금융화에 대한 정의는 넘쳐 나는데, 모두 서로 다른 것을 말하고 있다. 조금 다르든 많이 다르든 그러하다. 지구화의 경우에서처럼, 모두가 합의하는 정의는 없다. 그러나 그 용어를 사용하는 사람들은 다소간 그것으로 1970년대와 1980년대에 일어나서 지금도 계속되는 역사적인 어떤 일련의 변형을 말하려 하고 있다. 넓은 의미의 '금융'이 사회적 삶의 모든 영역, 즉 경제 영역만이 아니라 정치와 문화 영역에까지 점차 중요해지는 사태를 말하고 싶은 것이다.

금융화의 역사에서 중요한 것으로 학자들이 주장하는 세 가지 발전이 있다. 첫째, 개인의 일상생활에 금융이 보다 중요해짐으로써, 비금융적 고려를 반영하는 의사결정과 행동들도 금융적 고려와 계산이 영향을 미치게 되었다. 둘째, 기업의 생존에도 금융이 더욱 중요해졌다. 기업들은 다양한 관련 이해당사자들(피고용인, 지역 시민, 투자자, 고객, 심지어 비인간 행위자나 환경)의 필요와 가치에 대한 전략과 작전을 수행할 때 점차 그중 한 이해당사자 집단, 즉 투자자 집단과 (다른 가치들 중에서) 하나의 가치, 즉 금융적·투자자적 가치를 더 중요시하게 되었다. 셋째, 자본주의 **자체**가 금융화되었다. 이것이 의미하는 것은 자본주의를 정의할 때 금융과는 다른 유형의 기업 활동이나 다른 소득흐름으로 정의하더라도, 금융이 중요한 것으로 드러나고 있다. 소득은 점점 더 비금융 기업보다는 금융 기업으로 흘러 들어간다. 비금융 기업이 벌어들이는 소득도 점점 더 '금융적' 유형(예로 이자나 배당)으로 되어 간다.

오늘날의 자본주의와 그것의 경제지리를 이해하는 데 '금융화'라는 개념이 반드시 필요하다고 모든 사람이 인정하는 것은 아니다. 특히 금융화의 개념이 점점 지나치게 많은 것에 적용되고 있다는 점을 고려하면 더욱 그러하다(Christopers 2015). 그럼에도 불구하고 그 개념은 이제 널리 받아들여지고 있다. 학자들이 의도한 것을 이해해 보면, 이 말은 오늘날의 경제지리학자들에게도 중요하다.

제9장 화폐와 금융

353

계에서뿐 아니라 금융의 쌍둥이 형제인 화폐(이것과 떼어내서 금융을 이해할 수 없다)의 문제에서도 그러하다. 그러므로 우리의 금융 시대를 이해하려면, 그리고 금융에서 화폐의 중심성을 이해하려면 반드시 그것들의 지리를 이해해야 한다.

9.2 지리의 시작

9.2.1 확장과 연결

금융과 지리의 관계 변화에 대한 오브라이언의 독해가 맞지 않았다 하더라도, 그 관계 자체의 중요성—그래서 그러한 관계를 탐구하고 이해해야 하는 중요성—을 조명하는 데 있어 그는 틀리지 않았다. 화폐적 실체나 금융적 실체 모두에게 지리적 요인들은 매우 중요하다. 화폐와 금융은 공간과 장소의 물질적 측면과 사회적 경험 모두를 근본적으로 형성하기 때문이다. 이 장은 주로 그 영향 관계의 앞부분('경제'의 화폐 및 금융 차원에서의 지리적인 영향)에 관심이 있지만, 뒷부분을 조명하지 않고 그것을 수행하는 것은 어려운 일이다.

그것이 처음 나왔을 때와 달리, 오늘날의 금융(그리고 화폐)이 지리의 종언을 예고하는 것은 아니다. 오히려 화폐와 금융은 대부분의 사람들이 '정상적'이라고 여기는 (자본주의적인) 지리 경험의 핵심 기초를 구성한다고 볼 수 있다. 우리가 일상을 **시작하는** 공간적 인프라를 그것들(화폐와 금융)이 승인하는 역할을 한다. 어떻게 그렇게 하는가?

우선 대부분의 재화와 서비스(모든 사회적 재생산을 추동하는 상호의존)가 어떻게 교환되는지를 생각해 보자. 예를 들어, 우리—이 책의 두 저자—는 모두 대학에서 일한다. 우리가 **공급하는** 서비스는 교육과 연구이다. 우리가 살아가면서 **구득해야** 하는 재화와 서비스는 식량과 의복에서부터 인터넷 정보

경제지리학

와 항공 여행에 이르기까지 무수히 많다. 중요한 것은 후자가 전자로 **교환**된 다는 것이다. 국가나 가족은 우리가 필요하면 도움을 줄 것이다. 그러나 우리가 가치 있는 것을 가장 확실하게 구득할 수 있는 것은 사회가 가치 있다고 간주한 것이 공급되는 경우이다. 요점은 이 교환은 시간적으로나 공간적으로 거의 매개되지 않는다는 것이다. 교수 서비스로 '교환'되는 식량과 항공 여행은 우리가 강의할 때 강의실에서 받는 것도 아니고, 우리가 가르치는 학생들로부터 구득되는 것도 아니다. 그것들은 다른 시간에 다른 장소에서 다른 누군가에 의해 공급된다.

이러한 시공간상의 분리가 어떻게 (수요-공급을) 돌아가게 하는가? 그 대답은 당연하게도 화폐이다. 자본주의 화폐는 몇 가지 기능을 갖는데(글상자 9.2: 화폐), 우리의 예에서는 두 가지가 결정적이다. **교환의 매개**로서의 화폐와 **가치의 저장**으로서의 화폐가 "시간과 공간 모두에서 구매와 판매의 분리를 가능하게 한다." 그래서 데이비드 하비(David Harvey 1989, p.175)는 화폐를 "전통적인 공동체와 집단의 다양하기 짝이 없는 이해관계를 통합하고 결합하는 것"으로 보았다. 우리는 그것을 일정한 한계 내에서 아무 데서나 아무 때나 무엇이

글상자 9.2

화폐

돈(화폐, money)이란 무엇인가? 이는 아마도 잘못된 질문일 것이다. 이 질문을 골똘히 생각하면 스스로 미궁에 빠졌다는 것을 곧 알게 될 것이기 때문이다. 더 나은 질문은 이렇게 해야 한다. 우리가 '돈'이라고 알고 있는 것이 전형적으로 하는 기능(혹은 기능들)은 무엇인가? 어떤 것이 그 기능(혹은 기능들)을 잘 수행한다면 그것이 바로 돈, 즉 화폐라고 정의될 것이다. 금일 수도 있고, 종이일 수도 있으며, 다른 것이 될 수도 있다.

현대 자본주의에서 '화폐'는 네 가지 서로 다른 기능(그러나 서로 관련된)을 하게 된다. 화폐에 관한 학술적 논쟁에서 가장 뜨거운 것은 이들 서로 다른 기능의 상대적 중요성에 관한 것이다. 어떤 기능이 가장 중요한가? 혹은 어떤 것이 가장 덜 중요한 기능인가? 어떤 것이 맨 처음 와야 하는가? 어떤 것이 네 가지 모든 기능에 화폐성을 부여하는가? 우

리는 이 논쟁(뛰어난 소개글은 Ingham 2004 참조)을 비켜 갈 것이고, 일반적으로 수용되는 네 가지 기능을 열거하는 데 그칠 것이다.

- **지불수단**: 어떤 사람이 우리에게 재화나 서비스를 제공하면, 그것이 선물이 아니라면 우리는 빚을 지게 된다. 그 빚은 어떻게 사라지는가, 혹은 갚는가? 하나의 방법은 물물교환(barter) 방법이다. 즉 동일한 가치를 갖는 재화나 서비스로 되돌려 주는 것이다. 다른 방법은 물론 화폐다. 어떤 것이 빚을 갚는 용도로 사용될 수 없다면 그것은 화폐가 아니다.

- **교환의 매개**: 다양한 재화와 서비스를 사고팔거나 교환하는 일은 자본주의에서 핵심이다. 교환은 직접적 혹은 간접적으로 할 수 있다. 직접 교환은 물물교환이다. 단, 물물교환되는 품목은 서로 등가로 간주된다. 교환이 간접적이라면, 어떤 것이 **매개해야** 한다. 즉 두 가지 사이에 어떤 것이 들어가 있어야 한다. 예를 들어, 품목 A를 품목 B와 교환한다면, A는 먼저 X와 교환되고, X가 B와 교환되는 방식이다. 이때 매개자인 X가 교환의 매개이다. 화폐는 품목 A와 B의 가치를 평가하고 표시함으로써 이 기능을 완수한다. 결과적으로 화폐에 의한 교환은 간접적일 뿐만 아니라 다면적이다. 양면 교환(bilateral exchange)은 A와 B가 직접 또는 간접적으로 거래되도록 한다. 다면 교환(multilateral exchange)에서는 정육점 제품이 양조장 제품과 교환되도록 할 뿐 아니라, 양조장 제품이 제과점 제품과 교환되고, 그것은 또 정육점 제품과 교환되며, 그것은 또 다른 제품과 교환되도록 한다.

- **가치의 저장**: 화폐가 전술한 직간접적 교환이 동시에 일어나도록 하는 것이라면, 강력하거나 유용한 어떤 것이 되지는 않을 것이다. 화폐를 즉시 지출해야 한다면, 나는 지불수단으로 화폐를 훨씬 덜 받을 것 같다. (그 스트레스를 상상해 보라.) 그러나 나는 그렇지 않다. 나는 화폐를 가지고 있다가 나중에 지출할 수 있다. 이것은 화폐가 가치를 **저장**하여 교환을 돕기 때문이다. 이것이 화폐의 세 번째 기능이고, 지불을 지연시킬 수 있게 한다. 인플레이션이 높을수록 지불을 지연하지 않는 것이 유리하며, 스트레스가 증가한다.

- **회계의 단위**: 마지막 기능이지만 결코 작은 기능이 아닌 것(막스 베버는 이 기능이 가장 중요하다고 하였다)은 화폐가 회계의 단위로 기능한다는 것이다. 어떤 매개를 통해 교환이 즉각적으로 발생한다면, 모든 재화와 서비스의 가치를 상대적으로 서로 측정하는 것이 필수적이다. 말 한 마리의 가치는 스마트폰 10개인가, 5개인가? 다시 말하면 모든 교환 가능한 것들이 가지고 있는 자신들을 교환 가능하도록 만드는 속성, 즉 '가치'라고 부르는 것은 일관되면서 동시에 비교 가능한 **척도**(measure)가 있어야 한다. 이것이 회계 단위이고, '가치의 척도'로서 언급되는 것이다. 자본주의하에서 이 척도를 제공하는 것이 바로 화폐이다.

경제지리학

든 무엇에든 지출할 수 있는 자유를 가진다. 그러한 '자유'는 우리 안에 각인되어 있어서 '자연스러운' 것인 양 이미 주어진 것으로 받아들여 버린다. 그러나 신뢰할 만한 교환의 매개와 가치의 저장은 쉽게 얻을 수 있는 것이 아니어서, 우리의 지리적 삶은 서로 매우 달라진다. 화폐가 삶의 시작이라는 것(또는 아니더라도)은 이런 의미에서이다.

나아가 금융은 점차 장소와 사람 사이의 연결성을 강화하고 심화하는 데 기여하고 있다. 그리고 그것은 화폐가 교환 관계를 '확장(stretching)'함으로써 승인된다. '금융'의 가장 기본적인 의미는 (동사로서) 화폐를 공급하는 것이다. 한 장소에 있는 개인이나 회사가 다른 장소에 있는 개인/회사에게 돈을 융통한다(金融, finance)고 할 때, 이들 경제 행위자와 장소들은 그 금융에 연루된 의무가 해소되는 시간까지(예로 단순한 화폐 대출의 경우에 이자와 원금을 갚을 때까지) 밀접하게 연결된다. 원거리의 대출자가 채무를 이행하지 못하면 대출 공급자와 그 대출자가 배태되어 있는 해당 지역 경제에 타격을 주게 된다.

역사적으로 그러한 원거리 금융 기반의 지리적 연결은 정서적으로도 일반적인 것은 아니었다. 대부분의 금융은 국지적(local)인 것이었고, 그것도 개인적으로 서로 아는 사람들 사이에서 존재하였다. 1762년 정도에 와서야 해외에서 투자된 금액이 약 43%에 이르는 잉글랜드은행(Bank of England)이 설립되어, 투자의 상당 부분이 다른 지역에서 이루어진 최초의 주요 자본주의 기관 중 하나가 되었다(Christophers 2013, p.67). 그러한 원거리 금융이 일단 일상화되면 오늘날 국제금융의 '전염(contagion)'이라고 불리는 현상이 가능해진다. 그전에 화폐가 주로 국지적으로 대출되고 투자되었을 때에는, 대출이 회수되지 않는다거나 투자가 잘못된다거나 하는 리스크가 국지적으로 제한되었다. 그 리스크가 전염되어, 한 건의 채무불이행이 다른 불이행을 연쇄적으로 유발할 수도 있지만, 또 다른 국지적 선이 메커니즘이 없다면 그런 리스크는 멀리 확산되기 어렵다. 역사학자들은 보통 1847년의 공황을 "최초로 국제적으로 확산된 금융위기"라고 규정한다. 셀(Sell 2001, p.17)에 의하면, "그것은 잉글랜드와 프랑스에서 처음 시작되어 네덜란드를 거쳐 독일로 확산되었으며, 결국에는 뉴욕에까지 이르렀다." 그러한 전염은 국제금융에서 비롯된 것이다.

9.2.2 짜깁기와 뒤섞음

한 지역에서의 주요 경제발전이 다른 곳에서의 발전을 촉발한다는 아이디어는 재화와 서비스를 구매할 때 사람들이 공간적 자유를 누린다는 아이디어에 비해, 우리 공동의 기본적인 지리 경험에서 결코 덜한 부분이 아니다. 그 까닭은 주로 몇몇 특정 현대 금융 기법—특히 **증권화**(securitization)—과 금융 도구들—특히 **파생상품**—의 활용 때문이다. 이러한 것들에는 보통 '복잡한'이란 수식어가 붙지만, 또 전문 금융가나 금융을 '전문'으로 하는 학자들 모두에게 복잡한 **외양으로** 나타나더라도, 일반적으로는 그렇지 않다(Christophers 2009). 증권화와 파생상품은 본질적으로 단선적이다. 이것들이 글로벌 경제지리의 연결에서 갖는 함의를 간단하게 고찰해 보자.

금융증권화를 이해하려면 금융증권(financial security)이 무엇인지 알아야 한다. 그것은 **거래 가능한** 금융자산이다. 거래 불가능한 금융자산은 기본적인 은행 대출과 같은 것이다. 은행이 당신에게 대출을 해 주면, 은행은 당신의 이자 지불을 받을 권리를 갖는다. 그리고 대출 기간의 말기에는 당신은 원금을 갚아야 한다. 그것이 은행의 자산이자 당신에게는 '채무'이다. 이는 금융증권이 아니다. 그것이 금융증권이려면 은행은 그것을 다른 회사에 팔 수 있어야 한다. 그러면 그 회사가 그 자산을 보유하고 당신에게서 이자를 받을 것이다. 그럼 증권화는 무엇인가? 단순하다. 첫 번째 유형의 자산—이 경우에는 거래 불가능한 대출—을 두 번째 유형의 자산—여기서는 거래 가능한 대출 **증권**—으로 전환하는 기법이다. 이것이 전부이다. 그렇게 해서 금융자산은 교환 가능하게 된다.

증권화는 이전에는 상상하기 어려웠던 원거리 금융 관계를 서로 짜깁기 (stitching)가 가능하도록 하기 때문에, 우리의 지리 이야기에 중요하다. 사람들은 대부분 '빅 쇼트(The Big Short)'와 같은 영화 덕분에 가장 심하게 증권화된 대출 중 하나가 주택담보대출이었다는 것을 알고 있다. 그러한 증권화는 2007~2008년 신용경색과 뒤이은 금융위기에서 핵심적인 원인이었다. 유명한 이야기지만, 증권화로 미국의 주택 구매자들의 담보대출을 스칸디나비아의 시의회와 같은 투자자들이 살 수 있게 되었고, 그런 담보대출을 여러 개 묶어 미국 은행의 금융증권으로 만들었다. 증권화가 없었다면 미국 주택 구매자가 스칸디나비아의 시당국에 대출을 한다는 발상은 상상하기 어려웠을 것이다. 그것을 가능하게 하는 관계와 신뢰가 없었을 것이기 때문이다. 그러나 새로운 기법을 개발해 낸 월가(Wall Street)의 영리한 사람들에게 그것은 불가능한 상상이 아니었다. 퍼거슨(Ferguson 2009, p.270)은 다음과 같이 일갈하였다. "예를 들어, 노르웨이의 라나, 헴네스, 하트옐달, 나르비크 같은 도시들은 1억 2000만 달러나 되는 납세자들의 돈(신용 자산)으로 미국의 서브프라임 모기지(비우량 담보대출)에 무턱대고 투자하였다. … 피오르에는 리스크들이 떠다녔다." 노르웨이의 도시경제가 미국의 도시경제에 매여 있는 꼴이었다.

한편 파생상품은 자체로 금융증권의 사생아로, 기초자산에서 **파생된** 것이다. 기초자산의 범위는 사실 무한하지만, 그러나 상품(구리, 밀, 철광석 등)에서 파생된 것이나 금융자산(회사 주식, 국가 통화 등)에서 파생된 파생상품은 본질적으로 같다. 파생상품 계약 유형에서 두드러진 것은 선물계약(futures contract)과 옵션이다. 선물계약은 특정 시기에 특정 가격으로 어떤 기초자산을 사거나 팔 의무를 표시한 것이고, 옵션은 행사할 기초자산 선택권을 표시한 것이다. 예를 들어, 여섯 달 후에 50달러어치의 원유를 상대방이 사도록 하는 약정을 하였다면 그것이 하나의 선물계약이다. 이 계약은 어떤 가능성('의무'가 아닌)을 부여할 수 있는데, 그 상대방에게 마이크로소프트 주식 100주를 주당 50달러에 파는 것을 하나의 옵션으로 걸 수 있다.

파생상품이 공간상에서 경제적 연결을 수행하도록 하는 것은 무엇인가? 브라이언과 래퍼티(Bryan and Rafferty 2006)는 '뒤섞음(blending)'이라는 개념을 대답의 하나로 제시하였다. 이들에 따르면, 파생상품이 근본적으로 하는 일은 가격 관계가 서로 다른 자산 유형과 관련된 장소들을 뒤섞는 **통분**(commen-suration)이 가능해지도록 한다는 것이다. 즉 칠레의 콩과 스웨덴의 통화 등을 뒤섞는다는 것이다. 파생상품은 세계에 공간적 연속성을 부여하고, 한 장소의 경제를 다른 장소의 경제와 혼합한다.

이러한 일을 가장 잘하는 파생상품 유형은 스왑(swap)이다. 스왑 중 가장 흔한 것은 금리 스왑이다. 예를 들어 보자. 미국에 있는 A 회사가 10억 달러의 빚이 있고, 이것을 5년간 연이율 6.0%로 갚아야 한다고 해 보자. 인도에 있는 회사 B는 1000억 루피의 빚이 있고, 이를 5년간 인도중앙은행(RBI)의 이율인 연이율 6.5%(이 글을 쓰는 시점에서)로 갚아야 한다고 해 보자. 이때 스왑은 이 두 가지를 자산들의 이자율로 맞바꿀 수 있게 한다. 즉 당신은 내 것을 갚고 나는 당신 것을 갚을 수 있도록 말이다. 그 둘이 왜 그렇게 하기를 원하는지는 여기서 중요하지 않다. 문제는 그것의 효과이다. 양자의 이자율 환경을 뒤섞어 미국 경제와 인도 경제를 결합함으로써 각 '국내' 화폐 공간의 관념을 사장시키는 것이다. 이것이 과장이라고 생각된다면 다시 한 번 생각해 보라. 2015년 중반 공개 금리 스왑의 가치는 약 300조 달러에 조금 못 미치는 것으로 추정되었다(BIS 2016). 이는 연간 글로벌 총생산의 가치보다 훨씬 큰 액수이다. 화폐와 마찬가지로 금융은 우리가 대부분 의식하지는 못하지만 일상적으로 살고 있는 지리적 연결성을 엮어 낸다.

9.3 문제는 장소

금융이 지리를 몰아가는 것처럼, 지리도 금융을 몰아간다. 오브라이언이 주장한 것처럼 금융의 세계에서는 정말로 지리가 문제가 되지 않는다면, 세계는 전혀 지금과 같이 굴러가지 않을 것이다.

한 가지 예로, 금융 서비스를 제공하는 기업, 은행, 보험사 등의 공간 분포가 비교적 균등하거나 무작위로 분포할 것이다. 화폐와 금융은 공간을 자유롭게 흘러 다니고, 동시 접근도 가능하며, 전자적으로 매개되므로, 공급자들은 거의 어느 곳에서든 일을 할 수 있고 저비용 입지에도 거의 매이지 않을 것이다.

그러나 당연하게도 금융산업의 지도는 '지리의 종언'이 말하는 결과를 따르지 않는다. 오히려 그것은 지역, 국가, 국제 금융센터와 같은 '중심지들'의 포섭된 위계(nested hierarchy)를 드러낸다. 이러한 위계는 금융산업의 부문들마다 다르기도 하다. 예를 들어, 국제 재보험(reinsurance)산업은 스위스 취리히와 독일 뮌헨에 왜 그토록 집중되는가? 런던, 뉴욕, 홍콩은 오늘날 글로벌 증권 부문의 최고위 결절로 어떻게 그리고 왜 발전해 왔는가? 그러한 중심지들이 하는 역할과 그 경제적 중심성의 이유를 설명하지 않고는 재보험과 증권 산업의 동학을 우리는 파악할 수조차 없다.

글로벌 금융 순환에서 런던이 갖는 핵심적 역할에 대한 대규모 연구가 진행된 바 있다. 20세기 동안, 특히 세기 중반 몇십 년간 제국의 급속한 해체로 글로벌 경제에 대한 영국의 넓고 오랜 지배력이 쇠퇴하였지만, 런던은 금융 기능의 우위를 여전히 유지하고 있으며, 심지어 더 강화하고 있다. 경제지리학자인 고든 클라크(Gordon Clark 2002)가 보여 준 바와 같이, 이에 대한 설명은 매우 다양하게 제출되어 왔다. 매우 우호적인 로컬 규제의 역사 때문이라든가, 런던에 중심을 둔 시장 관계의 성격과 쏨실이 차별적이기 때문이라든가 등이다. 클라크 자신은, 런던의 힘이 국제적인 '공간–시간'에서의 상대적 지위에서 나온다고 강조하였다. 그것이 하나의 장소로서의 절대적인 품질만큼이나 중요하다는 것이다. "아시아, 유럽, 북아메리카를 연결하는 지점으로서 런던은 세계적으로 24시간 자본흐름 및 거래를 운용하는 글로벌 금융기관의 시공간적인 중심 지점"이다(Clark 2002, p.450). 주요 글로벌 금융기관은 런던에서 신뢰를 얻어야 한다. 그들에게는 런던만이 제공하는 허브 역량이 필요하기 때문이다.

한편, 금융 경제는 고객에게도 평평하고 장소-중립적인 세계가 아니다. 금융 서비스를 구매하는 사람들이 어디에 있는가는, 그것을 공급하는 기관의 입지만큼이나 물질적이다. 연구자들은 수십 년 동안 이른바 금지구역설정(redlining, 대출제한제도)이라는 프로세스에 관심을 집중해 왔다. 이는 고객들이 사는 곳에 근거해서 그들을 차별적으로 대우하였던 수단이다. 금지구역설정의 대표적인 사례는 담보대출 금융이다. 특정 지역에 사는 사람들(보통 특정 인종이나 소수민족)을 차별하는 금융기관들은 가계대출을 아예 중단하거나 고율의 이자를 부과하기도 하였다(Williams 1978). 담보대출 금융만이 고객의 위치가 서비스 가능성이나 비용에 영향을 미치는 유일한 영역은 아니다. 예를 들어, 보험사는 보통 서로 다른 장소들을 서로 다른 리스크 정도로 유형화한다. 그래서 그에 따라 보험상품의 가격을 매기거나 혹은 판매를 중단하기도 한다. 그러한 실천들이 알려지면서, 이른바 금융 배제의 지리학(geographies of financial exclusion)이라는 비판적 연구 영역이 정립되었다(Leyshon and Thrift 1995).

화폐 및 금융적 실천의 영향이 장소에 따라 다르게 나타나는 것은 아니다. 지리적 차별화는 제품과 서비스 자체에 들어 있는 것일 수도 있지만, 그것은 또한 (불가피하게) '순수한' 부산물일 수도 있다. 잠시 금융에서 화폐로 그리고 민간에서 공공기관으로 관심을 돌려 보면, 화폐 정책이라는 다소 가려진 세계에서는 매우 불균등한 결과들이 나타난다고 만(Mann 2010)은 주장하였다. 그

경제지리학

가 보여 준 바는, 캐나다의 중앙은행은 국가 이자율을 설정할 때 국가 수준의 총량적인 자료를 사용하는데, 이것은 인플레이션, 부채 수준, 실업과 같은 결정적인 경제 현상에서의 지역적 차이를 무시하게 된다. 만은 다음과 같이 지적한다(Mann 2010, p.612). "전국이 마치 균질적인 것처럼 다루어지고 있는데, 그렇게 해서 무시된 지역적 차이는 이자율 변화가 '불균등한 결과'로 이어질 수밖에 없다는 것을 함의한다. 그러한 차이가 이자율 변화에 대한 지역경제의 반응 방식에 심각하게 영향을 주기 때문이다."

요약하면, 화폐 및 금융적 실천들의 다양한 스펙트럼에서 그리고 모든 이해당사자들에게 장소가 문제가 된다. 실제로 글로벌 금융의 자유-유동적 성격의 증가가 장소의 중요성을 감소시킨다는 오브라이언의 주장은 잘못되었을 뿐 아니라 실제와도 직접적으로 **반한다.** 장소는 점점, 결코 작지 않을 정도로 물질적인 것이 되어 가고 있다. 이러한 현상을 가장 잘 예시하는 장소 범주가 있다면 바로 유명한 케이맨제도와 같은 이른바 역외금융센터(offshore financial center, OFC)이다.

역외금융센터에 있는 금융 서비스 회사를 생각해 보자. 이를 운영하는 이유 중 하나는 거기서 사업을 하고 싶어하는(나중에 언급할 이유로) 고객이 있기 때문이며, 이것이 서비스 공급을 요구하는 것이다. 물론 이것이 유일한 이유는 아니다. 로버츠(Roberts 1994, p.93)가 지적하듯이, "역외금융센터는 말 그대로 규제가 적용되지 않는 곳에 있다." 그것들은 "역내" 규제가 작동하지 않기 때문에 역외에 있는 것이다. 역사적으로 현재까지 가장 중요한 사례는 1960년대와 1970년대에 번성한 "유로시장(Euromarkets)"이다. 로버츠는 이를 "신개념 국민경제"라고 불렀는데, 주로 미국에서의 그러한 경우를 주목한 것이었다. '유로달러'란 미국 밖에서 예금된 달러를 말하고, 유로달러 채권은 미국 밖에서 발행된 달러 표시 채권(채권은 고정이자율로 증권화되어 거래 가능한 고정이자율의 대출로서 '쿠폰'과 비슷한 점이 있다)이다. 이때 이 유로시장의 주요 역외센터는 런던이었다. 결정적으로 미국 당국도 영국 당국도 이 (달러) 시장을 규제하지 않았으며, 어느 누구도 마찬가지였다. 화폐와 금융('자본')이 국경을 넘어 (제8장) 자유롭게 흐르는 세계에서 그런 흐름을 조정하는 사람들은—여전히 그러하지만—규제가 가장 적은 곳을 찾아다닌다.

그렇다면 그 고객들은 왜 역외금융센터를 찾는가? 최소한의 규제가 그들을 유혹하는 중요한 부분이지만, 더 근본적인 미끼는 역외금융센터에서의 세금이다. 역외금융센터는 보통 세금 부담이 매우 적으며, 때로는 0이기도 하다. 그러므로 우리가 고객과 공급자의 행위 근거를 엮어서 말한다면, 로버츠 (Roberts 1994, p.96)의 말처럼 역외금융센터는 "과세와 규제에 대해 불균등한 글로벌 지형을 활용하여 집단적으로 이점을 착취하려는 것"이다.

우리에게 가장 중요한 점은 그러한 착취를 가능하게 하는 것이 엄밀히 오브라이언이 말한 자유로운 금융흐름인가 하는 것이다. 새로운 정보통신 기술과 자본의 국경 이동에 대한 규제 철폐가 역사적으로 그러한 흐름을 자유롭게 하지 않았다고 한다면, 투자하려는 이들과 그들에게 서비스하는 회사들은 지리적 선택이 더욱더 제약된 채로 있었을 것이다. 다시 말하면, 오브라이언이 말한 "글로벌 금융 통합"은 글로벌 지형을 평평하게 하는 것과는 달리, 사실상 그것을 더 **험준하게** 하였을 것이다. 접근하기 쉽게 봉우리를 만들고, 피하기 쉽게 골짜기를 만든 것이다. 이해당사자들이 지리적 차이를 탐색하기 쉽고 착취하기 편하게 하기 때문에, 지리적 차이는 더욱더 물질적이 된다. 오늘날도 번성하고 있는 역외금융센터는 궁극적으로 이러한 물질성의 뚜렷한 증거가 된다.

경제지리학

9.4 금융의 공간 관계

지금까지 우리는 주로 장소를 논의하였다. 예를 들어, 어떤 장소들은 금융 회사들을 특히 더 끌어들이고(런던처럼) 역내 또는 역외금융센터가 된다. 모든 장소는 서로 다른 방식으로 화폐 및 금융 활동의 영향을 받는다. 그리고 그러한 차별화는 금지구역설정과 같이 생래적이고 의도적인 것이거나, 화폐 정책과 같이 그것과 다르기도 하다.

이견이 있겠지만, 지리가 화폐와 금융에 영향을 미치는 방식 중에서 장소의 역할은 가장 뚜렷한 것이다. 그러나 그것이 유일한 방식이거나 가장 중요한 방식인 것은 아니다. 우리가 곧 논의하겠지만, 화폐와 금융 또한 **공간적으로 구성된다**. 이것은 똑같이 중요한 두 가지 것을 의미한다.

첫째는 **스케일**, 그것에서 화폐와 금융이 형성되고 실천들이 구성되는데, 그 스케일이 물질적이라는 것이다. 스케일의 물질성(scalar materiality)의 대표적인 사례는 아마도 화폐 자체에 관한 것이다. 대부분의 통화는 정부가 발행하는 국민 통화이다. 국내 일부에서 통용되는 '로컬' 통화도 존재한다. 또한 유럽연합(EU) 회원국 28개국 중 19개 국가에서 법화로 통용되는 유로와 같은 초국적 통화도 있다. 그러한 화폐의 스케일은 각각의 경제, 정치, 사회에 중대한 영향을 미친다. 다음 절에서 본격적으로 다루겠지만, 우리는 지금 이 스케일 문제를 언급할 것이다.

공간적 구성의 두 번째 의미는 본 절의 초점과 관련하여, 금융 프로세스가 지리 공간상의 관계인 **공간** 관계(spatial relations)에 근거하고 영향을 받는다는 것이다. 다른 말로 표현하면, 서로 다른 장소는 금융 프로세스의 작동을 **통해** 서로 연결되며, 그러한 장소 간 연결은 문제의 프로세스의 형태와 결과를 조형한다.

우리는 이미 그러한 공간 관계의 중요성을 보여 주는 명시적인 사례를 본 바 있다. 클라크(Clark 2002)가 보여 준 바와 같이, 런던의 국제금융 허브 역할과 국제금융 시공간을 연결하는 중요성이 그 사례이다. 여기서 중요한 것은 하나의 장소로서의 런던이라기보다는, 다른 장소들과의 **관계에서의** 런던이다. 우리는 또한 금지구역설정이라는 암묵적인 사례를 논한 바 있다. 이 사례는 다소 평가하기 어렵다. 금지구역설정은 하나의 장소에 관한 것인 듯 보인다. 한 장소가 다른 장소에 비해 금융적으로 차별받는 것이기 때문이다. 그러나 하나의 대출기관 입장에서 생각해 보면, 이익 가능성이나 유지 가능성은 전체 포트폴리오에서 담보대출의 성공 여부에 의존한다는 것은 분명하다. 하나의 포트폴리오에서의 높은 이익은 다른 곳에서의 낮은 이익을 감내할 수 있게 한다. 그래서 입증하기는 매우 어렵지만, 붉은 줄(red line) 밖의 근린에 사는 고객들이 다른 곳에 부과되는 높은 이자율로 보조를 받는다고 예상하는 것은 어려운 일이 아니다. 어쨌든 여러 군데에 입지한 대출기관이 한 장소에서 대출을 결정하는 일은 다른 곳에서의 의사결정 및 그 결과들로부터 독립적일 수 없다는 것은 자명하다. 장소들은 불가피하게 대출기관의 든든한 자산 기반을 구성하는 금융 차트에 참여하게 된다.

금융의 공간 관계에 관한 사례를 더 들자면, 금융지리 연구에서 두 가지 서로 다른 분야의 사례로 살펴보는 것이 좋을 것이다. 하나는 오늘날 중국에서의 발전과 관련된 것이고, 다른 하나는 거의 한 세기 전 캘리포니아에서의 발전과 관련된 것이다.

i. **캘리포니아 브랜치**: 헨더슨(Henderson 1998)은 제1차 세계대전과 대공황 사이 기간의 캘리포니아 내륙 농업 지역에서 지점 금융(branch banking)이 성장한 것을 분석하였다. 그는 금융의 공간 관계에 초점을 두고 지점 금융 네트워크—특히 당시 시장을 주도하던 이탈리아은행의 지점들, 1912년 2개 지점이던 것이 1919년에는 24개가 되고, 1927년에는 200개가 넘었다—가

왜 단독 독립 은행보다 그토록 우세하였는가를 보여 주었다. 그 이유는 수 많은 서로 다른 작물이 서로 다른 장소에서 재배되고 서로 다른 시간에 수 확됨으로써, 금융 수요가 계절적·공간적으로 대단히 분절적이었기 때문이다. 개별적인 로컬 은행들에게는 "공간−시간 분절"이 마구 뒤섞여 있던 상황이지만 "펀드를 지점에서 다른 지점으로 연결할 수 있어서 공간−시간을 효과적으로 조정할 수 있는 하나의 은행"에는 그것이 "누적적이고 보완적인 연간 신용 수요"로 나타날 수 있었던 것이다(Henderson 1998, p.107). 금융 기관과 금융 업무의 효율성은 그들의 공간 구조에 의존한다. 그들이 한 장소에 뿌리내려 있는지 아니면 공간상에 나누어져 있는지, 그리고 사업 장소들 간의 시너지를 구현할 수 있는지에 달려 있다.

ii. **중국의 도시 관계**: 라이(Lai 2012)는 오늘날 중국의 3대 금융센터인 상하이, 베이징, 홍콩의 역할을 분석하였다. 그녀가 설명하려 한 것은, 전문가들의 예상과 달리 첫 두 센터의 최근의 부상이 왜 홍콩의 쇠퇴로 이어지지 않았는가 하는 것이었다. 오히려 이 세 센터는 모두 번성하고 있다. 라이의 설명도 헨더슨과 같이 금융의 공간 관계에, 또는 장소들 간의 관계에 기초한다. 그 도시들은 금융센터의 네트워크이다. 그래서 "외국 은행들의 지역 전략에서 은행 각자의 이점을 취하고 구별되는 역할을 수행할 수 있게 하는 것은 이 네트워크이다." 특히 외국 은행들의 중국에 관한 입지 의사결정은 "상하이를 상업센터로, 베이징을 정치센터로, 홍콩을 역외금융센터로 설정한 것에 기반하게 되고, 그것이 그러한 차별화된 발전을 다시 강화한다"(Lai 2012, p.1277). 외국 은행들의 중국에서의 이러한 사업이 모여 세 도시를 서로 다른 방식으로 발전하게 하고, 도시 간 네트워크에 의해 서로 다른 스타일로 만들어 간다.

9.5 권력의 지리

이 장의 나머지에서는 화폐와 금융의 지리에 대한 '비판적' 차원에 보다 집중하고자 한다. 비판적 차원에서는 두 가지가 특히 중요하다. 하나는 특히 화폐와 금융 이슈에 관한 비판의 개념에 대해 연구하는 것이다. 이 책의 여러 곳에서 우리는 '비판이론'이 하듯이, 보다 일반적인 용어로 무엇이 경제지리학에 대한 '비판적'인 접근일 수 있는지에 대해 논의하였다. 그런데 **화폐와 금융**에 대한 비판적 관점은 왜 특히 중요할 수 있는가? 화폐와 금융에 관해 무엇이(그런 것이 있다면) 비판적 관점을 채택하게 하는가? 또는 비판적이게 하는 보다 일반적인 동기를 넘어서는 가치를 갖게 하는 것은 무엇인가?

두 번째는 그 과정에서 화폐와 금융에 관한 최근의 경제지리학 연구를 비판적으로 독해하도록 하는 것이 우리의 목표이다. 이것은 화폐와 금융 현상의 특수성을 보다 심각하게 읽게 하는 것이다. 여기서 우리는 화폐와 금융의 지리에 대한 비판적 접근이 무비판적(uncritical) 접근과 어떻게 다른가를 강조하고자 한다. 무비판적이라고 해서 화폐 및 금융 지리학을 왠지 문제가 있는 것으로 만드는 것만이 아니라는 것은 분명하지만, 우리는 그런 점이 매우 중요하고 일반적인 것이라고 주장한다.

화폐와 금융에 대해 비판적 관점을 채택하는 이유를 가장 잘 표현하는 말이 있다면, 의심의 여지 없이 '권력'이다. 권력은 화폐와 금융을 관통한다. 권력을 규정하고 그 원천과 효과에 관한 것이 아니라면 비판적 사회과학은 무의미하다.

사실 권력과 화폐는 손에 낀 장갑처럼 함께 가는 것이다. 화폐는 사람과 기관에게 권력, 서로에게 작지 않은 권력을 제공한다. 사실 이것은 마르크스의 핵심 통찰이다. 자본주의 사회에서 화폐는 사회적 권력이다. 산 노동을 동원할 수 있는 능력, 즉 생산과정에서 임금노동에 노동을 시키고, 그로부터 잉여

가치를 창출하고 더 많은 화폐를 실현할 수 있는 능력을 그것이 제공하기 때문이다. 그러나 화폐는 권력을 부여하기만 하는 것은 아니다. 화폐의 능력, 즉 화폐는 가치를 가지고 있고 우리가 기대하는 기능을 훌륭하게 수행할 수 있다는 것을 당연하게 받아들이고 있다는 사실로부터 오는 능력(글상자 9.2: 화폐)은 권력에 밀접하게 의존한다. 이른바 불환지폐(fiat money)*를 사용하는 현대 사회에서 그것은 가장 동의되는 바이다. 불환지폐에서는 화폐의 가치가 자체로 가치 있는 어떤 것(비싼 금속 같은)으로 만들어졌다는 데서 오는 것이 아니라, 권력기관(예로 정부)이 그것이 가치 있다고 선언하고 보증한다는 사실로부터 온다.

정부의 결정적 역할에 대해 잠시 논의해 보자. 정부의 역할은 중추적인 지리적 요소이다. 그러나 불환지폐 시스템에서 화폐를 만들어 내는 권력은 정부에만 귀속된 것이 아니라, 명목상 미국 연방준비제도이사회(Federal Reserve Board of Governors, FRB)나 유럽중앙은행(European Central Bank)과 같은 개별 중앙은행에 귀속되어 있다는 점을 인식해야 한다. 민간 상업은행도 화폐를 창출할 수 있고, 국가나 준국가기관의 화폐 창출 활동에 의한 양적 제한 없이 그렇게 할 수 있다. 권력을 화폐에 배태시키는 이 특권은 결코 작은 것이 아니다. 주류경제학자들은 오랫동안 그러한 민간 권력은 잘못이라고 주장해 왔다. 그러나 영국 중앙은행인 잉글랜드은행(Bank of England) 못지않게 주류인 기관도 최근 그것을 받아들였다. "은행은 화폐를 창출할 수 있다. 예금이라는 형태로 새로운 대부를 창출함으로써, 예를 들어 한 은행이 어떤 사람에게 주택 구입을 위해 담보대출로 대부를 해 주면, 그들에게 수천 파운드어치 지폐를 주면서 화폐를 창출하는 것이 아니다. 그보다는 그들의 은행 계좌에 그 담보대출 크기만큼 예금함으로써 그렇게 한다. **그 순간 새로운 화폐가 창출되는**

---

* 역주: 금태환(金兌換)이 불가능한 법정통화.

것이다"(McLeay, Radia, and Thomas 2014, p.3; 원문 강조).

말할 필요도 없이, 금융은 권력관계에 스며들어 있다. 이자를 받고 화폐를 빌려주는 것을 생각해 보자. 우리가 돈을 빌리면, 특별한 형태의 사회적 관계를 창출하고 그 속으로 들어간다. 즉 채권자와 채무자의 관계이다. 이 관계는 바로 본질상 권력관계이다. 채권자의 권력은 공공연하나 사회적으로 부정적이기도 하고(고리대금업자나 단기대부업자의 경우처럼), 보다 은밀하지만 사회적으로는 수용되기도 한다[길거리은행(high-street banks)의 경우처럼]. 돈을 빌려주면 채권자에게는 원리금 상환을 요구할 권력과 그 요구가 충족되지 않을 때 재산압류와 같은 행동을 취할 권력이 생긴다.

더욱이 지리 공간은 권력을 한편으로 하고 화폐와 금융을 다른 한편으로 하는 관계를 공개적으로 매개한다. 이 관계는 공간적 관계이다. 비판 **지리적** 관점이 특별히 중요한 이유이다. 하비가 주장하였듯이, 화폐는 그다지 어렵지 않게 공간과 장소를 지배하는 데 사용될 수 있다. 또한 공간에 대한 지배는 "화폐에 대한 지배로 쉽게 되돌아갈 수 있다"(Harvey 1989, p.186). 간단히 말하면 공간, 권력, 화폐—그리고 우리가 곧 보게 될 금융—는 불가분으로 얽혀 있다. 그러므로 『화폐, 권력, 공간(Money, Power, and Space)』(Corbridge, Martin, and Thrift 1994)이라는 제목의 책은 이 분야 경제지리학의 기념비적 저작이다.

하비(Harvey 1989)는 부동산 투기꾼의 사례를 통해 이 같은 상호 구성적 관계를 조명한 바 있다. 그러나 훨씬 충격적인 것은 전자에 암시된 사례이다. 즉 국민국가의 사례이다. (권력과 금융으로 가기 전에) 먼저 권력과 화폐를 논의한다면, 국가의 중요성은 화폐 스케일에만 국한하더라도 명백하다. 국민국가가 지배적인 것처럼 그러하다. 국가권력은 화폐를 창출하고 그 순환을 정당화한다. 그러나 화폐는 국가권력의 단순한 표현만이 아니다. 화폐는 역사적으로 국가 공간의 통합과 그 통합이 표상하는 국가권력의 영토화에 결정적인 것이었다. **국민 통화**의 창조는 **국민적** "정체성과 가치, 그리고 공동체"를 생산·재생산함으로써, 영토적 응집성을 확증하였다. 국민적 정체성, 가치, 공동체는 다른 것들보다도 통화에 새겨진 그 이미지, "상상된 공동체"로서의 국가를 주조한 그 이미지에 부가된 것이다(Gilbert 2005, p.375). 확장된 스케일의 국민국가의 응집성은 "자국 통화의 가치와 안정성에 긴밀히 결합되어 있다"는 것을 인식하고, 만(Mann 2010, p.617)은 다음과 같이 주장하였다. "근대국가가 다양한 방식으로 지속된다면, 국제자본에 의해 세력이 잦아들 것이라고 예상되더라도 국민국가는 화폐 때문에 지속될 것이다."

이러한 주장이 추상적으로 들린다면 국민국가, 국민국가의 권력, 그리고 **금융**, 특히 지배적인 형태의 국가 금융인 과세의 지리적 연결을 생각해 보자. 캐머런(Cameron 2006, pp. 240-241)이 관찰한 바와 같이, 어떤 과세 체계도 "공간 용어로 표현되어야 할 필요성이 있는데, 이는 내적 관할권을 정의하기 위해서(즉 주권국가는 어디서 누구로부터 징세할 권력을 갖는가)이며, '주권' 공간을 다른 국가와 구별하기 위해서이다." 더욱이 금융 공간에 대한 그러한 권력은 역사적으로 상당한 논쟁과 갈등의 중심이었다. 캐머런이 지적하듯이, "폭력과 군사주의는 신생국에 재정을 지원할 수단으로 과세를 증가시키는 일"에 폭넓게 관련되어 왔다. 영토화된(territorialized) 국가권력을 역사적으로 강화하는 데 있어 금융 공간을 보위하는 일은 화폐 공간을 보위하는 것과 동등하게 중요하였다.

이러한 특별한 사태의 연결과 관련하여, 가장 흥미로우면서 중요하고도 문제적인 진행 중인 발전의 하나는 그것이 명백하게 실패하기 시작하였다는 것이다. 지구화(제8장)로 국가의 세금 기반 금융 공간의 보위와 응집은 근본적으로 도전받아 왔다. 다국적기업은 어느 과세 주권 공간에 '소속'되며, 어디서 법인세를 내야 하는가? 이 문제는 국민국가들을 '출혈경쟁'으로 내몰 뿐 아니라, 기업들 또한 '조세차익거래(tax arbitrage)'로 비난받게 한다. 전자는 국가들이

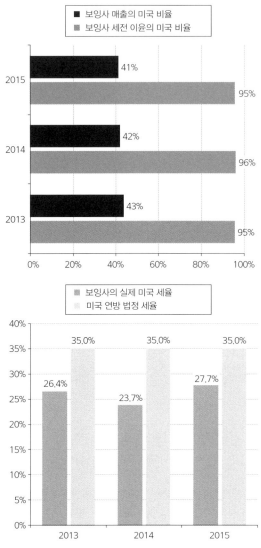

그림 9.1 보잉사의 핵심 금융 지표(2013~2015)

출처: Boeing 2016, pp.68, 69, 106.

더 낮은 세율을 제시하여 기업 본사를 유치하려는 치열한 경쟁이고, 후자는
분식회계를 사용하여 저세금 국가에서 이윤(법인세 징수 근거)이 비정상적으로

많이 잡히도록 하는 것이다. 다수의 주요 다국적기업들이 비난받는 것은 이유가 없지 않다.

그림 9.1을 보면, 세계 최대의 항공사인 보잉(Boeing)사의 데이터를 보여 준다. 두 가지 점이 주목되는데, 서로 관련된 것일 수도 있고 그렇지 않을 수도 있다. 첫째, 보잉사의 거의 모든 이윤이 미국에서 잡히는데, 매출의 절반 이하만 미국에서 발생한다. 다시 말하면 미국에서의 사업은 이윤이 넘치는데, 미국 이외의 사업장에서는 겨우 수지를 맞출 정도이다. 둘째, 다양한 형태의 세금 경감(예로 연구개발 혜택, 미국 제조업 활동 세금 혜택) 덕분에 보잉사가 미국에서 잡힌 이윤에 대해 실제로 지불하는 세율은 법정 세율보다 현저히 낮다.

간단히 말해서 확산하는 다국적기업의 공간 구성이 국민국가의 과세 권력을 탈피할 수 있게 하는 것과 같이, 국민적 과세 공간의 통합은 해체의 위험(아직 그렇게 되지는 않았더라도)을 안고 있다. 몇몇 국민국가는 정부 수입이 전에 없이 위험해지고 있다. 예를 들어, 보잉사는 유럽과 아시아에서 2013~2015년 매해 약 3000억 달러 이상의 막대한 매출을 올렸다. 그러나 해당 국가의 정부는 그해에 보잉사로부터 거의 1페니도 벌지 못했다. 국가의 세금 수입이 취약해지면 국가 자체의 존립을 정당화하는 국가 지출(주로 인프라, 사회적 서비스 등에 대한)이 위험해지고, 결국 국민국가 자체의 역량이 위협받게 된다. 만(Mann)의 의견과는 달리, 근대 국민국가는 돈으로 존립할 것이다. 나라가 (비)금융으로 망하는 것을 볼 일이 없을 것이라고 누가 장담하겠는가?

9.6 금융의 유혹

9.6.1 무비판적 지리
'비판적' 접근은 화폐 및 금융 지리의 근거를 권력과 관련하여 인식하는 것이고, 그것에 따라 분석적 레이다를 조정하는 것이다. 달리 말하면, 지리 연구를 무비판적(uncritical)이게 하는 특성 중 적어도 하나는 권력을 무시하는 것이라고 우리는 말할 수 있다. 그것은 권력을 인식하지 않거나, 아니면 권력의 성격과 함의를 파헤치려 하지 않는 것이다.

글로벌 금융위기의 불안한 여파로 많은 경제 행위자들(전술한 몇몇 국민국가들, 특히 유로존의 국가들을 포함한)은 여전히 금융위기를 겪고 있는데, 지금이 화폐 및 금융 경제지리학 연구들의 비관적인 특성을 곱씹어 보기에 특히 좋은 시점이다(Christophers, Leyshon, and Mann 2017 참조). 이들 학자는 권력의 진실을 파헤치는 데 성공하고 있는가?

이 질문에는 우리가 아닌 다른 논평자들이 먼저 의구심을 표하였다는 사실에 무게를 두어야 한다. 예를 들어, 금융-지리학자 세라 홀(Sarah Hall 2012, p.91)은 "2000년대에 금융-지리학이 … 증가하는 금융 권력에 상당히 유혹당하였다."라고 공개적으로 우려한 바 있다. 금융-지리학과 금융-지리학자들이 금융의 권력에 문제를 제기하지 않고 그것을 중립화하고, 정상적인 것으로 간주하며, 하나 마나 한 분석을 하고 있다는 것이다. 그들이 옆걸음질 치기 시작하였다는 것인가?

홀의 의구심은 화폐 및 금융에 대한 경제지리학 작업이 1990년대 중반부터 변화를 겪었다는 점과 부분적으로 관련된다. 종전에는 정치경제학 이론에 깊이 경도되었고, "화폐와 금융을 특징짓는 것으로 리스크, 불평등, 불안정과 같은 것"에 관심을 두었지만, "화폐 및 금융에 대한 사회적·담론적·문화적 구성이라는 더 큰 관심으로 나아갔다"(Hall 2012, p.91). 그러는 가운데 홀은 금융경제지리학이 금융 권력에 대한 "시각을 잃어버렸고", 아마도 금융에 유혹당한 것이라고 진단하였다.

이를 지적하지 않더라도, 정치경제학으로부터의 이러한 전환은 금융지리학의 선도적인 두 학자인 앤드루 레이슨(Andrew Leyshon)과 나이절 스리프트

(Nigel Thrift)의 저작에도 예시된 바 있다. 그들의 『화폐/공간(Money/Space)』 (1997)은 10여 년간의 연구 결과를 편집한 것인데, 초반의 장들에서는 정치경제학적 틀이었다가 후반의 장에서는 "문화의 역할을 강조하는 담론적 접근"으로 뚜렷이 옮아갔고, "마르크스주의적인 흔적들"이 "사라졌다"(Leyshon and Thrift 1997, p.xii)라고 그들은 썼다. 그러나 레이슨과 스리프트는 권력의 문제 관점을 뚜렷이 견지하는 후반부의 장들에 주목하였다. 그리하여 홀의 비판이 제기한 질문은 다른 경제지리학자들이 그 후 10여 년간 이어진 '담론적(discursive)' 접근에서 권력을 다루는 일을 하였는지, 아니면 '권력'이 실종된 것인지에 대한 것이다.

그럼 우리의 색깔을 드러내 보자. 우리는 홀이 절대적으로 옳다고 생각한다. 문제의 10여 년 동안 경제지리학의 화폐 및 금융 연구는 넓게 보건대(보편적이라는 것이 아니라) 금융과 그 권력에 유혹당하였다. 금융 권력을 분석하고 비판적이 되는 데 대략 실패하였다. 레이슨과 스리프트의 저작과 런던의 다양한 사업소의 젠더화된 문화에 대한 경제지리학자 린다 맥도웰(Linda McDowell 1997)의 빼어난 연구에서 보이는 권력과 그 지리적 차원에 대한 깊은 관심은 뚜렷이 사라졌다. 이러한 점은 문화에 대한 연구나 금융의 담론 연구에만 국한되지 않고 제도경제학적 연구와 금융지리에 "저량(stock)과 유량(flow)" 접근을 심화한 연구들(예로 Clark 2005)에도 나타난다.

권력에 눈을 감는 것은 무비판적 관점의 표현만이 아니다. 이 책의 앞 장들에 다양한 정도로 개진된 논의의 선을 따라가다 보면, 우리가 원하는 것은 화폐와 금융에 대한 최근, 특히 위기 이전 시기의 경제지리학 연구들을 특징짓는 두 가지 다른 점을 조명하는 것이다.

첫 번째는 **무엇을** 연구하는가와 관련된다. 우리가 강조해 왔듯이, 비판적 연구의 핵심적인 속성은 하나의 연구 대상에 대한 반성이나. "왜 우리/니는 이 것이 가치 있는 연구 대상이라고 여기는가? 누가 또는 무엇이 그렇게 만드는가?"에 대한 물음뿐 아니라, "이 대상은 어떻게 그런 명백한 가치를 처음부터 갖게 되었는가?"에 대한 질문을 하는 것이다. 1990년대 후반에서 2000년대까지 지배적인 금융기관, 시장, 실천들의 권력과 영향력은 점차 뚜렷해졌다. 그래서 이러한 것들은 지리적 연구의 당연한 대상이 된다고 여겨졌다. 연구 대상을 이렇게 '당연한' 것으로 설정하는 것은 지리적으로 대단히 배타적이고 배제적이었다. 이러한 대상들은 모두 "고차 금융의 중심지(특히 런던과 뉴욕의 금융가)"였기 때문에 연구자들은 그 중심지에 초점을 두었고, "다른 장소들의 경험에는 대체로 소홀하였다"(Hall 2012, pp.95–96).

두 번째는 역사적·지리적 변화를 어떻게 읽는가와 관련된다. 화폐와 금융의 세계는 시간과 공간에 따라 어떻게 달라지는가? 그러한 변화의 1차 동인은 무엇인가? 경제적으로뿐 아니라 정치적·사회적으로 그 변화의 함의는 무엇인가? 화폐 및 금융에 대한 비판적 지리학은 이 모든 질문을 던지는 것이다. 이와 달리 무비판적 접근은 이러한 질문들을 무시하는 것이다. 대신에 그러한 변화를 불가피한 것으로, 문제가 없는 것으로, 단순히 거기에 있(게 되)어야 할 어떤 것으로 간주한다.

이 두 번째 경향도 위기 이전 시기에는 또한 많은 부분 화폐 및 금융 경제지리학의 특징을 가졌었다. 그것은 특히 고든 클라크(Gordon Clark 2005)의 "글로벌 금융의 지리"에 대한 저술에서 뚜렷한데, 연구 대상과 공간에 대해 사회권력을 무시하고 협애한 무비판적 관점을 취하는 경향을 보인다. 클라크의 연구는 그 시기의 연구 분위기와 초점에서 상징적이기도 하고, 이후의 연구에 영향력도 있기 때문에 보다 상세히 검토하고자 한다.

9.6.2 "화폐는 수은처럼 흐른다"

"글로벌 금융의 지리"는 클라크(2005) 논문의 부제이다. 주 제목은 "화폐는 수은처럼 흐른다(Money Flows like Mercury)."이다. 왜 그러한가? 클라크는 "글로별 금융을 개념화하는" 새로운 방법이 필요하다고 보았다. 이는 그가 기존의 이론적 개념화가 부적절하다고 보았기 때문이다. 특히 기존의 개념화는 "우리의 지리적 상상력을 빈곤하게 한다"(Clark 2005, p.100). 클라크 자신의 개념화는 특히 "글로벌 유동의 공간적·시간적 논리에 관한 것이며, 화폐는 수은처럼 흐른다."라는 은유로 그가 환기하려는 논리를 설명하는 데 기여하려는 것이다.

클라크의 개념화에서 첫 번째 포인트는 그의 준거 틀이 매우 제한적이라는 것이다. 그가 내세운 관심은 "시장 패턴과 프로세스"에 대한 것이다. 그래서 그는 두 가지의 일차적인 행위자 집합을 상정한다(Clark 2005, pp.102-108). 첫째는 "연금기금, 보험회사, 은행, 기업"이거나 보다 일반적으로 "글로벌한 대규모 금융기관"이다. 두 번째는 개인들이다. "연기금 계획에 참여자로서든, 뮤추얼펀드(mutual fund) 투자의 구매자로서든, 글로벌 경제의 주변으로부터 대도시 핵심부로 들어온 상품들의 소비자로서든, 글로벌 제도 변형과정에 들어온 개인들로서, 즉 글로벌 금융 서비스의 능숙한 소비자들"이다.

클라크의 글로벌 제도와 "능숙한" 소비자들은 물론 당연히 글로벌 금융의 정당한 연구 대상이다. 그러나 그늘은 정당한 대상에 머물지 않는다. 문제는 무엇이 또는 누가 클라크의 "글로벌 금융"에 들어가지 않는가이다. 그의 연구에서 주변적이게 되는 것은, 아마도 "서구(West)"에 의존할 수밖에 없는 공간 경제의 "주변"일 것인데, 서방 이외의 다른 모든 사람이나 다른 모든 것이다. 즉 능숙하지 않은 소비자들, 비글로벌 금융기관들, 의미 있는 수준의 금융 "소비자"가 아닌 수십억 명의 사람들이다. 그러나 이 사람들의 생계는 시장 투기에 긴밀하게 연결된 식료품 가격 등을 통해 "글로벌" 금융의 영향을 받게 된다 (Field 2016).

실제로 클라크의 연구에서 그러한 "타자들"은 서구 핵심부에서 확장되어 이익을 주는 글로벌 금융 통합 과정의 수혜자로서만 여겨지는 성향이 있다. 나시 말하면, 글로벌 금융 통합은 서구 금융기관들이 주도하는데, 불가피한 것이고 문제가 없는 것이다. 클라크(Clark 2005, p.109)는 이렇게 주장한다. "글로벌 금융 통합은 베이비붐 세대의 복지를 지키기 위해 불가피한 것일 뿐 아니라, 글로벌 경제의 주변에 사는 대다수 대중의 복지를 개선하는 데도 필요하다." 사실 클라크는 "저개발국의 가난한 공동체들은 발전하는 글로벌 금융 구조 바깥에 남아 있고자 한다는 주장을 접하는 것은 놀라운 일"이라고 할 정도로 그의 주장을 확신한다.

이제 우리는 여기서 우리가 주장하고 있고, 주장하지 않는 것을 분명히 할 필요가 있다. 우리는 클라크가 말한 금융 통합의 긍정적 측면에 대해 틀렸다고 주장하는 것이 아니다. 오히려 그가 잘 말했을 수도 있다. 그러나 금융 지구화로 인한 대규모 파괴적인 결과, 특히 구식민지였던 나라들에서의 파괴적인 결과를 보여 주는 많은 사회과학 연구들이 있다(예로 Bagchi and Dymski 2007). SKS 마이크로파이낸스의 비극(글상자 9.3: SKS 마이크로파이낸스사와 시골 지역의 자살 참조)은 하나의 예일 뿐이다. 더욱이 심지어 국가 간 자본흐름 개방이라는 형태로 오랫동안 글로벌 금융의 국제적인 치어리더였고 건축가였고 조력자였던 **국제통화기금**(International Monetary Fund, IMF)도 이러한 지구화가 무거운 사회적 비용을 부과해 왔다는 반성을 받아들였다(Ostry, Loungani, and Fourceri 2016). (IMF가 자기 죄를 **고백**하였다는 그 유명한 제목 '신자유주의: 과잉 판매?'는 조금 오독이다. IMF가 받아들인 것은 너무 많이 팔렸다는 것으로서 금융 개방성에 대한 것이다.)

요점은 오히려 클라크의 논지가 매우 무비판적이라는 것이다. 글로벌 금융의 축복이라는 도그마를 주어진 것으로 본다는 점에서 그러하다. 그는 글로벌 금융 통합이 유익하다는 점을 **입증**하지 않는다. (또한 그 통합이 정말로 '글로벌해서' 아무도 그 뒤에 '배제되지 않는다'는 것을 증명하지도 않는다.) 당연한 것이라 무비판적으로 **진술될** 뿐이다. 서구화된 금융 회로로의 통합은 해로울 수 있고 심지어 유익하다는 것도 모호하다는 주장은, '주변' 공간의 사람들은 공식적인 연구 의제가 아니라는 이유로 무시되었다. 이러한 배제가 의미하는 것은, '주변'의 사람들이 손해를 보거나 악영향을 받지 않는 것으로 보였다는 것이다. "규제나 통제를 받지 않은" 특정한 상황에서 금융 시스템이 수은처럼 "독이 되는" 일이 발생하면, 이것은 **특히** 경영을 책임지는 사람들 때문이라고 보고 있다는 점에서 그러한 배제는 일관된다(Clark 2005, p.105; 강조 추가).

요약하자면, 클라크의 '글로벌 금융지리'는 우리가 무비판적 접근이라고 하였던 거의 모든 속성을 망라한다. 실제로 그가 추구한 것은 글로벌 금융의 지리 일반이고, 어떤 특별한 글로벌 금융지리가 아니며 글로벌 금융의 지리들도 아니었다.

클라크의 접근은 금융위기에 이르는 10년간의 화폐 및 금융 지리에 대한 더 넓은 연구와 저술을 정확히 반영하여 그것들에 대한 완벽한 대용물이라고 말할 수도 있을 것이다. 그러나 그것은 그렇지 않았고, 지금도 그렇지 않다. 예를 들어, 남아시아와 같은 지역의 가난한 사람들에게 공급되는 소액금융(micro-finance) 서비스의 지리에 관한 중요한 비판적 연구가 출간되었다(Rankin 2003). 이 연구는 확실히 유혹되지 않는 연구이다. 권력에 대한 논의를 하였고, 서구 선진국의 금융 중심지 바깥의 '대안적인' 대상과 공간에 대해 연구하였으

글상자 9.3

SKS 마이크로파이낸스사와 시골 지역의 자살

'소액금융'은 일반적인 용어로 저소득층, 주로 후진국 사람들에게 금융 서비스를 공급하는 것을 의미한다. 그것은 수십 년간 비정부기구(NGO)의 발전 의제에서 핵심이 되어 왔는데, '은행에서 소외된' 사람들, 즉 빈곤 때문에 주류 금융 서비스 네트워크로부터 배제된 사람들에게 도움을 주는 것이다. 그러나 새천년이 되면서 소액금융은 중대한 변화를 겪는데, 결정적인 것은 선진국에 본사를 둔 이윤 지향적인 금융기관이 점차 개입하게 된 것이다. 이와 같이 소액금융에 기반한 형태의 서구 금융 지구화에 대해 계획할자이 아나냐 로이(Ananya Roy 2010)는 "빈곤 자본"이라는 개념을 적용하였다.

이러한 역사적 변형의 한 예는 인도 회사인 SKS 마이크로파이낸스, 지금의 바라트 파이낸셜 인클루션(Bharat Financial Inclusion Ltd.)에 의한 것이다. SKS는 1997년 비영리 소액금융 대부업체로 설립되었다. 그러나 시간이 지나면서 서구 벤처 자본이 들어오자 이윤 모델로 전환되어 2010년 봄베이 주식시장(Bombay Stock Exchange)에 기업공개(initial public offering, IPO)를 추진하였고, 미국 은행인 골드먼삭스(Goldman Sachs)와 모건스탠리(Morgan Stanley) 같은 투자자들을 유치하였다. 모두가 반긴 것은 아니었다. 비영리 소액금융의 선구자 중 하나인 무함마드 유누스(Muhammad Yunus)는 이 사태를 "소액금융을 고리대금업 방향으로 밀어붙이는" 것이라고 보았다. "기업공개를 하면, 가난한 사람들에게서 돈을 벌 수 있는 신나는 기회가 있다는 메시지를 그 공개 주식을 사는 사람들에게 던지고 있는 것이다."라고 그는 말했다(DealBook 2010).

유누스의 경고는 예언이 되었다. 이듬해 인도 남부 안드라프라데시주의 200명 이상이 자살하고 주정부가 SKS를 포함한 소액금융 회사들의 과잉 대부를 꼬집어 비난하면서 SKS는 다시 뉴스를 타게 되었다. "수십 명의 전현직 직원 인터뷰, 전문가 인터뷰, 그리고 사망자 가족들로부터의 비디오테이프 증거물뿐 아니라 회사 내부 문건들도 SKS 최고위층이 그 자살 사태의 일부에 직원들이 관여하였다는 것을 알고 있었음을 보여 준다."라고 AP통신(Associated Press)은 주장하였다. 회사가 위탁한 독립적인 조사 결과, SKS 직원이 적어도 7명의 죽음에는 연관되어 있었다(Kinetz 2012).

AP의 보고서는 우울하기 짝이 없다(Kinetz 2012).

한 여인은 SKS 대부 직원이 그녀의 딸에게 매춘을 시켜 빚을 갚으라고 말한 후 하루 만에 농약을 마시고 죽었다. 그녀는 15만 루피(3,000달러)를 빌렸는데, 주당 600루피(12달러)를 벌고 있었다.

다른 SKS 부채 추징원은 빚을 갚지 못하는 채무자에게 빚을 탕감받고 싶으면 연못에 빠져 죽으라고 말했다. 다음날 그녀는 그대로 했다. 4명의 어린 자녀를 남겨 두고.

한 직원은 한 여성에게서 설사병이 있고 약한 어린 아들을 병원에 두고 격리하여, 빚을 먼저 갚으라고 요구하였다. 그녀가 갚을 때까지 새로운 대출을 받을 수 없었던 다른 채무자들은 그녀에게 죽고 싶으면 농약을 갖다주겠다고 말했다. 그녀가 농약을 마실 때 SKS 직원이 거기 있었다. 그녀는 살아남았다.

한 18세 소녀는 그녀가 학교 시험지 대금인 150루피(3달러)를 건넬 때까지 압력을 받았는데, 결국 농약을 마셨다. 그녀의 유서에는 다음과 같이 쓰여 있었다. "열심히 일해서 돈을 벌자. 빚지지 말자."

이 모든 사례로부터 SKS가 위탁한 보고서는 회사 직원이 직간접으로 책임이 있다고 결론을 내렸다.

며, 글로벌 금융 통합의 원인과 결과에 대해서도 논의하였다. 이 연구는 무비판적 연구에 정확한 안티테제(Antithese, 반정립)였다. 우리가 이 연구를 강조하는 이유이다. 그러나 그러한 예외는 드물었다.

클라크의 비전은 대부분 폭넓게 나타났다. 연구자들은 주로 주요 서구 금융기관, 자신들의 문화(그리고 자신들의 경제), 또한 자신들의 전문적 "지식 네트워크"에 초점을 두었다. 주요 금융센터의 명운과 그들 간의 관계에 초점을 두고, 서구의 "능숙한" 금융 소비자들의 투자 지평과 주관성 등에 주목하였다. "타자의" 공간과 장소들이 어느 정도 관여하면, 주로 그들이 "상상한" 만큼—보통은 '이머징마켓(emerging market, 신흥 시장)'으로서—그래서 서구 경제 행위자들이 투자할 만한 곳이라는 정도로만 고려하였다(Sidaway and Pryke 2000). 솔직히 말해서 이것은 제2장에서 규정한 경제지리의 네 가지 주요 '내러티브'를 소환하는 것인데, '비즈니스의 지리' 스타일의 경제지리였다. 화폐 및 금융의 경제지리가 무비판적이 되면서 『화폐, 권력, 공간』, 『화폐/공간(Money/Space)』, 그리고 스튜어트 코브리지(Stuart Corbridge)의 『부채와 발전(Debt and Development)』(1993)과 같은 1990년대의 텍스트에서 핵심적인 금융 "리스크, 불평등, 불안정성"(홀의 단어들을 사용하여)과 같은 개념들은 크게 후퇴하였다.

9.7 위기 이후의 화폐 및 금융 지리

글로벌 금융위기에서 좋은 것 하나가 나왔다고 한다면, 화폐 및 금융 지리에 대한 연구를 다시 재미있는 것으로 만든 것이라고 말할 수 있다. 위기에 즈음해서는 금융의 텅 빈 승리에 광범위하게 유혹되었다면, 위기 이후의 연구는 비판적이고 이론이 가미된 특성을 갖는다.

무엇보다도 그러한 연구의 지리적 지평은 지속적으로 넓어지고 있다. 그래서 보다 넓은 금융 순환을 매개하는 도시 금융센터의 핵심적 역할에 대한 최근 분석은 라이(Lai 2012)의 중국 3대 금융센터의 분석은 물론 바센스, 더루더, 위틀록스(Bassens, Derudder and Witlox 2011)의 페르시아만 도시—두바이, 쿠웨이트시, 마나마—의 금융센터 기능에 대한 분석을 포함한다. 이 연구들은 금융에서 장소가 어떻게 중요한지에 대한 우리의 기존 이해를 심화시키고 확장한다. 그 중요성이 상대적이든[바센스 등은 이슬람 금융 서비스 기업의 샤리아(Sharī'ah) 자문위원회가 금융센터들과 어떻게 연결되는지에 초점을 둔다], 보다 절대적이든(마나마의 지배적인 지위는 샤리아에 맞는 투자를 위한 표준을 설정하는 그 도시의 역할로부터 온다) 말이다.

새로운 연구들은 또한 장소가 투자 기회로 나타나는 방식에 대한 우리의 지식을 풍부하게 하였다. 그러한 연구들은 위기 이후의 불균등한 투자 잠재력 경관에 대한 자연, 환경 변화, 기후 관련 리스크가 점점 증가하는 점을 지적하였다. 예를 들어, 리 존슨(Leigh Johnson 2014)은 "장소의 수익(returns on place)" 개념을 제기하여, 장소마다 다른 자연적 **취약성**이 미국 허리케인이나 지진 리스크와 같은 이른바 최고의 위험과 결부되어 증권화 기법을 통해 어떻게 투자 가능한 금융**자산**으로 변환되는지를 파악하였다.

이런 방향의 최근 연구 덕분에 우리는 전에 모호하게 알았던 것, 즉 증권화와 유사 기법들의 연결 역할을 통해 핵심 이해당사자들이 새로운 복잡한 사회–공간 관계에 말려들도록 하는 방식에 대해 더 많이 알게 되었다. 가장 두드러진 발견 중 하나는 환경 및 기후 위험이 점차 핵심적인 투자 성장 거점의 하나로 비쳐지는 영역에 대한 연구로부터 온다는 것이다. 도시 인프라, 특히 교통로 및 허브, 공공 도시 인프라와 같은 영역이다. 많은 나라에서 혹독하고 점증하는 압력을 받고 있는 공공 금융, 많은 정부들이 기조로 하고 있는 긴축, 그리고 새로운 공공 인프라 금융이나 민영화 및 '발매 가치(releasing value)'에 대한 기존 것과 다른 혁신적인 메커니즘이 검토되고 있다. 시카고와 같은 미국 도시들에 대해 애슈턴, 두사르, 웨버(Ashton, Doussard, and Webber 2016)가 분석한 그런 메커니즘 중 하나는 기존 인프라를 글로벌 투자 컨소시엄들에 임대하는 것이다. 컨소시엄들은 그러한 자산에서 발생하는(통행료 같은) 소득흐름에 접근하게 된다. 그러한 거래는 도시정부를 다양한 로컬 밖의 행위자들과의 금융 관계로 얽히게 하여, 다 파악하기도 어려운 다채로운 책임 추궁에 시정부들을 노출시키고 만다고 저자들은 주장하였다.

이와 같이 인프라와 기후 위험은 투자자들의 포트폴리오를 다변화하고 지방 국가와 같은 중요 행위자들을 연루시키고 있지만, 화폐 및 금융 경제지리학의 한 분야는 여전히 가계와 저당 대출을 주제로 하고 있다. 그래서 이 분야 연구들은 금융위기 직전까지 금지구역설정(redlining)이 횡행하였다는 것을 보여 주고 있다. 와일리 등(Wyly et al. 2009)의 연구는 이런 점에서 특히 주목된다. 환경 위험과 인프라 연구와 같이 증권화로 인한 공간 연결이라는 틀에서, 월가의 증권화 채널을 통해 미국 대도시 지역의 신용등급 낮은 노동계급과 소수민족 한계 집단에 대한 계급 착취적, 약탈적, 장소 차별적 대부 행태가 부채와 투자의 글로벌 네트워크를 먹여 살린다고 그는 분석하였다. 대출자들에게는 장소가 정말로 중요하였고 또 중요하다.

그러나 항상은 아니지만, 또는 적어도 가계나 소비자 신용 위험의 가격 설정에서 장소는 유일한 혹은 최대의 지리적 스케일은 아니다. 다른 스케일도 중요하다. 그것은 다음에서 드러난다. 지역/국가 스케일에서의 금융 관계들의 생산/재생산에서의 금융 거래가 없다면, 로컬 스케일의 금융 관계의 구성을 우리는 이해할 수 없다. 예를 들어, 1990년대와 2000년대 초반 미국 입법부가 소비자 신용 위험을 구매하고 판매할 수 있는 전국적 공간을 창출하려고 하였던 노력에 대한 마크 키어(Mark Kear 2014) 논문의 숭심 수제가 그런 것이다. 특히 그는 공정신용보고법(Fair Credit Reporting Act)의 조문 개정을 표로 정리하였는데, "장소-중립적(place-free)"인 용어로 위험의 가격을 매길 수 있도록 하기 위해 전국 시장을 조성하려 하였다. 존슨(Johnson)의 "장소의 수익(returns on place)"과는 반대로 말이다. 와일리 등(Wyly et al. 2009)이 규정한 장소에 기반한 금지구역설정은 그러한 배경의 노력과는 반대로 볼 수 있다. 그러한 배경의 노력은 키어(Kear)가 강조하듯이, 금융 주체 형성과정에서 지리적 스케일—그리고 스케일의 생산/재생산—의 중요성을 강조하는 것이다.

이러한 연구들은 '금융지리학'을 강력한 비판적 감수성으로 다시 논구하기 시작하였다. 권력과 금융적 '진보'에 대한 질문이 다시 의제로 돌아왔고, 주어진 것으로 여겨졌던 연구 대상들에 반성적 의문을 던졌다.

그러나 금융에 대한 다른 연구 경향인 위기 이후 경제지리 연구도 있다는 점을 유의할 필요가 있다. 금융 및 금융부문에 관한 위기 이후(post-crisis)의 정치적·대중적 논의 대부분은 확실히 무책임, 탐욕, 무모함을 극단적으로 비판하는 것이었다. 이것은 예견된 것이었다. 그러나 문제는 그러한 판단들이 학문적 분석을 질식시키기 시작하였다는 점이다. 분석이 얄팍한 도덕주의로 보이기 시작하였다는 뜻이다.

그러므로 우리가 여기서 문제 삼는 것은, 클라크(Clark)에서 보이는 위기 이전 "글로벌 금융의 지리학"에 관해 전에 언급한 것과는 사뭇 다른 것이다. 사실 "화폐는 수은처럼 흐른다"는 말로 클라크가 비판한 것은 금융 연구 분야에 있던 기존의 긴장이었고, 그것은 우리가 여기서 하고자 하는 것을 밀접하게 반영한다. 클라크(Clark 2005, p.103)는 다음과 같이 술회하였다. "북아메리카 금융자본주의의 권력에 관심을 가진 프레드릭 제임슨(Fredric Jameson)과 다른 사람들의 저작을 다시 읽으면서, 이론적 외피를 썼음에도 흔히 도덕적 분노를 담고 있는 것에 충격을 받았다."

위기 이후의 학술적 금융 비판의 많은 것들—지리적 비판, 비지리적 비판 모두—에서 우리가 동의하는 것은 이것이다. 즉 이론적 외피를 썼으나 도덕적 분노가 매우 많다는 것이다. 명시적으로 지리적 관점에서 저술된 것 중에서 그러한 도덕주의를 강하게 담고 있는 두드러진 연구자로는 에발트 엥엘런(Ewald Engelen)이 있다. 그는 금융과 금융가들에 대해 "명백히 사악하다"(Engelen 2014, p.254)라고 대놓고 부르짖는다.

그러한 분노는 이해할 수 있고 간혹 정당화될 수도 있지만, 비판 전략으로서는 그다지 적절하지 않다. "우쭐대는 급진주의, 즉 '은행이 세상을 지배한다!', '자본주의=탐욕'이라는 데 모든 청중이 동의한다고 보고 음모론과 성급한 일반화를 반복하는 자신만의 반대론"을 반대하는 이유에 대해 만(Mann 2013, pp.2-3)은 다음과 같이 설명한다.

> 셸오일(Shell Oil)이나 시티뱅크(Citibank)의 CEO는 필시 잔인한 이윤추구자요 갑부 망상자들이다. 그들은 정말 나쁜 놈들이다. 이런 주장은 자본주의 비판의 기반이 아니고 기반이 될 수도 없다. 자본주의는 이윤추구자와 갑부 망상자들로만 만들어지는 것도, 그들로만 옹호되는 것도 아니다. 또한 그들이 자신들이 담당하는 구조적 지위를 필요로 하는 그런 시스템을 만든 것도 아니다. 실제로는 자본주의는 정교하고, 역사적으로 배태된, 그리고 우리 대부분이 참여하는 강력한 사회적·물질적 관계에 의해 생산되고 재생산된다.

금융가들이 "사악하다"고 비판하는 것은 자본주의 비판이 아니라, **자본주의자** 비판이거나 그들 중 인지된 비도덕적인 무리에 대한 비판이다. 그런 논증이 함축하는 바는, 그러한 모든 개인의 사악함을 제거한다면, 세상은 모두 잘 돌아갈 것이라는 것이다. 이러한 도덕주의적인 언어로 비판을 하는 것은 행동이 기저의 심리적 성향으로부터 곧바로 나온다는 논란이 있는 가정을 함축하는 것일 뿐 아니라, '사악함'을 그 안에 내상하는 자본주의의 **성지경세**를 부시하는 것이다. 또한 이것은 문제를 오도한다. 만(Mann 2013, pp.4-5)이 지적

한 바와 같이, "문제는 탐욕스런 사람들이 공모한 것이 자본주의라는 것이 아니다. 우리의 집합적 삶을 조직하는 방식으로서의 자본주의가 우리를 탐욕적이게 만듦으로써 가장 잘 굴러간다는 것이 문제이다. 또한 그리하여 비열한 CEO와 투자 은행가를 비난하는 것은 도덕적 만족을 줄지 몰라도 문제를 드러내는 데는 실패한다는 것이다."

우리는 도덕적 분노가 경제지리학의 비판적 분석을 대신하지 않는다는 클라크의 의견에 동의하지만, 금융위기의 원인에 대한 클라크(Clark 2011) 자신의 독해는 비슷한 실패를 겪고 있다고 본다. 클라크에 있어 위기를 설명하는 것은 사악함이라기보다는 '근시안'—인간의 근본적인 단기성과주의 성향, 단기 수익을 강조하는 투자자의 해로운 강조—이다. 그러나 문제는 여전히 인간성과 심리학으로 설정되어 비도덕성이 근시안으로 바뀌었을 뿐이다. 어느 쪽이든 인간의 위험한 본성, 즉 "많은(모두는 아닌) 시장 행위자들이 약간의 자기절제를 하지 못하는 무능이나 무의지"가 제어될 필요가 있다는 것이 클라크의 우려이다(Clark 2011, p.5). 이런 식으로 생각하면, 핵심 문제를 지배적인 정치경제 체제의 역사적·지리적 맥락에서 발견하는 것이 아니라 사람들의 본성에서 찾게 된다. 그와 같이 그 핵심 문제는, 그것이 해소되지 않으면 이론적으로 거시 사회경제적 현재 상태 안에 그대로 머물게 된다.

9.8 결론

화폐와 금융, 그리고 현대 사회생활의 다른 측면에 미치는 심대한 영향과 식민화 과정은 명백히 비판적 이슈이다. 그런 이슈들을 비판적으로 분석하는 데 지리적 상상력이 필수불가결하다는 것을 드러내는 것, 그것이 이 장의 가장 중요한 목표이다. 지리적 차원에 대한 적정한 고려가 없다면, 화폐와 금융은 체계적으로 드러날 수 없다. 간단히 말해서 그것들은 언제 어디서든 지리적 현상이기 때문이다. 지리는 화폐와 금융의 구성과 작동에 필수적이다. 지리가 변하면 현상도 변한다.

또한 우리는 화폐 및 금융 지리에 대한 몇몇 접근이 다른 접근에 비해 분석적으로 강력하고, 통찰력이 있으며, 유익하다(다소 나쁜 말이지만)는 것을 보여주고자 하였다. 이 책 전체를 관통하는 비판적 관점에 따라 우리는 권력 문제에 민감하고, 연구 대상과 가능성의 조건에 대해 반성적이며, 세계의 변화와 그 결과의 기저에 있는 힘을 파헤치는 연구들을 치켜세웠다. 이런 점에서 비판적 인식을 특히 요구한다는 점에서 화폐와 금융은 중요하다.

넓게 보아 지리적인 것이 화폐적이고 금융적인 것을 형성하는 주요 방식들을 고찰함에 있어 이 장은 일반적인 '장소'만의 중심성이 아니라 **도시** 장소, 특정 장소들의 중심성을 강조하였다. 그러한 장소들은 물질적으로 금융산업을 작동하게 하는 명령하는 입지이기도 하고(오브라이언의 유명한 "지리의 종언" 테제로 우리가 시작한 바 있다), 투자와 분배 전략을 통해 금융(클라크의 흐름 은유)이 지속적으로 축적되고 착취하는 장소이기도 하다. 더욱이 서브프라임 사태와 뒤이은 경기 후퇴를 예로 들면, 도시적인 것과 금융적인 것의 연관은 경제위기 시에 특히 더 현실적인 것으로 나타난다. 실제로 위기 와중에 이루어진 인터뷰에서 하비(Harvey 2009)는 그것을 "도시화의 금융위기"라고 불렀다.

다음 장에서는 이러한 수렴에 관해 우연적이었는데 우연이 아닌 어떤 것을 논의한다. 화폐와 금융 그리고 그들의 지리는 그 장—도시화—의 핵심적인 현상에 밀접하게 연결된다. 그 이전 —지구화—의 핵심 현상에 연결되는 것보다도 더 밀접하게 연결된다. 사실 이 책 제2부의 여러 장들의 개별 주제 중 자신의 지리에서만 이해되는 것은 없으며, 어느 주제도 다른 지리들과 독립적으로 완전히 이해될 수도 없다. 동시에 금융의 지리는 지구화의 지리인 경우가 많고, 또한 도시화의 지리인 경우도 흔하다.

참고문헌

Ashton, P., Doussard, M., and Weber, R. 2016. Reconstituting the State: City Powers and Exposures in Chicago's Infrastructure Leases. *Urban Studies* 53: 1384-1400.

Bagchi, A. K., and Dymski, G. A., eds. 2007. *Capture and Exclude: Developing Economies and the Poor Global Finance.* New Delhi: Tulika Books.

Bassens, D., Derudder, B., and Witlox, F. 2011. Setting Shari'a Standards: On the Role, Power and Spatialities of Interlocking Shari'a Boards in Islamic Financial Services. *Geoforum* 42: 94-103.

BIS (Bank for International Settlements). 2016. Global OTC Derivatives Market. http://www.bis.org/statistics/d5_l.pdf (accessed June 26, 2017).

Boeing. 2016. 10-K Annual Report for the Fiscal Year Ended December 31, 2015 https://www.sec.gov/Archives/edgar/data/12927/000001292716000099/a201512dec311Ok.htm (accessed July 3, 2017).

Bryan, D., and Rafferty, M. 2006. *Capitalism with Derivatives: A Political Economy of Financial Derivatives, Capital and Class.* Basingstoke: Palgrave Macmillan.

Cameron, A. 2006. Turning Point? The Volatile Geographies of Taxation. *Antipode* 38: 236-258.

Christophers, B. 2009. Complexity, Finance, and Progress in Human Geography. *Progress in Human Geography* 33: 807-824.

Christophers, B. 2013. *Banking across Boundaries: Placing Finance in Capitalism.* Oxford: Wiley-Blackwell.

Christophers, B. 2015. The Limits to Financialization. *Dialogues in Human Geography* 5: 183-200.

Christophers, B., Leyshon, A., and Mann, G., eds. 2017. *Money and Finance after the Crisis: Critical Thinking for Uncertain Times.* Oxford: Wiley-Black.

Clark, G. L. 2002. London in the European Financial Services Industry: Locational Advantage and Product Complementarities. *Journal of Economic Geography* 2: 433-453.

Clark, G. L. 2005. Money Flows like Mercury: The Geography of Global Finance. *Geografiska Annaler*: Series B 87: 99-112.

Clark, G. L. 2011. Myopia and the Global Financial Crisis: Context-Specific Reasoning, Market Structure, and Institutional Governance. *Dialogues in Human Geography* 1: 4-25.

Corbridge, S. 1993. *Debt and Development.* Oxford: Blackwell.

Corbridge, S., Martin, R., and Thrift, N., eds. 1994. *Money, Power and Space.* Oxford: Blackwell.

DealBook. 2010. SKS l.P.O. Ignites Microfinance Debate. http://dealbook.nytimes.com/2010107/29/sks-i-p-o-sparks-microfmance-debate/?_r=O (accessed June 26, 2017).

Engelen, E. 2014. Geography Can Explain Much, If Not All... *Environment and Planning A* 46:251-255.

Ferguson, N. 2009. *The Ascent of Money: A Financial History of the World*. London: Penguin.

Field, S. 2016. The Financialization of Food and the 2008-2011 Food Price Spikes. *Environment and Planning A*, 48: 2272-2290.

Gilbert, E. 2005. Common Cents: Situating Money in Time and Place. *Economy and Society* 34: 357-388.

Hall, S. 2012. Theory, Practice, and Crisis: Changing Economic Geographies of Money and Finance. In T.J. Barnes, J. Peck, and E. Sheppard (eds), *The Wiley-Blackwell Companion to Economic Geography*. Oxford: Wiley-Blackwell, pp.91-103.

Harvey, D. 1989. *The Urban Experience*. Oxford: Blackwell.

Harvey, D. 2009. Their Crisis, Our Challenge. http://www.redpepper.org.uk/Their-crisis-our-challenge (accessed June 26, 2017).

Henderson, G. 1998. *California and the Fictions of Capital*. Oxford: Oxford University Press.

Ingham, G. 2004. *The Nature of Money*. Cambridge: Polity Press.

Johnson, L. 2014. Geographies of Securitized Catastrophe Risk and the Implications of Climate Change. *Economic Geography* 90: 155-185.

Kear, M. 2014. The Scale Effects of Financialization: The Fair Credit Reporting Act and the Production of Financial Space and Subjects. *Geoforum* 57: 99-109.

Kinetz, E. 2012. Lender's Own Probe Links it to Suicides. http://www.usnews.com/news/world/articles/2012/02/24/ap-impact-lenders-own-probe-links-it -to-suicides (accessed June 26, 2017).

Lai, K. 2012. Differentiated Markets: Shanghai, Beijing and Hong Kong in China's Financial Centre Network. *Urban Studies* 49: 1275-1296.

Leyshon, A., and Thrift, N. 1995. Geographies of Financial Exclusion: Financial Abandonment in Britain and the United States. *Transactions of the Institute of British Geographers* 20: 312-341.

Leyshon, A., and Thrift, N. 1997. *Money/Space: Geographies of Monetary Transformation*. London: Routledge.

Mann, G. 2010. Hobbes' Redoubt? Toward a Geography of Monetary Policy. *Progress in Human Geography* 34: 601-625.

Mann, G. 2013. *Disassembly Required: A Field Guide to Actually Existing Capitalism*. Edinburgh: AK Press.

McDowell, L. 1997. *Capital Cultures: Gender at Work in the City*. Oxford: Blackwell.

McLeay, M., Radia, A., and Thomas, R. 2014. Money Creation in the Modern Economy. *Bank of England Quarterly Bulletin* Q1.

O'Brien, R. 1992. *Global Financial Integration: The End of Geography*. London: Chatham House.

Ostry, J. D., Loungani, P., and Fourceri, D. 2016. Neoliberalism: Oversold? *Finance & Development* 53: 38-41.

Rankin, K. N. 2003. Cultures of Economies: Gender and Socio-Spatial Change in Nepal. *Gender, Place and Culture* 10: 111-129.

Roberts, S. 1994. Fictitious Capital, Fictitious Spaces: The Geography of Offshore Financial Flows. In S. Corbridge, R. Martin, and N. Thrift (eds), *Money, Power and Space*. Oxford: Blackwell, pp.91-115.

Roy, A. 2010. *Poverty Capital: Microfinance and the Making of Development*. New York: Routledge.

Sell, F. L. 2001. *Contagion in Financial Markets*. Cheltenham: Edward Elgar.

Sidaway, J. D., and Pryke, M. 2000. The Strange Geographies of 'Emerging Markets.' *Transactions of the Institute of British Geographers* 25: 187-201.

Williams, P. 1978. Building Societies and the Inner City. *Transactions of the Institute of British Geographers* 3: 23-34.

Wyly, E., Moos, M., Hammel, D., and Kabahizi, E. 2009. Cartographies of Race and Class: Mapping the Class-Monopoly Rents of American Subprime Mortgage Capital. *International Journal of Urban and Regional Research* 33: 332-354.

도시와 도시화

10.1 서론

도시와 도시화—한 사회에서 촌락 지역보다는 도시 지역에 점점 더 많은 사람들이 살게 되는 과정—에 관한 장이 있는 것이 경제지리학 책에서 다소 의아해 보일 수 있다. 그것은 도시지리학의 분야가 아닌가? 그러나 도시지리학의 분야만은 아니다. 이 장에서 우리는 경제지리학이 도시 및 도시화에 무관심할 수 없다는 것을 보여 주고자 한다.

지리학자 딕 워커(Dick Walker)의 도발적인 공식을 보자. 워커(Walker 2012, p.54)는 글로벌 금융위기를 고찰하면서 "도시지리학과 경제지리학의 본질적 일체성"을 언급한 바 있다. 그는 무슨 뜻으로 이런 말을 한 것일까? 도시지리학과 경제지리학이 하나이며 같다는 것일까? 모든 도시지리학은 곧 경제(지리학)이고, 모든 경제지리학은 곧 도시(지리학)라는 것인가? 우리 생각은 다르다. 무엇보다도 도시지리학은 도시의 경제뿐 아니라 도시의 문화와 정치를 다루고, 경제지리학은 도시만이 아니라 국가를 다룬다(Williams 1975). 워커는 두 가지를 염두에 둔 것이라고 우리는 본다. 이 두 가지는 이 장이 추구하는 바이기도 하다.

첫째, 인간의 정주 패턴은 경제과정 및 결과와 일치하지 않는다. 사회 자신이 편성하는 지리적 배치(configuration)가 그 사회의 경제활동들의 형태와 발전을 형성한다. 이것은 특히 도시와 도시가 생성하는 경제에서 잘 드러난다. 다시 말하면, 경제를 이해하려면 도시경제를 이해해야 한다는 뜻이다.

둘째, 도시와 도시화가 경제에서 중요하다면, 경제 또한 도시와 도시화에서 중요하다는 것이다. 한 사회의 경제적 특성—자본주의냐 사회주의냐, 상업적이냐 공업적이냐, 제조업 주도냐 서비스 주도냐 등—은 그 사회의 도시들이 어떻게 발달하고 무엇처럼 보이는가에 심대한 영향을 미친다. 도시라는 지리적 현상을 이해하려면 경제와 경제학의 관점에서 이해하는 것이 필수적이다.

요약하면, 경제적인 것과 도시적인 것 사이의 관계는 호혜적이고 상호 구성적이며 **변증법적**이다. 그리고 그 관계는 경제와 지리가 함께 있는 경제지리학이 탐구하기에 안성맞춤이다. 이 장은 그러한 기획의 핵심 요소 몇 가지를 비판적으로 검토하고자 한다.

10.2 도시와 경제의 역사

10.2.1 초기 수력도시 체제
5,000년 전 나일강, 인더스강, 티그리스−유프라테스강 하곡의 세계 최초 도시들의 등장부터 시작해 보자. 역사학자와 고고학자들은 이들 도시 발달이 해

당 지역경제의 근본적인 변혁으로 이해되어야 한다고 오랫동안 주장해 왔다. 예를 들어, 고고학자 고든 차일드(Gordon Childe 1950, p.3)는 「도시혁명(The Urban Revolution)」이라는 유명한 논문에서 "사회의 발전 단계에서 하나의 새로운 경제 단계"라고 썼다. 경제적 변혁이 도시의 탄생을 일으켰거나, 적어도 가능하게 하였다는 것이다. 어떻게 그렇게 하였을까?

핵심은 의미 있는 '노동의 분업'—경제학자들이 사람들이 상이한 직무로 전문화되는 사회적 분화를 지칭하기 위해 사용한 용어(제12장 참조)—이 부족한 다소 자급자족적인 사회경제적 재생산 체제에서 저장 가능한 식량 잉여를 산출하고, 상이한 종류의 전문 노동력이 분화되기 시작하는 체제로의 전환이다. 이 전환은 풍부한 범람원 토양이 있는 지역에서 연중 물 공급을 가능하게 하는 새로운 관개 기술 발전으로 설명되었다. 그 기술 발전으로 곡물 경작과 생산성을 향상하였으며, 처음으로 농부들이 "자신과 가족을 부양하는 데 필요한 양보다 더 많은 식량을" 생산할 수 있게 되었다(Childe 1950, p.6).

이러한 경제적 전환은 여러 가지 중요한 지리적 결과를 낳았다. 가장 중요한 것은 식량을 찾아 계절적으로 이주할 필요를 감소시켜 정주생활을 가능하게 하였다. 또한 "잉여 생산이 식량 생산으로부터 해방된 다수의 상주하는 전문가를 부양하기 충분할 정도로 많아져" 노동의 사회적 분업을 산출하였다(Childe 1950, p.8). 이러한 발전은 교통에서의 혁신(바퀴 달린 수레, 짐 나르는 동물, 수상 운송 등)과 동시대에 이루어져, "식량을 소수의 중심지로 모으기 쉽게 하였으며", 도시 형성의 조건이 성숙되었다. "그리하여 최초의 도시들이 일어났다."라고 차일드는 말했다. 곧 알렉산드리아, 하라파, 우르 등이다. 상대적으로 대규모인 취락만이 전문 노동력에 따라 조직되고 경제적 상호의존을 특징으로 하는 정주사회를 이룰 수 있었다.

전술한 역사적 스케치에서 얻을 수 있는 시사점은 최초의 도시들은 역사적·지리적으로 일련의 특정한 경제적 관계들의 산물이자 재현이었다는 점이다. **모든 도시들은 그러하다.** 언제나 도시들—그 존재, 역할, 형태 등—은 그들의 경제적 관계를 통해 독해되고 이해되어야 한다.

그런데 초기 도시 형성에 관한 문헌이 동일하게 전해 주는 두 번째 중요한 시사점이 있다. 그것은 도시와 사회권력에 관한 것이다. 도시 바깥의 농부들이 식량 잉여를 다소간 양도하도록 강제되지 않으면 도시가 부양될 수 없다. 노동의 분업을 가능하게 하는 잉여의 착취가 있으려면 잉여를 수집할 권력이 필요하다. 짧게 말해서 도시는 시초부터 권력을 체현한다.

10.2.2 상인도시

이제 인류 역사의 훨씬 이후 단계에서 세계의 여러 지역에 나타난 다양한 도시적 현상으로 건너가 보자. 벨기에 역사학자인 앙리 피렌(Henri Pirenne)이 연구한 서유럽의 중세도시들이다. 그는 『중세도시(Medieval Cities)』(2014[1925])에서 게르만과 이슬람의 침입으로 로마제국의 도시들이 상대적으로 쇠퇴하였으나, 주요 도시들은 11세기 유럽에 다시 등장하였다고 주장한다. 농업 잉여 때문이라기보다 완전히 다른 경제적 환경의 맥락에서 도시가 재등장하였다는 것이다.

이들 중세도시는 **상인**도시(merchant cities) 혹은 상업도시(merchantile cities)였다. 이 도시들은 유럽과 이슬람 세계를 연결하는 **무역 기반** 경제의 주축 허브였다. 상인도시들이 점점 발달하여 다음 4세기를 거치면서 경제사학자들이 '상업자본주의(merchant capitalism)'라고 부르는 것의 완숙된 형태로 발전하였다. 이것은 사회경제 체제로서의 자본주의가 발달한 최초의 국면이었다. 이들 도시는 상인들이 무역을 위해 모이는 중심지로 기능하여, 지리적으로 흩어져 있는 것보다 무역과정을 매우 효율적으로 만들었다.

각 도시들은 새롭고 차별화된 경제 기능을 가졌는데, 플랑드르의 브루게, 겐트, 이퍼르와 같은 대규모 섬유 무역도시이거나, 지중해 기반의 무역을 지배하게 된 아말피, 제노바, 베네치아와 같은 이탈리아 도시들이다. 9세기 후반에 이미 다수의 무역로가 서유럽과 이슬람 세계를 연결하고 있었다고 후속 연구들이 피렌의 시기 구분을 수정하기도 하였지만, 도시 발달과 무역 기반 경제의 핵심적 연관은 도전받지 않고 유지되고 있다.

10.2.3 산업도시

그렇다면 우리 시대의 도시들과 가까운 도시는 무엇인가? 그런 도시들의 기원, 발달, 그리고 그 당시의 경제 상황에서 그 도시들의 '위상'의 관점으로 사회생활을 유사하게 파악할 수 있을까? 어떤 의미에서는 우리가 보게 될 마지막에서 두 번째 유형에 적용되는 이름표—'산업도시(industrial cities)'—가 우리 질문에 대한 답이다. 세계의 많은 부분에서 존재하고 있는 이들 도시는 여전히 **산업적**이다. 말하자면 이들 도시는 경제적 기능('공업', 즉 기계제 대공업을 포함하는)으로 정의되거나, 또는 적어도 도시들이 존재하고 특성화되는 경제 세계의 성격(산업자본주의)에 의해 정의된 것이다(제12장 참조).

　산업화는 산업도시(산업화의 도시적 구체화)와 밀접하게 관련될 뿐 아니라, 자체로 도시, 즉 도시화와 밀접히 관련된다. 산업화와 도시화는 역사적으로 분리할 수 없으며 서로 함께 가는 관계였다는 사고는 사회과학에서 '정형화된 사실'(넓게 받아들여지는 일반화)이다. 1950년대에서 1970년대까지 시장개혁 이전 중국에서의 대규모 촌락 지역 산업화(Sigurdson 1977)와 같은 예외가 거의 없다는 것도 그 규칙을 지지한다. 일반적으로 산업화는 도시화를 의미하고 그 역도 성립한다. 그림 10.1을 보면 이 공생관계의 전형적이고 원천적인 사례를 볼 수 있다. 즉 영국은 최초의 산업국가이자, 18세기 중반에서 19세기 중반까지 최초로 급격한 동시적인 도시화를 겪었다.

　산업화와 도시화 관계의 동학을 우리는 어떻게 이해해야 하는가? 한편으로는 18세기 후반 북서 유럽의 산업도시의 발달은 차일드(Childe)가 연구한 고대

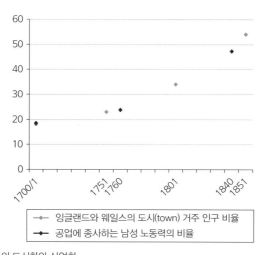

그림 10.1 영국의 도시화와 산업화
출처: Thompson 1990, p.8; Crafts 1985, p.62.

수력도시(hydraulic cities) 문명의 발달을 반영한다. 양자는 원래 잉여의 창출로 가능하게 되었고, 잉여 축적이 집중되는 장소였다. 문제의 잉여는 식량에서만 있는 것이 아니다. 첫째, 최초의 자본주의적 산업 제조업 활동과 자본주의 무역 활동의 시기가 결합하여 고대도시가 결코 경험한 바 없던 잉여―즉 각적 사용에 불필요한 양―를 산출하였다. 그것은 화폐, 특히 가치 저장 수단(제9장)으로서의 화폐의 잉여이다. 화폐 잉여는 새로운 도시 인프라의 건설에 사용될 수 있고 사용되었다. 둘째, 촌락 지역의 발전 또한 다른 상품, 즉 노동력의 거대한 잉여를 창출하였다. 18세기 잉글랜드에서 가장 주목할 만한 것은 공유토지의 사유화 또는 '인클로저(enclosure)'이다. 이 과정은 토지에서 이탈된 계급, 그래서 자신의 노동력을 산업자본가에게 팔 '자유'가 있는 계급을 창출해 냈다(제12장). 잉여 화폐와 마찬가지로 이들 잉여 인간은 지불노동을 찾아서 새로운 거점도시들(urban centers)로 이주해 갔다.

산업화가 산업도시에서 시작하지 않았더라도, 산업도시는 충분히 발달하였을 것이다. 산업도시는 빠르게 산업자본주의의 심장이 되었다. 이는 이것 없

경제지리학

이는 대규모 산업화가 불가능하였을 수도 있는 대단한 지리 현상이었다. 데이
비드 하비(David Harvey 1985)는 "공급 측면의 도시화(supply-side urbaniza-
tion)"란 개념을 만들었는데, 이는 지리적인 것(산업도시)과 새로운 경제(산업
화)와의 중대한 관련을 포착하기 위한 것이다. 산업도시는 산업적 규모의 자
본주의적 생산이 이루어지고 번성하도록 원자재를 유례없이 **공급하였다.** 그

글상자 10.1

폭스콘시(市)

폭스콘 테크놀로지 그룹은 대만의 전자 제조업체로, 애플(아이폰, 아이패드), 아마존(킨
들), 소니(플레이스테이션)와 같은 제3자를 위한 제품을 계약 생산하는 세계 최대의 '계
약' 전자제품 생산자이다. 또한 도시의 제조업체이기도 한데, 특히 중국에서 그러하다.

 푼 응아이와 제니 찬(Pun Ngai and Jenny Chan 2012)은 폭스콘을 "거대한 세계 공
장(mega world workshop)"이라고 말했다(p.385). 이 거대기업은 중국에서만 100만 명
이상을 고용하고 있다. 이들은 중국에 산재한 여러 '공장복합단지'에서 일하고 있다. 이들
복합단지에는 약 2만 명에서 40만 명에 이르는 많은 사람들이 일하는데, 이 중 최대 단
지는 산업도시들을 대표하며 그 자체이기도 하다. 응아이와 찬(Ngai and Chan 2012,
p.392)은 이를 다음과 같이 묘사하였다. "하나의 폭스콘 '캠퍼스' — 회사 매니저들은 그
렇게 부르기를 좋아한다 — 는 독립된 기숙형 공장 체제로서, 생산 영역과 재생산 영역을
통합한다." 사실 엥겔스도 놀랄 정도로 그것은 폭스콘 캠퍼스의 설계자가 산업도시에 관
한 엥겔스의 유명한 청사진을 읽은 것처럼 거의 그렇게 되어 있다.

 최대 복합단지는 응아이와 찬이 43만 명 이상의 노동자들이 있다고 추정하는(Ngai
and Chan 2012, p.394) 선전 룽화(龍華)의 유명한 골리앗이다(규모에서만 유명한 것이
아니라 2010~2011년 고용자들의 자살자 수가 많기로도 유명하다). 이 캠퍼스에 대한
그들의 묘사는 전체를 인용하는 것이 나을 정도이다(Ngai and Chan 2012, p.394).

 이 2.3km^{2}에 이르는 캠퍼스에는 공장들, 창고들, 12층짜리 기숙사들, 심리 상담 의원
1개, 고용자 돌봄센터 1개, 은행 1개, 병원 2개, 도서관 1개, 우체국 1개, 소방차가 2대
인 소방서 1개, 내부 텔레비전 네트워크 1개, 학교 1개, 서점들, 축구장들, 야구장들, 운
동장 1개, 수영장들, 영화방들, 슈퍼마켓들, 카페와 식당들, 심지어 웨딩숍까지 있다. 이
주요 캠퍼스는 10개의 구역으로 나뉜다. 각각은 1급의 생산 시설과 '최상의' 거주환경
을 갖추고 있다. 고객들에게, 중앙 및 지방 정부에게, 그리고 매체들이나 기타 감시기관
의 방문객들에게는 모범적인 공장이기 때문이다.

러한 원료 물질 중 하나는 도시 공장 시스템이었고, 다른 것으로는 덜 결정적인 것이긴 하지만 지속적으로 접근 가능한 노동력 풀이었다. 프리드리히 엥겔스(Friedrich Engels 2009[1845], p.66)는 산업자본주의의 전성기를 당대 최고의 산업도시 맨체스터로부터 "대형 제조업 시설의 경우 많은 노동자들이 한 건물에서 함께 일하고, 서로 근거리에 살며, 마을을 형성하기를 바란다."라고 관찰하였다. 산업도시의 조밀한 도시지리는 새롭고, 대량생산 지향의 공장제 산업생산을 가능하게 한다. 산업도시는 "산업자본주의의 일터이자 온상이며, 자본축적의 엔진이다"(Amin 2000, p.115).

그리고 세계의 일부에서는 여전히 그렇다. 중국을 보자. 지리학자 유톈싱(You-Tien Hsing)이 『도시 대변혁(The Great Urban Transformation)』(2010)이라고 부른 기간 동안 많은 거대도시들이 부상하였다. 1980년부터 2002년까지 약 2억 5000만 명의 인구가 도시 인구로 더해졌고, 총인구의 도시 몫은 20%에서 40%로 뛰었다(Hsing 2010, p.2). 그것들은 모두 산업도시이다. '중'공업보다는 '경'공업인 경우가 더 많지만 그러하였다. 중국이 세계의 공장으로 전환하는 국가 주도 프로젝트에서 산업은 핵심이었고 여전히 핵심이므로, 그러한 지위를 유지하고 있는 것이다. 폭스콘(제1장 참조)과 같은 산업 공룡에 의해 주도된 이 프로젝트는 도시라는 오랜 경제지리적 모형을 빠른 변화로 어지러운 새로운 방향 속에서 집약적 산업화가 이루어지는 용광로로 간주해 왔다(글상자 10.1: 폭스콘시).

10.2.4 탈산업도시

그러나 세계의 다른 지역, 특히 서구 사회에서는 도시들이 산업 시대 이후 크게 달라졌다. 제조업, 특히 중공업은 1960년대부터 서구 도시들에서 사라지기 시작하였으며, 지금은 그중 많은 것이 이제 잘해야 주변적 활동에 머물고 있다. 이제 우리는 무엇이 그렇게 만들었는가에 대한 질문으로 돌아갈 것이다. 먼저 왜 이런 일이 일어났는지부터 살펴보자.

이러한 변화의 원인은 여러 가지가 있는데, 보통은 서로 밀접히 연결된다. 하나는 서구 사회의 지리적 변형과 관련된다. 도시를 떠나는 산업 활동의 일부는 같은 국가 내의 다른 곳, 즉 교외(suburb) 혹은 원격교외(exurb) 지역으로 이전하였다. 교통·통신 기술이 발달하면서 이러한 발전이 가능하였는데, 비도시 지역 입지들이 더 긴밀히 연결되도록 하였다. 이것은 지가의 변화도 차별화되도록 하였다. 최근 수십 년간 도시 토지의 비용은 비도시 토지보다 급격하게 증가하였다. 이것은 부분적으로는 광범위하게 진행된 도시 젠트리피케이션(gentrification) 과정, 즉 자본과 중산층의 '도시 회귀'의 결과이다(Smith 1979). 산업, 특히 토지가 많이 필요한 산업은 비싼 내부도시(inner-city)의 입지를 경쟁할 수가 없었다.

이 시기 서구의 경제구조에 중요한 전환이 있었다(제12장 참조). 그림 10.1을 다시 보면, 영국에서 산업화와 도시화의 정도는 19세기 중반 동안 거의 나란히 진전하는 것을 알 수 있다. 그 뒤에는 무슨 일이 있었을까? 영국과 다른 서구 사회가 더 산업화되고 더 도시화되었을까? 그렇지 않다. 도시화는 지속되어 영국과 미국은 거의 80%의 도시화율을 보이고 있지만, 산업화는 그렇지 않았다. 경제구조를 생산액에 대한 부문별 비율로 분석하건, 고용자수 비율로 보건, 영국 경제는 1851년 상태보다 **결코 더 산업화되지 않았다**(제조업 활동으로 볼 때). 영국통계청(Office for National Statistics 2013)의 데이터를 보면, 모든 취업자(여성과 남성) 중 제조업 고용 비율은 거의 한 세기 동안 일정하였다. 1851년 38.5%였고 1961년에도 여전히 36.3%였는데, 영국적 규범으로서 산업도시가 유지되던 시기였다. 그러나 그 후 제조업은 급감하기 시작하였다. 1981년에는 23.1%로, 2011년에는 8.9%로 감소하였다. 다시 말해, 영국은 다른 서구 사회들과 마찬가지로 탈산업화되었고, 오늘날 '탈산업사회'가 되었다 (제1장). 대부분의 사람들이 서비스부문에 종사하는데, 1961년에는 취업 인구의 절반 이하였지만 2011년에는 80%를 넘고 있다. 이 절에서 길게 정리하여 보여 준 것처럼, 다른 유형의 경제는 다른 유형의 도시와 조응한다. 이 경우는 곧 '탈산업도시(postindustrial city)'이다.

물론 오늘날 많은 서구 사회들이 탈산업경제이며 탈산업도시를 갖는다는 사실은, 중국을 포함한 다른 많은 사회들이 더 높은 수준의 산업 집약도를 특징으로 하는 경제와 그런 도시들을 갖는다는 것과 무관하지 않다. 보통 국민경제의 역사적 전개를 상이한 발전 단계를 통해 이해하는 경우가 많다. 즉 농업과 광업에 기반한 '1차' 부문의 지배로부터, 제조업을 중심으로 하는 '2차' 단계를 거쳐, 서비스 기반 경제인 '3차' 단계로 이행한다는, 혹은 영국이나 미국처럼 4차 단계로 **금융** 서비스(제9장)가 발전하는 '금융화' 단계로 이행한다는 것이다. 마치 그 단계들이 정말로 **국가적**이고 경계가 있는 경제인 것처럼 생각한다. 그러나 제8장에서 본 바와 같이 그렇지 않다. 국민경제들은 서로 연결되어 있고, 최근 수십 년간은 점점 더 그래 왔다. 서구 국가와 도시들에서 제조업 활동이 1960년대부터 그렇게 급감한 이유 중 하나는 제조업 제품들이 점점 세계의 다른 부분인 나라와 도시들에서 수입되었기 때문이다. 어떤 경우는 서구에 본사를 가진 다국적기업이 저비용 입지들에 외주화(outsourcing)하거나 역외생산(offshoring)을 하는 것 때문이다. 또 어떤 경우는 서구 제조업자들이 단순히 경쟁에서 밀렸기 때문이다. 어느 것이든 서구 산업도시는 다른 곳의 도시들이 일반적으로 탈산업화되지 않았기 때문에 탈산업화된 것이다.

상인도시에서는 사람들이 상품을 어디서 거래하는지가 가장 중요하였고, 산업도시에서는 그것들을 어디서 만드는지가 가장 중요하였다면, 탈산업도시에서는 사람들이 무엇을 하는가가 중요하다. 그러면 탈산업경제를 구체화하고 키우는 것은 무슨 유형의 도시인가? 무슨 유형의 도시가 그것을 일으키고, 굴러가게 하고, 성장하게 하는가 하는 것이 중요하다.

오늘날은 서비스부문이 지배적이기 때문에, 서구 도시는 전형적으로 서비스도시일 수밖에 없다. 그것보다 더 세부적으로 규정하기는 어렵다. 실제로 '탈산업'이라는 파생된 단어가 여전히 쓰인다는 사실은—그래서 여기서도 사용하는데—자체가 시사적이다. '탈산업'이라는 표현은 산업이 아니라는 뜻을 전달하지만, 그것이 무엇인지는 말해 주지 않는다. 즉 오늘날의 도시는 도시가 하는 일보다는 도시가 산업경제에 속하지 않거나 그 경제로 특징지어지지 않는다는 것으로 정의된다. 산업경제와 산업도시 다음에는 무엇이 오는가? 아무도 확신하지 못한다. 보다 적극적인 정의를 하기 위해 많은 시도가 제안되었다. 지식경제 또는 정보경제, 그래서 "정보도시"(Castells 1989), 그리고 창조경제와 "창조도시"(Landry and Bianchini 1995) 등이 있다. 그러나 어느 것도 안정되지 못했다. 왜 그러한가? 지리학자 애슈 아민(Ash Amin 2000, p.116)의 말처럼, 보다 정확하게 표현하면 "도시경제가 많은 활동들이 뒤섞인 가방이 되었기" 때문이다.

> 오늘날 도시는 쇼핑, 레저, 관광 등으로 소비자와 거주자들의 수요를 충족하고, 은행, 보험, 회계와 같은 사업 서비스로 생산경제를 지원하며, 교육, 보건, 위생, 교통 등의 복지 서비스로 사회적 재생산을 촉진하고, 지방 및 국가 공공 행정과 통치 관련 활동들을 공급하는 활동으로 분주하고 복잡하다. 도시경제는 점차 한 종류 또는 여러 종류의 서비스를 생산, 교환, 소비하는 것과 결합되고 있다.

10.3 도시경제

10.3.1 기초 명제들

엥겔스는 산업생산성을 가장 잘 구현하는 사회지리 유형을 추정하면서, 그것이 이론적으로 중요하다는 것을 알게 되었다. 하나의 생산적 산업경제는 주요 원료 물질인 노동의 집적을 필요로 한다는 것이 그의 주장이다. 그것은 도시들이 공급한다. 그럼으로써 도시들은 산업자본주의 동학의 중력 중심이 되었다.

후속 세대의 학자들은 대체로 엥겔스의 의견에 동조한다. 그들은 생산성—생산 효율성, 또는 비용(투입물) 대비 만족 수준(생산물의 성능), 이른바 가성비—이 왜 장소마다 다른가 하는 문제를 깊이 탐구하고, 산업도시든 탈산업도시든 도시에는 본래 생산성을 증가시키는 어떤 것이 있다고 결론을 내렸다. 그렇다면 그것은 정확히 무엇인가? 후속 세대 학자들은 우리가 도시와 연관짓는 사람, 기관, 건조환경의 지리적 집합이, 항상 그런 것은 아니지만 일반적으로 생산성과 산출을 증가시키는 방식으로 어떻게 경제적 역동성을 조성하는지에 대한 그들의 대답의 폭과 깊이에서 엥겔스의 기본 명제를 넘어섰다.

도시는 전형적으로 경제의 주요 동력이자, 생산량이 특별히 더 집중되는 장소라는 것은 너무나 당연하다. 최근의 보고에 의하면, 2014년 기준 세계 300대 도시는 세계 인구의 20%를 점하지만 글로벌 경제 생산량의 거의 절반(47%)을 차지한다(Parilla, Trujillo, and Berube 2015, p.1). '선택효과'—도시는 생산적인 사람들과 기업을 유치하는 것이지, 그들을 생산적으로 만드는 것이 아니다—를 고려하더라도, 그러한 데이터는 무시하기 어렵다.

도시가 비도시 지역을 능가하는 정도는 장소마다 크게 달라진다. 그림 10.2는 세계 주요 지역 각각에 대해, 2007년 지역경제 생산량(국내총생산, GDP)과 지역 인구의 도시 몫을 보여 주는데, 각 비율이 2025년까지 어떻게 변화할 것인가를 예측한 것이다. 우리의 관심사는 2007년 것이다. 생산성에서 도시의 우월성—도시 인구 몫보다 도시 GDP 몫이 더 크다는 데에서 알 수 있는—은 보통 상대적으로 산업화가 덜 된 지역, 그래서 결국 도시화가 상대적으로 덜 된 지역에서 두드러진다(도시화율이 100%에 가까워지고 도시의 생산 기여율도 100%

에 가까워지면, 도시 인구와 도시의 생산 기여율 간의 차이는 줄어들게 된다). 이러한 현상은 그림과 같이 '개발도상국' 모두에서 나타난다. 이러한 패턴에 예외가 있더라도 설명이 가능하다. 오스트레일리아가 좋은 예이다. 오스트레일리아는 도시 인구 비율이 65%에 불과하므로, 도시의 생산 우월성은 도시 인구 비율 77%인 북아메리카의 경우보다 두드러져야 한다. 그러나 그렇지 않다. 왜 그런가? 오스트레일리아 경제는 다른 서구 국가 경제보다 광업과 자원 기반 활동이 많고, 이런 활동은 주로 촌락 지역에 있기 때문이다.

도시화에 따른 생산성 증감에 대한 가장 중요한 통찰은 대부분 일찍부터,

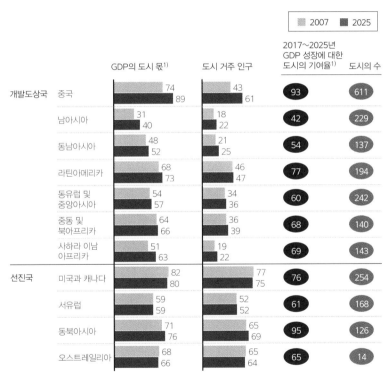

1) 실질 예측 환율

그림 10.2 지역마다 다른 도시의 역할(숫자 세외하고 단위는 %)

출처: "Urban World: Mapping the Economic Power of Cities", March 2011, McKinsey Global Institute, www.mckinsey.com. Copyright ⓒ 2017 McKinsey & Company.

즉 엥겔스의 저작에서 오래 지나지 않은 시기부터 발전되었다. 이러한 지적 발전에서는 특히 두 인물이 중요하다.

첫 번째 인물은 제3장과 제4장에서 언급한 영국 경제학자 앨프리드 마셜이다. 그의 주장은 도시가 집적경제(agglomeration economies)를 향유한다는 것인데, 이것이 도시의 경제적 지배를 설명한다고 한다(제4장과 제12장). 마셜(Marshall 1890)은 세 가지 요인이 결정적이라고 보았다. 이 '삼위일체'에서 첫 번째는 도시의 노동자 집적이라는 엥겔스의 논점을 정련한 것으로서(마셜은 자신을 엥겔스와 비교하는 것에 손사래를 치겠지만), 기업들이 지역의 노동자 풀을 공유하므로 이익을 얻는다는 것이다. 집적의 두 번째 이점은 '중간재'—다른 생산품의 생산에 대한 투입물로 사용하는 재화—의 비용 절감과 구득 용이성이다. 도시는 이러한 투입물의 공급을 공유하는 밀접한 네트워크를 제공함으로써 구매자들의 비용을 절감한다. 마셜이 규정한 집적의 세 번째 이익은 정보 확산에 관한 것이다. 도시에서는 비즈니스 성과의 향상에 대한 비밀이 일반적으로 감추어지기 어렵고, 그런 것들을 얻기 위해 멀리 여행할 필요가 없다. 마셜 자신이 언급한 유명한 "공기 중에"라는 말은 그 뜻이다. 오늘날의 학자들은 이러한 긍정적 확산 효과를 '지식 이전'이라고 부른다.

두 번째 핵심 인물은 또 다른 알프레트 베버(Alfred Weber)이다(글상자 4.2: 독일 입지학파). 베버의 『공업입지이론(Theory of the Location of Industries)』(1929)은 초판이 1909년으로, 선행 연구에 대한 언급을 하지 않았지만 마셜과 비견되는 도시 집적에 관한 몇 가지 주장을 담고 있다. 다른 것보다도 베버는 공업입지에 관한 일반적인 입지이론을 제공하려 하였다는 점에서 차별화된다. 실제로 베버가 주장한 것은 잘 알려지지 않은 다음과 같은 비판이다. "도시로 몰려드는 현상"(즉 집적)이라고 언급한 것을 이해하려는 대부분의 시도들이 "경제과정의 입지를 결정하는 일반적 규칙에 대한 어떤 실제적 지식도 갖고 있지 않은"(Weber 1929, p.3) 미숙한 단계에 있다는 것이다. 따라서 그는 그런 일반적 규칙을 정립하고자 하였다. 그가 "집적 요인들"이라 부른 네 가지 주요 집합을 설정한 것이다(Weber 1929, pp.127-131). 첫 번째는 기업의 비용 관련 또는 기타 이점들, 특히 특정 기술 설비에 대한 시간을 절약하는 접근으로 구성되어 있다. 두 번째는 노동력의 풀(마셜 참조), 그리고 특정 부문에 대한 대규모 노동 풀의 분화로 구성된다. 세 번째는 원료 구득(마셜의 중간재)과 완제품 판매 모두에서의 비용 절약으로 구성된다. 이때 후자는 "집중된 공업은 그 제품들에 대해 일종의 대규모 통일된 시장을 산출한다."(Weber 1929, p.130). 네 번째는 교통망, 건물, 에너지 등과 같은 인프라에 관한 일반적인 비용의 절감으로 구성된다.

마셜과 베버는 모두 도시 집적에서 얻는 이익에 관한 일련의 핵심 원리를 제안하였다. 워커(Walker 2015, p.141)가 지적하듯이, "그러한 집적경제는 도시 집중에 관한 어떤 이론이든 여전히 이론의 초석이다." 실제로 그렇다. 하버드 대학교의 경제학자 에드워드 글레이저(Edward Glaeser)의 유명한 『도시의 승리(Triumph of the City)』(2011)만이 아니라, 경제적 성과에 도시가 큰 기여를 한다는 내용의 (요즘 나오는) 어떤 책을 읽더라도, 마셜과 베버의 유령은 페이지마다 나타난다.

10.3.2 탈산업적 정련

두 명의 앨프리드(알프레트, Alfred) 이후 도시경제에 대한 이해가 발전하지 못했다고 보는 것은 잘못이다. 진전이 되었다. 그 이유 중 하나는 도시 자체가 변하였다는 것이다. 집적경제가 여전히 근본적이기는 하지만, 경제지리학자 마이클 스토퍼(Michael Storper)가 『도시의 핵심(Keys to the City)』(2013)이라고 부른 도시의 경제적 활성화의 원천이 탈산업 시대와 산업 시대가 정확히 동일하지는 않다.

도시경제에 관한 좀 더 최근의 연구에서는 두 가지 중요한 주제가 두드러진다. 하나는 역사적으로 산업경제에서 지식이 경쟁우위의 핵심 원천이 되는 탈산업경제로 이행하였다는 것이다. 이것은 현대 도시의 **사회적** 특성에 의한 경제적 이익을 강조한다. 도시가 사람과 기업을 근접거리에 있도록 함으로써 실험, 학습, 혁신을 위한 비옥한 사회적 조건을 창출한다는 발상이다(제12장). 애너리 색스니언(AnnaLee Saxenian 1996)이 실리콘밸리 연구에서 발견한 바에 따르면, 조밀하고 느슨하게 조직되며 상호적인 사회 네트워크와 같은 것들이 도시환경에서 기업과 고용자들의 유연한 적응과 협력적 학습을 가장 지속적으로 구현하도록 한다. 지리적 집중은 코드화된 지식과 '암묵적' 지식(제12장) 모두의 순환과 전유를 원활하게 한다. 암묵적 지식(tacit knowledge)은 말이나 글로 구현(코드화)하기 어려운 지식으로, 같이 있거나 눈으로 보지 않고는 이전이 어렵다. 그래서 도시는 이상적인 '학습지역(learning region)'이자, 요즘 부상하는 '정보경제'의 허브이다. 그러한 담론은 보통 띄워 주기 식이거나 현란한 유행어를 나열하곤 하는데, 이 때문에 거부감을 갖기 쉽다. 실제로 지식 주도 성장이라는 대박에서 소외된 도시들에 대한 일련의 대규모 성장정책 처방이 주어질 때, 그러한 담론이 흔히 나타난다. 마치 '창조도시'의 현자 리처드 플로리다(Richard Florida)가 한 것처럼 흔하게 나타난다. 그래도 그의 연구에는 중요한 통찰이 없지는 않다.

스토퍼의 연구에 담긴 두 번째로 강조할 만한 중요한 주제에 관한 통찰이 있다. **규모의 수확체증**(increasing returns of scale) 또는 **규모의 내부경제**(internal economies of scale)이다(제12장). '규모 대비 수확'에 대해 말할 때, 경제학자들은 모든 투입 요소가 일정량만큼 증가하면 산출에서 일어나는 것을 예측하는 생산의 기술적 속성을 언급한다. 만약 산출이 같은 양만큼 증가한다면 규모 대비 수확은 동일하다. 그러나 늘어난 투입 이상으로 산출이 증가한다면 수확은 체증된다. 이것이 도시에서는 어떻게 되는가? 1980년대 폴 크루그먼 등의 경제학자들은 종래 경제학의 주변 분야이던 도시경제학으로 관심을 돌려, 도시 중심에 경제활동이 집중하는 것—크루그먼(Krugman 1991, p.5)이 "경제활동의 지리에서 가장 놀라운 모습"이라고 한—은 "일종의 규모의 수확체증이 크게 영향을 미친 명백한 증거"라고 결론을 내렸다(제4장 참조). 그러한 수확을 표현하는 수식 모델화를 정교화하고 이를 마셜과 베버가 규정한 '전통적인' 집적 요인과 엮어, 그들은 곧 우리가 제2장에서 경제지리학의 4대 서사 중 하나로 설정한 '지리경제학' 또는 '신경제지리학'을 만들었다.

10.3.3 도시의 불쾌함과 불경제

지금까지 말한 이 모든 것이—기업과 노동자 그리고 도시의 행복한 조화가 도시생활(urbanism)의 생산성 이점을 함께 증강시키는—도시경제의 장밋빛 그림처럼 들린다면, 그것은 도시이기 때문이다. 무엇보다도 엥겔스로 잠시 돌아가 보자. 도시적 취락은 조밀하기 때문에 산업노동자를 더 생산적이게 만든다고 그는 믿었다. 그런데 그가 19세기 중반 산업도시 맨체스터의 노동자들의 열악한 생활 조건에 눈을 감고, 노동자들의 생산성이 **그들에게** 긍정적이라고 보았을까? 그럴 리 없다. 그는 마르크스의 관점을 공유하고 있었다. 마르크스(Marx 1963, p.225)는 "생산직 노동자가 되는 것은 불행"이라고 주장하였다. 왜? 간단하다. "생산직 노동자는 **다른 사람**, 즉 자본가의 부를 생산하는 노동자"이기 때문이다. 도시에 살고 도시에서 일하는 것은 노동자를 생산적이게 하지만, 달리 말하면 노동자는 자본가를 위해 부를 생산하기 때문에 모든 생산적 이득을 실현하는 자는 후자이다. 이것이 마르크스의 이론이다.

우리가 자본주의하에서 노동자의 삶에 관해 마르크스와 엥겔스의 관점을 취하든, 아니면 비마르크스주의 경제학의 보다 낙관적인 관점을 취하든 전술한 생활 조건('빈곤, 고된 노동, 비공식 경제활동, 빠듯한 생계')의 문제를 무시할 수는 없다(Amin 2000, p.120). 그 이유는 노력적이거나 사회적일 뿐 아니라 정세적이기도 하다. 아민(Amin 2000)이 설명한 바와 같이, 이러한 "타자의" 도시는 마셜, 베버, 스토퍼의 생산적 도시에 있어 바람직하지 않거나 비생산적이거나 불필요한 부가물이 아니라, 오히려 도시의 본질적이고 생산적인 부분이다. "중심업무지구의 역동성 자체는 어떤 점에서 그 '타자의' 도시와 근접하기 때문에 나오는" 것이다. 이러한 공생관계는 후진국의 많은 도시들에서 볼 수 있다. 예를 들어, 인도에서는 '공식' 도시경제의 생산성이 측정되지 않은 '비공식'경제(공식경제와 잘 구별도 되지 않는다)의 활성화 정도에 따라 예측한다(Breman 2016). 또한 많은 선진국 도시들에서도 "전문직과 비즈니스 엘리트가 저소득, 실업자, 소수민족 집단의 노동에 의존"하는 것을 볼 수 있다(Amin 2000, p.120).

도시성(urbanity)과 경제 생산성이 결합되는 것에 여전히 의문을 제기하는 근본적인 이유가 있을 것이다. 그림 10.2를 보면, 도시 인구는 명백히 집합적으로 모든 세계 주요 지역에서 평균 이상의 생산성을 보여 주고 있다. 그러나 이것이 모든 도시가 생산적 온실이라는 의미는 아니다. 그림 10.2는 지역의 도시 집단의 집단적 데이터를 나타내는 것이고, 따라서 지역 간 차이뿐 아니라 같은 지역 내에서 도시들 간 생산성 수준의 차이는 감춘다. 보다 상세한 데이터를 보면, 그러한 차이가 현저할 뿐 아니라—어떤 도시경제는 다른 도시보다 훨씬 생산적—도시성이 생산성을 항상 제고하는 것은 아니다. 때로는 그렇지 않기도 한다.

다시 영국은 충격적인 사례를 제공한다. 영국통계청(ONS 2016) 데이터를 보면, 영국에서 가장 알려진 도시 중 몇몇에서 생산성 수준이 낮을 뿐 아니라, 도시만이 아니라 비도시 지역까지 포함한 전국 평균에 비해 현저히 낮았다. 2014년 기준으로 생산성 척도—노동시간당 총 부가가치—가 버밍엄과 맨체스터 모두 전국 평균보다 13% 낮았고, 리버풀은 14%, 노팅엄은 26% 낮았다. 도시 집적이익은 보이지 않는다. 실제로 영국의 도시 전체적으로 촌락 지역보다 경제 생산성이 높다는 특징이 있다면, 이런 결과를 오직 하나의 단어로만 설명할 수 있다. 즉 런던이다. 런던은 영국의 경제적 산출의 20%가 넘고, 잉글랜드의 25%가 넘으며, 인구로는 각각 13%와 16%이다. ONS의 계산 결과 런던의 생산성은 2014년 기준 영국 전체 평균보다 30%가 넘는다.

그렇다면 도시가 항상 우월한 경제적 성과의 요람이 아니라는 사실을 우리는 어떻게 설명할 것인가? 우선 이것은 종래의 경제적 지혜에 직접적으로 반하는 것이다. 한 가지 가능한 설명은 다음과 같다. 우리가 도시에서 목도한 집적은 긍정적인 경제효과를 산출하는 능력이지만, 또한 과밀, 혼잡, 범죄, 오염, 그리고 전술한 높은 지가와 관련한 부정적인 것들도 산출한다는 것이다. 도움이 안 되는 이러한 도시의 속성—경제학자들은 이를 '부정적 외부성'이라고 한다—이 집적의 긍정적 측면을 압도하면, 규모의 경제는 쉽게 규모의 불경제로 된다(Richardson 1995). 그러므로 경제학자들은 국가와 도시 관련 계획 시스템의 가장 중요한 역할 중 하나를 집적의 본래적 이익을 계발하고, 혼잡세와 같은 장치를 통해 관련 불이익을 통제하는 것이라고 본다.

그러나 집적불경제는 도시경제에서 보이는 다양한 실상에 대한 유일한 설명이 아니다. 잠시 물러서서 우리가 어디서 논의를 하고 있는지 살펴보자. 경제적인 것과 도시적인 것 사이의 변증법적 관계를 분석하면서, 우리는 주로 '도시다움(cityhood)'이 경제적 역동성에 어떤 작용을 하는지에 초점을 맞추었다. 하지만 이것은 한계가 있는 좁은 관점이다. 특히 도시들은 홀로 존재하지 않고, 경제들 역시 홀로 존재하지 않는다. 개별 도시경제들은 도시 경계 바깥에서 발생하는 경제발전에서 절연되어 진화하는 독립된 유기체가 아니다. 정치적, 문화적, 그리고 경제적으로 한 도시에서 이루어지는 것은 다른 곳의 다른 도시 및 비도시 지역에서 이루어지는 것과 관련된다. 도시들은 그 '내적' 특성에 따라 개별적으로 경제를 형성할 뿐 아니라, 그 '외적' 상호작용을 통해 **관계적으로도** 경제를 형성한다. 이러한 상호작용은 본 상 나음 절의 주제이다. 다음 절은 당면한 이슈에서 잠재적으로 중요한 것으로부터 시작한다. 즉 도시들의 차별적인 경제적 성과이다.

10.4 도시들의 경제

10.4.1 기생적 도시

도시들의 대대적으로 광고된 경제적 성공이 도시 자체의 지리적 속성(인구밀도, 접근성 등)에 (주로) 근거하지 않는다면? 다른 곳의 기업과 사람들보다 높은 성과를 보인 '성공적인' 도시들의 능력이 주로 그 다른 도시들과의 관계에 근거한다면?

우리가 이 책에서 미리 배운 바를 고려하면, 그러한 가능성은 두드러지지 않아야 한다. 특히 제8장을 다시 보자. 거기에는 불균등 발전 이론들의 풍부한 전통과 만난다. 불균등 발전 이론은 자본주의 경제가 왜 지리적으로 불균등한 방식으로 발전하는가를 설명하고자 한다. 이들 이론은 주로 국제적인 불균등 발전을 응용한 것이었지만, 대부분의 경우 다른 지리적 스케일, 가령 도시와 촌락 지역 간 또는 거점도시들 간 경제적 성과 차이를 이해할 때에도 적용 가능하다. 더욱이 이들 이론은 대부분 내재적 상호성을 설정한다. 즉 한 장소의 왕성한 발전은 다른 장소의 지연된 또는 저발전으로 연결될 뿐 아니라, 그것에 **의존한다**. 우리는 글레이저(Glaeser)의 "도시의 승리"(또는 적어도 어떤 도시들의 승리)를 이런 식으로 이해할 수 있을까?

발전경제학자 베르트 호셀리츠(Bert Hoselitz)는 그렇게 생각한다. 그는 도시와 도시가 입지한 지역이나 국가 간의 관계를 개념화하면서, "생성적(generative)" 도시와 "기생적(parasitic)" 도시를 구분하였다(Hoselitz 1955). 생성적 도시는 "도시의 형성과 지속, 그리고 성장이 해당 지역이나 국가의 경제발전에 필요한 요인 중 하나인 도시"이다(Hoselitz 1955, p.279). 기생적 도시는 그와 반대의 영향력을 행사하는 도시이다. 기생적 도시에서 나타나는 생산성과 성장은 다른 지역의 경제 잠재력을 거머리처럼 빨아먹는 부문에 기반하기 때문에 연관된 공간의 발전을 방해한다. 인도의 영국 동인도회사에 의한 도시 취락 중 많은 곳들이 기생적 성격을 지녔다고 호셀리츠는 보았다. 멕시코와 라틴아메리카 여러 곳의 스페인 식민 수도들 역시 그러하다고 그는 믿었다. 그의 논지는 경제적인 "기생충과 생산자"(Boss 1990)를 구별하는 경제사상의 오랜 전통과 맞는 것이다. 기생충은 가치를 창출하기보다는 다른 것이 창출한 가치를 탈취한다. 기생적 도시는 이러한 경향이 집중된 곳이다.

주목할 만한 점으로, 호셀리츠는 가장 오랫동안 지속된 기생적 도시의 사례로 3~5세기 도시국가 로마제국을 들었다. 로마는 광범위하고 먼 곳들로부터 공납(financial tribute)을 받았다. 역사지리학자인 게리 브레친(Gary Brechin 2006, p.xxxi)이 기술한 바와 같이, 이탈리아는 오랫동안 도시국가를 경험하였기 때문에 도시적 기생성(urban parasitism)이나 그 비슷한 개념이 언어의 일부로 남아 있다. 즉 도시와 도시의 **속령**(contado)이라는 말이 남아 있는데, 이것은 "도시가 군사적으로 지배하며, 도시가 식량, 자원, 노동력, 징병, 세금 등을 동원하는 영역"이다. 『샌프란시스코 제국(Imperial San Francisco)』(2006)에서 브레친은 이 개념을 사용하여, 샌프란시스코의 강력한 도시 엘리트들이 "그 속령에서 식량, 광물, 목재, 특히 물과 에너지"를 추출한 역사를 고발하였다(도시는 종종 자연에 대해서도 기생적이다). 이것은 이 장 서두에 나온 고대 수력도시에서 도시 엘리트들이 생산된 식량 잉여를 요구하는 것을 떠올리게 한다.

'성공적인' 탈산업도시들의 강력한 생산성을 이와 같은 식으로 보는 것은 지나친 것일까? 도린 매시에 의하면 그렇지도 않다. 매시는 '기생적'이란 말을 사용하지 않지만, 그녀의 『세계도시(World City)』(2007)에서 묘사하는 런던은 호셀리츠가 규정한 그 속성을 그대로 가지고 있다. 런던의 30%라는 생산성 프리미엄은 스스로 생성한 것이 아니다. 오히려 런던의 부는 지리적 불균등

발전에 따른 착취를 통해 얻은 것이다. 영국의 남북 분리(North-South[*] divide)
와 국제적인 남북 분리를 만들어 내고 유지하며 그로부터 이익을 얻어서 이룩
된 것이다. 매시는 런던의 엘리트, 특히 런던시의 금융 엘리트들이 "다른 지역
에서는 전문 인력이 유출되도록 하고, 과거 제국의 끄나풀들을 선발해 공납
을 다시 거둘 수 있도록 새로운 제국을 구축한다."라고 묘사한다(Massey 2007,
p.214). 런던을 엘리트들이 옛날의 도시국가에 비견되는 권력을 향유하는 현
대적 도시국가와 다를 바 없다고 묘사하는 연구자들이 늘고 있다(Ertürk et al.
2011)는 것은 놀랄 일도 아니다. 물론 기생성 개념이 런던과 같은 몇몇 현대 도
시들의 과도한 '성공'을 설명하는 데 도움을 준다면, 그것은 또한 차별적인 도
시 생산성을 설명하는 데 기여하기도 한다. 다른 영국 도시들은 경제적 잠재
력을 런던에 뺏길 뿐 아니라, 자신들의 배후지(국내든 국제든)를 착취할 권력이
부족하기도 하다.

10.4.2 네트워크화된 도시

그러나 다른 학자들은, 모든 도시가 일정 정도로 얽혀 있는 외부경제적 관계
의 그물망에서 왜 어떤 도시는 다른 도시보다 더 많은 혜택을 받는지에 대해
보다 온건한 관점을 고수한다. 역사지리학자 윌리엄 크로넌(William Cronon)
의 독창적인 도시경제지리학 교과서인『자연의 메트로폴리스: 시카고와 대서
부(Nature's Metropolis: Chicago and the Great west)』(1991)를 보자. 표면상 이
책은 브레친(Brechin)의 샌프란시스코에 관한 책과 비슷해 보인다. 이 책 역시
성장하는 주요 미국 도시—19세기 후반의 시카고—와 그 배후지, 주로 시카
고와 연결된 촌락 지역 간의 역사적 관계에 초점을 맞춘다. 크로넌은 시카고
를 부양하고 그 성장을 지탱하는 육류, 곡물, 목재의 광범위한 흐름을 지도화

---

[*] 역주: 선진적 발전 지역과 후진적 낙후 지역을 의미한다.

경제지리학

한다. 마치 브레친이 성장하는 샌프란시스코에 자원을 공급하는 다양한 상품 흐름을 도표화한 것과 같다.

그러나 크로넌은 기생적인 도시 엘리트의 이야기도 하지 않고, 시카고 중심의 대서부(the Great West)를 '제국'이라고 말하지도 않는다. 대신에 도시와 촌락은 통합된 공간경제에서 조화로운 또는 "공생관계"(Cronon 1991, p.34)를 누린다고 말한다. 크로넌에 있어 도시와 촌락의 상업적 상호작용은 서부를 지향하는 미국 경제발전의 동력이었다. 그리고 시카고가 서부 지역의 중요 거점도시로 '성공한' 이유는 시골 지역의 자원을 다른 도시들보다 더 잘 착취해서가 아니라, 미국의 급성장하는 교통 시스템의 지리가 시카고를 독보적으로 경쟁력 있게 만들었기 때문이다. 전미 철도망은 두 개의 거대한 네트워크, 즉 동부 네트워크와 서부 네트워크로 이루어졌는데, 시카고는 그 둘의 "결절점"(Cronon 1991, p.83)이었다. 시카고는 두 네트워크 간 조정 및 연결의 수요가 증가하는 이익을 취할 수 있었다. 시카고가 지역적으로 두각을 나타낸 것은 권력보다는 위치에 의해서였다.

고인이 된 앨런 프레드(Allan Pred)는 미국 도시의 '외적' 경제관계와 그것이 갖는 경제발전에서의 중요성에 대한 또 다른 천재적인 연대기 학자이다. 일련의 기념비적인 연구에서 프레드(Pred 1973; 1977; 1980)가 발견한 것은, 도시와 그 배후지 촌락과의 상호의존은 의심할 여지 없이 중요하며(나중에 브레친과 크로넌 같은 이들에 의해 입증된다), 도시는 처음부터, 즉 산업도시화의 출발에서부터 서로 상호작용해 왔다는 것이다. 그것은 네트워크화 현상이다. 프레드(1973)의 발견은 그만큼 놀라운 것이었다. 물질 상품만이 아니라 정보가 오랫동안 미국의 도시 간 순환에서 중요하였다는 것이 '정보'자본주의와 '정보'도시의 거론이 유행 담론이 되기 10여 년 전이라는 점에 유의해야 한다. 이러한 여러 다양한 순환들이 보다 넓은 국가 경제의 활력으로 통합되어 있다고 프레드는 주장하였다. 말하자면, 국가 경제의 활력은 도시의 상호작용과 서로 엮여 있다.

학자들은 이제 **글로벌** 경제를 제안하고 있다. 다시 말하면, 프레드가 뉴욕, 시카고, 로스앤젤레스 간 활발한 흐름을 살피면서 그것이 미국 경제의 활성화에 중요하다고 보았던 것처럼, 학자들은 **국제**도시들 간의 효율적인 네트워크화(Networking)가 글로벌 스케일에서의 경제 건전성에 중요하다고 보고 있다. 지구화(제8장)라는 이름으로 행해지는 국가 간 연결 확대는 해당 국가들에서 공간상 임의적으로 또는 균등하게 분포되는 방식으로 구현되지 않는다. 그러한 연결은 화폐, 정책, 사람, 재화, 또는 문화 형태의 연결 중 어떤 것이든 공간적으로 집중하는 경향을 가지며, 주로 도시에서 결정화된다. 지구화는 국제도시들(국민국가가 아니라)이 주목할 만한 정도로 서로 연결되는 과정이다.

크로넌이 논의한 시카고와 마찬가지로, 이들 도시는 오늘날 '승리하여' 최고 위상의 도시가 되거나 국제적으로 '네트워크화'된다. 이들은 다국적기업을 위한 글로벌 '명령 및 통제' 센터이며, 사회학자 사스키아 사센(Saskia Sassen)이 그녀의 명저 『글로벌 도시(The Global City)』(1991)에서 논한 것이다. 그러한 "글로벌" 또는 "세계도시(world cities)"(Taylor 2004)는 생산과 교환의 국제 네트워크의 전략적 조정과 방향에 대한 중추적 결절이다. 이들 도시는 글로벌 경제 체제의 집단적 신경센터로서 지식과 자본의 국제적 흐름의 중요한 허브이기도 하다. 이러한 곳은 세계를 주도하는 금융 및 정보/데이터 시장을 창출하는 풀이 있는 장소이다. 이들 도시—런던, 홍콩, 뉴욕—와 이들 연결의 중요성을 알기 위해서는 제8장에서 논의한 지구화의 복잡한 지리라는 차원을 추가해야 한다.

10.4.3 경쟁력 있는 도시

'기생적'이나 '네트워크화된'이란 말을 도시에 적용하려면 매우 주의해야 한다. 도시가 세상에서 활동하는 것이 아니다. 도시는 사람들, 다양한 종류의 사회기관 및 그들 간의 관계이다. 도시에 대해 마치 그것이 사회적 결과들에 영향을 미치는 공간적 그릇 혹은 총량인 것처럼 말하거나 서술하면, 우리는 공간을 '물신화'하거나 공간에 인과력을 부여하게 된다. 그것이 '공간물신주의(spatial fetishism)'이다. 예를 들어, 한 도시는 그 배후지를 착취하지 않는다. 착취가 일어난다면, 그것은 사람과 도시의 사회기관들이 착취를 행하는 것이다. 도시들 간의 관계가 어떻게 경제를 형성하는가를 연구한다는 것은 늘 도시의 사회적 행위자 간 관계의 경제효과를 탐구하는 것이다.

이런 점에서 볼 때 이 절에서 지금까지 우리의 초점은 특정한 도시 행위자의 집합에 있었다. 즉 자본주의 기업들이다. 그러나 다른 중요한 도시 행위자가 있다. 이 절의 나머지에서는 도시들 간의 경제적 관계에 대해 두 핵심적 행위자 집합의 관점에서 접근하려고 한다. 하나는 노동자이고, 다른 하나는 국가 또는 정부이다.

정부로서의 도시에 의해 집합적으로 구성되는 경제를 어떻게 이해할 수 있을까? 데이비드 하비(David Harvey 1989)는 적어도 서구 사회에 대해서는 설득력 있는 대답을 하였는데, **경쟁**(competition)이란 용어를 사용하였다. 도시들 또는 도시정부들은 서로 경쟁하는데, 이것이 오늘날의 서구 경제에서 결정적인 함의를 갖는다는 것이다.

도시정부가 어떻게 경쟁하고, 그 경쟁 효과는 무엇인지를 고려하기 전에, 우선 첫 번째 중요한 질문은 왜 경쟁하는가이다. 영국과 미국의 경험을 검토하면서, 1970년대 이전에는 지방정부가 일반적으로 재정이 넉넉하였고 사회적 조건을 개선하는 '관리자적' 역할에 초점을 맞추었으며, 도시 지역 내에서 공공서비스를 제공하여 집단적 요구를 해결하려 하였다고 주장한다. 그러나 정치적·경제적인 이유로 재정이 말라 가고 지방정부가 '기업가적'이 되도록 강제되었으며, 따라서 도시경제 발전 촉진을 위해 더욱더 민간부문의 부사늘 유치하는 데 초점을 맞추게 되었고, 이것이 곧바로 동일한 투자 기회의 풀에 대해 다른 도시정부와의 경쟁에 내몰리게 만들었다는 것이다.

　도시정부들은 다양한 유형의 경제활동을 자신의 지역에 유치하기 위해 경쟁하였다. 그림 10.3은 하비의 논문에서 정리한 것인데, 그러한 활동들이 무엇인지, 국가가 그것을 유인하는 데 사용할 수 있는 도구가 무엇인지, 그리고 이때의 특징적인 도시 경관은 무엇인지를 보여 준다. 그러한 도시 간 경쟁은 하비가 연구한 서구 사회에만 국한되지 않는다. 응아이와 찬(Ngai and Chan 2012)은 중국의 폭스콘을 논의하면서 유용한 사례를 제공하였는데, 지방정부가 다양한 메커니즘을 사용하여 그 회사를 유치하려 하였다는 것이다. "새로운 공장복합단지를 자신들의 영역 내에 유치하여 지역내총생산을 제고하려 하였다."(Ngai and Chan 2012, p.385). 여기에는 다음과 같은 것들이 포함된다. 즉 토지 및 교통 인프라 제공, 대부, 자유노동자 충원 서비스, 지대와 세금 감면, 직업학교에서 폭스콘 일터로 학생들을 노동법이 보호하지 않는 인턴 자격

경제활동 지향	지방정부의 목표	활용 가능한 지방정부의 도구	특징적 공간/ 인공물
생산	• 재화·서비스의 지방 생산 성장 촉진	• 인프라 투자 • 금융 인센티브(세금 감면) • 직업 훈련	• 신산업지구 • 도시 산업단지
소비	• 지방 소매업과 소비 지출의 성장 촉진	• 도시환경 및 어메니티 개선 • 소비 공간 개선 보조금 지원 • 문화 이벤트 개최	• 쇼핑몰 • 스포츠 및 이벤트 경기장
명령 및 통제 가능	• 정부 부처의 전문 서비스 회사(은행, 로펌, 컨설턴트 등) 유치	• 교통·통신망 투자 • 고등교육 제공(비즈니스 스쿨, 로스쿨)	• 비지니스 파크 • 투자기관 • 전문가 개발 프로그램
공공지출 기반 활동	• 공공자원에 의한 기관(보건 및 교육 기관, 군사 및 국방 계약기관) 유지	• 인프라 투자 • 민관 파트너십	• 공공주택 프로그램 • 지역개발 촉진기관 (anchor institutions)

그림 10.3 도시 간 경쟁의 요소
출처: Harvey 1989에서 수정.

으로 '실어 나르기' 등이다.

  이러한 정부 주도의 도시 간 경쟁이 경제적으로 어떤 결과로 귀결될 것인가? 이전 장에서 논의한 국민국가들이 법인세율을 경쟁적으로 인하하는 것과 같은 '바닥을 향한 경쟁'으로 불가피하게 치달을 것이다. 그것과 함께 기존의 지리적 불균등 발전을 심화시키게 될 것이다. 기업을 유치하기 위한 경쟁은 투자 중단과 개발 지연과 같은 도시를 취약하게 만드는 경향, 즉 자본의 지리적 이동성을 촉진하고 지원함으로써 결과적으로 그것을 가속하게 한다. 다른 도시정부들도 덩달아 대규모 세금 인센티브를 제공하며 더 번쩍이는 새로운 비즈니스 지대를 건설하게 되면, 자본주의 기업들은 더 이상 최고의 유인책을 제공하지 않거나, 그런 유인을 누릴 대로 다 누린 도시를 떠나 버릴 유혹은 받는다.

10.4.4 균형 상태의 도시?

노동자들의 위상은 도시 간 관계에 관한 우리의 논의에서 마지막이지만 중요한 의미가 있다. 이 주제에 관한 최근의 가장 강력한 경제지리학 논의 중 하나는 도시경제학에서 유래한 것으로, '지리경제학'의 일종이라고 볼 수 있다(제2장 참조). 논의는 대략 다음과 같다.

  어디서 살고 어디서 일할지를 선택할 때 노동자들은 자신의 개별 '효용'을 극대화하려 한다. 이때 효용은 경제학자들이 주어진 재화와 서비스의 집합에서 우리의 특정한 선호를 측정하는 척도이다. 노동자들의 입지 결정 맥락에서 효용은 임금과 다르다. 우리가 의사결정을 할 때 요인이 되는 다른 '재화'로는 주택 비용과 다양한 '어메니티(amenity)'의 이용 가능성 같은 것들도 있다. 어메니티는 로컬 서비스의 품질에서 날씨의 품질과 같은 것이다. 만약 내가 살고 일하고 싶은 곳으로 스페인 도시에 비숭을 둔다면, 세비야, 마드리드, 바르셀로나, 발렌시아 등의 도시가 제공하는 관련된 '재화'를 고려하게 될 것이다.

어느 도시가 나의 개인적 선호에 딱 맞는 '재화'의 조합을 최대한 제공할 것인가? 또 발렌시아의 낮은 임금과 바닷바람의 조합을 마드리드의 높은 임금과 혼잡의 조합과 맞바꿀 의사가 어느 정도로 있는가? 등등.

도시경제학자들은 이것이 노동자의 관점에서 도시경제를 고찰하는 가장 좋은 방법일 뿐만 아니라, 개인적 선호 수준의 극대화 추구를 통해 노동자들이 도시 체계—노동자들이 도시 간 자유로운 이동을 할 수 있다는 것이 가정되는 도시들의 체계—를 '공간적 균형' 상태로 만드는 데 집단적으로 성공한다고 주장한다. 그리하여 결국 유사한 선호도를 갖는 노동자들은 동일한 수준의 효용을 향유한다는 것이다. 어떤 도시에 사는 사람들은 임금은 더 낮지만 다른 '재화'를 더 많이 제공받아 보완된다. 어느 누구도 이동에 의해 더 나아질 수 없다. 즉 그들이 가질 수 있다면 다른 이들도 갖게 될 것이다. 모두가 승리자이다. 아니면 누구도 패배자가 아니다.

이론상 이것은 공간경제의 우아한 모델이다. 노동자들은 어디서 살고 일할지 의사결정을 할 수 있다. 그들은 도시마다 다르게 제공하는 '재화' 묶음에 대해 각각의 선호도를 가지고 있으며, 이것이 그들의 의사결정에 분명한 요인이 된다. 그리고 우리의 관점에서 가장 중요한 것은, 노동자들이 수행한 의사결정과 주거 이동이 경제의 진화를 이룩한다는 점이다. 다시 우리는 이 절의 중심 논점으로 돌아간다. 즉 우리는 도시들의 '내부적'인 지리적 특성만이 아니라, 개별 도시들이 다른 장소들과 관계를 맺는 방식도 고려하여 경제의 역동성을 이해해야 한다. 여기서 '다른 장소들'이란 그 장소들이 제공하는 대안적이고 경쟁하는 효용을 말한다.

그러나 문제는 이 모델이 도시에 대한 경제지리학의 발전에 일정한 통찰을 제공하더라도, 흠결이 있다는 것이다. 이런 종류의 형식적이고 모델 기반의 접근에 반대하는 사람들은 이 모델에 쓰여진 비현실적인 가정—최소한 노동자들의 완전한 이동성—등을 비판하며 더 이상 나아가지 않을 것이라고 한

경제지리학

다. 토머스 케머니와 마이클 스토퍼(Thomas Kemeny and Michael Storper 2012)
는 공간적 균형이 가정된 전형적 나라인 미국에서 도시들 간에 효용이 균등한
지 아닌지를 밝히는 고통스런 분석 작업을 수행한 바 있다.

그들의 대답은 이러하다. 심지어 유사한 노동자들 사이에서도 효용 수준은
비교 불가능하다. "주거 비용의 차이를 감안하면, 미국에서 더 큰 도시의 가계
는 어메니티와 높은 명목임금, 그리고 특히 높은 소득에 대한 더 높은 접근성
을 향유한다."라고 케머니와 스토퍼(Kemeny and Storper 2012, p.87)는 말했다.
쉽게 말해서 그들은 모든 면에서 더 나았다는 것이다. 다시 말하면, 이동성도
있고 효용을 극대화하는 신화적인 노동자들은 더 나은 효용을 제공하는 장소
로 이동하지 않는데, 그것은 이론상 노동자들이 해야 하고 하려 하는 방식과
는 다르다는 것이다. "1980년부터 2000년 사이 20년 동안 인구성장률은 실질
임금과 어메니티 면에서 낮은 곳과 높은 곳 사이에 유의미한 차이가 없었다"
(Kemeny and Storper 2012, p.87). 그래서 그 체계는 균형적이지 않을 뿐 아니라,
그런 방향으로 가려고 하지도 않는다.

그렇다면 이로부터 무슨 결론을 내려야 하는가? 우리에게 주는 간단한 교
훈은 효용 수준이 균등하지 않을뿐더러, 이 책에서 내내 강조해 온 바와 같이
모든 경제지리학 접근에서 그러하지 않다는 것이다. 제8장에서 언급된 여러
나라의 경제발전 수준과, 이번 장의 초반부에 나온 여러 도시의 경제 생산성
수준에 대한 질문과 함께 도시 간 효용 수준 차이에 대한 만족스러운 접근법
은 뚜렷하고 지속되는 불균등성을 설명할 수 있어야 한다. 어떤 도시가 실패
하면 다른 도시는 성공하고, 어떤 **사람**이 성공하면 다른 사람은 실패한다. '자
본주의의 지리'에 나타난 접근들은 보통 이러한 사실들에 대해 '지리경제학'의
접근들보다 더 잘 설명한다. 또한 전자는 균형이 아니라 **불**균형을 강조한다.

10.5 도시 변형의 경제

10.5.1 도시 건설

지금까지 우리는 주로 경제과정이 이루어지는 장소(들)를 뜻하는 '경제'의 지리적 맥락으로서 '도시적인 것'에 관심을 두었다. 그리하여 우리는 경제발달 단계마다 다른 경제체제가 어떻게 다른 도시 형태로 나타났는지를 살펴보았다. 그리고 도시들이—개별적으로든 전체적으로든—경제적 역동성을 어떻게 만들어 가는지에 주목하였다. 그러나 경제과정은 도시 **안**에서만 일어나는 것이 아니라, 도시 **간**에도(도시를 서로 연결하며) 일어난다. 아울러 그런 과정은 도시와 **더불어** 구체적으로 일어나기도 한다. 이때 '구체적으로'라는 말이 중요하다. 도시의 건조환경이라는 물리적 공간 조직을 조직하는 것은 그 자체로 중대한 경제활동이며, 여기에는 건축, 재건축, 그리고 철거가 포함된다.

도시 건설의 기본적 활동(Fainstein 1994)인 건축을 생각해 보자. 건축은 가장 도시적인 현상인데, 모든 나라 모든 시기에 그 자체로 중요한 경제활동이기도 하며, 가장 심한 불황을 차단한다. 총산출 또는 총 '부가가치'에서 중요한 비율을 차지한다. 그림 10.4를 보면, 1990년 이후 세계 10대 국민경제에서 건설의 비중은 최대 11%(1990년의 일본)에서 최소 3.5%(2013년의 미국)에 이르는데, 대략 5~7% 범위에서 변동한다.

도시 건설의 경제와 그것의 역사적 변동을 우리는 어떻게 이해해야 하는가? 예를 들어, 왜 도시 건설의 역사는 건축 붐과 건축 불황의 주기가 반복되는가(Weber 2015)?

경제학자들은 수요 측면의 설명을 좋아한다. 건설 수준은 궁극적으로 전체 경제에서의 장기적인(항상 단기인 것이 아닌 한) 수요 수준에 대한 반응이라고 그들은 주장한다. 이러한 주장은 분명 일리가 있다. 건조환경은 그것이 필요해야 건설된다. 공업을 육성하려 하거나(공장), 소매업을 유치하려거나(상점),

전문 서비스 업체를 들이거나(사무실), 노동자/소비자들을 거주하게 할 필요가 있거나(주택), 아니면 다른 무엇이 필요할 때이다. 이것은 미래에 일어날 투기적 건축과도 양립한다. 투기적 건축은 미래의 수요 가능성에 **투기하는** 것이다. 그러나 수요 측면을 투기로 설명하는 것은 비정상적이다. 투기 수요는 시장의 작동에 의해 이내 사라질 것이다. 빠르게 잃게 될 것이므로 투기 목적으로 건축을 한다면 주의해야 한다.

수요 측면의 이론가들은 수요 주도의 도시 건축 경기순환에 정부가 간혹 개입한다는 점을 부인한다. 그러나 이러한 일은 명백하다. 정부는 수요가 존재하더라도 규제 계획에 따라 건축을 금할 수 있다. 또한 수요가 없을 것으로 보이는 곳에 건축을 촉진할 수도 있다. 정부가 수요를 자극하는 이유 중 하나는 건설이 이른바 경제적 승수효과(multiplier effect)의 괜찮은 원천으로 보이기

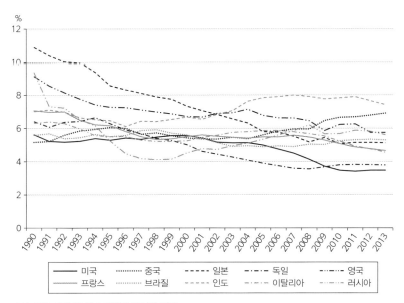

그림 10.4 경제 총 부가가치의 건설업 비중

출처: United Nations Statistics Division (National Accounts Main Aggregates Database).
주: 2005년 불변가격.

때문이다. 승수효과는, 정부 지출의 증가가 그 증가의 승수로 총지출을 증가시킨다는 발상이다. 이것은 대공황에 대한 대응으로 1930년대 미국에서의 뉴딜 주택정책의 논리적 기반이었다. 정부 개입은 주택 건설 부문을 지지하고 고용과 경제 산출의 증가를 폭넓게 촉진한다(Florida and Feldman 1988).

수요 측면 이론을 모두가 동의하는 것은 아니다. 특히 그것이 대체로 투기적 도시 건설 붐을 설명할 때 그러하다. 지리학자 레이철 웨버(Rachel Weber 2015)는 글로벌 금융위기 이전 10년간 이어진 시카고의 상업용 부동산 건설 붐을 연구하면서, 경험적 증거를 통해 그 붐이 수요 주도가 아니었을 뿐 아니라 수요 주도와 모순된다는 것을 보여 주었다.

웨버는 많은 다른 경제지리학자들처럼 건설 붐을 설명하는 용어로 더 믿을 만한 것이 공급 측면의 설명이라고 보았다. 가장 영향력 있는 설명은 데이비드 하비(David Harvey 1978)의 (제3장 5절에 나오는 그의 축적이론과 연결된) "자본전환(capital switching)" 개념이다. 하비는 자본의 "과잉축적"의 내적 위기와 관련하여 자본전환이 발생한다고 하였다(글상자 10.2: 과잉축적).

과잉축적된 자본은 투자를 수요가 부족한 일상의 재화 및 서비스 생산에서부터 도시 건조환경의 생산으로 '전환'된다. 다시 말하면, 이러한 건설은 수요 측면의 설명에서와 같이 신규 건물이 필요하기 때문이 아니다. 과잉축적된 자본을 위해 적절한 투자처가 필요하기 때문이다. 이것은 어떤 점에서 '공급 측면'의 설명인가? **자본의 공급**이 건설 붐을 설명한다는 의미에서이다. 개발업자들은 시카고에서 과잉건설을 하였는데, 이것은 "금융시장에서 더 많은 자본이 유휴 상태였기 때문"이었다(Weber 2015, p.2).

이 논제에 관한 많은 고찰이 있었고, 대체로 일리가 있다. 첫 번째는 하비는 수요 측면과 공급 측면을 구분하는 것을 비틀었기 때문에 주의해서 읽지 않으면 혼동하기 쉽다는 것이다. 특히 자본전환은 도시화에 관한 공급 측면의 **설명**이지만(도시 건조환경의 건설이라는 형태의 도시화), 그것은 하비(Harvey 1985)

과잉축적

과잉축적(overaccumulation)은 마르크스주의 정치경제학의 특정 이론에서 개발된 중요한 개념이다. 이 용어가 무엇인지 이해하려면 두 가지 다른 용어를 먼저 소개해야 한다.

하나는 **잉여가치**(surplus value)이다. 마르크스에 따르면, 노동자는 자본가를 위해 노동하면서 가치를 생산한다. 물론 그들은 보통 그 일을 하면서 임금을 받는다. 그러나 문제는, 그들이 임금으로 받는 양이 그들이 산출한 가치보다 적다는 것이다. 그 차이가 잉여가치이고, 이것은 자본가에게 귀속된다.

두 번째 핵심 용어는 **축적**이다(축적이 없다면 과잉축적도 없다). 축적은 자본가들이 자신들이 얻은 잉여가치를 사용하는 방법 중 하나이다. 그들은 그 잉여를 저장할 수도 있고, 소비로 지출할 수도 있으며, 축적할 수도 있지만, 축적하기 때문에 자본주의라고 마르크스는 주장하였다(제3장 5절). 축적은 노동자가 창출한 잉여가치 중 일부를 다음 생산 회기에 **재투자**하는 것을 포함한다. 나아가 그것은 마르크스가 '확대재생산'이라고 부른 것, 또는 우리가 보통 '경제성장'이라고 부르는 것에 필수적인 것이다.

그렇다면 **과잉**축적은 무엇인가? 핵심은 너무 많은 잉여가치가 생산된다는 것을 의미한다. 물론 이것은 처음부터 완전히 잘못된 아이디어처럼 보인다. 어떻게 너무 많을 수 있다는 말인가? 자본주의와 자본가는 모두 성장과 이윤을 극대화하려 하지 않는가? 그들이 할 수 있는 만큼 많이 투자하지 말았어야 하였다는 것인가? 과잉축적? 웃기지 마시라.

그러나 이윤이 나도록 수행할 수 있는 축적의 양은 제한이 있다. 축적이 이윤이 있으려면, 축적이 창출하는 재화에 대한 소비자 수요가 있어야 한다. 여기서 문제가 발생한다. 노동자로부터 취한 잉여가치의 양이 증가하여 그것을 축적의 형태로 지출하면, 자본가들은 노동자들이 소비자로서 재화를 사는 데 지출하였을 돈을 노동자에게서 빼앗게 된다. 자본가들이 너무 많은 잉여가치를 취하였는데, 생산된 재화를 살 소비자 수요가 불충분하여 그것을 투자할 기회를 즉각적으로 찾을 수 없을 때 과잉축적이 발생한다. 지나친 잉여가치는 용처를 기다리는 자본의 총량 풀의 형태, 즉 과잉축적의 형태를 취하게 된다. 하비(Harvey 1985, p.4)가 지적한 바와 같이, 과잉축적은 "자본을 고용할 기회에 비해 총량적으로 너무 많은 자본이 생산될 때" 발생한다.

그러한 시나리오를 실제로 우리는 어떻게 인식할 수 있는가? 이 질문에 대한 답은 간단하지 않다. 자본이 과잉축적되었는지 아닌지를 드러낼 '검사' 같은 것은 없다. 단지 **징후들**이 있을 뿐이다. 상품 재고 과다, 이윤율 하락, 유휴 생산설비, 실업, 현금 잉여 등이다. 이들 모두 혹은 몇 개가 현실화되면, 정치경제학자들은 **과잉축적의 위기**가 있을 수 있다고 말할 것이다.

가 수요 측면의 **도시화**라고 말한 것을 유발한다. 어떻게 그렇게 되는가? 산업도시로 돌아가 보자. 산업도시는 공급 측면 도시화의 증거이다. 산업자본주의가 번영하기 위한 지리적 조건(집적 등)을 **공급하기** 때문이다. 과잉축적에 관한 글상자를 다시 읽어 보자. 과잉축적은 수요와 관련된다. 보다 정확하게는 수요의 부족에 관한 것이다. 자본전환에 의한 도시 건설은 과잉이 아니었으면 없었을, 과잉축적된 자본이 사용되도록 수요를 제공한다.

다시 말하면, 우리가 자본주의와 도시화, 또는 경제와 공간이라는 근본적으로 다른 접합들 그 자체를 다루어야 한다는 것이 하비의 궁극적인 주장이다. 산업도시는 역사적으로 근대 산업자본주의가 출범할 수 있게 하였다. 그것은 전에 없던 비율로 자본축적이 발생할 수 있도록 공간을 마련하였다. 마치 끓을 수 있도록 솥을 제공한 것과 같다. 도시에서의 자본전환은 자본주의가 끓는점으로 갈 때의 그림이라고 할 수 있다. 너무 많은 자본이 축적될 때, 체계가 과열되지 않도록 그것을 흡수할 새로운 방법을 찾아야 한다. 도시 건조환경의 생산으로 전환된 자본이 그러한 완화 밸브 역할을 한다. 증기가 자본주의에 동력을 공급하기보다는, 자본주의가 증기를 **방출**할 수 있게 하는 것이다.

두 번째는 그것이 위기 조건(과잉축적)에 의해 예측되고 명시적으로 지리적 형태(도시 건설)를 취하는 한, 자본전환은 '공간적 조정'(제5장)의 핵심적 형태를 의미한다는 것이다. 즉 웨버(Weber 2015, p.25)의 표현처럼, "자본축적의 필요에 대한 공간적 선언"과도 같다. 공간적 조정의 한 선언이 전후 기간의 중반기에 미국에서 나타났다. 대규모 신도시 건설, 특히 교외 인프라 건설로 과잉축적의 긴급한 조건이 완화되었다. 이때의 건물들은 사실 내적 경제위기에 대한 일차적 해법이었다. 워커(Walker 1981)는 이를 기념할 만한 이른바 "교외 해법(suburban solution)"이라고 불렀다.

그러나 모든 공간적 조정이 그렇듯이 자본전환에 의해 일어나는 조정 역시 일시적인 것이다. 도시 건설에 과잉축적된 자본 투자는 위기 경향을 제거하기보다는, 위기가 궁극적으로 취하는 형태와 구현되는 장소 모두에 대한 심판의 날을 연기시킬 뿐이다. 1980년대의 저술에서 하비(Harvey 1985, p.20)는 20세기 "자본주의의 글로벌 위기"였던 1930년대와 1970년대의 위기 모두 자본전환의 형태로 나타난 공간적 조정이 있은 후에 일어났다는 의견을 견지하였다. 즉 "건조환경에 대한 장기투자로의 대규모 자본 이동은 급격하게 축적되고 있는 자본에 대한 생산적인 용처를 찾으려는 마지막 희망과 같은 것"이라고 하였다. 웨버(Weber 2015)와 다른 학자들(Christopers 2011)에 의하면, 2007~2009년의 글로벌 금융위기 역시 마찬가지였다. 이번 위기는 처음에 정확히 하비(Harvey 1985, p.12)가 주장한 바와 같이 나타났다. 즉 자본전환에 의해 연기된 위기가 흔히 그렇듯이, "자산 가치화에서의 위기"로 나타났다.

세 번째이자 마지막 고찰은, 자본전환 이론이 모든 시대와 모든 장소에서 도시 건설을 설명하는 것으로 일반화할 수 없으며, 그럴 의도로 나온 것도 아니라는 점이다. 건축이 일어나는 것은 보통 새 건물이 필요하기 때문이다. 즉 하비의 공급 측면 도시화는, 산업도시에서 논의한 바와 같이 세계의 어떤 부분에서는 활발하게 되어 있다. 그러나 자본전환은 다른 설명이 실패하게 될 때, 특히 도시 건설 붐에 대한 설명에 실패할 때 명확한 이론을 제공한다. 잠재적으로는 모든 대규모 건설 붐에 대한 설명도 제공한다. 특히 중국에서 2000년대 이후에 일어난 대규모 신규 도시 건조환경 공간의 건설(많은 경우 사용되고 있으나 그중 많은 곳이 '유령도시'로 유명하다)들이다. 우리는 알 수 없으나, 하비(Harvey 2012, p.65)는 이를 다음과 같이 생각하고 있다.

이윤을 얻을 기회가 많지 않을 때 도시화를 통해 잉여 유동성과 과잉축적된 자본을 흡수하는 것은, 지난 위기 시기 중국에서뿐 아니라 지구의 많은 다른 지역에서도 자본축적을 지속하는 확실한 방법이었다.

10.5.2 도시의 파괴

최근 수십 년간 중국에서는 도시 변형의 경제에서 매우 중요한 다소 다른 시그널이 가시화되었다. 이것은 도시 공간을 건설하는 것이 아니라 오히려 파괴하는 것이다.

제12장에서는 산업 변화를 이 장에서보다 깊이 다룬다. 거기서 우리는 자본주의 발전에서 핵심적 양상을 파악하기 위해 경제학자 조지프 슘페터(Joseph Schumpeter)의 "창조적 파괴(creative destruction)"라는 아이디어를 다룬다. 새로운 것이 등장하기 위해서는 옛것이 축출되어야 한다는 사실에 관한 것이다. 이것은 도시에도 적용된다. 기존의 도시 건조환경이 있는 곳에서는, 새로운 생산 라운드가 시작되기 전에 해당 공간의 일부가 파괴되어야 한다. 이러한 파괴는 자체로 중요한 경제활동이기도 하다.

도시 공간의 파괴는 그 밀도와 규모 면에서 무자비한 측면이 있다. 여기서 중국은 최근의 충격적인 사례를 제공한다. 상하이의 파괴적인 경험에 대한 사회학자 쉬에페이 런(Xuefei Ren 2014)의 보고에 따르면, 1990~2008년 사이에 시는 주택 7000만m²를 파괴하고 120만 가구를 내부도시(inner city) 근린에서 철거 및 이동시켰는데(Ren 2014, p.1082), 이마저도 "시정부가 보수적으로 추정한 것이고 실제로는 훨씬 더 많을 것"이라고 보았다. 이러한 파괴는 런이 상하이의 "철거 경제(demolition economy)"라고 칭한 것으로 경제적으로 중요하다. 이것이 수행하는 다양한 경제적 기능, 즉 정부 수입 제고(시정부가 토지를 취득하여 민간 투자자에게 임대함으로써)에서부터 새로운 주택 수요 창출 및 건설 폐기물 재활용산업 등에 이르기까지, 파괴는 "현대 중국 도시성에서 중심적이다"(Ren 2014, p.1081).

그러나 물리적인 도시 조직을 파괴하는 것은 격렬할 필요도 없고 개입주의적일 필요도 없다. 그것은 천천히 이루어질 수 있으며, 주목받지 않게 파괴하면서도 주목받으면서 하는 것만큼 할 수 있다. 특히 건조환경의 가치를 높이기 위해서뿐만 아니라, 그러한 투자의 부재가 황폐화를 초래하기 때문에 단지 가치를 유지하기 위해서도 투자가 필요하다. 그러므로 투자 중단(disinvest-ment)이나 투자 철회는 궁극적으로 파괴이기도 하다. 많은 연구에 따르면, 그러한 투자 중단은 상하이에서 이루어졌던 파괴와 마찬가지로, 많은 서구 도시들에서 경제적인 이유로 그리고 지리적으로 불균등하게 이루어졌다.

실제로 1970년대 이후 서구 도시의 물리적 변형에서 가장 상징적인 현상, 즉 내부도시의 젠트리피케이션(gentrification)은 투자 중단과 그것의 경제로 강력하게 설명될 수 있다. 그것은 근린 천이의 과정으로서, 낮은 사회경제적 지위에 있어 보통 불량 주거지에 사는 개인과 가구들이 주택 저량에 대한 대규모 투자에 따라 진입하게 되는 고소득 거주자로 대체되는 과정을 말한다. 젠트리피케이션은 복합적인 현상이다. 한편으로는, 지식기반산업 직종이 제조업을 대체하고 있는 중심도시로 '회귀'하려는 교외 거주 주민의 욕망에 의해 추동된다. 다른 한편으로는, 역사적인 비투자로 인해 창출된 재투자 및 재개발이 이윤을 낳는 경제적 필요조건이 갖추어진 중심도시로 자본이 회귀한 것이기도 하다. 이것이 닐 스미스(Neil Smith 1979)의 유명한 '지대격차(rent gap)' 이론의 핵심이다. 건조환경에 대한 투자의 부재—방치를 통한 파괴—로 인해, 현재의 나빠진 조건으로 추출할 수 있는 지대와 재개발이 발생한다면 잠재적으로 추출 가능한 지대 사이에 격차가 발생한다. 이 격차가 충분히 커져 경제 논리가 압도적이 되면 투자가 들어온다.

그래서 젠트리피케이션은 도시가 경제구조적인 이유에서 지리적으로 다시 만들어지는 사례이다. 이는 가치가 창출되는 하나의 경제과정으로서의 도시 변형이다. 자본은 먼저 과잉축적 위기의 위협을 모면하기 위해(적어도 부분적으로는) 교외에 건설을 수행하였으나, 수십 년 후 젠트리피케이션을 통해 교외를 떠나게 되었다. 이러한 지리적 불균등 발전(제8장)의 '시소(see-saw)'는 도시 간 그리고 국제적 수준에서도 나타나지만 도시 내부에서도 나타난다. 시소는 모든 지리적 스케일에서 나타난다.

10.6 결론

우리는 이 장을 다른 절들에서 예시하려 하였던 공식으로 시작하였다. 바로 워커가 말한 경제지리와 도시지리의 "본질적 일체성"이다. 그런데 다른 것이 꾸준히 이 양자의 일체성에 충돌해 들어오곤 하였다. 즉 '자연' 또는 환경이다. 특히 브레친(Brechin)과 크로넌(Cronon)의 샌프란시스코와 시카고에 관한 두 책을 생각해 보자. 이들 책은 분명 워커가 제기한 일체성을 입증한다. 그러나 또한 그들은 그 그림에서 자연을 배제하려는 이원론을 허물고 있다. 그들은 '경제'는 '자연'과 불가분이라는 것을 보여 준다. 오히려 경제는 자연의 상업화에 의존한다. 도시 또한 자연과 불가분이다. 크로넌의 책 제목에서 보듯이, 시카고는 **자연의** 메트로폴리스에 다름 아니며, 자연의 도시화의 산물이다. 경제 및 도시 과정은 양자가 **사회자연적인** 것이라는 점에서 닮았다.

그렇다면 도시지리와 경제지리의 양자 간 '본질적 일체성' 대신, 아마도 환경지리학이 포함된 삼자 일체성이 필요할지도 모른다. 어떤 것이든 경제적인 것과 환경적인 것, 그리고 사회적인 것과 자연적인 것은 도시환경에서 매우 긴밀하게 피를 나누는 관계이다.

이 장은 이 삼위일체 중 두 요소—경제적인 것과 도시적인 것—사이의 상호 구성적 관계를 검토하였다. 다음 장에서는 우리의 렌즈를 경제적인 것과 환경적인 것 사이의 관계로 돌릴 것이다. 이 특별한 관계에서 도시적인 것이 갖는 중요성은 무시될 수 없으며, 다양한 접점에서 드러난다. 다만, 우리의 강조점은 그것이 아니다. 우리가 보여 주고자 하는 것은, 도시적인 것과 마찬가지로 특정한 경제 및 경제 구성체 안에서, 그것들에 의해 그리고 그것들을 위

경제지리학

해 '자연'이라고 불리는 것 또한 생산된다는 것이다. 그리고 서로 다른 경제는 서로 **다른** 자연을 생산하고 등록하며, 서로 **다른** 자연에 의해 형성된다. 경제지리학은 환경지리학이기도 해야 한다. 왜냐하면 경제는 항상 그리고 어디서나 환경적으로 배태되어 있고, 환경은 항상 그리고 어디서나 경제적으로 구성되기 때문이다. 이런 관점은 오랫동안 이상한 것으로 취급되었으나, 자연—본질적으로 경제과정에 그대로 얽혀 있는 것—은 오늘날 산업입지, 무역 또는 지리적 불균등 발전만큼이나 경제지리학에서 '자연스러운' 주제이다.

참고문헌

Amin, A. 2000. The Economic Base of Contemporary Cities. In G. Bridge and S. Watson (eds), *A Companion to the City*. Oxford: Blackwell, pp.115-129.

Boss, H. 1990. *Theories of Transfer and Surplus: Parasites and Producers in Economic Thought*. London: Unwin Hyman.

Brechin, G. 2006. *Imperial San Francisco: Urban Power Earthly Ruin*. Berkeley: University of California Press.

Breman, J. 2016. *At Work in the Informal Economy of India: A Perspective from the Bottom Up*. Oxford: Oxford University Press.

Castells, M. 1989. *The Informational City: Information Technology, Economic Restructuring and the Urban-Regional Process*. Oxford: Blackwell.

Childe, v. G. 1950. The Urban Revolution. *Town Planning Review* 21: 3-17.

Christophers, B. 2011. Revisiting the Urbanization of Capital. *Annals of the Association of American Geographers* 101: 1347-1364.

Crafts, N. F. R. 1985. *British Economic Growth during the Industrial Revolution*. Oxford: Clarendon Press.

Cronon, W. 1991. *Nature's Metropolis: Chicago and the Great West*. New York: W. Norton & Company.

Engels, F. 2009 [1845]. *The Condition of the Working Class in England*. Oxford: Oxford University Press.

Ertürk, I., Froud, J., Sukhdev, J. et al. 2011. City State against National Settlement. CRESC. Working Paper Series No. 101. http://hummedia. manchester.ac.uklinstitutes /cresc/workingpapers/wpl01.pdf (accessed June 27, 2017).

Fainstein, S. 1994. *The City Builders: Property Development in New York and London,*

1980-2000. Oxford: Blackwell.

Florida, R. L., and Feldman, M. 1988. Housing in US Fordism. *International Journal of Urban and Regional Research* 12: 187-210.

Glaeser, E. 2011. *Triumph of the City*. London: Macmillan.

Harvey, D. 1978. The Urban Process under Capitalism: A Framework for Analysis. *International Journal of Urban and Regional Research* 2: 101-131.

Harvey, D. 1985. *The Urbanization of Capital*. Oxford: Blackwell.

Harvey, D. 1989. From Managerialism to Entrepreneurialism: The Transformation in Urban Governance in Late Capitalism. *Geografiska Annaler,* Series B 71: 3-17.

Harvey, D. 2012. *Rebel Cities: From the Right to the City to the Urban Revolution*. London: Verso.

Hoselitz, B. F. 1955. Generative and Parasitic Cities. *Economic Development and Cultural Change* 3: 278-294.

Hsing, Y. T. 2010. *The Great Urban Transformation: Politics of Land and Property in China*. Oxford: Oxford University Press.

Kemeny, T and Storper, M. 2012. The Sources of Urban Development: Wages, Housing, and Amenity Gaps across American Cities. *Journal of Regional Science* 52: 85-108.

Krugman, P. 1991. *Geography and Trade*. Cambridge, MA: MIT Press.

Landry, C., and Bianchini, F. 1995. *The Creative City*. London: Demos.

Marshall, A. 1890. *Principles of Political Economy*. New York: Macmillan.

Marx, K. 1963. *Theories of Surplus Value*, Part 1. Moscow: Progress Publishers.

Massey, D. 2007. *World City*. Cambridge: Polity.

McKinsey Global Institute. 2011. Urban World: Mapping the Economic Power of Cities. http://www.mckinsey.com/global-themes/urbanization/urban-world-mapping-the-economic-power-of-cities (accessed July 6, 2017).

Ngai, P., and Chan, J. 2012. Global Capital, the State, and Chinese Workers: The Foxconn Experience. *Modern China* 38: 383-410.

ONS(Office of National Statistics). 2013. Percentage of Working People Employed in Each Industry Group, 1841 to 2011. http://webarchive.nationarchives.gov.uk/2016010 5160709/ http://www.ons.gov.uk/ons/rel/census/2011-census-analysis/170-years-of-industry/rft-tables.xls (accessed June 27, 2017).

ONS (Office of National Statistics). 2016. Labour Productivity (GVA per hour worked and GVA per filed job) indices by UK NUTS2 and NUTS3 subregions. https://www. ons gov.uk/file?uri=/employmentandlabourmarket/peopleinwork/labourproductivity/ dataset/subregionalproductivitylabourproductivitygvaperhourworkedandgvaperfilled-jobindicesbyuknuts2andnuts3subregions/current/nutsindeceslevels2016unlinked2016 0307.xls (accessed June 27, 2017).

Pariia, J., Trujillo, J. L., and Berube, A. 2015. Global Metro Monitor 2014. http://washcouncil.orglpresentations-2015/2014-Global-Metro-Monitor-Map.pdf (accessed June 27, 2017).

Pirenne, H. 2014 [1925]. *Medieval Cities: Their Origins and the Revival of Trade*. Princeton, NJ: Princeton University Press.

Pred, A. 1973. *Urban Growth and the Circulation of Information: The United States System of Cities, 1790-1840*. Cambridge, MA: Harvard University Press.

Pred, A. 1977. *City Systems in Advanced Economies: Past Growth, Present Processes, and Future Development Options*. New York: Wiley.

Pred, A. 1980. *Urban Growth and City Systems in the United States, 1840-1860*. Cambridge, MA: Harvard University Press.

Ren, X. 2014. The Political Economy of Urban Ruins: Redeveloping Shanghai. *International Journal of Urban and Regional Research* 38: 1081-1091.

Richardson, H. W. 1995. Economies and Diseconomies of Agglomeration. In H. Giersch (ed.), *Urban Agglomeration and Economic Growth*. Berlin: Springer, pp.123-155.

Sassen, S. 1991. *The Global City: New York, London, Tokyo*. Princeton, NJ: Princeton University Press.

Saxenian, A. 1996. *Regional Advantage: Culture and Competition in Silicon Valley and Route 128*. Cambridge, MA: Harvard University Press.

Sigurdson, J. 1977. *Rural Industrialization in China. Cambridge*, MA: Harvard University Press.

Smith, N. 197.9. Toward a Theory of Gentrification: A Back to the City Movement by Capital, Not People. *Journal of American Planning Association* 45: 538-543.

Storper, M. 2013. *Key to the City: How Economic Institutions, Social Interaction, and Politics Shape Development*. Princeton, NJ: Princeton University Press.

Taylor, P. J. 2004. *World City Network: A. Global Urban Analysis*. London: Routledge.

Thompson, F. M. L. 1990. *Town and City. In F.M.L. Thompson (ed.), The Cambridge Social History of Britain 750-1950*. Cambridge: Cambridge University Press, pp.1-86.

Walker, R. 1981. A Theory of Suburbanization: Capitalism and Construction of Urban Space in the United States. In M. Dear and A. Scott (eds), *Urbanization and Urban Planning in Capitalist Society*. New York: Methuen, pp.383-429.

Walker. R. 2012. Geography In Economy: Reflections on a Field. In T. J. Barnes, J. Peck. and E. Sheppard (eds), *The Willey-Blackwell Companion to Economic Geography*. Wiley-Blackwell, pp.47- 60.

Walker, R. 2015. The City and Economic Geography: Then and Now. In B. Merrill and L.M. Hoffman (eds), *Space of Danger: Culture and Power in the Everyday*. Athens. GA: University of Georgia Press, pp.135 151.

Weber, A. 1929. *Theory of the Location of Industries*. Chicago: University of Chicago of Press.

Weber, R. 2015. *From Boom to Bobble. How Finance Built the New Chicago.* Chicago: University of Chicago Press.

Williams, R. 1975. *The Country and the City.* New York: Oxford University Press.

경제지리학

제11장

자연과 환경

11.1 서론

경제지리학의 방향과 범위에 관해 우리는 이 책에서 적극적인 편이었다. 경제지리학이 유익한 이유는 많지만, 그중 하나는 현대 세계에 대해 많은 것을 경제지리학이 설명할 수 있다는 데 있다. 도시, 화폐와 금융, 지구화에 관한 중요한 '큰' 이슈에 고유한 분석을 할 수 있다는 것이다. 이러한 확장적 영역 설정은 사실 지리학을 보다 폭넓게 해석하는 것이다. 앨러스테어 보네트(Alastair Bonnett 2008, p.1)는 그의 훌륭한 책 『지리란 무엇인가?(What is Geography?)』에서 "지리를 연구하는 것"은 "세계를 연구하는 것"이라고 하였다. 경제지리학은 항상은 아니지만 그 폭넓은 의제에 충실해 왔다.

  과장을 좀 섞어 지리학의 관심이 '세계'에 있다면, **현대** 세계에 무엇이 특별한가(그런 것이 있다면)를 묻는 것은 비판적 관점에서 중요하다. 우리가 서술한 바와 같이, 비판적 관점의 중요한 특징은 지금의 세계에 대해 구체적으로 질문하는 것이다. 그것은 왜 그런가? 이것은 이런 식이어야만 하는가? 다른 방식일 수는 없는가? '현대' 세계의 특수성에 대한 이런 질문의 대답 중 하나는 그것이 **자본주의적**이라는 것이다. 자본주의는 현재를 과거(봉건제, 공산주의 등)와 구분해 주는 것이다. 따라서 우리가 제2장에서 본 바와 같이, "경제지리학은 무엇인가?"라는 질문에 대한 대답은—비판적 성격의 대답에서는 특히—'자본주의의 지리'인 경우가 많다.

그런데 현대 세계의 특별함에 대한 대안적이고 동일하게 타당한 관점은 지난 10여 년 안에 얻어진 것이다. 현대 세계에서 정말로 특별한 것은 인간과 인간의 관계라기보다는 인간과 생물물리적(biophysical) 환경, 즉 인간과 '자연'의 관계이다. 실제로 현대라는 시대에 인간 사회와 환경의 관계가 새로운 지질 시대에 버금가는 것으로 이해되는 하나의 시대로, 즉 인간 활동이 처음으로 글로벌 생태계를 **변경**하는 시대로 구분된다는 주장을 자주 접할 수 있다. 이른바 '인류세(Anthropocene)' 개념이다. 인류세가 자본의 시대, 즉 자본세(Capitalocene)라 불리는 시대와 동시대라는 것에 많은 학자들이 동의하지는 않지만, 인간-환경 관계의 영역에서의 이 시대 구분은 인간-인간 관계의 시대 구분과 무관하지 않다. 그럼에도 경제지리학이 주어진 임무를 제대로 수행한다면 인류세, 그리고 그것이 드러내는 세계에 대한 이슈 논의에 기여할 것이다. 즉 환경 착취, 환경 변형, 환경 위기 등의 논제가 그것이다.

이 장은 이러한 논제들을 제시하고 접근하여, 그것이 중요하다고 주장하고자 한다. 제2장에서 제기한 경제지리의 일반적 정의를 소환하면, 이 장의 핵심 전제와 주제가 다음과 같이 어렵지 않게 요약될 수 있다. 우리가 '자연'이라고 부르는 것은 경제과정과 결과에 있어 공간, 장소, 스케일, 그리고 기타 지리학의 근본적인 '개념들'보다 결코 덜 중요하지 않다. '자연'을 등한시하거나, 그

구성과 양상을 변화시키면, 경제는 사뭇 다르게 보일 것이다. 심각한 환경 변화의 시대에 이것은 결코 작은 문제가 아니다.

11.2 자연의 이용

경제는 온갖 방식으로 자연을 '이용'한다. 경제학자들이 경제의 '1차 부문'에 대해 이야기할 때는 대체로 '자연'환경 자원의 직접적인 이용을 의미한다. 표준적인 사례는 농업, 어업, 임업, 광업이다. 그러한 활동은 자연에서 자연에 대해 직접적으로 작용한다는 의미에서 자연에 '가장 가까운' 활동이다. 그 활동을 통해 자연에서 추출된 것들에는 다른 운명이 기다리고 있다. 그것들은 물고기나 대부분의 농산물 경우처럼 때로 직접 소비되기도 한다. 그러나 보통은 다른 경제활동의 투입물이 된다. 그래서 궁극적으로 소비되는 제품은 자연자원으로부터 자원 자체에 반대되는 것으로 만들어지게 된다. 광업부문은 두 가지 유형의 생산물을 모두 산출하는 좋은 사례이다. 하나는 금과 같은 고가 금속 자체로 소비되는 유형이고, 다른 하나는 철광석과 같이 경제의 '2차' 부문(제조업 생산부문)의 투입으로 소비되는 유형이다.

경제지리학이 가장 크게 기여한 부분은 자본주의하에서 자연의 경제적 이용을 둘러싼 많은 통념을 깨거나 정련하는 데 도움을 주었다는 점이다. 이러한 '비신화화(demythologizing)' 작업을 고찰하는 것은 자연과 환경에 대한 비판적인 경제지리적 이해를 인식하는 생산적인 방법의 출발점이다. 세 가지의 흔한 오개념이 있는데, 각각은 서로 관련된다. 이것들은 특히 강력한 비판적 경제지리학의 독해를 촉진한다.

11.2.1 첫 번째 오개념: 멀어지는 자연

첫 번째 오개념은 국가들이 준목적론적 발전의 궤적을 따르게 된다는 것이다. 즉 1차 부문에서 시작하여 점차 환경에 대해 직접적인 경제적 개입을 하는 부문이 시간이 지날수록 덜 중요해질 것이라는 생각이다. 이러한 발상의 가장 유명한 버전은 장 푸라스티에(Jean Fourastié)와 월트 휘트먼 로스토(Walt Whitman Rostow)와 같은 경제학자들과 연관된, 이른바 3부문론과 경제성장 단계론이다. 하나의 경제가 발전 또는 '근대화'되면 경제의 주축은 1차 부문에서 2차로, 그리고 '3차'(서비스) 부문으로 이동한다는 것이다. 경제적으로 근대라는 것은 사회경제적 식량원이나 재생산 영역으로서의 자연을 효과적으로 멀리 두는 것이다. 딕 워커(Dick Walker 2001, p.167)가 관찰한 바와 같이, "경제학자들에게 근대화는 제조업을 통한 1차적 추출을 첨단기술의 미래까지 계속 진행하는 것"이다.

그러한 모형은 어떤 장소의 주요 역사적 경향을 폭넓게 개관하는 데는 도움을 주지만, 문제가 없지 않다. 첫째는, 중대하고도 명백한 예외들이 존재한다. 워커가 연구한 캘리포니아 지역이 그러한 사례이다. 현재 "세계 최고의 첨단 산업 수도이자 지구상 가장 부유한 곳 중 하나"인 캘리포니아는 역사적으로 "자본집약적 경로"를 따랐고, 아마도 "자연이 경제성장에 기여하는 것이 중대한 고려를 할 가치를 지녔다"(Walker 2001, p.167). 다른 예외로는 오스트레일리아와 캐나다이다. 둘 다 매우 부유하지만, 자원이 풍부하고 1차 부문이 연간 약 10%에 이를 정도로 여전히 국민경제 산출의 중요 부분을 차지한다. 캐나다 경제학자 해럴드 이니스(Harold Innis)는 3부문 유형 목적론에 대한 가장 유명한 반론을 제기한 학자이다. 그는 캐나다의 경험에 비추어 "특산물 이론(staple thesis)"을 주장하였는데, 단 경제적 변동성은 제조업이나 서비스에 특화된 나라들에 비해 크겠지만, 1차 자원 특산물을 중심으로 하는 수출 주도 모델도 경제적으로 지속가능하다는 것이다.

더욱이 전통적인 목적론적 설명은 지리적으로도 빈약하다. 그것은 국민경제를 한정된 경제 공간으로 취급한다. 다양한 '선진'국들이 역사적으로 자연과 1차 부문을 멀리해 온 것처럼 보일 수 있었던, 그리고 그 후에는 2차 부문인 제조업에도 거리를 둔 것처럼 보일 수 있었던 이유 중 하나는 자신들에게 필요한 것들을 후진국들에 역외화하여 점차 1차 및 2차 생산물을 그들로부터 취하면서, 그들을 지속적으로 '저발전' 상태로 **유지**하였기 때문이다(제8장과 제10장 참조). 이렇게 보면 '근대화'란 자연을 공간적으로 떼어 놓는 것이라기보다는, 자연에 대한 경제의 인접성을 탈피하는 것이다.

어떤 점에서는 '근대적' 경제활동은 드러난 바처럼 자연에서 멀어지고 이탈해 있는 것이라고 하기 어렵다. 우리가 즉각적으로 인지할 수는 없어도 자연과 경제활동의 연결이 존재한다. 나중에 보겠지만, 지리학자 스콧 프루덤(Scott Prudham)은 그의 책 『나무에 노크해(Knock on Wood)』(2005)에서 이러한 점을 열정적으로 강조한 바 있다. 온갖 다양한 형태로 경제는 "항상 비생산 투입에 어느 정도 의존할 것이다." 사실 이것은 자본주의에서 가장 주목할 만한 긴장으로 이어지고, 가장 흥미로운 것 중 하나이다. "그것은 성장 역량, 생산성 증가, 혁신 측면에서 일종의 인상적인 시스템이다. 그러나 그런 점에서 그것은 우리의 승인이 없다면 종속적이고 불안하다. 자본주의는 자연을 필요로 한다."

11.2.2 두 번째 오개념: 결정론적 자연

자본주의는 자연을 요구한다. 자연이 필요하다는 것은 경제사상사에서 맨 처음 사고의 일부에 주기적으로 들어와 있었다. 그리고 그것은 우리가 보기에 자연의 경제적 사용에 관한 두 번째 오개념의 영역으로 이끈다. 그것은 '자연' 자원 부존과 그 사용은 경제적 산출을 결정한다는 수상이다. 이 결정론에서 말하는 **자연**의 특수성과 풍부한 자연자원이 긍정적 속성인지 아니면 부정적 속성인지에 대한 문제는 중요한 논쟁의 주제였다.

한쪽 극단의 견해는 중농주의자(Physiocrats)라는 이름이 붙은 초기 정치경제학자들의 생각이다. 프랑수아 케네(Francois Quesnay)와 안 로베르 자크 튀르고(Anne-Robert-Jacques Turgot)가 이끌던 영향력 있는 18세기 사상가들은 자연과 자연의 경작을 모든 부의 창출의 원천으로 규정하였다. 경제학자 라이문트 블라이슈비츠(Raimund Bleischwitz 2001, p.25)에 의하면, "케네는 농업인을 '생산계급'이라고 보고 다른 집단은 '불임계급'이라고 보았다. 또한 튀르고는 농민을 '유일한 부의 원천'이라고 불렀다."라고 썼다. 중농주의자에 따르면, 경제의 다른 부문은 단지 부를 이전하거나 기생충같이 소비하는 것이다. 풍부한 자연자원과 그것에 대해 노동하는 것이 경제적 성공의 핵심이라고 보았다.

반대쪽 극단의 견해는 오늘날까지도 살아남아 있는데, 중농주의와 거의 정확히 반대이다. 즉 자연자원이 풍부하다는 것은 저주나 다름없는 축복이다. 일종의 '자원의 저주'라는 것이다. 자연자원은 경제성장과 발전을 촉진하기보다는 오히려 방해한다. 이런 견해의 주창자로는 스타급 경제학자인 제프리 색스(Jeffrey Sachs)가 가장 유명하다. 최근 몇십 년간 자원 부국들이 자원 빈국들보다 저성장하는 경향을 보였다는 데이터를 제시하며 대놓고 이런 견해를 주장하였다(Sachs and Warner 2001). 중농주의는 틀렸다는 것이다.

물론 어떤 점에서는 이런 엇갈리는 주장에 각 이론이 정식화된 시대의 경제적 성격을 반영하는 부분이 존재한다. 18세기에는 1차 부문이 경제를 지배하였다. 그러므로 자연의 시혜가 필요조건의 하나일 뿐이었다는 주장은 어리석은 제안이었을 수 있다. 반면에 오늘날은 1차 부문이 특히 선진국에서 경제적으로 훨씬 덜 중요하다. 그래서 오늘날의 경제는 경제 번영의 요인에 대해 매우 다른 관점이 생겨날 '자연스러운' 토양이 되고 있다.

그러나 경제지리학자로서 워커(Walker 2001)는 캘리포니아에 관한 그의 저작에서 다음을 보여 주었다. 자연의 속성이 기계적으로 경제적 결과를 지배한다는(긍정적이든 부정적이든) 주장은 조악한 환경결정론으로서 도움이 되지 않을 뿐 아니라 부정확하다.

예를 들어, 캘리포니아의 풍부한 자연자원 때문에 경제적으로 번영할 수밖에 없었던 것도 아니고, 지역이 실패할 운명이었던 것도 아니다. 캘리포니아의 경제적 '성공'(모든 주민에게 이익인 것은 아니지만)은 그 자원 기반에 강한 재산권과 약한 국가로 이루어진 교과서적인 자본주의 사회정치 질서가 결합되도록 요구하였다. 마찬가지로 노르웨이는 석유자원에 경제가 건설되었지만 저주받은 것으로 보이지 않는다. 자원 부국인 오스트레일리아와 캐나다에서 나타나는 수치 정도로 세계에서 최고 수준의 1인당 경제적 산출을 향유하고 있다.

풍부한 자원이 저주가 되었다고 하는 (보통 아프리카의) 나라들에 대해서도 경제지리학자 마이클 와츠(Michael Watts 2004)는 결정론적 관념을 강하게 비판하였다. 나이지리아의 '저주'는 석유가 아니라 정치경제적 환경이었다는 것이다. 1960년대 초부터 석유는 캘리포니아에서는 먼 세계였던 곳으로, 즉 공식적으로는 1960년에 종료된 식민지 시절에 형성된 정치경제적 환경으로 흘러 들어가기 시작하였다. 석유가 취약한 제도와 불안정한 연방 체제로 흘러 들어감으로써 무능하고 부패하며 형편없는 석유 주도 발전을 낳은 것이라고 와츠(Watts 2004, p.61)는 분석하였다. 그러므로 '저주'는 명백하게 역사적이며, 지정학적이고 제도적이다. 환경적이라기보다는 한마디로 사회적이다.

11.2.3 세 번째 오개념: 공손한 자연

자연의 경제적 이용과 관련된 마지막으로 중요한 오개념은, 그러한 이용이 크게 문제되지 않는다는 것이다. 물론 자본주의가 자연과 맺는 관계는 **생태적으로** 문제라는 것이 오랫동안 알려져 왔다. 이것이 우리의 요섬은 아니나. 우리의 요점은 자연의 경제적 이용이 생태적 의미에서만 문제가 되어 왔다는 점이다. 전통적 관점은 생태학적 영향을 다루면 모든 것은 나아질 것이라고 제시한다.

환경사학자이자 철학자인 캐럴린 머천트(Carolyn Merchant)는 『자연의 죽음(The Death of Nature)』(1980)에서 이러한 관점이 가지는 다양한 역사적 외양에 대한 매운 주석을 보여 준다. 그녀는 하나의 개념으로서 자연이 철저하게 여성화하여 그 과정에서 강력한 것, 지배적인 것, (남성적인) '사회'와 '경제'와 다른 어떤 것으로 성격지어져 왔다고 주장한다. 자연은 통제 가능하고, 여성은 조정될 수 있다. 확실히 그녀(자연)는 숙녀처럼 부드럽게 다루어야 하고, 물리적으로 망쳐져서는 안 된다. 그러나 이것이 전부이다. 자연(그녀)이 물리적으로(생태학적으로) 손상되지 않는 한, 그녀는 행복하게 당신의 일상적 일을 영위하도록 할 것이다.

경제지리학자들은 이것이 그렇지 않다는 것을 보여 주었다. 자본주의가 자연을 이용할 때, 생태적인 문제뿐만 아니라 경제적이고 사회적인 문제도 마주하게 된다. 자연은 단순히 양보하지 않는다. 자연은 대응을 한다. 그리고 경제와 사회는 자연의 요구를, 때로는 내키지 않더라도 받아주어야 한다. 경제지리학자 개빈 브리지(Gavin Bridge)는 미국의 구리산업 연구에서 대표적인 사례를 제공한다(글상자 11.1: 모순과 구리).

그의 연구에서 개념적 발상은 급진적 경제학자 엘마 알트파터(Elmar Alt-vater)로부터 얻은 것이다. 자연의 경제적 이용에서 유래되는 사회경제적 문제들에 대해 비교 연구를 하는 학자들은 헝가리의 칼 폴라니처럼 서구 자본주의에 대한 색다른 비판을 해 왔다. 왜 그러한가?

폴라니의 책 『대전환(The Great Transformation)』(1944)을 읽어 보면 쉽게 알 수 있다(제4장 참조). 이 책은 자유주의적 자본주의 자유시장과 그것이 갖는 무모한 **상품화** 경향, 즉 거의 모든 것을 거래 대상으로 바꾸려는 경향에 대해 신랄하게 비판한다. 자본주의가 노동 및 화폐와 마찬가지로 토지/자연—폴라니는 이 두 가지를 혼용한다—을 상품화하는 것을 (그는) 특히 비난하였다. 다음 절에서 우리는 자연의 상품화에 대해 더 논의할 것이다. 폴라니에 따르면, 여기서 중요한 점은 자연이 그런 식의 이용에 순순히 복종하지 않는다는 것이

글상자 11.1

모순과 구리

브리지(Bridge 2000)는 미국 구리 생산의 약 3/4을 담당하던 애리조나와 뉴멕시코의 구리 채굴 및 가공 산업이 1980년대 후반에 겪게 된 위기의 조건을 검토하였다.

구리 광업은 세 가지 "생태학적 모순"을 갖는다고 그는 주장한다(Bridge 2000, pp.244 –249).

모순 1. 광업 활동은 기존의 광맥을 소비하는데 그 과정에서 새로운 광맥을 확보하려면 사회정치적 반대에 부딪힌다. 그러나 광맥에 대한 접근은 성장의 핵심 전제 조건이다.

모순 2. 광업 기업은 최고 등급('가장 풍부한')의 광상(ore deposit)을 선택하여 현행 기술을 사용해서 이윤이 남도록 처리하고자 한다. 그러나 시간이 지나면 고품위 광상은 고갈되고, 비용 절감 혁신이 없다면 생산비가 증가하게 된다.

모순 3. 광업 및 광물 가공업은 대량의 폐기물을 발생시킬 수밖에 없는 격리형 업종이다. 저비용 폐기물 처리 방법이 지속적으로 이용 가능해야 하고 정당성도 획득해야만 성장할 수 있다. 그러나 보통의 광산 폐기물 처리는 기존의 처리 방법을 고갈시키고 비광업적 이해당사자들의 저항과 반대에 부딪히게 된다.

브리지의 연구에서 이러한 모순은 집단적인 사회 갈등을 촉발한다는 점에서 중요하다. 그리고 그 갈등은 이윤을 감소시키고 결국 산업의 위기로 이끌게 된다.

그러한 갈등은 두 가지의 관련된 이슈로 나타난다. 즉 토지 및 원료에 대한 접근과 폐기물 처리 문제이다. 1980년대에 구리산업의 폐기물 처리는 점점 환경단체뿐 아니라 다른 부문(부동산업, 첨단산업, 관광업 등)과도 긴장 관계에 놓이게 되었다. 이러한 긴장은 구리 광업의 건전성과 부에 대한 (연방 토지에 대한 접근과 환경 비용에 대한 낮은 부담금 등 형태의 정부 지원과 같은) 기존의 버팀목을 갉아먹기 때문에 치명적이다. 긴장이 갈등으로 비화되면, 광업 팽창이나 수질 요구 사항 등과 같은 문제에 대한 국가의 의사결정에 직접적으로 영향을 미친다. 구리산업에 대한 그 영향은 잔혹하였다.

브리지의 연구에서 볼 수 있듯이, 자연을 유예하지 않는다. 자본주의가 자연을 이용하는 것은 모순적이고, 궁극적으로 자연만이 아니라 자본주의 제도에도 해를 입히게 된다.

다. 그런 식의 이용은 역효과를 낳았고 문제를 일으켰으며, 사회가 궁극적으로 감당할 수 없다는 점은 검토되지 않았다. 시장이 자연 위에 자유롭게 군림하도록 내버려 둔 것(노동과 화폐처럼)은 자연의 파괴로 귀결되었을 뿐 아니라 "사회의 붕괴"로까지 이어졌다고 폴라니는 지적한다. "자연은 구성 요소들로 환원되고, 근린과 경관은 훼손되며, 강들은 오염되고, 군사 안보는 위험해질 것이며, 식량과 원료의 생산 역량은 파괴될 것이다"(Polanyi 1944, p.76). 자연을 상품화한 사회는 **자연의 편익뿐 아니라 사회의 편익**에도 상품화에 한계가 있음을 경험하게 될 것이다. 우리는 토지 이용을 규제하는 것이 필요하며, 환경법이 필요하다. 요컨대 자연은 유예를 주지 않을 것이다. 자연은 "그만 됐어"라고 말할 것이며, 사회는 결국 그 말을 들어야 한다.

자연의 경제적 이용에서 발생하는 사회경제적 문제를 이해하기 위해 폴라니에 기댄 경제지리학 연구 중 하나가 프루덤의 『나무에 노크해』이다. 그는 오리건의 더글러스 소나무 지역의 벌목산업 및 목재 상품 생산을 연구하였는데, 자연(숲)이 역사적으로 어떻게 자본주의가 숲에 적응하게 하여 실패하지 않도록 해 왔는지를 보여 준다. 자연은 까다로운 상품으로, 사회는 그러한 자연의 저항을 잘 다루어야 한다. 예를 들어, 자본주의 생산관계가 숲에 도입되면, 숲도 생산관계도 변형된다. 예상치 못한 생산조건의 변화로 자연도 변화하면, 공장 생산에서의 루틴은 바뀌게 된다. 자연은 자본주의 노동과정을 "생태 조절(ecoregulate)"한다는 것이 프루덤의 주장이다. 어쩔 수 없이 그렇게 되는 것이다.

11.3 자연의 생산

11.3.1 '이용'을 넘어

경제과정에 자연이 관여한다는 것을 이해하려 할 때, 과연 '이용'이 유일하거나 최선의 프레임인가? 자본주의는 자연을 단지 자원으로 '이용'하는 것인가? 아니면 좀 더 복잡하고, 좀 더 관여되고, 좀 더 특별한 것이 진행되는 그 무엇인가? '이용'이 아니라면 무엇이 자본주의와 자연의 상호관계를 파악하는 가장 적절하고도 분명한 방식인가? 이러한 질문은 이미 30년 전에 경제지리학에서 비판적 사고의 중심에 있었던 것이다. 그리고 이 절의 주제이기도 하다.

이런 질문을 하는 주요 이유 중 하나는 학자들, 특히 '자본주의의 지리' 전통 (제2장 참조)에 속하는 학자들이 점점 경제-자연 관계의 **중요성**을 인식하기 시작하였기 때문이다. "자본주의란 무엇인가?"라든가, "자본주의를 다른 사회경제 조직 체제와 다르게 만드는 것은 무엇인가?"라는 질문에 대한 답의 일부가 '자연과 맺는 특별한 관계'라는 점을 그들이 인식하게 되었다는 것이다. 경제와 사회가 자연과의 관계에서 조직되는 방식은 부수적이지 않다. 자본주의의 경우 그것은 통합적이다. 그리고 이것은 자본주의를 자본주의로 만드는 특징으로서, 자본주의의 다른 두드러진 특징—노동자가 자신들의 노동력을 생산수단을 소유한 자본가에게 팔아야 한다는 필요—만큼이나 결정적이다. 자본주의가 자연과 맺는 관계가 질적으로 다르게 나타났더라면, 자본주의는 자본주의가 아니었을 것이다. 아니면 적어도 오늘날 우리가 알고 있는 자본주의는 아니었을 것이다.

대부분의 지리학자들은 자본주의의 이러한 관계를 나타내는 데 '이용'이라는 단어가 오히려 무디고 부정확하다고 말할지도 모른다. 대신에 일반적으로 두 가지 다른 과정(양자는 서로 밀접하게 관련된다)이 상소되어 왔다. 그 둘은 결국 '이용'으로 되나, 매우 특별한 방식으로 그렇게 된다.

첫 번째 과정은 상품화이다. 이 과정은 환경을 하나의 목재, 광물 따위와 같이 상품이나 상품 집합—시장에서 교환될 수 있는 어떤 것—으로 전환하는 것이다. 자연에 대한 자본주의의 관계가 상품화를 수반한다는 것은 명백하다. 거의 모든 것과 자본주의의의 관계는 그러하다. 그것이 카를 마르크스가 『자본론』을 상품으로 시작한 이유이다. 그 첫 줄은 이렇다. "자본주의 생산양식이 지배적인 사회에서의 부는 '거대한 상품의 집합'으로 나타난다. 개별 상품은 그것의 초보적인 형태로 나타난다"(Marx 1976, p.125).

자본주의가 자연과 얽혀지는 두 번째 과정은 사유화이다. 사유화는 소유권과 관련된다. 사유화는 소유권이 공공(정부) 혹은 공동체에서 민간의 수중으로 들어가는 것을 수반한다. 자본주의하에서 자연은 어류자원량(fish stock)과 같이 자연자원이라는 형태로 점차 사유화된다.

자연의 사유화와 상품화 **간** 관계는 흥미롭다. 사유화가 항상 상품화를 수반하는 것은 아니다. 자연자원은 소유되더라도 거래되지 않을 수 있다. 이 점은 로알드 달(Roald Dahl)의 『세계 챔피언 대니(Danny, the Champion of the World)』에 생생하게 소개된 바 있다. 악당인 빅터 하젤(Victor Hazell)은 자기 소유의 영국 삼림지에서 지역 귀족을 위해 꿩사냥 파티를 연다. 그는 새를 팔지 않는다. 상품화가 반드시 사유화를 요구하는 것도 아니다. 예를 들어, 중국에서 토지개혁은 공공 토지에 대해 토지 임대시장과 시장경쟁을 도입하는 것이었는데, "사유화 없는 상품화"의 한 사례이다(Hsing 2006, p.169).

그러나 환경에 대한 자본주의의 상품화와 사유화는 보통은 함께 간다. 특히 사유화가 상품화로 이어질 때 그러하다. 자연이 일단 사적으로 소유되면 그에 따라 구획이 그어지고, 시장에서 쉽게 사고팔 수 있게 된다. 결정적으로 기업들은 이 거래에서 이윤을 취할 수 있다. 그러므로 사유화와 상품화의 조합은 자본주의가 자연과 맺는 관계의 징표와 같은 것이다. 하비(Harvey 2003)가 "강탈(dispossession)에 의한 축적"이라고 표현한 것의 대표적 사례를 들 수 있다

강탈에 의한 축적

자본축적이 무엇인지 우리는 안다(제10장). 노동자가 창출한 잉여가치의 일부를 자본주의 생산의 새로운 회차에 재투자하는 것이다. 그렇다면 특별히 **강탈에 의한 축적**(accumulation by dispossession, ABD)이란 무엇인가? 그리고 그것은 자연과 상품화 및 사유화와 어떻게 되는 것인가?

하비(Harvey 2003)의 "강탈에 의한 축적(ABD)"은 마르크스의 "원시적 축적" 개념을 다르게 말한 것이다. '원시적'이라는 말로 마르크스가 전달하려 한 것은 '본원적'이라는 의미이지 '고대적'이라는 뜻은 아니다. 원시적 축적은 본래 **최초의** 자본축적, 또는 더 정확하게 본래적으로 축적을 가능하게 하였던 과정을 말한다. 이 최초의 과정은 무엇이었나? 축적은 잉여가치를 요구하고, 잉여가치는 노동력을 자본가에게 팔도록 강제되는 노동자를 요구하기 때문에, 축적은 역사적으로 노동자와 자본가 간 분리에 의해 창출되고, 전자가 후자를 위해 일해야만 하는 과정에 의해 가능해졌다. 영국에서 이 과정의 핵심은 공유지에 대한 '인클로저(enclosure, 종획)'를 통해 자영농에게서 공유지를 박탈하는 것이었다(제10장과 제12장 참조). 근본적으로 (토지권에 대한) 사유화 과정인 이러한 과정이 바로 마르크스의 '원시적 축적'이다.

하비의 ABD도 이것과 다르지 않다. 그가 용어를 달리한 주요 이유는 '원시적'이라는 말에는 역사적 의미가 함축되어 있어서이다. 마르크스의 용어는 그것이 과거의 것이라는 의미를 전달한다. 그러나 하비는 그렇지 않다는 것이다. 하비에 의하면, 그 과정들은 역사적 선제를 통해 자본수익에서 여전히 핵심적인 것으로 남아 있나. 원시적 축적은 18세기 후반 잉글랜드와 같은 자본주의 형성사 맥락에서 무엇이 자본축적을 처음으로 가능하게 하였는지를 표현하는 반면, ABD는 그 이후에도 축적이 **지속적으로** 가능하게 되는 과정을 표현한다.

그 과정은 무엇인가? 사유화와 상품화이다. 후자는 전자만큼 중요하다. 상품화 역시 원시적 축적에 중요하다. 무엇보다도 새롭게 이용 가능해진 농민 생산자들의 노동력을 상품으로서 자본가가 구매하거나 팔지 않는다면, 농민 생산자들을 생산수단으로부터 분리해도 소용이 없다. 상품화된 노동력이 없으면 잉여가치도 없다.

하비에 의하면, ABD(사유화와 상품화)의 **핵심** 영역 중 하나가 환경이다. 특히 최근 수십 년간 우리는 사유화와 "모든 형태의 자연의 도매급 상품화"(Harvey 2003, p.148)를 목도해 왔다. 환경자원의 강탈은 새로운 투입이 경제과정에 들어갈 수 있게 함으로써 자본축적을 가능하게 한다.

사회학자 잭 클로펜버그(Jack Kloppenburg)가 그의 『최초의 씨앗(First the Seed)』(1988)에서 제시한 좋은 사례가 있다. 거기서 그는 송자늘이 싱싱채에서 자본축석을 놉는 사유화된 상품으로 변형되는 역사적인 과정을 흥미롭게 공들여 상세히 기록하였다. 이러한 '강탈' 활동들을 폭넓은 범위에서 상세하게 다루었다는 것이 이 책이 가진 특별한 가치이다. 과학 공동체가 여기서 중요한 역할을 한다. 당연히 국가도 그러하다. 성문화되고 강제력이 있는 재산권이 그것에까지 확장되기 전까지는 식물의 생식기관도 과거 상품이 아니었던 모든 것과 마찬가지로 자본주의적 교환 계산법에 종속되지 않았다.

(글상자 11.2: 강탈에 의한 축적).

그러나 자연의 자본주의적 상품화와 사유화에 관한 연구가 제공하는 모든 통찰력에는 그런 식의 개념화에 따른 불가피한 문제가 남아 있다. 우리가 지금까지 기대어 온 '자본주의와 자연의 관계'라는 문구가 직설적이라는 것이다. 자본주의나 '경제'가 자연과 어떤 관계를 가질 수 있다면 그것이 함의하는 바는 자본주의와 환경은 근본적으로 분리된 실체들이라는 것이다. 후자, 즉 환경은 사회적인 것과 분리된 '자연적인' 세계로 이루어진다. 단, 사회가 그것을 착취할 수 있고. 전자 즉 경제가 사회 영역에 구체적으로 존재하지만 생물권의 영향을 받지 않을 수 없다. 이러한 입장이 갖는 문제는 자연이 **외부화**된다는 것이다. 그러한 이원론적 틀은 현대 세계와 우리가 '자연'이라고 부르는 것의 특정한 상태를 이해하고 설명하는 데 적절하지 않다.

11.3.2 이원론을 넘어

수많은 저술가들(다수는 경제지리학자들)이 경제−자연 이원론을 극복하면서 경험적 연구로도 조직할 수 있는 하나의 언어와 개념 틀을 찾으려고 노력해 왔다. 그러한 시도로 쓰인 저술은 매우 많을 것이다. 우리는 그것을 모두 다룰 수는 없다. 그 저술들은 복잡하고 추상적인 경우가 많으며, 가끔은 난해하기까지 하다. 그러나 우리는 간략하게 개관하는 것이 필요하다고 본다. 그것들은 영향력이 있었고, 여전히 영향력이 크다.

이론적 영감의 주요 원천은 대략 비슷하다. 즉 마르크스이다. 물론 이유가 있다. 지리학자 모건 로버트슨과 조엘 웨인라이트(Morgan Robertson and Joel Wainwright 2013, p.895)는 "인간−환경 관계는 … 마르크스의 자본주의 개념에 있어 근본적이다."라고 언급한다. 그들은 마르크스의 정치경제학 비판은 이원론을 넘어서는 사고가 가능하다는 신호를 보내는 것이라고 논평한다. 즉 '인간−환경'을 관계로서만 생각하지 않았다. 마르크스는 상품생산, 즉 자본주의

성장의 엔진을 "사회적이면서 동시에 자연적인" 것으로서 이론화하였다. 이는 "사회적인 것을 자연적인 것으로부터 분리하는 분류 체계에 반하는 과정이다"(Robertson and Wainwright 2013, p.895).

비이원론적 마르크스주의 노선에서 가장 의미 있는 자연-대-자본주의에 대한 재검토는 아마도 닐 스미스(Neil Smith)의 연구일 것이다. 스미스는 그의 대작 『불균등 발전(Uneven Development)』(1984)과 그 후 일련의 작업을 통해 "자연의 생산"이란 사고를 정식화하였다.

스미스도 인정하듯이, 자연은 "사회적으로 생산되지도 않고 될 수도 없는 것의 전형처럼 보인다"(Smith 2007, p.25). 그러나 그는 자연의 생산이 사실 정확하게 후기자본주의하에서 그리고 그 안에서 일어난다는 움직일 수 없는 사례를 제시한다. '안에서(within)'란 단어가 핵심이다. 자연은 자본주의 외부의 어떤 것도 아니고, (여러 세대의 환경주의자들이 주장해 온 것처럼) 자본주의에 의해 손상되는 것도 아니다. 오히려 점차 **사회자연**(socionature)으로서 자본주의에 내재적으로 생산된다. 그러므로 이원론은 없다.

스미스는 자본주의가 초기 단계였을 때는 외부적인 '1차 자연(first nature)'이 있었지만, 사회경제 제도의 '2차 자연(second nature)'(헤겔적 개념)이 '생산되어' 1차 자연과 '대립한다'는 주장을 인정하였다. 경제는 원래 (1차) 자연을 "이용하였다". 그러나 자본주의의 끊임없는 확산과 강화로 자본주의 "외적인 자연의 나머지 부분에 점차 침투하여", 일정 정도 "1차 자연이 2차 자연 안에서 그 2차 자연 자체의 일부로 생산되게" 하고 있다(Smith 2007, pp.30-31). 어떤 것은 신성한가? 그렇기도 하고, 그렇지 않기도 하다. 그렇기도 한 것은 우리가 여전히 "야생의" 지역을 가지고 있다는 것이고, 이것은 "자연"의 사례이다. 그러나 이러한 것들도 자본주의에 내적이다. 내적이라는 것은 자본이 **그것들을 그런 식으로 유지하도록 결정하였기** 때문에 "야생"으로 남아 있다는 점에서이다. 현대 자본주의하에서는 자연의 생산이 "사회적 존재의 체계적 조건"이다(Smith 2007, p.25).

세계를 이런 식으로 생각하는 것은 상당히 유익하다. 보다 역동적이고 통합된 이해를 가능하게 한다. 스미스의 용어(Smith 2007)로 말하자면, 자연은 "사물(thing)"이 아니라 (경제)활동으로서, 자본주의가 "하는" 일로서, "축적 전략"으로서 인식된다. 자본주의는 특정한 환경 프로젝트나 환경 "체제(regime)"(Moore 2015)로도 볼 수 있다. 우리가 사회적 혹은 자연적인 것으로 읽게 되는 어떤 사건이나 현상은 자본주의의 사회자연적 **산물**로 보다 쉽게 파악된다. 두 가지 사례를 보자.

i. **서아프리카 사헬(Sahel) 지대의 식량 위기**에 대한 와츠(Watts)의 연구. 『침묵의 폭력(Silent Violence)』(1983)은 기근에 대한 환경결정론적 설명(기근은 '자연'재해라는)에 대한 강력한 반론이다. 와츠는 환경 조건이 일부에 불과하다는 것을 보여 준다. 오히려 정치경제적 조건이 작용한다. 기근은 정치경제와 환경의 특정한 접합이다. 그 접합은 조건들의 적당한 융합을 만들어 낸다. 스미스의 용어로 말하자면, 양자는 특정한 자본주의적 자연을 산출한다.

ii. **1995년 시카고의 열파**(heat wave, 폭염)에 대한 에릭 클리넨버그(Eric Klinenburg 2002)의 연구. 클리넨버그의 연구 또한 자연의 비극적인 자본주의적 생산에 대한 설명이다. 700명이 넘는 사람들이 자연의 적대적 조건에서 죽었는데, 사회적 적대성까지 겹쳐져 재앙적인 결과를 산출하였다. 클리넨버그는 열파의 영향을 시카고의 망가진 정치경제와 역사적으로 형성된 사회적 붕괴의 관점에서 설명하였다.

자연의 생산이라는 사고는 자연의 생산—또는 **새로운 자연의 자본주의적 생산**—이 점점 자본주의에 통합되어 가는 것처럼 보이기 때문에 특히 오늘날 가장 중요하다. 지리학자 제이슨 무어(Jason Moore 2015)가 자연의 사회적

　　　　　　　　　　　　　　　　　경제지리학

생산과 관련시킨 과정들, 즉 "새로운 생명 활동이 끊임없이 자본과 자본주의 권력의 궤도에 들어오도록 하는" 과정이 지금은 보편적이다. 그 사례들은 "유전자와 생명체에 대한 지적 특허, 토지 보유, 공원이나 해변의 사유화"(Kallis, Gómez-Baggethun and Zografos 2013, p.98), 상업화된 애완동물 거래를 위한 야생동물 포획(Collard 2014), 기업의 신약 개발을 위한 미생물과 약용식물들(Hayden 2003) 등등 다양하다.

오늘날의 이러한 편재성(ubiquity)을 우리는 어떻게 이해할 것인가? 하비(Harvey 2003)는 앞에서 검토한 두 가지 개념 간 연결을 통해 일리 있는 대답을 제공한다. 즉 과잉축적(제10장)과 강탈에 의한 축적(본 장)이다. 자본주의는 수십 년간 과잉축적의 상황에 놓여 왔다고 그는 보았다. 자본주의의 생산역량에 의해 생산된 생산물과 서비스에 대한 충분한 수요가 부족하게 되는 것은 거의 필연적이다. 수요가 부족한 조건에서 축적된 유휴자본에 대한 새로운 수요 원천을 창출하는 것이 하나의 가능한 '해결책'이다(예로 자본전환, 제10장). 그러나 그것이 유일한 방법은 아니라고 하비는 보았다. "투입 비용이 충분히 감소한다면 정체된 유효 수요에 직면해서도 축적하는 것 또한 가능하다"(Harvey 2003, p.139).

이곳에서 강탈에 의한 축적이 잘 드러난다. 강탈을 통해 제공된 새롭고 저렴한 투입, 즉 점점 더 많은 새롭고 저렴하며 사유화되고 상품화된 **환경-자원** 투입을 통해 새로운 자본축적과 경제성장을 가능하게 한다. 저렴한 심지어 공짜인 유전자라든가, 저렴하거나 공짜인 야생동물, 저렴하거나 공짜인 약용식물 등이다. 스미스는 우리가 이러한 자연의 강탈에 의한 축적을 생산의 한 과정으로서 생각하도록 해 주었다. 무어(Moore 2015)의 용어로는 "저렴한 자연(cheap nature)"의 생산이다. 자본전환(제10장)이 과잉축적에 대한 '공간적 조정(spatial fix)'을 의미한다면, 많은 새로운 형태의 저렴한 자연의 생산은 '생태적 조정(ecological fix)'을 의미한다.

이러한 생산과정에는 문제가 없는가? 아니다. 스미스와 폴라니를 결합해 보면, 자연을 생산하는 것은 항상 자본주의에 생태학적으로 위험한 비즈니스

환경 '자원'	현대 자본주의에서 자연의 생산	자본의 실패 가능성
영국에서의 물	1980년대와 1990년대 공급의 사유화와 상품화	캐런 배커(Karen Bakker, 2003)는 물을 "비협력적" 상품이라고 묘사 • 무겁고 운반 비용이 비싸다. • (지상이든 지하든 경계가 쉽게 그어지지 않는) '유동자원'으로서 재산권을 설정하기 어렵다. • 수문학적 주기로 순환하는 동안 몇 가지 상이하지만 서로 잘 맞지 않는 기능들을 수행해야만 하는 경우가 많다. 그래서 민영화된 상품으로 생산/재생산되는 것이 쉽지 않다. 즉 사유화 이후(post-privatization), 상업화에서의 어려움이 명백하다. • 정치적·공공적 개입이 증가한다. • 환경적 그리고 경제적 (재)규제가 더 엄격해진다. • 중요하고도 예상치 못하는 기업 재구조화
북태평양에서의 알래스카 대구	1990년대 어업의 사유화	베키 맨스필드(Becky Mansfield, 2004)는 대구도 까다로운 상품이며, 자본주의의 '2차 자연'으로 포함되기를 거부하는 것임을 보여 주었다. • 이동성이 매우 커서 물의 경우처럼 재산권 이슈가 발생한다. • 부존량이 계절적으로 변동하여 예측이 어렵다. • 부존량을 모니터하기 어렵다. 어류는 '도망 다니는 자원'이다. 그리고 다른 이슈에 의해 사유화가 매우 불완전하도록 만드는데, '자유시장'의 이상형과 관련하여 두 가지 핵심 모순이 존재한다. • 상업적 팽창에 제한이 부과된다(예로 어획 할당). • 산업 행위자의 형성과 구성에 관한 엄격한 규제가 존재한다.
북극해의 빙하 융해	2000년대부터의 새로운 탄화수소 자원과 항로의 착취	레이 존슨(Leigh Johnson 2010)은 과거와 현재의 자본주의의 실패에는 관심이 적고, 주로 미래의 실패에 관심을 두었다. 양극 지역의 빙하 융해로 열리게 된 가능하면서도 이윤이 발생할 수 있는 새로운 상업적 기회를 위해 자연은 협력해야 한다(Johnson 2010, p.844). • "빙산 생산의 증가는 제한되어야 한다." • "새로운 빙하 없는 북극 해안선이 파랑 활동 증가에 대해 안정적으로 유지되어야 한다." • "영구동토층으로 융해되면 안 된다." • "해수면이 너무 빨리 상승하면 안 된다."

그림 11.1 실패할 수 있는 자본주의

일 뿐 아니라 사회경제적으로도 위험하다. 그리고 프루덤의 삼림과 브리지의 구리 광산과 같이 '전통적인' 자연에 대한 '전통적인' 경제적 이용이 사회경제적 어려움을 초래하면, 오늘날 갓 태어난 자본주의적 사회자연이 보통 잘 굴러가지 않게 되는 것도 이상한 일이 아니다. 그래서 자본이 새로운 축적 공간을 찾아서 "세포 대사, 유전자 빈도, 성층권 상층까지 다다를 정도로" 자본주의는 자신이 "무제한적으로 패권적"이라고 느끼겠지만(Robertson 2012, p.373), 실제로는 사물들이 완전히 부드럽게 순응하는 것은 아니다. 자본주의는 오늘날 이윤 지향적인 자연 생산의 최전선에 있지만, "실패할 수 있는 자본주의"(Robertson 2012, p.373)가 가장 현실적인 형태이다(그림 11.1).

11.3.3 생산을 넘어?

경제지리학자들은 자연과 자본주의 또는 자본주의적 자연에 관한 까칠한 질문과 씨름해 왔다. 스미스의 자연의 생산 이론은 영향력 있지만, 우리가 제5장에서 좋은 이론이 가져야 한다고 제시한 방식으로 취급된다. 존중하지만 비판, 확장, 보충, 심지어 거부까지도 받아야 하는. 우리는 이 절을 최근의 발전을 논의하는 것으로 마치고자 한다.

우리가 첫 절에서 비판한 유형의 자본주의와 자연의 관계에 대한 '통념적' 접근을 참조하는 것으로 시작하면 편리할 것 같다. 통념적 접근은 세 가지의 공통적인 특징이 있다. 첫째, '관계'라는 말을 중요하게 개념화한다. 즉 자본주의와 자연, 경제와 환경은 관계는 있지만 별개이다. 둘째, 이러한 분리는 역사적으로 일정하다. 전술한 용어를 사용하면, '1차 자연'은 오늘날에도 여전히 존재한다. '2차 자연'에 의한 착취의 역사가 과거의 1차 자연만 못하다는 것을 의미한다 하더라도 그러하다. 그리고 셋째, 경제와 환경의 관계, 2차 자연과 1차 자연은 일방적이다. 자본주의는 자연을 이용, 심지어 남용한다. 자본주의가 유일한 적극적 행위자이다.

이것이 도움이 되는 이유는, 우리가 검토한 스미스와 다른 비판적 접근들이 그러한 통념적 상식에 도전해 온 지점과 그 접근들이 그렇게 하지 않은 지점을 확인할 수 있기 때문이다. 스미스는 그런 통념 중 하나의 측면, 즉 두 번째에만 집중하였다. 특히 그는 지금은 분리된 '1차 자연'은 없다고 보았다. 그것은 '2차 자연' 안에서 생산된다는 것이다. 그러나 자본주의가 여전히 미성숙한 경우에 1차 자연이 존재하였다. 오늘날에도 자본주의는 자연을 생산하지만, 반대로 자연은 자본주의를 생산하지도 생산한 적도 없다. 스미스의 자연은 지리학자 브루스 브라운(Bruce Braun 2008, p.668)이 말한 바와 같이 "수동적 또는 비활성 영역"이다.

브리지, 프루덤, 그리고 그림 11.1의 지리학자들은 어떠한가? 그들은 나아가 전통적 통념의 세 번째 측면, 즉 자본주의가 자연을 조형하지만 그 역은 아니라는 통념을 뒤집음으로써 전통적 통념을 해체하였다. 그들 모두는 자연이 자본의 편에 서는 것을 불편해하고 거부하면서, 오히려 자신의 요구에 자본이 맞추도록 한다는 것을 보여 주었다. 그러므로 스미스와 달리 더 이상 "경제적 힘이 자연을 단순하게 '생산'하는 것으로 보지 않는다"(Braun 2008, p.668).

그러나 브라운의 말처럼, 하나의 통념은 여전히 도전받지 않은 채 남아 있다. 이는 자연은 자본주의가 그것을 내부화한 후에만 자본주의에 영향을 미치기 시작한다는 통념으로서, '2차' 자연 안에서 '1차' 자연을 생산한다는 것이다. 문제는 '소화(消化)' 여부이다. 자연은 삼켜지는 것을 거부한다. 자연이라는 행위자는 완전히 반작용적이다. 자연은 한때 자본주의 '밖에' 있었다. 그러나 그랬었나? 스미스의 역사가 틀렸다면, 그리고 사실 "비인간 자연의 생생함이 시작부터 거기, 즉 경제 안에 있었다면" 어떻겠는가?(Braun 2008, p.669). 이러한 질문은 우리가 자연 행위자를 어떻게 생각하도록 할 것인가?

이런 종류의 질문은 지리학자 무어(Moore 2015)가 최근 '생산' 기반 이론을 넘어서도록 촉구하면서 제기한 것이다. 예를 들어, 무어는 브라운의 역사적 질문에 긍정적으로 답하였다. 결국 그는 자연을 생산하는 자본주의에 대해 쓰지 않고, 자본주의를 위해 수행하는, 수행해 온 자연에 대해 썼다. 생물권의 에너지는 자본으로 전환된다. 그러한 사고들이 어떻게 경험 연구로 동원되는지 보아야 한다. 그러나 적어도 자연을 경제의 핵심부에 위치시킴으로써 그들 경제지리학을 이론적으로나 역사적으로 세계를 이해하는 틀로서 강력할 뿐 아니라 불가결한 것으로 만들었다.

11.4 자연의 가치

자본주의가 자연을 이용 또는 생산하는 것으로 인식하든, 아니면 자본주의를 위해 자연이 일하는 것으로 생각하든, 우리는 자연이 오늘날의 경제과정에 깊숙이 관여하고 있다고 설정하였다. 우리가 아직 언급하지 않았지만 지극히 중요한 환경에 초점을 둔 일련의 경제과정들이 존재한다. 이들은 환경자원을 착취하려고 설계된 것이 아니라 오히려 보호 혹은 보존하려는 과정들이다. 그러한 과정은 오늘날 수십 년 동안 자본주의 경제에서 점차 주목할 만한 특징이 되었다. 그 과정들의 핵심에 있는 자연에 대해 경제지리학은 광업이나 임업 또는 야생동물 거래만큼이나 관심을 갖는다. 이것이 세 가지 목표를 갖는 이 장 마지막 절의 초점이다.

첫 번째 목표는 간단히 '보호경제'를 소개하는 것이다(더 좋은 제목이 있으면 좋겠다). 보호경제의 원리 형태 중 하나를 서술하면서 그것이 어떻게 작동하는지 사례를 보여 줄 것이다. 두 번째 목표는 이 경제를 지탱하는 지적 논리를 규정하는 것이다. 세 번째는 비판적 논의이다.

11.4.1 보호경제(protection economy)

'자연'은 보호(protecting)나 보존(conserving)이 필요하다고 사회가 믿는다면, 그런 보호를 효과적으로 실천하기 위해 무슨 메커니즘이 가능할까? 아마도 가장 명백한 것은 단순한 금지이다. 이 습지로 지나가지 말라, 석탄을 태우지 말라, 밀렵꾼이 코끼리를 죽이지 말게 하라 등. 다른 대안은 제한을 부과하는 것이다. 한 계절에 이 숫자만큼만 늑대를 사냥할 수 있다, 이산화탄소를 그만큼만 배출할 수 있다 등이다. 이런 유형은 메커니즘은 일반적으로 '환경규제'라고 하는데, 국가나 필요한 권한이 부여된 규제기관이 수행한다.

그와는 사뭇 다른 접근이 있는데, 우리는 이를 환경 보호 또는 보존의 경제라고 부른다. 그것은 '사생활 침해적인' 규제를 위한 감시의 필요성을 경감하거나 차단한다. 본질적으로 그것은 일련의 **시장들**로 구성된다. 시장은 교환의 장소이다. 즉 상품을 사고파는 '장소'로서, 방문하고 만질 수 있는(오늘날 거의 그렇지 않다) 물리적 위치가 반드시 필요한 것은 아니다. 보호경제를 이해하려면 그 안에서 순환하는 상품들과 그것들이 거래되는 시장과정을 파악할 필요가 있다. 예를 들고 나서 이를 일반화해 보자.

우리의 사례는 환경보호경제의 패러다임적인 제도인 탄소시장이다. '특정한' 탄소시장이라고 보는 것은 다소 오독이다. 이는 그런 탄소시장들이 세계, 국가, 지방(예로 캘리포니아), 또는 초국가적(예로 유럽연합) 스케일에 매우 많이 있기 때문이다. 그러나 모든 경우에 교환 가능한 상품과 시장원리는 일관된다. 탄소시장에서 사고팔리는 상품은 탄소배출권, 즉 주어진 양의 탄소를 배출할 권리이다. 이 상품은 두 가지의 다른 방식으로 만들 수 있다. 국가는 배출권을 창출하고 그것들을 탄소 배출자에게 할당한다. 추가적인 배출권('오프셋')은 대기권에서 탄소를 물리적으로 제거함으로써(예로 가압류 프로젝트 등을 통해) 확보할 수 있다. 그러면 두 가지 주요 과정이 탄소시장에 발생한다. 탄소배출자들은 배출권을 자신의 상대적인 배출 필요에 따라 거래할 수 있다. 그리고 추가 배출권을 창출한 자는 그 배출권을 더 많은 배출을 원하는 배출자에게 팔 수 있다.

탄소시장의 경우를 일반화하기 위해 그런 시장의 핵심을 어떻게 파악할 수 있을까? 상품화의 핵심 또는 상품화된 '것'의 핵심은 자연이 아니라, 스미스(Smith 2007, p.20)가 "허용 가능한 자연의 파괴"라고 불렀던 것이다. 철광석, 목재, 석유 등과 같은 물리적 환경자원에 대한 전통적인 시장에서는 가격이 자연에 붙어 있었다. 그것은 자연을 사는 비용이었고, 그것을 팔아서 이익을 취하였다. 그런데 탄소시장과 같은 시장에서는 가격이 허용 가능한 자연의 파괴에 붙어 있다. 가격은 그러한 허용(탄소를 배출할 권리)을 사는 비용이고, 그것을 팔아서 이익을 얻는다. 이상하게 들리겠지만, 이것은 사실이다. 단언컨대 우리는 이런 경제부문을 '파괴 경제'라고 불렀어야 했다. '보호'라는 단어를 선택하였는데, 이는 보호가 목적이기 때문이다.

비록 그 현실이 이상하게 들릴지 모르지만, 그것은 쉽게 설명이 가능하다. 자본주의에서 상품에 가격이 매겨지기 위해서는 전형적으로 두 가지 관련된 속성을 가져야 한다. 수요가 있어야 하고, 희소해야 한다. 화석연료를 태우는 것과 같이 환경을 파괴하는 특별한 행위에 부여된 권리는 지속적으로 수요가 있어 왔다. 이익이 나는 일련의 경제활동을 수행하는 데 있어 그 권리가 이익이 되기 때문이다. 그런데 정부가 탄소배출 허용을 제한하기 위해 사용하는 것과 같은 메커니즘을 도입하기 전에는 이 권리가 희소하지 않았다. 그러나 지금은 희소해졌다.

11.4.2 신자유주의와 자연

경제적 관념이 경제발전을 어느 정도로 유도하는가 하는 것은 사회과학에서 오랜 논쟁적 주제였다. 한쪽 극단에서는 '관념론자늘'이 있고, 이늘은 성세가 조직되는 방식의 변화 배후의 동력은 우세한 경제적 관념의 변화라고 믿는다.

반대쪽 극단에는 '유물론자들'이 있다. 이들은 인과의 방향이 반대라고 말한다. 경제 세계의 변화는 관념이 영향을 미친 결과가 아니다. 관념은 (때때로) 경제 세계가 변화한 다음에 그것을 뒤따른다.

환경보호경제, 또는 스미스 이후의 "허용 가능한 자연의 파괴" 경제와 이것은 어떤 관계가 있는가? 이 같은 경제는 특이하게 관념론의 주장에 강력한 힘을 실어 준다. 경제적 관념은 탄소시장과 같은 시장의 발달에 그 성립은 물론 작동 방식에 이르기까지 근본적으로 중요하다. 그렇다고 그런 관념만이 시장에 기반한 환경보호 접근 방식의 성장을 설명한다는 것은 아니다. 정치경제학자 고 주디스 레이저(Judith Layzer 2012)는 미국의 시장 접근법 도입을 분석하면서 관념과 제도, 원칙, 권력의 혼합이 그러한 시장 패러다임을 추동하였다는 것을 보여 주었다. 그러나 관념은 중요하였고 또 중요하다. 환경보호경제를 개척하고 구성한 관념에 대한 참조 **없이는** 그 경제는 온당하게 이해될 수 없다. 이것이 이러한 관념들을 지금에야 검토하는 두 가지 이유 중 하나이다.

다른 이유는, 자연을 보존하려고 설계된 시장이 사물들 사이에 존재한다는 것은 설명이 필요한 주목할 만한 역설이다. 무엇보다도 1960년대와 1970년대 또는 1980년대 초반으로 시계를 되돌리기만 해도 환경을 **보호하기** 위한 자본주의 시장이 동원된다는 것은 본질적으로 상상하기 어려웠던 관념적 분위기였다는 것을 되새길 필요가 있다. 자본주의와 시장, 그리고 그것들이 추구하는 성장이 **문제**였다. '급진주의자들'만 그렇게 생각한 것은 아니다. 정치적 성향과 무관하게 레이철 카슨(Rachel Carson)의 『침묵의 봄(Silent Spring)』(1962)과 로마클럽의 『성장의 한계(The Limits to Growth)』(1972)와 같은 기념비적인 저술들이 널리 읽히고 받아들여졌다. 당신이 누군가에게 얼마 후 시장이 보호(훼손이 아니라)에 대한 대답으로 나올 것이라고 말했다면, 그들은 아마도 인상을 찌푸렸을 것이다. 이러한 역설은 설명이 필요하다. 시장은 어떻게 해결책의 일부로 나타나게 되었는가?

경제지리학

이 질문에 매우 짧으면서도 대체로 정확한 대답이 있다. 바로 신자유주의(제1장)이다. 신자유주의에 대한 다양한 정의가 있지만, 1980년대 초반 이후 모든 영역에서 조직 및 할당 메커니즘으로 시장 활용의 증대를 대부분 강조한다. 경제사가인 필립 미로스키(Philip Mirowski 2009)가 제공한 신자유주의에 대한 '기초적' 정의는 유용한 진단 도구이다. 신자유주의자들에게 시장은 무능한 국가가 일으킨 문제에 대한 것일 뿐 아니라, **일견 시장이 유발한 것으로 보이는 문제들에도 해결책을 제공한다**고 미로스키는 지적하였다(Mirowski 2009, pp.439-440). 이렇게 명백한 지적 왜곡은 시장이 적정 해결책을 제시하는 데 실패하는 경우는 시장이 잘못 작동하였기 때문이라는 논제에 의존한 것이다. 다시 말하면, 실패는 시장에 있는 것이 아니라 (우리가 제8장에서 만난, 지구화의 '열성이 없는' 채택자들과 같은) 시장을 만들어 낸 인간과 시장의 관리자 때문이라는 것이다. 또는 '시장화(marketization)'의 관점에서 보면 문제는 '너무 많은' 시장화에 있는 것이 아니라 '충분치 못한' 시장화에 있다. 시장을 버리는 것보다는, 시장을 더 낫게 만들어야 한다는 것이다.

이는 환경 거버넌스의 영역에서 시장으로 회귀하는 것을 우리가 어떻게 이해해야 하는지 정확하게 보여 준다. 그것은 단지 신자유주의적 변형이다. 시장에 기반한 자본주의가 역사적·생태학적으로 파괴적이었다면, 그것은 우리가 시장을 올바로 작동시키지 못함으로 인한 것이지, 시장 자체가 문제였기 때문이 아니다.

신자유주의에 관한 방대한 문헌들이 보여 주듯이, 신자유주의적 관념은 서로 다른 맥락에서 서로 다른 형태와 방식으로 발달해 왔다. 그래서 우리의 질문—이것이 어떻게 가능하였는가?—에 대한 짧은 대답은 그저 '신자유주의'이다. 이제 그 뼈만 있는 설명에 살을 입혀야 한다.

11.4.3 자연의 가치화

환경 거버넌스에 관해 신자유주의적 사고가 대두된 것은 1980년대부터이지만, 그에 대한 중요한 지적 선배들이 있다. 그중 가장 중요한 것은 생태학자 개릿 하딘(Garrett Hardin 1968)의 "공유지의 비극(The Tragedy of the Commons)" 개념이었다. 하딘은 환경적 '비극'은 자연자원의 공동소유와 공동접근에 근원을 둔다고 보았다. 경제지리학자 제임스 매카시(James McCarthy 2012, p.619)는 이를 다음과 같이 해석하였다. "자원에 대한 무제한적 접근은 어쩔 수 없이 자원과 그 사용자들을 동시에 파괴하게 될 것이다. 각 개별 사용자가 그 자원으로부터 추가적으로 취하는 단위에서 얻는 모든 것을 받게 되는 불가피한 경제논리를 따르면 그러하다. 이때 관련 비용은 부담하고 남겨진 것은 다른 사용자가 취하는 것을 가정한다."

어족자원, 해변, 삼림 등과 같이 공동접근이 가능한 자원의 '비극'에 대한 해결책은 무엇일까? 하딘은 두 가지 다른 대안을 제안하였다. 즉 자연을 사유화하는 것, 아니면 자연을 국가 통제에 맡기는 것이다. 그는 신자유주의 혁명이 시작되려는 순간에 글을 썼기 때문에, 두 번째를 선택하는 국가가 간간이 있더라도, 첫 번째 대안이 주류의 환경보존 프로그램에서 기본 선택이 되는 것은 아마도 운명이었을 것이다(예로 Sayre 2002). 1980년대 후반부터 등장한 환경보호에서 시장은 자연을 상품화할 뿐 아니라 사유화하는 것에 의존하였는데, 어떤 점에서는 하딘이 이러한 요소들의 근거를 제공한 셈이다.

보호를 위한 상업화의 근거는 환경경제학이라는 새로운 분야로부터 왔다. 이 분야, 그리고 그 핵심 아이디어는 처음부터 환경보호에 대한 새로운 시장 기반 접근을 형성하였다. 예를 들어, 영국에서 '녹색경제 청사진' 시리즈의 첫 번째 책는 원래 환경학과의 보고서로 준비되었던 것이다. 데이비드 피어스(David Pearce)가 주저자인 그들의 책(Pearce, Markandya and Barbier 1989)은 환경경제학의 시금석이 되었는데, 간단히 피어스 보고서(The Pearce Report)

로 더 잘 알려졌다. 이 책은 수년간 정부의 주요 환경정책 참고 도서 중 하나였다. 자본주의의 환경파괴 유산에 대한 환경경제학의 설명은 본질적으로 신자유주의적이다. 잘못은 시장이 아니라, 시장의 '불완전한' 존재 형태라는 것이다. 1990년대 초반에 이미 이 분야의 핵심 논제는 다음과 같이 굳어졌다. "그러나 문제는 시장이 더 잘 작동하도록 만드는 일로 귀결된다. 사회가 자연자원을 과잉착취하는 것은 환경 서비스에 대한 시장이 불완전하기 때문이다" (Howarth and Norgaard 1992, p.473).

이러한 불완전성은 '환경 서비스' 개념만큼 결정적으로 중요하였다. 보통 '생태계 서비스'라고도 언급되는데, 이것은 사회가 상이한 '자연'생태계의 존재로부터 실현할 수 있는 다양한 수혜를 말하는 것이다. 다시 말하면, 깨끗한 공기는 자연이 사회에 공급하는 '서비스'가 된다. 감내할 만한 수준의 대기 중 이산화탄소 농도만큼 그러하다. 시장이 이들 서비스와 가치를 인식하지 못하는 바람에, 자본주의는 역사적으로 환경보호에 실패해 왔다고 환경경제학자들은 주장하였다. 이것은 시장 신호의 불완전성 때문이다. "삼림이 제공하는 수질, 습지가 제공하는 서식지, 탄소를 멀리하는 초지가 제공하는 온화한 기후" 등은 명백히 가치가 있지만, 시장은 그것들을 전체적으로 무시하였다고 로버트슨(Robertson 2012, p.376)은 썼다.

예를 들어, 대기 중 이산화탄소를 증가시키거나 삼림에 의한 수질 및 습지 서식지를 망가뜨리는 오염물질 배출에 의한 손상과 같은, 비즈니스가 환경의 '서비스 공여'를 훼손하는 방식으로 이루어질 때 겪게 되는 손상—이른바 부정적 외부성(negative externality)—이 무시되어 왔다. 따라서 자본주의하에서 환경파괴의 역사는 시장 실패의 역사로 재인식되었다. 우리가 잘 보호된 자연을 갖지 못한 이유는, 자본주의하에서 자연보호하는 것으로 보상을 받지도 않았고, 보호하지 않은 것으로 벌을 받지도 않아서이나. 성세식 세산에 환경 시비스를 포함하면, 비즈니스는 오염시키는 것이 비용으로 되기 때문에 오염시키지 않는 것으로 인센티브를 받을 것이다.

여전히 핵심 질문은 **왜** 시장이 환경 서비스를 고려하지 않는가이다. 환경경제학자들의 대답은 이들 서비스의 화폐가치—자본주의 시장의 보편적 통화—가 불분명해서라는 것이다. 그러므로 환경경제학의 핵심 기획은 두 가지였다. 첫째는 자연의 가치를 화폐가치로 표현하는 지적 노력이고, 둘째는 자연이 공급하는 다양한 '서비스'에 화폐가치를 부여하는 방법을 개발하는 것이다. 이 두 과제가 달성되어야만 시장은 환경보호를 가능하게 하는 데 작용할 수 있다. 하워스와 노가드(Howarth and Norgaard 1992, p.473)는 이 논리를 다음과 같이 썼다. "우리가 환경 서비스의 가치를 안다면, 그 사용을 효과적으로 할당하는 방법을 결정할 수 있다." 자연의 숨겨진, 그러나 지금은 드러난 경제적 가치를 인식하고, 계산하며, 거래할 수 있다면 보존은 공리적으로 따라온다.

11.4.4 잘못된 전제와 약속들

그러나 최근의 역사적 기록에 의하면, 보존(conservation)은 사실 환경 서비스에 관한 시장의 창출로 이루어진 것이 아니었다. 환경보존에 대한 접근이 시장 기반 메커니즘으로 옮아간 세계의 그 지역들에서 환경훼손의 순감소가 있었다는 증거가 없다. 오히려 훼손은 지속되었고, 어떤 경우는 더 나빠졌다는 사실을 보여 주는 증거들이 많았다. 이것은 환경경영의 시장화에서 온다고 하는 생태학적 편익들이 대략 "잘못된 약속(false promises)"[이것은 이 주제에 관한 유명한 논문집의 부제였다(Heynen et al. 2007)]이었다는 결론의 비판을 불러온다. 더욱이 시장으로의 전환의 부정적 결과는, 우리가 보게 되겠지만 생태학적이면서도 사회적이다.

이러한 명백한 실패를 어떻게 설명할 수 있을까? 네 가지의 주요 설명은 다음과 같다.

경제지리학

i. 많은 경우 시장 기반 체제로 대체되었지만, 자연자원의 공유 형태의 소유와 접근에 대한 하딘의 비판은 그 자체로 잘못된 전제에 기반한 것이다. 공유 시스템은 사회적·생태적으로 실패하게 되어 있는 것이 아니다. 하딘의 논리는 개인의 효용 극대화 행태(제10장 참조) 등 부적절한 가정에 근거해 있기 때문이다(Harvey 1996). 실제 세계에서는 공유자원 풀을 활용하는 사회들에 대한 경험 연구는 단순히 하딘의 우울한 전망을 반영하지 않는다. 사람들은 반드시 자기이익 극대화 방식으로 행동하지 않는다. 사람들은 집중되지도 않고 시장화되지도 않은 효과적인 접근 규칙을 만들어 낼 수 있다. 노벨상 수상자인 고 엘리너 오스트롬(Elinor Ostrom 1990)의 연구는 '비극' 논제에 대한 잘 알려진 비판을 담고 있다. 그녀의 논제는 무시할 만한 것이 아니다. 환경경영에 대한 공유지 기반 접근은 구제 불가능할 정도로 결함이 있지 않으며, 더 열등한 접근으로 전환될 수도 있는 것으로 대체될 필요가 없다.

ii. 환경정책의 도구로서 시장 메커니즘의 장점이 무엇이든, 그것들은 자체로 거의 충분하지 않다. 프루덤(Prudham 2004)은 시장 접근이 국가 주도의 환경규제에 대한 적절한 대체였다는 신자유주의의 자부심을 철저히 무너뜨린 사례 연구를 제공하였다. 2000년에는 캐나다 온타리오에서 여러 명이 음용수 오염으로 중독되어 사망하였다. 프루덤은 지방의 환경 거버넌스에서 신자유주의적 개혁이 감시와 책무성 실패로 귀결되어 이 비극에 깊숙이 연루되었다는 것을 보여 준다.

iii. 화폐는 가치화와 시장 조정에서 '중립적' 도구가 아니다. 제9장에서 논의한 바와 같이 화폐는 사회권력의 한 형태이며, 하비(Harvey 1995, p.155)의 말처럼 "어떤 비대칭, 즉 그것을 가진 자는 그것을 사용하여 가지지 못한 사람들을 복종하게 할 수 있다." 이것이 명백한 시장 기반 환경정책의 함의이다. "예를 들어, 일개 개인이든 국가든 심각한 환경훼손과 비용이 조래될 수 있다"(Harvey 1995, p.155). 사회학자 마이클 골드먼(Michael Goldman 2005)

은 세계은행이 주도한 후진국에 대한 '녹색 신자유주의'에 관한 그의 연구에서 그러한 '초래'에 대해 흥미 있는 분석을 제공하였다. 골드먼은 신자유주의 프로젝트를 제국주의의 한 형태로 보았다. 그 프로젝트는 가치화도 "왜곡"되어 있고, 따라서 자연자원 활용도 열악한 곳에서는 지속가능한 발전도 환경에 대해 '적절한' 가치화가 필요하다는 논리를 명백하게 이용한 것이다. 예를 들어, 라오스에서 "생물다양성으로 간주되는 것"은 현재 "거주민보다 다른 행위자들에 의해" 정의되고 있다. 그리고 그 결과는 황폐화이다.

인간 집단이 자신의 환경에서 과학적으로 고립되고 이동 경작인, 밀렵꾼, 불법 벌목자, 실패한 미작 농부 등으로 범주화될 때, 그리고 새로운 규칙과 규제가 거대 삼림에서 사냥, 어로, 준방목, 이동경작, 삼림 사용 등을 금지할 때, 이러한 변화는 인식론적 정치학에뿐 아니라 존재론적이고 물질적인 실제들에도 영향을 미친다. 메콩 지역을 휩쓴 생태 지역 경영이라는 새로운 권위주의적 논리도 수출용 고가의 커다란 나무가 존재하도록 하기 위해, 수력댐을 위한 분수계에서 주민을 소개하기 위해, 그리고 제약회사와 생태관광을 위한 생물다양성을 보전하기 위해 설계된 것이다(Goldman 2005, pp.177-178).

iv. 자연의 '서비스'에 가격을 부여하는 것은 말할 수도 없이 혼란스럽고 임의적이다. 따라서 그러한 서비스의 시장은 늘 임의적이고 예측 불가능한 결과를 산출한다. 자연생태계는 복잡하고, 확산적이며, 전체적이지만, 환경경제학이 시장 거래를 가능하게 하기 위해서는 이 특정 습지의 가치 또는 저 특정 종의 가치 등의 방식으로 명료하고 구별 가능한 화폐가치를 만들어야 한다. 때로는 보호되어야 할 자원을 정의하는 일 자체가 과학적 논란에 빠지기도 하고, 그 배후의 이견들을 적극적으로 침묵시켜야 거래를 위해 상품이 "안정화"될 수 있다(Robertson 2006, pp.368-369). 가격을 추정하는 일—옳은 가격이라 하더라도—은 늘 실제적 어려움으로 가득하다. 환경 모니터링, 환경 측정, 환경 인증 등의 작업은 물리적 자연을 화폐가치로 번역하는 것을 요구하는데, 이런 일은 오류 가능성이 없는 로봇이 아니라 모두 인간 개인이 수행한다. 그래서 가격은 궁극적으로 주관적이고, 창의적이며, 임의적이고, 상황 의존적이며, 불확실하고, 불안정하다. 그러므로 복재 불가능하다. "과학자들이 논쟁을 하지 않고는 **제공할 수 없는**" 자연 세계에 대한 정보를 자본주의 시장은 원한다(Robertson 2006, p.382).

환경보호에서 현재 흠결 있는 시장을 보다 낫게 만드는 신자유주의적 성배가 비록 가능하다고 하더라도(이는 늘 가능성이 있는 것으로 여겨져 왔다), 환경정책에 대한 그런 낙관적인 전망에는 두 가지의 더 크고 깊은 고려 사항이 따라붙는다.

첫째, 그런 접근에 논리와 방법론을 제공하는 학문—주류경제학—은 그것이 자연이라는 것 때문에 가장 중요한 환경 이슈를 다룰 도구가 부족하다. 생태경제학자 리처드 하워스(Richard Howarth)와 리처드 노가드(Richard Norgaard)는 이러한 이슈는 시장가치화가 결코 보장할 수 없는 사회적·정치적 접근을 필요로 한다고 주장하였다. "의사결정에서 환경가치만을 고려하는 것은 지속가능성을 가져오지 않는다. 각 세대가 다음 세대에 충분한 자연자원과 자본자산을 이전하여 발전을 지속가능하게 만들지 않는다면 말이다"(Howarth and Norgaard 1992, p.473). 그런데 경제학이 생산물 대체성과 선택의 가역성 같은 핵심 가정을 탈피하기란 지극히 어렵다. 이것은 중요하다. 한 종이 일단 멸종되면 '잘못된' 가치화가 바뀐들 소용이 없다. 미래 세대는 그냥 그런 상태로 살아야 한다. 그리고 "특정한 종이나 자원이 없다면 생태계가 지속될 수 없는 것들이 존재한다." 그래서 "적절한 대체물과 등가물이 없는 경우가 있다"(Kallis, Gómez-Baggethun, and Zografos 2013, p.98).

둘째, 관련된 것으로 간단히 눈감을 수 없는 철학적이고 윤리적인 고려 사항들이 존재한다. 철학자 존 오닐(John O'Neill 2001)과 마크 사고프(Mark Sagoff 2004)는 시장 접근에 대한 비판을 주도해 왔다. 환경경제학은 도덕적·미학적 가치와 집단적 권리 기반 원칙으로부터 분리시킬 수 없는 이슈에 일방적으로 개인주의적·도구주의적·공리주의적 화폐 계산, 이익 계산, 소비자 수요 계산 등을 적용한다고 그들은 주장한다. 하비는 "이러한 문제들에서는 화폐가 치화에 관한 어떤 것이 존재한다고 결론내리는 것이 어렵고, 도구적 환경관리의 사고와 행동으로 가두기 때문에 그것들을 내재적으로 **반(反)생태적**으로 만든다."라고 쓴다(Harvey 1995, p.155).

11.5 결론

이 장에서 우리는 '경제'와 '자연'이 항상 서로 깊이 관련되어 있다는 점을 보여 주었다. 실제로 둘의 관계는 그것들을 임의로 경계 짓고 분리하는 식의 개념화에 대항한 많은 학자들이 주장한 바와 매우 긴밀하다. 어떤 점에서 오늘날의 경제를 이해하기 위해서는, 자연이 경제를 다양하게 함양하고 형성하는 방식을 이해하는 것이 중요하다. 마찬가지로 오늘날의 환경을 이해하기 위해서는 자연을 생산 및 재생산하는 자본주의의 중심성을 무시할 수 없다.

이 모든 것이 경제지리학의 중심적 적실성과 가치를 논증한다. 그리고 이러한 적실성과 가치는 해가 갈수록 높아질 것이다. 기후변화를 보자. 여기에는 경제와 자연의 변증법이 잘 드러난다. 기후변화를 이해하려면 자본주의의 역사와 그것의 화석연료 의존성을 결합시키는 것이 핵심이다(Malm 2016). 반면에 기후변화의 맥락과, 기후변화가 글로벌 정치경제에 영향을 미치고 있고 점차 영향을 미치게 되는 방식을 제거한다면, 자본주의의 현재와 미래를 개념화할 수 없다. 사실 경제지리학이 왜 당신에게 그리고 당신의 세계 이해에 좋은 지에 대한 이론의 여지 없는 논증이 있다면, 경제와 지리가 정밀하게 결합한 현상인 기후변화가 그것이 될 것이다.

참고문헌

Bakker. K. J. 2003. *An Uncooperative Commodity: Privatizing Water in England and Wales.* Oxford: Oxford University Press.

Bleischwitz, R. 2001. Rethinking Productivity: Why Has Productivity Focussed on Labour Instead of Natural Resources? *Environmental and Resource Economics* 19: 23-36.

Bonnett. A. 2008. *What is Geography?* London: Sage.

Braun, B. 2008. Environmental Issues: Inventive Life. *Progress in Human Geography* 32: 667-679.

Bridge. G. 2000. The Social Regulation of Resource Access and Environmental Impact: Production. Nature and Contradiction in the US Copper Industry. *Geoforum* 31: 237-256.

Carson. R. 1962. *Silent Spring.* Boston: Houghton Mifflin.

Collard, R. C. 2014. Putting Animals Back Together, Taking Commodities Apart. *Annals of the Association of American Geographers* 104: 151-165.

Goldman M. 2005. *Imperial Nature: The World Bank and Struggles for Social Justice In the Age of Globalization.* New Haven, CT: Yale University Press.

Hardin, Garrett. 1968. The Tragedy of the Commons. *Science* 162: 1243-1248.

Harvey, D. 1996. *Justice Nature and the Geography of Difference.* Oxford: Blackwell.

Harvey D. 2003. *The New Imperialism.* Oxford: Oxford University Press.

Hayden, C. 2003. *When Nature Goes Public: The Making and Unmaking of Bioprospecting in Mexico.* Princeton, NJ: Princeton University Press.

Heynen, N., McCarthy, J., Prudham, S., and Robbins, P., eds. 2007. *Neoliberal Environments False Promises and Unnatural Consequences.* London: Routledge.

Howarth, R. B., and Norgaard, R. B. 1992. Environmental Valuation under Sustainable Development. *The American Economic Review* 82: 473-477.

Hsing. Y. T. 2006. Global Capital and Local Land 10 China's Urban Real Estate Development. In F. Wu (ed.), *Globalization and the Chinese City.* London: Routledge, pp.167-189,

Johnson, L. 2010. The Fearful Symmetry of Arctic Climate Change Accumulation by Degradation. *Environment and Planning D* 28: 828-847.

Kallis, G., Gómez-Baggethun, E., and Zografos, C. 2013. To Value or Not to Value?

That Is Not the Question. *Ecological Economics* 94: 97-105.

Klinenberg, E. 2002. *Heat Wave: A Social Autopsy of Disaster in Chicago*. Chicago: University of Chicago Press.

Kloppenburg, J. R. 1988. *First the Seed: The Political Economy of Plant Biotechnology, 1492-2000*. Cambridge: Cambridge University Press.

Layzer, J. A. 2012. *Open for Business: Conservatives' Opposition to Environmental Regulation*. Cambridge, MA: MIT Press.

Malm, A. 2016. *Fossil Capital: The Rise of Steam Power and the Roots of Global Warming*. London: Verso.

Mansfield, B. 2004. Rules of Privatization: Contradictions in Neoliberal Regulation of North Pacific Fisheries. *Annals of the Association of American Geographers* 94: 565-584.

Marx, K. 1976. *Capital*, Volume 1. Harmondsworth: Pelican.

McCarthy. J. 2012. Political Ecology/Economy. In T. J. Banes, J. Peck, and E. Sheppard (eds), *The Wiley-Blackwell to Companion to Economic Geography*. Oxford. Wiley-Blackwell, pp.612-625.

Meadows, D. H., Meadows, D. L., Randers, J., and Behrens, W. W. 1972. *The Limits to Growth*. Washington, DC: Potomac Associates.

Merchant, C. 1980. *The Death of Nature: Women, Ecology, and the Scientific Revolution*. New York: Harper and Row.

Mirowski, P. 2009. Postface: Defining Neoliberalism. In P. Mirowski and D. Plehwe (eds), *The Road from Mont Pèlerin: The Making of the Neoliberal Thought Collective*. Cambridge, MA: Harvard University Press, pp.417-456.

Moore, J. W. 2015. *Capitalism in the Web of Life: Ecology and the Accumulation of Capital*. London: Verso.

O'Neill, J. 2001. Markets and the Environment: The Solution is the Problem. *Economic and Political Weekly* 36: 1865-1873.

Ostrom, E. 1990. *Governing the Commons: The Evolution of Institutions for Collective Action*. Cambridge: Cambridge University Press.

Pearce, D. W., Markandya, A., and Barbier, E. 1989. *Blueprint for a Green Economy*, volume 1. London: Earthscan.

Polanyi, K. 1944. *The Great Transformation: The Political and Economic Origins of Our Time*. Boston, MA: Beacon Press

Prudham, S. 2004. Poisoning the Well: Neoliberalism and the Contamination of Municipal Water in Walkerton, Ontario. *Geoforum* 35: 343-359

Prudham, S. 2005. *Knock on Wood: Nature as Commodity in Douglas-Fir Country*. New York: Routledge.

Robertson, M. 2006. The Nature that Capital Can See: Science, State, and Market in the Commodification of Ecosystem Services. *Environment and Planning D* 24: 367-387.

Robertson, M. 2012. Measurement and Alienation: Making a World of Ecosystem Services. *Transactions of the Institute of British Geographers* 37: 386-401.

Robertson, M., and Wainwright, J. 2013. The Value of Nature to the State. *Annals of the Association of American Geographers* 103: 890-905.

Sachs, J. D., and Warner, A. M. 2001. The Curse of Natural Resources. *European Economic Review* 45: 827-838.

Sagoff, M. 2004. *Price, Principle, and the Environment.* Cambridge: Cambridge University Press.

Sayre, N. F. 2002. *Ranching. Endangered Species, and Urbanization in the Southwest: Species of Capital.* Tucson: University of Arizona Press.

Smith, N. 1984. *Uneven Development: Nature, Capital, and the Production of Space.* Oxford: Blackwell.

Smith, N. 2007. Nature as Accumulation Strategy. *Socialist Register* 43: 19-41

Walker, R. 2001. California's Golden Road to Riches: Natural Resources and Regional Capitalism, 1848-1940. *Annals of the Association of American Geographers* 91: 167- 199.

Watts, M. 1983. *Silent Violence: Food, Famine, and Peasantry in Northern Nigeria.* Berkeley: University of California Press.

Watts, M. 2004. Resource Curse? Governmentality, Oil and Power in the Niger Delta, Nigeria. *Geopolitics* 9: 50-80.

제12장

산업과 기술 변화

12.1 서론
12.2 산업변화의 역사
12.3 첨단기술경제
12.4 결론

12.1 서론

오스트리아 경제학자이자 하버드에서 가르쳤던 조지프 슘페터(Joseph Schumpeter, 1883~1950)는 "창조적 파괴의 광풍(a gale of creative destruction)"이라는 문구를 사용하여 자본주의의 역동성과 추동력을 묘사하였다(Schumpeter 1942, pp.82-83). 슘페터에게 자본주의는 갑자기 출발하였다 멈추었다를 반복하는 식으로 진행하고, 기술변화와 새로운 혁신에 의해 추동된다. 그는 이러한 결과가 시장경제의 논리로 짜여진다고 보았다. 자본가들에게 이윤이 전부라면, 그들은 멈추지 않고 '차세대 대발상(next big idea)'인 기술혁신을 추구할 것이다. 그것이 이루어지면 세계를 변형하고, 그들은 어마어마한 부자가 될 것이다. 대부분의 경우 기업가들은 실패한다. 그러나 아주, 매우 우연히 그들은 잭팟을 터뜨린다. 토머스 에디슨은 많은 발명 중 전구로, 헨리 포드는 모델 T로, 월트 디즈니(Walt Disney)는 장편 컬러 애니메이션으로, 잭 킬비(Jack Kilby)와 로버트 노이스(Robert Noyce)는 집적회로로, 그리고 최근 스티브 잡스(Steve Jobs)는 애플로, 빌 게이츠(Bill Gates)는 마이크로소프트로, 마크 저커버그(Mark Zuckerberg)는 페이스북으로, 래리 페이지(Larry Page)는 구글로, 제프 베이조스(Jeff Bezos)는 아마존으로 그렇게 하였다.

차세대 대발상이 실제로 일어나면, 그것은 그야말로 기존의 경제 경관을 바꿀 것이다. 제프 베이조스의 아이디어는 잠재적으로 가게들을 없애 버리고, 래리 페이지는 백과사전과 전화번호부, 지도책 등을, 마크 저커버그는 우편과 전화통화를 대체하였다. 옛날 것은 창조적인 새것의 태풍으로 파괴된다. 그래서 슘페터의 형용모순, "창조적 파괴"이다. 새로운 것이 나타나면 옛것은 결국 사라져야 한다. 마르크스와 엥겔스(Marx and Engels 1969[1848], p.16)는 "단단하던 모든 것이 공기 속으로 사라진다."라는 문구를 사용하였다. 기술변동이 발생하면 곧 과거를 지우고, 새로운 브랜드의 빛나는 미래를 가져올 것이다.

슘페터의 시각을 도표로 그린다면 그림 12.1처럼 나타날 것이다. 비교적 평평한 안정된 기간이 있고, 갑작스런 소동과 변화가 그것을 끊어 도표에서 예리하게 꺾인 것으로 나타난다. 그림 12.1에는 첫 번째 꺾인 부분이 내연기관의 발명이고, 두 번째가 컴퓨터의 발명이다. 이러한 변곡점은 창조적 파괴의 광풍이 거센 곳이다.

경제변동의 격변을 만들어 내는 기술혁신의 배후에는 예외적인 위험을 감수하며 부를 달성하는 무모한 기업가들, 단순한 자본가들이 있다고 슘페터는 생각하였다. 그들은 자본가가 아니었다면 정상적인 사회에 적응하느라 힘겨운 시간을 보냈을 것이다. 그러나 자본주의 세계에는 그들과 같은 극단적인 위험을 감수하는 것이 성공한다고 슘페터는 말한다. 그들은 할리우드의 A 리스트에 있는 사람만큼 슈퍼스타로, 대통령이나 수상의 사분들로 예우된다. 슘페터는 자유로운 시장이 지속되고 무한한 금융 보상의 전망이 있다고 하면,

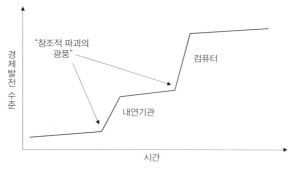

그림 12.1 조지프 슘페터의 "창조적 파괴의 광풍" 개념

그러한 기업가들이 계속해서 경제의 추동력이 될 것으로 보았다. 그러나 국가가 개입되면, 특히 시장을 제약하거나 보상을 제한하는 사회주의 형태가 부과되면 꽃 떨어진 장미처럼 될 것이라고 슘페터는 믿었다. 기업가의 동력은 무뎌지고 혁신은 더디어져, 마르크스가 예견하였듯이 자본주의는 소리 없이 구슬프게 끝날 것이다. 그러나 우리가 보게 될 것처럼, 아이러니하게도 제2차 세계대전 이후 국가가 혁신과정에 깊숙이 개입하였지만, 혁신이 더뎌지기보다는 혁신경제가 놀라운 속도로 발전하였다.

결국 이 장은 슘페터의 예측보다 경제 내에서 혁신의 역할에 더 관심을 갖는다. 이 장은 끊임없이 튀어나오는 새로운 기술변화에 의해 방해받는 시스템으로 자본주의를 그린 그의 묘사를 채택한다. 증기기관의 발명(18세기 동안 발전된)을 예로 생각해 보면, 영국(세계 최초의 산업국가)에서 일어난 산업혁명의 변형적 변화는 여러 면에서 하나의 파국이었다. 증기기관은 하나의 혁신으로서 창조적 파괴의 전형이다. 새로운 산업도시 자본주의가 등장하면서 낡은 촌락적 농업 봉건제는 해체되었다. 약 100여 년 전에 나온 내연기관을 다시 생각해 보면, 그것은 세계를 재조직하였다. 고속도로, 교외, 노변 쇼핑몰, 국제공항과 같은 새로운 경관들이 나타났을 뿐 아니라, 상업화된 형태의 자동차 내연기관을 생산하는 헨리 포드의 미시간 디어본의 루지 산업단지(제1장 참조)와 같은

경제지리학

것들도 나타났다. 모델 T가 나오자 말과 마차는 사라졌다. 그리고 20세기 후반 새천년에서의 중요 혁신이 된 컴퓨터를 생각해 보자. 컴퓨터는 어디에나 있다. 우리 대부분의 일상 활동에 관여하고 있다. 우리는 직간접적으로 깨어 있는 동안 삶의 거의 절반 또는 그 이상을 이 기계와 함께한다. 궁극적인 위기는 이 기계가 멈출 때 올 것이다. 그것은 우리가 알던 자본주의의 종말일 뿐 아니라, 우리가 아는 삶의 종말이다.

기술혁신은 산업경제에서 큰 변화에 결정적이다. 창조적 파괴에 대한 슘페터의 관심은 주로 잠정적인 것이었다. 그의 1942년 책『자본주의와 사회주의 그리고 민주주의(Capitalism, Socialism and Democracy)』에서 그는 창조적 파괴의 아이디어를 개발하였는데, 이것은 미래의 정부가 시장에 개입하면 무슨 일이 일어날 것인지를 경고하기 위한 것이었다. 창조적 파괴의 잠정적 차원에 초점을 맞추면서, 슘페터는 그의 친시장적 입장 및 정치학을 정당화하고자 하였다. 그러나 창조적 파괴는 다른 움직임을 보이는, 즉 지리의 평면을 따라 측면으로 움직이는 다른 차원으로도 읽힐 수 있다. 그렇게 하면 시장이 산출한 창조적 파괴가 만들어 내는 지리적으로 불균등한 결과들을 인식할 수 있게 된다. 창조적 파괴는 근본적으로 흔히 심각한 지리적 불평등, 불균등 발전이기도 하다. 한 장소에서는 녹슬고 텅 빈 공장들이, 다른 장소에서는 체육관, 오락실, 마사지 룸 등을 갖춘 번지르르한 새로운 첨단산업 생산기지(제8장과 제10장 참조)가 나타날 수 있다.

이 장은 두 개의 주요 절로 구분된다. 첫 번째 절은 지난 200년간의 역사, 즉 산업자본주의에서의 기술 주도의 대규모 변동을 개관한다. 여기서는 산업과정에서의 노동과 기술의 관계에 초점을 두고 권력, 통제, 규율 이슈와 관련해 비판적으로 조명할 것이다. 애덤 스미스(Adam Smith 1776)의 18세기 후반 핀(pin) 공장 사례를 사용하여 산업기술의 초기 형태로부터 시작하려고 한다. 그리하여 19세기의 공장제 기계공업을 거쳐 20세기의 포디즘, 그리고 21세기의 포스트포디즘 또는 유연적 생산까지 이어질 것이다. 두 번째 절은 신경제, 창조경제, 혁신경제, 또는 우리가 선호하는 첨단산업경제를 만들어 낸 현대 경제에서의 첨단기술 변동에 초점을 둘 것이다. 앞으로 보겠지만, 경제지리적 관계는 기술혁신 과정에 통합되어 있고 차세대 대발상과 함께 갈 것이다. 첨단산업 생산이 취하는 지리적 클러스터 형태에 대해서는 경제지리학자들이 이론적으로나 경험적으로 많은 연구를 수행하였다. 그것은 여러 수준의 정부, 특히 지방정부들로부터 많은 관심을 받았다. 지방정부들은 첨단산업 클러스터를 조성하는 경제지리적 방편을 수행하여 자신의 장소에도 그런 것이 재현될 수 있는 방안에 대해 알고 싶어 한다. 그러나 비판적 관점에서 보면, 이것은 창조적 파괴를 일으키는 파괴적 부분으로부터 유래하는 문제를 노정한다. 자본주의는 매우 활력 있고 활동적이어서 기술 승리자를 만들어 내지만, 발터 베냐민(Walter Benjamin 1940)이 말한 바와 같이, 그것은 "하늘까지 치솟은 잔해 더미" 뒤에 남겨지기도 한다. 첨단산업경제는 필연적으로 지리적 불균등 발전의 형태를 취한다(제8장 참조). 아셰임과 거틀러(Asheim and Gertler 2006, p.291)에 의하면, "혁신 활동은 지리적 경관에 균질하게 분포하지 않는다." 지구화와 마찬가지로, 그것은 공간 불평등을 산출하며, 소수의 번영하는 지식집약적 봉우리와 평범하거나 더 나쁜 경제 상황을 나타내는 넓은 저지대로 이루어져 있다.

12.2 산업변화의 역사

12.2.1 산업 초기

'산업'이란 용어가 상품 제조업을 의미하는 말로 쓰이게 것은 18세기에 이르러서이다. 그 이전에 이 용어는 단순히 열심히 일하는 것을 의미하였다(Williams 1976, p.165). 새로운 뜻으로 사용하였던 초기 사람들 중 하나가 세계 최초의 경제학자로 알려진 스코틀랜드인 애덤 스미스이다. 그의 1776년 책『국민의 부(Wealth of Nations)』에서 그는 "산업의 유지"를 위한 조건을 논하였다 (Smith 1776, II권, p.iii). 그의 책 제I권 1장은 핀 공장 내부의 작업을 사례로 초기 산업생산에 대한 상세한 서술로 시작하고 있다. 여기서 그는 주로 공장 내 노동자(18명이 있었다)들이 직무를 분리하여 수행하는 것을 상세하게 서술하였다. 그리고 그는 노동 분업(아래에서 논한다)이라는 중요한 원리를 발전시켰다. 또한 생산의 '기계'로 돌아가는 부분, 즉 기술, 도구, 장비에 대해 주의 깊게 서술하였다(그림 12.2에는 18세기 프랑스의 핀 공장이 판화로 그려져 있는데, 아마 스미스의 설명을 위한 모델이었을 것이다).

스미스가 목격한 '산업혁명'은 18세기 중후반에 시작되었고, 종전의 농업 및 촌락 경제와는 단절되어 있었다. 산업혁명은 처음부터 긴 목록의 발명들로 이루어진 기술변화와 밀접하게 묶여 있었다. 그 발명들은 일차적으로는 상품생산 방식을 바꾼 새로운 기계의 형태였지만, 근본적으로는 더 큰 사회와 그것의 경제지리가 어떻게 조직되는가에 대한 것이었다. 그 기계들 중 유명한 것들은 다음과 같다. 케이(Kay)의 나는 북(flying shuttle, 1733), 하그리브스 (Hargreaves)의 제니 방적기(spinning Jenny, 1770), 크롬프턴(Crompton)의 뮬 (mule) 방적기(1779) 등이다. 모두 영국의 섬유산업을 바꾼 것들이다. 대량의 고순도 철괴 생산을 가능하게 한 코트(Cort)의 압연(rolling) 및 교련(pudding) 제철법(1783~1784)은 교량에서 산업기계, 그리고 에펠탑까지 모든 것에 사용되었다. 뉴커먼(Newcomen 1712)과 와트(Watt 1783)의 증기기관은 운송 수단을 바꾸었을 뿐 아니라(철도, 증기선), 제조업 입지를 해방하였다. 공장의 증기기관은 어디든 건설될 수 있었다.

산업은 공장에서 이루어졌는데, 그 건물은 노동자들이 새로 발명된 거대한 생산 기계와 더불어 일하도록 특화된 건물이었다. 와트의 증기기관은 노동자

그림 12.2 18세기 핀 공장의 노동자와 기계

출처: Denis Diderot and Jean le Rond d'Alembert(1751~1772)의 백과전서(Encyclopédie)

의 집에 들어맞지 않아 가내수공업(home-based manufacture)의 가능성은 사라졌다. 또한 산업은 도시(제10장)를 의미하였다. 도시는 산업생산의 다른 중요 요소인 노동이 이미 살고 있고 그들을 유인할 수 있는 곳이었다. 그것들은 닭과 달걀의 관계였다. 공장은 거기에 노동이 있으므로 도시에 입지하였고, 노동은 거기에 공장이 있으므로 도시로 온 것이다. 잉글랜드에서는 사람들을 도시로 오게 한 다른 요인이 있었다. 인클로저 법(Enclosure Act)이 그것이다. 17세기 초반에 영국 의회에서 인클로저 법이 통과되어 기존 공유지의 법적 지위가 바뀌었다. 공유지는 누구나 접근 가능하고 사용할 수 있었던 한두 고랑의 땅으로 일종의 생계용이었다(강탈에 의한 축적에 대한 논의는 제11장 참조). 인클로저 법이 통과되자, 그런 토지에 대한 사용권이 엄격하게 제한되어 촌락에 살던 사람들이 공장에서 일자리를 찾아 도시로 가야 했다. 그 결과는 잉글랜드 산업도시의 급격한 인구성장이었다. 맨체스터는 인구가 40년간 35,000명(1801년)에서 353,000명(1841년)으로 10배나 증가하였다. 버밍엄은 거의 8배(1801년 23,000명에서 1841년 183,000명)나 인구가 증가하였다. 런던은 이미 당시 세계 최대 도시였는데(1801년 1,096,784명), 같은 기간 인구가 두 배 넘게 증가하였다(1841년 2,207,653명). 나중이긴 하지만, 신대륙 도시들도 성장하였다. 이는 대규모 국제이주의 결과이다. 20세기에 들어서면서 이주민들은 뉴욕(1900년 약 300만 명 이상), 시카고(1900년 170만 명), 필라델피아(1900년 130만 명)

경제지리학

와 같은 도시의 공장에 고용된 북아메리카 산업 노동계급의 핵심을 이루었다.

12.2.2 공장제 기계공업

점점 가득 차 가는 영국과 미국 산업도시들에서의 노동은 고도로 규제되었다. 노동자들은 자신의 특화된 직무가 있었다. 이것이 애덤 스미스의 노동 분업이다. 스미스의 주장처럼, 각 노동자가 단일한 직무에 특화되어 생산성이 대폭 증가하였다. 스미스는 핀 공장에서 각 노동자가 하루 평균 4,800개의 핀을 만든다고 추산하였다. 그러나 노동 분업이 없다면 한 사람이 총 18개의 직무를 직접 해야 하는데, 스미스는 이 경우 "아마 하루 1개의 핀도 만들지 못할 것"이라고 추정하였다(Smith 1776, p.9).

　이어서 노동 분업은 기계의 사용, 생산기술과 밀접하게 연관된다. 마르크스는 산업생산의 초기 형태를 '공장제 기계공업(machinofacture)'이라고 불렀다. 이 체제에서는 노동자가 기계들에 투입물을 넣고, 산출물을 취하는 일을 한다. 즉 노동자는 '손'으로 기능하는 것이다. 이 말은 19세기 동안 산업노동자의 통칭이었다. 찰스 디킨스(Charles Dickens)는 코크타운(Coketown)이라는 (가상의) 열악한 산업도시를 배경으로 하는 유명한 풍자소설 『어려운 시절(Hard Times)』(1854)에서 산업자본주의의 잔혹성을 표현하기 위해 '손'이라는 상징어를 사용하였다. 그것은 노동자의 전체성을 축소하여 오직 두 개의 신체 부분만으로 축약한 것이다. 디킨스와 동시대에 살았던 도시(런던)에서, 마르크스는 소설로 표현할 필요를 전혀 느끼지 못했다. 영국의 공장과 공중보건 감독관들이 제공한 동시대의 설명을 그는 그대로 사용하여 첫 책 『자본론』(2010 [1867], 제10장)에 공장제 기계공업 체제하의 도시 노동자 삶의 끔찍함을 묘사하였다. (예닐곱 살에 시작하는) 아동 노동, (오전 6시에서 오후 9시까지 이어지는) 15시간 노동, (사망과 불구에 이르는) 끔찍한 산업재해('청소농불'이라고 불리던 어린아이들이 고용되어 있었는데, 이들은 기계 아래를 기어 다니면서 청소하고 낀 것들을 해결하고, 떨어진 것 치우고 부서진 부품 고치는 일을 하였다), (폐렴, 폐결핵, 기관지염, 천식 등) 산업 질병(제10장 3절 참조), 충격적인 임금(일곱 살 아이는 주당 90시간 일하고 '3실링 6펜스'를 받았는데, ■1 이는 현재 가치로 영국에서는 17.5펜스, 현 환율로 미국 돈 약 25센트이다) 등등. 노동 통제의 형태는 "극한몰이 체제(drive system)"라고 불렀다. 노동 숙련에는 거의 차이가 없었으며, 노동자들은 모두 오로지 그들의 '손'이 고용된 단순 저임금 노동자였다. 남자 감독과 여자 감독들이 그들의 '손'을 한계에 달할 때까지 몰아세웠다.

12.2.3 포디즘과 대량생산

20세기 초 포디즘과 대량생산 체제는 극한몰이 체제에 뒤이어 나타나는 것으로서, 공장제 기계공업의 연장이다(제1장 참조). 노동자 억압은 그다지 야만적이지 않았지만, 생산기술은 통제 및 훈육 수준을 적어도 공장제 기계공업에서의 수준만큼 아니면 그보다 더 강화되었다. 포디즘 기계는 공장제 기계공업의 경우보다 더 컸다('자본집약화', 즉 노동에 비해 고정자본, 기계, 건물 투자가 증가하는, 자본주의하에서의 역사적 과정의 일부). 더욱이 그 기계들은 물리적으로 이동 조립 라인인 컨베이어 벨트와 연결되었다. 작업은 연속적인 과정으로 이루어져, 한 기계에서 다른 기계로 통합된 생산 시스템 안에서 이루어졌다. 재료가 한쪽 끝에서 투입되면 28시간 후에는 다른 쪽 끝에서 모델 T의 새 자동차가 튀어나왔다. 그 사이에는 조립 라인이 있으며, 다양한 필요 구성과정의 공장들이 순서대로 연결되어 있고, 이 과정 중 다수는 한 지붕 아래(이를 '수직적 통합'이라 하는데, 생산과정의 모든 부품들이 같은 곳에서 이루어지는 것을 의미한다)에서 이루어졌다.

　이러한 시스템에서는 노동자들이 더 이상 기계의 관리자가 아니라, 기계 자체의 일부가 되었다. 노동자의 신체는 생산기술의 리듬에 맞추어 움직였다. 이것은 그림 12.3에 나오는 디트로이트 미술관(Detroit Institute of Art)의 한 벽화인 「디트로이트: 인간과 기계(Detroit: Man and Machine)」라는 작품에 잘 나타난다. 그것은 포드 루지(Rouge) 공장(제1장)을 그린 것이다. 멕시코의 벽화가 디에고 리베라(Diego Rivera)가 1932~1933년에 그린 것이다. 리베라는 공산주의자였지만, 루지와 같은 공장에서 나타나는 산업생산의 권력과 힘에 깊은 인상을 받았다. 그는 인간 및 자연 세계가 공동의 에너지 파도에 의해 추동된다고 생각하였다. 그것이 그림 12.3에 묘사된 것이다. 인간과 기계가 활력이 넘치는 동일한 상승의 생명력에 의해 비슷하게 살아 움직이며, 여태까지 도달한 적이 없는 더 높은 생산성으로 옮아간다는 것이다.

생산성의 높이는 히말라야와 같이 높았다. 루지 공장에서는 움직이는 조립 라인을 사용하여 차대, 즉 바퀴, 프레임, 트랜스미션 등을 포함한 기초 부품의 조립에 걸리는 시간이 93분이었다(Schoenberger 2015, p.131). 포드의 생산기술은 무엇보다도 배송 속도에 있었다. "모든 고객이 그가 원하는 어떤 색깔의 차도 가질 수 있다. 그것이 검은색이라면."이라고 포드는 회고하였다. 그렇게 말한 것은 그가 흥을 깨는 사람이거나 병적이라든가 색맹이라서가 아니다. 검은색 페인트는 어떤 다른 색깔보다 빨리 말랐었다.

포디즘 생산기술은 속도만 빠른 것이 아니라 생산량도 많았다. 1921~1922년 사이에 포드는 125만 대의 모델 T 자동차를 생산하였는데, 그해 미국에서

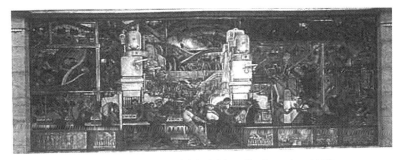

그림 12.3 디에고 리베라의 「디트로이트: 인간과 기계」(노스월, 디트로이트 미술관)

팔린 차의 60%에 이르는 양이었다(Schoenberger 2015, p.133). 이것은 부분적으로 포드 자동차가 대당 355~440달러로 매우 저렴하였기 때문이기도 했다(오늘날 가격으로도 4,365~5,365달러로 저렴하다). 여기서도 닭과 달걀 관계가 있다. 포드는 그가 만든 저렴한 차에 대한 엄청난 수요가 있었기 때문에 그토록 많은 차를 생산하였고, 반대로 그러한 많은 수요가 있었기 때문에 그런 저렴한 차를 생산할 수 있었다. 비밀은 규모의 내부경제였다. 즉 생산량 증가로부터 오는 비용 효율이다(제10장 참조). 이른바 선순환을 창출한 것은 규모의 내부경제이다. 즉 많이 생산할수록 비용이 더 저렴해지고, 비용이 저렴해지면 수요가 증가하고, 수요가 증가하면 더 많이 생산할 수 있고, 그러면 다시 그 순환이 시작된다. 대량생산으로부터 오는 규모의 내부경제 증가의 원천은 다양하지만, 가장 중요한 것은 대량 구매, 생산과정의 기계화로 인한 저렴한 투입 비용을 유지하는 것이다. 이런 것들은 낮은 생산량 수준에서는 불가능하다. 그래서 다시 애덤 스미스의 책 제1권 1장의 공정을 가능한 한 세분화하는 분업의 극대화로 되돌아간다.

분업은 포디즘하에서 산업기술과 노동자의 사용·통제의 본질에서 최종적인 것이다. 포디즘의 노동은 생산 기계의 일부가 되었다. 노동자들은 생산 라인의 다음 사람으로 이동하기 전에 하나의 직무만을 수행한다. 예를 들어, 포드는 플라이휠 마그네토(자동차의 점화 플러그로 가는 전기를 생산하는 장치)의 조립 라인을 29개의 직무로 세분하였다. 각 직무는 서로 다른 노동자들이 맡았다. 그것은 가능한 한 미세하게 구분한 분업으로 큰 이점을 산출하였다. 한 사람이 플라이휠 마그네토를 조립하면 20분이 걸렸지만, 같은 시간에 29명이 하면 126개를 조립하였다. 분업에 의해 노동생산성은 400% 향상되었다. 그러나 그 과정에서 노동자들은 로봇처럼 되었고, 그들의 모든 노동 동작은 과학적으로 관리되었다. 즉 어디에 서 있었는지, 어떻게 서 있었는지, 어떻게 움직였는지, 언제 일하러 왔는지, 언제 떠났는지 등등이 관리되었다.

테일러리즘

프레더릭 테일러

기계공학자인 프레더릭 테일러(Frederick W. Taylor, 1856~1915)는 노동자들이 잠재적으로 할 수 있는 것만큼 많이 노동을 하고 있지 않다는 것을 일찍부터 인식하고 있었다. 그는 이것을 짜투리 시간의 "빈둥거림(soldiering)"이라고 불렀다[요즘은 '근무 태만(slacking)'이나 '작업 회피(skiving)'라고 부른다]. 이것은 시간을 낭비하게 되는데, 이는 노동자들이 비효율적이든지 아니면 그들이 고의적으로 태만을 추구해서이다(예로 일 중간에 태만한 것이나 화장실 가서 오래 쉬는 것, 또는 일하는 것처럼 가싱하는 것). 테일러의 목적은 일련의 일반적 작업장 전략을 설계하여 노동자들에게서 주어진 노동시간 안에 최대의 노동량을 끌어내는 것이었다. 즉 빈둥거림을 최소화하는 것이다. 이 전략을 수립하기 위해 테일러는 노동자에 대한 실험을 수행하였는데, 작업 조건과 임금을 다양화하고, 그들의 수행에 대해 시간을 재고 기록하였다(이른바 "시간과 움직임 연구"라고 알려지게 된 연구). 그 결과 그는 세 가지 '과학적 관리'의 원칙을 개발하였는데, 모든 노동자에게 적용할 수 있고 일하는 시간을 극대화하는 것이다. 첫 번째는 노동과정을 노동자의 숙련과 분리시키는 것이다. 나중에 이것은 '탈숙련'이라고 불렸다. 생산성을 극대화하려면 노동자가 숙련이 필요 없는 하나의 최소한의 반복적인 단순 수작업만을 해야 한다고 테일러는 주장하였다. 당신은 노동자를 육체적 힘 때문에, 즉 단일한 물리적 기능을 계속 수행할 능력 때문에 고용한 것이다. 당신이 노동자를 그들의 숙련에 따라 고용한다면 노동과정에 대한 통제력을 잃을 것이다. 이것이 탈숙련이 테일러의 전략에 필요한 이유였다. 두 번째는 구상과 실행이 분리이다. 노동자들은 색각(구상)하려고 임금을 받는 것이 아니고 오직 수행(실행)해야 받는 것이다. 테일러가 실험에서 알아낸 것은, 생각은 시간을 차지하고 비효율을 낳으며 제거해야 한다는 것이었다. 노동자들은 기계의 일부가 되어 생각 없이 기계적 반복 행동을 수행할 때 가장 효율적이다. 세 번째는 '직무 카드(task card)'를 사용하는 것이다. 그것은 정확하게 무엇을 해야 할지, 어떻게 할지, 언제 할지, 얼마나 오랫동안 해야 할지를 특정한 카드이다. 이 세 가지 전략을 모두 적용하면 "빈둥거림"을 최소화할 수 있다고 테일러는 생각하였다.

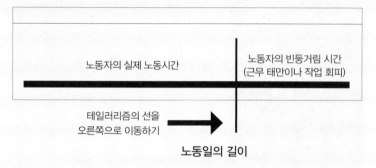

그림 12.4 노동에 대한 과학적 관리의 목적(테일러리즘)

그림 12.4를 보면 세 가지 원리를 모두 적용하면 노동자가 하루 중 실제로 일하는 시간과 빈둥거리는 데 보내는 시간 사이의 선을 오른쪽으로 이동하게 된다. 그럼으로써 산출량을 제고하고 고용주의 이윤을 상승시킨다.

노동자의 과학적 관리는 19세기 말에서 20세기 초반에 시간과 동작 연구 (time and motion study) 전문가 프레더릭 테일러(Frederick W. Taylor)(글상자 12.1: 테일러리즘)의 이름을 따 테일러리즘(Taylorism)이라고 불린다. 테일러는 노동자에게서 최소한의 노동시간에서 최대의 노동량을 뽑아내려는 작업장 전략을 설계하는 데 관심이 있었다. 그 전략을 정식화하기 위해 노동자를 대상으로 노동조건, 임금, 신체 특징, 작업 방식을 달리한 실험을 수행하였고, 상이한 조건하에서의 노동 수행들을 기록하였다. 그가 도출한 원리들은 나중에 포드 루지 공장과 같은 대량생산 제조업 공장들에서 받아들여져 전개되었다. 노동자들은 조립 라인을 따라 서 있었으며, 로봇처럼 동일한 단일 직무를 수행하고 또 수행하였다. 영화 '모던 타임스(Modern Times)'(1936)에서 찰리 채플린(Chalie Chaplin)의 테일러리즘 작업에 관한 코믹 연기를 보면, 그는 거대한 레버를 당기고 마지막으로 컨베이어 벨트가 중단한다. ▪2 결국 기계는 멈추게 된다. 그러나 그것은 할리우드식 결말이었다. 실제로 그 기계는 포디즘이 멈추기 시작하였을 때에야 멈추었다. 즉 1970년대부터 새로운 생산기술이 그것을 빠르게 대체하면서 그런 공장들이 문을 닫기 시작하였을 때에야 멈추었다.

공장제 기계공업의 재생산에 지리적인 것이 핵심이었던 것처럼—풍부한 노동을 보장하는 도시 입지(제10장)—포디즘에서도 지리적인 것은 모든 스케일에서 핵심이었다. 그것은 조립 라인 연결로 이루어진 테일러리즘으로 조직된 공장의 극소공간(micro-space)으로 시작된다. 그리고 그것은 노동, 자본, 자원을 끌어당기는 자력으로 작용하는 대도시권으로 확장된다. 나아가 제조업자들이 더 큰 상호 네트워크를 형성하여 규모의 집적경제를 향유하는 미국 제조업 지대, 영국 중북부 산업지역과 같은 더 넓은 포디즘 산업지역과 관련된다. 결국 그것은 포디즘 제조업으로 특화된 미국과 영국 같은 선진국과 1차 자원으로 특화된 후진국 간의 더 넓은 국제분업으로 연결된다(제8장).

12.2.4 유연적 생산

포디즘의 붕괴 이후 등장한 것에는 다양한 이름이 주어졌다. 우리는 이를 유연적 생산(flexible production)이라고 부른다. 또한 린 생산(lean production)이나 포스트포디즘이라고도 알려져 있다. 이때 '포스트'란 말은 포디즘 다음에 왔다는 것과 포디즘과는 다르다는 것을 모두 의미한다. 포디즘은 그 이전의 다른 산업기술과 다른 상품을 낳았지만, 일련의 경직성들로 특징지어진다. 그것은 표준화된 기계에서 표준화된 작업으로 표준화된 상품만을 생산할 수 있었다. 유연적 생산 이후에는 그 모든 것이 변하였다.

그 변화의 핵심은 제2차 세계대전 이후 촉발된 컴퓨터 microelectronics였다. 최초의 전자 프로그램 컴퓨터는 나치의 군사 암호를 깨기 위해 실제되었다. 그 일은 런던 교외의 블레칠리파크(Bletchley Park)에 있는 영국 군사정보의 한 지부가 수행하였다. 영국의 수학자 앨런 튜링(Alan Turing, 1912~1954)이 중요한 기여를 하였다. 튜링은 이론가로서도 중요하다. 후에 그는 기계 기반 추론과 인간 추론을 비교하는 인공지능 분야를 기초하였다. 그의 검사—튜링 검사(Turing test)—는 이런 것이다. 컴퓨터 단말기에서 당신의 질문에 대답한 것이 인간인지 기계인지 구별할 수 없다면, 그 기계의 지능은 인간의 지능과 같다. 아직까지 튜링 검사를 일관되게 통과한 컴퓨터는 없다. 그러나 컴퓨터 는 점점 근접해 가고 있다. 지난 50년 넘게 관련된 노동 실천과 더불어 유연적 생산을 주도해 온 것은 컴퓨터 지능의 성장이다.

1960년대에는 또 다른 결정적인 기술발전이 있었다. 더 심화된 유연적 생산 기술을 강화하는 컴퓨터화와 관련된 것이다. '패킷 전환(packet switching)' 기술은 정보('트래픽')의 디지털 단위가 한 컴퓨터 터미널에서 다른 하나 혹은 여러 개의 터미널로 동시에 전송될 수 있도록 하였다. 컴퓨터의 발달과 마찬가지로, 패킷 전환의 기원은 군사적인 것이다. 1960년대 후반 미국방위고등연구계획국(US Defense Advanced Research Projects Agency, DARPA)은 군사 컴퓨터들 간의 통신과 군대와 계약된 연구기관 및 대학 컴퓨터들 간의 통신을 위해 고등연구계획국 네트워크(Advanced Research Project Agency Network, ARPANET)를 개발하였다. ARPANET은 인터넷의 원형이었다. 결정적인 패킷 전환 기술은 50년 후에도 거의 변하지 않았다. 컴퓨터의 발전과 관련된 이 같은 개발환경은 국가가 혁신을 방해하는 영향을 준다는 슘페터의 주장을 명확하게 배반하는 것이다. 국가는 군사기금 형태로 20세기 후반 창조적 파괴의 가장 강력한 광풍이었다(Markusen et al. 1991).

유연적 생산의 파괴적 힘은 구식 포디즘의 붕괴(이미 신국제분업 때문에 진행 중이었다. 제1장과 제8장)를 촉진하고 지원하는 모양새였다. 포디즘은 과학적 경영으로 노동자에게서 인간적으로 가능한 최대한의 노동시간을 추출하였다 (그림 12.4로 말하면 수직선이 가장 오른쪽 끝에 위치). 포디즘 체제하에서는 더 뽑아낼 틈이 없었다. 생산성을 높일 유일한 방법은 구조의 전환뿐이었다. 처음부터 다시 시작하여야 했다. 유연적 생산이 한 것은 그것이다. 포디즘과 같은 판에서 경쟁하는 것이 아니라, 더 우월한 것을 만들어 이전 것을 낡은 것으로 만드는 것이다.

자동차산업은 유연적 생산 이전과 이후에 대한 명료한 사례이다. 표본적 사례는 캘리포니아 프리몬트의 제너럴 모터스(GM) 포디즘 공장이었다[글상자 12.2: 누미(NUMMI)]. 1984년 그 공장은 재편되어 유연적 생산 방식을 도입함으로써 GM과 도요타(Toyota)가 공동 운영하는 NUMMI■3가 되었다. 구식 포디즘 실천은 유연적 생산에 맞도록 완전히 재편되어 네 가지 형태를 가졌다.

- 첫째는 생산에서의 유연성이다. 포디즘은 동일 제품을 대량생산하는 데 탁월하였지만, **정확하게 같은 제품**이어야 했다. 표준화가 그 이름이었다. 헨리 포드가 말한 것처럼, 당신은 원하는 색깔의 차를 얻을 수 있다. 단, 검은색으로 공급된 차를. 이 경우 같은 색깔의 자동차를 계속 생산함으로써 규모의 내부경제는 극대화된다. 일반적으로 말해서, 포디즘 생산은 거의 변하지 않는 설계와 기계에 의존하는 것이었다. 기계는 하나의 직무를 하나의 방식으로 하나의 특성 집합과 더불어 수행하는 데 '몰두하는' 것이다. 새로운 컴퓨터 기반 생산기술, 즉 CAD/CAM(computer-aided design/computer-aided manufacturing)은 그 모든 것을 바꾸어 유연성이 가능하도록 했다. 컴퓨터 단말기에서 잘 고안하여 자판만 몇 번 두들기면 제품 설계와 기계가 완전히 다르게 된다. 같은 기계가 다양한 제품을 생산할 수 있고, 다양한 디자인으로 만들 수 있다. 또한 다양한 기술을 사용하고 다양한 특성 집합을 적용할 수 있으며, 다양한 양의 제품을 생산할 수 있다. 이제 당신은 원하는 색깔의 차를 얻을 수 있다.
- 둘째는 기계의 유연성이었다. 1960년대에 자동차와 항공 산업에 처음 도

누미(NUMMI)

캘리포니아 샌프란시스코의 이스트베이에 있던 실패한 포디즘 GM 프리몬트 공장은 1984년 급진적 실험을 단행하였다. GM과 도요타의 새로운 합작 벤처에서 그 공장(이제 NUMMI라고 이름 지어진)에 유연적 생산 요법을 적용하였다. GM은 구식 포디즘 공장을 닫았고, 그 2년 전에는 노동자들을 내보냈다. 그들 노동자는 평판이 최악이었다. 그 노동자들을 대표하는 미국 자동차 노동조합인 UAW의 1364지부의 의장인 브루스 리(Bruce Lee)조차도 "미국 자동차 산업에서 최악의 노동력"이라고 하였을 정도이다. 높은 결근율(5명 중 1명이 매일 결근), 장난질(문틈에 콜라병 끼워 넣어 소음 발생시키기), 파업, 노동 불만, 잦은 범죄 행위 등이 있었다. 그럼에도 불구하고 공장 폐쇄 후 2년 만에 공장이 재가동되어 다수의 원래 노동자들이 재고용되었다. 그사이에 도요타는 GM과 합작하여 새로운 공동 소유주가 되었다. 도요타는 미국에서 생산 기반을 마련하게 되었고(그전에는 미국에 생산 공장이 없었다), 미국 노동자들이 도요타의 포스트포디즘 유연적 생산 시스템에서 운용될 수 있는지 검사할 수 있게 되었다(도요타가 프리몬트 노동자를 운영할 수 있다면 어떤 미국 노동자들도 운영할 수 있을 것이다). 도요타의 비법을 배울 수 있으므로, GM은 기꺼이 파트너가 되었다. 미국 자동차시장의 절반 이상을 통제하던 1960년 이후로 GM은 시장을 잃고 있었다. GM이 도요타의 유연적 생산 방법을 사용하여 더 나아질 수 있을까? 프리몬트 공장은 구식 포디즘 기계를 치우고 유연한 기계들로 대체하였으며, 노동자들은 재훈련되었다. 프리몬트 노동자들은 30개의 집단으로 나뉘어 2주간 노동 휴일에 일본 도요타시로 가게 되었다. 그들은 미국식 테일러리즘 노동자들로 돌아왔다.■4

유연성은 도요타의 생산성 기술에 기초한 게임의 이름이었다. 그것은 린 생산(lean production), 또는 일본식 생산 체제 혹은 도요타 생산 시스템이라고도 불렸다. 포디즘의 경직성과 반대로 그것은 다양한 의미에서 유연하였다. 그것은 어떤 능력을 의미한다. 즉 기계와 작업 속성 집합을 바꾸고, 최신 컴퓨터 기술을 사용하며, 그 기술로 몇 개의 자판을 두드려 다양한 제품을 생산하도록 재프로그램한다. 또 작업 길이를 달리하며, 공장 내 어느 위치에든 노동자들을 할당하고, 그들이 작업에 대해 생각하면서 할당된 직무를 수행하는 기대를 갖게 하며(실행과 구상을 같이하는 노동자), 노동자들이 품질 동아리에 참여하여 생산성 향상을 위한 작업 절차와 아이디어를 토론하도록 하는 것 등이다.

이것은 유연적 생산의 다른 양상인 품질에 대한 관심[일본어로 '**가이젠**(kaizen)*****], 즉

---

* 역주: 가이젠은 개선(改善)의 일본어 발음으로서, 적기 생산으로 잘 알려진 간판 방식과 더불어 도요타 생산방식의 중요한 한 축을 이루는 요소이다. 일종의 운영 원리나 사고방식으로서, 사장으로부터 조립 라인 노동자에 이르기까지 비효율을 제거하기 위한 작업의 개선을 위해 생각하고 실천하는 것을 의미한다.

지속적인 개선에 대한 요구)으로 이어진다. 포디즘 체제하에서 유일한 법칙은 조립 라인을 계속 움직이는 것이었다. "라인은 멈출 수 없다. 라인을 멈추지 마라. 누군가 마음이 다쳐도, 그를 치우고 라인은 달리게 하라."[5] 옛 프리몬트 공장에서도 조립 라인을 멈추게 하는 것이 유일한 해고 사유였다. 가장 기괴한 것은, 라인 중에 잘못 조립되고 있는 차가 있어도 생산 라인은 계속 굴러갔다. "엔진이 뒤에 붙은 차나, 핸들이 없는 차 또는 브레이크가 없는 차"도 있었다. "어떤 것은 워낙 망가져 출발도 하지 않으려 해서, 라인에서 견인해 가야 했다."[6] 반면에 새로운 유연적 생산의 프리몬트 공장에서는 양보다는 질이었다. 공장 전체에는 '멈춤 줄(and-on cord)'** 이 걸려 있었다. 이것을 두 번 당기면 컨베이어 벨트가 멈추었다. 그것은 찰리 채플린의 거대한 레버였다. 노동자들이 문제를 발견하면 줄을 당기고, 생산은 멈추고 문제를 해결한다. 더 이상 괴물 같은 자동차가 아니라 오직 품질이 있는 자동차가 유연하게 생산되었다.

** 역주: 도요타 자동차 회사에서 품질개선을 위해 도입한 방식으로, 현장의 작업자가 품질에 문제가 있다고 판단할 경우 줄을 잡아당겨 생산 라인을 멈추게 하는 것을 말한다.

입된 CAD/CAM 기술은 그 시작에 불과하였다. 새천년에 오면서 로봇공학(robotics), 심지어 이동 로봇(mobile robots)이 이전에 인간이 하던 일을 하게 되었다. 이들 새로운 기계는 튜링 검사 통과에 매우 근접하고 있다. 이 과정의 마지막 단계는 '불 꺼진 공장(lights-out manufacturing)'으로, 인간이 전혀 필요 없는 공장이다. 모든 것이 자동화되고 로봇이 수행한다. 파낙(FANUC)은 일본의 불 꺼진 공장인데, 로봇을 사용해 로봇을 생산한다. 약 50개의 로봇이 24시간마다 만들어진다. 하나의 FANUC 공장은 전등 없이 돌아가며, 에어컨도 난방기도 필요 없고, 30일간 감독 없이 돌아간다.

• 셋째는 투입물 공급에서의 유연성이다. 포디즘하에서는 어떤 투입이 필요한지 알려져 있었다. 얼마나 많은 제품이 주어진 기간 동안 만들어져야 하는지 알았기 때문이다. 결과적으로 가까운 곳의 공급자와 정해진 날에 공장으로 일정한 투입물을 가져오라는 자동주문 계약을 맺는다. 공급업제는 포디즘 모공장(anchor plant)과 특별한 관계가 아니기 때문에, 공급자는 가까

운 곳이 된다. 그들은 단순히 주문을 충족하고, 그것은 몇 년간 바뀌지 않고 반복되기 일쑤이다. 반면에 유연적 생산하에서 수평적 공급자 시스템은 빠른 수요 변동에 대응하도록 구성된다. 다양한 하청기업들을 포함하고, 하청 업체와 모기업 간의 관계는 밀접하였다. 유연적 생산에서 더 큰 투입 조달 방식은 적기(just-in-time) 시스템 또는 **간판**(看板, kanban) 시스템으로 알려졌다. 모공장이 투입 재고를 유지하지 않고 그것들을 공급자들이 필요한 시간에 정확하게, 곧바로, 적기에, 조달하는 것이다. 이 시스템을 성공적으로 운영하기 위해서는 공급자들과 모기업이 서로 신뢰해야 한다. 아울러 배송 기업과 협력하기 위해서는 다른 기업의 내부 작업과도 친밀할 필요가 있다(그래서 느슨한 관계보다는 긴밀한 관계가 조성되어야 한다). 이것은 또한 강한 지리적 요청을 갖게 된다. 기업은 서로 근접해야 한다. 그래서 그들의 목적지에 적기에 확실히 배송해야 한다. 이것은 경제지리적 클러스터화(clustering)를 낳는다.

• 마지막 형태는 유연적 노동이다. 유연적 생산을 실현하려면 노동자들이 사전에 프로그램된 하나의 직무보다 더 많은 일을 할 필요가 있다. 그들은 수행만 해서는 안 되고 생각도 해야 한다. 유연적 생산은 포디즘 노동자의 종말을 의미한다. 더 일반적으로는 테일러리즘의 종말이자, 위계적인 과학적 경영의 종말을 의미한다. 유연적 생산의 '용감한 신세계'에서는 노동자들이 '기능적으로 유연'해야 한다. 이것은 그들의 손이 다양한 직무를 할 수 있다는 것을 의미한다. 생각하는 것과 창의적인 것이 중요하고, (테일러가 두려워한) 노동자가 생산을 멈추는 것은 중요하지 않다. 그래서 품질 동아리와 작업팀이 유연적 생산 작업장의 핵심 요소가 되었다. 현장 노동자의 직무 리스트에는 이제 생산 라인을 멈추고, 둘러앉아 대화하는 것, 브레인스토밍(brainstorming), 혁신, 공장 문제에 대한 열린 토론, 상상력 있는 개선 사항 말하기 등이 포함되었다. 이러한 것이 일어나기 위해서는 의사결정에서 다

른 위계가 필요하다. 포디즘에서보다 수평적이고, 생산 라인에 있는 사람들이 침묵하기보다는 목소리를 내는 것이 독려되었다.

물론 노동은 여전히 노동이다. 유연적 생산에서의 노동자들도 관리되고 훈련된다. 고용주들은 그들로부터 가능한 한 많은 가치를 추출하려 한다. 그 방법이 좀 다를 뿐이다. 순하게 착취하는 것이 독하게 착취하는 것보다 나은가? 프리몬트의 미국 자동차 노동자들(글상자 12.2: 누미)은 포디즘 노동자로서보다 유연적 생산 노동자로서 착취되는 것을 선호하였다. 20세기 초반의 미국 작가 도로시 파커(Dorothy Parker)는 다음과 같이 말했다. "나는 부자면서 불행하였고, 가난하면서도 불행하였다. 그리고 나는 내가 어느 것을 좋아하는지 안다." 프리몬트의 기능적으로 유연하였던 노동자들은 불행하면서 착취되었다기보다는, 행복하면서 착취되었다. 더 큰 문제는 행복하면서 착취된 일자리가 충분하지 않다는 데 있다. 선진국에서 유연적 생산이 일부 포디즘을 대체하였지만, 그것이 창출한 대체 일자리는 탈산업화 과정으로 초래된 포디즘 제조업 고용에서의 훨씬 큰 손실을 메꾸기에는 턱없이 부족하였다(제1장). 1984년 포디즘 노동자에서 포스트포디즘 노동자로 전환된 프리몬트 노동자들은 엄청난 행운아들이었다. 선진국의 수천만 포디즘 노동자들은 운이 없었다. 그들은 공장 일자리를 떠나 햄버거를 싸거나 잡화점 선반을 채우거나 '풀 몬티(The Full Monty)'를 해야 했다(제1장). 2009년에는 누미(NUMMI)도 문을 닫았다. GM은 파산보호신청을 하였고(2008년 금융위기의 일부), 도요타는 더 낮은 임금 비용과 국가 보조금을 찾아 캘리포니아를 떠나 미시시피로 이동하였다. 그런데 2010년 프리몬트 노동자들은 다른 놀라운 행운을 차지하였다. '차세대 대발상'의 기업 중 하나인 일론 머스크(Elon Musk)가 운영하는 테슬라 모터스(Tesla Motors)가 프리몬트 공장을 인수한 것이다. 적어도 당분간은 일자리가 유지되었다.

프리몬트 노동자들은 다른 의미, 즉 베이 에어리어(Bay Area)에 산다는 점에서 운이 좋았다. 다음 절에서 논의하겠지만, 베이 에어리어는 새로운 컴퓨터 기술과 그 응용을 포함하는 산업 실험을 위한 세계적 장소가 되었다. 미국에서 포디즘이 쇠퇴한 곳의 대부분은 제조업 지대, 주로 상부 중서부와 북동부였고, 샌프란시스코에서 먼 곳이었다. 더욱이 그것을 대체하는 포스트포디즘, 유연적 생산은 그곳에 거의 없었다. 디트로이트, 클리블랜드, 버펄로와 같은 도시에서의 지리적 결과는 주로 파괴였고 창조가 아니었다(1950년 이후 디트로이트는 인구의 60%를 잃었고, 클리블랜드는 58%, 버펄로는 56%를 잃었다). 새로운 생산기술로 나타난 창조적 파괴는 극심한 경제지리적 불평등을 낳았다. 그것이 자본주의의 일정치 않은 불균등한 지리이다(Storper and Walker 1989)(제8장 참조).

12.3 첨단기술경제

오늘날 창조적 파괴의 돌풍에서 폭풍의 눈은 첨단기술산업이다. 이 말은 1950년대 후반에 처음 나왔는데, 1960년대까지는 널리 통용되지 않았다. 첨단산업은 그것이 무엇이든 최첨단기술로 운용되는 경제활동을 의미한다. 보통 그런 기술은 컴퓨터 전자공학으로 돌아가는 경우가 많지만, 반드시 그럴 필요는 없다. DNA 유전자 절단 기술이나 새로운 태양전지나, 나노 물질(물리 구조가 분자 수준에서 조작될 수 있는 것)의 조직일 수 있다.

첨단기술산업은 그 특성 때문에 위험이 큰 비즈니스이다. 성공에 대한 보장은 없다. 첨단기술산업 경관에는 길 밖으로 떨어져 나간 기업들의 시체로 즐비하다. 그런 기업들은 자신들이 차세대 대발상을 가졌다고 생각할 것이지만, 조만간 그렇지 않다는 것이 분명해진다. 어떤 첨단기술 기업이 성공할 것처럼 보이는 경우에도 기회는 대기업이 그 기업을 매입한 경우이다. 대신에 보상은 어마어마할 수 있다. 예를 들어, 2012년 온라인 사진공유 서비스인 인스타그램(Instagram)은 페이스북에 미화 10억 달러에 팔렸다. 2014년에는 소셜 미디어 메시지 소프트웨어를 개발하는 기업인 와츠앱(WhatsApp)은 페이스북에 220억 달러라는 놀라운 가격에 팔렸다. 기업이 너무 일찍 팔렸다고 말하는 사람도 있다. 그들이 좀 더 기다렸다면 소유주였던 케빈 시스트롬(Kevin Systrom)은 더 많은 돈을 벌 수 있었다는 것이다. 인스타그램과 와츠앱의 이전 소유자들이 다시 일을 하지 않을 것은 분명하다. 그러나 첨단기술 기업의 먹이사슬을 내려가서 살펴보면, 많은 첨단기술 기업가들의 경력은 업체들을 끊임없이 만들었다 팔았다 하는 것으로 점철된다. 그들은 이런 일을 여러 가지 이유로 한다. 자신이 한 일이 행운이 아니었다는 것을 스스로 증명하려 하기도 하고, 더 많은 돈을 벌기 위해 하기도 하며, 근본적으로 창조적인 기업가적 욕망을 성취하기 위해 하기도 한다.

창조적인 기업가적 욕망을 만족시키는 것은 뚜렷한 경제지리적 패턴을 갖는다. 첨단기술경제는 공간적으로 매우 집중적이며, 지구상의 소수 위치에 몰려 있다. 가장 유명한 것은 샌프란시스코 교외의 실리콘밸리(Silicon Valley)이다(글상자 12.3: 실리콘밸리). 보스턴 근교의 루트 128(Route 128)이나 노스캐롤라이나의 더럼-롤리-채플힐(Durham-Raleigh-Chaple Hill), 또는 온타리오의 키치너-워털루(Kitchener-Waterloo), 영국의 케임브리지 주변, 한국의 (수원) 삼성타운, 중국 선전, 인도 하이데라바드의 하이텍시티(HITEC City) 등 다른 곳에도 있다. 아셰임과 거틀러(Asheim and Gertler 2006, p.291)는 이러한 것으로부터 "지리는 우연이 아니라 근본적"이라고 말했다. 흥미로운 경제지리 이론의 질문은 다음과 같다. 첨단기술산업은 왜 공간적으로 응집해 있는가?

실리콘밸리

한 저널리스트가 1971년에 만든 말인 실리콘밸리는 새너제이를 중심으로 하는 샌타클래라카운티의 샌프란시스코 남쪽 지역의 이름이다. 세계 최대의 그리고 가장 풍요로운 첨단기술 회사들의 고장이다. 과장을 잘 하지 않는 『이코노미스트(The Economist)』도 "그 50마일 범위(즉 실리콘밸리)는 … 세상에서 가장 생산적이고 가장 혁신적인 땅"이라고 할 정도이다. 2015년 『이코노미스트』는 거기에 10억 달러 이상의 가치를 갖는 99개의 첨단기술 기업들(우버, 에어비엔비, 드롭박스같이 10억 달러 이상의 가치를 지닌 창업 기업들은 '유니콘' 기업이라 한다)이 있다고 계산하였다(그림 12.5). 그 99개 회사들의 총가치는 미화 2조 8000억 달러(2015년 미국 전체 GDP는 약 18조 달러였다)에 이른다. 이들 회사는 모두 유명한 글로벌 첨단기술 거대기업이다. 『이코노미스트』가 실리콘밸리를 다수의 파라오들이 묻힌 고대 이집트의 지역 이름을 따라 '왕의 계곡'이라고까지 칭한 이유는, 그들의 엄청난 부 때문이다. 실리콘밸리 안에 억만장자와 수억만장자 클럽에는 다음의 기업들이 포함된다. 애플, 어도비, 에어비엔비, 시스코, 드롭박스, 이베이, 일렉트로닉 아츠, 페이스북, 인텔, 구글, HP, Linked In, 넷플릭스, 오라클, 선마이크로시스템스, 테슬라 모터스, 우버, 야후 등이다.

실리콘밸리에서 '밸리' 부분은 샌타클래라 계곡을 뜻하는데, 첨단기술 기업들이 처음 입지한 곳이다(최근에는 첨단기술 창업 기업들이 점점 샌프란시스코에 입지하지만). 실리콘밸리의 '실리콘' 부분은 반도체 칩 또는 집적회로를 의미하는데, 이는 실리콘밸리 기업들이 처리 속도를 증가시키고 크기를 줄여 처음으로 처리 속도 증가와 크기 감소, 그리고 컴퓨터 제조업(나아가 전자장비 생산)을 혁명적으로 바꾼 것이다. 그리고 처음으로 컴퓨터를 체계적으로 개발하고 상업화한 것도 실리콘밸리의 기업들이다.

실리콘밸리 발전의 핵심은 팰로앨토(Palo Alto)에 있던 스탠퍼드 대학교(Stanford University)였고, 특히 전자공학 교수진이었다(Saxenian 1996). 교수진 멤버이자 나중에 학장이 되었던 프레더릭 터먼(Frederick Terman)은 전자공학과 학생들에게 지역에 남으라고 권면하였다. 그것은 윌리엄 휼렛(William Hewlett)과 데이비드 패커드(David Packard)가 1938년 팰로앨토의 한 창고에서 오디오 발진기를 발명한 후였다. 휼렛패커드사는 1951년 바리안 형제들(Varian Associate)과 같은 이전의 학생들이 소유한 전자공학 회사들을 따라 스탠퍼드 산업단지(Stanford Industrial Park)로 이동하였다. 이 클러스터는 1956년 마운틴뷰 근처의 윌리엄 쇼클리(William Shockley)의 실험으로 더욱 활성화되었다. 그들은 컴퓨터의 핵심 부품인 실리콘 기반 트랜지스터(반도체)를 획기적으로 개선하였고, 1959년 최초의 집적회로를 특허 내기에 이르렀다. 9년 후에는 쇼클리와 같이 일하던 두 명의 학생들이 인텔(Intel)을 창업하였고, 상업적인 실리콘 칩을 생산하기 시작하였다.

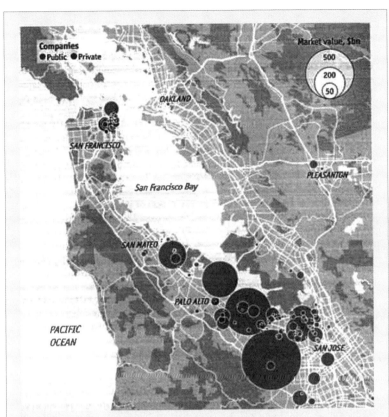

그림 12.5 기술 판구조 이동(Tech-tonic shift): 왕의 계곡. 실리콘밸리의 기술 회사들은 10억 달러 이상의 가치를 갖고 있다.

출처: *The Economist* 7월 23일자, 2015. (http://www.economist.com/blogs/graphicdetail /2015/07/daily-chart-mapping-fortunes-silicon-valley)

중요한 것은 실리콘만이 아니었다. 대량의 자금과 벤처자본이라는 특별한 형태의 돈이 필요하였다. 첨단기술에 투자하는 것은 매우 위험하였다. 이익에 대한 보증은 전혀 없거나, 원금을 받는다는 보장도 없었다. 투자자들은 높은 위험을 감수할 용의가 있고 돈이 많은 특별한 유형이어야 했다. 그들은 벤처자본가라 불렸는데, 1959년부터 실리콘밸리로 오기 시작하였다. 그러나 자금을 대는 것은 벤처자본가만이 아니었다. 미국 군대도 자금을 댔다. 실리콘밸리는 1961년 아이젠하워 대통령이 '군산복합체'라고 부른 것의 일부였다. 반도체산업은 무기 연구, 무기 설계, 무기 제조와 통합되어 끊임없는 연방기금을 받게 되었다.

1960년대 후반에 인터넷이 발명되고(윗글 참조), 실리콘밸리의 위상은 더 공고화되었다. 드롭박스, 구글, 페이스북, 우버와 같은 지역 내에 입지하는 최고로 부유한 첨단기술 회사들의 경영의 중심지가 되었다. 이러한 회사와 다른 회사들은 약 25만 명의 정보기술 노동자를 고용하고 있으며, 그 일자리가 지구상의 어디보다 더 집중되어 있다. 더욱이 이들 노동자는 스스로가 글로벌하다. 애너리 색스니언(AnnaLee Saxenian 2006)에 의하면, 그들의 약 70%가 외국에서 태어난 사람들이며, 고급 기술 노동자의 국제적인 풀인 "새로운 아르고나우트(Argonaut)"*로 자신들을 만들어 가고 있다.

---

* 역주: 아르고나우트는 그리스 신화에서 영웅 이아손과 함께 황금 양털을 구하기 위해 아르고호에 승선한 50명의 용감한 용사들을 말한다.

12.3.1 첨단기술 이론화하기

우리는 이미 첨단기술 기업들에서 보이는 지리적 집중 패턴의 한 형태를 논의한 바 있다. 산업집적 또는 산업지구라는 용어로 언급하였다(Asheim 2000, 제4장과 제10장). 그것은 20세기 초에 앨프리드 마셜(Alfred Marshall)이 처음 인지한 것이었다. 그의 설명은 집적경제라는 말로 표현할 수 있는데, 기업들이 근접 입지함으로써 오는 비용 이점과 규모의 외부경제에서 오는 이점으로 설명된다. 이때의 외부경제는 기업에는 외부적이지만 기업들이 입지한 산업지구 또는 산업지역에는 내부적이다. 한 지역이나 지구에 더 많은 기업들이 입지하면, 외부경제로부터 오는 비용 이점이 거기 입지한 기업들에 부가된다. 외부경제는 다음을 포함한다. 훈련된 노동자 풀이 근접하여 활용할 수 있는 것, 기업들 간 자원에 대한 소통과 공유가 쉬운 것, 기업 간 낮은 운송비, 분업과 관련된 생산성을 극대화하는 기업들 간의 세분화된 전문성 등이다.

현대 경제지리학에서는 첨단기술 입지에 대한 이론이 세 가지가 있다.

i. **집적**: 첫 번째는 마셜 논제의 현대 버전이다. 앨런 스콧(Allen Scott)의 연구가 마셜의 논제와 가장 연관되며, 마이클 스토퍼(Michael Storper)의 연구는

일부 연관된다. 그들은 첨단산업지구 및 지역을 포함하는 세계의 대도시 경제 지역의 거대 핵심부를 창출하는 데 있어 집적의 힘을 강조한다. 스콧과 스토퍼는 그들의 공동 논문(Scott and Storper 2015, p.6)에서 "집적은 도시를 묶어 주는 기본적인 접착제이다."라고 썼다. 집적은 기업들이 인프라 등의 경제 서비스를 공유할 수 있게 하고, 기업 내 적절한 일자리를 도시 내 최적인 노동자에게 연결시켜 주며, 거대한 도시의 정보 흐름 속에서 학습을 할 수 있도록 하여 혁신을 자극하기도 한다. 이러한 집적의 힘은 첨단기술 및 창조경제 부문을 특정 지구 및 지역에 뭉치게 함으로써 경제 생산을 영역에 기반하게 한다. 특히 스콧(Scott 2008, p.554)은 두 가지 다른 도시 공간에서 이루어지는 오늘날의 클러스터를 인식하였다. 즉 "서비스 및 디자인 지향적인 부문은 도시 중심부에 특화하여 입지하려는 경향을 보이며, 반면에 보다 기술집약적인 부문(예로 전자, 생물공학, 항공 등)은 교외 지역에 집적하거나 테크노폴에 입지하려는 경향을 보인다."

ii. **문화적 제도**: 지리적 클러스터링에 대한 다른 접근은 문화 및 제도의 역할을 강조한다(Asheim 2000, p.413). 지금은 고전이 된 애너리 색스니언(AnnaLee Saxenian 1996)의 실리콘밸리와 루트 128의 미국 첨단기술 지역을 비교한 연구『지역 이점: 실리콘밸리와 루트 128에서의 문화와 경쟁(Regional Advantage: Culture and Competition in Silicon Valley and Route 128)』이 그것이다(제5장과 제10장 참조). 그녀의 실리콘밸리 연구는 1970년대 후반 버클리 대학교 대학원 시절부터 시작되었다. 처음에 그녀는 실리콘밸리가 지속되리라고 생각하지 않았고, 샌타클래라 밸리의 먼지로 사라질 것으로 생각하였다. 물론 그녀는 틀렸다. 그러나 그것이 지속되었기 때문에, 그리고 색스니언이 처음부터 거기 있었기 때문에, 오랫동안 실리콘밸리의 내부자들과 인터뷰를 계속할 수 있었다. 그리하여 훌륭한 종단 기록을 구축할 수 있었다. 실리콘밸리의 성공에서 핵심이 되는 것은, 실리콘밸리에 공식 및 비공식적으로 입지한 장소 기반 제도들에 의해 지원되어 기업 소유자와 혁신가들을 연결하는 강력한 사회적 네트워크였다는 것을 그녀는 보여 주었다. 또한 그러한 네트워크는 작업 아이디어와 실천들, 비즈니스 관습, 목표와 포부, 위험에 대한 태도, 신뢰에 대한 기대, 혁신을 둘러싼 규범들을 공유하는 기초이기도 하였다. 그 네트워크는 실리콘밸리의 기업들을 고정시켰고, 장소에 잡아 두었으며, 연대하도록 하였다. 그러면서도 재생산과 번영에 대한 경쟁적 충동도 제공하였다.

밀접한 문화적 네트워크가 첨단기술에 대해 갖는 이점에 대한 논점을 수립하기 위해, 색스니언은 실리콘밸리와 미국 반대편 뉴잉글랜드의 루트 128을 비교하였다. 두 곳 모두 1950년대 동안 태아 형태로 등장한 곳으로서, 대학 기반 전자공학 연구에서 갈라져 나온 분사 창업(spin-off) 회사들과 관련되었다. 실리콘밸리에서는 스탠퍼드 대학교였고(글상자 12.3: 실리콘밸리), 루트 128에는 매사추세츠 케임브리지의 하버드 대학교와 매사추세츠 공과대학교(MIT)였다. 실리콘밸리의 기업들은 점차 샌타클래라 밸리를 따라 새너제이(San Jose)까지 스탠퍼드 대학교 남쪽으로 이동해 갔다(그림 12.5). 보스턴에서는 간선도로 매사추세츠 루트 128을 둘러싸고 있었다["마법의 반원(Magic Semicircle)"]. 색스니언에 의하면, 그런데 루트 128은 소득 창출, 기업 가치, 고용 면에서 실리콘밸리에 비해 계속 뒤져 왔다. 그런 차이를 만든 것은 서로 다른 장소 기반 기업문화였다고 그녀는 주장하였다. 실리콘밸리는 첨단기술 기업들이 배태된 긴밀하고 수평적인 사회 네트워크로 이루어졌고, 이것은 상당한 비공식성, 투명성, 수평적 소통, 집단 학습 및 실천을 촉진하였다. 그것은 "'한가롭고 평온한' 캘리포니아" 때문이라고 할 수 있을지 모르지만, 실리콘밸리의 개방성과 가벼움이 아이디어의 이전, 실험, 기업가적 위험 감수를 촉진하였다고 색스니언은 주장하였다(Saxenian 1996, p.2). 반면에 루트 128 첨단기술 기업들의 문화는 훨씬 더 "엄숙한(buttoned-up)

경제지리학

동부"였다(Saxenian 1996, p.2). 사회 네트워크가 평평하거나 역동적이거나 다양하여 긴밀한 상호작용과 노동자들의 일자리 이동이 자연스럽게 이루어지지 않고, 루트 128은 대기업들의 수직적(하향식) 의사결정 모델, 엄격한 기업의 권위 위계 구조, 그리고 잘 정의된 정책 경계들이 지배하였다. 서부 해안과 동부 해안 문화의 이러한 차이는 첨단기술경제에 대한 각 지역의 번영 역량을 만들어 냈다고 색스니언은 제시하였다(흥미롭게도 그녀의 연구가 이루어진 후, 루트 128은 보다 실리콘밸리처럼 되었다).

색스니언의 연구는 혁신을 추동하는 것이 상호작용을 통한 학습(Lundvall 1988)이라는 사고에 기초한다. 실리콘밸리는 루트 128보다 문화 및 제도 네트워크가 더 많고 질적으로도 더 풍부한 상호작용 형태, 혁신이 이루어지기 위한 학습을 더 잘 촉진한다는 점에서 우월하였다. 더욱이 색스니언과 다른 연구자들은 첨단기술 지식은 사람들이 그곳에 있음에 의해서만 배운다고 가정하였다. 거기에 없다면 배우지 못할 것이다. 이런 종류의 지식을 암묵적 지식이라고 한다(Gertler 2003). 암묵적 지식은 배태되는 것이어서, 실천을 통해 보이지 않으면 구체화되기 어렵다("이렇게 하는 거야"). 그 반대의 지식은 코드화된 지식이다. 이것은 말이나 숫자 또는 도표로 공식화가 가능하며, 쉽게 확산될 수 있다("매뉴얼 봐!"). 첨단기술혁신은 상호 학습을 통해 일어나며, 학습된 것은 그곳에 있어야만 보이므로(암묵적 지식), 첨단산업은 지리적으로 특정 지구 또는 지역에 몰릴 수밖에 없다.

iii. **창조도시**: 세 번째 접근은 리처드 플로리다(Richard Florida 2002a)의 창조도시이다. 그가 보기에, 몇몇 지리적 위치에 경제적 창조성과 혁신이 집중하는 것은 집적이나 상호작용을 통한 학습, 또는 지식이 갖는 지리적 점착성 때문이라기보다는, 다수의 창조적 (첨단기술) 사람들을 끌어들이는 장소의 고유한 자질들이다. 플로리다의 틀에서는 장소성으로 사득한 장소적인 사람들이 먼저 나온다. 그들이 위치를 선택하고, 도시 중에서 특정 대도시 지

재능 있는 사람은 "쿨한" 곳에 끌린다

오스틴?

브라운우드?

재능 있는 사람은
어디로 갈 것인가?

웨이코?

존슨시티?

그림 12.6 첨단기술 재능과 "쿨한" 장소 선호에 대한 리처드 플로리다의 이론. 이 사례에서는 텍사스 오스틴이 이겼다.

출처: Trevor J. Barnes.

역 중 어디서 살고 일할 것인가를 선택한다. 그들이 선택하는 장소들은 자석과도 같다. 각 도시는 서로 다른 매력을 갖는다(그림 12.6). 그러면 일은 재능 있는 사람들을 끌어들이는 곳이 어디든 따르게 된다. 나아가 창조적 개인들은 다른 창조적 개인들과 비슷한 장소 기반 미학, 문화, 사회 및 정치적 성향을 지녔기 때문에—그들은 모두 동일한 "창조계급"—유사한 종류의 장소에 입지하려 한다(Florida 2002b). 플로리다의 설명에서는 그러한 장소들이 정치적으로 관용이 있고, 사회 및 문화적으로 다양하며, 물질적으로 다양하고, 세계시민적이며, "쿨하고", 활력 있으며, "선도적인" 곳이다. 플로리다의 연구가 인기 있는 이유는, 어떤 장소가 재능 있는 사람들을 유치해 그들과 함께 창조경제를 끌어들이기 위해 필요한 변화의 체크리스트를 제공하는 것으로 보이기 때문이다.

보다 이론적인 이슈가 하나 더 있다. 첨단기술 활동은 글로벌하게 흩어져 있는 자기충족적인 장소에 몰려 있다고 한다면, 이들 장소가 어떻게 서로 연결되어 지구화라는 더 큰 과정에 참여하게 되었는가? 첨단기술 지식이 주로 암묵적 지식이고 지리적으로 점착성이 강하기 때문에, 서로 다른 첨단기술 지역들이 자신의 세계 안에 갇히지 않으려면 서로 상호작용하려고 투쟁을 해야 하는 문제가 이론상 발생한다. 바텔트, 말름베르, 마스켈(Bathelt, Malmberg, and Maskell 2004)은 글로벌 파이프라인(global pipeline)이라는 은유를 사용하여 하나의 해결책을 제안하였다(그들의 논문은 3,500번 인용되며 널리 받아들여진 것으로 보인다). 경험적 증거에 의하면, 첨단기술 지식은 알려진 만큼 점착성이 강하지 않다는 것이 그들의 출발점이다. 오히려 그것은 끊임없이 움직이는데, 글로벌 첨단기술 중심들 사이를 움직인다. 암묵적 지식을 지구 반대편에서도 완전히 이해할 수 있도록 하는 "글로벌 파이프라인들"의 복잡한 네트워크 때문에, 의사소통이 일어날 수 있다는 것이다. 지식이 암묵적, 즉 보여져야만 하는 종류라면, 그 해법은 파이프라인을 따라 보여 줄 사람을 내려보내면 된다. 그것은 날아다니는 비즈니스 계층이 할 수 있는 것이다. 더욱이 암묵적 지식이 영원히 암묵적 지식은 아니다. 그것은 늘 과정 중에 있다. 시간이 지나면 코드화되고, 이메일, 문자, 인스타그램, 팩스, 택배, 일반우편과 같은 다른 글로벌 파이프라인을 따라 이동한다. 나아가 글로벌 파이프라인은 자체적으로 끊임없이 구축 중이다. 그것들은 끊임없이 변하는 글로벌 장소들의 배열 위에서 먼 거리에서의 활동도 가능하게 한다. 모든 첨단기술 중심지들이 다수의 글로벌 파이프라인을 갖는 것은 아니다. 바텔트 등에 의하면, 더 많고 더 좋은 파이프라인을 가질수록 그 중심지는 더 많은 상호작용 기회, 학습 기회, 혁신 기회를 가질 것이다.

12.3.2 첨단기술의 활성화: 혁신 체계

경제활동의 한 형태로서 첨단기술은 장점이 많다. (노동시간이 초과될 수 있더라도) 노동자들은 임금이 높고 상여금도 많고 노동조건도 좋다. 중공업과 달리, 첨단기술산업은 일반적으로 환경에 해롭지도 않다(녹색일자리 및 녹색투자). 첨단기술 기업의 가치는 어마어마하고(예로 유니콘 기업들), 성장지향적이며, 대규모 투자를 유치하고, 다른 산업 및 서비스에 대해 강력한 후방 연계 및 전방 연계를 갖는다. 더욱이 미래지향적이고 낙관적이며 간혹 급진적이기도 하고, 젊은 문화이므로 기존의 사업을 진작하고 활력 있게 할 수 있다. 이 모든 까닭으로 모든 수준의 지역들(대도시권에서 지방 및 국가 수준에 이르기까지)이 다양한 정책, 전략, 계획을 통해 첨단기술산업을 촉진하고자 한다.

그 결과 국민국가, 지역(주 또는 도), 특히 지방정부(대도시 및 시) 등 다양한 수준에서 혁신과 첨단기술경제를 조성하고 촉진하기 위한 적절한 조건들, 즉 그 물질적·제도적 환경을 구비하려는 시도들이 있었다. 그렇게 하는 것은 곧 혁신을 창출하고 촉진하도록 네트워크를 도입하고 조정하며, 다양한 제도들을 재정비하는 것을 의미한다. 이러한 커다란 조합을 '혁신 체계(innovation system)'라고 부른다. 혁신 체계는 전형적으로 '트리플 힐릭스(triple helix)'를 형성하는 세 가지 주요 행위자로 구성된다. 대학, 기업의 연구개발(R&D) 부서, 정부 기구가 그것이다. 이들의 결합이 응집된 혁신 체계로서 삼총사처럼 강해질 수 있다면 국가, 지역, 지방 혹은 로컬리티는 첨단기술의 활성화로 탈바꿈될 수 있다.

그러나 혁신 체계가 말 그대로(실제로는 잘해야 뒤섞인다) 성공하더라도, 그것은 필연적으로 불균등 발전을 심화하게 된다. 그런 점에서 공공정책은 공간적 불평등을 낳는다. "혁신 체계는 … 시간이 지나면서 불균등 지리를 생산 및 재생산하는 핵심 부분으로 기능한다."라고 아셰임과 거틀러(Asheim and Gertler 2006, p.291)는 썼다. 영국에서의 산업혁명에서부터 기술혁신은 이런 일을 전과 같이 지속해 왔다. 더욱이 이것은 혁신이 일어나는 지역 내에서도 발생한다. 예를 들어, 실리콘밸리 내에서도 불균등 발전이 있다. 첨단기술 노동자의 수입은 주택 가격과 임대료를 상승시켰고, 저소득 거주자들은 거기서 밀려나고 있다. 심지어 버스 정류장들도 첨단기술 노동자를 태워 샌프란시스코에서

경제지리학

실리콘밸리로 매일 실어 나르는 '구글 버스'에 의해 침탈되었다(Solnit 2014). 물론 더 심한 불균등 발전은 실리콘밸리와 그곳 밖의 다른 지역, 즉 기존 산업의 동력이었던 디트로이트, 클리블랜드, 버펄로와 같이 지금은 그림자가 드리운 도시들과의 사이에서 존재한다. 거기는 유니콘이 없다. 슘페터는 주요 혁신을 가져온다는 창조적 파괴에서 이들의 파괴 부분에는 전혀 관심이 없다. 그가 경제학자가 아닌 경제지리학자였다면, 불균등 발전의 지리에 대해 좀 더 민감하거나 적어도 덜 둔감하였을 것이라는 희망을 우리는 가질 수 있을 것이다.

12.4 결론

기술의 성공에 빠져 그것을 물신화하기가 쉽다. 여기서 물신화한다는 것은 관련된 배후의 사회적·경제지리적 과정에 수반되는 것들을 제쳐두고 대상 자체만을 바라보는 것을 뜻한다. 사람들은 아이폰, 드롭박스, 에어비엔비 예약, 테슬라 모델 S 등 기술의 산물과 사랑에 빠질 수 있다. 그것은 마치 이런 기술 산물들이 천국에서 완전히 만들어져 강림한 것처럼 보는 것이다.

　이 장에서는 그것이 그렇지 않다는 것을 보여 주었다. 기술은 완전히 형성되어 내려오는 것이 아니라, 늘 다양한 기초과정들, 물질적 및 비물질적이면서 경제지리를 포함하는 과정으로부터 불확실하게 등장한다. 18세기 영국에서의 산업기술의 첫 징후에서부터 그러하였다. 애덤 스미스의 분업에 대한 사고(그림 12.2)의 기초에서 본 바와 같은 미시적 경제지리학도 있고, 도시에 중심을 둔 보다 큰 거시적 경제지리학도 있다. 산업기술이 전개된 곳과 신기술 혁신이 시작된 곳은 모두 압도적으로 도시였다. 기술변화를 추동하고 촉발하는 그런 도시 공간에는 우리가 밝히려고 시도하였던 특별한 경제지리가 존재한다.

또 다른 이슈도 있다. 기술은 분명 대단한 것이다. 슘페터가 명료화한 창조와 파괴는 양날의 검이다. 경제지리의 첨단기술 관련 연구의 다수는 파괴보다는 창조 쪽에 관심을 두었다. 때로는 그것이 대상 자체에 너무 몰입하여 물신화하는 경향이 있다. 그러나 창조와 파괴 모두에 작동하는 프로세스 전체에 관심을 가짐으로써 균형을 다시 잡을 필요가 있다. 즉 비판적이 될 때이다.

주

1. 마르크스가 책을 쓰던 1867년과 2017년 사이의 영국의 인플레를 감안하면, 주 90시간에 대한 17.5펜스는 오늘날 가치로 시간당 19.08파운드 또는 21펜스이다(약 28,000원 −역주).
2. https://www.youtube.com/watch?v=FGoQoCm0EWI (2017. 7. 6. 접속함)
3. 누미(NUMMI)는 New United Motor Manufacturing, Inc.의 약자이다. GM과 도요타가 공동으로 소유한 자동차 회사이다.
4. 그들 자신의 목소리로 들으려면 다음을 참조. https://www.thisamericanlife.org/radio-archives/episode/561/nummi−2015 (2017. 7. 6. 접속함)
5. 이 인용문은 업데이트된 This American Life 라디오 에피소드의 NUMMI 2015에 관한 대본에서 얻은 것이다. https://www.thisamericanlife.org/raio−archives/episode/561//transcript (2017. 7. 6. 접속함)
6. 주 5 참조.

참고문헌

Asheim, B. T. 2000. Industrial Districts: The Contributions of Marshall and Beyond. In G. Clark, M. Feldman, and M. Gertler (eds), *The Oxford Handbook of Economic Geography*. Oxford: Oxford University Press, pp.413-431.

Asheim, B. T., and Gertler, M. S. 2006. The Geography of Innovation: Regional Innovation Systems. In J. Fagerberg and D. C. Mowery (eds), *The Oxford Handbook of Innovation*. Oxford: Oxford University Press, pp.291-317.

Bathelt, H., Malmberg, A., and Maskell, P. 2004. Clusters and Knowledge: Local Buzz, Global Pipelines and the Process of Knowledge Creation. *Progress in Human Geography* 28: 31-56.

Benjamin, W. 1940. On the Concept of History, Thesis IX. https://www.marxists.org reference/archive/benjamin/l 940/history.htm (accessed June 29, 2017)

F1orida, R. 2002a. The Economic Geography of Talent. *Annals of the Association of Amer-*

ican Geographers 92: 743-755.

Florida, R. 2002b. *The Rise of the Creative Class*. New York: Basic Books.

Gertler, M. S. 2003. Tacit Knowledge and the Economic Geography of Context, or the Undefinable Tacitness of Being (There). *Journal of Economic Geography* 3: 75-99.

Lundvall, B-Å. 1988. Innovation as an Interactive Process: From User-Producer Interaction to the National System of Innovation. In G. Dosi, C. Freeman, G. Silverberg, and L. Soete (eds), *Technical Change and Economic Theory*. London: Pinter, pp. 349-369.

Markusen, A., Hall, P., Campbell, 5., and Deitrick, S. 1991. *The Rise of the Gunbelt: The Military Remapping of Industrial America*. Toronto: Oxford University Press.

Marx, K., and Engels, F. 1969 [1848]. Manifesto of the Communist Party. Translated into English by Samuel Moore in cooperation with Frederick Engels. https://www. marxisits.org/archive/marx/works/download/pdf/Manifesto.pdf (accessed June 29, 2017).

Marx, K. 2010 [1867]. *Capital: A Critique of Political Economy*, Volume 1. Translated into English by Samuel Moore and Edward Aveling, edited by Frederick Engels. https:// www. marxisits.org/archive/marx/works/download/pdf/Capital-Volume-I.pdf (accessed June 29, 2017).

Saxenian, A. 1996. *Regional Advantage: Culture and Competition in Silicon Valley and Route 128*. Cambridge. MA; Harvard University Press.

Saxenian, A. 2006. *The New Argonauts: Regional Advantage in a Global Economy*. Cambridge, MA: Harvard University Press.

Schoenberger. E. 2015. *Nature, Choice and Social Power*. New York: Routledge.

Schumpeter, J. A. l942. *Capitalism Socialism and Democracy*. London: Routledge. Kegan & Paul.

Scott, A. J. 2008. Resurgent Metropolis: Economy, Society and Urbanization in an Interconnected World. *International Journal of Urban and Regional Research* 32: 548-562.

Scott, A. J., and Storper, M. 2015. The Nature of Cities: The Scope and Limits of Urban Theory. *International Journal of Urban and Regional Research* 39: 1-15.

Smith, A. 1977 [1776]. *An Inquiry into the Nature and Cause of the Wealth of Nations*. Chicago: University of Chicago Press.

Solnit, R. 2014. Diary: Get Off the Bus. *London Review of Books* 36: 35-36.

Storper, M., and Walker, R. 1989. *The Capitalist Imperative Territory, Technology and Growth*. Blackwell: Oxford.

Williams, R. 1979. *Keywords: A Vocabulary of Culture and Society*. Oxford: Oxford University Press.

결론

13.1 경제지리학의 범위

엘리엇(T. S. Eliot 1943)은 유명한 그의 시 『4개의 4중주(The Four Quartets)』 중 하나인 '불타 버린 노턴(Burnt Norton)'에서, "인간은/아주 현실적인 것을 감당할 수 없다."[1]라고 썼다. 그러나 경제지리학은 그렇지 않다. 우리가 경제지리학에 빠져드는 이유의 하나는, 경제지리학이 환경, 경제, 정치, 사회, 문화, 역사, 물론 지리까지 현실의 크고 다양한 방출물을 스펀지 같이 닦아 내는 능력을 가졌기 때문이다. 어느 것에도 경제지리학은 당황하지 않는다. 경제지리학은 소매를 걷어붙이고 일하러 가서 거기에 무엇이 있든 물을 적시고 일을 한다. '인류'와 달리 경제지리학은 아주 현실적인 것을 감당할 수 있다. 이 책을 통해 우리는 그것을 보여 주었다. 그것이 우리가 당신이 경제지리학의 마니아가 되기를 바라는 이유의 하나이다.

우리 중 한 사람인 반스(Barnes)의 강의에서 그러한 폭넓음이 잘 드러난 바 있다. 그가 3년 전 브리티시컬럼비아 대학교(UBC)에서 경제지리학 학부과정을 가르쳤을 때(2016년 가을학기)였다. 어떤 학기였나? 그 13주 동안 현실이 강좌에 몰아쳤다. 그것은 멈추지 않는 논의의 홍수였다. 그것이 무엇이든, 경제지리학은 극복할 준비가 되어 있었다. 현실의 의미를 알 수 없어 절망밖에 없을 때조차 그것을 이해하는 데 도움을 주는 경제지리학적 시각이 언제나 있었고, 해석이 있었고, 독해가 있었다.

반스는 한주에 두 번, 1시간 20분을 그날의 경제신문 기사로 이야기를 시작하였다. 주로 캐나다의 전국 신문인 *Globe & Mail's Report on Business* 혹은 *National Post's Financial Post* 중 하나였다. 경제학자 존 메이너드 케인스(John Maynard Keynes)는 경제학을 연습하는 데 필요한 것은 『타임스(The Times)』한 부와 앨프리드 마셜(Alfred Marshall 2013[1890])의 『경제학원리(Principle of Economics)』를 손에 쥐는 것으로 족하다고 말하기도 하였다. 반스는 학생들에게 이렇게 말했다. 경제지리학을 공부하는 데 필요한 것은 신문의 경제면과 (미래에는 이 책도 포함되겠지만! UBC 서점에서 구할 수 있는 반스의 교과목 도서 묶음에 있는) 경제지리학자들의 논문 선집을 읽는 것으로 충분하다.

강좌에서 다루어질 현실은 강의가 공식적으로 시작되기 전, 9월 첫 주 노동절 다음날*부터 나타나기 시작하였다. 그때 이미 두 달 전인데도 영국에서 브렉시트(Brexit) 결정의 전조가 있었다. 그 이야기는 경제지리학을 잉태하고 있었다. 영국이 이미 43년 만에 이탈하고자 하였던 유럽연합(EU)은 무엇보다도 경제지리적 프로젝트였다. EU의 최초 설계자들은 의식적으로 그 시작 처음부터 새로운 공간경제 구성을 구축하려고 시도하였다. 그것은 1951년 6개국의 유럽철강공동체(European Iron and Steel Community)로 시작하였다. 나중에 유럽경제공동체[European Economic Community, EEC: '공동시장(The Common Market)']가 되었고, 지금의 EU(28국)가 되었다. 각 단계마다 새로운

---

* 역주: 북아메리카 지역에서는 노동절(Labor Day)이 5월이 아닌 9월 첫 주말에 뒤이은 월요일이다.

멤버와 새로운 목표 때문에 전에 없이 신선한 경제지리적 연결이 만들어졌다. 새로운 경제지도도 계속 만들어지고 있다. 논리적으로 그것을 이해하기 위해서는 경제지리학적 감수성이 필요하다. 마찬가지로 오늘날 영국 총리 테리사 메이(Theresa May)의 '전면 탈퇴(hard exit)'[*] 전략의 결과를 평가하려면, 동일한 경제지리학적 감수성이 요구된다.[■2] 이제 문제는 영국이 유럽에서 이탈하고 분리되는 것의 영향에 관한 것이다. 오랫동안 지속된 유럽의 경제지리적 연계를 끊은 나라의 결과는 어떤 것일까? 누가 영국과 무역을 할 것인가? 영국이 유럽을 떠나면 금융 중심지로서의 런던에는 어떤 일이 일어날 것인가(제9장 참조). 유럽의 금융센터는 프랑크푸르트가 될 것인가, 아니면 파리나 암스테르담이 될 것인가? 영국으로 이주해 온 85만 명의 폴란드인은 어디로 갈 것인가? 영국의 불균등 발전의 패턴은 '저개발 지역'인 콘월과 사우스웨일스에 대한 EU의 지원 없이 얼마나 악화될 것인가? 요점은 이것이다. 경제지리적으로 생각하지 않고서 브렉시트의 영향을 고려할 수 없다. 경제지리가 영국이 최초로 서명하고 실천하였던 유럽과의 합의 속에 얽혀 있다. 그렇기 때문에 영국의 철수 결과를 분석하려면 경제지리학이 필요하다. 다행히 테리사 메이는 옥스퍼드 대학교에서 지리학을 공부하였다. 우리는 그녀가 다소간의 경제지리학을 공부하였기를 희망한다.

브렉시트는 수업 첫날의 이야기였다. 강의가 계속되면서 다른 경제지리 이야기도 있었다. 학기를 계속하면서 저유가의 경제지리적 효과에 관한 이야기도 있었다. 저유가는 캐나다의 원유 생산 지역인 앨버타에는 재앙적이다. 앨버타는 고비용인 '더러운 석유(dirty oil)'를 타르 모래에서 추출하는 것으로 특

---

* 역주: 전면 탈퇴는 영국이 EU를 떠나는 것뿐만 아니라, EU의 단일시장(EU 국가가 아니면서도 EU 단일시장에 속하는 국가들이 있다)의 관세동맹(EU 국가가 아니면서도 관세동맹을 맺고 있는 국가들도 있다)으로부터도 탈퇴하는 것을 의미한다. 이 경우 영국은 이상적으로는 EU와 자유무역협정을 체결하는 것이지만, 그것이 쉬운 일은 아니다.

화된 곳이다. 유가가 낮아져 앨버타 정부의 2016년 연간 손실은 110억 달러에 달하고, 실업률은 8.5%에 이르렀다. 사우디아라비아는 원유 생산을 늘려 낮은 유가에 어느 정도 대응하였지만, 저유가는 사우디아라비아에도 좋지 않았다. 앨버타와 마찬가지로 사우디아라비아 역시 거대한 공공적자를 기록하였다. 이상하게도 미국 노스다코타, 콜로라도, 텍사스 같은 곳의 오일셰일(oil shale) 채굴업자에게는 그렇게 나쁘지 않았다. 그들은 그들의 경제지리적 성공에 베팅한 미국 금융업자들의 지원에 힘입어 생존할 뿐 아니라 잘나갔다. 게다가 실리콘밸리에는 다소 이상한 경제지리적 현상이 있었다(제12장). 애플은 2016년 9월 아이폰7을 출시하였는데, 기술전문가들은 아무도 아이폰 7을 사지 않을 것이라고 말했지만 빠르게 팔렸고, 그 제조사(세계 3위) 중국 선전의 폭스콘(제1장과 제10장)은 배송을 감당하기 어려울 정도였다. GM보다 액면가치가 높은, 다른 실리콘밸리 기업 우버(Uber)는 오토(Otto)에 보조금을 지원해 버드와이저 맥주를 가득 실은 트럭이 운전자 없이 포트콜린스에서 콜로라도스프링스까지 약 200km 거리를 운전하게 하는 실험을 수행하였다. 운전자 없는 트럭으로 가득한 도로와 현재 미국에서 돌아다니는 340만 트럭 운선사들이 일자리를 잃는 것이 갖는 경제지리적 결과는 놀랍고도 무섭다. 가을 학기에는 쇼핑의 경제지리를 바꾸어 버린 소매업 전쟁의 시작에 관한 이야기도 있었다. 아마존(Amazon)은 온라인 당일 배송 식료·잡화점 서비스를 18개 도시로 확대하여 월마트(Walmart)가 지배하던 1조 달러 규모의 미국 식료·잡화점 업계에서 한몫을 차지하려 하였다. 월마트는 기존의 온라인 사업을 증강하는 것으로 대응하였다. 잠재적 결과는 우리가 알던 오프라인 슈퍼마켓들의 소멸이다. ■3 마지막으로, 반스가 가르치고 있는 밴쿠버에서 진행되는 경제지리적 전쟁에 관한 이야기도 있었다. 그것은 캐나다의 오일 파이프라인에 관한 것이었다. 앨버타의 타르 모래에서 주출한 오일을 더 넓이 팔려면 니 많은 파이프라인이 필요한데, 특히 캐나다 서해안으로 접근해 아시아 시장으로 더 높은 가격에 팔아야 한다. 그러나 서해안 사람들은 대부분 파이프라인이 자기 뒷마당에 오는 것도 원하지 않고, 그 결과로 생기는 해안에 석유 운반선이 많아지는 것도 원하지 않는다. 많은 원주민들은 자신들의 영역에 파이프라인이 통과하는 것을 원하지 않는다. 환경주의자들은 400개의 유조선이 해마다 밴쿠버 항구에 오가게 되면, 엑슨발데즈(Exxon Valdez)급 원유 유출 사고가 브리티시컬럼비아 해안에 발생할 것이라고 예상한다. 캐나다 서해안을 따라 이동하고 번식하는 태평양 고래들은 더 이상의 유조선을 원하지 않으며, 엔진 소리와 프로펠러 소음이 더 커지는 것에 죽을 만큼 민감하다. 고래에게도 경제지리는 있다.

더 큰 요점은 이것이다. 당신이 찾는 것을 당신이 알고 있고, 옳은 종류의 비판적 개념 도구를 손에 가지고 있다면, 경제지리적 이야기에서 배우고 그것을 분석하는 것은 큰일이 아니라는 것이다. 경제지리학은 숨겨져 있지 않고, 보통은 평이하게 잘 드러나 있다. 그 모든 사례가 13주 동안 만에 논의될 수 있을 정도로 그러하다. 우리는 이 책이 당신이 찾는 것을 보여 주고, 올바른 개념 도구를 당신에게 제공하였으면 좋겠다. 그럼으로써 경제지리학과 그것의 중요성이 당신을 대면하게 될 것이다.

한 가지 더 이야기해 줄 사례가 있다. 그것은 13주 동안이 아니라 1년짜리, 아마도 몇 년짜리 큰 이야기이다. 2016년 11월 8일, 도널드 트럼프가 민주당 후보 힐러리 클린턴을 제치고 미국 대통령에 당선되었다. 이 사건의 많은 것은 경제지리적 분석을 기다리고 있다. 트럼프의 선거 전략은 브렉시트 결정과 같이 대부분 실패한 경제지리적 관계에 기반하고 있었다. 미국의 다양한 무역 정책이 기존에 추구하였던, 또는 적어도 동의를 구하였던 관계들에 의존하였다. 캐나다 및 멕시코와의 1994년 북미자유무역협정(NAFTA)이 가장 대표적이다. 트럼프는 이 협정이 나쁜 경제지리를 산출하기 때문에 폐기해야 한다고 말했다. 그가 보기에, 많은 미국 제조업 일자리가 그 결과로 멕시코로 이동하였다. 대신에 트럼프는 지구화의 경제지리를 되돌려 해외로 나갔던, 특히 NAFTA 때문에 멕시코로 나갔던, 혹은 아시아 특히 중국으로 나갔던 일자리를 미국으로 돌아오도록 하겠다고 약속하였다. 중국에서 오는 제품에는 수입관세를 15% 매겨 해외 발주를 줄이겠다고 선언하였다. 그가 약속한 것은 근본적으로 다른 경제지리였다. 그의 전략은 구(舊)경제지리가 쇠퇴함으로써, 그리고 글로벌 무역으로 표현된 현재의 경제지리의 등장에 의해 가장 불리한 영향을 받은 것으로 보이는 사람들을 움직였다(영국에서 브렉시트에 대한 투표 사례와 같이. Lanchester 2016; Sharma 2016; 제1장과 제8장 참조).

그 결과는 그림 13.1로 나타났다. 2016년 11월 대통령선거에서 트럼프 지지가 다수인 카운티와 클린턴 지지가 다수인 카운티를 표현한 지도이다. 힐러리 클린턴을 지지하는 투표의 지도는 다양한 크기의 일련의 '섬'들로 구성되어 있다. 주로 동부와 서부 해안에 그리고 남서 해안에 분포하면서, 서부와 중심부(산악 지대와 평야 지대의 주)에서는 거의 사라지고 없으며, 더욱 중요한 것은 중서부와 동부 해안의 서쪽 부분(뉴욕, 펜실베이니아 같은)에는 매우 작고 흩어져 있다는 것이다. 반면에 트럼프를 지지하는 투표의 지도는 (힐러리 클린턴 지지 투표 지도의 섬에 대한 거울과도 같이) 거의 굳건한 육지로 표현되어 있고, 소수의 '호수 크기의 구멍들'로 이루어져 있다. 트럼프가 이긴 곳(힐러리 클린턴이 진 곳)은 경제지리적으로 중서부와 동부 해안 주의 서부와 관련되어 있다. 클린턴 지지를 표시하는 '호수 크기의 구멍들'은 작아서 트럼프가 이기는 데 지장이 없었다. 달리 표현하자면, 클린턴의 섬들은 그녀가 지지 않을 만큼 충분히 많거나 크지 않았다. 특히 트럼프의 승리를 지지하는 경제지리는 이전의 미국 산업의 중심지인 제조업 지대로서(제1장 참조) 산업 및 도시적으로 쇠퇴하는 지역이었다.[4] 그런 지역이 너무 많이 트럼프의 '육지'가 되었고, 클린턴이 이기도록 하였을 수 있는 '호수 크기의 구멍들'은 충분하지 못했다. 그것은 디트로이트, 클리블랜드, 버펄로의 인구 감소의 경제지리, 즉 불균등 발전이었

힐러리 클린턴의 미국

도널드 트럼프의 미국

그림 13.1 2016년 11월 미국 대통령선거에서 클린턴과 트럼프가 각각 다수표를 얻은 카운티 지도
(Dillon Mahmoudi와 David O'Sullivan이 작성)

다. 닐 스미스(Neil Smith 1984)가 말한 자본의 시소이며, 데이비드 하비(David
Harvey 1982)의 축적의 위기이다(제3장과 제8장).

트럼프의 승리와 브렉시트 결정, 그리고 그것을 양성한 것으로 나타난 사

경제지리학

회경제적 분열과 정치적 소외에 모두 작용한 경제지리 이외의 요인들도 있었다. 『파이낸셜타임스(Financial Times)』의 경제 해설자인 마틴 샌드부(Martin Sandbu 2016a)는 미국 백인 노동계급 유권자들의 분노에 특히 주목하였다. "무역만이 아니라 기술, 분배 규범, 복지정책 등 4대 악재가 미국 백인 노동계급의 경제적 안정성을 위협해 왔다. 그것들이 개인과 공동체의 보건, 정신적 안녕, 사회적 지위의 악화로 이어졌다." 그렇지 않았다면 트럼프와 브렉시트 지지자들의 인종주의와 지나친 편견 등은 무시되었을 수 있다. 그러나 경제지리적 요인들은 핵심적인 영향력을 갖는다. 지난 30여 년간 진행된 변화는 선진국의 노동계급 산업노동자에게 커다란 영향을 미쳤고, 미국 구(舊)공업지대와 영국의 북부 및 중부 산업지역 노동자들에게 특히 중대한 문제였다(제1장과 제8장). 이러한 변화에서 지구화는 무엇보다도 특정 사회계급 및 경제지리 지역들에 심각한 좌절과 분노를 일으켜 왔다. 최근 미국 대통령선거에서 다른 공화당 후보들과 비교해 트럼프는 멕시코로, 특히 중국으로 잃어버렸던 장소들에 최선을 다했다(Cerrato, Ruggieri, and Ferrara 2016). 샌드부(Sandbu 2016a)가 말한 것처럼, "무역은 단지 하나의 원인에 불과할지 모르지만, 그것은 이해할 수 있는 분노의 핵심이다." 그럼에도 트럼프의 승리와 브렉시트는 불가피한 것이 아니었다. 결합된 환경들이 조정되어야 했다. 그것은 2016년 여름과 가을 어간이었던 것이 분명하다. 그러한 결합적 환경들에서 핵심 요소는 경제지리였다고 우리는 본다. 너무 많은 현실을 감당해야 해서 토론이 어려울 수도 있지만, 경제지리가 중요하다는 것은 의심할 여지가 없다. 반스의 강좌에서는 브렉시트와 미국 대통령선거와 같이 언뜻 보기에 경제지리학과 직접 관련이 없어 보이지만, (경제지리와) 밀접하게 연관되고 (감춘 것을) 드러내는 주제들이 토론되었다. 경제지리학은 현실 문제를 다룬다. 경제지리학이 학술적이기만 하지는 않다는 것이다. 그래서 우리는 경제지리학을 손경하고 여러분도 그렇게 되기를 희망한다.

13.2 경제지리학의 희망

이 책의 목적 중 하나로 이어지는 또 다른 이유가 있다. 그것은 비판적 관점을 제공하는 경제지리학의 잠재력이다. 우리는 이 책에 **경제지리학**이라는 주제 목 외에, **비판적 개론**이라는 부제목을 붙였다.

비판적이 되는 데 있어 우리의 관심은 주로 하나의 학문 분야로서의 경제지리학의 내적 작동에 관한 작업이다. 그러한 맥락에서 우리는 두 가지 형태의 '비판적이기(being critical)'를 알고 있다(제1장). 첫째, 비판적이라는 것은 다음을 늘 의식해야 함을 의미한다. 즉 해당 학문 분야에 자연적이라거나 그냥 주어진 것은 없다. "태초에 경제지리학이 있었다."라는 것은 결코 없다. 이 책 제1부에서 여러 가지로 논증한 바와 같이, 경제지리학은 구성되었고 구성되는 실체이다. 일련의 상황에 따른 사회적, 정치적, 문화적, 역사적, 지리적 힘들의 산물이다. 경제지리학이 산출하는 지식은 순수하게 무장소적이거나 시간과 상관없는 합리성으로 정제된 것이 아니라, 오히려 로컬한 지식이다. 결국 그것은 늘 어딘가에서, 그들의 지식을 주장하는 권력을 가진 그 누군가로부터 온 지식이다. 전술한 바와 같이, 경제지리학 지식을 만드는 일에는 많은 물질적 및 비물질적 자원과 사회적 배후가 있다. 첫 번째 의미에서 비판적이 되는 것은 경제지리학 지식을 액면가치 그대로 보지 말고, 그 지식의 구성적 성격을 늘 염두에 두어야 한다는 것이다. 묻고, 지적하고, 논박하며 늘 문제를 제기해야 한다. 그렇게 하면 인기가 없어질 것이다. 언급된 것을 무비판적으로 받아들이는 것은 쉽다. 그러나 받아들이지 않으면, 당신은 이견을 가진 사람, 못마땅한 잔소리꾼, 불편한 사람으로 알려지게 된다. 왜 너는 들은 것을 받아들일 수 없는 거니? 경제지리의 외양이 나타난 전면의 무대 뒤에 도사리고 있는 물질적 더러움과 사회적 불균등을 보여 줌으로써, 우리는 당신이 들은 바를 단순히 받아들이기만 하지 않게 되기를(심지어 우리가 말한 것이라 해도) 희망한다. 당신은 욕쟁이가 될 것이며, 비판적이 될 것이다.

둘째, 비판적이라는 것은 당신의 관점에서 어떤 연구에 대해서도 비판을 두려워하지 않는 자세를 취하고 저항하는 것을 의미한다. 우리가 강조하였듯이, 이것은 다른 관점 전체의 매도를 의미하지 않는다. 비판은 부정만 하는 것이 아니다. 제1장에서 인용하였던 웬디 브라운(Wendy Brown 2005)에 의하면, 비판은 어떤 대상을 자신의 관점 안에 넣어서 그것을 다른 조명으로 바라보는, 일종의 손실 회복이다. 경제지리학의 경우에는, 하나의 대상으로서의 경제(특히 제2장 참조)를 회복하는 데 가장 관심이 있다. 그것이 우리 비판의 초점이다. **우리의 관점에서 볼 때**, 경제는 표준 경제학에서 묘사하는 것과 달리, 불변의 인간 합리성에서 도출되는 일련의 내부의 법칙과 같은 구조들에 의해 자동적으로 규율되는 다소 닫히고 밀폐된 순수 대상이 아니다. 오히려 우리의 회복된 관점에서 경제는 개방되고, 비경제적인 것—사회적, 정치적, 문화적, 역사적, 특히 지리적인 것—들이 진흙처럼 발라지고, 권력, 자원, 지위를 둘러싼 불평등과 차이와 같은 다양한 종류들이 관련된 것이다. 우리가 경제를 이러한 형태로 회복하면, 그것이 경제지리학 내에서 평가를 하고 비판을 수행하는 기초가 된다. 이렇게 회복된 경제 개념이 주어지면, 경제지리학자들이 수행한 다양한 작업은 어떻게 될 것인가? 그것들은 그 개념과 양립할까? 그것들은 새롭고 창의적인 해석을 제공하고 발전을 이룰 것인가? 아니면 더 이상 발전하지 못할 것인가? 아니면 데이비드 하비(David Harvey 1972)의 말처럼 그것들은 '반혁명'적일 것인가?(제5장) 그것들은 우리를 후퇴시켜 '지리경제학(Geographical Economics)'과 같은(제2장), 회복 이전의 경제 개념으로 되돌릴 것인가?

이 마지막은 특히 시간의 문제이다. 브렉시트와 트럼프 사태에서 널리 명백해진 경제지리의 중요성과 더불어, 주류경제학자들이 갑자기 지리를 '발견'하였다고 한다. 예를 들어, 『파이낸셜타임스』에서 샌느부(Sandbu 2016b)(보봉은 훌륭한데)는 자신의 동료 경제학 편집자인 크리스 가일(Chris Gile 2016)이 "지리가 문제다(geography matters)"라고 선언한 것을 인용하며, 그것을 "장소의 지리"라고 불렀다. 우리와 같은 경제지리학자들이 그런 뒷북치는 인식을 한심해하는 일은 쉽다. "내가 말했었잖아."라고 외치는 것도 쉽다. 정치인이나 정책가들은 말할 것도 없고 신문이나 잡지의 많은 독자들에게, "지리학이 중요하다"라는 생각은 의심할 바 없이 '우리'(지리학자들)가 수십 년간 말해 온 것을 '그들'(경제학자들, 모델 기반인 진실을 갖고 있다고 여겨지는)이 말하는 지금에만 받아들여질 것이라는 사실 때문에 화가 나는 것도 쉬운 일이다. "지리학은 중요하다!"는 무엇보다 영국 지리학자 도린 매시와 존 앨런(Massey and Allen 1984)이 공저한 1984년의 훌륭한 저서의 표제 구호였다. 경제학에 지리학이 중요하다는 것은 뉴스가 아니다. 더욱이 지리를 '발견'하고 있다면서 경제학자들이 수십 년간의 관련 경제지리학 연구를 무시하고—폴 크루그먼(Paul Krugman)과 다른 선구적 '지리경제학자'들이 한 것과 같이(제4장), 에드워드 글레이저(Edward Glaeser)가 『도시의 승리(Triumph of the City)』(제10장)에서 한 것과 같이—그 '발견'이 정말로 그들의 것인 양하는 것을 우려하는 것은 또한 쉬운 일이다. 그럴 것이 아니라, 분석적으로(감정적이 아니라) 비판적이 되어야 한다. 그것은 이렇게 묻는 것이다. 그것들이 제기하는 경제학이 무슨 종류의 것인가? 마찬가지로 무슨 종류의 지리인가? 샌드부(Sandbu 2016a)의 고백처럼, "경제전문가와 정치 엘리트"들이 최근까지 경제지리에 대해서만이 아니라 더 중요하게도 "무역이 탈산업화와 사회적 배제, 불평등 증가를 유발하는지 여부"에 대해서도 왜 "무심한" 태도를 보였는가 하는 것도 물어야 한다. 샌드부는 그것에 대해, "20세기가 저물 무렵에는 자유무역이 공정, 번영, 정치적 화해와 전적으로 자연스럽게 결합되었다."라고 변명하였다. 그러나 전혀 "전적으로 자연스럽지" 않았다. "전적으로 자연스러운" 척 생각하기만 하면 비판적이지 못한 사고이다. 그것은 이데올로기이다. 그것은 그저 '상식'이라고 가장하는 은폐 이론이며, 비판으로서의 이론(제5장)이 끊임없이 추궁해야 하는 것이다.

물론 이 모든 것은 **우리의** 관점에서 **우리의** 비판이다. 당신도 반드시 공유해야 한다고 우리는 생각하지 않는다. 요점은 (그것이 무엇이든) 당신의 관점이 명료해지는 것이다. 그리고 그것으로 판단하고, 평가하고, 읽은 것을 경제지리학의 이름으로 숙려하는 것이다. 당신이 이렇게 하기를, 그리고 이 책에 대해서도 비판하기를 우리는 희망한다.

그래서 경제지리학 내에서, 그리고 경제지리학을 둘러싸고 비판적이 되는 것이다. 우리가 배제하고 싶지 않은 방식으로 비판적이 되는 방법도 있다. 그것은 우리가 명시적으로 논의하지 않은 것인데, 이 책의 목적과 직접적으로 닿지 않아서이다. 그럼에도 그것은 매우 중요하다.

우리가 깊이 논의하지 않았던 방식으로 비판적이 되는 명백한 방식은 경제지리학을 사용하여 세계의 다양한 부정의, 불공정, 억압, 권력남용, 편견을 고발하고 비판하는 것이다. 우리가 검토한 많은 연구들, 특히 제2부(제8~12장)에서 다룬 연구들이 이러한 목표를 가졌다. 이들 연구는 글로벌 불균등 발전의 불공정을 고발하고 비판하는 것에서부터(제8장), 런던 같은 국제도시가 글로벌 인재들을 유치하고 새로운 도시 제국주의를 구축하는 것이 갖는 파괴적 영향을 드러내며(제10장), 노동의 역사 과정에서 특정 개인의 억압을 폭로하는 것까지(제4장 Linda McDowell의 프로젝트) 모든 스케일을 아우르고 있다.

여기서 비판적이라는 것이 대부분 말로 하는 것임을 주목해야 한다. 분명히 말해서, 비판은 책이나 논문과 같은 학술적 출판, 또는 학생 대상 경연이나 세미나의 발언, 블로그 글쓰기나 웹 기반 토론장의 참여, 사회운동, 노조, 지역조직의 발언을 통한 연대, 또는 행진에서 "세계를 바꾸는 노래"[5]를 불러 저항하는 것에서 이루어진다. 엘리엇(T. S. Eliot)의 『4개의 4중주』의 「이스트 코커(East Coker)」중에 "말은 불명료한 공격이다."라는 또 나는 유능한 행이 있다. 우리는 말이 부정의, 억압, 권력, 편견에 대한 하나의 공격일 수 있다고 믿는다. 그것이 항상 그렇게 분명한 것은 아니다. 칼이 붓보다 더 센 것 같기도 하다. 중요한 것은 '단순한' 말이 아니라 행동이다. 데이비드 하비나 도린 매시, 아니면 린다 맥도웰의 말조차도 충분하지 않을 수 있다. 그러나 우리는 그렇지 않다고 믿는다. 말에는 실행력이 있다. 사실 말은 일을 성사시킨다. 실제로 말은 사물이 행동하도록 하는 것을 종종 의미하기도 한다. 고 크리스토퍼 히친스(Christopher Hitchens 2000, p.xiv)는 모든 이의 쇠파리이자 욕쟁이였는데, "붓은 할 수 있지만 칼이 못하는 것이 있다. 모든 탱크는 결정적인 흠이 있다고 브레히트(Brecht)는 말한다. 운전자가 있어야 한다는 것이다. 운전자가 좋은 것을 읽거나 혹은 건전한 노래나 시를 외우고 있다고 생각해 보자…."라고 썼다. 이런 점에서 셸리(Shelly)와 마찬가지로 히친스는 "시는 세계의 알려지지 않은 입법자"라고 믿는다(Hichens 2000, p.xiii).

우리는 그렇게까지 멀리 가지 않는다. 경제지리학자가 세계의 알려지지 않은 입법자라고 주장하지는 않을 것이다. 그러나 경제지리학자들은 중요한 순간을 맞이하고 있고, 자신들의 말로 좋은 또는 나쁜 물질적 영향을 산출하고 있다. 그들의 글은 결코 중립적이지 않다. 그들은 단지 세계를 기술할 뿐만 아니라, 세계를 다시 만들도록 돕고 있다. 결국 세계에 살아가는 사람들로서 우리는 비판적이 될, 즉 옳다고 생각되면 칭찬하고 지지하며, 그렇지 않으면 반대하고 비판할 권리와 책임을 갖는다. 더욱이 차이를 만드는 경제지리학자들의 글과 말은 항상 크거나 명백할 필요는 없다. 우리가 가장 좋아하는 인용문 중 하나는 미국 문학비평가 프랭크 렌트리키아(Frank Lentricchia 1983, p.10)의 것이다. "헤게모니 싸움은 때로는 단과대학과 대학교에서 (분명히 연쇄적으로) 일어난다. 서사시의 영웅도 없고, 영웅적 행위도 없이, 극적이진 않지만 영역을 두고 싸우고, 간혹 발자크(Balzac)의 조그만 글을 가지고 싸운다." 마찬가지로 경제지리학에서 비판적 작업이 중요한 비판이기 위해 영웅적일 필요는 없다.

비판적이 되는 것에 관해 요점이 하나 더 있다. 비판적 경제지리학은 현재의 억압을 폭로하고 설명하는 일만 해서는 안 된다. 미래의 세계를 개선하는 노력도 해야 한다. 그것은 예견되는 유토피아에 대한 추구이다. 경제지리학자 아우구스트 뢰슈(August Lösch 1954[1940], p.4)의 문구를 사용하면, 과업은 "우리의 초라한 현실을 설명하는 것이 아니라 그것을 개선하는 것"이다. 뢰슈에게 이것은 일련의 복잡한 방정식과 기하학(공간과학, 제3장과 제4장)을 사용하는 것을 뜻하였다. 오늘날의 비판적 경제지리학자들에게 이것이 선호되는 양식은 아니지만, 하나의 양식일 수 있다. 중요한 것은(적어도 우리에게) 비판이란 더 나은 세계는 어떤 것이어야 하는가에 대한 생각으로부터 향도되어야 한다는 것이다. 비판이론은 세계와 그것에 속하는 우리의 장소를 재구성하는 상상력을 포함해야 한다. 즉 그것은 더 나은 종류의 경제지리학을 예고한다. 데이비드 하비(David Harvey 2000, 제8장)가 주장한 바와 같이, 지상에서 실현된 대부분의 유토피아 프로젝트들은 그 반대말인 디스토피아(distopia)가 된다. 20세기 프랑스계 스위스인 건축가인 르 코르뷔지에(Le Corbusier)의 '삶을 위한 기계들(Machines for living)'은 리버풀의 '양돈장'이 되었다. 19세기 미국 경관건축가 프레더릭 로 옴스테드(Frederick Law Olmstead)의 전원교외의 이상향도 결국 빗장도시(gated community)가 되었다. 그리고 20세기 미국 도시계획가이자 활동가인 제인 제이컵스(Jane Jacobs)가 말한 "눈들의 공동체(community of eyes)"는 도시 내부의 비디오카메라 감시와 강철 망이 쳐진 창문과 철망을 가진 곳이 되었다. 그러나 하비에게 이것은 유토피아적 사고 자체의 결과가 아니다. 오히려 그것이 물질적으로 배태된 시장자본주의의 결과이다. 하비(Harvey 2000, p.195)는 다음과 같이 썼다.

세계의 변화를 향한 인간의 중단 없는 노력에는 시간과 상소가 있나. 완상식이든 어떻든, 변화를 위한 강력한 정치적 힘들을 형성하는 데 대안적 비전이 촉매가 된다. 엄밀히 우리가 지금 그런 중요한 순간에 와 있다고 나는 믿는다. 유토피아의 꿈은 … 절대로 사라지지 않는다. 그것은 우리의 욕망의 숨겨진 기표로 어디든 존재한다.

요약하면 더 나은 세계, 더 나은 경제지리학을 만들려고 한다면 사회 비판이라는 어렵고도 망설여지는 일, 즉 다른 어휘를 사용하여 바라보는 과제가 있을 뿐이다. 그것은 리처드 로티(Richard Rorty 1999)가 "사회적 희망"이라고 부른 것이자, 우리가 경제지리의 희망이라고 부르는 것이다. 우리와 당신 모두 이 긴급하고 중대한 과제에 직면해 있다.

주

1. 온라인 버전은 다음에서 볼 수 있다. http://www.coldbacon.com/poems/fq.html (2017. 7. 6. 접속함)
2. 우리가 원래 2016년 12월 이 문장을 쓴 후, 2017년 6월 8일의 영국 선거 결과는 수상 메이의 전면 탈퇴 전략이 정치적으로 가능한지에 대한 의심을 던져 주었다. 영국이 유럽을 떠난다는 것이 여전히 거의 확실한 것으로 나타났지만 그러하다. 그것은 경제신문을 읽고 경제지리학을 계속 공부하는 다른 이유이기도 하다.
3. 우리가 이 글을 쓴 2017년 6월 이후, 아마존은 미국 상위 식료잡화점 체인인 홀푸드(Whole Foods)를 140억 달러에 매입하였다. 이는 아마존 오프라인 유통업으로 돌아가고 있다는 것을 의미한다. 그러나 아마존이 일차적으로 고객 정보를 획득하기 위해 홀푸드를 매입함으로써 더 많은 고객이 온라인 아마존 프라임 구매자가 되도록 유도하는 데 그 정보를 사용할 것이라는 주장도 있다.
4. 톰 하젤딘(Tom Hazeldine 2017)은 2016년 6월 8일의 국민투표 이후 영국에 대해 브렉시트 탈퇴에 대한 비슷한 지도를 그렸다. 그의 주장은 우리와 같이, 브렉시트가 대체로 북동부와 북서부 영국 구제조업 지역에 특히 영향을 미친 탈산업화의 경제지리의 결과였다는 것이다. "600만 명 탈퇴표"가 "잉글랜드의 역사적 산업지역"에서 왔고, 차이를 만든 것은 그들이었다고 하젤딘(Hazeldine 2017, p.53)은 추정하였다.
5. https://everychant.wordpress.com/the-chants/ (2017. 7. 6. 접속함)

참고문헌

Brown, W. 2005. *Edgework: Critical Essays on Knowledge and Politics*. Princeton, NJ:

Princeton University Press.

Cerrato, A., Ruggieri, F., and Ferrara, F. 2016. Trump Won in Counties that Lost Jobs to China and Mexico. *The Washington Post*, December 2.

Giles, C. 2016. The Poor Suffer While Britain Avoids Straight-Talking. *Financial Times*, December 14.

Harvey, D. 1972. Revolutionary and Counter-Revolutionary Theory in Geography and the Problem of Ghetto Formation. *Antipode* 4: 1-13.

Harvey, D, 1982. *Limits to Capital*. Chicago: University of Chicago Press.

Harvey, D. 2000. *Spaces of Hope*. Berkeley: University of California Press.

Hazeldine, T. 2017. Revolt of the Rust Belt. *New Left Review* 105: 51-79.

Hitchens, C. 2000. *Unacknowledged Legislation: Writers in the Public Sphere*. London: Verso.

Lanchester, J. 2016. Brexit Blues. *The London Review of Books* 38: 3-6.

Lentricchia, F. 1983. *Criticism and Social Change*. Chicago: University of Chicago Press.

Lösch, A. 1954. *The Economics of Location*, 2nd edn, trans. W. H. Woglom with the assistance of W. F. Stolper. Originally published in German in 1940. New Haven, CT: Yale University Press.

Massey, D., and Allen, J., eds. 1984. *Geography Matters! A Reader*. Cambridge: Cambridge University Press.

Marshall, A. 2013 [1890]. *Principles of Economics*. London: Palgrave Macmillan.

Rorty, R. 1999. *Philosophy and Social Hope*. London: Penguin.

Sandbu, M. 2016a. The Shock of Free Trade. *Prospect*, June 16

Sandbu, M. 2016b. Place and Prosperity. *Financial Times*, December 16.

Sharma, R. 2016. Globalisation as We Know It Is Over - and Brexit Is the Biggest Sign Yet. *The Guardian,* 28 July. ttps://www.theguardian.com/commentisfree/2016/jul/28/eraglobalisation-brexit-eu-britain-economic-frustration (accessed June 29, 2017).

Smith, N. 1984. *Uneven Development: Nature, Capital, and the Production of Space*. Oxford: Blackwell.

Poter, M. 2003, The Economic Performance of Regions, Reg. Studies 37, 549-578.

Boschma, R. A. 2004, Competitiveness of Regions from Evolutionary Perspective, Reg. Studies 38, 993-1006.

Gardiner, B. et al., 2004, Competitiveness, Productivity and Economic Growth across the European Regions, Reg. Studies 38, 1037-1059.

Turok, I. 2004, Cities, Regions and Competitiveness, Reg. Studies 38, 1061-1075.

Budd, L. et al., 2004, Conceptual Framework for Regional Competitiveness, Reg. Studies 38, 1007-1020.

Martin, R. et al., 2006, Regional Competitiveness, London and New York, Routledge.

찾아보기

저자와의 인터뷰

이 책의 저자는 캐나다의 트레버 반스(Trevor Barnes) 교수와 스웨덴의 브렛 크리스토퍼스(Brett Christophers)이지만, 책의 기획과 전반부 대부분은 트레버 반스 교수의 오랜 학문적 추구가 반영된 것이다. 번역과정에서 역자들은 주 저자인 트레버 반스 교수와의 인터뷰를 갖고 싶었다. 역자 중 반스 교수와 친분이 있는 서민철 박사가 이메일 인터뷰를 시도하게 되었고, 반스 교수와 2021년 1월, 그리고 5월 두 차례의 이메일 인터뷰를 진행할 수 있었다. 다음은 그 요약 및 재구성이다.

역자: 우리 모두는 당신의 저서에 감동을 받았다. 특히 몇 가지 점에서 그러하였다. 모든 장들이 철학적이고 인식론적인 개념들을 활용하여 논지를 전개한 점, 장 초반의 문제의식이 장 끝까지 일관되게 추진된 점, 경계지대, 블랙박스와 같이 다수의 흥미로운 개념들을 활용한 점, 그리고 글로벌화, 금융화, 자연에 대한 새로운 비판적 관점들이 개진된 점 등에서 깊은 인상을 받았다. 또한 우리가 기존에 알던 것들에 대해, 혹은 어떤 점에서 극복되었으면 좋겠다고 생각하였던 것들에 대해 우리에게 많은 자극을 주었다. 우리의 질문은 이러한 인식하에 제기되는 것임을 잘 알아주기 바란다.
먼저, 가장 궁금하였던 것은 다음과 같다. 당신의 박사학위논문은 명백히 분석적 마르크스주의의 경향을 보여 주었다. 그런데 이 저서에서는 문화적이면서도 해석학적 경향으로 전환된 것처럼 느껴진다. 아마도 10여 년간의 지적 모색 끝에 이루어진 전환인 것으로 보인다. 이것은 전향인가? 아니면

전환인가? 혹은 지평의 확대인가? 기존의 경제주의적−분석적 경향은 유지되는 것인가? 무게의 중심이 문화적−해석적 경향으로 옮겨 간 것인가?

반스: 좋은 질문이다. 그것은 이것이냐/저것이냐의 문제가 아니라 두 가지 모두라고 생각한다. 즉 경제와 문화이다. 심지어 박사학위논문에서도 나는 두 가지를 모두 시도하였다. 박사학위논문에서 케임브리지(마르크스주의) 경제학자인 피에로 스라파(Piero Sraffa)의 작업을 대수 행렬방정식을 활용해 공간경제에 적용하려고 하였다.

그러나 나는 첫 장에서 스라파가 일부러 과소결정된(underdeterminded) 방정식들을 남겨 두었다고 주장하였다. 그 방정식들을 결정적인 것으로 만들려면 문화와 사회에 대한 정보가 주어져야 한다. 즉 문화가 없으면 경제도 없다. 경제와 문화는 분리할 것이 아니라 늘 함께 가야 한다.

역자: 스라파의 연립방정식이 (미지수가 방정식보다 더 많은) 과소결정인데, 그것은 사회 및 문화가 개입할 여지를 둔 것이라는 해석은 당신의 해석인가, 아니면 스라파 자신의 것인가?

반스: 스라파 방정식의 과소결정성은 본래 케임브리지의 마르크스주의 경제학자 모리스 도브(Maurice Dobb)에게서 온 것이다. 도브는 스라파가 『상품에 의한 상품생산』을 쓸 때 밀접하게 관여하였다. 그러므로 그 과소결정성은 스라파 방정식의 한계라기보다는 스라파의 의도였다는 것이 내 생각이다. 모리스 도브와 나의 차이가 있다면, 도브는 그 과소결정성이 계급투쟁의 상황에 따른 변이를 염두에 둔 것이고, 나는 특정 장소의 문화가 작용할 수 있는 여지로 본 것이다. 과소결정성 때문에 임금률은 방정식에서 도출될 수 없고, 외생적으로 결정되어야만 하는데, 나는 그것을 문화적 요인으로 주어진다고 본 것이고, 도브는 그것을 계급투쟁으로 결정된다고 본 것이다.

역자: 우리 중 한 명은 이렇게 질문한다. 왜 정통 마르크스수의가 문세인가? 여성주의, 환경 이슈, 이민자 문제 등의 모순들 본질 속에는 결국 계급 문제

가 내재되어 있지 않은가? 환원주의라는 비판을 알고 있음에도 여전히 본질은 계급의 문제 같아 보인다.

반스: 중요한 질문이자 나의 비판이 지금껏 싸워 온 질문이다. 분명 계급은 사회에서 핵심 요소 중 하나이자 사람들의 삶에 심대한 영향을 미치는 요소이다. 그러나 그것만이 유일한 요소는 아니며, 또 어떤 사람들에게는 그것이 가장 중요한 요소도 아니다. 반면에 고전 마르크스주의에서는 계급이 유일한 사회적 요소이고, 결국 가장 중요한 요소이다. 그런 까닭에 고전 마르크스주의는 사회와 사회를 만드는 이해관계들에 대해 부분적인 재현만을 제공하게 된다. 즉 젠더, 인종, 섹슈얼리티 등을 놓치는 것이다. 당신이 언급한 환원주의/본질주의라는 문제점만 있는 것이 아니라, 단일인과론(mono-causality)의 문제점, 즉 사회계급이 단일한 인과력이라는 관점도 문제점이 있는 것이다. 깁슨-그레이엄의 『그따위 자본주의는 벌써 끝났다』(알트)는 이 문제에 관한, 그리고 다른 것들도 있다는 것에 관한 좋은 참고 자료이다.

역자: 최근 스케일 논의가 경제지리학계에 무성하다. 주로 실천적 관점에서 스케일 점핑 전략을 논의하는 것으로 보인다. 그런데 글로벌 기업이든 그 노동자든 경쟁 혹은 투쟁 전략에서 스케일 점핑을 할 수밖에 없는 것은 자명한 일이다. 그래서 스케일 개념을 알고 활용한다는 것이 경쟁이나 투쟁에 실질적인 기여를 할 것처럼 보이지 않는다. 스케일이 지리학에서 유용한 개념이기는 하지만, 전략적 개념 도구로서는 다소 허상적인 것이 아닌가?

반스: 스케일에는 비판적 힘이 있다는 것이 내 생각이다. 내가 스케일을 개념적으로 사용한 것은 지식과 관련하여 스케일링업을 사용한 경우이다. 내가 편집한 *Spatial Histories of Radical Geography*(2019, Wiley)의 서론에서, 나는 하비가 볼티모어의 맥락이라는 로컬 수준에서 개발한 이론을 어떻게 스케일링업하여 글로벌 수준에 적용하고, 글로벌 수준에서 수용되게 하였는지에 대해 논의하였다. 질문을 다 따라갈 수는 없으나, 스케일이 비판적

개념인 것은 분명하다고 나는 본다.

역자: 지리경제학을 경제지리학의 한 주제로 설정한 이유는 무엇인가? 지리경제학자들은 동의하지 않을 것 같고, 경제지리학자 중에서도 동의하지 않을 분들이 있을 것 같다. 지리경제학을 하는 경제지리학자들이 나오기를 기대하는 것인가? 지리경제학에 참여하는 경제지리학자가 지금 현재 있는가? 그리스 문자에 매몰되면서도 어떤 경제지리적 함의를 이끌어 낼 수 있는지 다소 의문이 든다. 지역을 2개나 3개로 환원하고, 그냥 점으로 환원하므로 지리적 함의가 나올 것 같지 않다.

반스: 질문에 완전한 답을 하기 어려우나, 내가 보기에 지리경제학의 문제점은 분석적 방법에 있다기보다는 신고전주의에 기원한다는 데 있다. 지리경제학은 합리성과 균형이라는 실패한 아이디어로 작업하기 때문이다. 나아가 고전 마르크스주의와 마찬가지로 사회와 문화에 대한 환원주의 모델에 기반해 있다. 그래서 내 생각에는, 적어도 두 가지 결함이 있다고 본다. 지리경제학이 경제지리학에 대해 갖는 제국주의적 욕망이 보여 그것을 꺼리게 만든다. 나는 경제지리학이 다원주의적 기획이라고 본다. 그러나 그 다원주의적 연합 중 하나인 지리경제학이, 자신의 제국주의적 욕망의 결과로서 경제지리학의 유일한 버전이 되고자 한다면, 그것을 경제지리학에 받아들이는 것은 모순적이고도 파괴적인 것이 될 것이다.

역자: 셰퍼드는 아직 분석적 마르크스주의에 대한 기대를 유지하고 있는 것 같다. 그런데 오늘날 분석적 마르크스주의 지리학이 전반적으로 확장되고 있지 않은 분위기가 있는 것 같다. 그럼에도 분석적 마르크스주의의 지리학은 가능하다고 보는가?

반스: 내가 분석적 마르크스주의 문헌을 다 읽지는 못했지만, 내가 보기에는 거의 망해 가고 있다. 존 로머(J. Roemer)나 라이트(E. O. Wright) 같은 원래의 핵심 학자들도 더 이상 그런 류의 글을 쓰지 않는다. 실제로 그것은 이미 죽

었다. 정확한 답변을 듣고자 한다면 에릭 셰퍼드에게 직접 물어야 하겠지만, 내가 보기에 그가 분석적 마르크스주의의 목표에 공감하였지만 지금은 그것에 대한 관심이 없고, 아마 다시 추구하지는 않을 것 같다. 그랬던 때가 있었지만 지금은 아니다. 그는 여전히 수학적 언어가 유효하다고 믿지만, 점차 그런 언어들에도 역사적이고 문화적인 요소가 추가되어야 한다는 아이디어에 가까워지고 있다. 수리적인 것이 다른 방법 및 다른 재료들과 섞일 필요가 있다는 것이다. 내가 보기에는 그렇다.

역자: 지리학에서 계량혁명 운동은 성공적이었다고 보는가? 계량혁명에 따른 분석적 인문지리학은 지리학을 얼마나 바꾸었는가? 그리고 여전히 일부에서 진행되고 있는 분석적 인문지리학은 어느 방향으로 가야 한다고 보는가? 경제학과 같은 극단적인 수학적 모델링으로 가야 한다고 보는가? 혹은 지리학적인 다른 어떤 방향의 모델링 방식이 따로 있을 수 있는가?

반스: 계량혁명의 문제점은 그것 자체로 지리학을 하는 유일한 방법으로 삼았다는 데 있다는 것이 내 생각이다. 그런 발상은 도그마이고 일원론적이다. 지리학에 하나의 유일한 방법만이 있다고 믿었던 것이다. 그러나 계량혁명이 지리학에 촉발한 긍정적 측면은 이론(과학적 이론이긴 하였지만)이라는 아이디어였다. 그전에는 이론가로서 학문을 한다는 태도가 지리학에 없었다. 북아메리카에서 그 일이 일어나고 나자 계량혁명은 지리학자들이 다른 이론들, 즉 사회 이론과 같은 것을 활용할 수 있도록 이끌었다. 그런 점에서 계량혁명은 지리학에 중요한 기여를 한 셈이다. 지리학에 지적인 연구, 이론적 연구 분야라는 정당한 형태를 부여한 것이다. 수학이나 수리 모형을 사용하는 것 자체가 나쁠 이유는 없다고 나는 본다. 문제는 수학을 둘러싼 가정들에 있는데, 수학적 언어가 사회 연구를 추구하는 유일한 언어라는 주장에 있다.

역자: 계량혁명이 지리학자들이 사회 이론을 도입하는 것을 촉발하였다는 논

경제지리학

점은 새로운 시각으로 보인다. 그 과정을 좀 더 구체적으로 듣고 싶다. 실제로 그런 촉발의 과정이 존재하였는가?

반스: 세상을 설명하는 데 사용될 수 있는 이론이라는 추상적이고 논리적인 단어에 대한 관심, 계량혁명이 낳은 것은 바로 그 관심이었다. 이것은 지리학에서 새로운 것이었다. 지리학자들이 계량혁명에서 사용한 이론은 과학에서 가져온 유형의 것이었고, 과학철학으로 정당화되었다. 『사회 정의와 도시』에서 데이비드 하비(David Harvey)가 한 것과 같이, 계량혁명을 비판하였던 사람들은 그러한 과학적 함축과 과학 이론적인 정당화를 걷어내고자 하였다. 그러나 그럼에도 그는 논리적이고 추상적인 설명적 어휘로서의 이론이라는 아이디어는 유지하고자 하였다. 데이비드 하비의 작업은 과학 이론(『지리학에서의 설명』)에서 사회 이론(『사회 정의와 도시』)으로 옮아간 가장 좋은 사례이다. 두 국면 모두에서 중심이 된 것은 이론이었다. 그것이 중요하다.

역자: 과학사회학을 동원한 당신의 경제지리학 연구는 매우 흥미로웠다. 신체에서부터 주변 장치와 제도들에 대한 이야기에 이어 학생들, 숭원 방식, 악과들 등등이 경제지리학을 만들어 갔다고 보는 점은 매우 탁월하였다. 최근 한국의 지리학도 많은 발전을 하고 있다. 특히 GIS 관련 부문에서 그러하다. 그러나 아직 미진한 점이 없지 않다. 학문 내용으로서의 지리학이 보다 충실해져서, 여타 사회과학에 이론적으로 기여할 수 있어야 한다고 생각된다. 한국의 지리학계에는 어떤 노력이 더 필요하다고 보는가?

반스: 나는 한국의 지리학은 국가에 대해 비판적 거리를 유지하는 것, 즉 국가에 대해 비판적인 것이 더 좋다고 본다. 국가에 대해 비판적이라고 해서 반드시 마르크스주의적이어야 한다는 것은 아니다. 국가에 대한 문화적 비판 또한 중요하다. 나는 현재 터키의 지리학자와 연구를 진행하고 있는데, 터키의 지리학은 국가주의적이고 국가에 대해 매우 도구적으로 쓰이고 있다.

그러나 최근 10여 년 동안 터키의 젊은 지리학자들은 다양한 계열의 사회 이론을 동원하여 비판적 접근을 추구하고 있다. 그것이 훨씬 나은 지리학을 산출한다.

역자: 수년 전 급진지리학에 관한 당신의 책(Spatial Histories of Radical Geography: North America and Beyond, 2019, John Wiley)이 출간되었다. 사이먼 프레이저 대학교를 중심으로 한 래디컬 지리학에 대한 이야기는 흥미로웠다. 한국의 경우도 비판적 지리학 전통이 1980년대부터 형성되어 지금까지 하나의 흐름을 이어 가고 있다. 한국에서 비판적 지리학자들이 지속적으로 재생산되고 비판적 지리학이 더 발전하기 위해 현재의 비판적 지리학자들은 무엇을 해야 한다고 보는가?

반스: 회고해 보건대, 우리의 그 책(급진적 지리학에 관한)에 한국의 급진적 지리학의 역사에 관한 장을 포함하였어야 했다. 셰퍼드 역시 몇 명의 한국 학생들을 지도한 적이 있는데, 아마도 그들이라면 한국의 급진적 지리학에 관한 한 장을 충분히 쓸 수 있었을 것이다. 당신의 질문은 한국의 비판적 지리학자들이 한국의 비판적 지리학을 유지하려면 무엇을 해야 할 것인가에 관한 것이다. 두 가지를 말하고 싶다. 사람들이 읽을 수 있는 재미있는 글을 써라. 그리고 비판적 전통을 따르는 대학원생을 키워라. 후자는 정말 중요하다. 대학원생이 재생산되지 않으면, 전통은 끝날 것이다.

역자: 당신의 책 13장 이후, 올해 초 미국 대통령선거에서 트럼프가 졌다. 물론 박빙이었지만, 조지아, 애리조나, 미시간, 펜실베이니아, 위스콘신에서 박빙 역전을 통해 바이든이 이겼다. 그런데 카운티별 지도를 보면, 여전히 도시는 민주당, 농촌 지역은 공화당이라는 패턴이 유지되고 있다. 이것은 어떤 경제지리적 함의가 있을까? 지난 2016년 대통령선거를 해석한 당신의 해석은 유지되는가?

반스: 2020년 미국 대통령선거는 박빙이었다. 애리조나, 조지아 등 단 몇 개

의 주에서 4만 명 정도의 유권자만 선택을 바꾸었다면 트럼프가 이겼을 것이다. 매우 놀라운 결과였다. 아마도 바이든이 녹슨 지대와 관련 있는 인물(그의 부친이 펜실베이니아의 공장에서 일하였다거나)과 자신의 관계를 활용해 그 지역 유권자의 일부를 설득하였을 수 있다. 다른 차이는 조지아, 위스콘신, 펜실베이니아와 같은 핵심 격전지에서 노동 인구의 구성이 변화함으로써 온 것일 수 있다. 이들 주에서는 전문직 노동자들이 대도시 교외 지역으로 이주해 왔는데, 이들이 해당 주를 민주당 주로(물론 가까스로나마) 바꾼 것일 수 있다. 영국의 경우 며칠 전에 있던 선거*에서 오랫동안 노동당에 투표해 온 노동계급의 지역이었던 곳이 우파 지역으로 바뀌어 버렸다. 그러므로 그것 역시 해당 지역의 탈산업화 및 인구공동화를 배경으로 한다.

역자: 코로나 19 사태가 세계를 휩쓸고 있다. 이 사태는 이미 우리 삶에 많은 변화를 가져왔고, 글로벌 경제에도 상당한 충격을 안겨 주고 있다. 이 사태는 우리의 경제지리에서 얼마나 많은 것을 바꿀 것인가? 경제지리학은 포스트코로나 시대의 세계를 해석하는 데 중요한 역할을 할 수 있을 것인가?

반스: 그렇게 되기를 희망한다. 근본적인 변화는 노동에 관한 것이다. 계속해서 집에서 일을 하게 될 것인가, 아니면 일터로 되돌아가게 될 것인가? 전자라면 주요 선진국에서 경제성장의 주요 동력이 되어 왔던 도시들의 운명은 어떻게 될 것인가? 그리고 대면 소매업에는 어떤 장기적인 영향을 미칠 것인가? 코로나가 여러 가지 양식의 판매업의 관뚜껑을 닫아 줄 것인가? 이제 우리는 아마존의 세계에만 살게 될 것인가? 결국 우리의 경제가 줌(Zoom) 경제가 되고 만다면 글로벌화는 어떤 영향을 받을 것인가? 사람들이 업무차 세계를 돌아다닐 필요가 있게 될 것인가? 집에 머무르는 글로벌화? 이러한 것들은 코로나 사태와 그 경제지리적 영향으로 인해 제기되는 질문들 중

---

* 2021년 5월 6일의 선거인데, 지방선거이면서 스코틀랜드와 웨일스 정부에 대한 자치권 양도에 관한 선거이기도 했다.

일부일 뿐이다. 몇 년 더 지나면 훨씬 많은 경제지리적인 질문들이 제기되고 검토될 것이라고 나는 믿는다.

역자 후기

우리가 이 책을 번역하게 된 것은 한국에서 경제지리학 지평을 넓히는 데 기여하였으면 하는 뜻에서이다. 물론 그것이 이 책의 번역만으로 충분히 실현될 수 없다는 사실을 잘 안다. 다만, 우리는 이 책의 번역이 그것의 작은 한 계기가 될 수 있을 것으로는 믿는다. 이 책은 부제가 말해 주듯이, 우리가 흔히 접하는 경제지리학 교과서가 아니기 때문이다.

역자들이 대학에 입학하여 경제지리학을 처음 접할 무렵에는 이렇다 할 우리말 교재가 거의 없었다. 그때에 비하면 번역서든 저서든 현재는 많은 경제지리학 교과서들이 시중에 나와 있다. 그만큼 한국에서 경제지리학의 지평이 넓어지고 깊이가 더해졌다고 할 수 있다. 그렇지만 우리가 대학에 다니면서 가졌던 질문을 지금도 한다면—이것이 현대 경제지리학의 전부인가? 혹시 경제지리학에 더 많은 내용은 없을까? 꼭 이런 설명만이 있을까?—그 대답은 쉽지 않으리라 생각한다. 이 질문이 우리가 이 책을 주목하게 된 배경이라고 할 수 있다.

이 책은 단순한 경제지리학 개론서가 아니다. 비판적이란 부제가 붙어 있듯이, 어느 하나의 이론이나 접근 방법을 일방적으로 소개하지 않는다. 이 책은 지식이란 것 자체가 이미 객관적으로 존재하는 것이 아니라 구성되는 것임을 강조한다. 경제지리학의 경제가 그렇고, 경제지리학이란 학문과 그 이론들이 그렇다. 다른 학문에 대해서도 마찬가지이지만 이 맥락에서 우리가 가져야 할 덕목은 대상이 비즈니스의 경세시리든 사본주의의 경세시리든, 좌파 이론이든 우파 이론이든 오로지 비판적 지성이다.

그렇다고 이 책이 비판적 접근에만 힘을 주는 것은 아니다. 비판적 접근 이상으로 개방적 사고의 중요성을 거듭 강조한다. 저자들은 책을 통해 현대 경제지리학이 오늘날과 같이 발달하는 데는 인접 학문과 교류하는 경제지리학의 학문적 수용성이 절대적으로 기여하였음을 보여 준다. 저자들은 경제지리학이 어느 한쪽의 사고, 어느 한 접근 방법의 마니아가 되고 도그마에 빠지는 것을 가장 경계한다. 오늘날 경제지리학 연구자들이 로컬에서부터 글로벌에 이르기까지 다양하고도 복잡하게 얽힌 현상들을 설득력 있게 설명할 수 있는 것은 경제지리학의 그러한 학문적 개방성에 기인한다. 이런 점에서 이 책은 현대를 살아가는 우리에게 경제지리학적 감수성이 왜 필요한지 말해 준다.

지금까지 경제지리에서 경제는 무엇이며, 그것을 어떻게 이해해야 하고, 그것을 어떻게 생각하느냐에 따라 경제지리학의 이론과 접근 방법이 어떻게 달라질 수 있는지 그 근본에 대해 설명해 주는 개론서는 별로 없었다. 우리는 그 근본에 대해 말하는 이 책을 통해 독자들이 비판적이란 것이 무엇이며, 그 비판적 사고가 경제지리학이란 학문 속에서 어떻게 구현될 수 있는지 이해하게 될 것으로 본다.

2022년 4월

임석회, 서민철, 이보영